电子信息前沿技术丛书

THEORY AND APPLICATION OF STRUCTURED COMPRESSIVE SENSING

结构化压缩感知理论及应用

刘福来　张子选　杜瑞燕　编著

清华大学出版社
北京

内 容 简 介

结构化压缩感知是在传统压缩感知基础上形成的新的理论框架，旨在将与数据采集硬件及复杂信号模型相匹配的结构化先验信息引入传统压缩感知，从而实现对更广泛类型信号的高效重建。目前，结构化压缩感知在医学成像、模式识别、雷达遥感、无线通信等众多领域有极为广泛的应用前景。本书深入、系统地论述了结构化压缩感知的基本理论及典型结构化压缩感知方法，从应用的角度总结作者多年来的研究成果以及国际上这一领域的研究进展。全书共9章，主要内容包括结构化压缩感知的发展与现状、结构化压缩感知理论基础、典型的稀疏结构及压缩感知算法、稀疏阶估计方法、基于结构化压缩感知的一维谱空穴检测、基于联合稀疏压缩感知的二维谱空穴检测、基于准联合稀疏结构的三维谱空穴检测、基于结构化压缩感知的信道估计及基于结构化压缩感知的毫米波信道估计。

本书是关于结构化压缩感知理论及应用的一部专著，可供从事通信、图像、雷达和核磁共振等领域的广大技术人员学习与参考，也可作为高等院校和科研院所信号与信息处理、信息与通信系统等专业的研究生教材或参考书。

本书封面贴有清华大学出版社防伪标签，无标签者不得销售。
版权所有，侵权必究。举报：010-62782989，beiqinquan@tup.tsinghua.edu.cn。

图书在版编目(CIP)数据

结构化压缩感知理论及应用/刘福来，张子选，杜瑞燕编著. —北京：清华大学出版社，2022.1
(电子信息前沿技术丛书)
ISBN 978-7-302-59298-3

Ⅰ. ①结… Ⅱ. ①刘… ②张… ③杜… Ⅲ. ①信号压缩－感知 Ⅳ. ①TN911.7

中国版本图书馆CIP数据核字(2021)第200850号

责任编辑：文 怡 李 晔
封面设计：王昭红
责任校对：李建庄
责任印制：朱雨萌

出版发行：清华大学出版社
网 址：http://www.tup.com.cn，http://www.wqbook.com
地 址：北京清华大学学研大厦A座 **邮 编**：100084
社 总 机：010-62770175 **邮 购**：010-83470235
投稿与读者服务：010-62776969，c-service@tup.tsinghua.edu.cn
质量反馈：010-62772015，zhiliang@tup.tsinghua.edu.cn
课件下载：http://www.tup.com.cn，010-83470236
印 装 者：三河市铭诚印务有限公司
经 销：全国新华书店
开 本：185mm×260mm **印 张**：21.5 **字 数**：525千字
版 次：2022年1月第1版 **印 次**：2022年1月第1次印刷
印 数：1～1500
定 价：89.00元

产品编号：074268-01

前言

FOREWORD

传统的压缩感知理论以信号固有的稀疏性或可压缩性为基础，在信号的压缩采样过程中，仅考虑信号中非零元素的个数，非零元素的位置可以随机分布，没有考虑到信号本身所具有的一些结构信息。随着压缩感知理论研究的不断深入，人们发现，当信号具有一些特定结构时，将信号的结构信息融入压缩感知理论中，可以获得更好的结果。

随着压缩感知在无线通信、雷达遥感、图像处理和核磁共振等众多领域中的广泛应用，压缩感知理论获得了长足的发展，对信号恢复精确性要求也随之提高。近年来，研究结构化压缩感知理论及应用，在信息、图像和通信等学科逐渐成为一个极其活跃、发展迅速的研究课题。

最近几年，在国家自然科学基金项目(61971117)、河北省自然科学基金项目(F2020501007，F2016501139)、教育部新世纪优秀人才支持计划项目(NCET-13-0105)、中央高校基本科研业务费专项资金资助项目(N142302001)等的支持下，我们围绕结构化压缩理论及其在无线电信号处理中的应用问题进行了系统深入的研究，并取得了一定的科研成果。作为研究工作的阶段性总结，我们将这些成果汇集成册，构成本书主要内容，期望为从事通信和信号处理的同仁从理论分析方法上提供一些有益的帮助。

本书共9章，第1章首先简要介绍压缩感知理论的发展、应用及研究现状，在此基础之上详细阐述结构化压缩感知理论及研究现状，并论述其相比于压缩感知的独特优势，最后总结压缩感知和结构化压缩感知目前所面临的困境。第2章主要介绍结构化压缩感知相关理论，包括压缩感知基本理论、结构化压缩感知理论框架、典型结构化稀疏信号模型、结构化稀疏表示、结构化观测矩阵设计、结构化重构算法。第3章重点介绍几种典型结构化压缩感知方法，主要包括块稀疏压缩感知、联合稀疏压缩感知、高斯联合稀疏张量压缩感知。第4章给出稀疏阶估计方法，包括基于特征值的稀疏阶估计和基于迹的稀疏阶估计，并将两个算法的计算复杂度和仿真结果进行对比分析。第5章探讨块稀疏压缩感知在一维谱空穴检测中的应用，首先给出谱空穴检测概念，然后给出基于动态组稀疏的频域谱空穴检测方法，最后给出基于块稀疏的空域谱空穴检测方法。第6章论述联合稀疏压缩感知在二维谱空穴检测中的应用，首先给出二维联合稀疏表示定义，然后给出频-空二维联合稀疏表示模型和频-角二维联合稀疏表示模型，最后给出基于联合稀疏结构的频-空二维谱空穴检测算法和频-角二维谱空穴检测算法。第7章探讨准联合稀疏压缩感知在三维谱空穴检测中的应用，首先建立索引调制和自适应索引调制信号模型；然后给出空-频索引调制信号的准联合稀疏表示和自适应索引调制信号的时-频-调制三维稀疏表示；再介绍基于联合稀疏索引删除-投影残差分析的索引调制识别算法；最后阐述基于联合稀疏索引删除-投影残差分析-马氏距离的时-频-调制三维谱空穴检测算法。第 8 章探讨结构化压缩感知在信道估计中的应用，主要包括基于多路径选择的时-频联合稀疏多频带水声信道估计方法、基于贪婪算法的角-频联合稀疏信道估计方法、基于分组优化的多测量联合稀疏 OFDM 线性时变信道估计方法、基于块稀疏似零范数的水声信道估计方法以及面向 5G 的块稀疏信道估计方法。第 9 章论述结构化压缩感知在毫米波信道估计中的应用，主要包括基于块稀疏压缩感知的多面板天线毫米波 MIMO 信道估计方法、基于群稀疏压缩感知的双选择毫米波 MIMO 信道估计方法以及基于群稀疏压缩感知的混合模拟/数字毫米波 MIMO 信道估计方法。

本书由刘福来教授、张子选讲师和杜瑞燕副教授组织编写，硕士研究生李丹、张丽杰、秦东宝和李天桂等参与了本书部分内容的编写。在本书的编写过程中，参阅和引用了大量国内外文献资料，得到了东北大学工程优化与智能天线研究所的大力支持和帮助。在此，向有关作者和单位一并表示感谢！感谢曾经与作者一同参与课题研究的同行专家、学者，长期的研究交流使作者受益匪浅。

由于结构化压缩感知理论发展极为迅速，实际应用领域甚广，加上作者水平有限，对于无线通信的研究还有大量工作要做，因此，书中难免存在不妥与不足之处，恳请诸位专家、同仁和热心的读者批评指正。

刘福来

2021 年 4 月

目录

CONTENTS

第1章

绪　论

在信号处理领域，长期占据绝对支配地位的是香农-奈奎斯特采样定理，即若采样频率大于带限信号最高频率的两倍，信号可被无失真地恢复。然而，奈奎斯特采样理论在实际应用中也存在诸多不足。例如，采样频率受信号带宽的限制；对传输速率要求较高；信号处理系统设计要求和成本较高；信号压缩时严重浪费传感器资源以及时间和存储空间。事实上，奈奎斯特采样定理是充分非必要的，而且并非唯一的、最优的采样理论。近年来，逐渐发展完善的压缩感知(Compressive Sensing，CS)理论打破了奈奎斯特采样定理的限制，引起了人们的广泛兴趣和重视。压缩感知也被称为压缩采样、稀疏采样、压缩传感等。作为一个新的采样理论，压缩感知通过开发信号的稀疏特性，在远小于奈奎斯特采样频率的条件下，通过随机采样获取信号的离散样本，然后通过利用非线性重建算法来实现信号的完美重建。与传统的奈奎斯特采样相比，压缩感知首先以压缩形式(即低于奈奎斯特采样频率)直接感知具有稀疏或可压缩性的对象，而不是先以高速率进行采样，然后再对数据进行稀疏恢复。因此压缩感知为解决传统采样方法面临的高成本、低效率、信息冗余以及数据存储和传输的资源浪费等问题带来了新的契机。压缩感知领域的研究始于 Candès、Donoho 等开创性的工作，他们证明了对具有稀疏或可压缩性的有限维信号，可从小规模的线性、非自适应的测量中使用非线性优化的方法获得恢复。压缩感知理论一经提出，就引起了学术界和工业界的广泛关注。随着信息技术、通信技术及工业技术的不断发展，压缩感知理论在信息论、图像处理、地球科学、光学/微波成像、模式识别、无线通信、生物医学工程等领域受到高度关注，并被美国科技评论评为 2007 年度十大科技进展之一。

随着压缩感知理论的日趋深入和完善，学者们发现，对于传统压缩感知的研究多集中于使用随机测量矩阵对一维稀疏信号进行压缩采样，并没有考虑信号的结构化稀疏先验信息，从而导致结构化稀疏信号场景下恢复性能受限。而结构化压缩感知(Structured Compressive Sensing)能够将信号的结构化稀疏先验信息利用起来，并引入传统的压缩感知中，这样不仅能提高信号恢复的效率，还能够处理更广泛的信号类型。将与数据采集硬件及复杂信号模型相匹配的先验信息引入传统压缩感知，形成了新的压缩感知理论框架——结构化压缩感知。结构化压缩感知理论的提出，旨在实现对更广泛类型的信号准确有效的重建。

1.1 压缩感知的发展及应用

压缩感知理论早期的抽象结论源于 Kašin 在 1977 年创立的泛函分析和逼近论[1]。2006 年，由 Candès、Romberg、Tao、Donoho 等人在其基础上构造了具体算法，并将其命名为压缩感知理论[2-9]。压缩感知理论指出：若一个信号在某个变换域内稀疏，则可通过与该变换基不相关的测量矩阵将高维信号投影到低维空间上，通过求解一个优化问题就可以从少量投影信号中高概率精确地恢复原始信号。

1.1.1 压缩感知的发展历程

压缩感知理论颠覆了香农-奈奎斯特采样定理，使得信号的采样频率不再受限于信号的带宽，而是与信息在信号中的结构和位置息息相关。该理论一经提出，便在信号处理[10]、数据通信[11]、图像处理[12]等领域受到了广泛关注。此后，压缩感知理论进入快速发展阶段，并取得了一系列的成果。J. Haupt 和 R. Nowak 将压缩感知理论推广应用到多信号环境，利用多信号之间的互相关性实现压缩[13]。D. Baron 等人进行了进一步推广，同时考虑多信号之间的相关性以及单个信号内部的相关性，提出了分布式压缩感知的概念[14-15]。P. Boufounos 和 R. Baraniuk 提出 1-bit 压缩感知理论，对每个观测值都仅采用一位进行量化，更易于实现[16-17]。A. M. Bruckstein、M. Elad 等人提出了无限维压缩感知理论，将压缩感知理论从只能处理有限维信号扩展到可以处理无限维信号[18-19]。此外，学者们还相继提出并发展了诸如 Bayesian CS[20-22]、Spectral CS[23]、Edge guided CS[24]、Kronecker CS[25]、Block CS[26]等理论。压缩感知理论不仅在学术界成为研究热点，许多知名大学如普林斯顿大学、莱斯大学、斯坦福大学、麻省理工学院、杜克大学等都成立了专门的课题组对其进行研究。Intel、Bell 实验室和 Google 等公司以及美国国防先期研究计划署和美国国家地理空间情报局等政府部门也开始组织团队进行研究。压缩感知理论可以大幅度降低信号采样频率的这一特性，实际上是充分地利用了目标信号内含的相关性，从而颠覆了经典的信号采集和存储技术。

1.1.2 压缩感知的应用领域

目前，压缩感知理论的应用研究呈现出遍地开花之势，已广泛应用于图像处理、生物传感、无线通信等诸多领域，尤其是在无线通信领域的应用更为广泛，其中主要包括认知无线电、稀疏信道编码与估计、无线传感网络和阵列信号处理等方面。

1. 图像处理

1）单像素相机

鉴于图像信号天然的高度冗余性，压缩感知理论的早期应用主要集中在图像处理领域[27-29]，其目的在于降低图像和视频的获取和存储成本。比较经典的有美国莱斯大学基于压缩感知理论研制开发的一种只有一个像素的数码相机[30]，如图 1.1 所示，其中 PD 是单像素光学传感器，用于叠加反射而来的随机图像部分；RNG 是随机数字发生器，它控制着每个微镜的方向，可在水平面上做两个方向（$+12°$或者$-12°$）的偏转；DSP 为数字信号处理单元，信号和图像的稀疏表示就是通过 DSP 来完成的；Xmtr 和 Rcvr 分别为发射机和接收机。单像素相机的核心是采用了TI公司生产的数字反射镜阵列装置(Digital Micromirror Device,DMD)。目标图像经过一次镜头被DMD反射,然后经过二次镜头聚焦在仅有一个像素的传感器上被记录。每次记录时,DMD上的每个微镜片都处于反射或不反射的伪随机状态。也就是说,传感器上每次记录的是目标图像的所有像素点的一个加权和。如果目标图像一共有 N 个像素点,采用单像素相机只需记录 $M(M \ll N)$ 次即可。显然,这样的单像素相机降低了对传感器的要求,可以用低性能的传感器获取高质量的信号,付出的代价是增加了信号重建的难度。

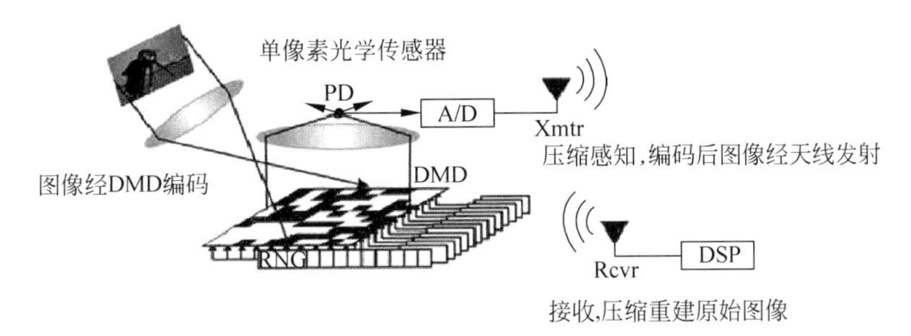

图 1.1 单像素机

2) 雷达成像

压缩传感技术也可以应用于雷达成像领域,与传统雷达成像技术相比,压缩传感雷达成像实现了两个重要改进:在接收端省去了脉冲压缩匹配滤波器;同时由于避开了对原始信号的直接采样,降低了接收端对模数转换器件带宽的要求。设计重点由传统的设计昂贵的接收端硬件转化为设计新颖的信号恢复算法,从而简化了雷达成像系统。

3) 医学成像

压缩感知理论在核磁共振成像中的应用,显著减少了测量次数,减轻了患者的痛苦,提高了成像速率甚至可能实现实时成像,或者以同样的测量次数和成像时间换取更佳的成像质量[31-33]。

2. 生物传感

生物传感中传统DNA芯片能平行测量多个有机体,但是只能识别有限种类的有机体,Sheikh等人运用压缩传感和群组检测原理设计的压缩传感DNA芯片克服了这个缺点。压缩传感DNA芯片中的每个探测点都能识别一组目标,从而明显减少所需探测点数量。此外,基于生物体基因序列稀疏特性,Sheikh等人验证了可以通过置信传播的方法实现压缩传感DNA芯片中的信号重构。

3. 无线通信

1) 认知无线电

宽带谱感知技术是认识无线电应用中一个难点和重点。它通过快速寻找监测频段中未被利用的无线频谱,从而为认知无线电用户提供频谱接入机会。传统滤波器组的宽带检测需要大量的射频前端器件,并且不能灵活调整系统参数。普通的宽带接收电路要求很高的采样频率,这给模数转换器带来挑战,并且大量的数据处理给数字信号处理器带来负担。针对宽带谱感知的难题,将压缩感知方法应用到宽带谱感知中:采用一个宽带数字电路,以较低的采样频率获得欠采样的随机样本,然后在数字信号处理器中采用稀疏信号估计算法得到宽带谱感知结果。

2）信道编码

压缩传感理论中关于稀疏性、随机性和凸优化的结论可以直接应用于设计快速误差校正编码，这种编码方式在实时传输过程中不受误差的影响。在压缩编码过程中，稀疏表示所需的基对于编码器可能未知。然而在压缩传感编码过程中，稀疏表示只在译码和重构原信号时需要，因此不需考虑它的结构，所以可以用通用的编码策略进行编码。Haupt 等通过实验证明，如果图像是高度可压缩的或者 SNR 充分大，那么即使测量过程存在噪声，压缩传感方法仍可以准确重构图像。

3）波达方向估计

从整个扫描空间来看，目标出现的角度只有很少的几种情况。波达方向估计问题从空间谱估计观点来看是一个欠定的线性逆问题。通过对角度个数的稀疏限制，可以完成压缩感知的波达方向估计。

4）波束形成

传统的自适应波束形成因其高分辨率和抗干扰能力强等优点而被广泛采用。但同时它的高旁瓣水平和角度失匹配敏感度高问题将大大降低接收性能。为了改进传统波束形成的性能，这些通过稀疏波束图的方法限制波束图中阵列增益较大的元素个数，同时鼓励较大的阵列增益集中在波束主瓣中，从而在降低旁瓣水平的同时，提高主瓣中阵列增益水平，降低角度失匹配的影响。

1.2 压缩感知关键理论及研究现状

1.2.1 压缩感知的关键理论

压缩感知理论指出：若信号在某个变换域具有稀疏表示，则使用感知矩阵（与变换域不相关且维数比信号维数低很多）将信号投影到一个低维空间上即可得到观测值（包含了足够的用于重构信号的采样值），最后通过求解最优化问题从观测值中高概率重构出原始信号。由此可知，压缩感知关键技术主要包括信号的稀疏表示、感知矩阵的设计和重构算法设计三个部分。信号的稀疏表示是信号可压缩感知的先决条件，感知矩阵是获取信号稀疏表示的手段，重构算法是实现信号重构的保证。

为了使用压缩感知进行数据处理，首先需要对信号进行稀疏表示。表示系数越稀疏，信号就能以越高的概率进行准确重构。Pinkus 研究了逼近理论框架下信号的稀疏表达，H. Rauhut 等人在 2008 年将正交基字典推广到过完备字典对信号进行稀疏表示，大量的研究表明，在过完备字典下进行稀疏表示更加有效。在选择观测矩阵时应该考虑三方面的问题：一是观测投影后的数据量尽量少；二是观测矩阵便于硬件实现；三是观测矩阵最好具备普遍适用性。当观测矩阵满足受限等距性质（Restricted Isometric Property，RIP）时，才能保证重构算法对信号进行准确恢复。研究表明，高斯随机矩阵不仅满足 RIP 准则，而且容易实现，因此被研究人员广泛应用于实验中。Saunders 等人研究了信号重构问题，给出了信号重构的数学模型并将信号重构问题转化为范数的凸优化问题进行求解。

1.2.2 压缩感知的研究现状

目前，国内外对压缩感知理论的研究一般是从信号的稀疏表示、观测矩阵的设计和信号的重构算法这三个主要组成部分展开。

信号的稀疏表示是压缩感知理论的基石。对于信号在正交变换基上的投影来说，其中大多数的变换系数的绝对值较小，表明变换向量是稀疏或近似稀疏的，可视为对原始信号的一种稀疏化表达。压缩感知正是利用信号的可压缩性或在变换域上的稀疏性来重构信号。傅里叶系数、小波系数、振荡信号的系数和 Curvelet 系数等信号的稀疏表示基都具有足够的稀疏度，可用于重构信号[34]。但是，如何具体地构造一个适合绝大多数信号稀疏表示的正交变换基，还有待进一步研究。随后，还提出了将变换基由传统的正交基扩展到多个正交基组成的正交字典，信号恢复时只要在字典里自适应地找到与信号特征最为接近的正交基，就可以通过适合的算法实现信号重构和稀疏基估计，提高了信号重构的质量[35]，冗余字典下的稀疏表示逐渐取代了正交变换基下的稀疏表示，并指出由随机矩阵和确定矩阵组合而成的矩阵具有较小的限制等距常数[36]。除此之外，对于稀疏分解算法，基于贪婪迭代思想的匹配追踪(Matching Pursuit，MP)有很大的优越性[37]，但最后求解并不是全局最优解。于是又有人提出了基追踪(Basis Pursuit，BP)算法[38]，它满足全局最优解的要求，但付出的代价是计算复杂度高。随后，对于匹配追踪算法又出现了一系列的改进算法，如正交匹配追踪(Orthogonal Matching Pursuit，OMP)算法[39]、分段正交匹配追踪(Stagewise Orthogonal Matching Pursuit，StOMP)算法[40]和正则化正交匹配追踪(Regularized Orthogonal Matching Pursuit，ROMP)算法[41]等。

观测矩阵的设计是压缩感知研究中的关键步骤。目前，观测矩阵的设计都是基于等距受限性[42]或一致不确定性原理，它是观测矩阵所需具备的充分条件。Donoho 提出了观测矩阵理应满足的特性，并说明了大多数一致分布的随机矩阵都满足这些特性，比如高斯随机矩阵、伯努利随机矩阵等都可作为观测矩阵。Do Thong 对观测矩阵需要具备的四个特征进行了分析，并指出目前的观测矩阵通常不能满足其中的全部特征，同时具体分析了目前以随机高斯矩阵和部分傅里叶矩阵为代表的两类观测矩阵的优缺点，最后在此基础上提出了一种混合的观测矩阵，证明了该观测矩阵能够同时具备上述四个特征[43]。此外，Bajwa 等提出选择托普利兹矩阵作为观测矩阵[44]，它符合 RIP 条件，与常用的观测矩阵相比，托普利兹矩阵具有自身的优点，可以满足不同的应用场景要求。文献[45]提出了一种分块结构的矩阵，它编码速度快，所需的存储容量较小，得到了广泛的关注。练秋生等提出基于迭代收缩法和复数小波的图像重构方法，通过图像模糊复原，重构出原始输入图像，其结果与高斯随机投影矩阵的效果相似[46]。有学者将亚高斯随机矩阵引入观测矩阵的设计中，同时提出了两种新型的观测矩阵：系数投影观测矩阵和非常稀疏投影观测矩阵，减少了图像重构的计算量，证明了该矩阵满足观测矩阵的必要条件，获得了较好的实验结果[47-48]。

信号的重构算法是压缩感知理论中非常关键的一部分，旨在由少量的观测值恢复出高维原始信号。最早采用最小 L_2 范数进行求解，该方法有方便的闭合解，但不能得到有限个稀疏解，也就是说，使用这种方法求得的解不具有稀疏性。后来，各国学者对压缩重构算法产生了浓厚的研究热情，也提出了各种丰富的算法，主要分为三类：贪婪追踪算法、凸优化算法和组合算法。

贪婪追踪算法是最基础的优化问题求解算法，它将信号看作原子的加权和，通过迭代方式在信号空间中搜索满足优化条件的解。贪婪追踪算法中最经典的是匹配追踪(MP)算法[49]，它从原子集中寻找与残余分量最接近的原子当作匹配原子，并利用已经获得的匹配原子得到剩余分量，再在原子集中搜索匹配原子，反复迭代，达到一定精度后停止搜索。但由于原子间存在相关性而非正交，导致每次迭代结果的最优性不能得到保证，为此需要较多次的迭代才能得到较好的收敛结果。因此，有学者提出了正交匹配追踪(OMP)算法，它需要在每一步迭代中对所选择的全部原子进行正交化处理，提高了搜索精度，但计算量大，且收敛速度慢。树形匹配追踪算法于2005年被提出[50]，该方法在信号的多尺度分解时，弥补了BP、MP和OMP算法没有考虑稀疏信号在各子带位置的关系的缺陷，在原有基础上提高了重构信号的精度和计算速度。Needell等人基于OMP算法提出了正则正交匹配追踪(ROMP)算法，验证了对一切符合约束等距性条件的矩阵都可以准确重构。除此之外，近年来基于以上算法，各国研究人员又提出了许多改进算法。Donoho提出的分段正交匹配追踪StOMP算法，其收敛速度超过了OMP。压缩采样匹配追踪(Compressive Sampling Matching Pursuit，CoSaMP)算法不仅给出了比OMP、ROMP算法更全面的理论证明，还因其对噪声的鲁棒性而更好地用于重构信号[51]。T. Blumensath提出了基于图像梯度稀疏性的梯度追踪算法和近似共轭梯度追踪算法，都被证明优于MP算法的重构效果[52]。继而Rath和Guillemot提出了补空间匹配追踪算法[53]，Varadarajan等人提出了分段优化子空间追踪算法，都具有较好的信号重构质量[54]。

凸优化算法主要是针对将L_0非凸优化问题转化为凸优化问题来进行求解，计算量大，但重构效果较好。其中最经典的是基追踪算法，该算法从超完备的基字典中寻找信号的最稀疏表示，也就是说，用尽量少的基准确地表示原信号，再通过范数最小化将其转化为有约束的优化问题，并进一步转化为线性规划问题来求解。由基追踪法派生出来的内点法[55]，从几何角度考虑，将优化问题转化为寻找多面体顶点的过程，从多面体的内部点开始搜索迭代，逐步向多面体的顶点靠近，得到满足约束条件的解。Candès提出了凸集投影算法，结合小波阈值处理，完成了在两个凸平面上进行交替投影以实现重建图像的过程[56]。Daubechies Ingrid介绍的迭代收缩(Iterative Shrinkage/Threshold，IST)算法，只要已知步长值和阈值即可求解，但收敛速度较慢[57]。两步迭代收缩(Two-step Iterative Shrinkage/Threshold，TwIST)算法改进了IST算法，在每次迭代时，根据前两次的估计值选择新估计值，这有利于在模糊图像恢复中，更快地找到目标解[58-59]。此外，Figueiredo提出针对稀疏重构的梯度投影算法将优化问题转化为边界约束的二次问题，根据GPSR算法得到变换系数的更新公式，反复迭代更新，从而重构原始信号[60]。Osher等将Bregman迭代应用到压缩感知问题上，将基追踪算法的有条件约束转化为无条件约束问题，并利用快速的定点连续算法解决了L_1最小化问题[61]。在此基础上，Osher Stanley等人又完成了对Bregman算法的改进，提出了只有两行伪代码的线性Bregman算法和分裂算法，加快了收敛速度[62-64]。

组合算法的本质是针对信号进行结构化采样，通过分组测试而快速获得信号。傅里叶采样法[65]、链式追踪算法[66]以及HHS(Heavy Hitters on Steroids)追踪算法[67]是最常见的组合算法的代表。

作为压缩感知理论的研究重点之一，信号重构算法的研究对于进一步推动压缩感知理论的发展起着决定性的作用。目前对重构算法的研究很多,上述三类算法也取得了各自不错的研究成果,但都存在固有的缺点。贪婪追踪算法重构速度最快,但重构效率不够理想。凸优化算法给出了最大的稀疏恢复保证,在观测矩阵满足 RIP 条件时能精确重构所有稀疏信号,但存在重构速度较慢的缺点。组合算法所需的观测次数比凸优化算法少,重构速度也较快,但它只给出了在观测次数满足特定条件下能以高概率重构信号的保证,但不是精确保证[68]。因此,寻找能兼顾信号重构质量和重构速度的算法是目前亟待探索的重要问题之一,这也是重构算法从理论仿真向实际应用推进的重要步骤。因此,重构算法的研究至关重要,还有待进一步的探索。

1.3 结构化压缩感知关键理论及研究现状

在学者们对压缩感知理论进行一系列探索的过程中,压缩感知产生了一个新的分支,这一分支的发展使得压缩感知理论更加多元化,这个分支就是结构化压缩感知[69]。在压缩感知基础理论框架上衍生出的结构化压缩感知具有区别于压缩感知的自身特性,其重点在于将信号和测量中更为实用的结构信息应用到压缩感知过程中,如此改进不仅能提高信号恢复的效率,还能够处理更加广泛的信号类型。

1.3.1 结构化压缩感知关键理论

以往的压缩感知仅局限在单一的有限长度离散时间向量信号,并且观测矩阵多选择随机的元素值,例如随机高斯分布值、随机±1 值的 Rademacher 矩阵等。但是随着压缩感知从理论研究走向实际应用,除稀疏性以外的更多结构化特征被挖掘出来作为信号处理的先验信息,以便更准确地把握信号的特征,减少观测的次数,同时提高恢复的精度。结合信号的结构化稀疏信息,我们甚至可以将信号稀疏性这个苛刻的要求降低为低维度的宽松要求。而最关键的研究点主要包括三方面:第一是如何探索信号本身包含的特征信息,也就是对于结构化的信号,事先提取其中的结构特征,作为先验信息;第二是如何根据采样的硬件结构,设置更为合理的观测矩阵;第三是如何根据信号的本质特征以及观测矩阵,研究基于结构化信息的恢复算法。

随着压缩感知从理论研究逐步走向应用的不断发展,学者们开始重新审视其中的三大关键点。基于信号稀疏表示的随机观测矩阵的设置,忽视了信号在采集过程中所处的采集环境中包含的结构化信息特征,因此,如果能合理地利用这些特征信息构造结构化观测矩阵,替代以往常用的不包含任何结构信息的随机观测矩阵,将会大大减少所需要的观测次数。由此可见,在实际的应用中,除信号的稀疏特征以外,信号中的这些结构化信息也允许我们对信号进行进一步的压缩。另外,充分挖掘信号本身包含的结构化信息,有助于在信号恢复阶段设计更加有效的算法以获得更加精确的恢复结果。

信号的稀疏先验是压缩感知对信号进行感知与恢复过程中仅用到的唯一先验信息,但是该过程忽视了信号中一些内在结构信息。结构化压缩感知理论在传统压缩感知的三个基本模块的基础上,分别引入了结结构化的相关内容,结构化压缩感知的整个流程框架如图 1.2 所示。由图 1.2 可以看出,在信号具有结构化稀疏先验特性的前提下,信号的结构化稀疏先验将作为结构化压缩感知的基础。利用信号的结构化稀疏先验对信号进行感知而得到结构化观测值,原信号就能通过该观测值得到更加准确的还原。结构化压缩感知包括以下三个重要的结构化要素:信号的结构化稀疏表示、信号的结构化压缩观测和信号的结构化优化重构。针对其中任意一个结构化要素的研究,都是结构化压缩感知的一个分支。

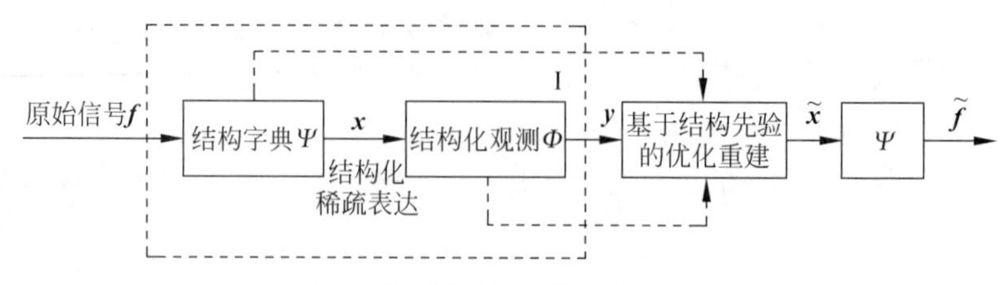

图 1.2 结构化压缩感知过程

1.3.2 结构化压缩感知研究现状

1. 结构化稀疏表示

结构化稀疏表示引入了信号的结构化信息,减少了解的自由度,因此可以获得更稳定和有效的重构。而普通稀疏模型没有把结构化信息引入稀疏表示中,因此常常无法利用信号本身的结构化信息或者先验知识用于更有效的稀疏表示和重构。目前,已知的结构化稀疏模型包括块(组)稀疏、树(层次)稀疏、图稀疏和随机场稀疏等[70]。如图 1.3 所示,块稀疏模型下的稀疏表示向量的非零系数常常聚集在少数组块中,而其他组块上的稀疏都是零值。因此可以利用已知的块组结构信息,对块稀疏表示向量更加有效地重构。树稀疏的表示向量可以利用小波变换系数之间的连续关系的先验信息,这是因为小波变换系数处在同一个根的连接树上,如果子节点系数非零,那么它的父节点系数一定也是非零的。可以利用这种层次信息对树稀疏表示向量进行更加有效的估计重构。

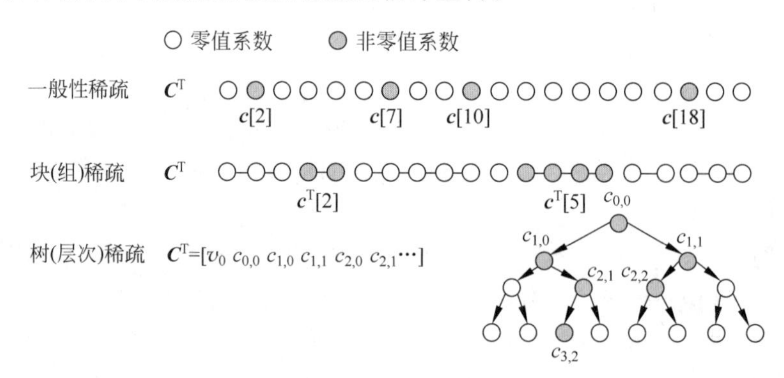

图 1.3 普通稀疏与结构化稀疏

目前已有许多结构化字典学习方法被提出,这些方法利用字典内原子之间的结构信息,引入相应的各类范数进行约束来学习优化字典,使得训练集中的信号在所学的字典上具有结构化稀疏表示。已有学者提出块稀疏字典学习方法,如 Zelnik-Manor 等人[71]提出 BK-SVD(Block K-SVD)字典学习算法,该方法在给定信号训练集上,使用字典的块结构作为先验知识,通过依次对表示矩阵和字典之间的交替更新迭代,最终获得最优的字典和块稀疏表示。当块长度为 1 时,块稀疏模型就变换成一般性稀疏模型,因此该方法可以看作 K-SVD 算法在结构化稀疏模型上的一种推广。随后在 BK-SVD 的基础上,湖南大学李树涛等人[72]提出了基于群稀疏和图正则化的词典学习算法，该算法通过引入块内原子的局部几何结构信息，结合块稀疏约束项和图正则项，对稀疏编码矩阵和字典进行交替更新迭代优化。Jenatton 等人[73]对树稀疏字典学习进行了研究，提出了基于树结构稀疏正则化的分层字典学习方法。该方法引入字典原子之间的树层次信息，通过主-对偶优化以及加速梯度方法对信号的树稀疏表示进行求解。

2. 结构化观测矩阵设计

结构化压缩观测使用与信号结构或传感器感知模式相匹配的结构化观测矩阵，解决了当信号维数很高时，传统压缩感知使用随机观测矩阵（如随机高斯矩阵）导致复杂度过高的问题。事实上，传感模式的物理特性和传感设备的性能常常限制了可在特定应用中实现的压缩感知矩阵的类型。此外，在模拟采样的背景下，压缩感知的主要目的之一是构建模拟采样器，从而获得亚奈奎斯特采样频率。这些都涉及实际的硬件和结构化的传感设备。硬件方面的考虑需要更精细的信号模型，以尽可能减少恢复所需的测量数量。随机观测矩阵通常不适用于实际应用，进而学者们开始从结构化压缩感知矩阵中寻找可用替代方案。目前，结构化的观测矩阵主要有欠采样不相关基、结构化欠采样矩阵、欠采样循环矩阵和可分离矩阵[74]。

（1）欠采样不相关基，即简单地选择一个和稀疏基不相关的正交基矩阵，然后用其子矩阵作为压缩感知测量矩阵。数学描述如下：给定正交基矩阵$\boldsymbol{\Phi} \in \mathbf{R}^{N\times N}$，其中，$\boldsymbol{\Phi} = [\phi_1, \phi_2, \cdots, \phi_N]$的每一列为不同的基元素。设$\bar{\boldsymbol{\Phi}}$为$\boldsymbol{\Phi}$的一个$N\times M$的子矩阵，其中的基向量由$\boldsymbol{\Phi}$中索引值$\Gamma$对应的列向量组成，则可以定义压缩感知测量值为$y=\bar{\boldsymbol{\Phi}}^{\mathrm{T}}x$。

（2）结构化欠采样矩阵，即该矩阵所得观测值不与信号在某个稀疏基下的系数对应，而是对应于多个信号系数的线性组合[75]。数学描述如下：考虑一个矩阵乘积$\boldsymbol{\Phi}=\boldsymbol{RU}$，其中$\boldsymbol{R}$为一个$P\times N$的混合矩阵，$\boldsymbol{U}$为基矩阵。那么通过从矩阵$\boldsymbol{\Phi}$的$P$行中随机选择$M$行，然后将所得矩阵的列标准化即可得到压缩感知观测矩阵$\bar{\boldsymbol{\Phi}}$。

（3）欠采样循环矩阵，即使用托普利兹和循环结构作为压缩感知观测矩阵[76-78]。与一般的压缩感知矩阵相比，由于矩阵行、列的循环重复，欠采样循环矩阵有更低的自由度。数学描述如下：设一个循环矩阵$\boldsymbol{U}$，每一个对角的输入相同，且第 2 行和随后行的第 1 个元素于前 1 行最后一个元素相等。通过对矩阵$\boldsymbol{U}$的随机欠采样可得压缩感知观测矩阵，即给定一个$M\times N$的欠采样矩阵$\boldsymbol{R}$，观测矩阵$\boldsymbol{\Phi}=\boldsymbol{RU}$。

（4）可分离矩阵，即由 Kronecker 积构成的观测矩阵，可以高效地观测非常大的信号或者高维信号[79-81]。

3. 结构化重构算法设计

结构化重构算法克服一般稀疏重构算法自由度高的问题，它通过引入信号的结构模型，将其作为重构逆问题的可行解选择的先验知识来约束可行解空间，降低了解空间维度，减少了解的自由度，进而有效地降低了必要的采样测量数量，使得基于结构化稀疏的压缩感知重构算法可以获得更好的重构质量和更快的重构速度。此外，结构化信息的引入可以将对有限维信号的压缩感知过程扩展到对无限维信号的处理[82-83]。

基于块稀疏模型的重构算法已有众多学者研究，哥伦比亚大学袁明教授在块稀疏模型上将 Lasso 算法推广为 Group Lasso 算法[84]。随后，Eldar 等人将 BP 算法进行推广，将块稀疏信号的重构建模成混合 $L_{2,1}$ 范数优化问题，通过凸优化的方法对其进行二阶锥规划求解。紧接着，他们又将 MP、OMP 算法扩展为块稀疏匹配追踪和块稀疏正交匹配追踪算法[85]。在 OMP 算法的基础上，同步正交匹配追踪算法使用残差矩阵去替代传统方法中的残差向量，对稀疏矩阵中的行向量进行更新[86]。在贝叶斯框架下，Wipf 等人将稀疏贝叶斯学习方法进行推广，提出了 M-SBL 算法，该方法使用自动相关决策方法求解多测量向量问题[87-89]。这里 MMV 模型可被看作为块稀疏模型的一种子模型[90]。

此外，基于树稀疏模型的重构算法也被相应提出。在传统贪婪算法基础上引入树稀疏结构模型进行扩展，Baraniuk 等人提出了基于模型的 CoSaMP 算法[91]、Duarte 等人提出了树匹配追踪算法[92]以及伊利诺伊大学香槟分校的 Minh N. Do 教授提出了树正交匹配追踪算法[93]。与此同时，还有一些方法构造混合的结构化稀疏模型，如 Jacob 等人以及 Jenatton 等人在 Group Lasso 方法的基础上，加入其他类型的结构化稀疏进行形式更加复杂的重构求解[94-95]。

1.4 结构化压缩感知面临的挑战

目前，传统压缩感知重构算法和结构化压缩感知重构算法的研究已经有很多，并已取得了较多的成果，但仍存在许多有待解决的问题。

1. 适用于高维数据的稀疏重构算法

传统压缩感知理论已证明在对观测矩阵的 RIP 性质的约束下，L_1 范数和 L_0 范数优化问题的解具有等价性，但验证给定矩阵是否满足 RIP 性质是一个 NP-难问题。目前仅已证明满足特定分布的某些随机矩阵能以高概率满足 RIP 性质。虽然 L_1 范数是距离 L_0 范数最近的凸稀疏测度[96]，但一般的实际信号都无法满足 RIP 性质。L_1 范数优化问题无法区分稀疏系数的位置，尽管重构的信号在整体上逼近于原始信号，但存在位置混淆现象，往往与真实稀疏解之间有过大的差距，出现人工效应。此外，一些传统的 L_1-凸优化的算法（例如，BP 算法）重构的计算复杂度为 $O(N^3)$，当信号维度较高，或图像数据量较大时，其计算复杂度难以接受[97-99]。对稀疏信号重构问题中的 L_0 范数约束使用 L_P-范数（$0<P<1$）松弛是一种很自然的改进方法。如前所述，目前已有一些学者对 L_P-范数下的松弛压缩感知框架给出了理论分析，设计了相应的重构算法。实验结果表明，L_P-范数优化在低采样频率下优于 L_1-范数重构模型。但 L_P-范数优化是非凸函数优化问题，有很多数学问题有待解决。因此如何设计快速、有效且适用于高维数据的 L_P-非凸优化重构算法是有待进一步研究的一个方向，也是结构化压缩感知理论及应用能否趋于多元化的关键一步。

2. 适用于多结构模型组合的稀疏重构算法

从结构化压缩感知的理论和实践中可以看到，将信号超稀疏性的结构信息融入压缩感知的采样和重构过程，能够有效地降低压缩测量数量，获得信号更为精确的重构。结构化压缩感知的理论与应用研究主要建立在 MMV 模型和子空间联合模型的基础之上，使用的是预先设定的结构模型。但由于自然信号的复杂性和不确定性，信号内部隐含着多种不同的结构信息。为了应用这些结构信息，如何在采样过程中设计包含结构信息的测量方法，或者如何从压缩测量中学习和挖掘有效的结构信息，并构建合理的信号结构模型是结构化压缩感知重构的基础工作，也是其重要研究方向之一。

对基于 MMV 模型和子空间联合模型的结构化压缩感知重构问题，研究者们常采用基于混合范数的凸松弛方法或者贪婪方法来进行求解。然而，随着更为复杂、形态不同的多种结构模型的引入，使得结构化压缩感知重构问题具有显著的非凸性。针对此问题，设计快速、有效、鲁棒的基于多结构模型组合的结构化压缩感知重构算法是结构化压缩感知研究面临的重要问题。

3. 适用于任意稀疏结构的压缩感知理论框架

目前，现存大部分结构化压缩感知方法所使用的结构都是预先设定好的模型，虽然一些研究者为结构稀疏信号重构问题提出了通用的算法模板[100]，但其在实际应用时并不能适用于不同类型的结构模型。因此，为结构化压缩感知的结构稀疏性建立更为普适的理论框架以及设计基于通用稀疏结构表示的更普遍适用算法是一个开放性问题及研究热点。

综上所述，自压缩感知理论提出，虽然经过专家学者多年的努力，已从传统压缩感知理论发展到结构化压缩感知理论，并且在信号、图像等重建领域已经取得了一系列的研究成果，但要将压缩感知理论应用于实际，将其发展为能够真正地处理连续时间的模拟信号，在重建问题方面仍需进一步探索，构造快速、稳定、准确和更为普适的信号重建算法，从而进一步降低采样频率、提高重构质量。

1.5 本书结构及内容安排

本书包括九章内容，各章内容安排如下：

第 1 章首先简要介绍压缩感知理论的发展、应用及研究现状，在此基础之上详细阐述结构化压缩感知理论及研究现状，并论述其相比于压缩感知的独特优势，最后总结压缩感知和结构化压缩感知目前所面临的困境。

第 2 章主要论述结构化压缩感知相关理论，包括压缩感知基本理论、结构化压缩感知理论框架、典型结构化稀疏信号模型、结构化稀疏表示、结构化观测矩阵设计、结构化重构算法。

第 3 章重点介绍几种典型结构化压缩感知方法，主要包括块稀疏压缩感知、联合稀疏压缩感知、高斯联合稀疏张量压缩感知。

第 4 章给出稀疏阶估计方法，包括基于特征值的稀疏阶估计和基于迹的稀疏阶估计，并将两个算法的计算复杂度和仿真结果进行对比分析。

第 5 章探讨块稀疏压缩感知在一维谱空穴检测中的应用，首先给出谱空穴检测概念，然后给出基于动态组稀疏的频域谱空穴检测方法，最后给出基于块稀疏的空间谱估计方法。

第 6 章论述联合稀疏压缩感知在二维谱空穴检测中的应用，首先给出二维联合稀疏表示定义，然后给出频-空二维联合稀疏表示模型和频-角联合稀疏表示模型，最后给出基于联合稀疏结构的频-空二维谱空穴检测算法和频-角谱空穴检测算法。

第 7 章探讨准联合稀疏压缩感知在三维谱空穴检测中的应用，首先建立索引调制和自适应索引调制信号模型；其次给出空-频索引调制信号的准联合稀疏表示和自适应索引调制信号的时-频-调制三维稀疏表示；再次介绍基于联合稀疏索引删除-投影残差分析的索引调制识别算法；最后阐述基于联合稀疏索引删除-投影残差分析-马氏距离的时-频-调制三维谱空穴检测算法。

第 8 章论述结构化压缩感知在信道估计中的应用，主要包括基于多路径选择的时-频联合稀疏多频带水声信道估计方法、基于贪婪算法的角-频联合稀疏信道估计方法、基于分组优化的多测量联合稀疏 OFDM 线性时变信道估计方法、基于块稀疏似零范数的水声信道估计方法以及面向 5G 的块稀疏信道估计方法。

第 9 章阐述结构化压缩感知在毫米波信道估计中的应用，主要包括块稀疏压缩感知在多面板天线毫米波 MIMO 信道估计中的应用、群稀疏压缩感知在双选择毫米波 MIMO 信道估计中的应用以及群稀疏压缩感知在混合模拟/数字毫米波 MIMO 信道估计中的应用。

1.6 本章小结

本章从香农-奈奎斯特采样定理的局限性中引出压缩感知的基本理论，总结了压缩感知在信号恢复方面的优势，从信号的稀疏表示、观测矩阵的设计和信号的重构算法三方面对压缩感知进行了介绍。在传统压缩感知基础上，引出结构化压缩感知理论，对结构化压缩感知所涉及的基本模型和关键技术进行了阐述。结构化压缩感知扩展了所能处理的信号类型，从而实现对更广泛类型信号准确有效地重建。根据现有研究结果，归纳和总结出结构化压缩感知研究目前所面临的挑战，并对其做了简要分析，以便广大学者对其展开研究和探讨。最后简单梳理本书的结构和内容安排。

参考文献

[1] Kašin B S. The widths of certain finite-dimensional sets and classes of smooth functions[J]. *Izvestiia Akademii Nauk SSSR. Seriia Khimicheskaia*, 1977, 41(2): 334-351.

[2] Candès E J, Romberg J, Tao T. Robust uncertainty principles: exact signal reconstruction from highly incomplete frequency information[J]. *IEEE Transactions on Information Theory*, 2006, 52: 489-509.

[3] Donoho D L. Compressed sensing [J]. *IEEE Transactions on Information Theory*, 2006, 52: 1289-1306.

[4] Tsaig Y, Donoho D L. Extensions of compressed sensing[J]. *Signal Processing*, 2006, 86: 549-571.

[5] Candès E J, Tao T. Near-optimal signal recovery from random projections: Universal encoding strategies[J]. *IEEE Transactions on Information Theory*, 2006, 52: 5406-5425.

[6] Candès E J. Compressive sampling[J]. *Proceedings of the International Congress of Mathematicians*, 2006, 3: 1433-1452.

[7] Baraniuk R G. Compressive Sensing[J]. *IEEE Signal Processing Magazine*, 2007, 24: 118-121.

[8] Candès E J, Wakin M B. An introduction to compressive sampling[J]. *IEEE Signal Processing Magazine*, 2008, 25: 21-30.

[9] Tropp J A, Laska J N, Duarte M F, et al. Beyond Nyquist: efficient sampling of sparse bandlimited signals[J]. *IEEE Transactions on Information Theory*, 2010, 56: 520-544.

[10] Mishali M, Eldar Y C. Blind Multiband Signal Reconstruction: Compressed Sensing for Analog Signals[J]. *IEEE Transactions on Signal Processing*, 2009, 57: 993-1009.

[11] Zhang P, Hu Z, Qiu R C, et al. A Compressed Sensing Based Ultra-Wideband Communication System [C]. *IEEE International Conference on Communications*, 2009, 1-5.

[12] Majumdar A, Ward R K. Compressed sensing of color images[J]. *Signal Processing*, 2010, 90: 3122-3127.

[13] Haupt J, Nowak R. Signal reconstruction from noisy random projections[J]. *IEEE Transactions on Information Theory*, 2006, 52(9): 4036-4048.

[14] Cevher V, Gurbuz A C, Mc Clellan J H, et al. Compressive wireless arrays for bearing estimation[C]. *IEEE International Conference on Acoustics, Speech and Signal Processing*, 2008, 2497-2500.

[15] Gurbuz A C, Mc Clellan J H, Cevher V. A compressive beamforming method [C]. *IEEE International Conference on Acoustics, Speech and Signal Processing*, 2008, 2617-2620.

[16] Takhar D, Bansal V, Wakin M, et al. A compressed sensing camera: new theory and an implementation using digital micromirrors[C]. *Computational Imaging IV*, 2006.

[17] Boufounos P T, Baraniuk R G. 1-bit compressive sensing[C]. *Conference on Information Sciences and Systems*, 2008, 16-21.

[18] Bruckstein A M, Elad M, Zibulevsky M. Sparse non-negative solution of a linear system of equations is unique[C]. *International Symposium on Communications, Control and Signal Processing*, 2008, 762-767.

[19] Duarte M F, Eldar Y C. Structured compressed sensing: from theory to applications[J]. *IEEE Transactions on Signal Processing*, 2011, 59(9): 4053-4085.

[20] Ji S, Xue Y, Carin L. Bayesian compressive sensing[J]. *IEEE Transactions on Signal Processing*, 2008, 56(6): 2346-2356.

[21] Qi Y T, Liu D H, Dunson D, et al. Bayesian multi-task compressive sensing with dirichlet process priors[C]. *International Conference on Machine Learning*, 2008, 768-775.

[22] Seeger M W. Nickish H. Compressed sensing and Bayesian experimental design[C]. *International Conference on Machine Learning*, 2008, 912-919.

[23] Duarte M F, Baraniuk R G. Spectral compressive sensing [J]. *Applied and Computational Harmonic Analysis*, 2013, 35(1): 111-129.

[24] Guo W, Yin W. Edge CS: an edge guided compressive sensing reconstruction[C]. *Visual Communications and Image Processing 2010*, 77440: 1-10.

[25] Duarte M F, Baraniuk R G. Kronecker compressive sensing [J]. *IEEE Transactions on Image Processing*, 2012, 21(2): 494-504.

[26] Gan L. Block compressed sensing of natural images[C]. *IEEE Conference on 15th International Digital Signal Processing*, Cardiff, 2007, 403-406.

[27] Willett R, M, Gehm M E, Brady D J. Multiscale reconstruction for computational spectral imaging [C]. *Computational Imaging V*, 2007: 64980L.

[28] Goyal V K, Fletcher A K, Rangan S. Compressive sampling and lossy compression[J]. *IEEE Signal Processing Magazine*, 2008, 25(2): 48-56.

[29] Baboulaz L, Dragotti P L. Exact feature extraction using finite rate of innovation principles with an application to image super-resolution[J]. *IEEE Transactions on Image Processing*, 2009, 18(2): 281-298.

[30] Takhar D, Laska J, Wakin M, et al. A new compressive imaging camera architecture using optical-domain compression[C]. *Computational Imaging IV*, 2006, 606509: 1-10.

[31] Lustig M, Donoho D, Pauly J M. Sparse MRI: the application of compressed sensing for rapid MR imaging[J]. *Magnetic Resonance in Medicine*, 2007, 58(6): 1182-1195.

[32] Jung H, Sung K, Krishna S, et al. K-t FOCUSS: a general compressed sensing framework for high resolution dynamic MRI[J]. *Magnetic Resonance in Medicine*, 2009, 61: 103-116.

[33] Kim Y, C, Narayanan S, S, Nayak K S. Accelerated three dimensional upper airway MRI using compressed sensing[J]. *Magnetic Resonance in Medicine*, 2009, 61: 1434-1440.

[34] Candes E J, Tao T. Near optimal signal recovery from random projections: universal encoding

strategies[J]. *IEEE Transaction on Information Theory*, 2006, 52(12): 5406-5425.

[35] Peyre G. Best basis compressed sensing[J]. *IEEE Transaction on Signal Processing*, 2010, 58(5): 2613-2622.

[36] Rauhut H, Schnass K, Vandergheynst P. Compressed sensing and redundant dictionaries[J]. *IEEE Transaction on Information Theory*, 2008, 54(5): 2210-2219.

[37] Neff R, Zakhor A. Very low bit-rate video coding based on matching pursuits[J]. *IEEE Transaction on Circuits and Systems for Video Technology*, 1997, 7(1): 158-171.

[38] Chen S S, Donoho D L, Saunders M A. Atomic decomposition by basis pursuit[J]. *Society for Industrial and Applied Mathematics Journal on Scientific Computer*, 1998, 20(1): 33-61.

[39] Tropp J A, Gilbert A C. Signal recovery from random measurements via orthogonal matching[J]. *IEEE Transaction on Information Theory*, 2007, 53(12): 4655-4666.

[40] Donoho D L, Tsaig Y, Drori I, Starck J L. Sparse solution of underdetermined linear equations by stagewise orthogonal matching pursuit[R]. *Technical Report*, 2006.

[41] Needell D, Vershynin R. Uniform uncertainty principle and signal recovery via regularized orthogonal matching pursuit[J]. *Foundations of Computational Mathematics*, 2009, 9(3): 317-334.

[42] Candes E J, Tao T. Decoding by linear programming[J]. *IEEE Transaction on Information Theory*, 2005, 51(12): 4203-4215.

[43] Do T T, Tran T D, Gan L. Fast compressive sampling with structurally random matrices[C]. *IEEE International Conference on Acoustics*, 2008, 3369-3372.

[44] Bajwa W U, Haupt J D, Raz G M, et al. Toeplitz structured compressed sensing matrices[C]. *IEEE Workshop on Statistical Signal Processing*, 2007, 294-298.

[45] Xu J P, Pi Y M, Cao Z J. Optimized projection matrix for compressive sensing[J]. *EURASIP Journal on Advances in Signal Processing*, 2010: 43.

[46] 练秋生,高彦彦,陈书贞. 基于两步迭代收缩法和复数小波的压缩传感图像重构[J]. 仪器仪表学报, 2009, 30(7): 1426-1431.

[47] 方红,章权兵,韦穗. 基于亚高斯随机投影的图像重建方法[J]. 计算机研究与发展, 2008, 45(8): 1402-1407.

[48] 方红,章权兵,韦穗. 基于非常稀疏随机投影的图像重建方法[J]. 计算机工程与应用, 2007, 43(22): 25-27.

[49] Mallat S G, Zhang Z F. Matching pursuits with time-frequency dictionaries[J]. *IEEE Transaction on Signal Processing*, 1993, 41(12): 3397-3415.

[50] DO M N, La C. Signal reconstruction using sparse tree representation[J]. *Proceedings of the International Society for Optical Engineering*, 2005, 5914(5914): 273-283.

[51] Needell D, Tropp J A. CoSaMP: iterative signal recovery from incomplete and inaccurate samples [J]. *Applied and Computational Harmonic Analysis*, 2009, 26(3): 301-321.

[52] Blumensath T, Davies M E. Gradient pursuits[J]. *IEEE Transactions on Signal Processing*, 2008, 56(6): 2370-2382.

[53] Rath G, Guillemot C. A complementary matching pursuit algorithm for sparse approximation[C]. *European Signal Processing Conference*, 2008, 164.

[54] Varadarajan B, Khudanpur S, Tran T D. Stepwise optimal subspace pursuit for improving sparse recovery[J]. *IEEE Signal Processing Letters*, 2011, 18(1): 27-30.

[55] Forsgren A, Gill P E, Wright M H. Interior methods for nonlinear optimization[J]. *Society for Industrial and Applied Mathematics Review*, 2002, 44(4): 525-597.

[56] Candes E J, Romberg J K. Practical signal recovery from random projections[J]. *Proceedings of the International Society for Optical Engineering*, 2005, 5674: 76-86.

[57] Daubechies I,Defrise M,Mol C D. An iterative thresholding algorithm for linear inverse problems with a sparsity constraint[J]. *Communications on Pure and Applied Mathematics*,2004,57(11):1413-1457.

[58] Bioucas-Dias,Jose M,Figueiredo Mario A T. Two-step algorithms for linear inverse problems with non-quadratic regularization[C]. *IEEE International Conference on Image Processing*,2007.

[59] Bioucas-Dias,Jose M,Figueiredo Mario A T. A New TwIST: Two-step iterative shrinkage/thresholding algorithms for image restoration[J]. *IEEE Transaction on Image Processing*,2007,16(12):2992-3004.

[60] Figueiredo Mario A T,Nowak Robert D,Wright Stephen J. Gradient projection for sparse reconstruction: application to compressed sensing and other inverse problems[J]. *IEEE Journal of Selected Topics in Signal Processing*,2007,1(4):586-597.

[61] Yin W,Osher S,Goldfarb D,et al. Bregman iterative algorithms for l1-minimization with applications to compressed sensing[J]. *Society for Industrial and Applied Mathematics Journal on Imaging Sciences*,2008,1(1):143-168.

[62] Osher S,Mao Y,Dong B,et al. Fast linearized Bregman iteration for compressive sensing and sparse denoising[J]. *Communications in Mathematical Sciences*,2010,8(1):93-111.

[63] Cai J F,Osher S,Shen Z W. Linearized Bregman iterations for compressed sensing[J]. *Mathematics of Computation*,2009,78(267):1515-1536.

[64] Goldstein T,Osher S. The split Bregman algorithm for l1 regularized problems[J]. *Society for Industrial and Applied Mathematics Journal on Imaging Sciences*,2009,2(2):323-343.

[65] Gilbert A C,Guha S,Indyk P,et al. Near-optimal sparse Fourier representations via sampling[C]. *ACM Symposium on Theory of Computing*,2002,152-161.

[66] Gilbert A C,Strauss M J,Tropp J A,et al. Algorithmic linear dimension reduction in the L1 norm for sparse vectors[C]. *Allerton Conference on Communication,Control and Computing*,2007,1411-1418.

[67] Gilbert A C,Strauss M J,Tropp J A,et al. One sketch for all: fast algorithms for compressed sensing[C]. *ACM Symposium on Theory of Computing*,2007,237-246.

[68] 方红,杨海蓉. 贪婪算法与压缩感知理论[J]. 自动化学报,2011,37(12):1413-1421.

[69] 刘芳,武娇,杨淑媛,等. 结构化压缩感知研究进展[J]. 自动化学报,2013,39(12):1980-1995.

[70] Huang J,Zhang T,Metaxas D. Learning with structured sparsity[J]. *Journal of Machine Learning Research*,2011,12:3371-3412.

[71] Zelnik-Manor L,Rosenblum K,Eldar Y C. Dictionary optimization for block-sparse representations[J]. *IEEE Transactions on Signal Processing*,2012,60(5):2386-2395.

[72] Shutao L,Yin H,Fang L. Group-sparse representation with dictionary learning for medical image denoising and fusion[J]. *IEEE Transactions on Biomedical Engineering*,2012,59(12):3450-3459.

[73] Jenatton R,Mairal J,Obozinski G,et al. Proximal methods for hierarchical sparse coding[J]. *Journal of Machine Learning Research*,2011,12:2297-2334.

[74] Duarte M F,Eldar Y C. Structured compressed sensing: from theory to applications[J]. *IEEE Transactions on Signal Processing*,2011,59(9):4053-4085

[75] Bajwa W U,Sayeed A M,Nowak R. A restricted isometry property for structurally-subsampled unitary matrices[C]. *Allerton Conference on Communication,Control,and Computing*,2009,1005-1012.

[76] Rauhut H,Romberg J A. Restricted isometries for partial random circulant matrices[J]. *Applied and Computational Harmonic Analysis*,2012,32(2):242-254.

[77] Xu W Y,Bai E,Cho M. Toeplitz matrix base sparse error correction in system identification: outliers

and random noises[C]. *Speech & Signal Processing*, 2013, 6640-6644.

[78] Valsesia D, Magli E. Compressive signal processing with circulant sensing matrices [C]. *IEEE International Conference on Acoustics, Speech and Signal Processing*, 2014, 1015-1019.

[79] Duarte M F, Baraniuk R G. Kronecker compressive sensing [J]. *IEEE Transactions on Image Processing A Publication of the IEEE Signal Processing Society*, 2012, 21(2): 494-504.

[80] Liu J, Psarakis E, Stamos I. Automatic Kronecker product model based detection of repeated patterns in 2D urban images[C]. *IEEE International Conference on Computer Vision*, 2013, 401-408.

[81] Zhang B, Tong X, Wang W, et al. The research of Kronecker product-based measurement matrix of compressive sensing [J]. *EURASIP Journal on Wireless Communications and Networking*, 2013(1): 1-5.

[82] Eldar Y C, Mishali M. Robust recovery of signals from a structured union of subspaces[J]. *IEEE Transactions on Information Theory*, 2009, 55(11): 5302-5316.

[83] Baraniuk R, Cevher V, Duarte M, et al. Model-based compressive sensing[J]. *IEEE Transactions on Information Theory*, 2010, 56(4): 1982-2001.

[84] Yuan M, Lin Y. Model selection and estimation in regression with grouped variables[J]. *Journal of the Royal Statistical Society Series B*, 2006, 68(1): 49-67.

[85] Eldar Y C, Kuppinger P, Bocskei H. Block-sparse signals: uncertainty relations and efficient recovery [J]. *IEEE Transactions on Signal Processing*, 2010, 58(6): 3042-3054.

[86] Tropp J A, Gilbert A C, Strauss M J. Algorithms for simultaneous sparse approximation. Part I: greedy pursuit[J]. *Signal Processing*, 2006, 86(3): 572-588.

[87] Wipf D P, Rao B D. An empirical Bayesian strategy for solving the simultaneous sparse approximation problem[J]. *IEEE Transactions on Signal Processing*, 2007, 55(7): 3704-3716.

[88] Mackay D. Bayesian nonlinear modeling for the prediction competition [J]. *Ashrae Transactions*, 1993, 100(2): 221-234.

[89] Neal R M. Bayesian learning for neural networks [M]. *IEEE Transactions on Neural Networks*, 1997, 8(2): 456-456.

[90] Davies M E, Eldar Y C. Rank awareness in joint sparse recovery [J]. *IEEE Transactions on Information Theory*, 2012, 58(2): 1135-1146.

[91] Baraniuk R G, Cevher V, Duarte M F, et al. Model-based compressive sensing [J]. *IEEE Transactions on Information Theory*, 2010, 56(4): 1982-2001.

[92] Marco D, Michael W, Richard B. Fast reconstruction of piecewise smooth signals from random projections[C]. *SPARS Workshop*, 2005.

[93] La C, Do M N. Tree-based orthogonal matching pursuit algorithm for signal reconstruction[C]. *IEEE International Conference on Image Processing*, 2007.

[94] Jacob L, Obozinski G, Vert J P. Group Lasso with overlap and graph Lasso[C]. *Proceedings of the 26th Annual International Conference on Machine Learning*, 2009, 433-440.

[95] Jenatton R, Audibert J Y, Bach F. Structured variable selection with sparsity-inducing norms[J]. *Journal of Machine Learning Research*, 2011, 2777-2824.

[96] Candès E J, Tao T. Decoding by linear programming [J]. *IEEE Transactions on Information Theory*. 2005, 51(12): 4203-4215.

[97] 石光明，刘丹华，高大化，等. 压缩感知理论及其研究进展[J]. 电子学报，2009，37(5): 1071-1081.

[98] 焦李成，杨淑媛，刘芳，等. 压缩感知回顾与展望[J]. 电子学报，2011，39(7): 1651-1662.

[99] Candes E J, Romberg J K. Practical signal recovery from random projections[J]. *Proceedings of the International Society for Optical Engineering*, 2005, 5674: 76-86.

[100] Baraniuk R G, Cevher V, Duarte M F, et al. Model-based compressive sensing [J]. *IEEE Transactions on Information Theory*, 2010, 56(4): 1982-2001.

第2章

结构化压缩感知理论基础

2.1 引言

2004年，Candès和Donoho等人在泛函分析和逼近论的基础上，结合信号稀疏表示理论提出了一个全新的信号采样和恢复理论，即压缩感知理论[1-4]。与传统的奈奎斯特采样定理不同，压缩感知同时完成了对信号的采样和压缩，在信号的采样阶段很好地避免了大量冗余数据的产生。在压缩感知理论中，信号的采样频率不再取决于信号的带宽，而是取决于信号本身的稀疏性或可压缩性。信号的稀疏性是信号的一种本身属性，是信号结构、内容的一种本质体现。相比于信号带宽，其稀疏性更能体现信号的特性和信号携带信息的构成。压缩感知理论指出：当信号具有稀疏性或者具有可压缩性时，就可以利用一个与变换基不相干的测量矩阵将变换所得的高维信号线性投影到一个低维空间上，得到测量信号，可以保证低维测量信号中包含了高维测量信号的全部信息，然后在处理时通过求解一个稀疏最优化问题就可以精确或高概率精确恢复出原信号。在该理论框架下，采样频率不再取决于信号的带宽，而是取决于信号的稀疏性以及测量矩阵和变换矩阵之间的非相干性；信号的处理不再是通过高速采样尽可能多地获取数据，再通过压缩编码去除冗余数据，而是通过远低于奈奎斯特采样频率的采样频率直接获取必要的采样数据，从而在信号采样阶段就避免了海量数据的产生。

压缩感知突破了传统的奈奎斯特采样理论的限制，已经在许多领域体现出了其独特的优势。然而这种传统的压缩感知理论是以信号固有的稀疏性或可压缩性为基础，在信号的压缩采样过程中，仅考虑信号中非零元素的个数，非零元素的位置可以随机分布，没有考虑到信号本身所具有的一些结构信息。随着压缩感知理论研究的不断深入，人们发现，当信号具有一些特定的结构时，将信号的结构信息融入压缩感知理论中，可以获得更好的结果。于是2011年Duarte和Eldar等人在传统压缩感知理论基础上提出了结构化压缩感知的概念[1,5]。结构化压缩感知即在利用压缩感知理论对信号进行处理时，我们不但要将信号固有的稀疏性作为先验信息，还可以根据信号自身所包含的一些结构特性，构造出与其相适应的结构化观测矩阵，然后利用结构化的重构算法来恢复信号，从而提高信号的重构性能。结构化压缩感知为拓宽传统压缩感知理论提供了新的思路，通过将更多、更复杂的信号模型所蕴含的结构先验信息融入压缩感知中，从而实现对实际应用中更广泛的信号模型的恢复处理。

本章将围绕结构化压缩感知理论框架展开阐述，为了增强可读性，首先简要介绍压缩感知基本原理，主要包括压缩感知的三个核心问题，即稀疏表示、压缩测量和信号重构；其次给出结构化压缩感知基本框架及结构化稀疏信号模型；然后详细阐述结构化压缩感知的三个重要环节：结构化稀疏表示、结构化观测矩阵、结构化重构方法；再然后介绍几类典型结构化压缩感知，包括块稀疏压缩感知、联合稀疏压缩感知、贝叶斯框架下的块稀疏压缩感知；最后介绍基于高斯联合稀疏结构的张量压缩感知。

2.2 压缩感知基本原理

传统的信号处理和获取过程主要包括采样、量化变换、压缩编码和信号重构四部分，如图 2.1 所示。首先利用奈奎斯特采样定理对原始信号进行采样，再对得到的采样样本进行量化变换，并对其中重要系数的幅度和位置进行压缩编码，最后将得到的编码值进行存储或传输，并在需要信号信息时，对其进行信号重构。基于奈奎斯特采样定理的信号处理技术，使得硬件系统和数据存储系统面临着很大的压力。这种传统信号处理方法除利用信号是带宽有限的假设外，没有利用任何其他的先验信息，而且在后期数据处理过程中，由于大量变换得到的小系数被丢弃，所以造成了数据计算和内存资源的严重浪费。

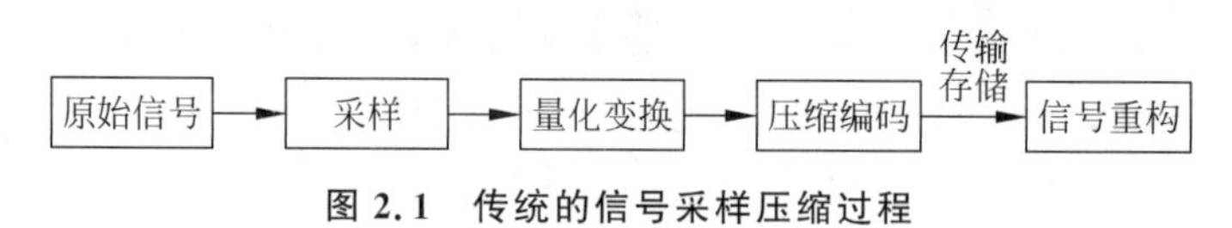

图 2.1 传统的信号采样压缩过程

压缩感知理论的提出为信号处理技术提供了新的思路，实现了对信号同时进行压缩和采样，并且以少量的观测数据通过求解一个优化问题重构出原始信号，从而在很大程度上降低采样频率，节约了信号处理系统的存储和传输资源。

一个信号 $\boldsymbol{x}\in\mathbf{C}^{N\times 1}$ 具有稀疏性是指存在一个表示矩阵 $\boldsymbol{\Psi}$ 及相应的 N 维表示系数 $\boldsymbol{\alpha}$，使得 $\boldsymbol{x}=\boldsymbol{\Psi}\boldsymbol{\alpha}$，其中 $\boldsymbol{\alpha}$ 必须至多含有 $\boldsymbol{K}(K\ll N)$ 个非零元素。稀疏性是一个理想的数学模型，然而在实际应用中，所考虑的信号往往不满足稀疏性。另一个具有广泛适用性的模型是：可以利用表示矩阵 $\boldsymbol{\Psi}$ 中少数的列向量的线性组合去逼近原信号，即存在一个只有 K 个非零项的系数向量 $\boldsymbol{\alpha}_K$，使得 $\|\boldsymbol{\alpha}_K-\boldsymbol{\alpha}\|\leqslant\varepsilon$，其中 ε 是一个足够小的数，这种信号称为可压缩的。只要选择合适的 $\boldsymbol{\Psi}$，几乎所有的信号都能够满足可压缩性。

考虑一个有限长离散时间实值信号 $\boldsymbol{x}\in\mathbf{R}^{N\times 1}$，根据调和分析理论可知，$\boldsymbol{x}$ 可以表示为一组标准正交基的线性组合，其表示如下：

$$\boldsymbol{x}=\sum_{n=1}^{N}\alpha_n\boldsymbol{\psi}_n=\boldsymbol{\Psi}\boldsymbol{\alpha} \tag{2.1}$$

式中，$\boldsymbol{\Psi}=[\boldsymbol{\psi}_1,\boldsymbol{\psi}_2,\cdots,\boldsymbol{\psi}_N]$ 是 $N\times N$ 的正交基矩阵，$\boldsymbol{\alpha}=[\boldsymbol{\alpha}_1,\boldsymbol{\alpha}_2,\cdots,\boldsymbol{\alpha}_N]^{\mathrm{T}}$ 是信号 $\boldsymbol{x}$ 在正交基矩阵 $\boldsymbol{\Psi}$ 下的表示系数。显然，$\boldsymbol{x}$ 和 $\boldsymbol{\alpha}$ 是对相同信号的等价表示，$\boldsymbol{x}$ 是信号在时域的表示，$\boldsymbol{\alpha}$ 是信号的 $\boldsymbol{\Psi}$ 域表示。当信号 $\boldsymbol{x}$ 在基矩阵 $\boldsymbol{\Psi}$ 上至多有 $K(K\leqslant N)$ 个非零系数 $\boldsymbol{\alpha}_K$ 且其余系

数均为零时，则称信号 $\boldsymbol{x}$ 在 $\boldsymbol{\Psi}$ 域上是 K-稀疏的，$\boldsymbol{\Psi}$ 称为信号 $\boldsymbol{x}$ 的稀疏基，而式(2.1)就是信号 $\boldsymbol{x}$ 的稀疏表示。当 $\boldsymbol{\alpha}$ 中仅有少数的 K 个大系数和 $N-K$ 个小系数时，信号 $\boldsymbol{x}$ 为可压缩的。

下面针对不同形式的稀疏信号，对压缩感知的重构原理分别进行介绍[6]。

如果信号 $\boldsymbol{x}$ 具有稀疏性或可压缩性，即上述的基矩阵 $\boldsymbol{\Psi}$ 为 Dirac 矩阵，则可以直接对信号 $\boldsymbol{x}$ 进行压缩。如图 2.2 所示，对于一个给定的投影测量矩阵 $\boldsymbol{\Phi}\in\mathbf{R}^{M\times N}(M\leqslant N)$，则信号 $\boldsymbol{x}$ 在该测量矩阵 $\boldsymbol{\Phi}$ 下的测量值 y 可表示如下：

$$\boldsymbol{y}=\boldsymbol{\Phi}\boldsymbol{x} \tag{2.2}$$

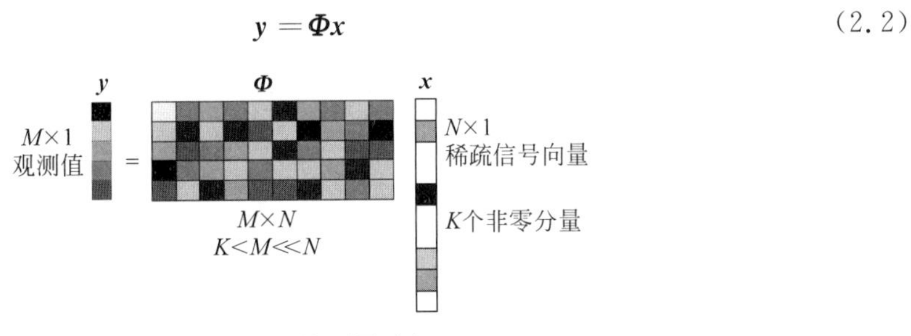

图 2.2　压缩测量过程

由式(2.2)得到信号 $\boldsymbol{x}$ 的测量值 $\boldsymbol{y}$ 之后，就可以利用测量值 $\boldsymbol{y}$ 重构出信号 $\boldsymbol{x}$。由于测量值 $\boldsymbol{y}$ 的维数 M 远小于信号 $\boldsymbol{x}$ 的维数 N，方程(2.2)为欠定方程，有无穷多组解，因此直接求解欠定方程无法恢复原始信号。然而，压缩感知理论表明：如果原信号 $\boldsymbol{x}$ 在时空域是 K 稀疏的或者可压缩的，并且测量值 $\boldsymbol{y}$ 与测量矩阵 $\boldsymbol{\Phi}$ 满足足一定的条件，则信号 $\boldsymbol{x}$ 可以由测量值 $\boldsymbol{y}$ 通过求解以下最小化 L_0 范数问题以极高的概率得到原始信号 $\boldsymbol{x}$ 的精确重构[7]，其数学描述如下：

$$\hat{\boldsymbol{x}}=\arg\min\|\boldsymbol{x}\|_0\quad \text{s.t.}\quad \boldsymbol{\Phi}\boldsymbol{x}=\boldsymbol{y} \tag{2.3}$$

其中，$\|\boldsymbol{x}\|_0$ 表示向量 $\boldsymbol{x}$ 的 L_0 范数，即向量 $\boldsymbol{x}$ 非零元素的个数。Candès 等人指出，当测量数 M 满足 $M=O(K\log(N/K))$，且测量矩阵 $\boldsymbol{\Phi}$ 符合约束等距性质(Restricted Isometry Property，RIP)时，就能够几乎完美地恢复稀疏信号 $\boldsymbol{x}$[7-8]。

然而，在一般情形下，自然信号在时空域内都不能满足稀疏性，所以上述信号恢复方法不能直接应用于稀疏信号的恢复。为此，学者们借助数学变换为解决上述问题提供了一条有效途径，即寻找某种变换基，使得待处理的信号在该变换基域下具有更稀疏的表示，常用的典型变换有傅里叶变换、小波变换、多尺度几何分析[9]等。

设信号 $\boldsymbol{x}$ 在变换基 $\boldsymbol{\Psi}$ 下具有可压缩性或稀疏性，即 $\boldsymbol{x}=\boldsymbol{\Psi}\boldsymbol{\alpha}$，其中 $\boldsymbol{\alpha}$ 为信号 $\boldsymbol{x}$ 在变换基 $\boldsymbol{\Psi}$ 下的 K-稀疏变换系数。信号 $\boldsymbol{x}$ 在测量矩阵 $\boldsymbol{\Phi}$ 下的测量过程如图 2.3 所示，则测量向量 $\boldsymbol{y}$ 可以表示如下：

$$\boldsymbol{y}=\boldsymbol{\Phi}\boldsymbol{x}=\boldsymbol{\Phi}\boldsymbol{\Psi}\boldsymbol{\alpha}=\boldsymbol{\Theta}\boldsymbol{\alpha} \tag{2.4}$$

式中 $\boldsymbol{\Theta}=\boldsymbol{\Phi}\boldsymbol{\Psi}$ 为 $M\times N$ 维矩阵，表示推广后的测量矩阵，这里称为感知矩阵。

式(2.4)中的测量向量 $\boldsymbol{y}$ 可以看作是稀疏信号 $\boldsymbol{\alpha}$ 关于感知矩阵 $\boldsymbol{\Theta}$ 的线性测量。因此，如果感知矩阵 $\boldsymbol{\Theta}$ 满足 RIP 等稀疏重构条件，则可以通过求解如下的 L_0 范数最小化问题以极高的概率重构出稀疏信号 $\boldsymbol{\alpha}$，其数学描述如下：

$$\hat{\boldsymbol{\alpha}}=\arg\min\|\boldsymbol{\alpha}\|_0\quad \text{s.t.}\quad \boldsymbol{y}=\boldsymbol{\Theta}\boldsymbol{\alpha} \tag{2.5}$$

由于变换基 $\boldsymbol{\Psi}$ 是不变的，所以要使 $\boldsymbol{\Theta}=\boldsymbol{\Phi}\boldsymbol{\Psi}$ 满足 RIP 条件，则测量矩阵 $\boldsymbol{\Phi}$ 就必须满足一定的条件。在得到信号 $\boldsymbol{x}$ 的稀疏表示系数 $\boldsymbol{\alpha}$ 之后，就可以通过变换基矩阵 $\boldsymbol{\Psi}$ 求出原始信

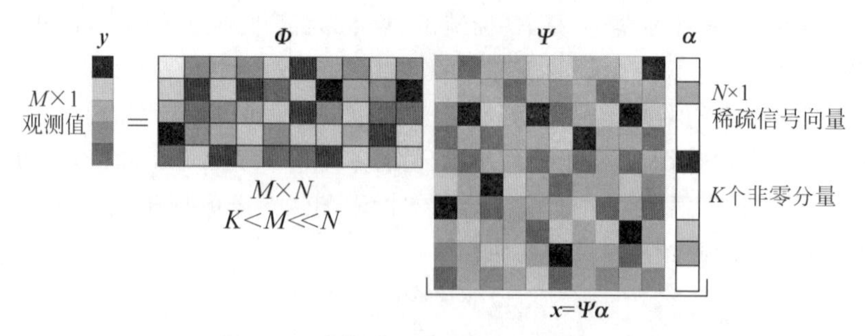

图 2.3 变换域下稀疏信号的测量过程

号 x,其变换过程如下:

$$\hat{x}=\boldsymbol{\Psi}\hat{\alpha} \tag{2.6}$$

以上就是压缩感知理论的基本原理。从中不难发现,只要信号是稀疏的或可压缩的,就可以利用压缩感知的测量矩阵在对信号进行采样的同时达到压缩的目的。这时,每个测量值都包含了原始信号的少量信息,然后利用这些少量的测量值进行求解优化问题,进而重构原始信号。

压缩感知理论主要包括以下三方面的内容:

(1) 稀疏表示。

假设对于信号 $\boldsymbol{x}\in\mathbf{C}^{N\times 1}$,稀疏表示则是寻找一个合适的稀疏基矩阵 $\boldsymbol{\Psi}$,使得信号 $\boldsymbol{x}$ 在稀疏基 $\boldsymbol{\Psi}$ 上具有稀疏性或可压缩特性。

(2) 压缩测量。

压缩测量则是设计测量矩阵 $\boldsymbol{\Phi}\in\mathbf{R}^{M\times N}$,使 $\boldsymbol{\Phi}$ 与稀疏基矩阵 $\boldsymbol{\Psi}$ 之间满足能够实现原始信号重构的条件,如受限等距性、不相关性质等。

(3) 信号重构。

信号重构算法是指设计一个快速高效的恢复算法,使其能够从压缩测量样本 $\boldsymbol{y}$ 中精确地恢复出原始信号 $\boldsymbol{x}$。

2.2.1 稀疏表示

1. 稀疏性描述

为了更加准确地描述信号稀疏表示的问题,首先给出向量 $\boldsymbol{x}=[x_1,x_2,\cdots,x_N]^{\mathrm{T}}$ 的 L_p 范数定义

$$\|\boldsymbol{x}\|_p=\left(\sum_{i=1}^{N}|x_i|^p\right)^{1/p} \tag{2.7}$$

如前所述,对于信号 $\boldsymbol{x}\in\mathbf{C}^{N\times 1}$,在其稀疏基矩阵 $\boldsymbol{\Psi}$ 下的稀疏表示系数向量 $\boldsymbol{\alpha}$ 为

$$\boldsymbol{\alpha}=\boldsymbol{\Psi}^{\mathrm{T}}\boldsymbol{x} \tag{2.8}$$

根据 L_p 范数的定义,若对于实数 $0<p<2$ 和 $K>0$,$\boldsymbol{\alpha}$ 满足:

$$\|\boldsymbol{\alpha}\|_p\leqslant K \tag{2.9}$$

则称 $\boldsymbol{x}$ 在变换域 $\boldsymbol{\Psi}$ 下具有稀疏性。当 $p=0$ 时,称 $\boldsymbol{x}$ 在变换域 $\boldsymbol{\Psi}$ 下为 K-稀疏。

在一般情况下,时空域内的信号基本上都不具有稀疏性,但是在某些变换域 $\boldsymbol{\Psi}$ 上是稀疏的。例如,对于一幅自然的图片,从表面上看,几乎所有表示像素的值都是非零的,但是如

果将其进行小波变换，大部分的小波系数绝对值都非常接近零，并且只需要少数的大系数就可以表示原图像的大部分信息。

如何对给定的信号进行稀疏表示是压缩感知应用的前提和基础。只有选取合适的变换基$\boldsymbol{\Psi}$才能更好地开发信号的稀疏性，才能保证信号的重构精度。相关研究指出，振荡信号的Gabor变换系数、具有边界约束的变分信号总变分范数、平滑信号的傅里叶变换系数以及小波变换系数等都有充分的稀疏性[10]。另外，在对信号进行稀疏表示时，也可以利用变换系数的衰减速度去表征变换基的稀疏表示能力。Candès和Tao的相关研究表明，具有幂次速度衰减的信号，仍具有稀疏性，可以利用压缩感知的恢复理论。

目前，已有多种信号的稀疏表示方法。最早的是基于非冗余正交基函数的变换，例如小波变换、傅里叶变换和离散余弦变换等。近年来，在小波变换的基础上，学者们提出了多尺度几何分析的方法，如脊波、曲波、带波和轮廓波等变换。另外，现在较热门的是基于完备字典稀疏分解的信号表示方法[11]。其思想是利用完备字典中冗余基代替传统的正交变换基，而选择的冗余字典应该最大可能地含有被表示信号所包含的所有信息，信号的稀疏分解就是从完备字典中选取具有最佳的线性组合的若干个原子去表示信号，这种新的表示方法称为完备原子分解。完备字典一般是利用多种标准变换（脊波变换、曲波变换、离散余弦变换）相互结合而产生。基于冗余字典的信号稀疏表示的研究工作主要集中在如下两个方面：

（1）如何去构造满足某一类稀疏信号的冗余字典；

（2）如何去寻找有效而且快速的稀疏分解算法。

2. 精确重构条件

目前，稀疏重构条件包括Candès和Tao提出的RIP条件[12]、斯坦福大学的Donoho教授提出的互不一致性条件（Mutual Incoherence Property，MIP）[13]、Elad提出的Spark判别条件[14]以及Kashin等人提出感知矩阵的零空间性条件（Null Space Property，NSP）[15]等。本节主要详细介绍MIP条件和RIP条件。

1）RIP条件

对于感知矩阵$\boldsymbol{\Theta}\in\mathbf{C}^{M\times G}$[12]，定义$K$阶RIP常数$\delta_k$为确保下式成立的所有$\delta$中的最小值

$$(1-\delta)\|\boldsymbol{s}\|_2^2\leqslant\|\boldsymbol{\Theta s}\|_2^2\leqslant(1+\delta)\|\boldsymbol{s}\|_2^2 \tag{2.10}$$

定义中假定δ的值是关于1对称的，仅仅是为了符号表示的方便。在实际应用中，也可以采用更加一般的形式[16]：

$$\alpha\|\boldsymbol{s}\|_2^2\leqslant\|\boldsymbol{\Theta s}\|_2^2\leqslant\beta\|\boldsymbol{s}\|_2^2 \tag{2.11}$$

式中，α和β分别满足$0<\alpha<\beta<\infty$，有限等距常数$\delta_K=(\beta-\alpha)/(\beta+\alpha)$。若$\delta_k$趋近于零，那么可以认为感知矩阵$\boldsymbol{\Theta}$满足RIP条件。

从式(2.10)和式(2.11)可以看出，RIP条件实质是要求原始信号从高维空间投影到低维空间时必须保持几何性质相一致，即必须保证感知矩阵$\boldsymbol{\Theta}$不会将两个不同的K-稀疏信号投影到相同的数据集中。

2）MIP条件

另一个稀疏重构条件MIP条件，Donoho等人指出若感知矩阵中最相关两列的相关性越小，那么其重构性能越好[13]。

给定一矩阵$\boldsymbol{\Theta}\in\mathbf{C}^{M\times G}$，其相关因子$\mu(\boldsymbol{\Theta})$定义为[17]

$$\mu(\boldsymbol{\Theta}) = \max_{i \neq j} \frac{|\boldsymbol{\Theta}_i^H \boldsymbol{\Theta}_j|}{\|\boldsymbol{\Theta}_i\|_2 \|\boldsymbol{\Theta}_j\|_2} \tag{2.12}$$

考虑到信号测量过程中存在噪声或其他误差，可以将压缩感知中信号的测量过程用如下数学形式进行表示如下：

$$\boldsymbol{y} = \boldsymbol{\Phi x} + \boldsymbol{e} \tag{2.13}$$

式(2.13)中的 $\boldsymbol{e}$ 是一个与噪声和误差相关的向量，$\boldsymbol{x} \in \mathbf{C}^{G\times 1}$ 为原始信号向量，$\boldsymbol{y} \in \mathbf{C}^{M\times 1}$ 为经过压缩采样后得到的测量数据向量，$\boldsymbol{\Theta} \in \mathbf{C}^{M\times G}$ 为测量矩阵。这样通过式(2.13)就可以将一个高维数据压缩为低维度的测量数据，在此过程中并没有损失原始信号的任何信息。

针对有噪压缩感知数学模型(2.13)，误差项 $\|\boldsymbol{e}\|_2 \leqslant \varepsilon$，假设信号为 K-稀疏信号，并且满足 $K < (1/\mu(\boldsymbol{\Theta})+1)/2$，那么问题(2.13)的解 $\boldsymbol{s}^*$ 满足下式[18]：

$$\|\boldsymbol{s} - \boldsymbol{s}^*\|_2 \leqslant \frac{\sqrt{3(1+\mu(\boldsymbol{\Theta}))}}{1-(2K-1)\mu(\boldsymbol{\Theta})} \times (\eta + \varepsilon) \tag{2.14}$$

式中常数 $\eta \geqslant \varepsilon$。

3. 过完备字典构建

在压缩感知理论中，具有稀疏性的信号中所包含的信息可以用信号的稀疏性进行度量。因此，在压缩感知应用中，稀疏性与信号的采样频率以及可恢复性密切相关，这与传统的采样方式中数据采样频率与信号的带宽和奈奎斯特频率有关不同。在传统的采样方式中，信号的最高频率越高，所需要的均匀采样频率越高。而在压缩感知中，信号越稀疏，精确重构该信号所需要的压缩观测越少。因此，在实际信号的压缩感知应用中，首先需要发现或者获得信号的稀疏性或稀疏表示。正交变换分析和构造稀疏字典是常用的获得信号稀疏表示方式。

传统的稀疏表示通过将信号在一组正交完备的基函数上分解获得，例如，傅里叶变换、离散余弦变换[19]和小波变换[20]等。但正交基没有冗余性，并且有对误差敏感、计算不稳定等缺点。之后发展起来的基于框架的稀疏表示，其框架具有一定的冗余性，基函数之间具有一定的相关性，计算上相对比较稳定。然而信号处理和调和分析的实验表明，过完备字典在本质上可以获得比单个正交基和框架更好的稀疏特性[21]。基于过完备字典的信号稀疏表示的基本思想最早由 Mallat 于 1993 年提出[22]。Olshausen 和 Field 则认为自然图像都具有稀疏的结构，过完备字典下的图像表示符合人类视觉认知的 V1 区域(位于颅骨后端的大脑区域，又称初级视觉皮层)的工作原理[23-24]。一般来说，字典中原子的数量远远大于信号的维数。在正交基中，信号的表示具有唯一性，而且稀疏分解通常能够通过快速的正交变换完成；而在字典中，原子间不一定相互正交，信号在字典下的表示也并不一定唯一，同时，基于过完备字典的稀疏分解和压缩感知也比使用正交基更为复杂。综合来说，过完备字典与正交基相比，能够为信号提供更稀疏、更灵活和更自适应的表示。在压缩感知应用中，通过利用字典可以获得更高的感知效率和更低的数据采样频率。并且基于字典的稀疏表示也为多种图像处理应用带来了新的思路和处理方法。

根据过完备字典的构造方式，可以将现有的字典分为两类：固定字典和学习字典。固定字典中原子的形态或原型函数一旦固定将不再改变。一种固定字典是将正交基和框架的基函数间的“缝隙”进行填充得到的，即减小基函数的参数空间中各个参数的离散间隔。在这种参数空间的离散化方案下，字典原子间不能保持相互正交，而信号在字典下的分解也并不唯一。使用这种方法，Bergeaud 构造了一种各向同性的 Gabor 字典[25]，Ventura 等人构造了一种基于高斯函数与高斯导数函数的字典[26]，孙玉宝根据图像的不同成分，用三种高斯原型函数构造了多成分字典[27]，此外还有小波字典[22]和其他高斯字典[28]等。另外，为了克服单一原型的字典或正交基只能表示单一特定结构的问题，有学者提出了级联字典[29-31]，也就是将多个正交基或字典联合作为稀疏字典，从而能够对具有多种结构类型的信号进行有效稀疏表示。这些字典都是正交基和框架的延伸，同时也是多尺度几何分析方法的一种扩展[32-33]，因此，它们具有与正交基和多尺度几何分析相似的结构特性。从理论上来说，它们对信号的逼近能力相当于或者优于相应的正交基和框架，而很多正交基和框架的逼近能力已经有了理论上的分析和结论，因此这些字典具备对自然信号良好的逼近能力。在字典构造和应用中，我们发现这种字典的构造方法比较简单，但规模通常比较大，原子间的相关性也比较大，字典具有较强的冗余性。因此，在字典的稀疏表示和压缩感知应用中，往往难以获得快速而准确的解，对搜索方法的寻优能力要求较高。

学习字典通过学习或训练的方式得到，通常是基于某一类信号的训练样本，通过迭代优化的方法来获得能够表示该类信号的字典。字典学习的思想由 Olshausen 和 Field 等人提出[24]，已有的字典学习方法包括最优方向(Method Of Optimal Directions，MOD)法[34]，K-奇异值分解(K Singular Value Decomposition，KSVD[35])和双稀疏[36]等方法，其中 KSVD 方法是最广为人知的一种。在该方法中，迭代地进行字典学习和对训练样本的稀疏表示，在字典学习中则采用对字典原子逐个优化的策略。与固定字典相比，KSVD 字典的优点是规模较小，训练方法有效，能够获得对待处理信号的自适应表示。该字典方法存在的问题包括[21]：

(1) 训练字典的方法比较复杂，适用于低维和结构简单的信号，而且由于在训练中采用了局部的搜索策略，影响了字典对训练集的表示精度；

(2) 获得的原子形态和字典结构通常难以形式化描述，并且字典没有多尺度的特性，所能处理的信号必须与训练样本具有相同的尺度；

(3) 缺乏很多应用中所需的不变特性，如平移、旋转和尺度不变性等，当所处理的信号(比如图像)为训练样本的平移/旋转/缩放版时，无法获得有效的表示。

另外一类学习字典是在信号重构过程中，对待重构信号通过学习得到，如盲压缩感知[37]和基于混合高斯模型重构字典[38-39]。在这两种方法中，交替进行字典优化和信号重构估计，但其中的字典学习也是欠定的优化问题，通常需要施加额外的约束条件。在盲压缩感知框架中，提出了三种对训练字典的结构先验约束：字典为给定的一组基中的一个；字典中的每个原子都能用给定的另一个字典进行稀疏表示；字典是正交的，并且具有块对角结构。该方法还给出了字典唯一性条件和相应的求解算法，但该方法的直接应用还不多见。基于混合高斯模型的重构方法所用主城方法分析(Principal Component Analysis，PCA)混合字典在初始化时，对每组具有相同方向结构的训练样本进行奇异值分解，从而获得一个方向 PCA 字典。之后在每次字典更新时，集合所有使用该字典的图像块对字典进行优化。

在字典应用中，除了字典的构造方法和对信号的表示逼近能力，字典的结构分析以及结构化字典的构造在压缩感知及其他实际应用中也是被广泛关注和研究的课题。在图像应用中，由于图像的结构，特别是边缘和突变内容，对于人类正确感知和理解信号有至关重要的作用。因此，在构造图像的稀疏字典时，往往希望字典的原子具有某些可表征和描述的特性，并能够确保所获得的字典在某些结构上是完备或者冗余的。事实上，目前很多性能良好的图像处理方法都设计和使用了结构化的字典。为了获得具有多尺度特性的字典，Elad 等人在 KSVD 的基础上构造了一种多尺度的 KSVD 字典并用于图像和视频恢复[40]。该方法用不同大小的图像块分别构造 KSVD 字典，并将这些字典联合用作信号的稀疏字典。此外，IEEE Fellow 李学龙等人将用于图像去噪的结构化字典的学习方法进行了总结[41]。董伟生等人提出了一种包含多个 PCA 子字典的冗余字典，并将其应用于多种图像逆问题[42-45]，其中的每个子字典是由具有同一方向结构的自然图像块进行训练得到的，能够表示特定方向上的图像结构。Mallat 也提出了具有方向结构的 PCA 字典[38]，但字典的初始化是在人工构造黑白方向块上进行的，并且字典优化与图像的压缩感知重构交替进行。杨淑媛等人提出了一种用于图像超分辨重构的几何字典[46]，其中包含了由光滑图像块、确定方向图像块、随机图像块构成的多个子字典。该字典的构造方法是设计算法来挑选具有特定结构的图像块，并将它们用作训练样本来学习得到结构子字典。

除此以外，上文提及的参数化固定字典，是多尺度几何分析的一种延伸，也具有多尺度和多方向等结构特性，因此，也是一种高度结构化的字典，能够在方向和尺度等结构上对图像进行准确逼近。刘芳、徐敬缓和黄婉玲等人分别以 Ridgelet[47] 和 Curvelet[48] 函数为字典原子的原型，通过离散化字典的参数空间来构造过完备字典，并用于在分块策略下的自然图像稀疏表示。字典中的每个原子都由三个参数确定：方向、尺度和位移。原子的参数不仅唯一确定了原子的形态，也描述了原子的结构，如方向和尺度等。因此，根据参数对字典进行组织，就能够获得表示特定结构的子字典。此外，分析用于表示一个图像块的各个原子的参数，也就能够获取图像块的结构信息。

综上所述，在稀疏重构中，稀疏性决定了精确重构所需要的观测数量，也决定了重构所能得到的精度上限。随着人们的关注点从理想的稀疏信号转向更为广泛和复杂的实际信号，从单个信号的稀疏表示转向更为丰富的低维结构和信号关系，获得稀疏性的方式也趋于多样和丰富。其中，具有高度冗余性的字典和结构化的字典是很多应用中所亟须的，也因此成为热点研究内容。随之而来的，是对具有高精度和高稳定性的稀疏表示和重构方法的广泛研究。

2.2.2 观测矩阵

1. 观测矩阵设计的约束条件

在压缩感知中，首先通过稀疏变换得到原始信号 $\boldsymbol{x}$ 的稀疏变换系数 $\boldsymbol{\alpha}$，而并非直接对原始信号 $\boldsymbol{x}$ 进行测量。然后将这组系数向量投影到与变换基矩阵 $\boldsymbol{\Psi}$ 不相关的测量基矩阵 $\boldsymbol{\Phi}$ 上，得到原始信号 $\boldsymbol{x}$ 的测量值 $\boldsymbol{y}$，数学描述如下：

$$\boldsymbol{y}=\boldsymbol{\Phi x} \tag{2.15}$$

将式(2.1)代入式(2.15)得到

$$\boldsymbol{y}=\boldsymbol{\Phi x}=\boldsymbol{\Phi \Psi \alpha}=\boldsymbol{\Theta \alpha} \tag{2.16}$$

其中，$\boldsymbol{y}$ 是 $M\times 1$ 的测量向量；$\boldsymbol{\Phi}$ 是 $M\times N$ 的测量矩阵；$\boldsymbol{\Psi}$ 是 $N\times N$ 的稀疏基矩阵；$\boldsymbol{\alpha}$ 是 $N\times 1$ 的稀疏系数向量；$\boldsymbol{\Theta}$ 是 $M\times N$ 的感知矩阵。

由于测量向量的维数 M 远远小于信号的维数 N，因此式(2.16)是一个欠定方程，无法求解，即无法从 $\boldsymbol{y}$ 的 M 个测量值中解出信号 $\boldsymbol{x}$ 或者变换系数 $\boldsymbol{\alpha}$。但是由于 $\boldsymbol{\alpha}$ 是 K-稀疏的，且 $K<M\ll N$，则可以通过压缩感知理论中的稀疏分解算法求解式(2.16)，得到稀疏系数 $\boldsymbol{\alpha}$，再通过式(2.6)得到重构的信号 $\boldsymbol{x}$。

为了保证少量的测量值包含精确重构信号的足够信息和恢复算法的收敛性，在观测矩阵的具体设计中，需要考虑以下两方面的关系：

（1）测量矩阵$\boldsymbol{\Phi}$和稀疏基矩阵$\boldsymbol{\Psi}$的关系；

（2）感知矩阵$\boldsymbol{\Theta}=\boldsymbol{\Phi\Psi}$和$K$-稀疏系数$\boldsymbol{\alpha}$的关系。

下面依次对这两方面进行分析。

首先，测量矩阵$\boldsymbol{\Phi}$和稀疏基矩阵$\boldsymbol{\Psi}$需要满足不相干性，它们之间的相干度μ定义为[8]

$$\mu(\boldsymbol{\Phi},\boldsymbol{\Psi})=\sqrt{N}\cdot\max_{\substack{1\leqslant k\leqslant M\\1\leqslant j\leqslant N}}|\langle\boldsymbol{\phi}_k,\boldsymbol{\psi}_j\rangle| \tag{2.17}$$

相干度μ给出了$\boldsymbol{\Phi}$和$\boldsymbol{\Psi}$的任意两个向量之间的最大相干性。当$\boldsymbol{\Phi}$和$\boldsymbol{\Psi}$包含相干向量时，相干度μ较大。由前面的讨论可知，对信号进行压缩采样，要尽可能地使每个观测值包含原始信号的不同信息，这就要求$\boldsymbol{\Phi}$和$\boldsymbol{\Psi}$的向量尽可能正交，即相干度μ要尽可能小，这是测量矩阵和稀疏基矩阵之间必须具有不相干性的原因。

其次，感知矩阵$\boldsymbol{\Theta}=\boldsymbol{\Phi\Psi}$和$K$-稀疏系数$\boldsymbol{\alpha}$的关系与约束等距性质有关。对于任意的$K=1,2,\cdots$，定义感知矩阵$\boldsymbol{\Theta}$的约束等距常量$\delta_K$为符合下式的最小值，其中$\boldsymbol{\alpha}$为任意$K$-稀疏向量，其满足条件：

$$(1-\delta_K)\|\boldsymbol{\alpha}\|_2^2\leqslant\|\boldsymbol{\Theta\alpha}\|_2^2\leqslant(1+\delta_K)\|\boldsymbol{\alpha}\|_2^2 \tag{2.18}$$

若$\delta_K<1$，则称感知矩阵$\boldsymbol{\Theta}$满足K阶RIP，此时感知矩阵$\boldsymbol{\Theta}$能够近似地保证K-稀疏系数$\boldsymbol{\alpha}$的欧氏距离不变，这意味着$\boldsymbol{\alpha}$不可能在$\boldsymbol{\Theta}$的零空间中（否则$\boldsymbol{\alpha}$将会有无穷多个解）。

更精确的无失真恢复原信号的条件为：假设$\boldsymbol{\alpha}$是K-稀疏系数向量，对于式（2.18）中的$\boldsymbol{\Theta}$，若$\delta_{2K}+\delta_{3K}<1$成立，则能实现信号的无失真恢复[49]。

2. 常用观测矩阵

下面介绍压缩感知理论中常用的观测矩阵，并对它们性能的优缺点进行分析讨论。

1）高斯随机观测矩阵

高斯随机观测矩阵是目前压缩感知理论中使用最为广泛的观测矩阵，矩阵的设计方法为：构造一个大小为$M\times N$的矩阵，矩阵中的每一个元素都独立地服从均值为0、方差为$1/\sqrt{M}$的高斯随机分布，即

$$\boldsymbol{\Phi}_{i,j}\sim N\left(0,\frac{1}{\sqrt{M}}\right) \tag{2.19}$$

高斯随机矩阵与大多数的稀疏基不相关，并且精确重构信号所需的测量数较少。虽然高斯随机矩阵具有很好的恢复性能，但它的元素具有很强的随机性，难以用硬件实现，并且生成矩阵所需的存储量较大。

2）伯努利随机观测矩阵

随机伯努利观测矩阵与高斯随机观测矩阵的构造方式非常相似，构造一个大小为$M\times N$的矩阵，矩阵中的每一个元素都独立地服从伯努利分布，即

$$\boldsymbol{\Phi}_{i,j}=\begin{cases}\dfrac{1}{\sqrt{M}}, & p=\dfrac{1}{2}\\-\dfrac{1}{\sqrt{M}}, & p=\dfrac{1}{2}\end{cases}=\frac{1}{\sqrt{M}}\begin{cases}1, & p=\dfrac{1}{2}\\-1, & p=\dfrac{1}{2}\end{cases} \tag{2.20}$$

或

$$\boldsymbol{\Phi}_{i,j}=\begin{cases}\sqrt{\frac{3}{M}}, & p=\frac{1}{6}\\ 0, & p=\frac{2}{3}\\ -\sqrt{\frac{3}{M}}, & p=\frac{1}{6}\end{cases}=\sqrt{\frac{3}{M}}\begin{cases}1, & p=\frac{1}{6}\\ 0, & p=\frac{2}{3}\\ -1, & p=\frac{1}{6}\end{cases} \tag{2.21}$$

其中 p 表示概率。

伯努利随机观测矩阵与高斯随机矩阵一样具有很强的随机性,因此伯努利随机观测矩阵虽然以很高的概率满足 RIP 条件,但矩阵所需的存储量较大。优点是伯努利随机矩阵的元素属于集合$\{0,+1,-1\}$,因此更容易用硬件实现,并且计算速度较快。

3) 部分正交观测矩阵

部分正交矩阵的构造方式为:首先生成一个大小为 $M\times N$ 的正交矩阵 $\boldsymbol{U}$,接着在矩阵 $\boldsymbol{U}$ 中随机地选择其中的 M 行,得到大小为 $M\times N$ 的矩阵,最后将这个矩阵进行列向量归一化后得到的即为所需构造的部分正交观测矩阵。部分正交矩阵的典型代表为部分傅里叶观测矩阵,Candès 理论证明了部分正交观测矩阵满足 RIP 条件[50],在矩阵大小一定,即测量数一定的条件下,为了保证信号能够精确重构,所测量的信号的稀疏度需要满足下述条件:

$$K\leqslant c\frac{1}{\mu^2}\frac{M}{(\log N)^6} \tag{2.22}$$

其中 $\mu=\sqrt{M}\max\limits_{i,j}|\mu_{i,j}|$;$\mu_{ij}$ 为矩阵 $\boldsymbol{U}$ 中元素。

当 $\mu=1$ 时,部分正交矩阵退化成部分傅里叶观测矩阵,因此,当满足 $K\leqslant cM/(\log N)^6$ 时,部分傅里叶矩阵满足 RIP 条件,可以保证信号以很高的概率精确重建。

4) 部分哈达玛矩阵

部分哈达玛矩阵的构造方式与部分正交观测矩阵的构造方式很相似,也是先生成一个大小为 $M\times N$ 的哈达玛矩阵 $\boldsymbol{U}$,接着在矩阵 $\boldsymbol{U}$ 中随机地选择其中的 M 行,所得到的大小为 $M\times N$ 的矩阵即为所需构造的部分哈达玛矩阵。由于哈达玛矩阵的所有行列向量之间相互正交,因此随机选取 M 行后得到的矩阵仍具有较强的正交性,与其他矩阵相比,在相同的采样数下,能够获得更好的信号重建质量。但是由于哈达玛矩阵的维数 N 必须为 2 的幂,即 $N=2^k,k=1,2,3\cdots$,因此采样信号的长度受到了限制,降低了其应用范围。

5) 结构化观测矩阵

托普利兹矩阵与循环矩阵是结构化观测矩阵的典型代表。它们的基本结构如下:

$$\boldsymbol{T}=\begin{pmatrix} t_n & t_{n-1} & \cdots & t_1\\ t_{n+1} & t_n & \cdots & t_2\\ \vdots & \vdots & \ddots & \vdots\\ t_{2n-1} & t_{2n-2} & \cdots & t_n\end{pmatrix} \tag{2.23}$$

$$\boldsymbol{C}=\begin{pmatrix} t_n & t_{n-1} & \cdots & t_1\\ t_1 & t_n & \cdots & t_2\\ \vdots & \vdots & \ddots & \vdots\\ t_{n-1} & t_{n-2} & \cdots & t_n\end{pmatrix} \tag{2.24}$$

其中，$\boldsymbol{T}$ 表示托普利兹矩阵的一般形式；$\boldsymbol{C}$ 表示循环矩阵的一般形式。

循环矩阵是托普利兹矩阵的一种特殊形式。循环矩阵的构造方式为：生成一个行向量 $\boldsymbol{u}=[u_1,u_2,\cdots,u_N]\in\mathbf{R}^N$，其中向量元素服从某一种随机分布，如高斯分布、伯努利分布等，再将向量 $\boldsymbol{u}$ 循环 $M(M<N)$ 次，每次循环向量 $\boldsymbol{u}$ 中的元素都循环右移一位，如此构成大小为 $M\times N$ 的观测矩阵。Holger 等人证明了当采样数满足 $M\geqslant CK^3/\ln(N/K)$ 时，托普利兹矩阵和循环矩阵都能以很大的概率满足 RIP 条件[51]。由于生成托普利兹矩阵和循环矩阵是通过行向量的循环移位形成的，因此在实际应用中可以通过快速傅里叶变换进行计算，降低了存储量和计算复杂度。

6）多项式观测矩阵

多项式观测矩阵每一列中的非零元素的位置及个数都是由一个多项式确定。多项式观测矩阵是在一个有限域中构造，需要的采样数为 $M=p^2$，p 为有限域中元素的个数，构造观测矩阵所需的多项式的个数为 $N=p^{r+1}$，其中 r 为多项式的最高次。理论证明当信号稀疏度满足 $K<p/r+1$ 时，矩阵满足 RIP 条件。由于多项式观测矩阵的构造复杂度高，在保证信号精确重构条件下所需测量数较多，且测量数不能为任意值，因此应用范围比较局限。

7）稀疏随机观测矩阵

稀疏随机观测矩阵中非零元素的个数要少于零元素的个数。其代表为二进制稀疏矩阵，它的构造方式为：生成一个大小为 $M\times N(M<N)$ 的全零矩阵$\boldsymbol{\Phi}$，在矩阵中的每一列中随机选取 d 个位置并置 1。用稀疏随机矩阵作为观测矩阵可以显著降低计算复杂度。但由于非零元素位置的随机性，导致矩阵的存储量大，且不易用硬件实现。

从上述各种常用观测矩阵中可以发现，随机矩阵如高斯随机矩阵和伯努利随机矩阵，元素随机性高，能够保证测量矩阵与采样信号的稀疏基以很大概率不相关，因此在保证恢复质量的条件下，所需的采样数较少。但由于元素具有随机性，导致了所需的存储空间较大（$O(MN)$），计算复杂度高，难以用硬件实现。而结构化矩阵和确定性矩阵虽然结构固定易于用硬件实现，但元素不够稀疏，并且为了保证恢复质量所需的采样数较多，计算复杂度较高。因此在实际应用中，人们都在探索设计性能更好、硬件实现更简单的矩阵，使之能够在保证恢复质量的同时，尽量降低感知复杂度和计算复杂度，减少存储量；并且矩阵具有一定的结构性，也易于用硬件实现。

2.2.3　重构算法

经过压缩测量后，便完成了压缩感知的信号采集任务，采集之后需要从压缩测量的结果中重建原始信号。信号重建可以看作是对方程(2.2)的求解过程。由于 $M<N$，方程(2.2)是一个欠定方程，求解是一个 NP-难问题。压缩感知理论指出：如果信号稀疏或可压缩，并且感知矩阵$\boldsymbol{\Theta}$ 满足 RIP 等稀疏重构条件，则可以从压缩测量值 $\boldsymbol{y}$ 中以很高的概率重构出原始信号 $\boldsymbol{x}$。

信号重构是压缩感知理论的核心内容之一，也最能体现压缩感知的优势。快速稳定的信号重构算法是将压缩感知推向实际应用的关键，也是当前压缩感知的研究热点之一。截至目前，已经有很多的国内外学者在信号重构领域取得了新的研究进展，提出了多种基于压缩感知的信号重构算法。目前存在的重构算法主要有凸松弛算法、贪婪类算法和贝叶斯稀疏重构算法等。

1. 凸松弛方法

松弛方法中最典型的就是基于 L_1 范数最小化的凸松弛算法。Chen、Donoho 和 Saunders 等人指出在感知矩阵$\boldsymbol{\Theta}$ 满足一定的条件下，L_1 范数的优化问题与 L_0 范数的优化问题具有相同的解。

最早利用将非凸问题转化为凸问题进行信号重构的算法是 BP[52]。利用 BP 算法进行信号重构的前提是信号的稀疏性。BP 算法采用 L_1 范数等价表示 L_0 范数的思想，通过将度量信号稀疏性的标准选为 L_1 范数的约束条件，从而将信号重构问题转化为有约束的极值问题。

信号重构是压缩感知信号处理的最后一个环节，也是至关重要的一个环节，信号重构的基本原理是：利用优化方法，从随机投影测量值中重构原始信号或其稀疏表示系数。其数学模型如下：

$$\min_{x} \|\boldsymbol{\psi}^{\mathrm{T}}\boldsymbol{x}\|_0 \quad \text{s.t.} \quad \boldsymbol{y}=\boldsymbol{\phi}\boldsymbol{x} \tag{2.25}$$

其中，$\boldsymbol{\psi}$ 表示信号的稀疏变换基；$\boldsymbol{\phi}$ 表示测量矩阵；$\|\cdot\|_0$ 表示 L_0 范数。

L_0 范数代表了向量中非零元素的个数，这体现了应用压缩感知的前提条件，即信号具有稀疏性。为了采用 BP 算法，首先应将式(2.25)转变为凸问题：

$$\min_{x} \|\boldsymbol{\psi}^{\mathrm{T}}\boldsymbol{x}\|_1 \quad \text{s.t.} \quad \boldsymbol{y}=\boldsymbol{\phi}\boldsymbol{x} \tag{2.26}$$

通过泛函理论可知，L_0 范数不易求解，而由于 L_1 范数的优化问题可以转化为线性规划问题，使得 L_1 范数的求解相对简单。针对信号重构问题，在原始信号具有稀疏性的前提下，由 L_1 范数代替 L_0 范数求出的解等价。

通过拉格朗日算子，将约束限制的优化问题式(2.26)变成无约束优化问题：

$$\min_{\boldsymbol{x}} \arg \|\boldsymbol{y}-\boldsymbol{\phi}\boldsymbol{x}\|_2^2+\lambda\|\boldsymbol{\psi}^{\mathrm{T}}\boldsymbol{x}\|_1 \tag{2.27}$$

式(2.27)就是 BP 算法的表达形式，常被称作 L_2-L_1 问题。BP 算法是一种全局优化方法，其原理是找到最稀疏的、最佳的信号表示。

BP 算法在压缩测量个数 $M \geqslant K\log(N/K)$时，计算复杂度的量级为 $O(N^3)$。为了有效降低求解的计算复杂度，学者们陆续提出了内点法、梯度投影法、同伦算法等。相比较而言，内点法收敛速度较慢，但是所求得的结果很精确，梯度投影法则具有很好的运算速度，而同伦算法则比较适用于小尺度的问题。另外还有最小角回归、软/硬迭代阈值、LASSO 等多种重构算法。

2007 年，Figueiredo 对 GP 算法进行了研究并将其应用压缩感知信号的重构问题，由此提出了 GPSR 算法[53]。

下面以视频图像重构问题为例，阐述 GPSR 算法。

GPSR 算法以梯度下降法为基础，首先针对视频图像的重构问题建立一个凸目标函数，该目标函数可微，通过求解目标函数，可以得到重构结果。与贪婪算法相比，该算法不需要考虑视频图像测量值中混入干扰的类型及分布情况，也不需要考虑视频图像的稀疏程度，因此，利用 GPSR 算法对视频图像进行重构时，其适用的视频图像种类相当广泛。由于 GPSR 的算法流程相对简单，其能够更加有效地处理包括视频在内的大规模信号重构问题。

梯度下降法是一种基于一阶微分的优化算法，其以某一固定步长按照目标函数的负梯度方向逐一搜索可行性点，在满足预先设定的终止条件之前，不断重复上述过程。假设目标

函数为 $f(x)$，利用梯度下降法求解的具体过程如下：首先，选定 $\boldsymbol{x}$ 的初始值 $\boldsymbol{x}^k=\boldsymbol{x}_0$，然后计算目标函数的梯度值 $\boldsymbol{g}=\nabla f(x)$，再通过不断搜索确定步长 β，最后利用梯度值和步长更新求解 $\boldsymbol{x}^{k+1}=\boldsymbol{x}^k-\beta\nabla f(x)$。重复前面步骤，不断迭代求出满足条件的解。

在视频图像重构的过程中，常常将式(2.27)作为目标函数，采用梯度投影的思想进行求解。为了满足梯度投影算法的条件，需要对式(2.27)做一些变形，将其转变为可微的凸函数的形式：

$$\min_x f\left(\begin{bmatrix}\boldsymbol{u}\\ \boldsymbol{v}\end{bmatrix}\right)=\boldsymbol{b}^{\mathrm{T}}\begin{bmatrix}\boldsymbol{u}\\ \boldsymbol{v}\end{bmatrix}+\frac{1}{2}\|\boldsymbol{\Phi}^{\mathrm{T}}(\boldsymbol{u}-\boldsymbol{v})\|_2^2 \tag{2.28}$$

其中，$\boldsymbol{x}=\boldsymbol{u}-\boldsymbol{v}(\boldsymbol{u}\geqslant 0,\boldsymbol{v}\geqslant\boldsymbol{0})$；$\boldsymbol{b}=\tau\boldsymbol{I}+[-\boldsymbol{\phi}^{\mathrm{T}}\boldsymbol{y},\boldsymbol{\phi}^{\mathrm{T}}\boldsymbol{y}]^{\mathrm{T}}$。

设 $\boldsymbol{z}=[\boldsymbol{u},\boldsymbol{v}]^{\mathrm{T}}$，则需要求解的目标函数的梯度可以表示为

$$\nabla f(\boldsymbol{z})=\boldsymbol{b}+\boldsymbol{B}\boldsymbol{z} \tag{2.29}$$

其中

$$\boldsymbol{B}=\begin{bmatrix}\boldsymbol{\phi}^{\mathrm{T}}\boldsymbol{\phi} & -\boldsymbol{\phi}^{\mathrm{T}}\boldsymbol{\phi}\\ -\boldsymbol{\phi}^{\mathrm{T}}\boldsymbol{\phi} & \boldsymbol{\phi}^{\mathrm{T}}\boldsymbol{\phi}\end{bmatrix} \tag{2.30}$$

从而，相邻两步的迭代公式为

$$\boldsymbol{z}^{k+1}=\boldsymbol{z}^k-\beta\nabla f(\boldsymbol{z}^k) \tag{2.31}$$

下面对梯度投影算法的推导过程作简单介绍。

假设所求优化问题可以表述为以下形式：

$$\min f(x)\quad \text{s.t.}\quad \boldsymbol{A}^{\mathrm{T}}\boldsymbol{x}\geqslant\boldsymbol{b} \tag{2.32}$$

其中，$\boldsymbol{A}=[a_1,a_2,\cdots,a_m]\in\mathbf{R}^{n\times m}$，$\boldsymbol{b}=[b_1,b_2,\cdots,b_m]^{\mathrm{T}}$，设 $\boldsymbol{s}$ 为解的可行域，对 $\boldsymbol{x}\in\boldsymbol{s}$，令 $\boldsymbol{I}(\boldsymbol{x})=\{i\,|\,\boldsymbol{a}_i^{\mathrm{T}}\boldsymbol{x}=\boldsymbol{b}_i,1<i<m\}$，存在以下定理和推论：

定理 2.1 设 $\boldsymbol{x}\in\boldsymbol{s}$，则 $\boldsymbol{d}\in\mathbf{R}^n$ 是优化问题(2.32)在 $\boldsymbol{x}$ 处的可行方向的充分必要条件为

$$\boldsymbol{a}_i^{\mathrm{T}}\boldsymbol{d}\geqslant 0,\quad i\in\boldsymbol{I}(x) \tag{2.33}$$

推论 2.1 设 $\boldsymbol{d}$ 是优化问题(2.32)在 $\boldsymbol{x}\in\boldsymbol{s}$ 处的可行方向，令

$a_0=\min\left\{-\dfrac{\boldsymbol{a}_i^{\mathrm{T}}\boldsymbol{x}-\boldsymbol{b}_i}{\boldsymbol{a}_i^{\mathrm{T}}\boldsymbol{d}}\,\middle|\,\boldsymbol{a}_i^{\mathrm{T}}\boldsymbol{d}<0\right\}$，那么，对任意 $a\in(0,a_0]$，有 $\boldsymbol{x}+a\boldsymbol{d}\in\boldsymbol{S}$。

定理 2.2 设 $\boldsymbol{x}\in\boldsymbol{s}$，$\boldsymbol{I}(x)=[i_1,i_2,\cdots,i_k]$，$\boldsymbol{A}_k=[a_{i_1},a_{i_2},\cdots,a_{i_k}]$，如果 $\mathrm{rank}(\boldsymbol{A}_k)=k$，则

(1) $\boldsymbol{P}_k=\boldsymbol{I}-\boldsymbol{A}_k(\boldsymbol{A}_k^{\mathrm{T}}\boldsymbol{A}_k)^{-1}$，$\boldsymbol{A}_k^{\mathrm{T}}$ 为投影矩阵；

(2) 当 $\boldsymbol{P}_k\nabla f(\boldsymbol{x})\neq 0$ 时，$d=-\boldsymbol{P}_k\nabla f(\boldsymbol{x})$是优化问题在 $\boldsymbol{x}$ 处的可行下降方向。

定理 2.3 设 $\boldsymbol{x}\in\boldsymbol{s}$ 满足定理 2.2 的条件且 $\boldsymbol{P}_k\nabla f(\boldsymbol{x})=0$，令

$$\lambda=(\boldsymbol{A}_k^{\mathrm{T}}\boldsymbol{A}_k)^{-1}\boldsymbol{A}_k^{\mathrm{T}}\nabla f(\boldsymbol{x})=[\lambda_{i_1},\lambda_{i_2},\cdots,\lambda_{i_k}]^{\mathrm{T}} \tag{2.34}$$

则

(1) 如果 $\lambda\geqslant 0$，则 $\boldsymbol{x}$ 是优化问题的 K-T 点；

(2) 如果 $\lambda_{i_r}<0$，令 $\boldsymbol{P}_{k-1}=\boldsymbol{I}-\boldsymbol{A}_{k-1}(\boldsymbol{A}_{k-1})^{-1}\boldsymbol{A}_{k-1}^{\mathrm{T}}$，其中 $\boldsymbol{A}_{k-1}=[a_{i_1},a_{i_2},\cdots,a_{i_k}]$，则 $\boldsymbol{P}_{k-1}$ 是投影矩阵，且 $\boldsymbol{d}=-\boldsymbol{P}_k\nabla f(\boldsymbol{x})$是优化问题在 $\boldsymbol{x}$ 处的可行下降方向。

研究表明：视频图像的梯度具有稀疏性[54]，采用 GPSR 算法重构视频图像具有理论基

础。GPSR 算法是一种有效求解 L_1 范数最小化的手段，它通过简单的梯度投影不断逼近原始信号，这种方式简单易行，与贪婪算法相比，这种方法重构效果相对较好。但对于 WMSN 视频等实时性要求较高的应用场景，其重构速度仍有待进一步提升。GPSR 算法步骤如下：

步骤 1，选择可行点 $\boldsymbol{x}^{(0)}$，允许误差 $\xi>0$，令 $\boldsymbol{k}=0$；

步骤 2，计算 $\boldsymbol{I}(x)$，令 $\boldsymbol{A}=(\boldsymbol{A}_1,\boldsymbol{A}_2)$，$\boldsymbol{b}=\begin{pmatrix}\boldsymbol{b}_1\\ \boldsymbol{b}_2\end{pmatrix}$，使得 $\boldsymbol{A}_1^{\mathrm{T}}\boldsymbol{x}^{(k)}=\boldsymbol{b}_1$，$\boldsymbol{A}_2^{\mathrm{T}}\boldsymbol{x}^{(k)}=\boldsymbol{b}_2$；

步骤 3，$\boldsymbol{I}(\boldsymbol{x}^{(k)})=\boldsymbol{\Phi}$，令 $\boldsymbol{P}=\boldsymbol{I}$，否则，令 $\boldsymbol{P}=\boldsymbol{I}-\boldsymbol{A}_1(\boldsymbol{A}_1^{\mathrm{T}}\boldsymbol{A}_1)^{-1}\boldsymbol{A}_1^{\mathrm{T}}$；

步骤 4，令 $\boldsymbol{d}=-\boldsymbol{P}_k\nabla f(\boldsymbol{x}^{(k)})$，若 $\|\boldsymbol{d}^{(k)}\|\leqslant\xi$，则转步骤 6；否则，继续下面的步骤 5；

步骤 5，求 $a_k>0$，使得 $f(\boldsymbol{x}^{(k)}+a_k\boldsymbol{d}^{(k)})=\min\limits_{0\leqslant a\leqslant a_0} f(\boldsymbol{x}^{(k)}+a\boldsymbol{d}^{(k)})$，其中 $a_0<+\infty$，若 $\boldsymbol{A}_2^{\mathrm{T}}\boldsymbol{d}\geqslant 0$，$a_0=\min\left\{-\dfrac{\boldsymbol{a}_i^{\mathrm{T}}\boldsymbol{x}-\boldsymbol{b}_i}{\boldsymbol{a}_i^{\mathrm{T}}\boldsymbol{d}}\middle|\boldsymbol{a}_i^{\mathrm{T}}\boldsymbol{d}<0\right\}$；否则，令 $\boldsymbol{x}^{(k+1)}=\boldsymbol{x}^{(k)}+\alpha\boldsymbol{d}^{(k)}$，$\alpha$ 表示步长，$k=k+1$，转步骤 2；

步骤 6，计算 $\lambda=(\boldsymbol{A}_k^{\mathrm{T}}\boldsymbol{A}_k)^{-1}\boldsymbol{A}_k^{\mathrm{T}}\nabla f(x)$，若 $\lambda\geqslant 0$，则 $\boldsymbol{x}^{(k)}$ 是 K-T 点；否则，令 $\lambda_{i_r}=\min\{\lambda_{i_j}\}<0$，$\boldsymbol{A}_1=[a_{i_1},a_{i_2},\cdots,a_{i_k}]$，$\boldsymbol{P}=\boldsymbol{I}-\boldsymbol{A}_1(\boldsymbol{A}_1^{\mathrm{T}}\boldsymbol{A}_1)^{-1}\boldsymbol{A}_1^{\mathrm{T}}$，$\boldsymbol{d}^{(k)}=-\boldsymbol{P}_k\nabla f(\boldsymbol{x}^{(k)})$，转步骤 5。

在线性反问题求解领域，IST 算法是解决无约束凸优化问题的有效方法，由于其计算量小、简单易行等特点得到了广泛应用，并逐渐引入压缩感知信号重构领域[55-56]。然而，IST 算法对阈值以及初始值的选择具有较强的敏感性，适当的初值能够极大地提高算法的收敛速度。此外，数据保真项的构建也关系到算法的收敛速度和重构精度。

IST 算法的主要原理是通过将优化问题转化为次优化问题，初始值经过迭代公式算出估计值，然后利用收缩函数处理估计值，从而迭代求解优化问题。在压缩感知视频重构算法中，IST 算法被认为是 GPSR 算法的扩展。

IST 算法求解表达式为

$$\min\{f(\boldsymbol{x})=g(\boldsymbol{x})+\lambda\|\boldsymbol{x}\|_1\} \tag{2.35}$$

其中，$g(\boldsymbol{x})$ 表示数据保真项，常见的形式 $g(\boldsymbol{x})=\|\boldsymbol{y}-\boldsymbol{\phi x}\|_2^2/2$，$\lambda$ 是正则化参数，用于平衡前后两项之间的权重。

采用梯度方法，可获得式(2.35)的迭代解：

$$\boldsymbol{x}_k=\arg\min\left\{g(\boldsymbol{x}_{k-1})+\langle\boldsymbol{x}-\boldsymbol{x}_{k-1},\nabla g(\boldsymbol{x}_{k-1})\rangle+\frac{1}{2t_k}\|\boldsymbol{x}-\boldsymbol{x}_{k-1}\|^2+\lambda\|\boldsymbol{x}\|_1\right\} \tag{2.36}$$

若忽略常数带来的影响，式(2.36)可进一步转化为

$$\boldsymbol{x}_k=\arg\min\left\{\frac{1}{2t_k}\|\boldsymbol{x}-(\boldsymbol{x}_{k-1}-t_k\nabla g(\boldsymbol{x}_{k-1}))\|^2+\lambda\|\boldsymbol{x}\|_1\right\} \tag{2.37}$$

由于 L_1 范数具备可分离性，因此对式(2.37)求解的过程中能够对元素进行单独迭代，转化成一个一维的优化问题，由式(2.37)可得

$$\boldsymbol{x}_k=\mathrm{S}_{\lambda t_k}(\boldsymbol{x}_{k-1}-t_k\nabla g(\boldsymbol{x}_{k-1})) \tag{2.38}$$

其中，t_k 为迭代步长；$\mathrm{S}_{\lambda t_k}$ 为操作算子，其表达式为

$$S_{\lambda t_k}=\begin{cases}\lambda S_{\lambda t_k}, & |S_{\lambda t_k}|\geqslant t_k\\ \lambda t_k\cdot\operatorname{sign}(S_{\lambda t_k}), & t_k>|S_{\lambda t_k}|>\lambda t_k\\ S_{\lambda t_k}, & \lambda t_k\geqslant|S_{\lambda t_k}|\end{cases} \tag{2.39}$$

式中迭代步长 $\lambda\in(0,1)$。

迭代步长和操作算子对重构过程发挥着重要作用。基于以上分析，IST 算法的基本求解形式可描述为

$$\boldsymbol{x}_{k+1}=S_{\lambda t_k}(\nabla f(\boldsymbol{x}_k)) \tag{2.40}$$

其中 $\nabla f(\boldsymbol{x}_k)$ 表示目标函数的梯度信息。

2. 贪婪算法

贪婪算法是最早的压缩感知信号重构算法，而且因为其计算量小、重构效果好且较容易实现的特点，所以应用最为广泛。贪婪算法的思想是求出 K-稀疏信号中 K 个分量的数值及其所在的位置，算法的手段则是选择测量矩阵中的列向量(原子)，利用所选原子的线性组合来逼近原信号。原子的选择至关重要，只要原子选择得当，就可以高概率的精确重构原始信号。

贪婪算法从提出发展至今，已经出现了很多种算法。目前的贪婪算法可以分为以下三大类[57]：

第一类是单阶段的贪婪算法，例如 MP、OMP、ROMP 等。此类算法的特点是一次迭代过程只有一个阶段，即原子选入阶段，将所选的原子直接加入到逼近信号的原子集中，最后利用原子集中的原子来逼近原始信号。

第二类是两阶段的回溯型贪婪算法，例如 SP、CoSaMP 等。此类算法的特点是引入了回溯的思想，一次迭代过程分为两个阶段，即原子选入和原子剔除。其策略是在第一阶段先将一批适合的原子选入一个原子候选集中，通过计算候选集中原子对信号的贡献度，然后在第二阶段留下贡献最大的一部分原子，其他的原子从候选集中剔除。经过两个阶段后留在候选集中的原子才被选入最终的原子集中。

第三类是稀疏度自适应的贪婪算法。例如 SAMP 算法。此类算法的特点是在运行过程中能自适应调整步长以匹配稀疏度。在稀疏度未知的情况下，在迭代过程中自适应调整原子支撑集的大小，并最终保证支撑集对应的稀疏度个原子的正确性，精确重构原信号。前两类贪婪算法都需要知道信号的稀疏度，这在一般稀疏度未知的实际应用中是一个明显的缺点。稀疏度自适应匹配追踪算法的出现，将促进贪婪算法进一步应用于实际。

对比三类贪婪算法，在原子选择方面，第二类算法有优势，因为它增加了一个原子剔除的步骤，这样假如在第一阶段选择了不正确的原子，那么在第二阶段的修正过程也可以将不正确的原子剔除，从而保证了每次选入原子集中的原子都是最优的。而在实际应用方面，不需要知道稀疏度为先验条件的第三类算法更具价值。下面选取第一类中的 OMP 算法，第二类中的 SP 算法和第三类中的 SAMP 进行深入研究，并通过仿真对其性能进行对比分析。

首先介绍 OMP 算法[58]。OMP 算法是单阶段匹配追踪算法中最为经典的重构算法，此后的许多算法都是由 OMP 算法演变而来的。它继承了 MP 算法的原子选择思想，即每一次迭代，选取原子集中与当前信号残差最为匹配的原子(通过计算原子集的原子与信号残差的内积来衡量匹配度)，加入到逼近原信号的原子集中。当前信号残差由以下形式得到：

$r^{(k)}=y-Ax^{(k)}$，这里的 $x^{(k)}$ 是由当前原子集中的原子得到原信号的近似解，信号残差越小，说明近似解和原信号越接近。为了解决 MP 算法解的非最优性和因此造成的迭代次数较多等问题，OMP 算法增加了对原子进行正交化的过程。在每次迭代更新原子集之后，对原子集中的原子进行施密特正交化，再将信号在这些正交化后的原子所张成的空间上进行投影，这就保证了得到的信号残差与支撑集对应的所有原子都是正交的，保证了每次迭代解的最优性，减少迭代次数。

OMP 算法的迭代过程是首先按照匹配度选择最优的原子进入原子集，求出测量信号在原子集张成的正交空间上的投影，通过求解一个最小二乘问题来求得原信号的最优稀疏逼近解，更新信号残差，进入下一次迭代。

下面介绍具体的实现步骤。

输入参数：感知矩阵(原子集)A，M 维测量信号 y，N 维原始信号 x 的稀疏度 K。

输出参数：N 维原始信号 x 的 K-稀疏逼近信号 $\hat{x}$，重构误差 r。

初始化：重构信号 $x^{(0)}=\mathbf{0}$，信号残差 $r^{(0)}=y$，索引集 $\Gamma^{(0)}=\varnothing$，原子集 $A_{\Gamma^{(0)}}=\varnothing$，迭代次数 $k=1$。

步骤 1，计算信号残差 $r^{(k-1)}$ 与感知矩阵 A 的每一个列向量。

步骤 2，找出 $g^{(k)}$ 中绝对值最大元素的索引值 $\lambda^{(k)}=\underset{j=1,2,\cdots,N}{\arg\max}|g^{(k)}[j]|$ 及其对应原子 $a_{\lambda^{(k)}}$。

步骤 3，将搜索到的索引值加入到索引集中，更新索引集 $\Gamma^{(k)}=\Gamma^{(k-1)}\cup\{\lambda^{(k)}\}$，更新原子集 $A_{\Gamma^{(k)}}=A_{\Gamma^{(k-1)}}\cup\{a_{\lambda^{(k)}}\}$。

步骤 4，计算测量信号 y 在原子支撑集 $A_{\Gamma^{(k)}}$ 所张成空间上的正交投影，利用最小二乘法求得重构信号 $x^{(k)}=\arg\min\limits_{x}\|y-A_{\Gamma^{(k)}}x\|_2$。

步骤 5，更新信号残差 $r^{(k)}=y-Ax^{(k)}$，迭代次数 $k=k+1$。

步骤 6，判断是否满足迭代停止条件。若满足即停止迭代，则输出原信号 x 的 K-稀疏逼近信号 $\hat{x}=x^{(k)}$，重构误差 $r=r^{(k)}$；如不满足，则转至步骤 1 继续迭代。

然后介绍子空间追踪算法(Subspace Pursuit，SP)[59]。SP 算法是一种两阶段的回溯型贪婪算法，该算法继承了匹配追踪算法一贯的原子选择思想，即每次迭代都选择与信号残差最为相关的原子，和前面算法不同的是 SP 算法每次迭代选入原子集的原子个数为 K(原信号的稀疏度)个，迭代完成后留在原子集中的原子也是 K 个，通过迭代最终选择最优的 K 个原子来逼近原信号。

SP 算法思想是每次迭代由原子集中不同的 K 个原子张成的不同的子空间，最终找出不同的子空间中最优的那 K 个原子所张成的子空间，将测量信号投影到这个最优的子空间上，就得到了原始信号的 K-稀疏最佳逼近。所以 SP 算法始终保持原子集有 K 个原子，首先是扩展阶段，计算原子集中原子和测量信号的内积，找出 K 个匹配度最优的原子加入到初始的原子集中，并求出测量信号在此原子集张成空间上的正交投影，得到初始的逼近信号和信号残差的初始值。每次迭代时再找出其他 K 个最匹配原子，加入到原子支撑集中张成一个维度为 $2K$ 的子空间。然后就是修正阶段，沿用 OMP 算法中正交投影的思想，将测量信号投影到原子集中原子张成的子空间上得到原始信号的一个逼近解，找出逼近解中绝对值最大的 K 个分量，将其对应的原子留在最终原子集中，其他原子从原子集中剔除。按照上面的过程一直迭代，直到找到最优的 K 个原子，得到原信号的 K-稀疏最佳逼近信号。

下面介绍具体的实现步骤。

输入参数：感知矩阵(原子集)$\boldsymbol{A}$，M 维测量信号 $\boldsymbol{y}$，N 维原始信号 $\boldsymbol{x}$ 的稀疏度 K。

输出参数：N 维原信号 $\boldsymbol{x}$ 的 K-稀疏逼近信号 $\hat{\boldsymbol{x}}$，重构误差 $\boldsymbol{r}$。

初始化：索引集 $\Gamma^{(0)}=\{\boldsymbol{A}^{\mathrm{T}}\boldsymbol{y}$ 中绝对值最大的 K 个分量所对应的索引值$\}$，原子支撑集 $\boldsymbol{A}_{\Gamma^{(0)}}=\{$索引集$\Gamma^{(0)}$所对应的 K 个原子$\}$，信号残差 $\boldsymbol{r}^{(0)}=\boldsymbol{y}-\boldsymbol{A}_{\Gamma^{(0)}}\boldsymbol{A}_{\Gamma^{(0)}}^{\dagger}\boldsymbol{y}$，重构信号 $\boldsymbol{x}^{(0)}=\boldsymbol{A}_{\Gamma^{(0)}}^{\dagger}\boldsymbol{y}$，迭代次数 $k=1$。

步骤1，计算信号余量 $\boldsymbol{r}^{(k-1)}$ 与感知矩阵 $\boldsymbol{A}$ 的每一个列向量(即原子)的内积 $\boldsymbol{g}^{(k)}=\boldsymbol{A}^{\mathrm{T}}\boldsymbol{r}^{(k-1)}$。

步骤2，对 $\boldsymbol{g}^{(k)}$ 中的分量按绝对值大小进行排序，选出最大的 K 个分量所对应的索引存入前向候选集 $C^{(k)}$，将 $C^{(k)}$ 并入索引集 $\Gamma^{(k-1)}$ 中，形成候选索引集 $\Gamma^{(k)}=\Gamma^{(k-1)}\cup C^{(k)}$，将其对应的 K 个原子加入到原子集中，更新候选原子集 $\boldsymbol{A}_{\Gamma^{(k)}}=\boldsymbol{A}_{\Gamma^{(k-1)}}\cup\boldsymbol{A}_{C^{(k)}}$。

步骤3，计算测量信号 $\boldsymbol{y}$ 在候选原子集 $\boldsymbol{A}_{\Gamma^{(k)}}$ 所张成空间上的正交投影，利用最小二乘法求得重构信号 $\boldsymbol{x}^{(k)}=\arg\min\limits_{\boldsymbol{x}}\|\boldsymbol{y}-\boldsymbol{A}_{\Gamma^{(k)}}\boldsymbol{x}\|_2$。

步骤4，对重构信号 $\boldsymbol{x}^{(k)}$ 中分量按绝对值大小进行排序，保留其中最大的 K 个分量所对应的索引形成索引集 $\Gamma^{(k)}$，并更新原子集 $\boldsymbol{A}_{\Gamma^{(k)}}$。

步骤5，计算测量信号在原子集 $\boldsymbol{A}_{\Gamma^{(k)}}$ 所张成的子空间上的正交投影，得到原信号的稀疏逼近信号 $\boldsymbol{x}^{(k)}=\arg\min\limits_{\boldsymbol{x}}\|\boldsymbol{y}-\boldsymbol{A}_{\Gamma^{(k)}}\boldsymbol{x}\|_2$，更新信号残差 $\boldsymbol{r}^{(k)}=\boldsymbol{y}-\boldsymbol{A}\boldsymbol{x}^{(k)}$。

步骤6，判断是否满足迭代停止条件，若满足即停止迭代，输出原信号 $\boldsymbol{x}$ 的 K-稀疏逼近信号 $\hat{\boldsymbol{x}}=\boldsymbol{x}^{(k)}$，重构误差 $\boldsymbol{r}=\boldsymbol{r}^{(k)}$，若不满足，则 $k=k+1$，进入下一次迭代。

最后介绍稀疏自适应匹配追踪算法[60]。稀疏自适应匹配追踪算法是一种稀疏度自适应的贪婪算法，可以在稀疏度未知的情况下自适应地调整步长大小以匹配原始信号。算法的整个运行过程分为多个阶段，每个阶段的支撑集大小固定，阶段内采取了匹配追踪类算法的原子选择策略，并引入了回溯的思想，使得阶段内选择的原子更加准确。阶段内通过信号当前信号残差和上次信号残差的比较来衡量当前支撑集的大小能否满足重构要求，如果不能，则算法会自动进入下一阶段，通过一定步长增大调整支撑集的规模，从而通过多个阶段的累加，使支撑集的大小不断变大直至与信号稀疏度相匹配，得到满足重构要求的稀疏逼近信号。

下面介绍具体的实现步骤。

输入参数：感知矩阵(原子集)$\boldsymbol{A}$，M 维测量信号 $\boldsymbol{y}$，调整步长 s。

输出参数：N 维原始信号 $\boldsymbol{x}$ 的 K-稀疏逼近信号 $\hat{\boldsymbol{x}}$。

初始化：重构信号 $\boldsymbol{x}^{(0)}=\boldsymbol{0}$，信号残差 $\boldsymbol{r}^{(0)}=\boldsymbol{y}$，索引集 $\Gamma^{(0)}=\varnothing$，原子集 $\boldsymbol{A}_{\Gamma^{(0)}}=\varnothing$，初始支撑集大小 $L=s$，阶段 stage$=1$，迭代次数 $k=1$。

步骤1，计算信号余量 $\boldsymbol{r}^{(k-1)}$ 与感知矩阵 $\boldsymbol{A}$ 的每一个列向量(即原子)的内积 $\boldsymbol{g}^{(k)}=\boldsymbol{A}^{\mathrm{T}}\boldsymbol{r}^{(k-1)}$。

步骤2，对 $\boldsymbol{g}^{(k)}$ 中的分量按绝对值大小进行排序，选出最大的 L 个分量所对应的索引存入调整索引集 $S^{(k)}$，将 $S^{(k)}$ 并入索引集 $\Gamma^{(k-1)}$，得到一个候选索引集 $\Gamma^{(k)}=\Gamma^{(k-1)}\cup S^{(k)}$，

并将其对应的原子集 $\boldsymbol{A}_{S^{(k)}}$ 加入到后备原子集中 $\boldsymbol{A}_{\Gamma^{(k)}}=\boldsymbol{A}_{\Gamma^{(k-1)}}\cup\boldsymbol{A}_{S^{(k)}}$。

步骤3,利用最小二乘法求得测量信号 $\boldsymbol{y}$ 在后备原子集 $\boldsymbol{A}_{\Gamma^{(k)}}$ 所张成空间上的正交投影,得到原始信号 $\boldsymbol{x}$ 的 K-稀疏逼近信号 $\boldsymbol{x}^{(k)}=\arg\min\limits_{\boldsymbol{x}}\|\boldsymbol{y}-\boldsymbol{A}_{\Gamma^{(k)}}\boldsymbol{x}\|_2$。

步骤4,对逼近信号 $\boldsymbol{x}^{(k)}$ 中的分量按绝对值大小进行排序,选出最大的 L 个分量所对应的索引存入索引集 Γ,并找出 Γ 对应的原子集 $\boldsymbol{A}_{\Gamma}$。

步骤5,最小二乘法求得测量信号 $\boldsymbol{y}$ 在原子集 $\boldsymbol{A}_{\Gamma}$ 所张成空间上的正交投影,得到原信号 $\boldsymbol{x}$ 的 K-稀疏逼近信号 $\boldsymbol{x}^{(k)}=\arg\min\limits_{\boldsymbol{x}}\|\boldsymbol{y}-\boldsymbol{A}_{\Gamma^{(k)}}\boldsymbol{x}\|_2$。计算信号残差 $\boldsymbol{r}^{(k)}=\boldsymbol{y}-\boldsymbol{A}\boldsymbol{x}^{(k)}$。

步骤6,判断是否满足迭代停止条件 $\|\boldsymbol{r}\|_2\leqslant\varepsilon\|\boldsymbol{y}\|_2$,若满足则停止迭代,输出原信号 $\boldsymbol{x}$ 的近似解 $\hat{\boldsymbol{x}}=\boldsymbol{x}^{(k)}$;若不满足则继续执行步骤7。

步骤7,判断是否满足 $\|\boldsymbol{r}\|_2\geqslant\|\boldsymbol{r}^{(k-1)}\|_2$,如果满足则进入下一阶段,stage=stage+1,更新支撑集大小,$L=\text{stage}\times s$,转步骤1继续迭代。如果不满足,则更新支撑集 $\Gamma^{(k)}=\Gamma$,更新信号残差 $\boldsymbol{r}^{(k)}=\boldsymbol{r}$,更新迭代次数 $k=k+1$,进入步骤1继续进行迭代。

3. 稀疏贝叶斯学习算法

贝叶斯压缩感知算法(Bayesian Compressed Sensing,BCS)将贝叶斯理论应用到压缩感知重构问题进行描述,将稀疏贝叶斯学习(Sparse Bayesian Learning,SBL)算法用于估计模型的稀疏参数。在贝叶斯学习算法中,常使用的稀疏先验是拉普拉斯先验,但是拉普拉斯先验与高斯分布非共轭,导致贝叶斯推断难以迭代进行。为了解决该非共轭的问题,BCS引入具有拉普拉斯先验相同特性的分层分布作为先验分布,即假设稀疏系数服从高斯分布,其方差又服从伽马分布。由于先验分布与似然分布都是高斯分布,所产生的后验分布也是一个高斯分布,贝叶斯推断可以迭代进行。以SBL为基础,采用层次化的拉普拉斯先验和借助贪婪算法估计参数,基于拉普拉斯先验的贝叶斯算法(Bayesian Compressive Sensing Using Laplace Priors,BCS-Laplace)提高了解的稀疏性并减少了运行时间,但是无法证明其全局解是稀疏程度最高的解,而且它不能保证算法收敛,算法的稳定性不高。随机正交匹配追踪(Rand Orthogonal Matching Pursuit,Rand-OMP)算法提出了伯努利-高斯先验模型,利用两种状态表征系数为零值或非零值,对应的幅值服从"窄"(方差小)或"宽"(方差大)的高斯分布。由于这种稀疏模式状态对应原子选择特性,使得匹配追踪算法得以在贝叶斯压缩感知重构中应用,一定程度上改善了贝叶斯压缩感知重构的运行速度。虽然引入OMP算法改善了贝叶斯压缩感知重构的运行速度,但是该算法计算最大后验估计值(Maximum A Posteriori,MAP)仍包含了大量的矩阵乘法运算。为了进一步加快重构速度,快速贝叶斯匹配追踪算法(Fast Bayesian Matching Pursuit,FBMP)将MAP评估值分解成上次迭代的评估值与增量,仅在每次迭代中计算增量,提高了算法的运行效率。传统的CS重构算法都存在一个共同的不足之处:假设稀疏系数彼此独立,未利用系数间的结构特性。当信号稀疏程度不高,或存在强度大的噪声干扰时,这些重构算法的恢复质量不理想。

压缩感知理论在原始信号的稀疏性质基础上,通过重构算法对信号的进行恢复,而贝叶斯压缩感知理论则根据上述性质,进一步利用原始信号的先验概率分布特性,并在重构算法中运用贝叶斯原理以及原始信号的分布情况,这使得在相同条件下,贝叶斯压缩感知模型比传统压缩感知模型可对原始信号进行更精确的恢复重构。

压缩感知理论的观测采样过程受到观测噪声 n 的干扰,因此最终观测采样值 y 的随机

特性取决于观测噪声 n。观测噪声的特性可以用零均值高斯随机分布来表示：$N(n|0,\beta^{-1})$，方差为 β^{-1}。因此观测采样值 $\boldsymbol{y}$ 也满足随机高斯分布，具体表达形式如下：

$$p(\boldsymbol{y} \mid \boldsymbol{x},\beta^{-1}) = N(\boldsymbol{y} \mid \boldsymbol{\Phi\Psi\theta},\beta^{-1}) \tag{2.41}$$

以上分析将压缩感知理论中对于观测采样值中恢复出原始信号的问题转变为概率分布形式。在已知稀疏基矩阵 $\boldsymbol{\Psi}$，观测矩阵 $\boldsymbol{\Phi}$ 和观测采样值 $\boldsymbol{y}$ 的基础上，估计出稀疏向量 $\boldsymbol{\theta}$ 和观测噪声的方差 β^{-1} 为定值：$\beta=0.01\times\|\boldsymbol{y}\|_2^2$。所以在贝叶斯压缩感知重构算法的计算过程中，重要的步骤就是要找出稀疏系数向量 $\boldsymbol{\theta}$，并进行估计。

首先对原始信号 $\boldsymbol{x}$ 的稀疏表示进行研究。为了简单起见且不失一般性，令原始信号的稀疏基矩阵 $\boldsymbol{\psi}=\boldsymbol{I}_N$，即原始信号 $\boldsymbol{x}$ 自身就有稀疏性，不需要投影到某个稀疏域内。由此可见：$\boldsymbol{x}=\boldsymbol{\psi\theta}=\boldsymbol{\theta}$。从贝叶斯框架的角度来看，原始信号的稀疏性通过原始信号 $\boldsymbol{x}$ 的稀疏先验概率分布表示。普遍使用的稀疏先验概率分布是拉普拉斯分布：

$$p(\boldsymbol{\theta} \mid \lambda) = (\lambda/2)^N \exp\left(-\lambda \sum_{i=1}^{N} |\boldsymbol{\theta}_i|\right) \tag{2.42}$$

这时，在得到观测采样值 $\boldsymbol{y}$ 和似然函数式(2.41)的基础上，原始信号的重构问题就可以转化为基于 MAP 算法的稀疏系数 $\boldsymbol{\theta}$ 估计问题。

但是在进行基于 MAP 算法的贝叶斯重构算法时，拉普拉斯先验概率分布与式(2.41)中的高斯分布并不匹配，将会导致贝叶斯重构过程不能实现闭环形式，所以原始信号的拉普拉斯先验概率不能直接使用，但是贝叶斯压缩感知理论在重构算法中可使用 RVM (Relevance Vector Machine)算法。RVM 算法利用分级先验概率模型，这种模型和拉普拉斯分布有相似的性质，与此同时又和式(2.41)的高斯分布匹配。首先假设每个稀疏系数满足零均值高斯分布，则整个稀疏系数向量 $\boldsymbol{\theta}$ 的概率分布可以写成

$$p(\boldsymbol{\theta} \mid r) = \prod_{i=1}^{N} N(\boldsymbol{\theta}_i \mid 0, r_i^{-1}) \tag{2.43}$$

其中，参数 r_i^{-1} 为稀疏系数向量中第 i 个稀疏高斯分布的方差值。然后对参数 r_i^{-1} 进行进一步分析，令其满足伽马分布：

$$p(r \mid a,b) = \prod_{i=1}^{N} \Gamma(r_i \mid a,b) \tag{2.44}$$

其中 a,b 是伽马分布的参数。将以上两式结合，就能得到稀疏向量 $\boldsymbol{\theta}$ 的最终分级概率分布：

$$p(\boldsymbol{\theta} \mid a,b) = \prod_{i=1}^{N} \int_0^{\infty} N(\boldsymbol{\theta}_i \mid 0, r_i^{-1}) \Gamma(r_i \mid a,b) \mathrm{d}r_i \tag{2.45}$$

得到原始信号的概率分布后，贝叶斯重构算法采用了 Type-Ⅱ 最大似然法。根据贝叶斯准则，所有位置参数的后验概率可以写成

$$p(\boldsymbol{\theta},r \mid \boldsymbol{y}) = \frac{p(\boldsymbol{y} \mid \boldsymbol{\theta},r)p(\boldsymbol{\theta},r)}{p(\boldsymbol{y})} \tag{2.46}$$

对其后验概率 $p(\boldsymbol{\theta},r|\boldsymbol{y})$ 进一步分解，可以得到

$$p(\boldsymbol{\theta},r \mid \boldsymbol{y}) = p(\boldsymbol{\theta} \mid r,\boldsymbol{y})p(r \mid \boldsymbol{y}) \tag{2.47}$$

式中的后验概率可以分解为两部分，分别为稀疏系数向量 $\boldsymbol{\theta}$ 的后验概率密度函数和概率分布参数 r 的后验概率密度函数。

稀疏系数向量 $\boldsymbol{\theta}$ 的后验概率密度函数满足多元高斯分布，其均值和协方差分别为 μ 和 Σ。对这两个参数进行求解，可以得到

$$\mu = \beta \Sigma \boldsymbol{\Phi}^{\mathrm{T}} \boldsymbol{y} \tag{2.48}$$

$$\Sigma = (\Delta + \beta \boldsymbol{\Phi}^{\mathrm{T}} \boldsymbol{\Phi})^{-1} \tag{2.49}$$

其中 $\Delta = \mathrm{diag}(1/r_1, 1/r_2, \cdots, 1/r_N)$。

接下来就需要寻找概率分布参数 r 的合适的后验概率模型。利用公式 $p(r|\boldsymbol{y}) \propto p(\boldsymbol{y}|r)p(r)$，可将问题简化为 $p(\boldsymbol{y}|r)p(r)$ 的求最值问题，进一步可以转化为 $p(\boldsymbol{y}|r)p(r)$ 对数求最值问题。

$p(\boldsymbol{y}|r)p(r)$ 的对数形式可以写成

$$\begin{aligned} L(r) &= \log \int p(\boldsymbol{y} \mid \boldsymbol{\theta}) p(\boldsymbol{\theta} \mid r) p(r) \mathrm{d}\theta \\ &= -\frac{1}{2} \log |\boldsymbol{C}| - \frac{1}{2} \boldsymbol{y}^{\mathrm{T}} \boldsymbol{C}^{-1} \boldsymbol{y} - \frac{1}{2} M \log(2\pi) \end{aligned} \tag{2.50}$$

其中 $\boldsymbol{C} = \beta^{-1} \boldsymbol{I} + \boldsymbol{\Phi} \boldsymbol{\Lambda}^{-1} \boldsymbol{\Phi}^{\mathrm{T}}$。接下来就通过对上式求最值以确定概率分布参数 r 的值。对概率分布参数 r 求偏导数，同时令偏导数为零，可得 r 的值：

$$r_i^{\mathrm{new}} = \frac{1 - r_i \Sigma_{ii}}{\mu_i^2} \tag{2.51}$$

其中，μ_i 是式中所求的后验概率分布函数均值向量中的第 i 个元素；Σ_{ii} 是式中所求得后验概率分布函数协方差矩阵中的第 i 行第 i 列元素。

先验概率分布参数 r^{new} 的求值与均值 μ 和协方差 Σ 的求值函数也与先验概率分布 r 有关，可以结合以上三个公式进行相互迭代计算，直到满足收敛条件。最终得到的均值 μ 就是所求的稀疏系数向量 $\boldsymbol{\theta}$。若 r_i 值趋向于无穷大，同时这些 r_i 的值所对应的 $\boldsymbol{\theta}_i$ 的值可以忽略不计，相对于 r_i 值较小的情况，所对应 $\boldsymbol{\theta}_i$ 的值对观测向量 $\boldsymbol{y}$ 有决定性作用。这也体现出稀疏系数向量 $\boldsymbol{\theta}$ 的稀疏性。利用以上的迭代算法虽然满足信号重构的要求，但是时间复杂度为 $O(N^3)$。解决方法效率不是很理想，此时就需要对贝叶斯压缩感知重构算法进行优化。

Tipping 提出了快速 RVM 重构算法。快速 RVM 重构算法按照条件，有选择地将观测矩阵的列向量添加进最终模型，最终模型包含原始信号的稀疏系数向量中所有非零元素所对应的观测矩阵列向量，从而最大化式中的边际似然函数。快速 RVM 重构算法的计算复杂度为 $O(NK^2)$，在压缩感知理论框架下，原始信号的稀疏度远小于原始信号的维度 N，因此快速 RVM 重构算法在贝叶斯压缩感知重构算法中具有明显改进。

式(2.50)中矩阵 $\boldsymbol{C}$ 可以写成如下形式：

$$\begin{aligned} \boldsymbol{C} &= \beta^{-1} \boldsymbol{I} + \sum_i r_i \boldsymbol{\phi}_i \boldsymbol{\phi}_i^{\mathrm{T}} \\ &= \beta^{-1} \boldsymbol{I} + \sum_{j \neq i} r_j \boldsymbol{\phi}_j \boldsymbol{\phi}_j^{\mathrm{T}} + r_i \boldsymbol{\phi}_i \boldsymbol{\phi}_i^{\mathrm{T}} \\ &= \boldsymbol{C}_{-i} + r_i \boldsymbol{\phi}_i \boldsymbol{\phi}_i^{\mathrm{T}} \end{aligned} \tag{2.52}$$

其中 $\boldsymbol{C}_{-i}$ 表示不包含第 i 个列向量的观测矩阵。

运用 Woodbury 恒等式，可以得到

$$\boldsymbol{C}^{-1} = \boldsymbol{C}_{-i}^{-1} - \frac{\boldsymbol{C}_{-i}^{-1} \boldsymbol{\phi}_i \boldsymbol{\phi}_i^{\mathrm{T}} \boldsymbol{C}_{-i}^{-1}}{1/r_i + \boldsymbol{\phi}_i^{\mathrm{T}} \boldsymbol{C}_{-i}^{-1} \boldsymbol{\phi}_i} \tag{2.53}$$

$$|\boldsymbol{C}| = |\boldsymbol{C}_{-i}| |1 + r_i \boldsymbol{\phi}_i^{\mathrm{T}} \boldsymbol{C}_{-i}^{-1} \boldsymbol{\phi}_i| \tag{2.54}$$

对数 $L(r)$ 可以表示为

$$L(r)=L(r_{-i})+L(r_i) \tag{2.55}$$

式中 $L(r_i)=\frac{1}{2}\left[\log r_i-\log(r_i+s_i)+\frac{q_i^2}{r_i+s_i}\right]$。

令

$$S_i=\beta\boldsymbol{\phi}_i^{\mathrm{T}}\boldsymbol{\phi}_i-\beta^2\boldsymbol{\phi}_i^{\mathrm{T}}\boldsymbol{\Phi}\Sigma\boldsymbol{\Phi}^{\mathrm{T}}\boldsymbol{\phi}_i \tag{2.56}$$

$$Q_i=\beta\boldsymbol{\phi}_i^{\mathrm{T}}\boldsymbol{y}-\beta^2\boldsymbol{\phi}_i^{\mathrm{T}}\boldsymbol{\Phi}\Sigma\boldsymbol{\Phi}^{\mathrm{T}}\boldsymbol{y} \tag{2.57}$$

$$s_i=\frac{S_i}{1-r_i^{-1}S_i} \tag{2.58}$$

$$q_i=\frac{Q_i}{1-r_i^{-1}S_i} \tag{2.59}$$

因此，似然函数 $L(r)$关于 r_i 求偏导，可得

$$r_i^{\mathrm{RVM}}=\begin{cases}\dfrac{s_i^2}{q_i^2-s_i}, & q_i^2>s_i\\ \infty, & 其他\end{cases} \tag{2.60}$$

通过上式，RVM 算法步骤如下：

输入参量为$\boldsymbol{\Phi}$，$\boldsymbol{y}$。

输出参量为$\boldsymbol{\theta}$，Σ，r。

初始化所有的 $r_i=\infty$，$\lambda=0$。

步骤 1，选择一个 r_i，或者对应的观测矩阵的列向量$\boldsymbol{\phi}_i$；

步骤 2，如果 $q_i^2-s_i>\lambda$，且 $r_i=\infty$，则模型中增加向量$\boldsymbol{\phi}_i$，根据式(2.60)更新 r_i；

步骤 3，如果 $q_i^2-s_i>\lambda$，且 $r_i<\infty$，则模型中已经存在$\boldsymbol{\phi}_i$，根据式(2.60)更新 r_i；

步骤 4，如果 $q_i^2-s_i\leqslant\lambda$，且 $r_i<\infty$，从模型中删除$\boldsymbol{\phi}_i$，更新 $r_i=\infty$；

步骤 5，更新参数，如果收敛，则算法结束，否则跳到步骤 4。

在 RVM 算法中，没有规则化参数，不需要通过交叉验证获取该参数。在 RVM 求解过程中，核函数不必满足 Mercer 条件(核函数的必要条件)。RVM 学习训练过程可以归结于最大边缘似然函数估计问题，自上而下的列向量选择是快速学习算法，较 Mackay 迭代估计和期望最大化迭代估计的计算速度更快。

2.2.4 张量压缩感知

前面介绍的信号都是以一维向量或二维矩阵的形式存在的，当涉及彩色图片、视频序列、医学成像以及高光谱图像等三维甚至多维稀疏信号时，传统压缩感知理论无法直接处理这类信号。面对这种以多维数据表示的信号，众多学者开始研究张量压缩感知理论。

1. 张量模型

张量即多维数组，更一般地说，N 阶张量为 N 个向量空间的外积所张成的空间。零阶张量为数量，一阶张量为向量，二阶张量为矩阵，三阶及以上张量称为高阶张量。张量通常用大写花体字母($\mathcal{A}$，$\mathcal{B}$，…)来表示，张量可以转化为矩阵，也有相应的乘法运算。下面介绍张量中常用的概念。

张量的纤维是指张量的其中一维数据取遍所有值，其余维数据取固定值组成的模型；如图 2.4 所示为三阶张量的纤维模型。

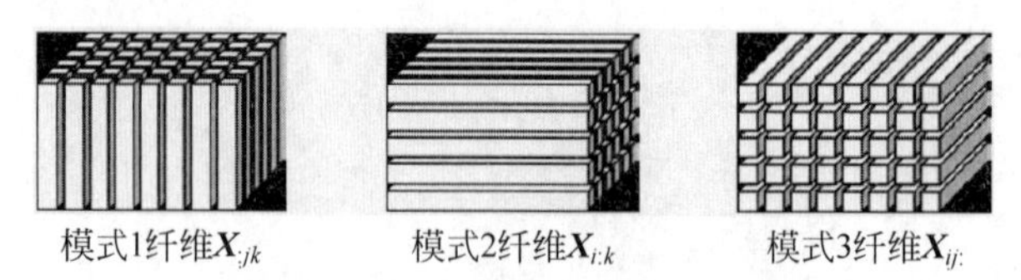

图 2.4　三阶张量的纤维

切片是指张量的两维切面，张量的其中两维数据取遍所有值，其余维数据取固定值组成的模型；如图 2.5 所示为三阶张量的切片模型。

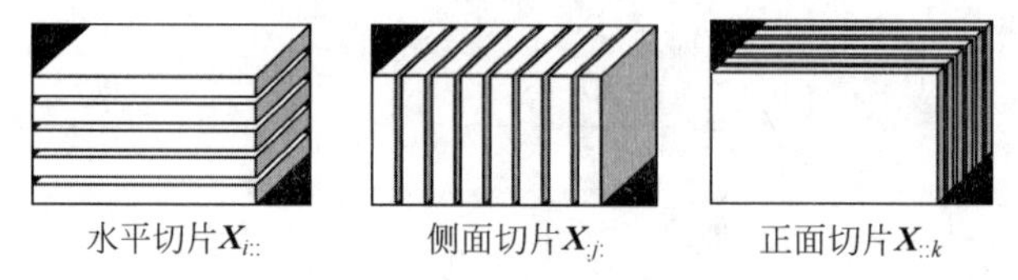

图 2.5　三阶张量的切片模型

设两个 N 阶张量$\boldsymbol{\mathcal{X}},\boldsymbol{\mathcal{Y}}\in \mathbf{R}^{I_1\times I_2\times\cdots\times I_N}$，张量的内积定义为

$$\langle \boldsymbol{\mathcal{X}},\boldsymbol{\mathcal{Y}}\rangle=\sum_{i_1=1}^{I_1}\sum_{i_2=1}^{I_2}\cdots\sum_{i_N=1}^{I_N}\boldsymbol{x}_{i_1 i_2\cdots i_N}\boldsymbol{y}_{i_1 i_2\cdots i_N} \tag{2.61}$$

张量的范数定义为

$$\|\boldsymbol{\mathcal{X}}\|=\sqrt{\langle \boldsymbol{\mathcal{X}},\boldsymbol{\mathcal{X}}\rangle}=\sqrt{\sum_{i_1=1}^{I_1}\sum_{i_2=2}^{I_2}\cdots\sum_{i_N=1}^{I_N}\boldsymbol{x}_{i_1 i_2\cdots i_N}^2} \tag{2.62}$$

张量的矩阵化也称为张量的展开，是将 N 阶张量的元素重排为矩阵形式。N 阶张量$\boldsymbol{\mathcal{X}}\in \mathbf{R}^{I_1\times I_2\times\cdots\times I_N}$ 的模式 n 展开是指将张量的模式 n 纤维模型作为矩阵的列重新排布，记为 $\boldsymbol{X}_{(n)}$。

张量元素$(i_1,i_2,\cdots,i_N)$与矩阵元素(i_n,j)的对应关系为

$$j=1+\sum_{\substack{k=1\\k\neq n}}^{N}(i_k-1)J_k,\quad J_k=\prod_{\substack{m=1\\m\neq n}}^{k-1}I_m \tag{2.63}$$

通过举例可以很容易地理解张量矩阵化的概念，设一个三阶张量$\boldsymbol{\mathcal{X}}\in \mathbf{R}^{3\times 4\times 2}$ 的正面切片为

$$\boldsymbol{X}_1=\begin{bmatrix}1&4&7&10\\2&5&8&11\\3&6&9&12\end{bmatrix},\quad \boldsymbol{X}_2=\begin{bmatrix}13&16&19&22\\14&17&20&23\\15&18&21&24\end{bmatrix} \tag{2.64}$$

按照模式 n 展开的定义，张量$\boldsymbol{\mathcal{X}}$按照模式 1～模式 3 展开为矩阵形式，分别为

$$\boldsymbol{X}_{(1)}=\begin{bmatrix}1&4&7&10&13&16&19&22\\2&5&8&11&14&17&20&23\\3&6&9&12&15&18&21&24\end{bmatrix}$$

$$\boldsymbol{X}_{(2)}=\begin{bmatrix}1&2&3&13&14&15\\4&5&6&16&17&18\\7&8&9&19&20&21\\10&11&12&22&23&24\end{bmatrix}$$

$$\boldsymbol{X}_{(3)}=\begin{bmatrix}1 & 2 & 3 & 4 & 5 & 6 & 7 & 8 & 9 & 10 & 11 & 12\\ 13 & 14 & 15 & 16 & 17 & 18 & 19 & 20 & 21 & 22 & 23 & 24\end{bmatrix} \tag{2.65}$$

张量可以和张量相乘，张量可以和矩阵相乘，张量也可以和向量相乘。我们主要介绍张量和矩阵相乘，张量 $\boldsymbol{\mathcal{X}}\in\mathbf{R}^{I_1\times I_2\times\cdots\times I_N}$ 与矩阵 $\boldsymbol{U}\in\mathbf{R}^{J\times I_n}$ 的模式 n 乘积结果的维数为 $(\boldsymbol{\mathcal{X}}\times_n\boldsymbol{U})\in\mathbf{R}^{I_1\times\cdots\times I_{n-1}\times J\times I_{n+1}\times\cdots\times I_N}$，各元素对应的值表示如下：

$$(\boldsymbol{\mathcal{X}}\times_n\boldsymbol{U})_{i_1\cdots i_{n-1}ji_{n+1}\cdots i_N}=\sum_{i_n=1}^{I_n}\boldsymbol{x}_{i_1i_2\cdots i_N}\boldsymbol{u}_{ji_n} \tag{2.66}$$

张量和矩阵的乘积也可以用张量的模式 n 展开形式与该矩阵相乘，得到的结果再转化为张量形式，即

$$\boldsymbol{\mathcal{Y}}=\boldsymbol{\mathcal{X}}\times_n\boldsymbol{U}\Leftrightarrow\boldsymbol{Y}_{(n)}=\boldsymbol{U}\boldsymbol{X}_{(n)} \tag{2.67}$$

2. 稀疏张量重构算法

自从压缩感知理论被提出以来，很多种压缩感知重构算法及其改进算法不断被提出。传统压缩感知理论是基于一维向量信号的重构，而在实际应用中，数据的表达通常是基于二维矩阵甚至是高阶张量形式，例如彩色成像、三维空间成像、多传感器网络等。将压缩感知理论应用到这些领域的一个常用方法就是将多阶张量形式转化为长度较长的一维向量形式，这将导致需要更多的采样数据，同时增大了算法的计算复杂度和计算机的存储负担。

由于现实中很多信号都是高阶张量形式，因此近两年张量压缩感知理论成为一个新兴课题，并应用在很多领域。本节主要介绍两种张量压缩感知算法。

1）基于平滑 L_0 范数的三阶张量压缩感知成像方法

传统的三维成像方法对方位角和俯仰角进行密集采样，这需要很大的存储空间和较长的采样时间。为了节约采集数据的成本，将稀疏理论应用在成像领域，从而对数据进行稀疏采样。三维信号模型可以表示为三阶张量的形式。

目前有学者研究了三维稀疏微波成像模型，通过对接收信号模型进行近似和离散化处理，得到接收信号模型为[62]

$$\begin{aligned}y(n.m.l)=&\sum_{p=1}^{P}\sum_{q=1}^{Q}\sum_{k=1}^{K}\sigma(p,q,k)\exp\left\{2\mathrm{j}\pi\frac{p(n-1)}{P}\right\}\\&\exp\left\{2\mathrm{j}\pi\frac{q(m-1)}{Q}\right\}\exp\left\{2\mathrm{j}\pi\frac{k(k-1)}{K}\right\}\end{aligned} \tag{2.68}$$

其中，(p,q,k) 表示离散化处理后的目标位置坐标；$\sigma(p,q,k)$ 表示坐标为 (p,q,k) 处的复散射系数；P,Q,K 分别为各维度划分的格点数，$n=1,2,\cdots,N$；$m=1,2,\cdots,M$；$l=1,2,\cdots,L$ 分别表示俯仰角、方位角和距离的单元划分。

将上式转化为张量形式：

$$\boldsymbol{\mathcal{Z}}=\boldsymbol{\mathcal{W}}\times_1\boldsymbol{\Theta}_r\times_2\boldsymbol{\Theta}_c\times_3\boldsymbol{\Theta}_v \tag{2.69}$$

其中，接收数据张量 $\boldsymbol{\mathcal{Z}}\in\mathbf{R}^{L_1\times L_2\times L_3}$；反射系数张量 $\boldsymbol{\mathcal{W}}\in\mathbf{R}^{P\times Q\times K}$；接收导向向量矩阵 $\boldsymbol{\Theta}_r\in\mathbf{R}^{L_1\times P}$，$\boldsymbol{\Theta}_c\in\mathbf{R}^{L_2\times Q}$，$\boldsymbol{\Theta}_v\in\mathbf{R}^{L_3\times K}$。

我们的目的是要利用已知参数 $\boldsymbol{\mathcal{Z}}$、$\boldsymbol{\Theta}_r$、$\boldsymbol{\Theta}_c$、$\boldsymbol{\Theta}_v$ 恢复三阶反射系数张量 $\boldsymbol{\mathcal{W}}$。对三阶张量模型进行稀疏恢复的压缩感知处理方法是对式(2.69)作向量化处理，令 $\boldsymbol{z}=\mathrm{vec}(\boldsymbol{\mathcal{Z}})\in\mathbf{R}^{L_1L_2L_3\times 1}$，$\boldsymbol{w}=\mathrm{vec}(\boldsymbol{\mathcal{W}})\in\mathbf{R}^{PQK\times 1}$，$\boldsymbol{\Theta}=\boldsymbol{\Theta}_r\otimes\boldsymbol{\Theta}_c\otimes\boldsymbol{\Theta}_v\in\mathbf{R}^{L_1L_2L_3\times PQK}$，从而可将三维数据模

型(2.69)转化为以下形式：

$$z=\boldsymbol{\Theta} w \tag{2.70}$$

可以看出，上式中 w 是很长的向量，$\boldsymbol{\Theta}$ 是维数很大的矩阵，上式通常是一个欠定线性方程组，在进行运算时需要较大的存储空间来存储矩阵$\boldsymbol{\Theta}$，同时对$\boldsymbol{\Theta}$进行求伪逆的运算时，导致运算量急剧增加，从而造成很大的运算负担。因而考虑直接对三阶张量模型进行重构。下面介绍 3D-SL_0 重构算法(1D-SL_0 算法的扩展)。

SL_0 算法的基本思想是用连续的高斯函数逼近 L_0 范数实现优化问题的稀疏求解。

首先，定义一个高斯函数 $f_\sigma(w_{pqk})$：

$$f_\sigma(w_{pqk})=\exp(-|w_{pqk}|^2/2\boldsymbol{\sigma}^2) \tag{2.71}$$

其中，$p=1,2,\cdots,P$，$q=1,2,\cdots,Q$，$k=1,2,\cdots,K$。

根据高斯函数的性质，有下面的极限成立：

$$\lim_{\sigma\to 0} f_\sigma(w_{pqk})=\begin{cases}1, & w_{pqk}=0\\ 0, & w_{pqk}\neq 0\end{cases} \tag{2.72}$$

然后，定义高斯函数的和 $F_\sigma(\mathcal{W})$ 为

$$F_\sigma(\mathcal{W})=\sum_{p=1}^{P}\sum_{q=1}^{Q}\sum_{k=1}^{K}\exp(-|w_{pqk}|^2/2\sigma^2) \tag{2.73}$$

由式(2.73)知，$\lim_{\sigma} F_\sigma(\mathcal{W})=PQK-\|\mathcal{W}\|_0$，且当 σ 较小时，近似有

$$\|\mathcal{W}\|_0=PQK-F_\sigma(\mathcal{W})$$

张量模型的稀疏重构问题是对 $\|\mathcal{W}\|_0$ 求最小，即下面的最小化问题：

$$\min_{\mathcal{W}}\{PQK-F_\sigma(\mathcal{W})\}\quad \text{s. t.}\quad \mathcal{Z}=\mathcal{W}\times_1\boldsymbol{\Theta}_r\times_2\boldsymbol{\Theta}_c\times_3\boldsymbol{\Theta}_v \tag{2.74}$$

类似于 1D-SL_0 算法，初始值设为$\mathcal{W}_0=\mathcal{Z}\times_1\boldsymbol{\Theta}_r^\dagger\times_2\boldsymbol{\Theta}_c^\dagger\times_3\boldsymbol{\Theta}_v^\dagger$。3D-$SL_0$ 算法的迭代过程如表 2.1 所示。

表 2.1 3D-SL_0 算法流程

3D-SL0 算法：输入$\mathcal{Z}$，$\boldsymbol{\Theta}_r$，$\boldsymbol{\Theta}_c$，$\boldsymbol{\Theta}_v$；输出$\mathcal{W}$。
步骤 1，初始化。 定义$\mathcal{W}$的迭代初始值为$\mathcal{W}_0=\mathcal{Z}\times_1\boldsymbol{\Theta}_r^\dagger\times_2\boldsymbol{\Theta}_c^\dagger\times_3\boldsymbol{\Theta}_v^\dagger$，设定递减序列 $[\sigma_1,\sigma_2,\cdots,\sigma_J]$，一般取 $\sigma_1=1$，$\sigma_j=\eta\sigma_{j-1}$，$\eta\in[0.5,1)$，设置迭代初值 $j=1$。 步骤 2，迭代求解。 令$\boldsymbol{\sigma}=\sigma_j$，在可行解范围$\{\mathcal{W}\mid\mathcal{Z}=\mathcal{W}\times_1\boldsymbol{\Theta}_r\times_2\boldsymbol{\Theta}_c\times_3\boldsymbol{\Theta}_v\}$内，用最速上升法求解 $F_\sigma(\mathcal{W})$ 的最大值。设置迭代初值 $l=0$。 (1) 利用递减序列 $[\sigma_1,\sigma_2,\cdots,\sigma_J]$ 中的第 j 个元素构造梯度向量 $\Delta\mathcal{W}=[\delta_{pqk}]$，$\delta_{pqk}=\exp(-\|\mathcal{W}_{pqk}\|^2/2\sigma_j^2)$ (2) 令$\mathcal{W}\leftarrow\mathcal{W}-u\Delta\mathcal{W}$，$u$ 为一个正常数，一般取 $u=2$； (3) 将(2)中迭代得到的张量$\mathcal{W}$投影到可行解集上，可以得到 $\mathcal{W}\leftarrow\mathcal{W}-(\mathcal{W}\times_1\boldsymbol{\Theta}_r\times_2\boldsymbol{\Theta}_c\times_3\boldsymbol{\Theta}_v-\mathcal{Z})\times_1\boldsymbol{\Theta}_r^\dagger\times_2\boldsymbol{\Theta}_c^\dagger\times_3\boldsymbol{\Theta}_v^\dagger$ (2.75) (4) 如果 $l<L$，令 $l=l+1$，返回(1)，$L\in[3,20]$。 步骤 3，如果 $j<J$，令 $j=j+1$，重复步骤 2，继续迭代。最终得到$\mathcal{W}$的稀疏解。

3D-SL$_0$ 算法中各参数的取值与 1D-SL$_0$ 算法相同,同样的迭代方式可以扩展到高阶张量模型中。

2）基于平滑 L$_0$ 范数的二阶张量压缩感知成像方法

二阶张量信号模型为

$$\mathcal{X}=\mathcal{S}\times_1\boldsymbol{A}\times_2\boldsymbol{B} \tag{2.76}$$

将二阶张量展开为矩阵形式,得到二维信号模型:

$$\boldsymbol{X}=\boldsymbol{A}\boldsymbol{S}\boldsymbol{B}^{\mathrm{T}} \tag{2.77}$$

其中,$\boldsymbol{X}\in\mathbf{R}^{n_1\times n_2}$ 是二维接收数据矩阵,$\boldsymbol{A}\in\mathbf{R}^{n_1\times m_1}$,$n_1<m_1$,$\boldsymbol{S}\in\mathbf{R}^{m_1\times m_2}$ 是二维信号散射系数矩阵,$\boldsymbol{B}\in\mathbf{R}^{n_2\times m_2}$,$n_2<m_2$。

利用传统压缩感知算法处理二维信号模型时,先对问题进行向量化处理,将二维接收信号模型转化为以下一维信号模型:

$$\boldsymbol{x}=\boldsymbol{\Phi}\boldsymbol{s} \tag{2.78}$$

其中,$\boldsymbol{x}=\mathrm{vec}(\boldsymbol{X})$,$\boldsymbol{s}=\mathrm{vec}(\boldsymbol{S})$,$\boldsymbol{\Phi}=\boldsymbol{B}\otimes\boldsymbol{A}$ 表示矩阵 $\boldsymbol{A}$ 和 $\boldsymbol{B}$ 的 Kronecker 积。

在实际应用中,当数据规模较大时,采用一维信号处理方法将会增加算法计算复杂度,同时需要很大的计算机存储空间。例如,当信号大小为 100×100 时,$\boldsymbol{X}\in\mathbf{R}^{40\times50}$,$\boldsymbol{A}\in\mathbf{R}^{40\times100}$,$\boldsymbol{B}\in\mathbf{R}^{50\times100}$,如果进行一维向量化处理,则$\boldsymbol{\Phi}\in\mathbf{R}^{2000\times10000}$,这无疑将会增加算法计算复杂度,不利于雷达对信号的实时处理。为了降低运算复杂度,我们采用 2D-SL$_0$ 算法来直接对二维接收信号进行处理。

定义高斯函数的和为

$$F_\sigma(\boldsymbol{S})=\sum_{i=1}^{m_1}\sum_{j=1}^{m_2}\exp(-|\boldsymbol{S}_{ij}|^2/2\sigma^2) \tag{2.79}$$

考虑如式(2.77)所示的信号模型,当 $\boldsymbol{S}$ 是稀疏信号时,对信号 $\boldsymbol{S}$ 进行求解的优化问题为

$$\min_{s}\{m_1m_2-F_\sigma(\boldsymbol{S})\}\quad \text{s. t.}\quad \boldsymbol{X}=\boldsymbol{A}\boldsymbol{S}\boldsymbol{B}^{\mathrm{T}} \tag{2.80}$$

2D-SL$_0$ 算法迭代过程如表 2.2 所示,各参数取值与 1D-SL$_0$ 算法一致。

表 2.2　2D-SL$_0$ 算法流程

2D-SL$_0$ 算法:输入 $\boldsymbol{X}$,$\boldsymbol{A}$,$\boldsymbol{B}$;输出 $\boldsymbol{S}$。
步骤 1,初始化。 设置初值 $\boldsymbol{S}_0=\boldsymbol{A}^{\dagger}\boldsymbol{X}(\boldsymbol{B}^{\dagger})^{\mathrm{T}}$,设定递减序列$[\sigma_1,\sigma_2,\cdots,\sigma_j,\cdots,\sigma_J]$,其中元素间的关系满足 $\sigma_j=\eta\sigma_{j-1}$,$j=1,2,\cdots,J$,$\eta\in(0.5,1]$,一般取 $\sigma_1=4\max(S_0)$,设置迭代初值 $j=1$。 步骤 2,迭代求解。 令$\boldsymbol{\sigma}=\sigma_j$,设置迭代初值 $l=0$,在可行解集$\boldsymbol{\mathcal{S}}=\{\boldsymbol{S}\mid\boldsymbol{X}=\boldsymbol{A}\boldsymbol{S}\boldsymbol{B}^{\mathrm{T}}\}$上用最速上升法求解 $F_\sigma(\boldsymbol{S})=\sum_{i=1}^{m_1}\sum_{j=1}^{m_2}\exp(-\boldsymbol{S}_{ij}^2/2\boldsymbol{\sigma}^2)$ 的最大值。 (1) 利用递减序列$[\sigma_1,\sigma_2,\cdots,\sigma_j,\cdots,\sigma_J]$中的第 j 个元素构造梯度矩阵$\boldsymbol{\Delta}=[\delta_{ij}]$, $\delta_{ij}=\exp(-S_{ij}^2/2\sigma_j^2)$ (2) 令 $\boldsymbol{S}\leftarrow\boldsymbol{S}-\mu\boldsymbol{\Delta}$,其中 $\mu=2$。

续表

(3) 将 $\boldsymbol{S}$ 投影到可行解集上，$\boldsymbol{S} \leftarrow \boldsymbol{S} - \boldsymbol{A}^{\dagger}(\boldsymbol{ASB}^{\mathrm{T}} - \boldsymbol{X})(\boldsymbol{B}^{\dagger})^{\mathrm{T}}$，其中←表示用右边的向量代替左边的向量。
(4) 如果 $l<L$，令 $l=l+1$，返回(1)，$L \in [3,20]$。
步骤 3，如果 $j<J$，令 $j=j+1$，返回步骤 2，继续迭代。迭代终止得到反射系数矩阵 $\boldsymbol{S}$ 的最优解。

2.3 结构化压缩感知基本框架

通过前面的学习，我们已经对传统压缩感知有了一定的了解，而结构化压缩感知就是在传统压缩感知的三个基本问题中分别引入了结构化先验信息。类比于传统压缩感知，其关键研究点主要包括三方面。一是信号的结构化稀疏表示：在原信号非稀疏时，可利用信号的结构化特征，对原始信号进行结构化稀疏表示；二是结构化观测矩阵的设计：在传统压缩感知观测矩阵设计的基础上，结合信号的结构化先验信息设计最为合适的观测矩阵，使之更有效地获取信号有用信息；三是结构化信号重构：利用信号的结构化先验信息改进传统压缩感知重构算法，提高算法执行速度和重构精度。上述三个关键点构成了结构化压缩感知的主要研究框架，其中对于结构化稀疏表示，其主要实现手段是通过训练、学习等方式来构建结构化字典，以此获得最佳的稀疏表示。类似地，通过学习方式获得结构化观测矩阵也是一种有效途径。图 2.6 给出了字典和观测矩阵学习模式下结构化压缩感知基本框架[63]。首先，通过学习结构字典 $\boldsymbol{\Psi}$ 获得最优结构化稀疏字典 $\tilde{\boldsymbol{\Psi}}$；其次，通过学习获得结构化观测矩阵 $\boldsymbol{\Theta}$，在利用最优字典 $\tilde{\boldsymbol{\Psi}}$ 对信号进行稀疏表示的基础上，通过利用结构化观测矩阵 $\boldsymbol{\Theta}$，获得观测信号向量 $\boldsymbol{y}=\boldsymbol{\Theta}\tilde{\boldsymbol{\Psi}}\boldsymbol{x}$；最后，利用结构化重构算法得出。

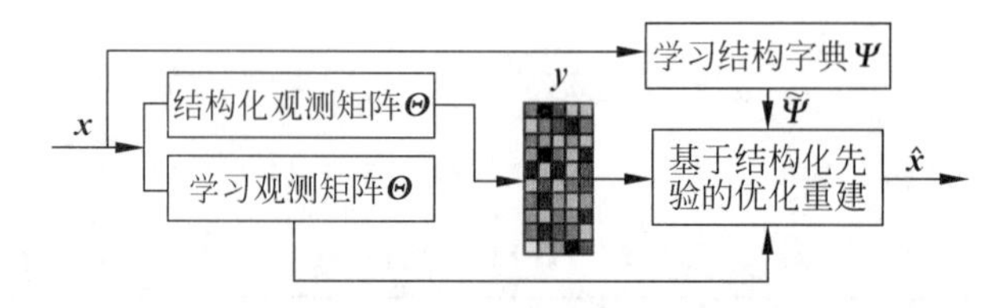

图 2.6 字典学习模式下结构化压缩感知基本框架

2.4 典型结构化稀疏信号模型

在压缩感知理论框架中，信号的稀疏性是其非常重要的一个特性，它使得我们可以对具有这种性质的信号进行欠采样，并且可以利用稀疏恢复算法以高概率进行精确的信号重建。事实上，自然界中存在很多稀疏信号或可压缩信号，有些信号不仅具有稀疏特性，而且信号的稀疏系数还具有某种特殊的结构特性。这种说法已被证明，若把这种特殊的结构信息作为稀疏恢复算法的额外先验信息，就可以提高重建算法的恢复精度和鲁棒性。而这种对于传统压缩感知的扩展，也常被称为结构化的压缩感知。下面给出几种具体场景下结构化稀疏信号例子。

1. 块稀疏信号

在实际生活和研究中，有许多信号都具有块稀疏的特点，比如多频带信号。在如图 2.7 所示的通信系统中，一个接收天线接收来自三个发射天线发出的不同频带信号，则接收端观测到多频带信号频谱就具有块稀疏模型的特点。

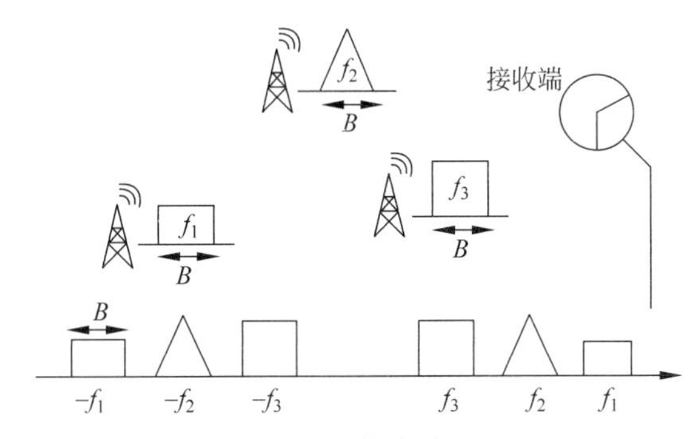

图 2.7 多频带块稀疏信号

2. 联合稀疏信号

联合稀疏模型典型的应用场景是音频信号阵列与射频传感器阵列，每个传感器接收有同样傅里叶稀疏的信号，则不同天线接收信号傅里叶变换频谱位置不会改变。但由于存在不一样程度的衰落，所以稀疏系数不同，如图 2.8 所示。类似的场景还有 MIMO 通信，在此模型中，假设发射端信号在某一个域稀疏，经过不同的多径衰落到达接收端时的接收信号，依然稀疏，只是其非零的系数大小发生了不同的改变，具有联合稀疏模型的特点。

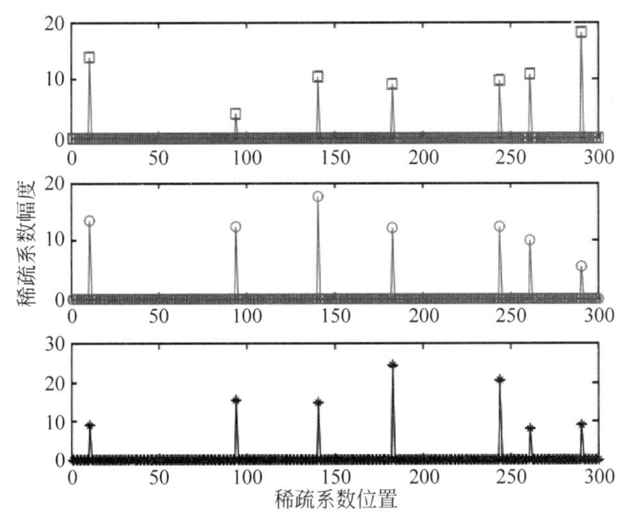

图 2.8 联合稀疏信号

3. 树稀疏信号

在树稀疏模型中，信号的非零元素呈树状分布，即如果一个节点非零，则其父节点或者所有祖宗节点必然都非零，其结构如图 2.9 所示。这种树状结构最常见于信号和图像小波分解后的小波系数中，大幅值的系数通常聚集在树的一些分支上。因此，仅需确定这些树结构相对应的位置即可恢复出原始信号。

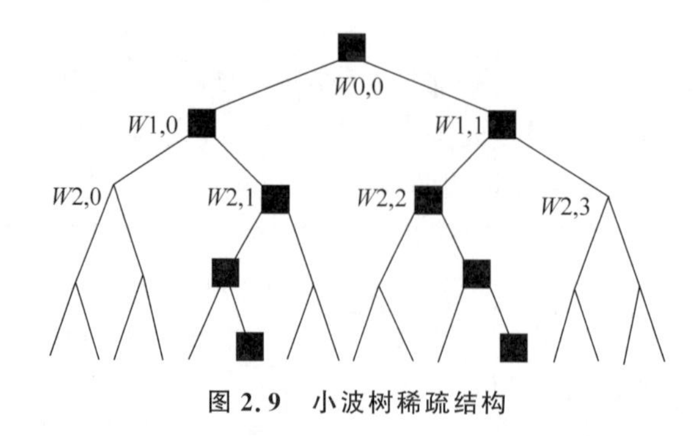

图 2.9 小波树稀疏结构

2.4.1 结构化稀疏信号模型

假设一个 K-稀疏信号向量 $\boldsymbol{x}$ 处于子空间 $\Sigma_k \subset \mathbf{R}^N$ 中，则 Σ_k 就是由 $\mathbf{C}_N^k$ 个子空间(维度为 k)组成的联合空间。在这种情况下，信号除了具有稀疏性的限制，再无其他对其支撑集(或稀疏系数)的附加限制。一个信号模型可以使 K-稀疏信号具有其他的附加结构，并且此结构可使特定的 k-维子空间处在空间 Σ_k 中。

为了定义一个信号模型，首先定义一个索引集 $\Omega \subseteq \{1,2,\cdots,N\}$ 并定义 Ω^{C} 为集合 Ω 的补集，然后把 $x|_{\Omega}$ 定义为与索引集相对应的项。

定义 2.1 设 $\mathcal{X}_m = \{\boldsymbol{x}: \boldsymbol{x}_{\Omega_m} \in \mathbf{R}^k, \boldsymbol{x}|_{\Omega_m^{\mathrm{C}}} = 0\}$，$\mathcal{M}_k$ 为 m_k 个规范 k-维子空间的联合，即

$$\mathcal{M}_k = \bigcup_{m=1}^{m_k} \mathcal{X}_m, \quad \text{使得} \mathcal{X}_m = \{\boldsymbol{x}: \boldsymbol{x}_{\Omega_m} \in \mathbf{R}^k, \boldsymbol{x}|_{\Omega_m^{\mathrm{C}}} = 0\}$$

其中每一个子空间包含了全部的符合条 $\mathrm{supp}(\boldsymbol{x}) \in \Omega_m$ 的信号 $\boldsymbol{x}$，则称 $\mathcal{M}_k$ 为一个稀疏信号模型。

实际上定义 2.1 用了所有可能的支撑集 $\{\Omega_1, \Omega_2, \cdots, \Omega_{m_k}\}$ 的集合来定义这个模型。另外，取自信号模型 $\mathcal{M}_k$ 的信号也被称作 k-结构稀疏。显而易见的是，$\mathcal{M}_k \in \Sigma_k$，并且其包含了 $m_k \leqslant C_N^k$ 个子空间。

如前所述，很多自然信号都具有丰富的结构。在压缩感知理论的背景下，可以利用这些结构信息来提升压缩感知恢复算法的性能。在自然界中，有几类简单却很重要的信号类型，除了具有稀疏性，它的稀疏系数还具有特殊的稀疏结构，比如，块稀疏、树结构稀疏、联合稀疏等。下面分别简单介绍这些常见的结构化稀疏信号类型。

1. 块稀疏信号

块结构稀疏信号表现为稀疏信号的非零元素位置呈现聚集块的形式，如图 2.10 所示，向量 $\boldsymbol{x}$ 被分成 5 个小块，其中阴影区域表示向量的非零元素，占据 2 个块位置，其中 d_l 表示第 l 个块中包含元素的个数。当所有 $d_l = 1$ 时，块稀疏信号退化为标准稀疏信号。块结构稀疏信号的典型代表有多频带信号、基因表达载体、传感器网络的信源定位表达、生物神经网络中的神经元信号等[64]。

2. 树结构稀疏信号

树结构稀疏信号表现为稀疏信号的非零元素位置呈树状分布，且具有较大幅值的元素

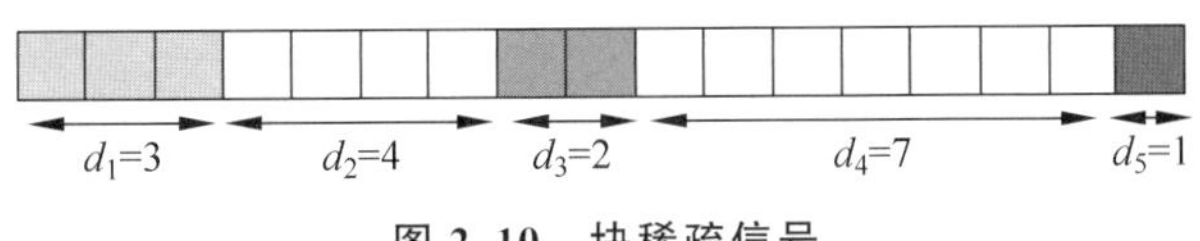

图 2.10 块稀疏信号

沿着树的分支而聚集；例如当一个一维信号经过一维小波分解后，小波系数满足如图 2.11 所示的树结构，其中 c_0 为尺度系数，$d_{i,j}$ 为小波系数[65]。由图可知，小波系数具有“父子”关系，$d_{i-1,\lfloor j/2 \rfloor}$ 是 $d_{i,j}$ 的父类，$d_{i+1,2j}$ 和 $d_{i+1,2j+1}$ 是 $d_{i,j}$ 的子类。通常小波系数的大小与信号的平滑性有关，局部不连续的信号具有较大的小波系数，平滑信号则具有较小的小波系数。这种特性为利用小波系数的树结构进行压缩感知信号重建提供了思路。

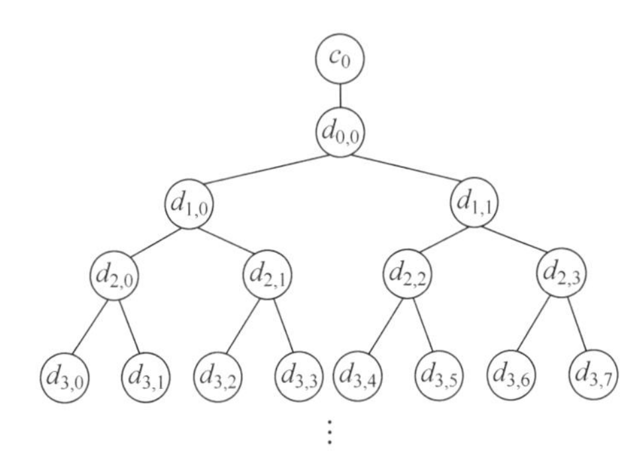

图 2.11 小波树结构

3. 联合稀疏信号

联合稀疏信号表现为多个信号或其稀疏表示系数的非零元素位置保持一致，或者指某一信号非零元素的位置在多次测量中保持不变[66]。联合稀疏模型(Joint Sparse Model，JSM)作为分布式压缩感知的重要研究部分，Baron 等人根据信号间不同的相关性，将联合稀疏模型分为以下三种，并为每一种模型提出了相应的重建算法。

JSM-1：公共部分稀疏且位置相同，各自独立部分稀疏但位置不同，主要应用于视频编码；

JSM-2：公共部分为零，各自独立部分稀疏且位置相同，但信号幅值不同，主要应用于信道估计、认知无线电等；

JSM-3：公共部分不稀疏，各自独立部分稀疏但位置不同。

4. 图稀疏信号

图稀疏也是一种比较常见的结构稀疏模型，如图 2.12 所示，如果一个节点为非零元素，则其相邻节点也有很大概率为非零元素[67]。

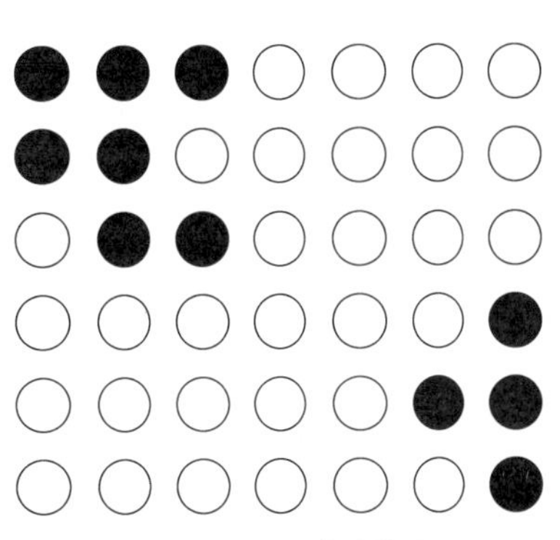

图 2.12 图稀疏信号

5. 部分支撑集已知稀疏信号

部分支撑集已知稀疏信号表现为稀疏信号某些元素的非零或零的状态(支撑集)已知，例如实时动态核磁共振成像系统。

2.4.2 结构化 RIP 条件

假设一个要被采集的信号 $\boldsymbol{x}$ 满足 k-结构稀疏条件，那么可以把限制于压缩感知矩阵 $\mathbf{A}$ 上的 RIP 条件进行弱化，并且同时能保证从压缩测量值 $\boldsymbol{y}=\mathbf{A}\boldsymbol{x}$ 中也可以精确地恢复原始信号。

定义 2.2 设测量矩阵 $\mathbf{A}\in\mathbf{C}^{m\times N}$ 的 RIP 参数 $\delta_{\mathcal{M}_K}$ 为满足下式中正数 δ 的最小值：

$$(1-\delta)\|\boldsymbol{x}\|_2^2\leqslant\|\mathbf{A}\boldsymbol{x}\|_2^2\leqslant(1+\delta)\|\boldsymbol{x}\|_2^2$$

其中，K-稀疏向量 $\boldsymbol{x}\in\mathcal{M}_K$。若 $\delta<1$，则称测量矩阵 $\mathbf{A}$ 满足 $\mathcal{M}_K$-RIP 条件。

在测量值被噪声污染的情况下，要想得到 k-结构稀疏信号的结构化精确恢复的保证条件，就需要定义一个扩展的子空间联合。

定义 2.3 假设整数 $B>1$，则集合 $\mathcal{M}_k$ 的 B-闵可夫斯基的和被定义为

$$\mathcal{M}_k^B=\left\{\boldsymbol{x}\,\middle|\,\boldsymbol{x}=\sum_{r=1}^{B}\boldsymbol{x}^{(r)},\boldsymbol{x}^{(r)}\in\mathcal{M}_k\right\}$$

定义 2.4（恢复算法） 若能在扩展的子空间联合 $\mathcal{M}_k^B$ 中求解出信号 $\boldsymbol{x}$ 的最优近似 $\mathcal{M}_B(\boldsymbol{x},k)$：

$$\mathcal{M}_B(\boldsymbol{x},k)=\underset{\hat{\boldsymbol{x}}\in\mathcal{M}_k^B}{\arg\min}\|\boldsymbol{x}-\hat{\boldsymbol{x}}\|_2$$

则称 $\mathcal{M}_B(\boldsymbol{x},k)$ 为一个恢复算法。

为了方便，当 $B=1$ 时，定义 $\mathcal{M}(\boldsymbol{x},k):=\mathcal{M}_1(\boldsymbol{x},k)$。注意到，很多模型都满足条件 $\mathcal{M}_k^B\subset\mathcal{M}_{Bk}$，所以恢复算法 $\mathcal{M}(\boldsymbol{x},k)$ 将会得到一个比 $\mathcal{M}_B(\boldsymbol{x},k)$ 更优的恢复近似值。若要使结构化稀疏信号的恢复达到保证条件，则在 $B>1$ 的条件下，它的测量矩阵 $\mathbf{A}$ 对于处在 $\mathcal{M}_k^B$ 的所有子空间都要为近似等距的。这个要求条件是基于传统的压缩感知理论对 $2k$-RIP、$3k$-RIP 以及高阶 RIP 条件的直接推广。

现已证明，若一个随机的压缩感知矩阵以一定的概率满足 $\mathcal{M}_k$-RIP 条件，那么其所需必要的测量值的数目 M 就可以被确定。

定理 2.4 假设 $\mathcal{M}_K$ 为处在 $\mathbf{R}^N$ 的 m_k 个 k-维子空间的联合，那么对于任意 $t>0$ 和任意 $M(M\geqslant2(\ln(2m_k)+k\ln(12/\delta_{\mathcal{M}_k})+t)/c\delta_{\mathcal{M}_k}^2)$，任一大小为 $M\times N$ 的独立同分布子高斯随机矩阵就会以不少于 $1-\mathrm{e}^{-t}$ 的概率满足常数 $\delta_{\mathcal{M}_k}$ 的 $\mathcal{M}_k$-RIP 条件。

这个边界条件可以用来恢复传统的压缩感知结果，只需要把 m_k 替换为 $(N\mathrm{e}/k)^k$ 即可。实际上，对于可靠地恢复结构化稀疏信号来说，此 $\mathcal{M}_k$-RIP 为其充分条件。

2.5 结构化稀疏表示

信号的稀疏性是 CS 理论应用的基础，然而在现实中，大部分信号并不具有稀疏特性，更多以可压缩信号的形式出现，即这些信号可以用一个稀疏的信号近似表示。稀疏表示涉及字典的选择，而字典用来分解信号，具体来说，就是由若干原子构成的集合来表示。对于给定的字典 $\boldsymbol{\Psi}$，样本中的每个信号都可以被字典 $\boldsymbol{\Psi}$ 中的各列原子线性表示，其表示系数就是想要的稀疏表示结构。因而，选择合适的字典 $\boldsymbol{\Psi}$，使信号在 $\boldsymbol{\Psi}$ 下具有较高的稀疏度，就显

得尤为重要。对于字典$\boldsymbol{\Psi}$的选择通常有两种。一种是基于数学工具构造字典的解析方法，这种字典通常称之为固定字典。例如由傅里叶变换、离散余弦变换、小波变换等得到的标准正交字典即为固定字典。这种形式的字典具有构造简单、实现快速、复杂度低的优点；缺点是不够灵活，不能有效适应具有复杂结构的信号，而且还不能使其呈现较高的稀疏性。固定字典常应用于传统压缩感知。另一种是基于学习的方法，通过学习构造与特定信号模型相匹配的字典，这种字典灵活性高、内容丰富，能够更好地与训练样本结构相吻合，更容易获得样本最稀疏的表示结果。与构造字典的解析方法相比，基于字典学习的稀疏分解算法去噪能力更强，分辨率更高，在实际应用中可获得更优的性能。

结构化压缩感知常用字典学习算法来实现信号的自适应结构化稀疏表示。本节首先介绍两种典型的字典学习算法，分别为 MOD 和 K-SVD 算法，并在此基础上引入块字典学习算法 BMOD 和 BK-SVD(Block K-Singular Value Decomposition)。

字典学习理论最早由加州大学 Olshausen 在图像处理领域中提出，近年来，经过不断研究发展，形成了较为成熟的理论体系。字典学习又称为稀疏编码，利用字典学习进行数据处理时，通常将数据表示为矩阵形式，字典学习将输入数据集 $\boldsymbol{X}$ 表示为以下分解形式

$$\boldsymbol{X}=\boldsymbol{D}\boldsymbol{C} \tag{2.81}$$

式中，矩阵 $\boldsymbol{X}$ 是字典学习过程中的数据输入集；矩阵 $\boldsymbol{D}$ 为待学习的字典，矩阵 $\boldsymbol{D}$ 中的每一列为字典的原子；$\boldsymbol{C}$ 表示字典 $\boldsymbol{D}$ 对应的稀疏编码矩阵。

式(2.81)在分解过程中为满足稀疏性的约束条件，一般令字典 $\boldsymbol{D}$ 的各列为归一化向量。

字典学习的数学模型可表示为

$$\min_{\boldsymbol{D},\boldsymbol{C}} \|\boldsymbol{X}-\boldsymbol{D}\boldsymbol{C}\|_{\mathrm{F}}^{2}, \quad \text{s.t.} \quad \|\boldsymbol{c}_i\|_0 \leqslant K, 1\leqslant i\leqslant n \tag{2.82}$$

其中，矩阵 $\boldsymbol{X}=[\boldsymbol{x}_1,\boldsymbol{x}_2,\cdots,\boldsymbol{x}_n]\in\mathbf{R}^{m\times n}$ 表示输入数据集，m 表示输入数据的维数，n 表示输入数据的个数；矩阵 $\boldsymbol{D}=[\boldsymbol{d}_1,\boldsymbol{d}_2,\cdots,\boldsymbol{d}_r]\in\mathbf{R}^{m\times r}$ $(m<r)$是待学习的冗余字典；矩阵 $\boldsymbol{C}=[\boldsymbol{c}_1,\boldsymbol{c}_2,\cdots,\boldsymbol{c}_n]\in\mathbf{R}^{r\times n}$ 是稀疏编码矩阵；$\|\boldsymbol{c}_i\|_0$ 表示矩阵 $\boldsymbol{C}$ 的各列向量的非零个数；$\|\cdot\|_{\mathrm{F}}$ 表示 Frobenius 范数；矩阵 $\boldsymbol{C}$ 的每个列向量对应于 $\boldsymbol{X}$ 的每个列向量在字典 $\boldsymbol{D}$ 下的稀疏表示。

字典学习问题(2.82)是非凸组合优化问题，求解的经典算法包括 MOD 算法和 K-SVD (K-Singular Value Decomposition)算法。接下来分别介绍这两种方法。

首先介绍 MOD 算法。MOD 算法交替地执行稀疏编码和字典更新。在稀疏编码阶段，算法固定字典，对每个信号独立地进行稀疏编码，假设在第 t 次迭代时，利用第 $t-1$ 次迭代得到的字典 $\boldsymbol{D}_{(t-1)}$ 对训练集中的样本逐个进行稀疏表示，得到稀疏编码矩阵 $\boldsymbol{C}_{(t)}$；在字典更新阶段，使用最小二乘法求解最小化问题：

$$\arg\min_{\boldsymbol{D}} \|\boldsymbol{X}-\boldsymbol{D}\boldsymbol{C}_{(t)}\|_{\mathrm{F}}^{2} \tag{2.83}$$

获得最小二乘解

$$\boldsymbol{D}_{(t)}=\boldsymbol{X}\boldsymbol{C}_{(t)}^{\mathrm{T}}(\boldsymbol{C}_{(t)}\boldsymbol{C}_{(t)}^{\mathrm{T}})^{-1}=\boldsymbol{X}\boldsymbol{C}_{(t)}^{\dagger} \tag{2.84}$$

利用 $\boldsymbol{D}_{(t)}$ 来更新字典。MOD 算法的具体步骤如表 2.3 所示。

表 2.3 MOD 算法步骤

初始化：迭代次数 $t=0$，构造初始字典 $\boldsymbol{D}_{(0)}\in\mathbf{R}^{m\times r}$，可以为一个随机输入矩阵，并标准化字典 $\boldsymbol{D}_{(0)}$ 的列；
迭代过程：令 $t=1$， 步骤 1(稀疏编码阶段)，用 OMP 追踪算法求解样本 $\{\boldsymbol{x}_i\}_{i=1}^{n}$ 每列的稀疏表示系数 $\boldsymbol{c}_i$： $\underset{\boldsymbol{c}_i}{\arg\min}\ \Vert\boldsymbol{x}_i-\boldsymbol{D}_{(t-1)}\boldsymbol{c}_i\Vert_{\mathrm{F}}^2 \quad \text{s. t.} \quad \Vert\boldsymbol{c}_i\Vert_0\leqslant K$ 由此获得稀疏系数矩阵 $\boldsymbol{C}_{(t)}$； 步骤 2(字典更新阶段)，根据样本 $\boldsymbol{X}$ 与稀疏系数矩阵 $\boldsymbol{C}_{(t)}$ 更新字典 $\boldsymbol{D}$，如式(2.84)所示； 当 $\Vert\boldsymbol{X}-\boldsymbol{D}_{(t)}\boldsymbol{C}_{(t)}\Vert_{\mathrm{F}}^2$ 足够小，或到达迭代次数时，停止迭代；否则，进行下一次迭代，$t=t+1$。 输出结果：$\boldsymbol{D}_{(t)}$。

MOD 算法仅需要很少的迭代次数就可以收敛，虽然逆矩阵的运算使算法具有较高的复杂度，但总体上说 MOD 是一种有效的稀疏表示方法。

接下来介绍 K-SVD 算法。K-SVD 算法与 MOD 算法有不同的字典更新原则，K-SVD 算法对字典中的原子逐一进行更新，对当前迭代的原子和与之对应的稀疏系数同步更新，K-SVD 算法能够实现更为有效的稀疏表示。K-SVD 稀疏编码过程一般采用 OMP 算法，下面主要介绍字典更新过程，字典更新的数学模型为

$$\boldsymbol{D}=\underset{\boldsymbol{D}}{\arg\min}\ \Vert\boldsymbol{X}-\boldsymbol{DC}\Vert_{\mathrm{F}}^2, \quad \text{s. t.} \quad \Vert\boldsymbol{d}_{(:,l)}\Vert_2=1 \tag{2.85}$$

其中 $\forall\, l=1,2,\cdots,n$。

在 K-SVD 算法中，分别更新字典的每一列原子，在字典原子更新过程中，产生新的稀疏系数。在对字典原子 $\boldsymbol{d}_{(:,l)}$，$l=1,2,\cdots,n$ 更新过程中，式(2.85)可表示为

$$\begin{aligned}\Vert\boldsymbol{X}-\boldsymbol{DC}\Vert_{\mathrm{F}}^2&=\left\Vert\boldsymbol{X}-\sum_{i=1}^{n}\boldsymbol{d}_{(:,i)}\boldsymbol{c}_{(i,:)}\right\Vert_{\mathrm{F}}^2\\&=\left\Vert\Big(\boldsymbol{X}-\sum_{i\neq l}\boldsymbol{d}_{(:,i)}\boldsymbol{c}_{(i,:)}\Big)-\boldsymbol{d}_{(:,l)}\boldsymbol{c}_{(l,:)}\right\Vert_{\mathrm{F}}^2\\&=\Vert\boldsymbol{R}^{(l)}-\boldsymbol{d}_{(:,l)}\boldsymbol{c}_{(l,:)}\Vert_{\mathrm{F}}^2\end{aligned} \tag{2.86}$$

为了使稀疏表示的误差最小，需要对矩阵 $\boldsymbol{R}^{(l)}$ 进行奇异值分解，分解后的第一个奇异值为矩阵的主成分，将左奇异值矩阵的第一列作为字典更新之后的第一个原子，更新后的稀疏系数 $\boldsymbol{c}_{(l,v)}$ 表示为第一个奇异值与右奇异值矩阵第一行的乘积，从而完成第一个原子以及与之对应的稀疏系数更新。同理，通过迭代过程，逐列完成字典所有原子以及相关稀疏系数的更新。K-SVD 算法具体步骤如表 2.4 所示。

表 2.4 K-SVD 算法步骤

输入：数据集 $\boldsymbol{X}\in\mathbf{R}^{m\times n}$，初始化字典 $\boldsymbol{D}_0\in\mathbf{R}^{m\times r}$，稀疏度 K；初始化迭代次数 $t=0$。
迭代过程： 步骤 1(稀疏编码)，由初始化的字典 $\boldsymbol{D}_0$，通过 OMP 重构算法，得到稀疏系数矩阵 $\boldsymbol{C}$； 步骤 2(字典更新阶段)，对字典 $\boldsymbol{D}_0$ 逐列更新；

续表

(1) 定义集合 $\boldsymbol{v}=\{j \mid \boldsymbol{C}_{l,j}\neq 0,1\leqslant j\leqslant n\}$，表示在更新过程中，与字典原子 $\boldsymbol{d}_{(:,l)}$ 对应的稀疏系数行向量 $\boldsymbol{c}_{(l,v)}$ 的非零元素位置信息； (2) 通过 $\boldsymbol{X}-\sum_{i\neq l}\boldsymbol{d}_{(:,i)}\boldsymbol{c}_{(i,:)}$ 计算得到 $\boldsymbol{R}^{(l)}$； (3) 根据选择集合中 $\boldsymbol{v}$ 中的位置信息，在 $\boldsymbol{R}^{(l)}$ 中选出相应的列组成子矩阵进行奇异值分解，$\boldsymbol{R}^{(l)}_{(:,v)}=\boldsymbol{U}\boldsymbol{\Sigma}\boldsymbol{V}^{\mathrm{T}}$； (4) 将(3)中的左奇异值 $\boldsymbol{U}$ 的第一列更新为字典的原子 $\boldsymbol{d}_{(:,l)}$，稀疏系数 $\boldsymbol{c}_{(l,v)}$ 更新为第一个奇异值与右奇异矩阵的第一行乘积； (5) 当到达迭代次数最大值时，停止迭代；反之，令 $t=t+1$，进行下一次迭代。
输出：字典矩阵 $\boldsymbol{D}$，稀疏系数矩阵 $\boldsymbol{C}$。

和传统的字典学习算法相似，块字典学习算法也分为稀疏编码和字典更新两步，从而得到一个对原始块稀疏信号最稀疏表示的字典。不同之处在于块稀疏字典学习算法处理的信号是块稀疏信号。块字典学习数学模型如下：

$$\underset{\boldsymbol{D},\boldsymbol{X}}{\arg\min}\sum_{g=1}^{m}\|\boldsymbol{Y}_g-\boldsymbol{D}\boldsymbol{X}_g\|_{\mathrm{F}}^2 \quad \text{s. t.} \quad \forall g,\|\boldsymbol{X}_g\|_0\leqslant K \tag{2.87}$$

式中 $\boldsymbol{X}_g$、$\boldsymbol{Y}_g$ 分别表示矩阵 $\boldsymbol{X}$、$\boldsymbol{Y}$ 的第 g 列。

式(2.87)中待学习字典矩阵 $\boldsymbol{D}$ 和训练样本 $\boldsymbol{Y}$ 有相同的块结构，则 $\boldsymbol{D}$ 可以表示为 $\boldsymbol{D}=[\boldsymbol{D}[1],\boldsymbol{D}[2],\cdots,\boldsymbol{D}[m]]\in\mathbf{R}^{M\times m}$，训练样本 $\boldsymbol{Y}$ 的块稀疏度为 K，m 为样本和字典被划分的块数。$\boldsymbol{X}$ 为字典 $\boldsymbol{D}$ 对应的稀疏表示系数矩阵，K 为块稀疏度，即稀疏表示系数中非零块的个数。下面介绍两种典型的块字典学习算法：BMOD 和 BK-SVD。

2.5.1　基于 BMOD 的块字典学习

BMOD 算法与传统 MOD 算法类似，唯一的区别在于 BMOD 算法通过块稀疏分解算法得到稀疏编码结果。已知有 H 个信号样本 $\boldsymbol{Y}=[\boldsymbol{Y}_1,\boldsymbol{Y}_2,\cdots,\boldsymbol{Y}_H]\in\mathbf{R}^{M\times H}$，原始字典 $\boldsymbol{D}_0\in\mathbf{R}^{M\times N}$，且字典 $\boldsymbol{D}_0$ 的每一列归一化，字典分为 m 块，每块有 $d=N/m$ 个原子，当 $d=1$ 时，块字典退化为普通字典。BMOD 算法的具体步骤如表 2.5 所示。

表 2.5　BMOD 算法流程

初始化：迭代次数 $l=0$，构造初始字典 $\boldsymbol{D}_{(0)}\in\mathbf{R}^{M\times N}$，并标准化字典 $\boldsymbol{D}_{(0)}$ 的列，如 DCT 字典；
迭代过程：令 $l=1$； 步骤 1(稀疏编码阶段)，用 BOMP 算法求解样本 $\boldsymbol{Y}$ 在字典 $\boldsymbol{D}_{l-1}$ 下稀疏表示系数 $\boldsymbol{X}_l$： $\underset{\boldsymbol{X}_l}{\arg\min}\|\boldsymbol{Y}-\boldsymbol{D}_{(l-1)}\boldsymbol{X}_l\|_2^2 \quad \text{s. t.} \quad \|\boldsymbol{X}\|_{(p,0)}\leqslant K$ 步骤 2(字典更新阶段)，根据样本 $\boldsymbol{Y}$ 与稀疏系数矩阵 $\boldsymbol{X}_l$ 更新字典 $\boldsymbol{D}$，如下： $\boldsymbol{D}_l=\arg\min\|\boldsymbol{Y}-\boldsymbol{D}\boldsymbol{X}_l\|_2^2=\boldsymbol{Y}\boldsymbol{X}_l^{\mathrm{T}}(\boldsymbol{X}_l\boldsymbol{X}_l^{\mathrm{T}})^{-1}$ 当 $\|\boldsymbol{Y}-\boldsymbol{D}_l\boldsymbol{X}_l\|_2^2$ 足够小，或到达迭代次数时，停止迭代；否则，进行下一次迭代，$l=l+1$。
输出：$\boldsymbol{D}_l$。

2.5.2 基于 BK-SVD 的块字典学习

相比于 BMOD 算法，BK-SVD 算法在字典更新时所用的更新方式不同。已知有 H 个信号样本 $\boldsymbol{Y}=[\boldsymbol{Y}_1,\boldsymbol{Y}_2,\cdots,\boldsymbol{Y}_H]\in\mathbf{R}^{M\times H}$，原始字典 $\boldsymbol{D}_0\in\mathbf{R}^{M\times N}$，且字典 $\boldsymbol{D}_0$ 的每一列归一化，字典分为 m 块，每块有 $d=N/m$ 个原子。算法的具体步骤如表 2.6 所示。

表 2.6 BK-SVD 算法步骤

输入：数据集 $\boldsymbol{Y}\in\mathbf{R}^{M\times H}$，初始化字典 $\boldsymbol{D}_0\in\mathbf{R}^{M\times N}$，块稀疏度 K；初始化迭代次数 $l=0$。
迭代过程： 步骤 1(稀疏编码阶段)：在第 l 次学习中，利用 BOMP 重构算法，通过 BMOD 算法的步骤 1 得到训练样本 $\boldsymbol{Y}$ 在字典 $\boldsymbol{D}_{l-1}$ 下表示的稀疏表示系数 $\boldsymbol{X}_l$； 步骤 2(字典更新阶段)， (1) 通过下式对字典 $\boldsymbol{D}_{l-1}$ 的 m 块原子逐个更新； $\sum_{g=1}^{m}\Vert\boldsymbol{Y}_g-\boldsymbol{D}\boldsymbol{X}_g\Vert_F^2=\left\Vert\boldsymbol{Y}-\sum_{j\neq i}\boldsymbol{D}[j]\boldsymbol{X}[j]-\boldsymbol{D}[i]\boldsymbol{X}[i]\right\Vert_F^2=\Vert\boldsymbol{E}[i]-\boldsymbol{D}[i]\boldsymbol{X}[i]\Vert_F^2$ 式中，$\boldsymbol{D}[i]$ 表示字典 $\boldsymbol{D}$ 的第 i 个原子块；$\boldsymbol{X}[i]$ 表示稀疏系数的第 i 个非零块。 (2) 通过式 $\boldsymbol{Y}-\sum_{j\neq i}\boldsymbol{D}[j]\boldsymbol{X}[j]$，计算得到去除本次更新的第 i 个原子块后的残差矩阵 $\boldsymbol{E}[i]$； (3) 对 $\boldsymbol{E}[i]$ 进行奇异值分解，即 $\boldsymbol{E}[i]=\boldsymbol{U}\boldsymbol{\Sigma}\boldsymbol{V}^{\mathrm{T}}$； (4) 取 d 个最大的奇异值对应的特征向量作为本次更新的字典原子块 $\boldsymbol{D}[i]$：$\boldsymbol{D}[i]=\boldsymbol{U}_d$ ($\boldsymbol{U}$ 的前 d 列)，返回(2)，对字典进行逐块更新； (5) 当到达迭代次数最大值时，停止迭代；反之，令 $l=l+1$，进行下一次迭代。
输出：字典矩阵 $\boldsymbol{D}$。

2.6 结构化观测矩阵

在传统压缩感知中，观测矩阵的设计主要采用随机矩阵，即矩阵元素服从独立同分布的标准概率分布，这类观测矩阵可以最大限度地保证信号高概率重构。但是由于随机观测矩阵固定且不随信号的特征变换，在实际应用中，物理设备都有确定的结构，故会导致物理设备的硬件实现困难；另一方面，在压缩感知重构时，要进行多次矩阵乘积运算，纯粹的随机观测矩阵没有快速算法，会导致重构算法的复杂度高，难以在实际中应用。因此，为了压缩感知理论能够得到更好的应用，在观测矩阵的设计过程中，考虑到信号的结构先验信息，观测矩阵应尽可能与信号的结构相匹配，不但要兼顾信号的重构精度，同时要考虑是否具有快速算法且易于实现。通常将满足上述要求的观测矩阵称为结构化观测矩阵。本节介绍两类结构化观测矩阵的构建模式：基于 RIP 理论的观测矩阵和基于相干性理论的观测矩阵。

2.6.1 基于 RIP 理论的观测矩阵

目前，基于 RIP 理论的结构化观测矩阵主要分为以下几种。

1. 欠采样不相关基

首先，选择一个与稀疏基不相关的正交基矩阵 $\boldsymbol{\Phi}=[\boldsymbol{\phi}_1,\boldsymbol{\phi}_2,\cdots,\boldsymbol{\phi}_N]\in\mathbf{R}^{N\times N}$，$\boldsymbol{\Phi}$ 的每一

列为不同的基向量。令$\bar{\boldsymbol{\Phi}}\in\mathbf{R}^{N\times M}$表示$\boldsymbol{\Phi}$的子矩阵，其中的基向量由$\boldsymbol{\Phi}$中的索引值$\Gamma$对应的列向量组成，则可以定义压缩测量值$\boldsymbol{y}=\bar{\boldsymbol{\Phi}}^{\mathrm{T}}\boldsymbol{x}$。文献[68]从概率上给出了此观测矩阵设计方法的恢复精度。

定理 2.5 设$\boldsymbol{x}=\boldsymbol{\Psi}\boldsymbol{\theta}$是一个$K$稀疏信号，支撑区$\Omega\subset\{1,2,\cdots,N\}$，$|\Omega|=K$，输入元素的符号均匀分布。在正交基$\boldsymbol{\Phi}$中均匀随机选择一个子集$\Gamma\subseteq\{1,2,\cdots,N\}$作为观测矩阵，且$M=|\Gamma|$。若$M$同时满足

$$\begin{aligned}M &\geqslant CKN_{\mu^2}(\boldsymbol{\Phi},\boldsymbol{\Psi})\log\left(\frac{N}{\delta}\right)\\ M &\geqslant C'\log^2\left(\frac{N}{\delta}\right)\end{aligned}\tag{2.88}$$

式中δ、C、C'均为常数，且$\delta<1$，则θ至少依概率$1-\delta$有唯一解。

由上述定理可知，为保证高概率信号重构，测量值范围应满足$O(K\log N)\sim O(N)$。

利用欠采样不相关基进行采样，是通过首先选择任意一个与稀疏基不相关的正交基矩阵，然后选择信号在该正交基下的投影系数的子集来得到压缩观测值。欠采样不相关基的应用主要有两类。第一类应用是采集硬件被限制在变换域中，可直接获得测量，最常见的例子是层析成像、光学显微术等。在此类应用中，从硬件获得的测量对应于图像的二维连续傅里叶变换系数。第二类应用是设计一种可获得信号在一个向量集上投影的新采集装置，例如单像素照相机可获得图像在具有二值元素的向量集上的投影。此外，这种类型的结构化观测矩阵已被用于设计采集周期性的多频模拟信号，设计的采集设备称为随机采样低速率模数转换器。

2. 结构化欠采样矩阵

在有些应用中，采集设备得到的观测值不能直接对应信号在特定变换下的系数，获得的观测值是多个信号系数的线性组合，这种情况下产生的CS测量矩阵称为结构化欠采样矩阵。

令矩阵$\boldsymbol{\Phi}=\boldsymbol{R}\boldsymbol{U}$，其中矩阵$\boldsymbol{R}$为一个$P\times N$的混合矩阵，矩阵$\boldsymbol{U}$为基矩阵，从矩阵$\boldsymbol{\Phi}$的$P$行中随机选择$M$行，然后将所得矩阵的列标准化，即可得到观测矩阵$\bar{\boldsymbol{\Phi}}$。文献[69]从概率上给出了此观测矩阵设计方法的恢复精度。

定理 2.6 设$\bar{\boldsymbol{\Phi}}$为$M\times N$的结构化欠采样矩阵，它通过对$\boldsymbol{\Phi}=\boldsymbol{R}\boldsymbol{U}$随机欠采样获得，其中$\boldsymbol{U}$为基矩阵，$\boldsymbol{R}=\boldsymbol{S}\boldsymbol{M}'$为$P\times N$的混合矩阵，对每一个$K>2$的整数，任意$z>1$和任意$\delta\in(0,1)$，如果存在正常数$c_1$、$c_2$，使得

$$M\geqslant c_1zKN\mu^2(\boldsymbol{U},\boldsymbol{\Psi})\log^3N\log^2K\tag{2.89}$$

则矩阵$\bar{\boldsymbol{\Phi}}$至少依概率$1-20\max\{\exp(-c_2\delta^2z),N^{-1}\}$，满足条件：$(K,\delta)$-RIP。

定理2.6中$\boldsymbol{R}=\boldsymbol{S}\boldsymbol{M}'$，其中$\boldsymbol{S}$为$P\times N$矩阵，且满足$P$为$N$的约数，$\boldsymbol{M}'$为对角阵，其中的非零输入值服从相互独立的朗道(Rademacher)分布。因此$\boldsymbol{S}=[\boldsymbol{s}_1^{\mathrm{T}},\boldsymbol{s}_2^{\mathrm{T}},\cdots,\boldsymbol{s}_P^{\mathrm{T}}]$的第$p$行定义为

$$\boldsymbol{s}_p=[0_{1\times(p-1)L}\quad 1_{1\times L}\quad 0_{1\times(N-pL)}]\tag{2.90}$$

其中，$1\leqslant p\leqslant P$，$L=N/P$。

由定理2.6可知，类似于欠采样不相关基，为保证高概率信号重构，测量值范围应满足

$O(K\log^3 N)\sim O(N)$。

设计周期性多频模拟信号压缩信息的采集设备，利用这种框架以及改进的恢复算法能够对更广泛的频率稀疏信号进行采样。

3. 欠采样循环矩阵

循环结构被用于压缩感知测量矩阵，最早出现在通信领域的信号估计和多用户检测中。其中信号响应和多用户模式等估计信号被赋予稀疏先验特性，并且在测量之前，这些信号与采样硬件的脉冲响应进行卷积。由于卷积等价于傅里叶变换域的乘积算子，因此利用快速傅里叶变换进行乘法运算可加速压缩感知的恢复过程。

设一个循环矩阵 $\boldsymbol{U}$，满足每一个对角输入相同，且第二行和随后行的第一个元素与前一行最后一个元素相等。通过对矩阵 $\boldsymbol{U}$ 的随机欠采样可得观测矩阵，即给定一个 $M\times N$ 的子采样矩阵 $\boldsymbol{R}$，观测矩阵 $\boldsymbol{\Phi}=\boldsymbol{RU}$。下面的定理为该测量值的重建算法提供了理论保证。

定理 2.7 设 $\boldsymbol{\Phi}$ 为欠采样循环矩阵，其中不同的矩阵元素是独立的随机变量，服从 Rademacher 分布，$\boldsymbol{R}$ 为任意 $M\times N$ 单位子矩阵，δ 为任意小的值，使得任一 K-稀疏向量 $\boldsymbol{x}$，$\boldsymbol{\Phi}$ 满足(K,δ)-RIP。当 $\delta_0\in(0,1)$时，若

$$M\geqslant C\max\{\delta_0^{-1}K^{\frac{3}{2}}\log^{\frac{3}{2}}N,\delta_0^{-2}K\log^2 N\log^2 K\}\tag{2.91}$$

那么 $E[\delta]\leqslant\delta_0$，其中 $C>0$ 是常数。进一步地，当 $0\leqslant\lambda\leqslant1$ 时，$P(\delta_K\geqslant E[\delta]+\lambda)\leqslant e^{\frac{\lambda^2}{\sigma^2}}$，其中 $\sigma^2=C'\dfrac{K}{M}\log^2 K\log N, C'>0$。

由定理 2.7 可知，当 $M=O(K^{\frac{3}{2}}\log^{\frac{3}{2}}N)$时，可以实现原信号的高概率重构。

4. 可分离矩阵

由 Kronecker 积构成的观测矩阵，为多维信号提供了在计算上非常有效的压缩测量方法，主要应用于视频序列、高光谱立方数据等多维信号。

2.6.2 基于相干性理论的观测矩阵

RIP 理论在压缩感知观测矩阵设计研究中占据重要位置。然而，依据 RIP 理论来设计测量矩阵却是一件极其困难的事。尽管一些基于随机方式生成的矩阵(例如高斯随机矩阵和伯努利随机矩阵)被证明可以高概率地满足 RIP，但是由此产生的不确定性却依然困扰着压缩感知在工程实际中的应用。因为确定性矩阵更利于工程设计，特别是从算法重构角度来看，确定性矩阵利于降低内存、设计快速的算法等。因此，建立易于实现的非 RIP 理论成为了压缩感知理论进一步发展的突破口。其中，以矩阵相干性理论为代表的非 RIP 理论引起了学者极大的研究兴趣。本节在现有相干性理论的基础上，对一类非凸 L_1/L_p $(0<p<1)$问题展开了深入细致的理论研究，获得了可重构条件、误差上界估计等一系列理论结果。

首先介绍与基于矩阵相干性理论的观测矩阵密切相关的一些预备知识。

1. 块 RIP 定义

观测信号向量 $\boldsymbol{b}$ 表示为

$$\boldsymbol{b}=\boldsymbol{\Phi x}+\boldsymbol{n}=\sum_{i=1}^{m}\boldsymbol{\Phi}[\boldsymbol{i}]\boldsymbol{x}[\boldsymbol{i}]+\boldsymbol{n}$$

其中,$\boldsymbol{\Phi}$ 为观测矩阵;$\boldsymbol{x}$ 为待重构块稀疏向量;$\boldsymbol{n}$ 为噪声信号向量。

尽管可以把块稀疏信号当作一般稀疏信号来进行研究,但是这种忽视信号结构化稀疏特征的方法所带来的结果往往不尽如人意,这也促使了研究者更多地从信号自身结构的特殊性角度来分析问题。Eldar 等人最早对这一问题进行了研究。特别是在文献[64]中,他们提出并研究了如下块 L_1 问题

$$\min_{x\in\mathbf{R}^N} \|\boldsymbol{x}\|_{2,1} \triangleq \sum_{i=1}^{m} \|\boldsymbol{x}[\boldsymbol{i}]\|_2, \quad \text{s.t.}\ \|\boldsymbol{\Phi x}-\boldsymbol{b}\|_2 \leqslant \varepsilon \tag{2.92}$$

来针对性地实现块稀疏信号的重构。如式(2.92)所示的问题(2.92)即是现在熟知的 L_2/L_1 问题。由于块稀疏信号特殊的结构化特征,传统的 RIP 不再适用于式(2.92)的理论分析。为此,Eldar 等人[64]以经典的 RIP 框架为基础,提出了如下的块 RIP。

定义 2.5 给定分块 $\tau=\{\tau_1,\tau_2,\cdots,\tau_m\}$,若对于任意块 k-稀疏信号 $\boldsymbol{x}\in\mathbf{R}^N$,都存在常数 $0<\delta<1$,使得矩阵$\boldsymbol{\Phi}\in\mathbf{R}^{M\times N}$ 满足

$$(1-\delta)\|\boldsymbol{x}\|_2^2 \leqslant \|\boldsymbol{\Phi x}\|_2^2 \leqslant (1+\delta)\|\boldsymbol{x}\|_2^2$$

则称矩阵$\boldsymbol{\Phi}$ 满足 k 阶-块 RIP,称最小 δ 为矩阵的 k 阶-块 RIC,并记为 $\delta_{k|\tau}$。

基于上述块 RIP,有如下结论。

定理 2.8 当矩阵$\boldsymbol{\Phi}$ 满足 $\delta_{2k|\tau}<\sqrt{2}-1$ 时,对于任意信号 $\boldsymbol{x}\in\mathcal{B}_r(\boldsymbol{b},\boldsymbol{\Phi},\varepsilon)$,$\mathcal{B}_r(\boldsymbol{b},\boldsymbol{\Phi},\varepsilon)\triangleq\{\boldsymbol{u}\mid\|\boldsymbol{b}-\boldsymbol{\Phi u}\|_r\leqslant\varepsilon\}$,对于式(2.92)中解 $\boldsymbol{x}^*$,有如下不等式成立:

$$\|\boldsymbol{x}^*-\boldsymbol{x}\|_2 \leqslant \frac{C_1}{\sqrt{k}}\sigma_{k|\tau}(\boldsymbol{x})_1 + C_2\varepsilon \tag{2.93}$$

其中,C_1 和 C_2 是两个常数;$\sigma_{k|\tau}(\boldsymbol{x})_r$ 表示向量 $\boldsymbol{x}$ 在混合 L_2/L_r 范数意义下 k-块逼近误差,其定义为

$$\sigma_{k|\tau}(\boldsymbol{x})_r \triangleq \inf_{\|\boldsymbol{u}\|_{2,0}\leqslant k} \sum_{i=1}^{m} (\|\boldsymbol{x}[i]-\boldsymbol{u}[i]\|_2^r)^{1/r} \tag{2.94}$$

研究结果还表明,当测量矩阵$\boldsymbol{\Phi}$ 取自高斯随机矩阵时,矩阵$\boldsymbol{\Phi}$ 可以高概率地满足块 RIP。继 Eldar 等人关于 L_2/L_1 问题的早期研究之后,有许多学者对该问题进行了进一步研究。例如,2013 年,Lin 等人将定理 2.8 中的条件改善到了 $\delta_{2k|\tau}<0.4931$,同时还得到了另外一个可重构条件 $\delta_{k|\tau}<0.307$[72]。2016 年谌稳固教授将这一条件改善为 $\delta_{tk|\tau}<\sqrt{(t-1)/t}$,其中 $t\geqslant4/3$,而且该条件被证明是紧的[73]。另外,从算法的角度讲,通过适当的变形,式(2.92)可以转化为如下的二阶锥规划(Second Order Cone Programming,SOCP)问题:

$$\begin{aligned}&\min_{c,t}\sum_{i=1}^{m}\boldsymbol{t}_i \\ &\text{s.t.}\ \|\boldsymbol{\Phi c}-\boldsymbol{b}\|_2\leqslant\varepsilon \\ &\qquad \boldsymbol{t}_i\geqslant\|\boldsymbol{c}[i]\|_2,\quad 1\leqslant i\leqslant m \\ &\qquad \boldsymbol{t}_i\geqslant 0,\quad 1\leqslant i\leqslant m\end{aligned} \tag{2.95}$$

当前很多优化软件(如 CVX)都可以实现对 SOCP 问题的求解,此外,也可以使用诸如 SPGL_1 算法、BCD 算法[74]以及 ADMM[75]等。

受传统压缩感知中非凸 $L_p(0<p<1)$ 方法的启发，Majumdar 和 Ward 率先提出了如下的凸 $L_2/L_p(0<p<1)$ 问题[76]：

$$\min_{x\in\mathbf{R}^N}\|\boldsymbol{x}\|_{2,p}^p\triangleq\sum_{i=1}^m\|\boldsymbol{x}[\boldsymbol{i}]\|_2^p,\quad \text{s.t.}\ \|\boldsymbol{b}-\boldsymbol{\Phi x}\|_2\leqslant\varepsilon \tag{2.96}$$

并将其应用于彩色图像处理，取得了比前述混合 L_2/L_1 范数方法还要好的重构结果。遗憾的是，他们并未对所提问题(见式(2.96))展开任何理论层面的可重构性研究。2013 年，方乐缘教授从理论角度对上述问题进行了研究，获得了如下结论[77]。

定理 2.9 如果矩阵$\boldsymbol{\Phi}$ 满足

$$t^{2/p-1}\delta_{k+s\mid\tau}+\delta_{s\mid\tau}<t^{2/p-1}-1$$

其中 $s=tk(t\geqslant1)$，那么对于任意信号向量 $\boldsymbol{x}\in\mathcal{B}_2(\boldsymbol{b},\boldsymbol{\Phi},\varepsilon)$ 以及问题

$$\min_{x\in\mathbf{R}^N}\|\boldsymbol{x}\|_1,\quad \text{s.t.}\ \|\boldsymbol{\Phi x}-\boldsymbol{b}\|_2\leqslant\varepsilon$$

的解 $\boldsymbol{x}^*$，有如下不等式成立

$$\|\boldsymbol{x}^*-\boldsymbol{x}\|_2\leqslant(C_1\sigma_{k\mid\tau}(\boldsymbol{x})_p+C_2\varepsilon^p)^{1/p}$$

其中 C_1 和 C_2 是两个常数。

同年，王建军教授从单一块限制等距常数入手，给出了如下结论[78]。

定理 2.10 若矩阵$\boldsymbol{\Phi}$ 满足 $\delta_{2k\mid\tau}<0.5$，那么存在 $\tilde{p}\in(0,1]$，使得选择任意 $p\in(0,\tilde{p})$ 后，对于任意信号向量 $\boldsymbol{x}\in\mathcal{B}_2(\boldsymbol{b},\boldsymbol{\Phi},\varepsilon)$ 以及问题

$$\min_{x\in\mathbf{R}^N}\|\boldsymbol{x}\|_1,\quad \text{s.t.}\ \|\boldsymbol{\Phi x}-\boldsymbol{b}\|_2\leqslant\varepsilon$$

的解 $\boldsymbol{x}^*$，有如下不等式成立

$$\|\boldsymbol{x}^*-\boldsymbol{x}\|_2\leqslant\frac{C_1}{k^{1/p-1/2}}\sigma_{k\mid\tau}(\boldsymbol{x})_p+C_2\varepsilon$$

其中 C_1 和 C_2 是与 $\delta_{2k\mid\tau}$ 以及 p 相关的两个常数。

(1) 基于块 RIP 的可重构条件。

本节的一个重点内容是将基于稀疏信号重构的 $L_{1\text{-}2}$ 方法推广至块稀疏情形，使之能够应对块稀疏信号的重构需求。特别是，受前述块技巧的启发，提出并研究了如下的 $L_2/L_{1\text{-}2}$ 方法

$$\min_{x\in\mathbf{R}^N}(\|\boldsymbol{x}\|_{2,1}-\|\boldsymbol{x}\|_2),\quad \text{s.t.}\ \|\boldsymbol{\Phi x}-\boldsymbol{b}\|_2\leqslant\varepsilon \tag{2.97}$$

其中，$\boldsymbol{\Phi}$ 为观测矩阵；$\boldsymbol{b}$ 为观测信号向量；$\boldsymbol{x}$ 为待重构块稀疏向量。

类似于定理 2.8 以及定理 2.9，关于上述问题，首先有如下结论。

定理 2.11 令 $k\geqslant2$。如果观测矩阵$\boldsymbol{\Phi}$ 满足

$$\delta_{2k\mid\tau}+\frac{\sqrt{k}+1}{\sqrt{k}-1}\delta_{3k\mid\tau}<1 \tag{2.98}$$

那么对于任意信号向量 $\boldsymbol{x}\in\boldsymbol{B}_2(\boldsymbol{b},\boldsymbol{\Phi},\varepsilon)$ 以及式(2.97)的解 $\boldsymbol{x}^*$，有

$$\|\boldsymbol{x}^*-\boldsymbol{x}\|_2\leqslant C_1\sigma_{k\mid\tau}(\boldsymbol{x})_1+C_2\varepsilon \tag{2.99}$$

其中 C_1 和 C_2 是两个常数。

定理 2.11 从数学角度严格刻画了 $L_2/L_{1\text{-}2}$ 问题对块稀疏信号的可重构能力。就精确重构来讲(即噪声 $\boldsymbol{n}$ 消失)，所获结果表明，当测量矩阵满足式(2.98)时，任意块-k 稀疏信号

都可以通过求解 $L_2/L_{1\text{-}2}$ 问题(2.97)(此时设定 $\varepsilon=0$)实现完美重构。而就信号的鲁棒重构来讲,该结果表明,选择满足式(2.98)成立的任意测量矩阵,原始信号 $\boldsymbol{x}$ 和重构信号 $\boldsymbol{x}^*$ 之间的误差可以完全由不等式(2.99)得到控制。

2. 高块相干矩阵的构造以及 $L_2/L_{1\text{-}2}$ 问题的求解

定义 2.6(块相干性) 对于给定矩阵 $\boldsymbol{A}\in\mathbf{R}^{M\times N}$,该矩阵在均匀分块 τ 下的块相干系数 $\mu_\tau(\boldsymbol{A})$ 定义为

$$\mu_\tau(\boldsymbol{A})=\max_{1\leqslant i\leqslant j\leqslant m}\frac{\|(\boldsymbol{A}[i])^{\mathrm{T}}\boldsymbol{A}[j]\|_2}{\|(\boldsymbol{A}[i])\|_2\|\boldsymbol{A}[j]\|_2} \tag{2.100}$$

如果 $\mu_\tau(\boldsymbol{A})$ 取值较小,就称矩阵 $\boldsymbol{A}$ 具有低块相干性;反之,则具有高块相干性。

不难发现,当 $d=1$ 时,块相干性定义式(2.100)就退化为了传统的相干性定义式。一类过采样部分 DCT 矩阵可以产生相干系数非常接近 1 的高相干矩阵。自然希望利用该结果实现所需高块相干矩阵的构造。下面的定理为这一想法的实现提供了可能。

定理 2.12 对于给定矩阵 $\boldsymbol{P}\in\mathbf{R}^{\frac{M}{d}\times m}$ 以及正交矩阵 $\boldsymbol{D}\in\mathbf{R}^{d\times d}$,同时令 $\boldsymbol{\Phi}=\boldsymbol{P}\otimes\boldsymbol{D}$,那么关于矩阵 $\boldsymbol{P}$ 的相干系数 $\mu(\boldsymbol{P})$ 以及矩阵 $\boldsymbol{\Phi}$ 在均匀分块 τ 下的块相干系数 $\mu_\tau(\boldsymbol{\Phi})$,有

$$\mu_\tau(\boldsymbol{\Phi})=\mu(\boldsymbol{P})$$

定理 2.12 指出,对于任意给定的均匀块划分 τ,矩阵 $\boldsymbol{\Phi}=\boldsymbol{P}\otimes\boldsymbol{D}$ 的块相干系数与矩阵 $\boldsymbol{P}$ 的相干系数相同。由于 $\mu(\boldsymbol{P})\in[0,1]$,因此,将块相干系数接近的矩阵 $\boldsymbol{\Phi}$ 称为高块相干矩阵。

下面讨论 $L_2/L_{1\text{-}2}$ 问题(见式(2.97))的求解。由于该问题非凸,加之约束条件中的 ε 一般很难估计,为此,首先将其改写为如下无约束的形式

$$\min_{\boldsymbol{x}\in\mathbf{R}^N}\frac{1}{2}\|\boldsymbol{\Phi x}-\boldsymbol{b}\|_2^2+\lambda(\|\boldsymbol{x}\|_{2,1}-\|\boldsymbol{x}\|_2) \tag{2.101}$$

其中 λ 是一个惩罚参数。

依次迭代,求解如下问题:

$$\boldsymbol{x}^{(k+1)}=\arg\min_{\boldsymbol{x}\in\mathbf{R}^N}\frac{1}{2}\|\boldsymbol{\Phi x}-\boldsymbol{b}\|_2^2+\langle\boldsymbol{v}^{(k)},\boldsymbol{x}\rangle+\lambda\|\boldsymbol{x}\|_{2,1} \tag{2.102}$$

从而实现式(2.101)的逼近求解,其中 $\boldsymbol{v}^{(k)}$ 被定义为

$$\boldsymbol{v}^{(k)}=\begin{cases}-\lambda x^{(k)}/\|x^{(k)}\|_2, & \|x^{(k)}\|_2\neq 0\\ 0, & \text{否则}\end{cases} \tag{2.103}$$

事实上,上述逼近策略可行。利用文献[79]中的技术,可以证明由式(2.102)迭代生成的序列 $\{\boldsymbol{x}^{(k)}\}$ 的任意聚点是式(2.101)的一个稳定点。为了利用交替方向乘子法(Alternating Direction Method of Multipliers,ADMM)框架[75]求解式(2.102),可以将其等价地改写为如下形式:

$$\min_{\boldsymbol{x},\boldsymbol{y}\in\mathbf{R}^N}\underbrace{\frac{1}{2}\|\boldsymbol{\Phi x}-\boldsymbol{b}\|_2^2+\langle\boldsymbol{v}^{(k)},\boldsymbol{x}\rangle}_{f(\boldsymbol{x})}+\underbrace{\lambda\|\boldsymbol{y}\|_{2,1}}_{g(\boldsymbol{y})},\quad \text{s.t.}\ \boldsymbol{x}-\boldsymbol{y}=0 \tag{2.104}$$

从而可得如下迭代步骤:

$$\begin{cases}\bar{\boldsymbol{x}}^{(t+1)}=\arg\min\limits_{\bar{\boldsymbol{x}}\in\mathbf{R}^N}(f(\bar{\boldsymbol{x}})+(\rho/2)\|\bar{\boldsymbol{x}}-\bar{\boldsymbol{y}}^{(t)}+\bar{\boldsymbol{z}}^{(t)}\|_2^2)\\ \bar{\boldsymbol{y}}^{(t+1)}=\arg\min\limits_{\bar{\boldsymbol{y}}\in\mathbf{R}^N}(g(\bar{\boldsymbol{y}})+(\rho/2)\|\bar{\boldsymbol{x}}^{(t+1)}-\bar{\boldsymbol{y}}+\bar{\boldsymbol{z}}^{(t)}\|_2^2)\\ \bar{\boldsymbol{z}}^{(t+1)}=\bar{\boldsymbol{z}}^{(t)}+\bar{\boldsymbol{x}}^{(t+1)}-\bar{\boldsymbol{y}}^{(t+1)}\end{cases}$$

3. 块相干理论下 L_2/L_p 问题的若干理论

首先考虑无噪声情形下的 L_2/L_p 问题：

$$\min_{\boldsymbol{x}\in\mathbf{R}^N}\|\boldsymbol{x}\|_{2,p}^p,\quad \text{s.t. } \boldsymbol{b}=\boldsymbol{\Phi x} \tag{2.105}$$

对块稀疏信号向量 $\boldsymbol{x}$ 的精确重构问题。受文献[80]中 L_p 型相干函数的启发，首先定义如下 L_2/L_p 型相干函数。

定义 2.7 对于给定矩阵 $\boldsymbol{A}\in\mathbf{R}^{M\times N}$，定义其在划分 τ 下的 k 阶-L_2/L_p 型相干函数为

$$\mu_{p|\tau}(k)=\max_{1\leqslant i\leqslant m}\max\left\{\left(\sum_{j\in K}\|(\boldsymbol{\Phi}[i])^{\mathrm{T}}\boldsymbol{\Phi}[j]\|_2^p\right)^{\frac{1}{p}},K\subset[m],|K|=k,i\notin K\right\}$$

其中 $0<p\leqslant 1$。

基于上述定义，有如下结论。

定理 2.13 若测量矩阵 $\boldsymbol{\Phi}$ 的相干函数 $\mu_{p|\tau}$ 满足

$$(\mu_{p|\tau}(k-1))^p+(\mu_{p|\tau}(k))^p<1 \tag{2.106}$$

其中 $0<p\leqslant 1$。

那么，对式(2.105)的求解可以实现任意块 k-稀疏信号的精确重构。

推论 2.2 若测量矩阵 $\boldsymbol{\Phi}$ 在均匀分块 τ 下的块相干系数 $\mu_\tau(\boldsymbol{\Phi})$ 满足

$$\mu_\tau<\frac{1}{(2k-1)^{1/p}} \tag{2.107}$$

那么，对式(2.105)的求解可以实现任意块 k-稀疏信号的精确重构。

定理 2.13 给出了任意块稀疏信号在无噪声情形下得以精确重构的充分条件。那么对于一般非稀疏信号在噪声影响下的鲁棒重构，能否得到类似的结果呢？下面的定理对这一问题给出了肯定的回答。

定理 2.14 若测量矩阵 $\boldsymbol{\Phi}$ 满足

$$\mu_\tau<\frac{1}{k^{1/p}+k-1} \tag{2.108}$$

那么，对于任意信号 $\boldsymbol{x}\in\boldsymbol{B}_2(\boldsymbol{b},\boldsymbol{\Phi},\varepsilon)$ 和式(2.97)的解 $\boldsymbol{x}^*$，有

$$\begin{aligned}\|\boldsymbol{x}^*-\boldsymbol{x}\|_{2,p}^p&\leqslant C_1(\sigma_{k|\tau}(\boldsymbol{x})_p)^p+C_2\varepsilon^p\\ \|\boldsymbol{x}^*-\boldsymbol{x}\|_2^p&\leqslant C_3(\sigma_{k|\tau}(\boldsymbol{x})_p)^p+C_4\varepsilon^p\end{aligned} \tag{2.109}$$

其中 $C_i(i=1,2,3,4)$ 是与 k、μ_τ 和 p 相关的常数。

上述定理中的式(2.108)刻画了一般块结构信号重构的理论要求，反映了信号重构与相干性之间的关系。相比推论 2.2 中的式(2.107)，该条件明显要更加宽松。另外，从该条件容易看出，当 $p\to 0^+$ 时，$\mu_\tau\to 0^+$，此时，测量矩阵等价于一个正交矩阵，这与 L_2/L_0 方法对测量矩阵的要求一致。而当 $p=1$ 时，该条件连同前述式(2.107)皆退化为了 $\mu_\tau<1/(2k-1)$，这一结果与文献[81]中的结果吻合。

定理 2.14 中的结果给出了一般块结构信号重构的误差上界估计。它表明：误差精度主要受最优 k-块逼近误差和噪声水平控制。作为定理 2.14 的两个特殊情形，当 $p=1$ 时，获得了 L_2/L_1 问题鲁棒重构的误差估计，该结果囊括了文献[81]中定理 3 的结论；当 $0<p<1$ 时，得到了非凸 L_2/L_p 问题鲁棒重构的一个充分条件。特别是，当 $\boldsymbol{x}$ 为块 k-稀疏信号时，有以下重要结论。

推论 2.3 若测量矩阵$\boldsymbol{\Phi}$ 满足

$$\mu_\tau < \frac{1}{k^{1/p}+k-1}$$

那么，对于任意信号向量 $\boldsymbol{x}\in\boldsymbol{B}_2(\boldsymbol{b},\boldsymbol{\Phi},\varepsilon)$ 和问题(2.97)的解 $\boldsymbol{x}^*$，有

$$\|\boldsymbol{x}^*-\boldsymbol{x}\|_{2,p}\leqslant (C_2)^{\frac{1}{p}}\varepsilon$$

或

$$\|\boldsymbol{x}^*-\boldsymbol{x}\|_{2}\leqslant (C_4)^{\frac{1}{p}}\varepsilon$$

4. 测量矩阵$\boldsymbol{\Phi}$ 的构造

依据定理 2.14 的块相干性条件(2.108)来设计合适的测量矩阵，目前来说比较困难。然而，直观地看，矩阵的块相干系数越小，定理 2.14 的条件越容易得到满足。众所周知，在传统的相干性理论框架下，矩阵的相干系数受 Welch 下界约束，而满足 Welch 下界的矩阵被证明大量存在[82]。这启示我们，为了构造符合定理 2.14 条件的测量矩阵，可以尝试解答下面两个问题：

(1) 矩阵的块相干系数是否也存在类似的 Welch 下界？

(2) 如果上述下界存在，那么是否存在块相干系数等于或非常逼近该下界的矩阵？

下面的定理完美地回答了上述两个问题。

定理 2.15(文献[83]中的定理 2.3) 对于矩阵$\boldsymbol{\Phi}$，有

$$u_\tau \geqslant \sqrt{\frac{N-M}{M(m-1)}}$$

其中 $N=md$。

定理 2.16(文献[83]中的定理 2.6) 设矩阵 $\boldsymbol{G}\in\mathbf{R}^{\frac{M}{d}\times m}$ 为一个 Grassmannian 矩阵，$\boldsymbol{D}\in\mathbf{R}^{d\times d}$ 为一个正交矩阵。令矩阵$\boldsymbol{\Phi}=\boldsymbol{G}\otimes\boldsymbol{D}$，则可得

$$u_\tau = \sqrt{\frac{N-M}{M(m-1)}}$$

其中 M/d 为正整数，$\otimes$表示 Kronecker 积。

定理 2.15 给出了块相干系数类似的 Welch 下界，此处不妨记为 Block-Welch 下界。不难发现，当 $d=1$ 时，Block-Welch 下界即 Welch 下界。而定理 2.16 不仅肯定地回答了问题(2)中矩阵的存在性问题，而且为这类矩阵的构造提供了理论保障。为了叙述方便，不妨将这类由$\boldsymbol{\Phi}=\boldsymbol{G}\otimes\boldsymbol{D}$ 构造所得的矩阵$\boldsymbol{\Phi}$ 称为 Kronecker 合成矩阵。需要引起注意的是，定理 2.16 中出现的 Grassmannian 矩阵，实际上泛指相干系数为 Welch 下界的一类矩阵。在不引起误解的情况下，将相干系数非常接近 Welch 下界的矩阵也称作 Grassmannian 矩阵。目前已有许多学者对 Grassmannian 矩阵进行了研究[84-86]。例如，在文献[84]中，Tropp 等人利用交替投影(Alternating Projection)法对一般矩阵进行了优化处理，构造出了一类与

原始矩阵同维度的 Grassmannian 矩阵；中国科学院许志强等人设计的确定性矩阵也得到了类似的结果[86]。图 2.13 给出了高斯随机矩阵 $\boldsymbol{P}$ 经由交替投影法优化前后矩阵相干性的变化，此处记优化后所得矩阵为 $\widetilde{\boldsymbol{P}}$。不难发现，优化后所得的矩阵 $\widetilde{\boldsymbol{P}}$，其相干系数（$\|\boldsymbol{\phi}_i^{\mathrm{T}}\boldsymbol{\phi}_j\|$）非常接近 Welch 下界。接下来，取正交矩阵 $\boldsymbol{D}=\boldsymbol{H}/\sqrt{d}$，其中 $\boldsymbol{H}\in\mathbf{R}^{d\times d}$ 为 Hadamard 矩阵，可以通过 $\boldsymbol{\Phi}=\widetilde{\boldsymbol{P}}\otimes\boldsymbol{D}$ 构造所需矩阵 $\boldsymbol{\Phi}$。图 2.14 给出了矩阵 $\boldsymbol{\Phi}$ 在均匀块划分 τ 下的块相干性变化，其中分块大小 $d=4$。由图可知，所获 Kronecker 合成矩阵的块相干系数非常接近 Block-Welch 下界。鉴于此，在后续的数值试验中，统一按上述方式合成具有低块相干系数的所需测量矩阵 $\boldsymbol{\Phi}$。

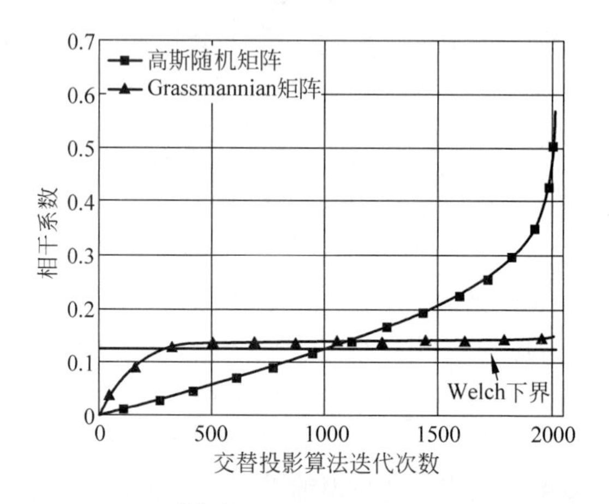

图 2.13　高斯随机矩阵 $\boldsymbol{P}\in\mathbf{R}^{M/md}$ 处理前后的相干性对比（$M=128, d=4, m=64$）

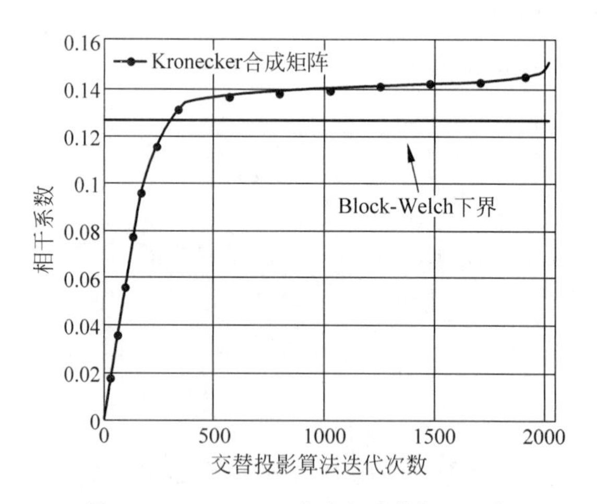

图 2.14　Kronecker 合成矩阵的相干系数

2.7　结构化重构

传统压缩感知可行解空间的维数 C_N^K 与信号维数和信号稀疏度相关，当信号维数过高时通常会导致重构算法不稳定，不能有效重构原始信号。针对这一问题，结构化压缩感知引入信号的结构模型，将其作为先验信息约束压缩感知重构的可行解空间。与传统压缩感知相比，结构化压缩感知能有效降低信号重构所需的测量样本个数，提高重构精度，同时结构化压缩感知可将对有限维信号的压缩感知过程扩展到对无限维信号的处理。目前，对于有限维信号的压缩重构问题，结构化压缩感知使用的结构模型分为 MMV 模型和子空间联合(Unions of Subspace)模型。传统压缩感知的单测量向量(Single Measurement Vector，SMV)可以看作 MMV 模型的一个特例。以下分别介绍基于 MMV 模型的结构化压缩感知重构算法和基于子空间联合模型的结构化压缩感知重构算法。

2.7.1　基于 MMV 模型的稀疏重构

MMV 模型被用于分布式压缩感知的联合稀疏信号重构问题，与传统压缩感知重构问题不同的是，在 MMV 问题中，由测量信号恢复出来的不是单个稀疏信号 $\boldsymbol{x}$，而是联合恢复共享相同支撑的信号集 $\{\boldsymbol{x}_i\}_{i=1}^{Q}$。用矩阵形式来表示这个信号集的全部信息，即 $\boldsymbol{X}=[\boldsymbol{x}_1,\boldsymbol{x}_2,\cdots,\boldsymbol{x}_Q]$，其中 $\boldsymbol{X}$ 最多有 K 个非零行。也就是说，不仅 $\boldsymbol{X}$ 的每个列向量是 K 稀疏，而且非零值出现在共同的位置集中。

MMV 问题的数学模型如下：

$$\boldsymbol{Y}=\boldsymbol{\Phi X}+\boldsymbol{V} \tag{2.110}$$

其中，$\boldsymbol{X}$ 为 $N\times Q$ 维信号集矩阵；$\boldsymbol{Y}$ 是 $M\times Q$ 维的多测量向量；$\boldsymbol{\Phi}$ 是 $M\times N$ 维的观测矩阵；$\boldsymbol{V}$ 是 $M\times Q$ 维的高斯白噪声矩阵。

当 $Q=1$ 时，MMV 退化为传统压缩感知的单测量向量模型 SMV。

给定观测矩阵 $\boldsymbol{\Phi}$，从多测量向量 $\boldsymbol{Y}$ 中恢复信号集 $\boldsymbol{X}$，即为 MMV 模型的重构问题。对于此问题，我们可以利用传统压缩感知的任意重构算法依次从 $\boldsymbol{y}_i$ 中恢复 $\boldsymbol{x}_i$ 进行求解。但是，所有信号 $\boldsymbol{x}_i(i=1,2,\cdots,Q)$ 都具有相同的支撑，因此可以期望利用这种联合的先验结构信息来减少信号重构的所需测量数量。一般情况下，重构信号 $\boldsymbol{X}$ 所需的测量数量 MQ 小于 SQ，S 表示传统压缩感知恢复一个信号 $\boldsymbol{x}_i$ 所需的测量数。信号 $\boldsymbol{X}$ 的非零行向量的标识集为

$$\Omega=\operatorname{supp}(\boldsymbol{X})=\bigcup_i \operatorname{supp}(\boldsymbol{x}_i) \tag{2.111}$$

其中 supp(・)表示取支撑集。

若 $|\operatorname{supp}(\boldsymbol{X})|\leqslant K$，及矩阵 $\boldsymbol{X}$ 中最多有 K 个非零行向量，此时称矩阵 $\boldsymbol{X}$ 为 K-联合稀疏矩阵[87]。

将基于单测量模型的传统压缩感知优化问题进行推广，可以得到基于 MMV 模型稀疏重构的优化问题：

$$\min_{\boldsymbol{X}} |\operatorname{supp}(\boldsymbol{X})|, \quad \text{s. t. } \boldsymbol{Y}=\boldsymbol{\Phi X} \tag{2.112}$$

利用矩阵范数，式(2.112)可表示为

$$\min_{\boldsymbol{X}} \|\boldsymbol{X}\|_{0,q}, \quad \text{s. t. } \boldsymbol{Y}=\boldsymbol{\Phi X} \tag{2.113}$$

其中矩阵的 $\mathrm{L}_{p,q}$ 范数定义为

$$\|\boldsymbol{X}\|_{p,q}=\left(\sum_i \|\boldsymbol{x}_i\|_p^q\right)^{1/q} \tag{2.114}$$

式中 $\boldsymbol{x}_i$ 表示 $\boldsymbol{X}$ 的第 i 个行向量。

对任意的 q 和 $p=0$，$\|\boldsymbol{X}\|_{0,q}=|\mathrm{supp}(\boldsymbol{X})|$ 是矩阵 $\boldsymbol{X}$ 中非零行的个数，称为行 L_0-伪范数。存在噪声时，式(2.113)可以改写为

$$\min_{\boldsymbol{X}}\|\boldsymbol{X}\|_{0,q} \quad \text{s.t.} \quad \|\boldsymbol{Y}-\boldsymbol{\Phi X}\|_{\mathrm{F}}\leqslant\varepsilon \tag{2.115}$$

其中 ε 是与噪声有关的参数。

与传统压缩感知的 L_0-范数优化问题求解相同，式(2.113)的求解也是一个 NP-难问题，常使用一些次优的方法进行求解，提出的算法一般是现有的求解 SMV 问题的算法在 MMV 模型下的推广，这些算法大致分为两类：基于混合范数的优化算法和贪婪算法。

基于优化的重构算法是对式(2.113)中的行 L_0-伪范数进行松弛，转化为如下的混合范数最小化问题：

$$\min_{\boldsymbol{X}}\|\boldsymbol{X}\|_{p,q}, \quad \text{s.t.}\ \boldsymbol{Y}=\boldsymbol{\Phi X} \tag{2.116}$$

其中矩阵的 $\mathrm{L}_{p,q}$ 范数定义如式(2.114)所示。

松弛式(2.115)，可得到如下优化问题：

$$\min_{\boldsymbol{X}}\|\boldsymbol{X}\|_{p,q}, \quad \text{s.t.} \quad \|\boldsymbol{Y}-\boldsymbol{\Phi X}\|_{\mathrm{F}}\leqslant\varepsilon \tag{2.117}$$

其中 p 和 q 的不同取值(例如 $p,q\geqslant1, p,q=1,2,\cdots$ 等)对应不同的重构算法。

基于 SMV 的贪婪算法推广到 MMV 模型下，如 SOMP(Simultaneous OMP)算法是 OMP 算法在 MMV 模型下的推广，其主要思想是首先将残差初始化为压缩样本矩阵；然后在每次迭代中选取残差矩阵和测量矩阵间 L_2 范数最大的行号作为索引加入到支撑集中，进行支撑集更新；接着用最小二乘法求解矩阵的值；最后进行残差更新，直到算法满足重构条件时算法终止迭代，得到原始信号 $\boldsymbol{X}$ 的最佳估计。其他与 SOMP 相似的算法还有 M-BMP、正则化匹配追踪 M-ROMP 等。

除上述两类算法外，还存在一些其他算法，如贝叶斯框架下的算法[88]、迭代重复加权算法[89,90]等。

2.7.2 基于 US 模型的稀疏重构

子空间联合模型中，两种最为典型的结构模型为树结构模型和块稀疏模型，其求解方法主要包括传统贪婪算法在子空间联合模型下的扩展。针对树结构模型的求解重构算法包括由 Baraniuk 提出的基于模型的 CoSaMP 算法(Model-based CoSaMP)、Duarte 提出的 TMP (Tree-based MP)算法以及 Bui 提出的 TOMP(Tree-based OMP)算法[91]；针对块稀疏模型的重构算法主要包括 Eldar 等人提出的块匹配追踪(Block MP，BMP)算法、块正交匹配追踪(Block OMP，BOMP)算法[64,92]，以及一些在此基础上的扩展算法等。与传统贪婪算法相比，基于子空间联合模型的重构算法在每次迭代中，支撑集更新时选取的是一整个块或是一整棵树，而不是单个索引元素，因而缩小了可行解的搜索范围，可以有效提高算法的重构效率。

块稀疏模型反映了稀疏系数间存在簇或块结构，稀疏系数呈块状聚集。Eldar 等人对块稀疏模型展开了研究，提出了块稀疏信号实现重构的条件和重构算法，并给出块受限等距性(RIP)的概念。

定义 2.8 给定参数 $\delta^{\mathcal{I}}\in(0,1)$。如果对于所有的块 K-稀疏向量 $\boldsymbol{x}\in\mathbf{R}^N$ 均有下式成立：

$$(1-\delta^{\mathcal{I}})\|\boldsymbol{x}\|_2^2 \leqslant \|\boldsymbol{A}\boldsymbol{x}\|_2^2 \leqslant (1+\delta^{\mathcal{I}})\|\boldsymbol{x}\|_2^2 \tag{2.118}$$

则称矩阵 $\boldsymbol{A}$ 在结构$\mathcal{I}=\{d_1,d_2,\cdots,d_L\}$下满足块-RIP 性质，其中 $d_l(l=1,2,\cdots,L)$表示第 l 个块中包含元素个数；满足式(2.118)的最小常数 $\delta^{\mathcal{I}}$ 称为块-RIP 常数，记为 $\delta_K^{\mathcal{I}}$。

如果矩阵 $\boldsymbol{A}$ 满足块-RIP 条件，且 $\delta_{2K}^{\mathcal{I}}<1$，则方程 $\boldsymbol{y}=\boldsymbol{A}\boldsymbol{x}$ 存在唯一块稀疏解。

块稀疏模型的求解与传统 CS 模型的求解相似，可转换为求解如下优化问题：

$$\min_{\boldsymbol{x}} \|\boldsymbol{x}\|_{0,\mathcal{I}} \quad \text{s. t.} \quad \boldsymbol{y}=\boldsymbol{A}\boldsymbol{x} \tag{2.119}$$

其中 $\|\boldsymbol{x}\|_{0,\mathcal{I}}=\sum_{i=1}^{L} I(\|\boldsymbol{x}[i]\|_2>0)$，$I(\cdot)$ 表示示性函数。

为了表明当矩阵 $\boldsymbol{A}$ 满足式(2.118)时能够重构出 $\boldsymbol{x}$，Eldar 等人通过反证法给出了证明。

假设存在 $\boldsymbol{x}'$使得$\boldsymbol{A}\boldsymbol{x}'=\boldsymbol{y}$，且$\|\boldsymbol{x}'\|_{0,\mathcal{I}}\leqslant\|\boldsymbol{x}\|_{0,\mathcal{I}}\leqslant K$，则有下式成立：

$$\boldsymbol{0}=\boldsymbol{A}(\boldsymbol{x}-\boldsymbol{x}')=\boldsymbol{A}\boldsymbol{d} \tag{2.120}$$

其中$\|\boldsymbol{d}\|_{0,\mathcal{I}}\leqslant 2K$，$\boldsymbol{d}$ 是稀疏度为 $2K$ 的块稀疏向量。

如果 $\boldsymbol{A}$ 满足式(2.118)，且 $\delta_{2K}^{\mathcal{I}}<1$，则一定存在 $\boldsymbol{d}=\boldsymbol{0}$，或者 $\boldsymbol{x}=\boldsymbol{x}'$。

在一定条件下，式(2.119)可以转化为凸优化模型。为了使描述更简洁，首先将索引集$\mathcal{I}=\{d_1,d_2,\cdots,d_L\}$上的混合范数 L_2/L_1 定义为

$$\|\boldsymbol{x}\|_{2,\mathcal{I}}=\sum_{i=1}^{L}\|\boldsymbol{x}[i]\|_2 \tag{2.121}$$

在无噪声环境下，式(2.119)可以转化为

$$\min_{\boldsymbol{x}} \|\boldsymbol{x}\|_{2,\mathcal{I}} \quad \text{s. t.} \quad \boldsymbol{y}=\boldsymbol{A}\boldsymbol{x} \tag{2.122}$$

令 $t_i=\|\boldsymbol{x}[i]\|_2$，则上式可以重写为

$$\begin{aligned} &\min_{\boldsymbol{x},t_i}\sum_{i=1}^{L} t_i, t_i=\|\boldsymbol{x}[i]\|_2 \\ &\text{s. t.} \quad \boldsymbol{y}=\boldsymbol{A}\boldsymbol{x} \\ &\qquad t_i\geqslant\|\boldsymbol{x}[i]\|_2, \quad 1\leqslant i\leqslant L \\ &\qquad t_i\geqslant 0, \quad\quad\quad\;\; 1\leqslant i\leqslant L \end{aligned} \tag{2.123}$$

可以看出，块稀疏信号的重构能够看成是一个混合范数 L_2/L_1 的优化问题，可以通过凸优化的方法对其进行求解。

在含噪声环境下，式(2.122)可转化为如下优化问题：

$$\begin{aligned} &\min_{\boldsymbol{x}} \|\boldsymbol{x}\|_{2,\mathcal{I}} \\ &\text{s. t.} \quad \|\boldsymbol{y}-\boldsymbol{A}\boldsymbol{x}\|_2^2\leqslant\sigma^2 \end{aligned} \tag{2.124}$$

其中 σ^2 表示噪声方差。

针对块稀疏模型求解问题，Eldar 等人将 MP 算法、OMP 算法扩展到块稀疏模型下，提出了 BMP 算法、BOMP 算法，本书将在第 3 章进行详细介绍。

针对块稀疏模型的求解，除 Eldar 教授外，其他学者也纷纷进行了探索。Rajamohan 等人利用多测量模型联合恢复具有相同支撑集的块稀疏信号，提出基于贪婪和凸规划的重构算法，并利用 GMMV(Generalized MMV)联合块稀疏信号恢复框架解决异构蜂窝网络的小

区搜索问题[93]。西南大学王建军教授等人利用已知部分块支撑集作为先验信息扩展了块压缩感知理论，通过混合范数 $L_2/L_p(0<p\leqslant 1)$ 重构块稀疏信号[94]。此外，袁明教授将 Lasso 算法扩展到块(组)稀疏模型，提出求解块(组)稀疏问题的 Group Lasso 算法。

基于小波树模型的压缩感知可以通过较少的测量值得到鲁棒的信号重构，但采用最优树逼近时，存在复杂度大的问题。下面对基于小波树结构模型的重构算法复杂度进行讨论。

长度为 $L=2^I$(I 为正整数)的原始分段光滑信号 $\boldsymbol{s}$，进行 I 尺度小波分解后：

$$\boldsymbol{s}=v_0\boldsymbol{v}+\sum_{i=0}^{I-1}\sum_{j=0}^{2^i-1}w_{i,j}\varphi_{i,j} \tag{2.125}$$

其中小波系数 $w_{i,j}$ 构成一个深度为 I 的满二叉树结构。

树结构中相邻尺度间的小波系数具有父子关系，$w_{i-1,\lfloor 2/j\rfloor}$ 为 $w_{i,j}$ 的父类，$w_{i+1,2j}$，$w_{i+1,2j+1}$ 为 $w_{i,j}$ 的子类，如图 2.15 所示[95]。图中黑色实心圆点表示重要系数，其余为非重要系数。

图 2.15 小波树结构

小波系数中的重要系数保留了信号的绝大部分信息，可以作为信号的最优近似。由于分段光滑信号的重要小波系数具有持续性，即重要的小波系数，其父代仍是重要的小波系数，从而导致重要的小波系数集中在连通子树内。K-稀疏小波树信号集合满足如下数学关系：

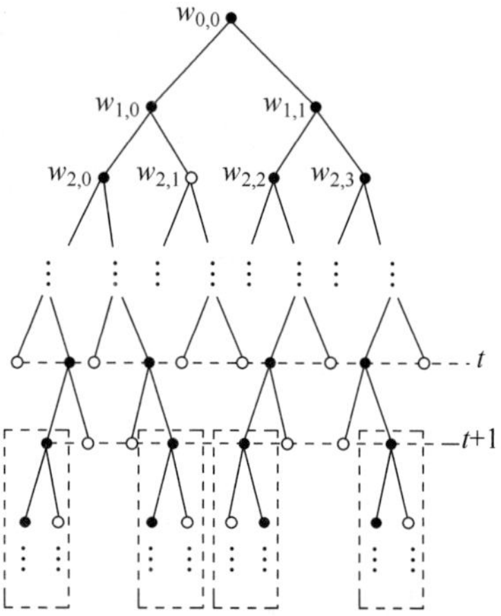

$$\boldsymbol{x}=v_0\boldsymbol{v}+\sum_{i=0}^{I-1}\sum_{j=0}^{2^i-1}w_{i,j}\varphi_{i,j} \tag{2.126}$$

$$\boldsymbol{w}\,|\,\Omega^c=0,\quad |\Omega|=K$$

其中，Ω 为支集，形成连通子树；I 为小波树层数；i、j 为小波系数的层数和偏移量，式(2.126)亦称小波连通树模型。

在小波树结构的信号模型中，众多学者对其重构算法展开了研究，Baraniuk 等研究者采用压缩分类选择算法(Condensing Sort and Select Algorithm，CSSA)对小波树结构进行模型逼近，该算法的主要思想是对小波树中的每一个节点进行贪婪搜索[96]。虽然 CSSA 算法能够达到理论上的最优逼近，但是由于该算法的复杂度随着信号长度的增加呈非线性增长，且该算法每搜索到一个距树根较近的非单调变化的节点时，都要计算以此节点为根的所有子树小波系数平均值的绝对值，所以带来了较大的运算开销。针对运算开销大的问题，张茜等人通过将原 N 维向量分解成若干维数较低的向量分别进行处理，同时保证分解后的各分量仍符合连通树结构，提出了基于小波分层连通树结构的压缩重构算法，降低了运算复杂度。

2.8 本章小结

本章通过分析传统信号处理方法及其存在的不足，首先介绍了压缩感知理论基本原理，包括信号的稀疏表示和字典的构建、观测矩阵的设计、压缩感知的稀疏重构算法，其中主要对凸松弛方法、贪婪算法、贝叶斯稀疏重构算法及张量压缩感知分别进行了详细描述。在此基础之上重点介绍结构化压缩感知基本理论，围绕结构化压缩感知的三个基本问题，即结构化稀疏表示、结构化观测矩阵和结构化信号重构，对结构化压缩感知所涉及的基本模型和相关理论进行了详细讲解，为结构化压缩感知理论的应用提供了理论基础。

参考文献

[1] Donoho D L. Compressed sensing[J]. *IEEE Transactions on Information Theory*, 2006, 52(4): 1289-1306.

[2] Candès E J, Wakin M B. An introduction to compressive sampling[J]. *IEEE Signal Processing Magazine*, 2008, 25(2): 21-30.

[3] Baraniuk R. A lecture on compressive sensing[J]. *IEEE Signal Processing Magazine*, 2007, 24(4): 118-121.

[4] Donoho D L, Tsaig Y. Extensions of compressed sensing[J]. *Signal Processing*, 2006, 86(3): 533-548.

[5] Duarte M F, Eldar Y C. Structured compressed sensing: from theory to applications[J]. *IEEE Transactions on Signal Processing*, 2011, 59(9): 4053-4085.

[6] 林波. 基于压缩感知的辐射源 DOA 估计[D]. 长沙：国防科学技术大学，2010.

[7] Candès E J, Romberg J, Tao T. Robust uncertainty principles: exact signal reconstruction from highly incomplete frequency information[J]. *IEEE Transactions on Information Theory*, 2006, 52(2): 489-509.

[8] Candès E, Romberg J. Sparsity and incoherence in compressive sampling[J]. *Inverse Problem*, 2007, 23(3): 969-985.

[9] 焦李成，谭山. 图像的多尺度几何分析：回顾和展望[J]. 电子学报，2003，31(12)：1975-1981.

[10] Candès E J, Tao T. Near optimal signal recovery from random projections: Universal encoding strategies[J]. *IEEE Transactions on Information Theory*, 2006, 52(12): 5406-5425.

[11] 尹忠科，邵君. 利用 FFT 实现基于 MP 的信号稀疏分解[J]. 电子与信息学报，2006，28(4)：614-618.

[12] Candès E J. The restricted isometry property and its implications for compressed sensing[J]. *Comptes Rendus Mathematique*, 2008, 346(9): 589-592.

[13] Donoho D L, Huo X. Uncertainty principles and ideal atomic decomposition[J]. *IEEE Transactions on Information Theory*, 2001, 47(7): 2845-2862.

[14] Elad M, Bruckstein A M. A generalized uncertainty principle and sparse representation in pairs of bases[J]. *IEEE Transactions on Information Theory*, 2002, 48(9): 2558-2567.

[15] Kashin B S, Temlyakov V N. A remark on compressed sensing[J]. *Mathematical Notes*, 2007, 82(5-6): 748-755.

[16] Eldar Y C. Compressed Sensing: Theory and Applications[M]. *Cambridge University Press*, 2012.

[17] Donoho D L. Compressed sensing[J]. *IEEE Transactions on information theory*, 2006, 52(4): 1289-1306.

[18] Cai T T, Wang L, Xu G. Stable recovery of sparse signals and an oracle inequality[J]. *IEEE Transactions on Information Theory*, 2010, 56(7): 3516-3522.

[19] Oppenheim A V, Willsky A S, Hamid S. Signals and systems (2nd Edition)[M]. *New Jersey*: *Prentice Hall*, 1996.

[20] Mallat, Stéphane. A Wavelet tour of signal processing: the sparse way, Third edition[M]. *Beijing*: *China Machine Press*, 2010.

[21] Elad M. Sparse and redundant representations: from theory to applications in signal and image

processing[M]. *New York: Springer Press*, 2010.

[22] Mallat S, Zhang Z. Matching pursuits with time-frequency dictionaries[J]. *IEEE Transactions on Signal Processing*, 1993, 41(12): 3397-3415.

[23] Olshausen B, Field D. Sparse coding with an overcomplete basis set: a strategy employed by V1[J]. *Vision Research*, 1997, 23: 3311-3325.

[24] Olshausen B, Field D. Emergence of simple-cell receptive field properties by learning a sparse code for natural images[J]. *Nature*, 1996, 381: 607-609.

[25] Bergeaud F, Malla S. Matching pursuit of images[C]. *International Conference on Image Processing* 1995: 53-56.

[26] Ventura R, Vandergheynst P, Frossard P. Low-rate and flexible image coding with redundant representations[J]. *IEEE Transactions on Image Processing*, 2006, 15(3): 729-739.

[27] 孙玉宝，肖亮，韦志辉. 基于 Gabor 感知多成分字典的图像稀疏表示算法研究[J]. 自动化学报，2008, 34(21): 1379-1387.

[28] Qian S, Chen D. Signal representation using adaptive normalized Gaussian functions[J]. *Signal Processing*, 1994, 36(1): 1-11.

[29] Gribonval R, Nielsen M. Sparse representations in unions of bases[J]. *IEEE Transactions on Information Theory*, 2003, 49(12): 3320-3325.

[30] Starck J, Donoho D, Candès E, editors. Very high quality image restoration by combining wavelets and curvelets[C]. *Processings of SPIE 4478: Wavelet: Application in Signal and Image Processing IX*, 2001, San Diego.

[31] Starck J, Elad M, Donoho D. Image decomposition via the combination of sparse representations and a variational approach[J]. *IEEE Transactions on Image Processing*, 2005, 14(10): 1570-1582.

[32] 焦李成，谭山. 图像的多尺度几何分析回顾和展望[J]. 电子学报，2003, 31(12A): 1975-1981.

[33] Jiao L, Shan T. Development and prospect of image multiscale geometric analysis[J]. *Acta Electronica Sinica*, 2003, 31: 1975-1981.

[34] Elad M, Aharon M. Image denoising via sparse and redundant representations over learned dictionaries[J]. *IEEE Transactions on Image Processing*, 2006, 15(12): 3736-3745.

[35] Aharon M, Elad M, Bruckstein A. K-SVD: an algorithm for designing overcomplete dictionaries for sparse representation[J]. *IEEE Transactions on Signal Processing*, 2006, 54(11): 4311-4322.

[36] Rubinstein R, Zibulevsky M, Elad M. Double sparsity: learning sparse dictionaries for sparse signal approximation[J]. *IEEE Transactions on Signal Processing*, 2010, 58(2): 1553-1564.

[37] Gleichman S, Eldar Y C. Blind compressed sensing[J]. *IEEE Transactions on Information Theory*, 2011, 57(12): 6958-6975.

[38] Yu G, Sapiro G, Mallat S. Solving inverse problems with piecewise linear estimators: from Gaussian mixture models to structured sparsity[J]. *IEEE Transactions on Image Processing*, 2012, 21(5): 2481-2499.

[39] Yang J, Liao X, Yuan X, et al. Compressive sensing by learning a Gaussian mixture model from measurements[J]. *IEEE Transactions on Image processing*, 2015, 24(1): 106-119.

[40] Mairal J, Sapiro G, Elad M. Learning multiscale sparse representations for image and video restoration[J]. *SIAM Multiscale Modeling and Simulation*, 2008, 7(1): 214-241.

[41] Shao L, Yan R, Li X, et al. From heuristic optimization to dictionary learning: a review and comprehensive comparison of image denoising algorithms[J]. *IEEE Transactions on Cybernetics*, 2014, 44(7): 1001-1013.

[42] Dong W, Zhang L, Shi G, et al. Nonlocally centralized sparse representation for image restoration[J]. *IEEE Transactions on Image Processing*, 2013, 22(4): 1620-1630.

[43] Jianchao Y, John W, Thomas H, et al. Image super-resolution via sparse representation[J]. *IEEE Transactions on Image Processing*, 2010, 19(11): 2861-2873.

[44] Wu X, Dong W, Zhang X, et al. Model-assisted adaptive recovery of compressed sensing with imaging applications[J]. *IEEE Transactions on Image Processing*, 2012, 21(2): 451-458.

[45] Dong W, Zhang L, Lukac R, et al. Sparse representation based Image interpolation with nonlocal autoregressive modeling[J]. *IEEE Transactions on Image Processing*, 2013, 22(4): 1382-1394.

[46] Yang S, Wang M, Chen Y, et al. Single-image super-resolution reconstruction via learned geometric dictionaries and clustered sparse coding[J]. *IEEE Transactions on Image Processing*, 2012, 21(9): 4016-4028.

[47] 许敬缓. 脊波框架下稀疏冗余字典的设计及重构算法研究[D]. 西安: 西安电子科技大学, 2011.

[48] 黄婉玲. 过完备 Curvelets 字典的图像的稀疏表示与重构[D]. 西安: 西安电子科技大学, 2011.

[49] Tibshirani R. Regression shrinkage and selection via the Lasso[J], *Journal of the Royal Statistical Society, Series B*, 1996, 58(1): 267-288.

[50] Candès E J, Tao T. Near-optimal signal recovery from random projections: universal encoding strategies[J]. *IEEE Transactions on, Information Theory*, 2006, 52(12): 5406-5425.

[51] Rauhut H. Circulant and Toeplitz matrices in compressed sensing[J]. *ar Xiv preprint ar Xiv: 0902. 4394*, 2009.

[52] S. Chen, D. Donoho, M. Saunders. Atomic decomposition by basis pursuit[J]. *Society for Industrial and Applied Mathematics*, 2001, 43(1): 129-159.

[53] D. L. Donoho. For most large underdetermined systems of linear equations the minimal-norm solution is also the sparsest solution[J]. *Communications on Pure and Applied Mathematics*, 2006, 59(6): 797-829.

[54] A Beck, M. Teboulle. Fast gradient-based algorithms for constrained total variation image denoising and deblurring problems[J]. *IEEE Transaction on Image Processing*, 2009, 18(11): 2419-2434.

[55] Zhang Y, Dong Z, Phillips P, et al. Exponential wavelet iterative shrinkage thresholding algorithm for compressed sensing magnetic resonance imaging[J]. *Information Sciences*, 2015, 322: 115-132.

[56] Zhang Y, Wang S, Ji G, et al. Exponential wavelet iterative shrinkage thresholding algorithm with random shift for compressed sensing magnetic resonance imaging[J]. *IEEE Transactions on Electrical and Electronic Engineering*, 2015, 10(1): 116-117.

[57] 任晓馨. 压缩感知贪婪匹配追踪类重建算法研究[D]. 北京: 北京交通大学硕士研究生学位论文, 2012.

[58] Tropp J, Gilbert A. Signal recovery from random measurement via orthogonal matching pursuit[J]. *Transactions on Information Theory*, 2007, 53(12): 4655-4666.

[59] Dai W, Milenkovic O. Subspace pursuit for compressive sensing signal reconstruction[A]. *IEEE Proceedings of the 5th International Symposium on Turbo Codes and Related Topics*, 2008: 402-407.

[60] Thong T, Gan L, Nguyen N, et al. Sparsity adaptive matching pursuit algorithm for practical compressed sensing[C]. *Asilomar Conference on Signal, Systems, and Computers, Pacific Grove, California*, 2008.

[61] Chang Y K, Ueng F B, Yang Y M. A low-complexity turbo MUD for MU-MIMO SC-FDMA systems [J]. *Transactions on Emerging Telecommunications Technologies*, 2016, 27(4): 601-611.

[62] Wu Q H, Ding G R, Wang J L, et al. Spatial-temporal opportunity detection for spectrum-heterogeneous cognitive radio networks: two-dimensional sensing[J]. *IEEE Transactions on Wireless Communications*, 2013, 12(2): 516-526.

[63] 赵琴琴. 基于压缩感知的频谱空穴检测算法研究[D]. 沈阳: 东北大学, 2016.

[64] Eldar Y C, Mishali M. Robust recovery of signals from a structured union of subspaces[J]. *IEEE Transactions on Information Theory*, 2009, 55(11): 5302-5316.

[65] Bui H Q, La C N H, Do M N. A fast tree-based algorithm for compressed sensing with sparse-tree prior[J]. *Signal Processing*, 2015, 108: 628-641.

[66] Ewout V D B, Friedlander M P. Theoretical and empirical results for recovery from multiple measurements[J]. *IEEE Transactions on Information Theory*, 2010, 56, (5): 2516-2527.

[67] 姚成勇. 块稀疏信号的结构化压缩感知重构算法研究[D]. 重庆：重庆邮电大学, 2016.

[68] Candès E J, Romberg J K. Sparsity and incoherence in compressive sampling[J]. *Inverse Problems*, 2007, 23(3): 969-985.

[69] Bajwa W U, Sayeed A, Nowak R. A restricted isometry property for structurally subsampled unitary matrices[C]. *Allerton Conference Communication, Control, and Computing*, 2009: 1005-1012.

[70] Rauhut H, Romberg J K, Tropp J A, Restricted isometries for partial random circulant matrices[J]. *Applied and Computational Harmonic Analysis*, 2012, 32(2): 242-254.

[71] 武晓嘉, 郭继昌. 基于结构化观测矩阵的低复杂度视频编码[J]. *Journal of Data Acquisition and Processing*, 2016, 31(6): 1164-1170.

[72] Lin J H, Li S. Block sparse recovery via mixed l_2/l_1 minimization[J]. *ActaMath. Sinica*, 2013, 29(7): 1401-1412.

[73] Chen W, Li Y. The high order block RIP condition for signal recovery[J]. *Journal of Computational Mathematics*, 2019, 37(1): 61-75.

[74] Qin Z W, Scheinberg K, Goldfarb D. Efficient block-coordinate descent algorithms for the group lasso [J]. *Mathematical Programming Computation*, 2013, 5(2): 143-169.

[75] Boyd S, Parikh N, Chu E, et al. Distributed optimization and statistical learning via the alternating direction method of multipliers[J]. *Foundations and Trends in Machine Learning*, 2011, 3(1): 1-122.

[76] Majumdar A, Ward R. Compressed sensing of color images[J]. *Signal Processing*, 2010, 90(12): 3122-3127.

[77] Yin H T, Li S T, Fang L Y. Block-sparse compressed sensing: non-convex model and iterative re-weighted algorithm[J]. *Inverse Problems in Science and Engineering*, 2013, 21(1): 141-154.

[78] Wang Y, Wang J J, Xu Z B. On recovery of block-sparse signals via mixed $l_2/l_q(0<q\leqslant 1)$ norm minimization[J]. *EURASIP Journal on Advances in Signal Processing*, 2013, 2013(1): 1-17.

[79] Yin P H, Lou Y F, He Q and Xin J. Minimization of ℓ1-2 for compressed sensing[J]. *SIAM Journal on Scientic Computing*, 2015, 37(1): A536-A563.

[80] Foucart S, Rauhut H. A mathematical introduction to compressive sensing[M]. *Berlin: Springer*, 2013: 111-131.

[81] Eldar Y C, Kuppinger P, Bolcskei H. Block-sparse signals: Uncertainty relations and efficient recovery[J]. *IEEE Transactions on Signal Processing*, 2010, 58(6): 3042-3054.

[82] Welch L R. Lower bounds on the maximum cross-correlation of signals[J]. *IEEE Transactions on Information Theory*, 1974, 20: 397-399.

[83] Calderbank R, Thompson A, Xie Y. On block coherence of frames[J]. *Applied and Computational Harmonic Analysis*, 2015, 38(1): 50-71.

[84] Tropp J A, Dhillon I S, Heath Jr R W, et al. Designing structured tight frames via an alternating projection method[J]. *IEEE Transactions on Information Theory*, 2005, 51(1): 188-209.

[85] Elad M. Sparse and redundant representations: from theory to applications in signal and image processing[M]. *Springer New York Dordrecht Heidelberg London*, 2010: 17-33.

[86] Xu Z Q. Deterministic sampling of sparse trigonometric polynomials[J]. *Journal of Complexity*,

2011,27(2): 133-140.

[87] Davies M E, Eldar Y C. Rank awareness in joint sparse recovery[J]. *IEEE Transactions on Information Theory*, 2012, 58(2): 1135-1146.

[88] Wipf D P, Rao B D. An empirical Bayesian strategy for solving the simultaneous sparse approximation problem[J]. *IEEE Transactions on Signal Processing*, 2007, 55(7): 3704-3716.

[89] Wipf D P, Nagarajan S. Iterative reweighted 11 and 12 methods for finding sparse solutions[J]. *IEEE Journal of Selected Topics in Signal Processing*, 2010, 4(2): 317-329.

[90] Cotter S F, Rao B D, Engan K, et al. Sparse solutions to linear inverse problems with multiple measurement vectors[J]. *IEEE Transactions on Signal Processing*, 2005, 53(7): 2477-2488.

[91] Bui H Q, La C N H, Do M N. A fast tree-based algorithm for Compressed Sensing with sparse-tree prior[J]. *Signal Processing*, 2015, 108: 628-641.

[92] Eldar Y C, Kuppinger P, Bolcskei H. Block-sparse signals: uncertainty relations and efficient recovery[J]. *IEEE Transactions on Signal Processing*, 2010, 58(6): 3042-3054.

[93] Rajamohan N, Joshi A, Kannu A P. Joint block sparse signal recovery problem and applications in LTE cell search[J]. *IEEE Transactions on Vehicular Technology*, 2016: 1-1.

[94] He S, Wang Y, Wang J, et al. Block-sparse compressed sensing with partially known signal support via non-convex minimization[J]. *IET Signal Processing*, 2016, 10(7): 717-723.

[95] 张茜,郭金库,余志勇,等.使用小波分层连通树结构的压缩信号重构[J].国防科技大学学报,2014,36(5).

[96] Baraniuk R G, Cevher V, Duarte M F, et al. Model-based compressive sensing[J]. *IEEE Transactions on information Theory*, 2010, 56(4): 1982-2001.

第3章

典型的稀疏结构及压缩感知算法

3.1 引言

第 2 章系统介绍了结构化压缩感知基本理论，包括结构化稀疏表示、结构化观测矩阵设计和结构化重构。通过对第 2 章的学习，我们了解到结构化压缩感知通过引入复杂的结构化稀疏模型，从而能够大幅度提高压缩感知理论在实际中的应用能力。在信号处理领域，根据信号模型稀疏结构的不同，结构化压缩感知可以分为块稀疏压缩感知、联合稀疏压缩感知、高斯联合稀疏张量压缩感知、群稀疏压缩感知等。本章重点介绍块稀疏压缩感知、联合稀疏压缩感知、高斯联合稀疏张量压缩感知三类典型结构化压缩感知方法。具体来说，针对这几种特殊的结构化稀疏信号模型，着重介绍信号重建方法。

由于结构化稀疏信号是稀疏信号的特殊形式，因此其重构问题完全可以用经典的压缩感知重构算法去处理。然而，如果忽略了稀疏信号的内部结构而一味地使用经典的压缩感知重构算来重构，将会极大地影响算法运行效率和重构精度。正是在这一背景下，块稀疏、联合稀疏等一系列结构化压缩感知方法被提出。块稀疏压缩感知重构算法针对块稀疏信号非零元素成块出现的特点，展现出相比传统压缩感知重构算法的优势。块稀疏压缩感知方法的常见形式有块混合范数优化算法、块正交匹配追踪算法、块匹配追踪算法、块稀疏子空间学习算法和块稀疏贝叶斯算法。联合稀疏压缩感知方法常常利用信道的稀疏特性和时间相关性进行信号重构，可进一步改善重构性能，对时变信道具有更好的适应性。联合稀疏压缩感知方法包括三种联合稀疏模型下的重构算法以及高斯联合稀疏张量压缩感知。

3.2 块稀疏压缩感知

本节重点介绍块稀疏压缩感知重构方法，包括块混合 L_2/L_1 范数优化算法、稀疏正交匹配追踪算法、块稀疏匹配追踪、块稀疏子空间学习及基于非参数贝叶斯的块稀疏重构。

3.2.1　块稀疏信号模型

随着压缩感知理论研究的深入，许多研究者开始偏向一种特殊但也常见的信号——块稀疏信号。在很多实际应用场景中，信号的非零元素常呈簇出现，符合这种结构特性的信号称为块稀疏信号，见图2.10。块稀疏信号最早出现在统计学中，当稀疏系数呈现块结构时，袁明教授在Lasso算法的基础上引入块结构特点，并将其推广为Group Lasso。随后，块稀疏模型又被用于同步稀疏逼近以及贝叶斯多层模型的多任务压缩感知和学习问题[1]。在实际应用中，块稀疏模型存在形式广泛，如DNA微阵列[2]、多带信号[3]、多重测量问题[4]及信号的频谱感知等领域。

块稀疏信号的压缩感知模型如下：

$$\boldsymbol{y} = \boldsymbol{D}\boldsymbol{x} + \boldsymbol{n} \tag{3.1}$$

其中，$\boldsymbol{y} \in \mathbf{R}^L$ 为测量信号；$\boldsymbol{D} \in \mathbf{R}^{L \times N}$ 为观测矩阵；$\boldsymbol{x} \in \mathbf{R}^N$ 是长度为 N 的块稀疏信号向量；$\boldsymbol{n}$ 是噪声向量。

我们要解决的问题是由 $\boldsymbol{y} \in \mathbf{R}^L$ 和矩阵 $\boldsymbol{D} \in \mathbf{R}^{L \times N}$ 恢复块稀疏信号向量 $\boldsymbol{x}$。根据块稀疏的性质，$\boldsymbol{x}$ 由数个级联的子块组成，假定每个块的长度相等均为 d，将信号 $\boldsymbol{x}$ 划分为 M 个子块，令 $\boldsymbol{x}[l], l \in \{1,2,\cdots,M\}$ 表示信号 $\boldsymbol{x}$ 的第 l 个子块，即

$$\boldsymbol{x} = [\underbrace{x_1 \cdots x_d}_{\boldsymbol{x}^{\mathrm{T}}[1]} \underbrace{x_{d+1} \cdots x_{2d}}_{\boldsymbol{x}^{\mathrm{T}}[2]} \cdots \underbrace{x_{N-d-1} \cdots x_N}_{\boldsymbol{x}^{\mathrm{T}}[M]}] \tag{3.2}$$

由上式可知，信号 $\boldsymbol{x}$ 总长度 $N = Md$。当 $d=1$ 时，块稀疏信号退化为传统的稀疏信号。类似于传统CS中对信号稀疏度的定义，块稀疏度指的是块稀疏信号中非零块的个数，通常用 $\mathrm{L}_{2,0}$ 范数表示信号 $\boldsymbol{x}$ 的块稀疏度，描述如下：

$$\|\boldsymbol{x}\|_{2,0} = \sum_{l=1}^{M} I(\|\boldsymbol{x}[l]\|_2) \tag{3.3}$$

$$I(\|\boldsymbol{x}[l]\|_2) = \begin{cases} 1, & \|\boldsymbol{x}[l]\|_2 > 0 \\ 0, & \text{其他} \end{cases} \tag{3.4}$$

其中 $I(\cdot)$ 表示计数函数，定义如式(3.4)。

假设信号 $\boldsymbol{x} \in \mathbf{R}^N$ 为 K-块稀疏信号，则 $\|\boldsymbol{x}\|_{2,0} = K$。值得注意的是，一个 K-块稀疏信号的实际稀疏度为 Kd，其中 d 为一个块的长度。类似式(3.2)中信号向量 $\boldsymbol{x}$ 的定义，可以把观测矩阵 $\boldsymbol{D}$ 表示为 M 个级联的列块 $\boldsymbol{D}[l] \in \mathbf{R}^{L \times d}, l = \{1,2,\cdots,M\}$，且观测矩阵 $\boldsymbol{D}$ 需要满足Block-RIP条件：

$$\boldsymbol{D} = [\underbrace{d_1 \cdots d_d}_{\boldsymbol{D}[1]} \underbrace{d_{d+1} \cdots d_{2d}}_{\boldsymbol{D}[2]} \cdots \underbrace{d_{N-d+1} \cdots d_N}_{\boldsymbol{D}[M]}] \tag{3.5}$$

利用式(3.5)，式(3.1)可改写为

$$\boldsymbol{y} = \boldsymbol{D}\boldsymbol{x} + \boldsymbol{n} = [\underbrace{d_1 \cdots d_d}_{\boldsymbol{D}[1]} \cdots \underbrace{d_{N-d+1} \cdots d_N}_{\boldsymbol{D}[M]}] \cdot [\underbrace{x_1 \cdots x_d}_{\boldsymbol{x}^{\mathrm{T}}[1]} \cdots \underbrace{x_{N-d+1} \cdots x_N}_{\boldsymbol{x}^{\mathrm{T}}[M]}]^{\mathrm{T}} + \boldsymbol{n} \tag{3.6}$$

块稀疏信号的压缩测量过程如图3.1所示[5]。

块稀疏重建算法要处理的问题就是在测量值 $\boldsymbol{y}$ 和字典 $\boldsymbol{D}$ 已知的情况下，求解信号的最稀疏表示向量 $\hat{\boldsymbol{x}}$，即

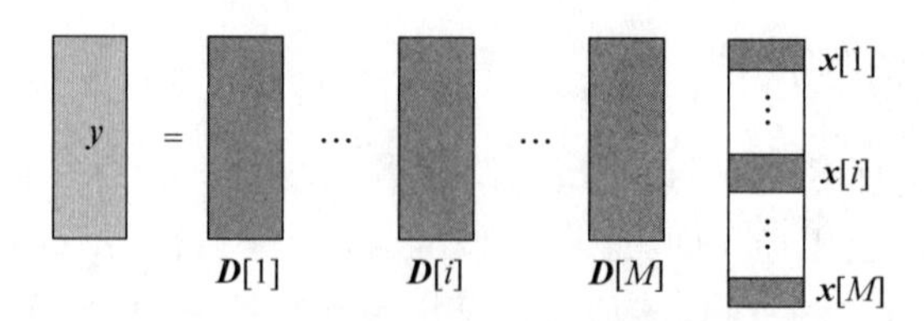

图 3.1 块稀疏信号的压缩测量示意图

$$\hat{\boldsymbol{x}} = \arg\min_{\boldsymbol{x} \in \mathbf{R}^{N \times 1}} \| \boldsymbol{y} - \boldsymbol{D}\boldsymbol{x} \|_2^2 \text{ s.t. } \| \boldsymbol{x} \|_1 \leqslant K \tag{3.7}$$

3.2.2 块混合范数优化算法

在传统 CS 重建算法基础上,以 Eldar 等人为代表的研究者们充分利用上述块稀疏结构,提出了基于块稀疏模型的重建算法,进一步降低压缩感知的数据采样频率,提高数据重构效率。下面我们分别介绍凸优化类的 L_p 范数最小化、贪婪类的 MP 算法、OMP 算法及子空间学习(SSL)算法在块稀疏模型下的扩展算法。

利用块稀疏信号的结构特性,Eldar 等人成功利用凸优化的思路提出了一种基于混合范数的重建算法,称为 L_2/L_1 块混合范数优化重建算法。该算法的核心思路是找到符合约束条件的使各块 $\boldsymbol{x}[l](l=1,2,\cdots,M)$能量之和最小的信号向量 $\boldsymbol{x}$。为叙述方便,我们首先给出索引集 $\Delta=\{1,2,\cdots,M\}$上 L_p/L_q 块混合范数的定义

$$\| \boldsymbol{x} \|_{p,q} = \left(\sum_{l=1}^{M} \| \boldsymbol{x}[l] \|_p^q \right)^{1/q} \tag{3.8}$$

那么 L_2/L_1 块混合范数对应为

$$\| \boldsymbol{x} \|_{2,1} = \sum_{l=1}^{M} \| \boldsymbol{x}[l] \|_2^1 \tag{3.9}$$

则目标解决的问题(不考虑噪声影响)可表达为

$$\min \| \boldsymbol{x} \|_{2,1} \quad \text{s.t.} \quad \boldsymbol{y} = \boldsymbol{D}\boldsymbol{x} \tag{3.10}$$

在第 2 章的压缩感知基本理论介绍中提到,要想达到信号的精确重建,观测矩阵必须满足 RIP 性质。在块稀疏信号中,测量矩阵同样必须满足相应的块受限等距性(块 RIP)。根据该性质,若存在一个常数 $\delta_{k|\Delta}$,使得每一个 K-块稀疏信号向量 $\boldsymbol{x} \in \mathbf{R}^N$ 均满足:

$$1 - \delta_{K|\Delta} \leqslant \frac{\| \boldsymbol{D}\boldsymbol{x} \|_2^2}{\| \boldsymbol{x} \|_2^2} \leqslant 1 + \delta_{K|\Delta} \tag{3.11}$$

则称矩阵 $\boldsymbol{D}$ 满足块 RIP 性质。

Eldar 等人证明,如果矩阵 $\boldsymbol{D}$ 有足够小的块受限等距常量,则混合范数方法能够保证任何块稀疏信号得以重构,不论其非零块的位置。他们还证明了一些随机矩阵以极高概率满足块 RIP 性质,且足以高过满足标准 RIP 的概率。实际上,块 RIP 性质比标准 RIP 性质的要求低很多,即满足标准 RIP 性质的矩阵一定满足块 RIP 性质,但反之不然。由上述描述可知,针对块稀疏信号的混合范数最优化算法需要知道块稀疏信号块划分的具体信息。

3.2.3 块正交匹配追踪算法

基于贪婪类的 OMP 算法,Eldar 等人在块稀疏理论框架下又提出了 BOMP 算法。与

传统的匹配类算法不同，BOMP 算法在完备字典中选择与残差 $\boldsymbol{r}$ 最相关匹配原子的准则变为

$$\lambda_k = \underset{i=1,2,\cdots,M}{\arg\max} \left| \langle \boldsymbol{r}_{k-1}, \boldsymbol{D}[i] \rangle \right| \tag{3.12}$$

其中〈·〉表示求内积。

BOMP 算法的基本步骤如表 3.1 所示。

表 3.1 BOMP 算法步骤

输入：观测矩阵 $\boldsymbol{D} \in \mathbf{R}^{L \times N}$，测量值向量 $\boldsymbol{y} \in \mathbf{R}^{L}$，分块数 M，块稀疏度 K；
初始化：残差 $\boldsymbol{r}_0 = \boldsymbol{y}$；索引集 $\Lambda_0 = \varnothing$，迭代次数 $k=1$，原子集 $\boldsymbol{\Phi} = \varnothing$，观测矩阵的分块结构 $\boldsymbol{D} = (\boldsymbol{D}[1], \boldsymbol{D}[2], \cdots, \boldsymbol{D}[M])$；
主迭代过程： 步骤 1，找到观测矩阵 $\boldsymbol{D}$ 的某块 $\boldsymbol{D}[i]$，该原子块与残差 $\boldsymbol{r}$ 的内积最大，记录对应的索引值，如式(3.12)所示； 步骤 2，更新索引集 $\Lambda_k = \Lambda_{k-1} \cup \{\lambda_k\}$，记录找到的观测矩阵中的原子块集合 $\boldsymbol{\Phi}_k = [\boldsymbol{\Phi}_{k-1}, \boldsymbol{D}[\lambda_k]]$； 步骤 3，用最小二乘法更新逼近信号 $\hat{\boldsymbol{x}}_k$： $\hat{\boldsymbol{x}}_k = \arg\min \Vert \boldsymbol{y} - \boldsymbol{\Phi}_k \hat{\boldsymbol{x}} \Vert_2$ 步骤 4，更新残差 $\boldsymbol{r}_k$，令 $k=k+1$； $\boldsymbol{r}_k = \boldsymbol{y} - \boldsymbol{\Phi}_k \hat{\boldsymbol{x}}_k$ 步骤 5，当迭代终止条件(残差收敛情况或者迭代次数)不满足，回到步骤 1，继续下一次迭代；否则迭代终止。
输出：原信号的逼近值 $\hat{\boldsymbol{x}}$。

BOMP 算法继承了 OMP 算法通过施密特正交化操作保证更新的残差与所有已选原子块正交的优点，有效保证了迭代性能的优越性和算法的低复杂度，大幅度减少了算法收敛所需的迭代次数。

和混合范数最优化算法一样，BOMP 算法也需要知道块稀疏信号的块划分信息，而且和 OMP 一样，BOMP 需要知道信号的块稀疏度。

3.2.4 块匹配追踪算法

BMP 算法对应于 BOMP 算法的一种特殊情况，即矩阵 $\boldsymbol{D}$ 各块 $\boldsymbol{D}[l](l=1,2,\cdots,M)$ 中的列满足相互正交的特性(不同块间的列不需满足相互正交)时，可以用 BMP 算法恢复信号，BMP 也需要同时知道块稀疏信号的块划分信息和信号的块稀疏度，BMP 算法的具体步骤如表 3.2 所示。

表 3.2 BMP 算法步骤

输入：观测矩阵 $\boldsymbol{D}$，测量值向量 $\boldsymbol{y}$，分块数 M，块稀疏度 K；
初始化：残差 $\boldsymbol{r}_0 = \boldsymbol{y}$，索引集 $\Lambda_0 = \varnothing$，迭代次数 $k=1$，观测矩阵的分块结构 $\boldsymbol{D} = (\boldsymbol{D}[1], \boldsymbol{D}[2], \cdots, \boldsymbol{D}[M])$；

续表

主迭代过程：
步骤 1，找到观测矩阵 $\boldsymbol{D}$ 的某块 $\boldsymbol{D}[i]$，该原子块与残差 $\boldsymbol{r}$ 内积最大，记录索引值 λ，如式(3.12)所示； 步骤 2，更新索引集 $\Lambda_k=\Lambda_{k-1}\cup\{\lambda_k\}$； 步骤 3，更新残差，如式(3.1)所示，令 $k=k+1$； 步骤 4，判断是否满足 $k>K$，若满足，则停止迭代；若不满足，则返回步骤 1。
输出：原信号的估计值 $\hat{\boldsymbol{x}}$。

BMP 算法初始化残差 $\boldsymbol{r}_0=\boldsymbol{y}$，且在第 k 次迭代时，同样基于式(3.12)选择与残差 $\boldsymbol{r}_k$ 最相关匹配的原子。但在残差更新这一步，BMP 算法不再需要在已选择集合上利用最小二乘法更新残差，而是能直接更新残差 $\boldsymbol{r}_k$ 为

$$\boldsymbol{r}_k=\boldsymbol{r}_{k-1}-\boldsymbol{D}[\Lambda_k]\boldsymbol{D}^{\dagger}[\Lambda_k]\boldsymbol{r}_{k-1} \tag{3.13}$$

由表 3.2 可以看出，由于没有进行原子块的正交化处理，BMP 算法每次迭代选出的原子块与前面已选出的原子块非正交，可能会导致重复选择相同原子块的结果，使得算法需要很多次迭代才能达到收敛，算法复杂且信号重建性能低下。所以，当矩阵 $\boldsymbol{D}$ 不满足正交条件时，之前介绍的 BOMP 算法是更加适合的选择。

从以上块稀疏的分析和几种现有基于块稀疏结构信号的重建算法简介可总结得到，基于块稀疏结构的信号重建，能够以更低的要求满足精确重建所需满足的条件。但它们均需要知道块稀疏的块划分信息。对于贪婪类算法，和普通重建算法类似，还需要额外已知信号的块稀疏度。不过，现有几种重建算法并没有挖掘块稀疏结构更深入的特性。由此引发了众多学者在此基础上提出新的算法。

3.2.5 块稀疏子空间学习算法

下面以视频数据为例，介绍 BSSL 框架来获得块稀疏表示用于压缩视频采样。首先，通过消除子空间的交集，利用结构化稀疏来优化块稀疏表示。在子空间学习中，采用求解基于块相关性约束最小化问题的方法来共同最小化子空间并联合各子空间基矩阵之间的近似误差和相关性。训练得到的子空间之间相互正交使得稀疏表示可被进一步压缩，对应于相应子空间的基。证明通过该框架可渐进得到最优近似解，其等价于拟阵约束下的投影最大化问题；证明 BSSL 方法在块 RIP 条件下的稳定重构可得到保证。该方法能够有效克服数据驱动子空间联合模型(Union of Data-Driven Subspace，UoDS)由于子空间关联无法获得块稀疏的问题，通过优化视频信号局部几何结构指示的结构化稀疏型改进 UoDS 模型。

进一步地，BSSL 框架可以进一步扩展到基于 Kronecker 积框架的泛化块稀疏子空间学习(Generalized Block Sparse Subspace Learning，GBSSL)，并将其应用到压缩张量采样中。通过在各个张量模式下训练得到的多线性基上整合块稀疏表示优化基于张量的表示。实验结果表明，该框架用于压缩视频采样可获得更高的稳定性和效率。

传统压缩感知由于多维信号向量化的表示无法精确捕获内在的结构。尽管基于张量的各种压缩感知方法可以保持多维信号内在的各种结构，然而其基于单子空间模型的假设导致其采样效率和性能受到限制约束。为此，文献[6]提出了 UoDS 模型，利用块稀疏性去获得自适应和非局部的基并用在压缩视频采样中。UoDS 模型假定联合中的子空间之间相互独立，块稀疏表示的紧凑性会受到联合中各子空间相互独立假设下字典训练的影响[7]，然

而现实中许多处在不同子空间的采样信号集合往往存在交集。这一事实意味着子空间将由基中共同的几个原子张成，因此块稀疏结构会被掩盖使得重构性能降低。有些场景稀疏向量的非零系数遍布在所有基上。因此，本节介绍块稀疏子空间学习以消除子空间的交集，同时保持子空间联合的基之间的不相关性。紧凑的块稀疏表示可以通过求解最小化块相关问题来获得。此外，针对泛化的压缩张量采样，可采用泛化的数据驱动张量子空间联合模型，在张量表示中进入了结构化稀疏并给出了块稀疏条件下的取得最优解的条件。另外，有关张量的基本概念将在3.8节单独介绍，本节不做详细介绍。

设训练集为$\mathcal{X}$，给定t个聚类簇$\boldsymbol{G}=[\boldsymbol{G}_1,\boldsymbol{G}_2,\cdots,\boldsymbol{G}_t]$，利用文献[6]中的UoDS模型，可以生成一个包含r个基向量的基矩阵$\boldsymbol{\Psi}^*=[\boldsymbol{\Psi}_1^*,\boldsymbol{\Psi}_2^*,\cdots,\boldsymbol{\Psi}_t^*]\in\mathbf{R}^{n\times r}$，其中$r=\sum_{i=1}^{t}d_i>n$，聚类簇$\boldsymbol{G}_i$被认为包含相似的信号，其对应的子空间由$\boldsymbol{\Psi}_i^*$张成。因此，本节介绍BSSL方法，以进一步优化结构化稀疏性下的训练和表示。为了抑制簇的交集并保证稀疏表示中的块稀疏性，将每个簇的块相关性最小化，其最优基矩阵$\boldsymbol{D}=[\boldsymbol{D}_1,\boldsymbol{D}_2,\cdots,\boldsymbol{D}_t]$的求解可描述为下面的优化问题：

$$\boldsymbol{D}=\underset{\boldsymbol{\Psi}_i^*,C_i}{\arg\min}\left\{\sum_{i=1}^{t}\|\boldsymbol{G}_i-\boldsymbol{\Psi}_i^*\boldsymbol{C}_i\|_2^2+\lambda\sum_{i=1}^{t}\sum_{j=1}^{p_i}\|\boldsymbol{c}_i^j\|_1+\xi\sum_{i\neq j}\Omega(\boldsymbol{\Psi}_i^*,\boldsymbol{\Psi}_j^*)\right\}\tag{3.14}$$

其中$\boldsymbol{C}_i=[\boldsymbol{c}_i^1,\boldsymbol{c}_i^2,\cdots,\boldsymbol{c}_i^{p_i}]\in\mathbf{R}^{d_i\times p_i}$为第$i$个簇的稀疏表示，其列向量$\boldsymbol{c}_i^j$对应于采样信号$\boldsymbol{x}_i^j$，$i\in[1,t]$，$j\in[1,p_i]$；块相关系数$\Omega(\boldsymbol{\Psi}_i^*,\boldsymbol{\Psi}_j^*)=\|(\boldsymbol{\Psi}_i^*)^{\mathrm{T}}\boldsymbol{\Psi}_j^*\|_{\mathrm{F}}^2$；用于平衡重构误差的参数$\lambda$及$\xi$分别表示稀疏度以及块相关性惩罚系数。

由于块相关性惩罚项与td_i^2成正比，因此ξ自适应调整，初始值为ξ^0。在式(3.14)中，第一项基于对应的基$\boldsymbol{D}_i$，对第i个簇进行最小化重构误差，而第二项和第三项分别通过约束$\boldsymbol{C}_i$的稀疏性以及子空间之间的块相关性来优化稀疏表示。应该注意的是，$\boldsymbol{C}_i$的非零系数将被合并为块，因为子空间之间的交集被不相关的基所消除。

式(3.14)是凸问题，可以通过交替执行稀疏编码和基更新来解决。在每次迭代中，固定基$\boldsymbol{\Psi}_i^*$不变，稀疏表示$\boldsymbol{C}_i=[\boldsymbol{c}_i^1,\boldsymbol{c}_i^2,\cdots,\boldsymbol{c}_i^{p_i}]$通过对第$i$个类簇(该类簇包含了$p_i$个数据点)$\boldsymbol{G}_i=[\boldsymbol{x}_i^1,\boldsymbol{x}_i^2,\cdots,\boldsymbol{x}_i^{p_i}]$的稀疏编码得到，并且可描述为如下优化问题：

$$\boldsymbol{c}_i^j=\underset{\{c_i^j\}_{j=1,2,\cdots,p_i}}{\arg\min}\sum_{j=1}^{p_i}\|\boldsymbol{x}_i^j-\boldsymbol{\Psi}_i^*\boldsymbol{c}_i^j\|_2^2+\lambda\|\boldsymbol{c}_i^j\|_1\tag{3.15}$$

随后，根据得到的$\boldsymbol{c}_i^j$，对第i个类簇进行基的更新学习，学习过程所对应的优化问题如下：

$$\boldsymbol{D}_i=\underset{\boldsymbol{\Psi}_i^*}{\arg\min}\sum_{j=1}^{p_i}\|\boldsymbol{x}_i^j-\boldsymbol{\Psi}_i^*\boldsymbol{c}_i^j\|_2^2+\lambda\|\boldsymbol{c}_i^j\|_1+\xi\sum_{j\neq i}\Omega(\boldsymbol{\Psi}_i^*,\boldsymbol{\Psi}_j^*)\tag{3.16}$$

因此，每个聚类簇都被独立地优化以产生子空间联合基矩阵$\boldsymbol{D}=[\boldsymbol{D}_1,\boldsymbol{D}_2,\cdots,\boldsymbol{D}_t]$。

BSSL可以显著降低块的相关性，从而促进块稀疏性，如图3.2所示(子空间数量为50并且每个子空间由10个基向量组成)，其中BC表示块稀疏系数(Block coherence)，该图表明通过BSSL算法各个子空间与其余子空间的最大和最小块相关性被抑制。图3.3列出了由UoDS和BSSL得到的相应基，其中通过BSSL优化得到的基的行是可区分的。这一事实意味着 BSSL 中的块相关性最小化消除了子空间的交集。此外，图 3.4 提供了两个例子来显示所提出的方法的有效性。由 BSSL 得到的重构表示向量的稀疏性是紧凑的，进而得到精确重构，而 UoDS 的非零系数遍布在多个子空间中。

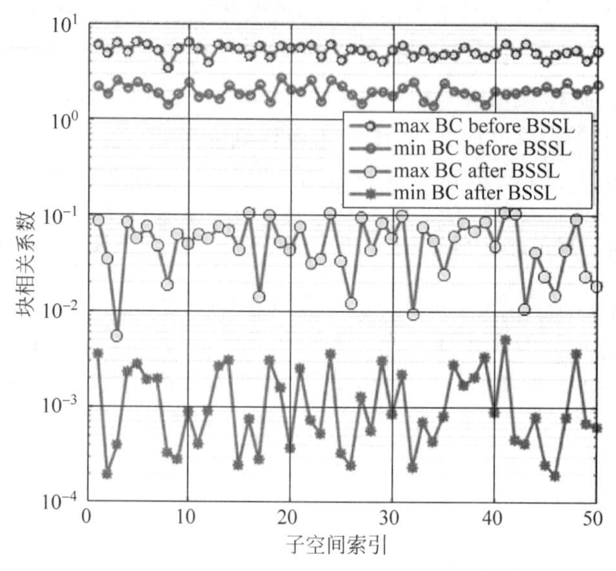

图 3.2　在 Akiyo 序列上，利用 UoDS 和 BSSL 得到的块相关性比较

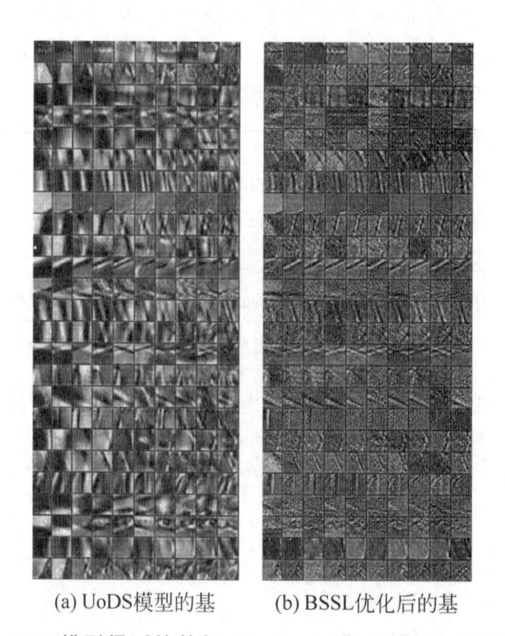

图 3.3　UoDS 模型得到的基与经过 BSSL 得到的优化后的基的比较

定义 3.1（拟阵）　$\mathcal{M}=(\mathcal{G},\mathcal{T})$是一个二元组，其中$\mathcal{G}$为有限集，$\mathcal{T}$为由$\mathcal{G}$的子集构成的集族，若对任意的子集$\mathcal{X},\mathcal{X}'\subset\mathcal{G}$，满足如下条件：

（1）遗传性：如果$\mathcal{X}\in\mathcal{T}$，$\mathcal{X}\subset\mathcal{X}'$，那么$\mathcal{X}'\in\mathcal{T}$；

（2）增广性：如果$\mathcal{X},\mathcal{X}'\in\mathcal{T}$，基数$|\mathcal{X}'|<|\mathcal{X}|$，则存在元素$X\in\mathcal{X}\setminus\mathcal{X}'$，使得$\mathcal{X}'\cup\{X\}\in\mathcal{T}$，则称这个二元组$\mathcal{M}=(\mathcal{G},\mathcal{T})$为一个拟阵。

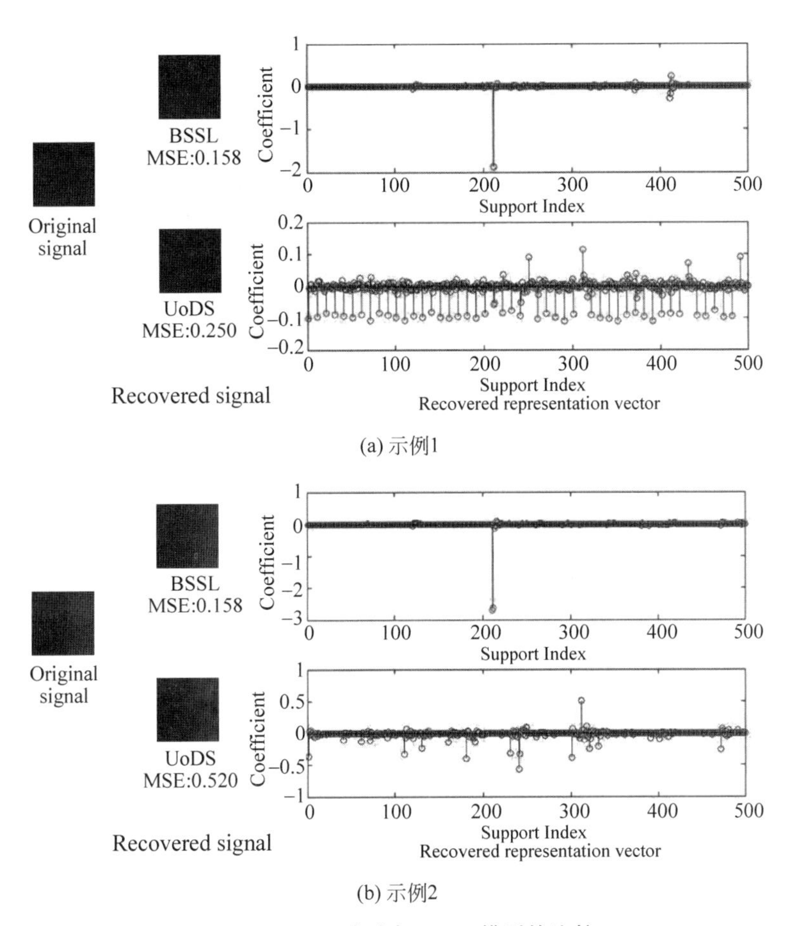

(a) 示例1

(b) 示例2

图 3.4　BSSL 方法与 UoDS 模型的比较

定理 3.1　当$\mathcal{M}=(\mathcal{G},\mathcal{T})$是一个拟阵，并且对于 $i,j\in\mathcal{I}$，$\Omega(\boldsymbol{\Psi}_i^*,\boldsymbol{\Psi}_j^*)=0$ 时，BSSL 的局部最优解可以通过块正交匹配追踪(B-OMP)算法求解得到。

证明： 如果令$\boldsymbol{\Psi}_i^*=\{\boldsymbol{\Psi}_1,\boldsymbol{\Psi}_2,\cdots,\boldsymbol{\Psi}_K\}$为一个子集，感兴趣信号为 $\boldsymbol{x}\in\mathcal{G}$，那么根据希尔伯特投影定理和勾股定理可得[8]，

$$\| p_{\boldsymbol{x}}(\varepsilon)\|^2=\sum_{i=1}^{K}\langle \boldsymbol{x},\boldsymbol{\psi}_i\rangle^2 \tag{3.17}$$

因为 B-OMP 算法选择在$\mathcal{G}$中的所有向量上的 K 个最大的投影，因此最优解的求解等价于 B-OMP 求解。

定理 3.1 为保证 BSSL 模型的最优性提供了理想条件。但是，这在实践中是不可行的。因此，块相关性最小化通过式(3.14)迭代执行，以优化每个子空间的基，得到紧凑的块稀疏表示。根据定理 3.1，可以得到一个近似最优解，及近似误差的上界。

定理 3.2　BSSL 问题可以得到一个$(1-(1-\sin^2\phi/K)^K)$-近似最优解：

$$f(T_K)\geqslant\left(1-\left(1-\frac{\sin^2\phi}{K}\right)^K\right)f(\mathrm{OPT}) \tag{3.18}$$

将对给定的 $X\in S_i$，在正确的块上对基进行优化，如果构成 $\boldsymbol{D}=[\boldsymbol{D}_1,\boldsymbol{D}_2,\cdots,\boldsymbol{D}_t]$的基中的原子满足

$$\max_{d} \| \boldsymbol{D}_i^{\dagger} \boldsymbol{d} \|_1 < 1 \tag{3.19}$$

其中 $\boldsymbol{D}_i^{\dagger}$ 为 $\boldsymbol{D}_i, i=1,2,\cdots,t$ 的 Moore-Penrose 伪逆，$\boldsymbol{d}$ 表示 $\boldsymbol{D}_j$ 中的原子且 $j \neq i$，ϕ 为子空间与它们在 U^* 中的补之间最小的主角，$f: 2^{\mathcal{X}} \to \mathbf{R}$ 为定义在$\mathcal{X}$幂集上的函数。

根据定理 3.2，可以得到以 $(1-(1-\sin^2\phi/K)^K)$ 和最优解 $f(\mathrm{OPT})$ 来界定的解 $f(T_K)\left(其中\frac{1}{2}<1-(1-\sin^2\phi/K)^K<1)\right)$。这一事实意味着，即使子空间不相互正交，也可以得到接近最优的解。

在优化的基矩阵 $\boldsymbol{D}$ 上获得紧凑块稀疏后，可采用凸优化算法得到有效的精确重构。下面的定理证明了常数 $\delta_{2k}<\sqrt{2}-1$，传感矩阵 $\boldsymbol{A}^*=\boldsymbol{\Phi D}$ 满足块 RIP 条件时，存在唯一的块稀疏向量 $\boldsymbol{c}$。

定理 3.3 当常数 $\delta_{2k}<\sqrt{2}-1$ 时，$\boldsymbol{A}^*$ 满足块 RIP 条件，那么最小化问题

$$\min_{\boldsymbol{c}^*} \| \boldsymbol{c}^* \|_{2,\mathcal{I}} \quad \text{s.t.} \quad \boldsymbol{y}=\boldsymbol{A}^*\boldsymbol{c}^* \tag{3.20}$$

中的向量 $\boldsymbol{c}^*$ 可以按照凸二阶锥规划获得[9]，其中$\mathcal{I}$表示组块的索引集。

定理 3.3 意味着只要 δ_{2k} 足够小，问题(3.20)的唯一解存在。与标准的 CS 相比，SOCP 求解可明确地和简单地保证 $\boldsymbol{c}$ 的块稀疏性。在实践中，我们通过组基追踪(Group BP)算法求解式(3.20)，获得块稀疏向量 $\boldsymbol{c}^*$[10]。BSSL 算法如表 3.3 所示。

表 3.3 基于 BSSL 方法的压缩视频采样算法

输入：训练集$\mathcal{X}$，采样测量值 $\boldsymbol{y}^*$
初始化：参数 λ,ξ^0 重构： 步骤 1，对训练集$\mathcal{X}$聚类成 t 个簇 $\boldsymbol{G}_1,\boldsymbol{G}_2,\cdots,\boldsymbol{G}_t$； 步骤 2，获得各个簇 $\boldsymbol{G}_1,\boldsymbol{G}_2,\cdots,\boldsymbol{G}_t$ 对应的基矩阵$\boldsymbol{\Psi}^*=[\boldsymbol{\Psi}_1^*,\boldsymbol{\Psi}_2^*,\cdots,\boldsymbol{\Psi}_t^*]$； 步骤 3，For 簇数 $j=1$ 到 t Do 根据式(3.2)得到 $\boldsymbol{C}_j$； 根据式(3.3)得到 $\boldsymbol{D}_j$； 直至收敛 End For 步骤 4，级联各个子字典 $\boldsymbol{D}_j$ 构成字典 $\boldsymbol{D}=[\boldsymbol{D}_1,\boldsymbol{D}_2,\cdots,\boldsymbol{D}_t]$； 步骤 5，根据式(3.20)和采样测量值 $\boldsymbol{y}$，重构块稀疏向量 $\boldsymbol{c}^*$，进而重构信号 $\hat{\boldsymbol{x}}=\boldsymbol{D}\boldsymbol{c}^*$。
输出：重构的视频图像块 $\hat{\boldsymbol{x}}$。

下面将 BSSL 算法拓展到张量数据处理中。类似地，通过在张量训练集$\boldsymbol{\mathcal{X}}$上进行子空间聚类，得到 t 个簇，那么数据驱动的张量子空间联合$\boldsymbol{\mathcal{U}}^*=\bigcup_i \boldsymbol{\mathcal{S}}_i$的基可以表示为$\boldsymbol{\Psi}^{(n)}=[\boldsymbol{\Psi}_1^{(n)},\boldsymbol{\Psi}_2^{(n)},\cdots,\boldsymbol{\Psi}_t^{(n)}]\in\mathbf{R}^{I_n\times r_n}$，其中对于第 n 模式，$r=\sum_{i=1}^{t}P_i>I_n$，并且每个簇 $\boldsymbol{G}_i$ 中包含了相似的张量数据，这些张量数据处在同一个张量子空间$\boldsymbol{\mathcal{S}}_i$中，该子空间由基$\boldsymbol{\Psi}_i^{(1)}\otimes\boldsymbol{\Psi}_i^{(2)}\otimes\cdots\otimes\boldsymbol{\Psi}_i^{(N)}$张成。在此基础上，利用泛化的块稀疏子空间学习进一步训练，优化结构

化稀疏的张量表示。在第 n 模式中，对每个簇进行块相关性最小化约束来抑制簇间相交对训练的不利影响，进而保证在张量表示下的块稀疏性，其描述如下：

$$\boldsymbol{D}^{(n)}=\underset{\boldsymbol{\Psi}_i^{(n)},\boldsymbol{\Theta}_{(n),i}}{\arg\min}\sum_{i=1}^{t}\|\boldsymbol{G}_i-\boldsymbol{\Psi}_i^{(n)}\boldsymbol{\Theta}_{(n),i}\|_2^2+\lambda\sum_{i=1}^{t}\sum_{j=1}^{p_i}\|\boldsymbol{\theta}_i^j\|_1+\xi\sum_{j\neq i}\Omega(\boldsymbol{\Psi}_i^{(n)},\boldsymbol{\Psi}_j^{(n)}) \tag{3.21}$$

其中$\boldsymbol{\Theta}_{(n),i}=[\boldsymbol{\theta}_i^1,\boldsymbol{\theta}_i^2,\cdots,\boldsymbol{\theta}_i^{p_i}]\in\mathbf{R}^{P_i\times p_i}$ 表示第 i 个簇类，第 $\boldsymbol{n}$ 模式列向量$\boldsymbol{\theta}_i^j$ 对应于张量$\boldsymbol{\mathcal{X}}_i^j$，$i\in[1,t]$，$j\in[1,p_i]$。

类似于 BSSL，用于在各个模式下平衡恢复误差的参量 λ 以及 ξ 分别表示稀疏性和块相关性的惩罚系数，块相关性判别项与 tP_i^2 成比例，ξ 由初始值 ξ^0 进行动态的调节。在式(3.21)中，第一项对第 i 个簇以及相应第 n 模式下的基 $\boldsymbol{D}_i^{(n)}$ 进行重构误差最小化。同时，第二项和第三项分别用于优化约束块稀疏表示$\boldsymbol{\Theta}_{(n),i}$ 和张量子空间之间的块相关性。需要指出的是，当张量子空间之间的交集被去除时，在非相关基下的表示$\boldsymbol{\Theta}_{(n),i}$ 中的非零系数会被合并为块。同样地，类似于 BSSL，式(3.21)的解可以在各个模式下，通过利用交替的稀疏编码和基更新过程来解决。在每个迭代过程中，在给定的基$\boldsymbol{\Psi}_i^{(n)}$ 下，$\boldsymbol{\Theta}_{(n),i}=[\boldsymbol{\theta}_i^1,\boldsymbol{\theta}_i^2,\cdots,\boldsymbol{\theta}_i^{p_i}]$可以通过在第 i 个簇类 $\boldsymbol{G}_i=[\boldsymbol{\mathcal{X}}_i^1,\boldsymbol{\mathcal{X}}_i^2,\cdots,\boldsymbol{\mathcal{X}}_i^{p_i}]$中进行稀疏编码得到，其中 $\boldsymbol{G}_i$ 包含了 p_i 个张量数据，其稀疏编码求解问题如下：

$$\boldsymbol{\theta}_i^j=\underset{\{\theta_i^j\}_{j=1,2,\cdots,p_i}}{\arg\min}\sum_{j=1}^{p_i}\|\boldsymbol{\mathcal{X}}_i^j-\boldsymbol{\Psi}_i^{(n)}\boldsymbol{\theta}_i^j\|_2^2+\lambda\|\boldsymbol{\theta}_i^j\|_1 \tag{3.22}$$

紧接着，利用式(3.22)得到的$\boldsymbol{\theta}_i^j$，可以对第 i 个簇类进行基矩阵的更新，更新方式可描述为下面的优化问题：

$$\boldsymbol{D}_i^{(n)}=\underset{\boldsymbol{\Psi}_i^{(n)}}{\arg\min}\sum_{i=1}^{p_i}\|\boldsymbol{\mathcal{X}}_i^j-\boldsymbol{\Psi}_i^{(n)}\boldsymbol{\Theta}_{(n),i}\|_2^2+\lambda\|\boldsymbol{\theta}_i^j\|_1+\xi\sum_{j\neq i}\Omega(\boldsymbol{\Psi}_i^{(n)},\boldsymbol{\Psi}_j^{(n)}) \tag{3.23}$$

至此，就实现了对每个聚类簇独立地进行优化得到的基 $\boldsymbol{D}^{(n)}=[\boldsymbol{D}_1^{(n)},\boldsymbol{D}_2^{(n)},\cdots,\boldsymbol{D}_t^{(n)}]$，并将之用于对张量子空间联合模型的基的优化。

3.2.6　块稀疏非参数贝叶斯估计

近年来，对于具有块状结构的稀疏信号的恢复，前面已经介绍了 BOMP、BMP、BSSL 等经典算法。但是，这些算法都需要分块的相关信息才能准确地恢复块稀疏信号。另外的恢复算法，例如 Struct-OMP[11]，虽然不需要分块信息但是需要已知其他的一些先验信息，如稀疏信号中非零元素的个数。在压缩感知的环境下，如果分块的相关信息未知，那么要想从测量值中精确地恢复原始信号非常困难。在实际应用中，信号模型的很多参数难以预知，所以对于块结构稀疏恢复问题，无参数的算法非常有用。但是到目前为止，可以精确地恢复块稀疏信号的这类无参数的算法还是寥寥无几。最近，CluSS-MCMC[12] 以及 BM-MAP-OMP[13]算法被提出，这些算法可以用非常少的先验信息来精确地恢复块稀疏信号。

在经典的随机贝叶斯方法中，常常会通过图模型(GM[14])以及隐变量来描述测量值与模型参数之间的联合概率分布(或相关性)。这种不仅采用了图模型而且引入了隐变量的贝叶斯方法称为隐变量分析(LVA[15])。并且，无参数的贝叶斯估计器也可由隐变量分析得到。另外,稀疏系数的结构约束可以采用图模型的方式引入隐变量分析的理论框架里[16-18]。例如,基于图模型的聚集结构稀疏恢复算法(LaMP 算法[18]),这种算法是在迭代的过程中由隐变量进行约束匹配,并且由图切割(Graph Cut)来优化它的约束准则,所以 LaMP 算法并不算是真正意义上的贝叶斯方法。更重要的是,对于病态线性逆问题来说,可由贝叶斯方法得到我们想要的非参数算法[18-19]。

本节为了叙述的连贯性和系统性,首先简单介绍贝叶斯压缩感知理论;然后用贝叶斯框架给出块稀疏信号的先验模型;最后对于基于 MCMC 采样的块稀疏信号贝叶斯恢复算法进行详细介绍。

1. 贝叶斯压缩感知

已知信号 $\boldsymbol{x}$ 是 N 维可压缩的,并且它的稀疏表达基为$\boldsymbol{\Psi} \in \mathbf{R}^{M\times N}$,也就是 $\boldsymbol{x}=\boldsymbol{\Psi s}$。假设 $\boldsymbol{s}_{\mathrm{s}}$ 代表一个具有 M 个非零值的 N 维向量,其非零值与 $\boldsymbol{s}$ 中的 M 个幅值最大的元素相同;假设 s_{e} 代表一个具有 $N-M$ 个非零值的 N 维向量,其零值与 $\boldsymbol{s}$ 中的 $N-M$ 个幅值最小的元素相同。所以,可得到 $\boldsymbol{s}=\boldsymbol{s}_{\mathrm{s}}+\boldsymbol{s}_{\mathrm{e}}$,并且:

$$\boldsymbol{y}=\boldsymbol{\Theta s}=\boldsymbol{\Theta s}_{\mathrm{s}}+\boldsymbol{\Theta s}_{\mathrm{e}}=\boldsymbol{\Theta s}_{\mathrm{s}}+\boldsymbol{n}_{\mathrm{e}}$$

其中$\boldsymbol{\Theta}=\boldsymbol{A\Psi}$ 为符合 RIP 条件的感知矩阵,$\boldsymbol{n}_{\mathrm{e}}$ 可以看作一个零均值高斯噪声向量。

在实际中,测量值也有可能被噪声污染,所以我们也用一个零均值高斯分布 $\boldsymbol{n}_{\mathrm{m}}$ 来表示测量噪声。则上式可以改写为

$$\boldsymbol{y}=\boldsymbol{\Theta s}_{\mathrm{s}}+\boldsymbol{n}_{\mathrm{e}}+\boldsymbol{n}_{\mathrm{m}}=\boldsymbol{\Theta s}_{\mathrm{s}}+\boldsymbol{n} \tag{3.24}$$

其中的噪声 $\boldsymbol{n}$ 被当作是方差σ^2 未知零均值高斯噪声。

值得注意的是,因为压缩感知对信号的采样和压缩都在一个步骤,所以这里的 $M\ll N$,因此恢复稀疏信号 $\boldsymbol{s}_{\mathrm{s}}$ 的问题实际上是求解一个欠定线性方程的问题。为了方便,从此我们用 $\boldsymbol{s}$ 代替 $\boldsymbol{s}_{\mathrm{s}}$,但我们感兴趣的还是系数的稀疏解。另外,记零均值高斯噪声 $\boldsymbol{n}$ 的方差σ^2 等于 α_0^{-1},则关于测量的高斯似然模型可以被描述为如下形式:

$$p(\boldsymbol{y}\,|\,\boldsymbol{s})\propto\exp\left(-\frac{\alpha_0}{2}\|\boldsymbol{y}-\boldsymbol{\Theta}\boldsymbol{s}\|^2\right) \tag{3.25}$$

然后可以由最大似然估计器获得一个最小二乘回归算法:

$$\hat{\boldsymbol{s}}=\arg\min_{\boldsymbol{s}}\|\boldsymbol{y}-\boldsymbol{\Theta s}\|^2 \tag{3.26}$$

显然,上式的最小二乘回归算法还得需要添加一定的约束条件,才有可能求出式(3.24)的解。

因此,在式(3.26)中引入稀疏先验[20-22],例如:

$$p(\boldsymbol{s})\propto\exp\left(-\sum_{i=1}^{N}|\boldsymbol{s}_i|^p\right) \tag{3.27}$$

其中参数 p 取值范围为[0,1]。假设给定的测量 $\boldsymbol{y}$ 满足式(3.25)所描述的高斯似然概率模型,并且引入式(3.27)的稀疏先验,那么对式(3.25)的最大后验概率进行求解,可得

$$\hat{\boldsymbol{s}}=\arg\min_{\boldsymbol{s}}\lambda\|\boldsymbol{y}-\boldsymbol{\Theta s}\|^2+\sum_{i=1}^{N}|\boldsymbol{s}_i|^p \tag{3.28}$$

其中参数 $\lambda=\alpha_0$ 为一个平衡参数,它在稀疏性和观测匹配度之间起调和作用。

当参数 p 的取值趋于零时,描述稀疏先验的式(3.27)将会趋近于 L_0 范数,也就是对向

量 s 中的非零元素的数目进行定义：

$$\|s\|_0=\sum_{i=1}^{N}I(|s_i|\neq 0)$$

其中的符号 $I(\cdot)$ 代表的是指示函数。

实际上，若在这种 $p\to 0$ 条件下对式(3.27)进行求解将是非常困难的，因为这属于一个NP-难问题。

若当参数 $p=1$ 时，式(3.28)所描述的优化问题就会转化为一个凸优化问题。目前，对于求解这种凸优化问题来说，已经有很多相应的经典的算法，例如基追踪算法[20]。另外，在文献[23]中已经证明，若原始信号足够稀疏，则基追踪算法是可以获得原始信号的真实解的。而当参数 p 取值范围为(0,1)时，则式(3.28)所描述的优化问题就会转化为一个非凸优化问题，而在某些特定的条件下，此类问题的解与真实稀疏信号本身更加接近[24]。

虽然在压缩感知理论框架下，可以通过最大后验估计来求解原始稀疏信号的近似值。但是，用这种方式求解的同时还需要估计式(3.28)中的平衡参数 λ 或者提前对它进行预设。另外，要是在式(3.27)中引入超高斯先验，一般会导致平衡参数 λ 的后验分布不可分析，则会致使原来问题的求解更加复杂化。因此，推荐使用非参数的方法来解决稀疏线性逆问题。

为了在压缩感知理论框架下使用贝叶斯方法来描述压缩感知的测量过程，可以采用分层的贝叶斯模型[25-27]，它也被称为贝叶斯压缩感知。更重要的是，分层贝叶斯模型的使用可以使稀疏线性逆求解的过程非参数化，使得这种问题的解决更简单化，如图3.5所示。如果在实际的贝叶斯压缩感知模型中引入超高斯先验，将会导致更复杂的问题求解。为了使问题简单化，假设稀疏信号服从高斯先验，并记这个高斯先验的精度参数为 $\alpha=[\alpha_1,\alpha_2,\cdots,\alpha_i,\cdots,\alpha_N]$，最后假设 α 满足超先验伽马分布：

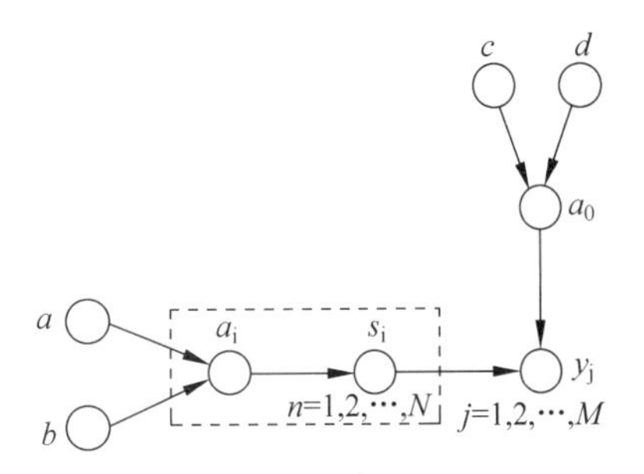

图3.5　贝叶斯压缩感知分层模型

$$p(\alpha_i|a,b)\propto\alpha_i^{a-1}e^{-b\alpha_i}\tag{3.29}$$

其中 $a>0,b>0$，且它们一般会被设置为非常小的数值。

则可得到以下的伽马-高斯模型：

$$p(s|\boldsymbol{\alpha})\propto\prod_{i=1}^{N}\exp\left(-\frac{\alpha_i}{2}s_i^2\right)\tag{3.30}$$

而式(3.29)中的参数 $a,b>0$，并且它们一般会被设置为非常小的数值。

下面对式(3.30)定义的伽马-高斯模型进行分析。用式(3.29)对式(3.30)中的超参数 $\boldsymbol{\alpha}$ 进行边缘化，则可得到稀疏信号 s 的隐含先验：

$$\begin{aligned}p(s|a,b)&=\int p(s|\boldsymbol{\alpha})p(\boldsymbol{\alpha}|a,b)\,\mathrm{d}\boldsymbol{\alpha}\\&\propto\prod_{i=1}^{N}\left(b+\frac{s_i^2}{2}\right)^{-(a+0.5)}\end{aligned}\tag{3.31}$$

实际上，$p(s|a,b)$ 与Student-T分布成正比。若此先验参数 a 和 b 趋近于零，那么式(3.31)可以简化为

$$p(\boldsymbol{s}) \propto \prod_{i=1}^{N} \frac{1}{|\boldsymbol{s}_i|} \tag{3.32}$$

也就是说，式(3.32)实际上描述了一个稀疏先验概率[27-28]。

由于在压缩感知中的测量值会被噪声污染，因此需要在此测量过程中设定一个测量噪声参数 α_0，它实际上为噪声方差 σ_0 的倒数同时也服从伽马分布：

$$p(\alpha_0 \mid c, d) \propto \alpha_0^{c-1} \mathrm{e}^{-d\alpha_0}$$

又因为高斯似然分布与上式定义的伽马分布关于测量噪声参数 α_0 共轭，则关于 α_0 的后验概率分布可以很方便地获得。然后，可以使用变分贝叶斯(VB)[28]推理或者相关向量机[27]估计出 α_0 的近似值。在此过程中，平衡参数 λ 不需要提前设置而其可以自动地更新。因此，与传统的利用最大后验估计(MAP)来进行稀疏求解的算法相比，这种比较智能的算法在实际的应用中具有更大的优势。

另外，也能以下面这种方式来求解刚才提到的贝叶斯压缩感知模型的代价函数：

$$\begin{aligned} p(\boldsymbol{y} \mid \alpha_0, \boldsymbol{\alpha}) &= \int p(\boldsymbol{y} \mid \boldsymbol{s}, \alpha_0)\, p(\boldsymbol{s} \mid \boldsymbol{\alpha})\, \mathrm{d}s \\ &\propto N(0, \Sigma_0) \end{aligned} \tag{3.33}$$

也就是说，此代价函数是由边缘似然分布的积分求得。其中，令 $\Sigma_0 = \alpha_0^{-1} I + \boldsymbol{ABA}^{\mathrm{T}}$ 并且 $\boldsymbol{B} \triangleq \mathrm{diag}(\boldsymbol{\alpha})$，则代价函数可以写为

$$L = \mathrm{In}|\Sigma_0| + \boldsymbol{y}^{\mathrm{T}} \Sigma_0^{-1} \boldsymbol{y} \tag{3.34}$$

上式由两项组成，很明显第一项的作用是进行稀疏约束，而第二项则是起到观测约束的作用。

虽然在刚才讨论的贝叶斯压缩感知中，仅仅只对信号的稀疏性进行了约束，而并没有对信号的其他附加结构信息加以考虑，但是值得注意的是，由于分层贝叶斯模型的引入，压缩感知恢复算法的非参数化已成为可能。因此，我们就可以在这个模型的基础上通过加入信号具有的其他附加结构信息来更进一步提高非参数恢复算法性能。

2. 块稀疏信号的先验概率模型

1) 块稀疏

稀疏表达在近些年来得到了充分的关注。在压缩感知环境下，信号的稀疏先验是信号从少量测量值中把原始信号进行唯一恢复的保证条件。在很多实际的信号中，稀疏性只是其中一个特性，其往往还拥有其他结构特性。其中一种简单并且很重要的信号被称为块稀疏信号，其特点是它的非零元素是以块形式出现的，而不是以随机扩散的形式出现的。这类信号也常见于多频带信号以及多重测量向量(MMV)问题。

这种广泛被研究的块稀疏信号可以表示如下：

$$\boldsymbol{x} = [\underbrace{x_1, x_2, \cdots, x_{d_1}}_{\boldsymbol{x}_1^{\mathrm{T}}}, \cdots, \underbrace{x_{d_{g-1}+1}, \cdots, x_{d_g}}_{\boldsymbol{x}_g^{\mathrm{T}}}]^{\mathrm{T}}$$

其中 $d_1, d_2, \cdots, d_g$ 不一定相同。

在全部的这些块中，只有很少的块为非零块，但是它们的具体位置未知。图3.6给出了几个典型的块稀疏信号例子，其中图3.6(a)表示的是在感知无线电场景中经常见到的多频带信号的幅度谱，可以看出在其频带中，只有五个窄带信号的幅度谱不为零，而其他频带的

幅度谱都为零,这与块稀疏信号的定义很相符;图 3.6(b)表示的是一些灰度图像中常出现的字母图,很明显在灰度图像的中间只有大写字母 H 代表的灰度值为非零,而其他像素点的灰度值都为零,这也与块稀疏信号的定义相符合。

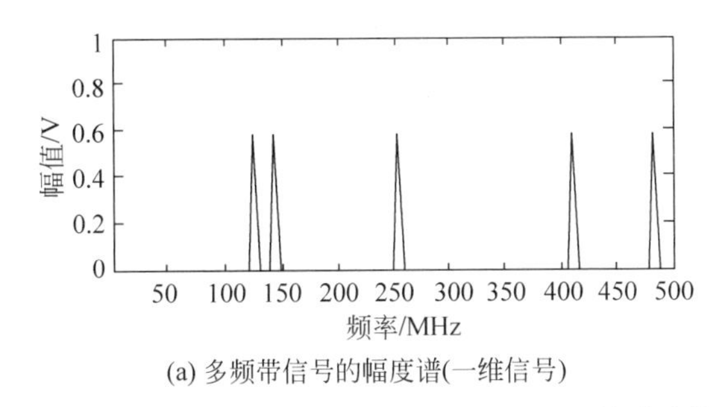

(a) 多频带信号的幅度谱(一维信号)

(b) 大写字母H的灰度图像(二维信号)

图 3.6 块稀疏信号

2)先验概率模型

记我们感兴趣的模拟信号为 $\boldsymbol{x}(t)$,并且 $0\leqslant t\leqslant T$。假设它是由有限多个基函数(例如,傅里叶基)$\boldsymbol{\psi}_i(t)$的权重和组成,则可表示如下:

$$\boldsymbol{x}(t)=\sum_{i=1}^{N}\boldsymbol{s}_i\boldsymbol{\psi}_i(t) \tag{3.35}$$

假设此信号 $\boldsymbol{x}(t)$具有稀疏特性,则大部分的基函数的系数 $\boldsymbol{s}_i$ 为零。在离散时间压缩感知理论框架下,式(3.35)可以写为 $\boldsymbol{x}=\boldsymbol{\psi s}$,其中大小为 $N\times1$ 的向量 $\boldsymbol{x}$ 被当作是模拟信号 $\boldsymbol{x}(t)$的奈奎斯特速率信号,而$\boldsymbol{\psi}=[\psi_1,\psi_2,\cdots,\psi_N]^{\mathrm{T}}$ 为一个 $N\times N$ 的稀疏表达矩阵,$\boldsymbol{s}=[s_1,s_2,\cdots,s_N]^{\mathrm{T}}$ 表示的是一个大小为 $N\times1$ 的稀疏表达系数向量。也就是说,在所有的稀疏系数向量中,其中只有 k 个元素为非零值,并且 $k\ll N$。在文献[29]和[30]中已证明,如果稀疏表达矩阵$\boldsymbol{\psi}$与尺寸为 $M\times N$ 的压缩感知采样矩阵 $\boldsymbol{A}$ 充分不相关,则可以从 $M=kO(\log N/k)$个非线性测量中精确地恢复稀疏信号 $\boldsymbol{x}(t)$。被广泛使用的典型的采样矩阵 $\boldsymbol{A}$ 的每个元素独立地取自随机高斯分布。根据压缩感知理论,可以写出如下关于测量向量的表达式:

$$\boldsymbol{y}=\boldsymbol{Ax}=\boldsymbol{A\Psi s}=\boldsymbol{\Theta s} \tag{3.36}$$

其中,$\boldsymbol{\Psi}$ 可以为一个 $N\times N$ 的离散傅里叶变换(DFT)矩阵,其可以把感兴趣信号从时域映射到频域中来,而矩阵$\boldsymbol{\Theta}=\boldsymbol{A\Psi}$ 为一个大小为$M\times N$ 感知矩阵。为了从测量值 $\boldsymbol{y}$ 中得到信号的恢复量 $\hat{\boldsymbol{s}}$,则式(3.36)的逆过程可被视为求解以下 L_1 范数最优化问题:

$$\hat{\boldsymbol{s}}=\arg\min\|\boldsymbol{s}\|_1\quad \text{s. t.}\quad \boldsymbol{y}=\boldsymbol{\Theta s} \tag{3.37}$$

因此,很多现成的算法都可以用来求解此式,例如,属于线性规划方法的基追踪(BP)算法[20],又例如属于迭代贪婪算法的正交匹配追踪(OMP)算法[31]、正则化的正交匹配追踪(ROMP[32])算法以及压缩采样匹配追踪(CoSaMP[33])算法。但是,这些传统的经典算法都只是基于信号的稀疏性被提出的。下面将注意力集中在块稀疏信号的恢复上,我们提出一种基于双层二叉树模的块稀疏信号恢复算法,此算法是基于贝叶斯压缩感知理论框架提出的。首先来看一下对块稀疏信号的稀疏先验的描述。

对于感兴趣块稀疏信号的稀疏性,可以利用一个 spike-and-slab 先验模型(也被称为窄高斯分布与宽高斯分布的混合模型)对其稀疏性进行建模。假设块稀疏信号中的每一个元

素 $\boldsymbol{s}_i$ 都服从此 spike-and-slab 先验模型，则可以将此模型表示如下：

$$\boldsymbol{s}_i \sim (1-\pi_i)\delta_0 + \pi_i N(0, \alpha_i^{-1}) \tag{3.38}$$

很明显，我们构建的此先验模型由两部分组成。在第一部分里，符号 δ_0 表示的是处于零位置的点分布，它的作用是对 $\boldsymbol{s}$ 中的零系数进行描述。在第二部分里，符号 $N(0,\alpha_i^{-1})$ 表示的是一个零均值高斯分布（α_i 为高斯分布的精度参数），它的作用是对 $\boldsymbol{s}$ 中的非零系数进行描述。而在式(3.38)的两个部分中都存在的混合权重参数 π_i 是一个标量，其取值范围为 $[0,1]$。仔细观察式(3.38)的两个部分可以发现，实际上混合权重参数 π_i 表示的是信号中的第 i 个元素 $\boldsymbol{s}_i$ 可能为非零状态的概率。也就是说，当混合权重参数 π_i 取较大的值时（例如，接近于 1），就会以较大的概率得到一个取值为非零的系数 $\boldsymbol{s}_i$；相反，当混合权重参数 π_i 取较小的值时（例如，接近于 0），就会以较大的概率得到一个取值为零的系数 $\boldsymbol{s}_i$。另外，我们利用分层的先验来得到显示后验概率密度，即设定精参数 α_i 满足下面的条件：

$$\alpha_i \sim \text{Gamma}(a, b)$$

实际上，这种稀疏先验就是分层的高斯-伽马先验模型。

3）双层二叉树结构

如前所述，利用附加的结构信息可以提高稀疏信号恢复算法的性能。也就是说，我们可以利用稀疏系数 $\boldsymbol{s}_i$ 之间的关系来提高恢复精度并节约恢复时间。对于块稀疏信号来说，其非零系数往往会聚集在一起形成一个或若干个非零块；而其零系数也往往聚集在一起形成一个或若干个零块。类似地，某个非零系数的（一阶）邻域系数常常也为非零；而某个零系数的（一阶）邻域系数常常也为零。基于以上事实，我们提出了一种双层二叉树结构来描述系数与其领域之间的"遗传"特性。在我们提出的双层二叉树结构模型中，块稀疏信号的每三个连续不重叠的系数被当作一个双层二叉树结构（DBT）$\boldsymbol{s}_i^{\text{sub}}$，并且每一个 $\boldsymbol{s}_i^{\text{sub}}$ 由一个根节点 R_i 和两个叶子节点 L_1^i 和 L_2^i 组成，如图 3.7 中的虚线框所示。因此，块稀疏信号的全部系数将会形成一连串的如图 3.7 的双层二叉树，并且其可以被描述为 $\boldsymbol{s} = [\underbrace{L_1^1, R_1, L_2^1}_{\boldsymbol{s}_1^{\text{sub}}}, \cdots, \underbrace{L_1^i, R_i, L_2^i}_{\boldsymbol{s}_i^{\text{sub}}}, \cdots, \underbrace{L_1^k, R_k, L_2^k}_{\boldsymbol{s}_k^{\text{sub}}}]^{\mathrm{T}}$。

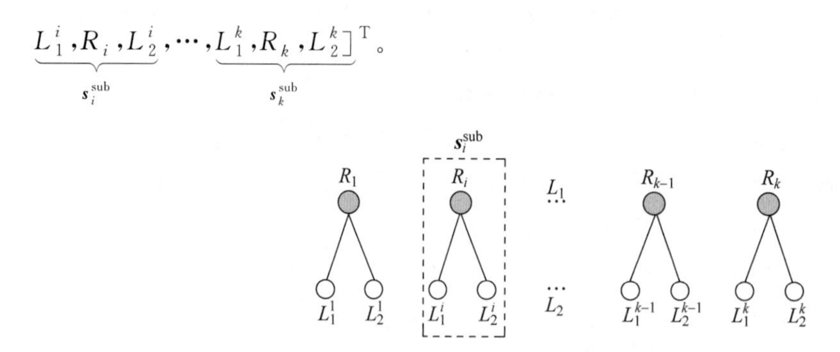

图 3.7 双层二叉树模型

于是，就可以在贝叶斯压缩感知的框架下加入所提出 DBT 模型来提高恢复算法的性能。

假设 $\Omega = \{1, 2, \cdots, N\}$ 为块稀疏信号系数 $\boldsymbol{s}$ 的每一个元素的位置集合。并且定义 $\Omega_R = \{3 \times j - 1, j \in [1, k]\}$ 和 $\Omega_L = \{3 \times j - 2, 3 \times j, j \in [1, k]\}$ 分别为 DBT 的根节点以及叶子节点。因此，很明显 $\Omega_R \cup \Omega_L = \Omega$ 并且 $\Omega_R \cap \Omega_L = \varnothing$。也就是说，在我们提出的这种 DBT

结构中 $\boldsymbol{s}$ 的长度 N 需要满足条件 $\bmod[N,3]=0$。但是在实际应用中，当 $\bmod[N,3]=1$ 时，我们可以定义与 $\boldsymbol{s}$ 相对应的最后一个 DBT 只具有根节点；而当 $\bmod[N,3]=2$ 时，我们可以定义与 $\boldsymbol{s}$ 相对应的最后一个 DBT 不仅具有根节点，而且具有一个叶子节点。实际上，这种补充性的定义对我们提出的 DBT 结构的整体适用性没有任何影响。在图 3.7 中，R_i 代表总的 k 个 DBT 的第 i 个 DBT 的根节点；而 L_1^i 和 L_2^i 分别表示第 i 个 DBT 的根节点的左叶子节点和右叶子节点。根据这种结构模型，$\boldsymbol{s}$ 的每三个元素（不重叠）被视作 $\{\boldsymbol{s}_i\}$ 的一个子集 $\boldsymbol{s}_i^{\text{sub}}$，并且这个子集的中间位置被定义为 DBT 的根节点而其他两个位置被定义为 DBT 的叶子节点。正如图 3.5 所示，$\boldsymbol{s}$ 的所有元素可以被分成如下两层：

$$\begin{cases} L_1 \sim \boldsymbol{s}_R = \{R_i \mid i \in [1,k]\} \\ L_2 \sim \boldsymbol{s}_L = \{L_1^i, L_2^i \mid i \in [1,k]\} \end{cases} \tag{3.39}$$

在式(3.39)中，$\boldsymbol{s}_R$ 处在第一层，它包含了所有的根节点；$\boldsymbol{s}_L$ 处在第二层，它包含了所有的叶子节点。因此，我们把一个根节点 $\boldsymbol{s}_{3i-1}$ 与其两个叶子节点定义为系数 $\boldsymbol{s}$ 的一个子集：

$$\boldsymbol{s}_i^{\text{sub}} = \{L_1^i, R_i, L_2^i \mid 1 \leqslant i \leqslant k\} \tag{3.40}$$

现在可把每一个子集中的根节点分为两种类型：

$$\text{type}(1) = \{R_i \neq 0, i \in [1,k]\}$$

$$\text{type}(2) = \{R_i = 0, i \in [1,k]\}$$

那么根据不同的聚集模型，则混合权重参数 π_i 可以根据以下的模型选择过程进行选择：

$$\begin{cases} \pi_r^0, & \boldsymbol{s}_i \text{ 处在第一层} \\ \pi_i^1, & \boldsymbol{s}_i \text{ 处在第二层，根节点为 type(1) 型} \\ \pi_i^2, & \boldsymbol{s}_i \text{ 处在第二层，根节点为 type(2) 型} \end{cases} \tag{3.41}$$

第一层的系数，由一个先验参数 π_r^0 设定，它是一个趋向于产生（接近于 1）非零值的先验。如果先验参数元 π_i^1（以较大概率取较大值）被选择，则意味着若根节点趋近于（较大值）非零，那么此根节点的两个叶子节点也会以高概率趋近于（较大值）非零。如果先验参数 π_i^2（以较大概率取较小值）被选择，则意味着若根节点趋近于零，那么此根节点的两个叶子节点也会以高概率趋近于零。也就是说，在这个模式的选择过程中 DBT 的叶子节点与它的根节点有一种本质的遗传关系。那么在块稀疏信号的恢复过程中，此模型可以使每一个 DBT 进行相应的块聚集，也可以理解为在信号恢复时给块寻找的过程添加了一个弱约束。

由于 Beta 分布是伯努利似然的共轭先验，则式(3.41)中的混合权重 π_i 可以从如下 Beta 分布得到：

$$\pi_r^0 \sim \text{Beta}(e^0, f^0)$$

$$\pi_i^1 \sim \text{Beta}(e^1, f^1)$$

$$\pi_i^2 \sim \text{Beta}(e^2, f^2)$$

其中 (e^0, f^0)、(e^1, f^1) 以及 (e^2, f^2) 为 Beta 分布的形状参数。若对这些参数进行合适的设置，则以上模式选择过程不仅可以提高块的聚集性，而且可以起到抑制孤立点的作用。例如，当 $e<f$ 时，$\text{Beta}(e,f)$ 分布倾向于产生一个（较小）趋于零的采样值；当 $e>f$ 时，其倾向于产生一个（较大）非零的采样值。因此，为了加强块的聚集性并抑制孤立点的出现，对于参数(e^1, f^1)要设置$e^1 > f^1$以使$\text{Beta}(e^1, f^1)$分布产生一个较大的概率π_i^1来促进块聚集；对于参数(e^2, f^2)要设置$e^2 < f^2$以使$\text{Beta}(e^2, f^2)$分布产生一个较小的概率π_i^2来抑制孤立点的存在。

根据以上的定义假设，就可以给出分层的先验模型，如图3.8所示，其中π_i可根据$\boldsymbol{s}$中的每一个元素所属不同类型以及所处不同的层(聚集模型选择过程)进行选择。同时超参数α_i可由$\text{Gamma}(a, b)$分布产生。最后，就可以以已知的混合权重参数π_i以及精度超参数α_i，由spike-and-slab先验产生$\boldsymbol{s}$的每一个元素$\boldsymbol{s}_i$。

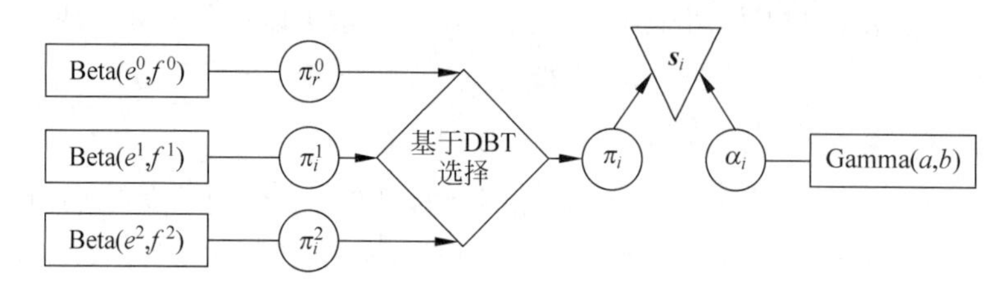

图3.8 DBT模型的图结构

实际上，在测量过程中测量值不免会被噪声所污染。因此，为了确保测量过程的精确性，我们对测量值添加一个噪声并由参数$\boldsymbol{\varepsilon}$表示，则测量值可以写为如下形式：

$$\boldsymbol{y} = \boldsymbol{\Theta s} + \boldsymbol{\varepsilon}$$

其中$\boldsymbol{\varepsilon}$为一个零均值不相关高斯噪声向量，并且其元素的方差为σ^2。

在这种情况下，测量值的条件分布$p(\boldsymbol{y} | \boldsymbol{s})$应该被重新改写为$p(\boldsymbol{y} | \boldsymbol{s}, \alpha_n)$，并且$\alpha_n = \sigma^{-2}$为噪声的精度参数。同理，让超参数$\alpha_n$也服从如下伽马分布：

$$p(\alpha_n | c, d) = \prod_{i=1}^{M} \text{Gamma}(\alpha_n^i | c, d)$$

则可以得到似然函数(条件分布)：

$$\boldsymbol{y} \sim N(\boldsymbol{\Theta s}, \alpha_n^{-1} \boldsymbol{I})$$

在本小节中，我们在贝叶斯压缩感知的框架下，利用分层的先验模型通过一个模型选择过程把块状先验结构进行引入，其与文献[26]所提出的方式不同，这种模型的聚集结构先验是由马尔科夫随机场进行引入的。

3. 基于MCMC采样的贝叶斯估计

由于使用贝叶斯估计器对我们所提出模型的随机变量进行显式表达式的求解很困难。因此本节将采用MCMC(Markov Chain Monte Carlo[34])方法对未知模型参数进行推理。于是，未知参数可描述为$\gamma = (\boldsymbol{s}, \alpha_n, \boldsymbol{\alpha}, \boldsymbol{\pi})$，而模型参数则记为$v = \{a, b, c, d, \boldsymbol{e}, \boldsymbol{f}\}$，其中$\boldsymbol{e} = \{e^0, e^1, e^2\}$以及$\boldsymbol{f} = \{f^0, f^1, f^2\}$。则未知参数$\gamma = (\boldsymbol{s}, \alpha_n, \boldsymbol{\alpha}, \boldsymbol{\pi})$的后验概率满足下式：

$$p(\gamma | \boldsymbol{y}, v) \propto p(\boldsymbol{y} | \gamma) p(\gamma | v)$$

然后，可以依据分层的先验模型(见图3.8)来得出未知模型参数$\gamma = (\boldsymbol{s}, \alpha_n, \boldsymbol{\alpha}, \boldsymbol{\pi})$条件后验概率：

$$p(\gamma | \boldsymbol{y}, v) = p(\boldsymbol{s} | \alpha_n, \boldsymbol{\alpha}, \boldsymbol{\pi}, \boldsymbol{y}) p(\boldsymbol{\alpha} | \boldsymbol{s}, a, b) p(\boldsymbol{\pi} | \boldsymbol{s}, \boldsymbol{e}, \boldsymbol{f}) p(\boldsymbol{\alpha}_n | \boldsymbol{s}, \boldsymbol{y}, c, d) \tag{3.42}$$

1) 未知参数的后验概率

假设稀疏向量$\boldsymbol{s}$中每个元素的先验概率都是独立的，那么可以把$\boldsymbol{s}$的全先验概率分布描述如下：

$$p(\boldsymbol{s}\mid\boldsymbol{\pi},\boldsymbol{\alpha})=\prod_i^N[(1-\pi_i)\delta_0+\pi_i N(\boldsymbol{s}_i\mid 0,\alpha_i^{-1})] \tag{3.43}$$

结合条件分布 $p(\boldsymbol{y}\mid\boldsymbol{s},\alpha_n)$，则可以得到 $\boldsymbol{s}$ 的后验概率：

$$\begin{aligned}p(\boldsymbol{s}\mid\boldsymbol{\pi},\boldsymbol{\alpha},\alpha_n,y)&\propto p(\boldsymbol{s}\mid\boldsymbol{\pi},\alpha)p(\boldsymbol{y}\mid\boldsymbol{s},\alpha_n)\\&=\left\{\prod_i^N[(1-\pi_i)\delta_0+\pi_i N(\boldsymbol{s}_i\mid 0,\alpha_i^{-1})]\right\}N(y\mid\boldsymbol{As},\alpha_n^{-1}\boldsymbol{I})\end{aligned} \tag{3.44}$$

假设矩阵$\boldsymbol{\Theta}$ 剔除第 i 列后成为子矩阵$\boldsymbol{\Theta}_{-i}$，并且记 $\boldsymbol{s}_{-i}$ 为剔除第 i 个元素的向量，则可以设计一个吉布斯(Gibbs)采样器来根据下式的后验概率对稀疏向量的每一个元素 $\boldsymbol{s}_i$ 进行采样：

$$p(\boldsymbol{s}_i\mid\tilde{\mu}_i,\tilde{\alpha}_i)=(1-\tilde{\pi}_i)\delta_0+\tilde{\pi}_i N(\boldsymbol{s}_i\mid\tilde{\mu}_i,\tilde{\alpha}_i^{-1}) \tag{3.45}$$

其中的相关参数定义如下：

$$\tilde{\alpha}_i=\alpha_i+\alpha_n\phi_i^{\mathrm{T}}\phi_i$$

$$\tilde{\mu}_i=\tilde{\alpha}_i^{-1}\alpha_n\phi_i^{\mathrm{T}}(\boldsymbol{y}-\boldsymbol{\Theta}_{-i}s_{-i})$$

$$\frac{\tilde{\pi}_i}{1-\tilde{\pi}_i}=\frac{\pi_i}{1-\pi_i}\cdot\frac{N(0\mid 0,\alpha_i^{-1})}{N(0\mid\tilde{\mu}_i,\tilde{\alpha}_i^{-1})}$$

由于稀疏模型的反方差$\boldsymbol{\alpha}$ 的先验分布为伽马分布，则根据其共轭性可知它的后验概率依然为一个伽马分布：

$$p(\alpha_i\mid\boldsymbol{s}_i^{\mathrm{sub}})=\mathrm{Gamma}(a+\|\boldsymbol{s}_\Omega^i\|_0/2,b+1/2\|\boldsymbol{s}_\Omega^i\|_2^2)$$

其中 $\boldsymbol{s}_\Omega^i$ 表示的是第 i 个根节点与其两个叶子节点的集合，并且 $i\in[1,k]$。

如前所述，我们可以通过模型选择的过程来给混合权重参数的每个元素 π_i 选择相应的参数，也就是对于三种稀疏模式 $q\in\{0,1,2\}$ 可以选择不同的 $\pi_i=\pi_i^q$。另外，由于这三种稀疏模式其超参数都满足 Beta 分布，则它们是伯努利分布的共轭先验。因此，这三种稀疏模式 π_i^q 的后验分布可由下式得出：

$$p(\pi_r^0\mid\boldsymbol{s}_i^{\mathrm{sub}})=\mathrm{Beta}(e^0+\|\boldsymbol{s}_R^i\|_0,f^0+|\boldsymbol{s}_R^i|-\|\boldsymbol{s}_R^i\|_0)$$

$$p(\pi_i^1\mid\boldsymbol{s}_i^{\mathrm{sub}})=\mathrm{Beta}(e^1+\|\boldsymbol{s}_{\mathrm{LV}}^i\|_0,f^1+|\boldsymbol{s}_{\mathrm{LV}}^i|-\|\boldsymbol{s}_{\mathrm{LV}}^i\|_0)$$

$$p(\pi_i^2\mid\boldsymbol{s}_i^{\mathrm{sub}})=\mathrm{Beta}(e^2+\|\boldsymbol{s}_{\mathrm{LV}}^i\|_0,f^2+|\boldsymbol{s}_{\mathrm{LV}}^i|-\|\boldsymbol{s}_{\mathrm{LV}}^i\|_0)$$

其中 $\boldsymbol{s}_{\mathrm{LV}}^i$ 表示的是第 i 个根节点的两个叶子节点的集合，并且 $i\in[1,k]$，而 $\boldsymbol{s}_R^i$ 表示的是第 i 个根节点的集合。

由于噪声方差 α_n 的先验概率与高斯似然分布为共轭的，则可得出 α_n 的后验概率：

$$p(\alpha_n\mid\boldsymbol{s},\boldsymbol{y})=\mathrm{Gamma}(c+M/2,d+1/2\|\boldsymbol{y}-\boldsymbol{As}\|_2^2)$$

2）基于吉布斯采样的稀疏向量估计

根据未知模型参数的后验概率，可以利用吉布斯采样来产生相关样本。其具体采样过程如下：

(1) 从 $p(\boldsymbol{s}_i\mid\boldsymbol{s}_{-i},\boldsymbol{\alpha},\alpha_n,\boldsymbol{\pi},\boldsymbol{y})$ 中进行 $\boldsymbol{s}_i$ 采样；

(2) 从 $p(\alpha_i\mid\boldsymbol{s},a,b)$ 中进行 α_i 采样；

(3) 从 $p(\pi_i\mid\boldsymbol{s},\boldsymbol{e},\boldsymbol{f})$ 中进行 π_i 采样，对于 $i=1,2,\cdots,N$ 进行步骤(1)到步骤(3)的

循环；

(4) 从 $p(\alpha_n|\boldsymbol{s},\boldsymbol{y},c,d)$中进行 α_n 采样。

在利用上述吉布斯采样过程对参数 $\boldsymbol{s}$ 进行贝叶斯推理的同时，其余未知参数$(\boldsymbol{\pi},\boldsymbol{\alpha},\alpha_n)$也可在此推理的过程中得到估计。也就是说，可以由吉布斯采样获得一个关于待估参数 $\gamma=\{\boldsymbol{s},\alpha_n,\boldsymbol{\alpha},\boldsymbol{\pi}\}$的采样集，而它的样本分布与我们想要获得的由式(3.42)表示的联合后验概率相近。在此，假设吉布斯采样的全体样本为

$$\boldsymbol{\gamma}=\{\gamma(j)\}_{j=1,2,\cdots,t_{\mathrm{Ni}},\cdots,t_{\mathrm{MC}}}$$

其中，j 表示吉布斯采样的第 j 步；而 t_{Ni} 为吉布斯采样 Burn-in 的迭代次数；t_{MC} 为其总的迭代次数。

在这里若对采样集进行求平均，则可能会使估计出的 $\boldsymbol{s}$ 值不稀疏，所以我们并不使用最小均方误差估计，而是采用最大后验(MAP)估计来进行 $\boldsymbol{s}$ 的估计。依据式(3.42)所示的全后验概率，并对其余的超参数$(\boldsymbol{\pi},\boldsymbol{\alpha},\alpha_n)$进行积分，则可得以下的边缘分布：

$$p(\boldsymbol{s}|\boldsymbol{y})\propto\iiint p(\boldsymbol{s}|\boldsymbol{\alpha},\boldsymbol{\pi},\alpha_n,\boldsymbol{y})\mathrm{d}\boldsymbol{\alpha}\,\mathrm{d}\boldsymbol{\pi}\,\mathrm{d}\alpha_0 \tag{3.46}$$

根据式(3.46)，稀疏向量 $\boldsymbol{s}$ 的最大后验估计可以写为以下形式：

$$\hat{\boldsymbol{s}}\approx\arg\max_{s\in\gamma}p(\boldsymbol{s}|\boldsymbol{y})$$

其中$\boldsymbol{\gamma}=P\{\gamma(j)\}_{j=1,2,\cdots,t_{\mathrm{Ni}},\cdots t_{\mathrm{MC}}}$。

这样就可以得到稀疏向量的估计 $\hat{\boldsymbol{s}}$，即所有的未知模型参数均可获得。

3.3 联合稀疏压缩感知

在实际应用中，不同的系统结构导致信号集合中稀疏信号有不同形式的关联方式，所以 Baron 等人根据信号不同的稀疏结构，将联合稀疏模型(Joint Sparsity Mode，JSM)分为三种不同类型：JSM-1、JSM-2 和 JSM-3，并提出了相应的重建算法。对于每一种联合稀疏类型的定义在 3.3 节已给出。

设一个稀疏信号集合$\{\boldsymbol{x}_j\}(j\in\{1,2,\cdots,J\})$，其中每个信号 $\boldsymbol{x}_j\in\mathbf{R}^N$，均由公共部分 $\boldsymbol{z}_c$ 和各自独立部分 $\boldsymbol{z}_j$ 组成，即有 $\boldsymbol{x}_j=\boldsymbol{\Psi}_j(\boldsymbol{z}_c+\boldsymbol{z}_j)$。各节点信号 $\boldsymbol{x}_j$ 对应的测量矩阵记为$\boldsymbol{\Phi}_j$，一般以独立同分布的随机高斯矩阵为主。为了叙述简便，本节设信号稀疏基为$\boldsymbol{\Psi}=\boldsymbol{I}$，其中 $\boldsymbol{I}$ 表示单位矩阵。每个发送端独立发送信号 $\boldsymbol{x}_j$ 的压缩采样值，接收端则根据信号间相关性来进行信号联合重建。对于每个节点，有 $\boldsymbol{y}_j=\boldsymbol{\Phi}_j\boldsymbol{x}_j$。下面针对三种不同的稀疏类型分别进行介绍。

3.3.1 JSM-1 模型及重构算法

1. JSM-1 模型简介

JSM-1 模型中信号的公共部分 $\boldsymbol{z}_c$ 和各自独立部分 $\boldsymbol{z}_j$ 分别可以稀疏表示，且公共部分的非零稀疏系数位置及系数大小一致，各自独立部分的稀疏系数位置或系数大小不同，特有部分的稀疏度不要求一致。

JSM-1 的数学模型为

$$\boldsymbol{x}_j=\boldsymbol{z}_c+\boldsymbol{z}_j \tag{3.47}$$

$$z_c = \boldsymbol{\Psi} s_c \tag{3.48}$$

$$z_j = \boldsymbol{\Psi} s_j \tag{3.49}$$

$$\| s_c \|_0 = K_c, \quad \| s_j \|_0 = K_j \tag{3.50}$$

其中，x_j 表示第 j 个通道的信号；z_c 和 z_j 分别表示信号的公共部分和各自的独立部分；s_c 和 s_j 分别表示信号公共部分和特有部分的稀疏表示向量；K_c 和 K_j 分别为信号独立部分和特有部分的稀疏度。

当不能进行稀疏度降低时，信号集合的联合稀疏度 $D = K_c + \sum_{j \in \Lambda} K_j$。

JSM-1 适合节点网络中的信号受同一个大环境影响，且局部还分别存在不同的、与本地相关的影响。例如，整个森林温度的变化，温度传感器显示森林温度既受时间（信号内部）影响，也受空间（信号外部）影响。大范围的气温影响因素（如太阳光照和风等）会对信号公共部分 z_c 造成影响，适用于所有传感器。局部因素（如阴影、水源和动物等）只会影响少量传感器节点的独立部分 z_j 的读数。类似结构的信号还可出现在测量光强度、气压的传感器网络中。这些应用场景均对应一些物理过程的指标测量，它们在时间和空间上均变化缓慢，所以有高度相关性。

2. JSM-1 压缩感知重建算法

经研究表明，可以通过求解一个基于权重的 L_1 范数最小化问题：

$$\hat{Z} = \arg\min \gamma_c \| z_c \|_1 + \sum_{i=1}^{J} \gamma_i \| z_i \|_1 \quad \text{s.t. } Y = \boldsymbol{\Phi} Z \tag{3.51}$$

其中 γ_c 和 γ_i 均大于 0。

这个 JSM-1 压缩感知重建算法称为基于 $\boldsymbol{\gamma}$ 权重的 L_1 范数算法。

要想算法达到较好性能，需要根据 z_c 和 z_j 的稀疏度大小等信息进行 $\boldsymbol{\gamma}$ 权重优化。若各 z_j 的稀疏度相同，则可以把 γ_i 都设为 1，对 γ_c 进行单独优化使算法性能达到最佳。Baron 等人对该算法进行了仿真试验，证明其因利用信号间的相关性而产生的相对压缩感知具有独立重建的极大性能优势。但它本质是基于凸优化类的 L_p 范数最小化，凸优化算法的特点是重建性能优越，但计算复杂度高。由此，众多学者们对此展开了研究，其中研究比较多的是基于边信息的衍生算法，接下来主要介绍基于边信息的正交匹配追踪（Side Information Orthogonal Matching Pursuit，SIOMP）算法[35]。SIOMP 算法通过在众多的观测值中重构其中的一个信号得到边信息，用其他信号与所得到的边信息做差，先恢复差值再恢复原信号，从而减少其他信号所需的观测次数。假设有两个信号 x_1 和 x_2 服从 JSM-1 模型，SIOMP 重建算法的基本步骤如表 3.4 所示。

表 3.4　SIOMP 算法步骤

步骤 1，输入 x_1 的观测向量 y_1，观测矩阵 $\boldsymbol{\Phi}_1$，由 OMP 算法得到 x_1^* 作为边信息；
步骤 2，利用边信息恢复 x_2；
输入：x_2 的观测矩阵 $\boldsymbol{\Phi}_2$，x_2 的观测向量 y_2，边信息 x_1^*； (1) 初始化支撑索引集 $\boldsymbol{\Omega} = \varnothing$，残差 $r_t = y_2 - \boldsymbol{\Phi}_2 x_1^*$，迭代次数 $t=0$，最大迭代次数 T； (2) 通过式 $w = \{w_j \mid w_j = \lvert \langle r, \varphi_j \rangle \rvert, j = 1, 2, \cdots, N\}$ 选择残差值与 $\boldsymbol{\Phi}_2$ 最大相关系数的原子，原子索引记为 λ；

续表

(3) 更新支撑索引集$\boldsymbol{\Omega} \leftarrow \boldsymbol{\Omega} \cup \{\lambda\}$,更新支撑集$\boldsymbol{\Phi}_{2\boldsymbol{\Omega}} \leftarrow \boldsymbol{\Phi}_{2\boldsymbol{\Omega}} \cup \boldsymbol{\varphi}_{\lambda}$,$\boldsymbol{\Phi}_{2\boldsymbol{\Omega}}$ 表示的是$\boldsymbol{\Phi}_2$中索引为$\boldsymbol{\Omega}$ 的列向量组成的矩阵。逼近残差信号:$\boldsymbol{x}^* = \arg\min \\| \boldsymbol{y} - \boldsymbol{\Phi x} \\|_2$ 残差更新:$\boldsymbol{r}_{\text{new}} = \boldsymbol{y} - \boldsymbol{\Phi x}^*$。令 $t = t+1$,返回步骤(2),迭代 T 次;
(4) 停止迭代,计算原始残差信号 $\boldsymbol{x}_t^* = \text{pinv}(\boldsymbol{\Phi}_{2\boldsymbol{\Omega}})\boldsymbol{r}_t$,pinv(·)表示矩阵的伪逆;
输出:$\boldsymbol{x}_2 = \boldsymbol{x}_1 + \boldsymbol{x}_t^*$。

JSM-1 核心思想是先获取边信息,利用边信息重构其他信号。

3.3.2 JSM-2 模型及重构算法

1. JSM-2 模型简介

JSM-2 模型中公共部分 $\boldsymbol{z}_c$ 为 0,即不存在公共部分。各信号独立部分 $\boldsymbol{z}_j$ 共享支撑集,但对应幅度各不相同。每个信号稀疏表示向量的稀疏度相同。JSM-2 数学模型如下:

$$\boldsymbol{x}_j = \boldsymbol{\Psi s}_j \tag{3.52}$$

JSM-2 模型广泛应用于声阵列和射频(RF)传感器阵列。其中各传感器获取一个傅里叶稀疏的信号,但因多径传播,受到不同程度的相位偏移和衰减的影响。在 MIMO 通信系统中,也常能应用 JSM-2 模型。

2. JSM-2 压缩感知重建算法

JSM-2 模型可以通过 SOMP 算法恢复信号。SOMP 可以充分利用 JSM-2 模型中信号的稀疏性。在分布式场景中,对单个信号重建 OMP 算法的贪婪选择思想和残差最相关原子思想进行了拓展。在 SOMP 算法中,融合中心将每个位置上,各节点对应测量矩阵的相应列与残差的相关系数求和后,作为该位置对应的相关系数,进行原子选择。DCSSOMP 算法步骤如表 3.5 所示。

表 3.5 DCSSOMP 算法步骤

(1) 初始化迭代次数 $t=1$,支撑索引集$\boldsymbol{\Omega} = \varnothing$,正交系数向量$\boldsymbol{\beta}_j = \boldsymbol{0}$,$\boldsymbol{\beta}_j \in \mathbf{R}^M$,$\boldsymbol{r}_{j,t}$ 表示第 t 次迭代后 $\boldsymbol{y}_j$ 的残差,初始化残差 $\boldsymbol{r}_{j,0} = \boldsymbol{y}_j$;
(2) 选择内积能量之和最大得到原子索引,添加到索引集$\boldsymbol{\Omega}$; $$n_t = \underset{n \in \{1,2,\cdots,N\}}{\arg\max} \sum_{j=1}^{J} \frac{\lvert \langle \boldsymbol{r}_{j,t-1}, \boldsymbol{\varphi}_{j,n} \rangle \rvert}{\\| \boldsymbol{\varphi}_{j,n} \\|_2}, \quad \boldsymbol{\Omega} = [\boldsymbol{\Omega}_0 \quad n_t]$$
(3) 将所选原子进行施密特正交化; $$\boldsymbol{r}_{j,t} = \boldsymbol{\varphi}_{j,n_t} - \sum_{l=0}^{t-1} \frac{\langle \boldsymbol{\varphi}_{j,n_t}, \boldsymbol{\gamma}_{j,l} \rangle}{\\| \boldsymbol{\gamma}_{j,l} \\|_0^0} \gamma_{j,l}$$
(4) 更新所选信号对应的正交系数与残差,通过计算残差与正交后的原子来更新正交系数; $$\boldsymbol{\beta}_j(t) = \frac{\langle \boldsymbol{r}_{j,t-1}, \boldsymbol{\gamma}_{j,t} \rangle}{\\| \boldsymbol{\gamma}_{j,t} \\|_0^0}, \quad \boldsymbol{r}_{j,t} = \boldsymbol{r}_{j,t-1} - \boldsymbol{\beta}_j(t) \boldsymbol{\gamma}_{j,t}$$
(5) 判断收敛条件,当所有信号残差 $\\| \boldsymbol{r}_{j,t} \\|_0 > \varepsilon \\| \boldsymbol{y}_j \\|_0$($\varepsilon$ 为残差阈值)时,$t = t+1$,返回步骤(2),否则执行步骤(6)。
(6) 解正交化,运用 QR 分解思想,$\boldsymbol{\Gamma}_j = [\boldsymbol{\gamma}_{j,1}, \boldsymbol{\gamma}_{j,2}, \cdots, \boldsymbol{\gamma}_{j,M}]$与$\boldsymbol{\Phi}_j$ 满足关系$\boldsymbol{\Phi}_{j,\boldsymbol{\Omega}} = \boldsymbol{\Gamma}_j \boldsymbol{R}_j$,其中$\boldsymbol{\Phi}_{j,\boldsymbol{\Omega}} = [\boldsymbol{\varphi}_{j,n_1}, \boldsymbol{\varphi}_{j,n_2}, \cdots, \boldsymbol{\varphi}_{j,n_M}]$。$\boldsymbol{y}_j = \boldsymbol{\Gamma}_j \boldsymbol{\beta}_j = \boldsymbol{\Phi}_{j,\boldsymbol{\Omega}} \boldsymbol{x}_{j,\boldsymbol{\Omega}} = \boldsymbol{\Gamma}_j \boldsymbol{R}_j \boldsymbol{x}_{j,\boldsymbol{\Omega}}$,得到恢复信号 $$\hat{\boldsymbol{x}}_{j,\boldsymbol{\Omega}} = \boldsymbol{R}_j^{-1} \boldsymbol{\beta}_j$$

3.3.3 JSM-3 模型及重构算法

1. JSM-3 模型简介

JSM-3 模型中信号由公共部分和特有部分组成。和 JSM-1 的区别在于，信号的公共部分不稀疏，即在任何基下都不能稀疏表示。JSM-3 可以看作 JSM-1 的一种扩展，降低了 JSM-1 信号对公共部分也要稀疏表示的严格要求。JSM-3 信号的数学模型如下：

$$\boldsymbol{x}_j = \boldsymbol{z}_c + \boldsymbol{z}_j \tag{3.53}$$

$$\boldsymbol{z}_j = \boldsymbol{\Psi}\boldsymbol{s}_j \tag{3.54}$$

JSM-3 的特有稀疏系数向量和 JSM-1 特有部分的稀疏系数向量类似，即稀疏系数的位置或大小不同。

2. JSM-3 压缩感知重建算法

与 JSM-1、JSM-2 不同的是，JSM-3 信号是非稀疏的，不能用传统的 CS 算法进行重构。下面介绍一种能够对 JSM-3 实现联合重构的算法，基于边信息的 Texas DOI 算法，需要注意的是，针对 JSM-1 提出的重构算法 SiOMP 可以用到 JSM-3 的重构中，但此时所需的边信息不能压缩恢复，且 Texas DOI 要求所有信号的观测矩阵一致。Texas DOI 算法如表 3.6 所示。

表 3.6 Texas DOI 算法步骤

输入：观测矩阵 $\boldsymbol{\Phi}$，稀疏矩阵 $\boldsymbol{\Psi}$，信号个数 J；
(1) 公共部分观测向量的近似、边信息特有部分观测向量的近似，可以通过求和做差得到 $$\boldsymbol{y}_c = \frac{1}{J}\sum_{j=1}^{J}\boldsymbol{y}_j$$ $$\boldsymbol{y}_{1,1} = \boldsymbol{y}_1 - \boldsymbol{y}_c$$
(2) 利用 $\boldsymbol{y}_{1,1}$、$\boldsymbol{\Phi}$、$\boldsymbol{\Psi}$ 等信息使用相应的算法(OMP)重构边信息的稀疏系数向量 $\boldsymbol{s}_{1,1}$；
(3) 依次恢复其他信号： $$\boldsymbol{y}_{\mathrm{diff},j} = \boldsymbol{y}_j - \boldsymbol{y}_1$$ $$\boldsymbol{y}_{1,j} = \boldsymbol{y}_{\mathrm{diff},j} + \boldsymbol{y}_{1,1}$$
利用 $\boldsymbol{y}_{1,j}$、$\boldsymbol{\Phi}$、$\boldsymbol{\Psi}$ 等信息恢复其他信号的近似稀疏系数向量 $\boldsymbol{s}_{1,j}$。使用 $\boldsymbol{s}_J = \boldsymbol{s}_1 - \boldsymbol{s}_{1,1} + \boldsymbol{s}_1$ 恢复其他信号的完整系数。

3.4 高斯联合稀疏张量压缩感知

本节之前的部分介绍的信号都是以一维向量或二维矩阵的形式存在的，当涉及彩色图片、视频序列、医学成像以及高光谱图像等三维甚至多维信号时，如果按照传统的压缩感知理论对一维的向量进行操作，那么其一般的做法是先对原始数据进行向量化操作，然而这种方法不仅破坏了数据自身的相关性，浪费了本就极其稀少的信息，而且极大地增加了算法的时间复杂度和空间复杂度。例如，对于一个 100×100×100 像素的高光谱图像，若采用传统的压缩感知方法，算法的复杂度至少为 $O(10^6)$，而高光谱图像本身具有的空间和谱间极强的相关性也不复存在。因此，探索新的压缩感知的模型具有重要意义，而张量的方法为此提供了一种可行的方法。张量压缩感知有关基本理论在 2.6 节已介绍过。本节以视频数据为例介绍联合稀疏张量压缩感知。

3.4.1 张量表示及其分解

一个张量可以被视为一个多索引数值数组，一个 d 阶张量表示为$\mathcal{A}\in\mathbf{R}^{I_1\times I_2\times\cdots\times I_d}$，对应元素表示为 $a_{i_1 i_2\cdots i_{n-1}i_n i_{n+1}\cdots i_d}$，其中 $1\leqslant i_n\leqslant I_n$，$1<n<d$。那么对于一个 d 阶的张量$\mathcal{A}$，它的 n-模展开矩阵表示为 $\mathbf{A}_{(n)}=\text{unfold}_n(\mathcal{A})\in\mathbf{R}^{I_n\times(I_1 I_2\cdots I_d)}$，其列由沿着$\mathcal{A}$的 n-模的所有 I_n 维向量构成；相反，沿 n-模的展开矩阵可以通过$\mathcal{A}=\text{fold}_n(\mathbf{A}_{(n)})$变换回张量。

张量$\mathcal{A}\in\mathbf{R}^{I_1\times I_2\times\cdots\times I_d}$和矩阵$\boldsymbol{B}\in\mathbf{R}^{J_n\times I_n}$的$n$-模乘法相当于其所有 n-模的向量纤维与 $\boldsymbol{B}$ 相乘，结果也是一个 d 阶张量$\mathcal{C}\in\mathbf{R}^{I_1\times I_2\times\cdots\times I_d}$，其元素按照以下计算：

$$c_{i_1 i_2\cdots i_{n-1}j_n,i_{n+1}\cdots i_d}=\sum_{i_n}a_{i_1\cdots i_{n-1}i_n i_{n+1}\cdots i_d}b_{j,i_n}$$

目前有两种特殊的张量分解形式：Tucker 分解[36]和 CANDECOMP/PARAFAC(CP)分解[37]。

在 Tucker 分解中，d 阶张量$\mathcal{A}\in\mathbf{R}^{I_1\times I_2\times\cdots\times I_d}$写作：

$$\mathcal{A}=\mathcal{S}\times_1\boldsymbol{U}_1\times_2\boldsymbol{U}_2\times\cdots\times_d\boldsymbol{U}_d$$

其中，$\mathcal{S}\in\mathbf{R}^{r_1\times r_2\times\cdots\times r_d}$称为核心张量；$\boldsymbol{U}_n\in\mathbf{R}^{I_n\times r_n}(1\leqslant i\leqslant d)$由沿着$\mathcal{A}$的 n-模的 r_n 个正交基组成。

Tucker 分解考虑到了沿着每个模式展开的向量子空间的低秩性质。

CP 分解试图将 d 阶张量$\mathcal{A}\in\mathbf{R}^{I_1\times I_2\times\cdots\times I_d}$分解成一系列 Kronecker 基(秩为 1 的张量的)的线性组合，写作：

$$\mathcal{A}=\sum_{i=1}^{r}c_i\,\mathcal{V}_i=\sum_{i=1}^{r}c_i\,\boldsymbol{v}_{i_1}\circ\boldsymbol{v}_{i_2}\circ\cdots\circ\boldsymbol{v}_{i_N}$$

其中 c_i 表示施加在 Kronecker 内积上的系数。

通过将每个 Kronecker 系数排列到核心张量相应的位置，CP 分解可以写成 Tucker 分解的形式，如图 3.9 所示。与 Tucker 分解相比，CP 分解对应的核心张量非常稀疏，但忽略了沿其模式的向量子空间的低秩性质。

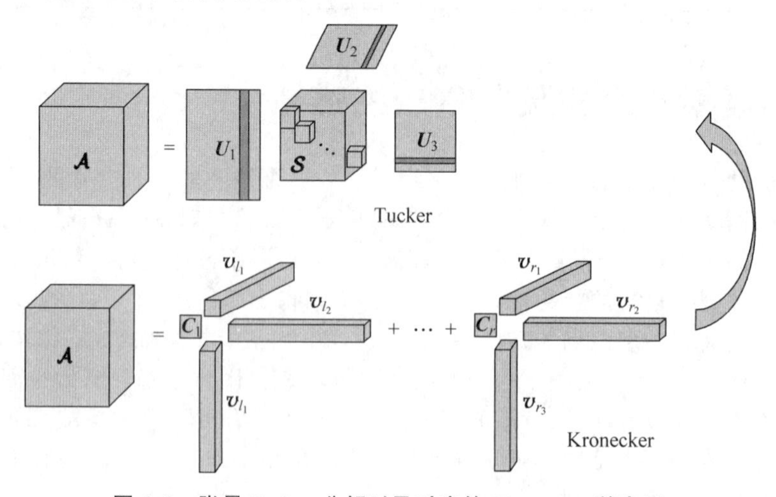

图 3.9　张量 Tucker 分解以及对应的 Kronecker 基表示

3.4.2 内在张量稀疏度量

张量的稀疏性可以通过分解后的核心张量和沿每个模式展开的向量子空间的稀疏性来度量，而每个模式下的向量子空间是一个矩阵形式，可以通过秩来衡量矩阵的稀疏性。如3.6.1节所述，Tucker分解考虑到沿其每个模式展开的向量子空间低秩属性（稀疏性），但是却忽略核心张量的稀疏性。与Tucker分解情况相反，CP分解具有稀疏的核心张量，而沿每个张量模式的子空间却不是低秩的。通过从两种分解形式中整合更合理的稀疏理解，孟德宇等人提出了一种新的张量稀疏测度——内在张量稀疏（Intrinsic Tensor Sparsity，ITS）测度，该测度同时考虑了典型的Tucker分解和CP低秩分解对稀疏性的理解。张量$\boldsymbol{\mathcal{X}}$的稀疏度$S(\boldsymbol{\mathcal{X}})$定义如下[38]：

$$S(\boldsymbol{\mathcal{X}})=t\parallel\boldsymbol{\mathcal{S}}\parallel_0+(1-t)\prod_{i=1}^{N}\operatorname{rank}(\boldsymbol{\mathcal{X}}_{(i)}) \tag{3.55}$$

其中，$\boldsymbol{\mathcal{S}}$是从Tucker分解中获得的$\boldsymbol{\mathcal{X}}$的核心张量，$t(0<t<1)$是折中两项的权重系数。

ITS测度综合考虑了Tucker分解和CP分解的内在稀疏性，不仅考虑了核心张量的稀疏，而且考虑了每个张量模式下张量子空间的低秩特性。

3.4.3 基于CACTI的结构化测量

本节的观测视频通过利用时间压缩孔径编码成像（Coded Aperture Compressive Temporal Imager，CACTI）测量而获得，这种结构化测量描述如下。

设$\boldsymbol{\mathcal{X}}\in\mathbf{R}^{N_x\times N_y\times D}$表示原始离散信号，$\boldsymbol{Y}\in\mathbf{R}^{N_x\times N_y}$表示二维的CACTI测量，通过二值掩模矩阵（$\mathcal{A}_{i,j,n}$）观测$\boldsymbol{X}$的连续$D$帧并叠加，获得一帧测量$\boldsymbol{Y}$：

$$\boldsymbol{Y}_{i,j}=[\mathcal{A}_{1,j,1},\mathcal{A}_{1,j,2},\cdots,\mathcal{A}_{1,j,D}][x_{i,j,1},x_{i,j,2},\cdots,x_{i,j,D}]^{\mathrm{T}}$$

其中$\boldsymbol{Y}_{i,j}$表示测量$\boldsymbol{Y}$中的第i行j列元素，$x_{i,j,n}$与对应的空间(i,j)和时间n的像素相关联，$\mathcal{A}_{i,j,n}\in\{0,1\}$是一个随机二值掩模。

上式意味着$\boldsymbol{Y}$中的每个像素是视频序列$\boldsymbol{x}=[\boldsymbol{x}_1^{\mathrm{T}},\boldsymbol{x}_2^{\mathrm{T}},\cdots,\boldsymbol{x}_K^{\mathrm{T}}]^{\mathrm{T}}$的$D$帧中相应位置像素的加权，其权重是0或1。

将图像分割成图像块后，图像中存在的结构更容易被建模，因此，在下面的逆问题中，将$\boldsymbol{Y}$分为$\sqrt{P}\times\sqrt{P}$大小的块，每一块对应一个期望恢复的三维时空信号向量$\boldsymbol{x}_k$，对于第k个块$\boldsymbol{y}_k\in\mathbf{R}^P$有

$$\boldsymbol{y}_k=\boldsymbol{\Phi}_k\boldsymbol{x}_k=\sum_{i=1}^{D}\boldsymbol{\Phi}_k^i\boldsymbol{x}_k^i \tag{3.56}$$

其中，$\boldsymbol{x}_k=[\boldsymbol{x}_k^{1\mathrm{T}},\boldsymbol{x}_k^{2\mathrm{T}},\cdots,\boldsymbol{x}_k^{D\mathrm{T}}]^{\mathrm{T}}\in\mathbf{R}^{PD\times1}$，$\boldsymbol{x}_k^i\in\mathbf{R}^P$；$\boldsymbol{\Phi}_k=[\boldsymbol{\Phi}_k^1,\boldsymbol{\Phi}_k^2,\cdots,\boldsymbol{\Phi}_k^D]\in\{0,1\}^{P\times PD}$；$\boldsymbol{x}_k^i$对应视频序列$\boldsymbol{x}$的第$i$帧中的第$k$个二维图像块；$\boldsymbol{\Phi}_k^i$是一个对角矩阵，其对角元素对应二值掩模张量$\boldsymbol{\mathcal{A}}$的第$i$帧的第$k$块，其中三维图像块$\boldsymbol{x}_k$和二维块$\boldsymbol{y}_k$均被向量化，CACTI的观测示意图如图3.10所示。

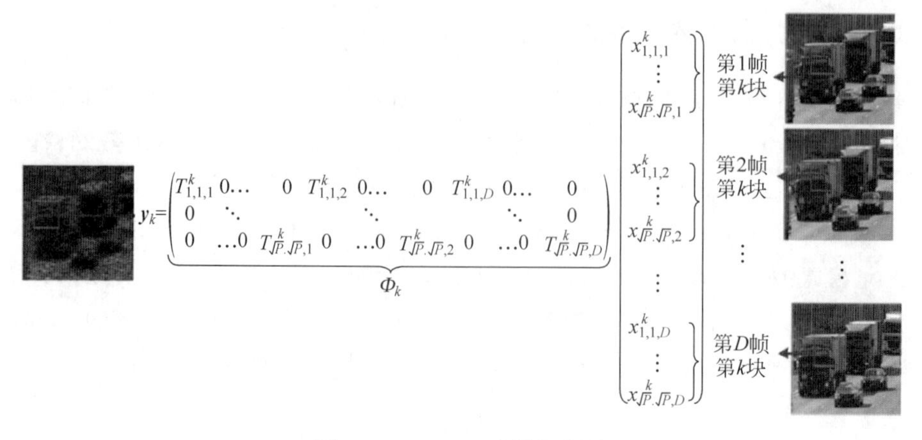

图 3.10 CACTI 观测示意图

3.4.4 基于高斯联合稀疏模型的重构方法

自然图像的自相似性可以用于改善图像的重构结果，同样在视频中也存在自相似性，并且其自相似性可以分为三类：

(1) 对于视频的每一帧而言，每一个图像块总能够在同一帧中找到它的相似块，即每一帧图像内的自相似性，如图 3.11 中白色实线方框图像块组。

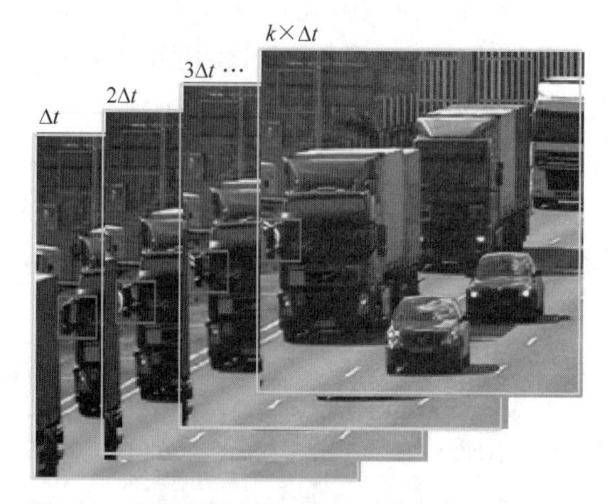

图 3.11 视频序列中的三种类型相似图像块示意图

(2) 对于视频中的静态场景，如果在某个时刻出现场景，相同的场景将出现在以后时刻帧中的相同位置，如图 3.11 中的白色相框图像块组。

(3) 对于视频中的动态场景，如果一个目标在某一帧出现(即 Δt 时刻出现)，那么可以在接下来的几帧中找到这个目标，目标的位置可能有所改变，也就是说，动态目标会出现在不同帧的相邻空间位置，如图 3.11 中的白色虚线框图像块组。

第一类属于帧内自相似性，第二类和第三类属于视频的帧间相似性，下面将结合图 3.12 所示框架图，介绍如何利用视频帧内和帧间的相似性提高视频重构质量。

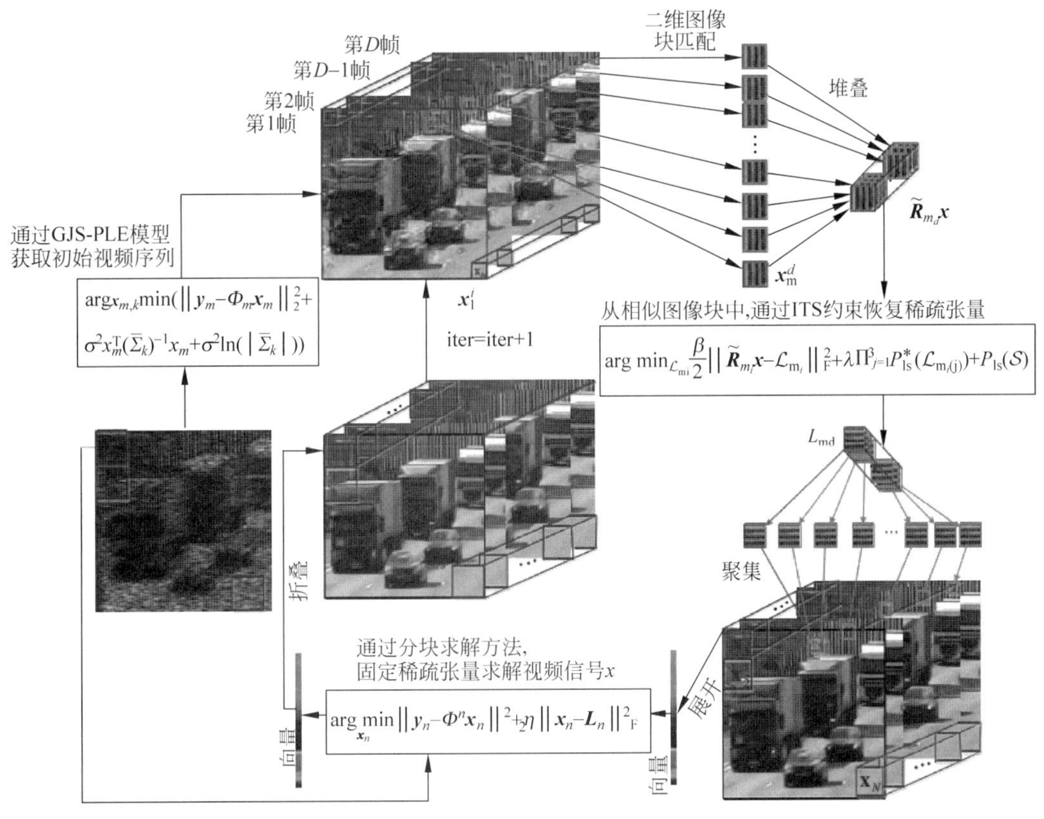

图 3.12 基于 ITS 的视频重构算法框架图

1. 基于内在张量稀疏度量的重构方法

本节通过对视频中相似的二维图像块建立张量稀疏模型,并采用 ITS 作为张量稀疏性度量,提出了一种基于 ITS 的视频重构模型。

对于每个二维图像块 $\boldsymbol{x}_m^i$,在一个 $Z\times Z\times D$ 大小的时空邻域窗口执行 k 近邻搜索,找到与其相似的 Q 个二维图像块,这些图像块的索引集 $\bar{S}$ 表示如下:

$$\bar{S}=\{m_i^q \mid \|\boldsymbol{x}_m^i-\boldsymbol{x}_{m_i^q}\|_2^2\leqslant T, q=1,2,\cdots,Q\}$$

其中 T 表示阈值。

用 $\boldsymbol{R}_{m_i}\boldsymbol{x}=[\boldsymbol{R}_{m_i^1}\boldsymbol{x},\boldsymbol{R}_{m_i^2}\boldsymbol{x},\cdots,\boldsymbol{R}_{m_i^q}\boldsymbol{x},\cdots,\boldsymbol{R}_{m_i^Q}\boldsymbol{x}]\in\mathbf{R}^{\sqrt{p}\times\sqrt{p}\times Q}$ 表示由所有二维相似图像块堆叠成的三阶张量,$\boldsymbol{R}_{m_i^q}$ 表示从视频序列 $\boldsymbol{x}$ 中提取的第 m_i^q 个图像块 $\boldsymbol{x}_{m_i^Q}$,Q 是从视频序列 $\boldsymbol{x}$ 提取样例块的总数。

对每一组相似的图像块 $\boldsymbol{R}_{m_i}\boldsymbol{x}$ 采用 ITS 进行张量稀疏约束,由于式(3.55)中的 L_0 范数和低秩项是组合优化问题,很难求解,因此将 ITS 松弛为对数和的形式:

$$(\hat{\boldsymbol{x}},\hat{\boldsymbol{\mathcal{L}}}_{m_i})=\min_{\boldsymbol{x},\boldsymbol{\mathcal{L}}}\|\boldsymbol{y}-\boldsymbol{\Phi x}\|_2^2+\eta\sum_m\sum_{i=1}^D\left\{\frac{\beta}{2}\|\boldsymbol{R}_{m_i}\boldsymbol{x}-\boldsymbol{\mathcal{L}}_{m_i}\|_F^2+\lambda\prod_{j=1}^3 P_{\mathrm{ls}}^*(\boldsymbol{\mathcal{L}}_{m_i(j)})+P_{\mathrm{ls}}(\mathcal{S})\right\} \tag{3.57}$$

其中,$\boldsymbol{\Phi}$ 为感知矩阵,$\boldsymbol{x}=[\boldsymbol{x}_1^{\mathrm{T}},\boldsymbol{x}_2^{\mathrm{T}},\cdots,\boldsymbol{x}_K^{\mathrm{T}}]^{\mathrm{T}}$,$\boldsymbol{y}=[\boldsymbol{y}_1^{\mathrm{T}},\boldsymbol{y}_2^{\mathrm{T}},\cdots,\boldsymbol{y}_K^{\mathrm{T}}]^{\mathrm{T}}$,$\lambda=\dfrac{1-t}{t}$,$\beta=\dfrac{\gamma}{t}$,$P_{\mathrm{ls}}(\mathcal{A})=$

$\sum_{i_1,i_2,i_3}\log(|a_{1,i_2,i_3}|+\varepsilon)$，$P_{\text{ls}}^*(\boldsymbol{A})=\sum_j\log(\sigma_j(\boldsymbol{A})+\varepsilon)$，$\sigma_j(\boldsymbol{A})$ 表示 $\boldsymbol{A}$ 的第 j 个奇异值。

式(3.57)的第一部分是残差约束项，第二部分是通过搜索三维空间中的相似性二维图像块建立 ITS 惩罚。采用相似二维图像块建模比仅将视频分解成三维图像块更有效，这是因为采用二维图像块更容易捕捉视频中相似的结构信息。

式(3.57)中的目标函数可以通过交替迭代优化视频序列$\boldsymbol{\mathcal{X}}$和稀疏张量$\boldsymbol{\mathcal{L}}_{m_i}$进行求解，下面详细介绍求解方法。

1）固定视频序列恢复稀疏张量

固定视频序列$\boldsymbol{\mathcal{X}}$优化稀疏张量$\boldsymbol{\mathcal{L}}_{m_i}$，相当于在初始估计的视频序列上，提取每一个样例块 $\boldsymbol{x}_m^i$ 的所有相似块，然后求解以下优化问题得到$\boldsymbol{\mathcal{L}}_{m_i}\in\mathbf{R}^{\sqrt{P}\times\sqrt{P}\times Q}$：

$$\boldsymbol{\mathcal{L}}_{m_i}=\arg\min_{\boldsymbol{\mathcal{L}}_{m_i}}\frac{\beta}{2}\|\boldsymbol{R}_{m_i}\boldsymbol{x}-\boldsymbol{\mathcal{L}}_{m_i}\|_{\text{F}}^2+\lambda\prod_{j=1}^{3}P_{\text{ls}}^*(\boldsymbol{\mathcal{L}}_{m_i(j)})+P_{\text{ls}}(\mathcal{S}) \tag{3.58}$$

采用交替方向乘子算法(Alternating Direction Method of Multipliers，ADMM)求解上述问题[38,39]。式(3.58)的增广拉格朗日函数为

$$\begin{aligned}L_\mu(\boldsymbol{\mathcal{S}},\boldsymbol{\mathcal{M}}_1,\boldsymbol{\mathcal{M}}_2,\boldsymbol{\mathcal{M}}_3,\boldsymbol{U}_1,\boldsymbol{U}_2,\boldsymbol{U}_3)=P_{\text{ls}}(\boldsymbol{\mathcal{S}})+\lambda\prod_{j=1}^{3}P_{\text{ls}}^*(M_{j(j)})+&\\ \frac{\beta}{2}\|\boldsymbol{R}_{m_i}\boldsymbol{x}-\boldsymbol{\mathcal{S}}\times_1\boldsymbol{U}_1\times_2\boldsymbol{U}_2\times u_3\|_{\text{F}}^2+&\\ \sum_{j=1}^{3}\langle\boldsymbol{\mathcal{S}}\times_1\boldsymbol{U}_1\times_2\boldsymbol{U}_2\times_3\boldsymbol{U}_3-\boldsymbol{\mathcal{M}}_j,\boldsymbol{\mathcal{P}}_j\rangle+&\\ \sum_{j=1}^{3}\frac{\mu}{2}\|\boldsymbol{\mathcal{S}}\times_1\boldsymbol{U}_1\times_2\boldsymbol{U}_2\times_3\boldsymbol{U}_3-\boldsymbol{\mathcal{M}}_j\|&\end{aligned} \tag{3.59}$$

其中 $\boldsymbol{M}_{j(j)}=\text{unfold}_j(\boldsymbol{\mathcal{M}}_j)$，$\boldsymbol{\mathcal{M}}_j\ (j=1,2,3)$ 是三个辅助张量，$\boldsymbol{\mathcal{P}}_j\ (j=1,2,3)$ 为拉格朗日乘子张量，μ 为一个正标量，矩阵 $\boldsymbol{U}_j$ 满足 $\boldsymbol{U}_j^{\text{T}}\boldsymbol{U}_j=\boldsymbol{I}$，$\forall j=1,2,3$。

式(3.59)的优化包括以下迭代过程。

(1) 固定其他参数，通过求解以下子问题更新张量$\boldsymbol{\mathcal{S}}$：

$$\min_{\boldsymbol{\mathcal{S}}} bP_{\text{ls}}(\boldsymbol{\mathcal{S}})+\frac{1}{2}\|\boldsymbol{\mathcal{S}}-\boldsymbol{\mathcal{O}}\times_1\boldsymbol{U}_1^{\text{T}}\times_2\boldsymbol{U}_2^{\text{T}}\times_3\boldsymbol{U}_3^{\text{T}}\|_{\text{F}}^{2_{\text{F}}}$$

其中，$b=\dfrac{1}{\beta+3\mu}$，$\boldsymbol{\mathcal{O}}=\dfrac{\beta(\boldsymbol{R}_{m_i}\boldsymbol{x})+\sum_j(\mu-\boldsymbol{\mathcal{P}}_j)}{\beta+3}$，该公式具有闭式解[40]：

$$\mathcal{S}^+=D_{b,\varepsilon}(\boldsymbol{\mathcal{O}}\times_1\boldsymbol{U}_1^{\text{T}}\times_2\boldsymbol{U}_2^{\text{T}}\times_3\boldsymbol{U}_3^{\text{T}})$$

其中 $D_{b,g}(\cdot)$ 为阈值操作：

$$D_{b,\varepsilon}(x)=\begin{cases}0, & c_2\leqslant 0\\ \left(\dfrac{c_1+\sqrt{c_2}}{2}\right)\text{sign}(x), & c_2>0\end{cases}$$

其中，$c_1=|x|-\varepsilon$，$c_2=(c_1)^2-4(b-\varepsilon|x|)$。

(2) 固定其他参数，更新 $\boldsymbol{U}_j\ (j=1,2,3)$：

$$\boldsymbol{U}_j^+=\boldsymbol{B}_j\boldsymbol{C}_j^{\text{T}}$$

其中 $\boldsymbol{A}_j^+=\boldsymbol{B}_j\boldsymbol{D}\boldsymbol{C}_j^{\mathrm{T}}$ 是 $\boldsymbol{A}_j$ 的 SVD 分解。当 $j=1$ 时，$\boldsymbol{A}_1=(\boldsymbol{\mathcal{O}}_{(1)}\text{unfold}_1(\boldsymbol{\mathcal{S}}\times_2\boldsymbol{U}_2\times_3\boldsymbol{U}_3))$。

(3) 固定其他参数，更新$\boldsymbol{\mathcal{M}}_j\,(j=1,2,3)$：

$$\min_{\boldsymbol{\mathcal{M}}_j} a_j P_{\text{ls}}^*(M_{j(j)})+\frac{1}{2}\left\|\boldsymbol{\mathcal{L}}+\frac{1}{\mu}\boldsymbol{\mathcal{P}}_j-\boldsymbol{\mathcal{M}}_j\right\|_{\mathrm{F}}^2$$

其中 $a_j=\left(\frac{\lambda}{\mu}\prod_{k\neq j}P_{\text{ls}}^*(M_{k(k)})\right)$，$\boldsymbol{\mathcal{L}}=\boldsymbol{\mathcal{S}}\times_1\boldsymbol{U}_1\times_2\boldsymbol{U}_2\times_3\boldsymbol{U}_3$。$\boldsymbol{\mathcal{M}}_j$ 可以通过以下公式更新：

$$\boldsymbol{\mathcal{M}}_j^+=\text{fold}_j(\boldsymbol{V}_1\boldsymbol{\Sigma}_{a_k}\boldsymbol{V}_2^{\mathrm{T}})$$

其中 $\boldsymbol{\Sigma}_{a_k}=\text{diag}[D_{a_k,\varepsilon}(\sigma_1),D_{a_k,\varepsilon}(\sigma_2),\cdots,D_{a_k,\varepsilon}(\sigma_n)]$，$\boldsymbol{V}_1\text{diag}[\sigma_1,\sigma_2,\cdots,\sigma_n]\boldsymbol{V}_2^{\mathrm{T}}$ 为 $\text{unfold}_j(\boldsymbol{\mathcal{L}}+\boldsymbol{\mathcal{P}}_j/\mu)$的 SVD 分解。

(4) 更新乘子：

$$\mu^+=\rho\mu$$

2) 固定稀疏张量求解视频序列

固定上述计算出的$\boldsymbol{\mathcal{L}}_{m_i}$，可以通过下面的子优化问题求解视频序列 $\boldsymbol{x}$：

$$\boldsymbol{x}=\arg\min_{\boldsymbol{x}}\|\boldsymbol{y}-\boldsymbol{\Phi x}\|_2^2+\eta\sum_m\sum_{i=1}^D\|\boldsymbol{R}_{m_i}\boldsymbol{x}-\boldsymbol{\mathcal{L}}_{m_i}\|_{\mathrm{F}}^2$$

其具有闭式解：

$$\boldsymbol{x}=\left(\boldsymbol{\Phi}^{\mathrm{T}}\boldsymbol{\Phi}+\eta\sum_m\sum_{i=1}^D\boldsymbol{R}_{m_i}^{\mathrm{T}}\boldsymbol{R}_{m_i}\right)^{-1}\left(\boldsymbol{\Phi}^{\mathrm{T}}\boldsymbol{y}+\eta\sum_m\sum_{i=1}^D\boldsymbol{R}_{m_i}^{\mathrm{T}}\boldsymbol{\mathcal{L}}_{m_i}\right)$$

其中 $\boldsymbol{R}_{m_i}^{\mathrm{T}}\boldsymbol{R}_{m_i}=\sum\boldsymbol{R}_{m_i^q}^{\mathrm{T}}\boldsymbol{R}_{m_i^q}$。

在这里，矩阵太大以至于无法直接求其逆矩阵，因此采用分块 CS 的思想对其进行简化求解[44]。如图 3.13 所示，感知矩阵$\boldsymbol{\Phi}$ 是一个块对角矩阵，$\boldsymbol{\Phi}=\text{diag}[\boldsymbol{\Phi}^1,\boldsymbol{\Phi}^2,\cdots,\boldsymbol{\Phi}^k,\cdots,\boldsymbol{\Phi}^K]$，其中对角块矩阵$\boldsymbol{\Phi}^K$ 的维数取决于计算机的计算能力。$\boldsymbol{\mathcal{L}}_{m_i}$ 是与 $\boldsymbol{x}_m^j$ 相似的图像块组的一个稀疏张量近似，因为相似图像块的索引已知，所以可以通过在每个像素处聚合$\boldsymbol{\mathcal{L}}_{m_i}$ 来获得整个视频的稀疏张量部分$\boldsymbol{\mathcal{L}}$，对应为原始视频序列大小。可以分解为一系列独立的子问题：

$$\boldsymbol{x}_k=\arg\min_{\boldsymbol{x}_k}\|\boldsymbol{y}_k-\boldsymbol{\Phi}^k\boldsymbol{x}_k\|_2^2+\eta\|\boldsymbol{x}_k-\boldsymbol{L}_k\|_{\mathrm{F}}^2$$

其中 $\boldsymbol{L}_k=\boldsymbol{\mathcal{L}}_{m_i(k)}$是从$\boldsymbol{\mathcal{L}}$中提取的对应三维视频块 $\boldsymbol{x}_m$ 位置，$\boldsymbol{x}_k$ 和$\boldsymbol{L}_k$ 均被向量化。该子问题很容易求解：

$$\boldsymbol{x}_k=((\boldsymbol{\Phi}^k)^{\mathrm{T}}\boldsymbol{\Phi}^k+\eta\boldsymbol{I})^{-1}((\boldsymbol{\Phi}^k)^{\mathrm{T}}\boldsymbol{y}_k+\eta\boldsymbol{\mathcal{L}}_{m_i(k)})$$

当求解完所有三维视频块$\{\boldsymbol{x}_k\}_{1\leqslant k\leqslant K}$，可以重新将其整合为整个视频序列。

基于 ITS 的视频重构过程可见算法 3.7，框架图见图 3.13。

表 3.7 基于 ITS 的视频重构过程

基于 ITS 的视频重构
初始化： 步骤 1，估计初始视频序列 $\hat{x}$ 步骤 2，设置参数 λ,η,Q 循环：

For iter=1,2,…,max_iter **do**

步骤3,对于每一个样例图像块 $\boldsymbol{x}_m^j$,在 $Z\times Z\times D$ 大小的局部窗口中搜索k-近邻图像块,得到每个样例图像块的相似块组$\mathcal{L}_{m_i}$;

步骤4,**For** 每个相似块组$\mathcal{L}_{m_i}$ **do**

//通过ADMM算法求解

While not convergence **do**

更新$\mathcal{S}$

更新$\boldsymbol{U}_j$ $(j=1,2,3)$

更新$\mathcal{M}_j$ $(j=1,2,3)$

更新乘子$\mu^+=\rho\mu$;

End while

End for

步骤5,通过在每个像素点聚合$\mathcal{L}_{m_i}$得到稀疏张量$\mathcal{L}$;

步骤6,固定稀疏张量$\mathcal{L}$通过求解更新$\boldsymbol{x}$:

For $k=1,2,\cdots,K$ **do**

计算第k个三维视频图像块:

$$\boldsymbol{x}_k=((\boldsymbol{\Phi}^k)^{\mathrm{T}}\boldsymbol{\Phi}^k+\eta\boldsymbol{I})^{-1}((\boldsymbol{\Phi}^k)^{\mathrm{T}}\boldsymbol{y}_k+\eta\mathcal{L}_{m_i(k)})$$

End for

步骤7,通过在每个像素点聚合$\{\boldsymbol{x}_k\}_{1\leqslant k\leqslant K}$得到估计视频序列$\hat{\boldsymbol{x}}$;

Endfor

输出:最终重构视频序列$\hat{\boldsymbol{x}}$。

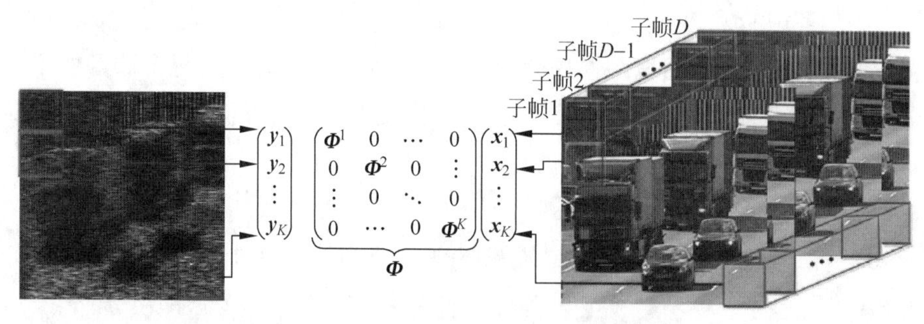

图3.13 CACTI的分块视频感知框架图

2. 基于高斯联合稀疏模型的视频重构

由算法3.1的步骤1中可以看出,基于ITS的重构模型需要一个初始估计的视频序列。本节通过采用相邻帧之间的相似性,提出了用于初始视频估计的高斯联合稀疏模型(Gaussian Joint Sparsity model,GJS)。

1) 分段线性估计

Yu等人介绍了采用分段线性估计(Piecewise Linear Estimations,PLE)解决二维图像逆问题的一般框架[41]。基于混合高斯模型(Mixture Gaussian Model,GMM)的PLE方法通过最大化后验概率来求解,为逆问题提供了一般且有效的解决方案,在已知每个图像块的压缩测量时,可以通过维纳滤波器重构二维图像块[42]。

在 PLE 的初始化中，$K-1$ 个高斯分量对应于从 0 到 π 均匀采样的 $K-1$ 个角度，这些 $K-1$ 个分量的 PCA 空间是基于沿相同方向的合成黑白边缘图像学习得到的，第 K 个高斯分量采用 DCT 作为基用来捕获各向同性图像图案。

2) 高斯联合稀疏模型

PLE 是一种重构二维图像的方法，但并不能直接拓展到视频重构领域，一方面是因为它定义的不是三维图像块；另一方面是因为它不能捕捉视频帧间的相似性。接下来，为了解决这两个问题，针对三维视频块基于帧间的相似性提出了一种视频初始化重构方法。

与二维图像相比，视频序列中包含更多的先验，例如具有相似结构的相同场景以相当大的概率出现在相邻帧的相同位置处。对于不同邻帧的相同位置，如果它们具有相似的结构，那么它们便是联合稀疏的，则可以通过相同的分布建模。因此，假设在相邻帧的相同位置上的图像块服从相同的高斯分布，则称之为高斯联合稀疏(Gaussian Joint Sparse，GJS)。

在 CACTI 测量下，观测到的二维图像块 $\{\boldsymbol{y}_m\}_{1\leqslant m\leqslant M}$ 如下：

$$\boldsymbol{y}_m=\boldsymbol{\Phi}_m\boldsymbol{x}_m+\varepsilon_m=\sum_{i=1}^{D}\boldsymbol{\Phi}_m^i\boldsymbol{x}_m^i+\boldsymbol{\varepsilon}_m,\quad \forall m=1,2,\cdots,M$$

其中 $\boldsymbol{x}_m=[\boldsymbol{x}_m^{1\mathrm{T}},\boldsymbol{x}_m^{2\mathrm{T}},\cdots,\boldsymbol{x}_m^{D\mathrm{T}}]^{\mathrm{T}}$ 是待重构的三维视频块，噪声向量 $\boldsymbol{\varepsilon}_m\in\mathbf{R}^p$。

此公式可以看作一个逆问题。

假设二维图像块可以通过一个混合高斯分布表示，设有 K 个高斯分布 $\{\mathcal{N}(\boldsymbol{\mu}_k,\boldsymbol{\Sigma}_k)\}_{1\leqslant k\leqslant K}$，这 K 个高斯分布可以由 PCA 初始化方差生成。二维图像块 $\boldsymbol{x}_m^i$ 以独立等概率服从任一高斯分布。假设图像块 $\boldsymbol{x}_m^i$ 服从第 $k_i\in[1,K]$ 个高斯分布，记为：$\mathcal{N}(\boldsymbol{x}_m^i|\boldsymbol{\mu}_{k_m^i},\boldsymbol{\Sigma}_{k_m^i})$，其概率密度函数表示如下：

$$p(\boldsymbol{x}_m^i)=(2\pi)^{-N/2}|\boldsymbol{\Sigma}_{k_m^i}|^{-1/2}\exp\left(-\frac{1}{2}(\boldsymbol{x}_m^i-\boldsymbol{\mu}_{k_m^i})^{\mathrm{T}}(|\boldsymbol{\Sigma}_{k_m^i}|)^{-1}(\boldsymbol{x}_m^i-\boldsymbol{\mu}_{k_m^i})\right)$$

三维视频块由相邻帧相同位置的二维图像块组成 $\boldsymbol{x}_m=[\boldsymbol{x}_m^{1\mathrm{T}},\boldsymbol{x}_m^{2\mathrm{T}},\cdots,\boldsymbol{x}_m^{D\mathrm{T}}]^{\mathrm{T}}$，假设 $\boldsymbol{x}_m^i$ 之间相互独立，则三维视频块的概率密度函数为

$$p(\boldsymbol{x}_m)=\prod_{i=1}^{D}p(\boldsymbol{x}_m^i)=\mathcal{N}(\boldsymbol{x}_m\mid\boldsymbol{\mu}_{k_m},\overline{\boldsymbol{\Sigma}}_{k_m})$$

其中均值和协方差矩阵分别为

$$\boldsymbol{\mu}_{k_m}=\begin{bmatrix}\boldsymbol{\mu}_{k_m^1}\\ \boldsymbol{\mu}_{k_m^2}\\ \vdots\\ \boldsymbol{\mu}_{k_m^D}\end{bmatrix},\quad \overline{\boldsymbol{\Sigma}}_{k_m}=\begin{bmatrix}\boldsymbol{\Sigma}_{k_m^1} & 0 & 0 & \cdots & 0 & 0\\ 0 & \boldsymbol{\Sigma}_{k_m^2} & 0 & \cdots & \vdots & \vdots\\ \vdots & 0 & 0 & \ddots & 0 & 0\\ 0 & 0 & 0 & \cdots & 0 & \boldsymbol{\Sigma}_{k_m^D}\end{bmatrix}$$

这里是 $(\boldsymbol{\mu}_k,\boldsymbol{\Sigma}_k)$ 的一个组合，由于假设了 K 个高斯分布 $\{\mathcal{N}(\boldsymbol{\mu}_k,\boldsymbol{\Sigma}_k)\}_{1\leqslant k\leqslant K}$，因此 $(\boldsymbol{\mu}_{k_m},\overline{\boldsymbol{\Sigma}}_{k_m})$ 的组合的可能性有 K^D 种，可见为三维视频块 $\boldsymbol{x}_m$ 选择一个合适的高斯分布是一个复杂的组合优化问题。

值得注意的是，一般情况下在相邻帧的相同位置的二维图像块具有相同的结构，可以通过相同的高斯分布建模，称其为高斯联合稀疏。由于三维视频块 $\boldsymbol{x}_m$ 中所有的 $\boldsymbol{x}_m^i$ 服从同一个高斯分布这个特殊属性，K^D 种组合的可能性降为 K 种，三维视频块 K 种高斯分布

为$\{\mathcal{N}(\bar{\boldsymbol{\mu}}_k,\overline{\boldsymbol{\Sigma}}_k)\}_{1\leqslant k\leqslant K}$：

$$\bar{\boldsymbol{\mu}}_k=\begin{bmatrix}\boldsymbol{\mu}_k\\\boldsymbol{\mu}_k\\\vdots\\\boldsymbol{\mu}_k\end{bmatrix},\quad \overline{\boldsymbol{\Sigma}}_k=\begin{bmatrix}\boldsymbol{\Sigma}_k & 0 & 0 & \cdots & 0 & 0\\0 & \boldsymbol{\Sigma}_k & 0 & \cdots & \vdots & \vdots\\\vdots & 0 & 0 & \ddots & 0 & 0\\0 & 0 & 0 & \cdots & 0 & \boldsymbol{\Sigma}_k\end{bmatrix}$$

3）基于 PLE 的 GJS 模型求解

在获得表示三维的高斯模型之后，采用 PLE 来求解 GJS 模型[43]。由于图像块的均值总可以归一化，因此为了简化符号，假设高斯分布具有零均值向量，即$\boldsymbol{\mu}_k=\mathbf{0}$，对于第 m 个三维视频块，信号估计和模型选择通过最大化对数概率来计算：

$$\begin{aligned}(\boldsymbol{x}_m,\tilde{k}_m)&=\arg\max_{\boldsymbol{x}_m,k}\ln p(\boldsymbol{x}_m\mid\boldsymbol{y}_m)\\&=\arg\max_{\boldsymbol{x}_m,k}(\ln p(\boldsymbol{y}_m\mid\boldsymbol{x}_m)+\ln p(\boldsymbol{x}_m))\\&=\arg\max_{\boldsymbol{x}_m,k}(\ln\mathcal{N}(\boldsymbol{y}_m\mid\boldsymbol{\Phi}_m\boldsymbol{x}_m,\sigma^2\boldsymbol{I}_P)+\ln\mathcal{N}(\boldsymbol{x}_m\mid\mathbf{0},\overline{\boldsymbol{\Sigma}}_k))\\&=\arg\min_{\boldsymbol{x}_m,k}(\|\boldsymbol{y}_m-\boldsymbol{\Phi}_m\boldsymbol{x}_m\|^2+\sigma^2\boldsymbol{x}_m^{\mathrm{T}}(\overline{\boldsymbol{\Sigma}}_k)^{-1}\boldsymbol{x}_m+\sigma^2\ln|\overline{\boldsymbol{\Sigma}}_k|)\end{aligned}$$

其中$\boldsymbol{\varepsilon}_m\sim\mathcal{N}(0,\sigma^2\boldsymbol{I}_P)$，$\boldsymbol{I}_P$ 为 p 维单位矩阵。

首先固定 k 计算 $\boldsymbol{x}_m$，即第 k 个高斯分布模型下 $\boldsymbol{x}_m\sim\mathcal{N}(\mathbf{0},\overline{\boldsymbol{\Sigma}}_k)$估计视频块：

$$\boldsymbol{x}_m^k=\arg\min_{\boldsymbol{x}_m}(\|\boldsymbol{\Phi}_m\boldsymbol{x}_m-\boldsymbol{y}_m\|^2+\sigma^2(\boldsymbol{x}_m)^{\mathrm{T}}\overline{\boldsymbol{\Sigma}}_k^{-1}(\boldsymbol{x}_m))$$

采用 MAP 得到 $\boldsymbol{x}_m^k$ 的估计值：

$$\boldsymbol{x}_m^k=\overline{\boldsymbol{\Sigma}}_k\boldsymbol{\Phi}_m^{\mathrm{T}}(\boldsymbol{\Phi}_m\overline{\boldsymbol{\Sigma}}_k\boldsymbol{\Phi}_m^{\mathrm{T}}+\sigma^2\boldsymbol{I}_p)^{-1}\boldsymbol{y}_m$$

估计完所有高斯分布模型$\{\mathcal{N}(\bar{\boldsymbol{\mu}}_k,\overline{\boldsymbol{\Sigma}}_k)\}_{1\leqslant k\leqslant K}$后，最优的模型 k_m 为所有模型中具有最大概率的模型：

$$\tilde{k}_m=\arg\min_k(\|\boldsymbol{\Phi}_m\boldsymbol{x}_m^k-\boldsymbol{y}_m\|^2+\sigma^2(\boldsymbol{x}_m^k)^{\mathrm{T}}\overline{\boldsymbol{\Sigma}}_k^{-1}(\boldsymbol{x}_m^k)+\sigma^2\log|\overline{\boldsymbol{\Sigma}}_k|)$$

最后，三维视频信号由最优模型 k_m 估计得到

$$\boldsymbol{x}_m=\boldsymbol{x}_m^{k_m}$$

这种将视频建模为高斯联合稀疏模型，并采用 PLE 方法求解的方法称为 GJS_PLE 算法，用于视频重构的 GJS_PLE 算法的细节见表 3.8。

表 3.8 GJS_PLE 算法

GJS_PLE 算法
步骤 1，采用 PLE 中的初始化方法获得 K 个高斯分布$\{\mathcal{N}(\bar{\boldsymbol{\mu}}_k,\overline{\boldsymbol{\Sigma}}_k)\}_{1\leqslant k\leqslant K}$，$K-1$ 个高斯分量对应从 0 到 π 均匀采样的 $K-1$ 个角度，第 K 个高斯分量采用 DCT 基。
步骤 2，根据二维图像块的高斯模型$\{\mathcal{N}(\bar{\boldsymbol{\mu}}_k,\overline{\boldsymbol{\Sigma}}_k)\}_{1\leqslant k\leqslant K}$ 建立三维视频块的模型$\{\mathcal{N}(\bar{\boldsymbol{\mu}}_k,\overline{\boldsymbol{\Sigma}}_k)\}_{1\leqslant k\leqslant K}$：

续表

$$\bar{\boldsymbol{\mu}}_{k_m}=\begin{bmatrix}\boldsymbol{\mu}_{k_m^1}\\ \boldsymbol{\mu}_{k_m^2}\\ \vdots\\ \boldsymbol{\mu}_{k_m^D}\end{bmatrix},\quad \overline{\boldsymbol{\Sigma}}_{k_m}=\begin{bmatrix}\boldsymbol{\Sigma}_{k_m^1} & 0 & 0 & \cdots & 0 & 0\\ 0 & \boldsymbol{\Sigma}_{k_m^2} & 0 & \cdots & \vdots & \vdots\\ \vdots & 0 & 0 & \ddots & 0 & 0\\ 0 & 0 & 0 & \cdots & 0 & \boldsymbol{\Sigma}_{k_m^D}\end{bmatrix}$$

估计每一个三维视频块的原始信号和高斯模型：

步骤 3，通过估计每个模型 k 下的信号：

$$\boldsymbol{x}_m^k=\overline{\boldsymbol{\Sigma}}_k\boldsymbol{\Phi}_m^{\mathrm{T}}(\boldsymbol{\Phi}_m\overline{\boldsymbol{\Sigma}}_k\boldsymbol{\Phi}_m^{\mathrm{T}}+\sigma^2\boldsymbol{I}_P)^{-1}\boldsymbol{y}_m$$

步骤 4，通过选择最优模型 $\tilde{k}_m$：

$$\tilde{k}_m=\arg\min_k(\|\boldsymbol{\Phi}_m\boldsymbol{x}_m^k-\boldsymbol{y}_m\|^2+\sigma^2(\boldsymbol{x}_m^k)^{\mathrm{T}}\overline{\boldsymbol{\Sigma}}_k^{-1}(\boldsymbol{x}_m^k)+\sigma^2\log|\overline{\boldsymbol{\Sigma}}_k|)$$

步骤 5，通过最优模型 $\tilde{k}_m$ 估计三维视频块：$\boldsymbol{x}_m=\boldsymbol{x}_m^{\tilde{k}_m}$。

4）仿真实验及结果分析

本节采用四种对比方法进行分析，一种是在文献[42]中提到的 GMM，另外三种是与本章提出算法相结合的方法，具体如下：

GMM——Yang 等人提出的混合高斯模型求解算法[42]。

GJS_PLE——基于高斯联合稀疏的视频序列初始化重构方法。

GMM_ITS——采用 GMM 来获得最初的视频序列，然后采用基于 ITS 的模型获得最终的重构视频序列。

GJS_PLE _ITSV——这是本章介绍的视频序列重构的完整算法，根据 GJS_PLE 算法得到初始化视频序列，然后采用基于 ITS 的模型获得最终的重构视频序列。

（1）参数设置。

对于 GJS_PLE 方法，$K=20$ 个高斯分布$\{\mathcal{N}(\bar{\boldsymbol{\mu}}_k,\overline{\boldsymbol{\Sigma}}_k)\}_{1\leqslant k\leqslant K}$ 由 Yu 等人提出的 PCA 初始化方法生成[41]，$N_x\times N_y$ 大小的测量，以步长 $\boldsymbol{v}$ 通过水平和垂直滑动来分割成一系列重叠的大小为$\sqrt{P}\times\sqrt{P}$的块，其中 $v\in\{1,2,\cdots,P\}$。在实验中，对简便性和准确性进行折中，设定 $v=\sqrt{P}/2$，$\sqrt{P}=8$，高斯噪声服从$\boldsymbol{\varepsilon}_m\sim\mathcal{N}(\boldsymbol{0},\sigma^2\boldsymbol{I}_P)$，$\sigma=0.01$，正则化参数 $\eta=0.5$。

张量稀疏模型的主要参数设置如下：块大小$\sqrt{P}\times\sqrt{P}=8\times8$，每个样例块在 $Z\times Z\times D=25\times25\times D$ 大小的窗口中选择与之相似的 $Q=50$ 个图像块，正则化参数简单地设置为 $\lambda=5$，$\rho=1.2$，$\eta=0.5$，其他参数参照文献的补充材料[38]。为了减少计算复杂度，实验中沿水平和垂直方向每隔 5 个像素提取一个样例图像块。

（2）实验结果。

通过五个视频进行 CACTI 观测及重构，设置时间压缩比 $D=8$，五个视频分别是：Traffic 视频，大小为 $256\times256\times96$ 像素；Windmill 视频，大小为 $256\times256\times128$ 像素；Droplight 视频，大小为 $288\times352\times500$ 像素；Wheel 视频，大小为 $288\times352\times602$ 像素；Fountain 视频，大小为 $288\times352\times782$ 像素。

图 3.14 和图 3.15、图 3.16 和图 3.17、图 3.20 和图 3.21、图 3.22 和图 3.23、图 3.24 和图 3.25 分别展示了 GMM、GJS_PLE、GMM_ITS 和 GJS_PLE_ITS 对 Traffic、Windmill、Droplight、Wheel、Fountain 第 1 帧和第 8 帧的重构结果图。从实验结果可以看出，GJS_PLE_ITS 算法可以提供高视觉质量，有效地降低了边缘的噪音。基于 GJS_PLE 的初始化重构算法可以获得比 GMM 算法更精确的边缘，能够对视频中移动场景的边缘进行较好的估计，所获得的初始图像结构性更强。与没有张量稀疏约束模型的方法相比，GMM_ITS 和 GJS_PLE_ITS 重建结果更加平滑和一致，视频中移动目标的边缘结构更加清晰，例如移动

(a) 原图

(b) GMM,21.07dB

(c) GJS_PLE,21.63dB

(d) GMM_ITS,23.79dB

(e) GJS_PLE_ITS,25.01dB

图 3.14 Traffic 第 1 帧不同重构方法的结果图

(a) 原图

(b) GMM,20.67dB

(c) GJS_PLE,21.16dB

(d) GMM_ITS,23.27dB

(e) GJS_PLE_ITS,24.17dB

图 3.15　Traffic 第 8 帧不同重构方法的结果图

(a) 原图

(b) GMM,24.41dB(0.8223)

(c) GJS_PLE,27.50dB(0.8869)

(d) GMM_ITS,24.78(0.8358)

(e) GJS_PLE,ITS,28.51dB(0.9103)

图 3.16　Windmill 第 1 帧不同重构方法的结果图

(a) 原图

(b) GMM,24.23dB(0.8209)

(c) GJS_PLE,27.84dB(0.8873)

(d) GMM_ITS,24.61(0.8336)

(e) GJS_PLE,ITS,28.87dB(0.9105)

图 3.17 Windmill 第 8 帧不同重构方法的结果图

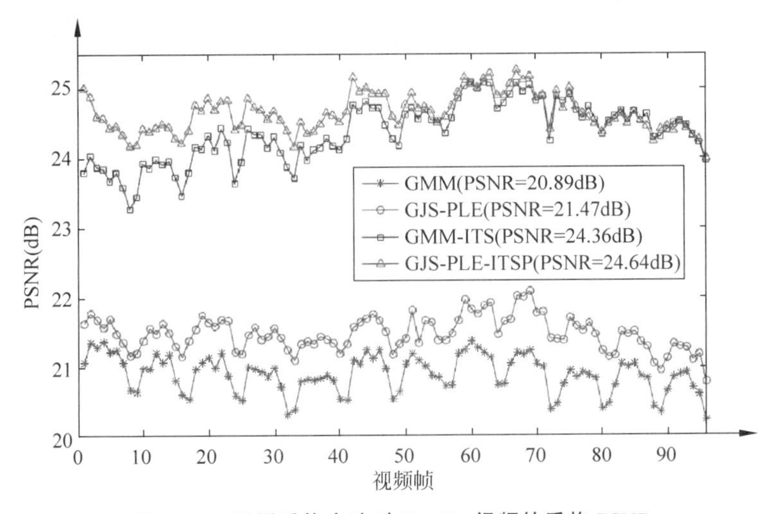

图 3.18 不同重构方法对 Traffic 视频的重构 PSNR

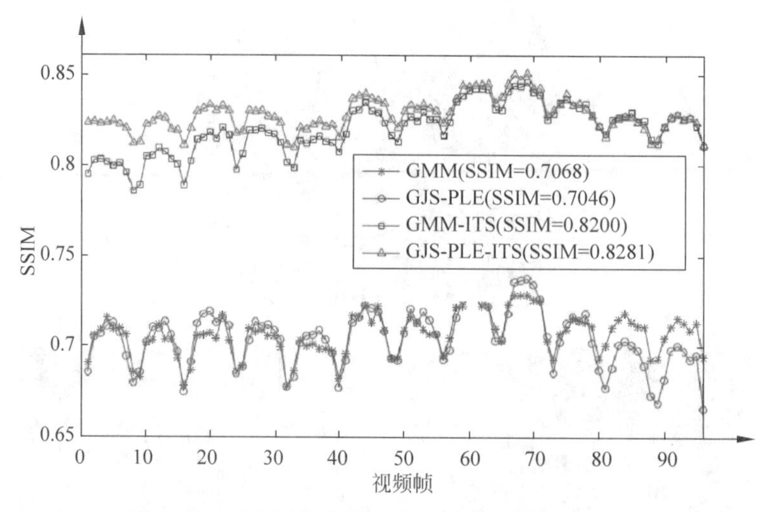

图 3.19　不同重构方法对 Traffic 视频的重构 SSIM

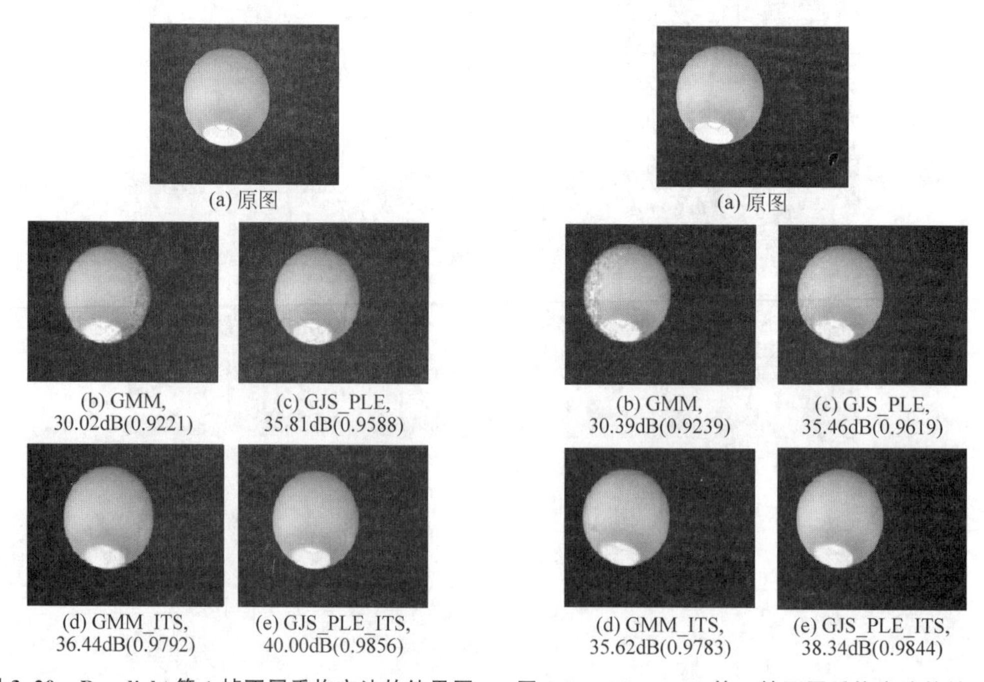

图 3.20　Droplight 第 1 帧不同重构方法的结果图

图 3.21　Droplight 第 8 帧不同重构方法的结果图

的汽车、转动的风叶、旋转的车轮和喷涌的泉水。另一方面，经过对比图 3.16 和图 3.17 中不同重构方法下 Windmill 风叶的位置，可以看出 GMM 算法模糊了移动目标的确定位置，而 GJS_PLE 能够较为精确地展示出移动目标的位置。图 3.18 和图 3.19 为 Traffic 视频数据绘制了 GMM、GJS_PLE、GMM_ITS 和 GJS_PLE_ITS 方法的 PSNR 和 SSIM 折线图。从图 3.20 和图 3.21 的对比中也可以看出，初始化重构算法 GJS_PLE 能够更准确地重构摆动吊灯的边缘区域。综合来说，在 GJS-PLE 模型提供方向结构性较强的初始重构图像基础上，采用基于 ITS 的重构模型，能够有效提高图像重构质量，二者相结合能够有效抑制移动边缘的噪声，提供清晰可靠的移动边缘，保证光滑区域的一致性。

(a) 原图
(b) GMM,
21.04dB(0.5825)
(c) GJS_PLE,
21.93dB(0.6847)
(d) GMM_ITS,
22.76dB(0.7445)
(e) GJS_PLE_ITS,
23.28dB(0.7787)

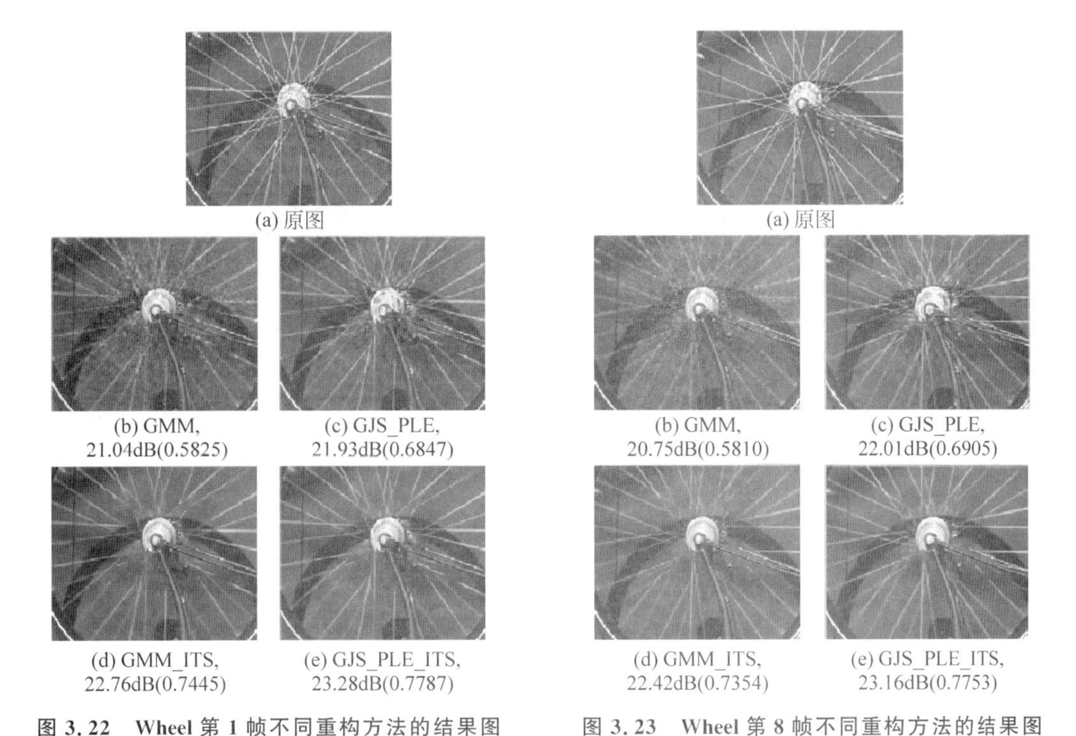

图 3.22　Wheel 第 1 帧不同重构方法的结果图

(a) 原图
(b) GMM,
20.75dB(0.5810)
(c) GJS_PLE,
22.01dB(0.6905)
(d) GMM_ITS,
22.42dB(0.7354)
(e) GJS_PLE_ITS,
23.16dB(0.7753)

图 3.23　Wheel 第 8 帧不同重构方法的结果图

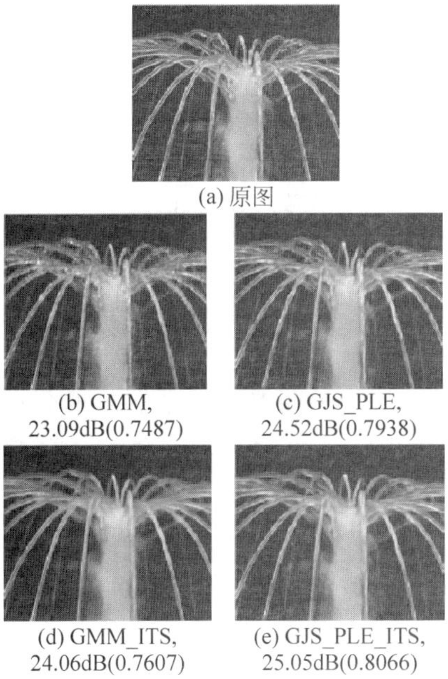

(a) 原图
(b) GMM,
23.09dB(0.7487)
(c) GJS_PLE,
24.52dB(0.7938)
(d) GMM_ITS,
24.06dB(0.7607)
(e) GJS_PLE_ITS,
25.05dB(0.8066)

图 3.24　Fountain 第 1 帧不同重构方法的结果图

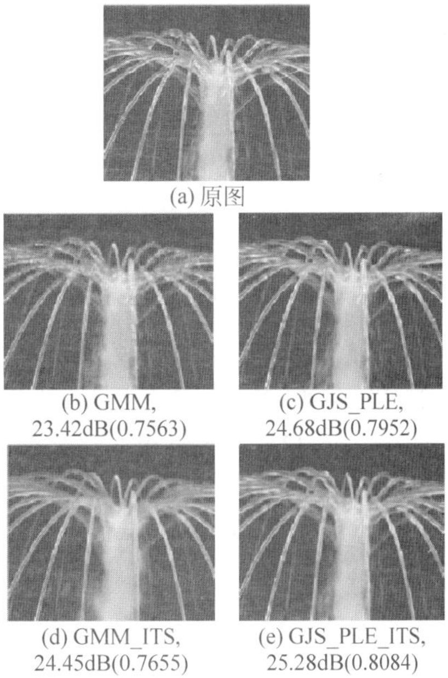

(a) 原图
(b) GMM,
23.42dB(0.7563)
(c) GJS_PLE,
24.68dB(0.7952)
(d) GMM_ITS,
24.45dB(0.7655)
(e) GJS_PLE_ITS,
25.28dB(0.8084)

图 3.25　Fountain 第 8 帧不同重构方法的结果图

表 3.9 和表 3.10 分别展示了 Traffic 视频和 Windmill 视频的第 1～8 帧重构的峰值信噪比(Peak Signal to Noise Ratio，PSNR)及结构相似性度量指标 SSIM(Structural Similarity)。可以看出，所有三种提出的方法——GJS_PLE，GMM_ITS 和 GJS_PLE_ITS

的 PSNR 及 SSIM 值均比 GMM 算法的相应值高。对于 Traffic 视频来说，基于张量稀疏的约束对视频的质量提升效果更大；对于 Windmill 视频来说，GJS_PLE 能更有效捕捉视频中移动的结构。

表 3.9 Traffic 第 1～8 帧重构结果表

帧　数	方法/PSNR(SSIM)			
	GMM	GJS_PLE	GMM_ITS	GJS_PLE_ITS
1	21.06(0.6908)	21.63(0.6857)	23.79(0.7949)	25.01(0.8235)
2	21.36(0.7057)	21.77(0.7051)	24.04(0.8029)	24.88(0.8241)
3	21.28(0.7088)	21.68(0.7069)	23.88(0.8033)	24.60(0.8230)
4	21.37(0.7157)	21.56(0.7110)	23.84(0.8018)	24.57(0.8233)
5	21.22(0.7092)	21.69(0.7128)	23.67(0.7996)	24.43(0.8242)
6	21.24(0.7101)	21.47(0.7074)	23.80(0.8013)	24.47(0.8223)
7	21.07(0.7062)	21.35(0.6943)	23.58(0.7961)	24.34(0.8202)
8	20.68(0.6856)	21.16(0.6795)	23.27(0.7854)	24.17(0.8118)

表 3.10 Windmill 第 1～8 帧重构结果表

帧　数	方法/PSNR(SSIM)			
	GMM	GJS_PLE	GMM_ITS	GJS_PLE_ITS
1	24.41(0.8217)	27.50(0.8847)	24.79(0.8357)	28.51(0.9102)
2	25.28(0.8316)	27.44(0.8879)	25.61(0.8441)	28.48(0.9131)
3	25.50(0.8349)	27.79(0.8945)	25.85(0.8471)	28.85(0.9191)
4	25.48(0.8385)	27.77(0.8966)	25.83(0.8515)	28.86(0.9216)
5	25.70(0.8407)	27.65(0.8958)	26.02(0.8522)	28.74(0.9209)
6	25.52(0.8411)	27.82(0.8932)	25.84(0.8525)	28.87(0.9186)
7	25.19(0.8361)	27.78(0.8887)	25.54(0.8488)	28.86(0.9136)
8	24.23(0.8204)	27.84(0.8848)	24.61(0.8336)	28.88(0.9105)

本节在 CACTI 测量下，提出了一种基于 ITS 视频重建算法。通过将视频重构问题转化为张量稀疏近似问题，该算法具有以下优点：

(1) 张量稀疏模型，充分利用帧内和帧间(空间和时间)的张量稀疏惩罚来捕获视频的自相似性，并且 ITS 度量被用作张量稀疏度量，它结合了 Tucker 和 CP 分解对于张量稀疏度量的优势，在恢复纹理、边缘等结构方面表现良好。

(2) 提出了 GJS 模型用来重构初始化视频序列，将高斯混合模型与联合稀疏模型结合起来建立高斯联合稀疏模型来求解三维视频，该模型能够很好地反映视频帧间的相似性。

最后实验结果和分析表明，所提出的 GJS 初始化方法和基于 ITS 的视频重构方法具有良好的表现性能。

3.5 本章小结

本章介绍了几种经典的结构化稀疏压缩感知模型及其重构算法，主要有块稀疏压缩感知方法、联合稀疏压缩感知方法，其中块稀疏压缩感知包括块混合范数优化算法、块正交匹配追踪算法、块匹配追踪算法、块稀疏子空间学习算法及块稀疏贝叶斯算法；联合稀疏压缩感知方法包括三种联合稀疏模型下的重构算法以及高斯联合稀疏张量压缩感知，为从事信号处理工作的广大读者提供参考和借鉴。

参考文献

[1] Ji S H, Dunson D, Carin L. Multitask compressive sensing[J]. *IEEE Transactions on Signal Processing*, 2009, 57(1): 92-106.

[2] Parvaresh F, Vikalo H, Misra S, et al. Recovering sparse signals using sparse measurement matrices in compressed DNA microarrays[J]. *IEEE Journal of Selected Topics in Signal Processing*, 2008, 2(3): 275-285.

[3] Mishali M, Eldar Y C. From theory to practice: sub-nyquist sampling of sparse wideband analog signals[J]. *IEEE Journal of Selected Topics in Signal Processing*, 2010, 4(2): 375-391.

[4] Davies M E, Eldar Y C. Rank awareness in joint sparse recovery[J]. *IEEE Transactions on Information Theory*, 2012, 58(2): 1135-1146.

[5] 轩启运. 基于字典学习的联合块稀疏分解算法研究[D]. 哈尔滨：哈尔滨工业大学, 2019.

[6] Yong L, Dai W, Zou J, et al. Structured sparse representation with union of data-driven linear and multilinear subspaces model for compressive video sampling[J]. *IEEE Transactions on Signal Processing*, 2017, 65(99): 5062-5077.

[7] Ramirez I, Sprechmann P, Sapiro G. Classification and clustering via dictionary learning with structured incoherence and shared features[C]. *Computer Vision and Pattern Recognition*, 2010 IEEE Conference on. IEEE, 2010.

[8] Zhang Z, Wang Y, Chong E, et al. Subspace selection for projection maximization with matroid constraints[J]. *IEEE Transactions on Signal Processing*, 2017, 65(5): 1339-1351.

[9] Eldar Y C, Member S, Member S, et al. Robust recovery of signals from a structured union of subspaces[J]. *IEEE Transactions on Information Theory*, 2009, 55(11): 5302-5316.

[10] Ewout V, Friedlander M P. Sparse optimization with least-squares constraints[J]. *Siam Journal on Optimization*, 2011, 21(4): 1201-1229.

[11] Huang J Z, Zhang T, Metaxas D. Learning with structured sparsity[P]. *Machine Learning*, 2009: 417-424.

[12] Yu L, Sun H, Barbot J P, Zheng G. Bayesian compressive sensing for cluster structured sparse signals [J]. *Signal Processing*, 2011, 92(1): 259-269.

[13] Peleg T, Eldar Y, Elad M. Exploiting statistical dependencies in sparse representations for signal recovery[J]. *IEEE Trans. on Signal Processing*, 2012, 60(5): 2286-2303.

[14] Bishop C M, Pattern recognition and machine learning (Information Science and Statistics)[M]. *Secaucus*, NJ, USA: Springer-Verlag New York, Inc., 2006.

[15] Blei D M, Ng A Y, Jordan M I. Latent dirichlet allocation[J]. *Journal of Machine Learning Research*, 2003, 3: 993-1022.

[16] He L, Carin L. Exploiting structure in wavelet-based Bayesian compressive sensing[J]. *IEEE Transactions on Signal Processing*, 2009, 57(9): 3488-3497.

[17] Cevher V, Duarte M, Hegde C, el at. Sparse signal recovery using Markov random fields[C]. *Advances in Neural Information Processing Systems 21*, Proceedings of the Twenty-Second Annual Conference on Neural Information Processing Systems, Vancouver, British Columbia, Canada, Dec. 2008.

[18] Cevher V, Indyk P, Carin L, el at. Sparse signal recovery and acquisition with graphical models[J]. *IEEE Signal Processing Magazine*, 2010, 27(6): 92-103.

[19] Mohammad-Djafari A A A. *Bayesian inference for inverse problems*[M]. San Diego, California. 1998.

[20] Chen S, Donoho D, Saunders M. Atomic decomposition by basis pursuit[J]. *Siam Journal on Scientific Computing*, 1998, 20(1): 33-61.

[21] Daubechies I, DeVore R, Fornasier M, et al. Iteratively re-weighted least squares minimization: proof of faster than linear rate for sparse recovery[C]. *Conference on Information Sciences & Systems*, 2008: 26-29.

[22] Gorodnitsky I F, Rao B. D. Sparse signal reconstruction from limited data using FOCUSS: a re-weighted minimum norm algorithm[J]. *IEEE Transactions on Signal Processing*, 1997, 45(3): 600-616.

[23] Candès E, Tao T. Decoding by linear programming[J]. *IEEE Transactions on Information Theory*, 2005, 51(12): 4203-4215.

[24] Chartrand R, Yin W. Iteratively reweighted algorithms for compressive sensing[C]. *In Proc. ICASSP*, 2008: 3869-3872.

[25] Ji S, Ya X, Carin L. Bayesian compressive sensing[J]. *IEEE Transactions on Signal Processing*, 2008, 56(6): 2346-2356.

[26] Babacan S D, Molina R, Katsaggelos A K. Bayesian compressive sensing using Laplace priors[J]. *IEEE Transactions on Image Processing*, 2010, 19(1): 53-63.

[27] Tipping M E. Sparse Bayesian learning and the relevance vector machine[J]. *Journal of Machine Learning Research*, 2001, 1: 211-244.

[28] Beal M. Variational algorithms for approximate Bayesian inference[D]. Phd Thesis University of London, 2003.

[29] Baraniuk R G, E Candès, Nowak R, et al. Compressive sampling[J]. *IEEE Signal Processing Magazine*, 2008, 25(2): 1433-1452.

[30] Donoho D. Compressed sensing[J]. *IEEE Transactions on Information Theory*, 2006, 52(4): 1289-1306.

[31] Tropp J, Gilbert A. Signal recovery from partial information via orthogonal matching pursuit[J]. *IEEE Transactions on Information Theory*, 2007, 53(12): 4655-4666.

[32] Donoho D L, Tsaig Y, Drori I, et al. Sparse solution of underdetermined linear equations by stagewise orthogonal matching pursuit[J]. *IEEE Transactions on Information Theory*, 2012, 58(2): 1094-1121.

[33] Needell D, Tropp J. CoSaMP: iterative signal recovery from incomplete and inaccurate samples[J]. *Applied and Computational Harmonic Analysis*, 2009, 26(3): 301-321.

[34] Robert C P, Casella G. *Monte Carlo statistical methods*[M]. Springer Verlag, 2004.

[35] Zhang W, Ma C, Wang W, et al. Side information based orthogonal matching pursuit in distributed compressed sensing[C]. *IEEE International Conference on Network Infrastructure and Digital Content*, 2010: 80-84.

[36] Tucker L. Some mathematical notes on three-mode factor analysis[J]. *Psychometrika*, 1966, 31(3): 279-311.

[37] Kolda T G, Ba Der B W. Tensor decompositions and applications[J]. *Siam Review*, 2009, 51(3): 455-500.

[38] Qi X, Qian Z, Meng D, et al. Multispectral images denoising by intrinsic tensor sparsity regularization[C]. *IEEE Conference on Computer Vision & Pattern Recognition*, 2016.

[39] Boyd S, Parikh N, Hu E C, et al. Distributed optimization and statistical learning via the alternating direction method of multipliers[J]. *Foundations & Trends in Machine Learning*, 2010, 3(1): 1-122.

[40] Gong P, Zhang C, Lu Z, et al. A general iterative shrinkage and thresholding algorithm for non-convex regularized optimization problems[J]. *Applied Mathematics*, 2013.

[41] Yu G. Solving inverse problems with piecewise linear Estimators: from Gaussian mixture models to structured sparsity[J]. *IEEE Transactions on Image Processing*, 2012, 21(5): 2481-2499.

[42] Yang J, Yuan X, Liao X, et al. Video compressive sensing using Gaussian mixture models[J]. *IEEE Transactions on Image Processing*, 2014, 23(11): 4863-4878.

[43] Yu G, Sapiro G. Statistical Compressed Sensing of Gaussian mixture models[J]. *IEEE Transactions on Signal Processing*, 2011, 59(12): 5842-5858.

第4章

稀疏阶估计方法

4.1 引言

第2章和第3章分别介绍了压缩感知基本理论和结构化压缩感知框架，重点介绍了压缩感知和结构化压缩感知的三个基本模块，即稀疏表示、测量矩阵和信号重构。这三个基本模块之间不但存在紧密的逻辑关系，而且受限于一个共同的参数，即稀疏阶。众所周知，压缩感知最突出的优势就是能够以远低于奈奎斯特频率的速率采集信号，并能高精度重构信号。压缩感知理论表明，稀疏信号的最低采样频率由信号的稀疏阶决定，而且稀疏阶越小，恢复稀疏信号所需采样速率和采样点数就越小。然而在实际通信中，信号的稀疏阶往往未知，这在一定程度上降低了压缩感知理论的实用价值。例如，对于认知无线电宽带信号场景，由于认知用户与各主用户之间的非协作性，不能直接进行信息交互，那么基于压缩感知的谱空穴检测算法将不能被直接使用。如果不能有效获取信号的稀疏阶，那么压缩感知理论将不能充分发挥本身的优势，因此，稀疏阶估计是解决压缩感知理论先决条件问题必不可少的一步，也是压缩感知和结构化压缩感知理论能否得以应用的先决条件。

稀疏阶刻画的是信号的稀疏程度，除了稀疏阶之外还有一个量也能度量稀疏程度，那就是稀疏度，而二者的区别在于稀疏度是绝对量，而稀疏阶是相对量。为了后续各章节表述术语的一致性，本书采用“稀疏阶”这一术语来介绍信号稀疏程度估计方法。

针对宽带信号稀疏阶估计问题，本章主要介绍目前比较吸引人的两个稀疏阶估计方法：基于特征值的稀疏阶估计和基于迹的稀疏阶估计。

首先介绍基于特征值的稀疏阶估计算法：利用渐近随机矩阵理论，给出测量信号协方差矩阵特征值的渐近分布函数，在此基础之上，建立协方差矩阵的最大特征值-稀疏阶信息表，通过计算样本协方差矩阵最大特征值、查表及插值运算来估计信号的稀疏阶。该算法主要用于多测量向量模型下的宽带信号不相关场景（常值功率和变功率信号）、相关场景。仿真结果验证该算法的有效性。

然后介绍基于迹的稀疏阶估计算法：在稀疏随机矩阵采样框架下，利用独立随机矩阵乘积运算与期望运算的可换序性，从理论上推导出稀疏阶与宽带载波个数、测量数目、压缩采样比、功率和采样协方差矩阵迹之间的数学关系，从而给出稀疏阶的闭式解。该算法适用于单测量向量和多测量向量模型下的宽带信号不相关场景（常值功率和变功率信号）、相关场景。以正比于协方差阵求迹运算量的时间开销确保该算法具有较低复杂度；通过闭式解获得稀疏阶估计值，能够有效地避免稀疏阶查表和插值运算过程，从而确保具有较高估计精度。复杂度分析表明，基于迹的稀疏阶估计算法的复杂度低于基于特征值的估计算法。仿真结果证明，与基于特征值的稀疏阶估计算法相比，基于迹的稀疏阶估计算法具有较低的估计误差。

4.2 测量模型

考虑一个宽带通信场景，设该场景有 N 个等带宽载波，每一个载波对应一个信道，同一时间内只有部分信道被占用，而且被占用信道个数远小于总数，即呈现稀疏性，被占用信道个数即为该段频谱的稀疏度，被占用信道个数与总数的比值为该宽带频谱的稀疏阶，用字母 σ 表示。

4.2.1 单测量向量模型

考虑只有一个认知节点的认知无线电系统，观测数据为单测量模型（Single Measurement Vector，SMV），其数学模型表示如下[1][2]：

$$\boldsymbol{y}=\boldsymbol{AUX}_s\boldsymbol{b}+\boldsymbol{z}=\boldsymbol{AUs}+\boldsymbol{z} \tag{4.1}$$

其中各变量含义如下：

(1) $\boldsymbol{A}$ 是一个 $N\times N$ 对角阵，其对角元素服从贝努力分布 $B(1,\rho)$，$\rho=E[M]/N$ 代表平均采样频率，N 为主用户个数，M 为认知用户选用滤波器个数；

(2) $\boldsymbol{U}$ 是一个 $N\times N$ 随机矩阵，其元素为认知用户频率选择滤波器系数，均值为 0，方差为 $1/N$，$\boldsymbol{AU}$ 代表感知矩阵；

(3) $\boldsymbol{X}_s=\mathrm{diag}(\boldsymbol{x})$，$\boldsymbol{x}$ 为服从复高斯分布 $1\times N$ 向量，$x_i\sim CN(0,p_i)$，x_i 表示第 i 个载波幅值，p_i 代表第 i 个载波功率，$i=1,2,\cdots,N$；

(4) $\boldsymbol{b}$ 为一个 $N\times 1$ 复随机向量，其元素 b_i 服从 $B(1,\sigma)$，即 $1-Pr(b_i=0)$，非零元素定义了 $\boldsymbol{s}=\boldsymbol{X}_s\boldsymbol{b}$ 的支撑集，$\sigma=(E_b[K])/N=\bar{K}/N$ 为稀疏阶，K 表示稀疏度随机变量，$\bar{K}$ 表示稀疏度的期望值；

(5) $\boldsymbol{z}$ 为一 $N\times 1$ 复高斯向量，$z_i\sim CN(0,1)$，$\boldsymbol{A}$、$\boldsymbol{U}$、$\boldsymbol{X}_s$、$\boldsymbol{b}$ 和 $\boldsymbol{z}$ 相互独立。

易知，式(4.1)中向量 $\boldsymbol{AUX}_s\boldsymbol{b}$ 的支撑集由对角矩阵 $\boldsymbol{A}$ 和向量 $\boldsymbol{b}$ 决定。假定在采样周期内所有主用户信道占用状态不变，则当采样频率固定时，采样周期内信号的稀疏阶 σ 保持不变。

4.2.2 多测量向量模型

设认知无线电系统有 L 个认知节点，考虑多个节点的接收数据，则接收数据为多测量向量模型（Multiple Measurement Vector，MMV），其数学表示如下[3]：

$$\boldsymbol{Y}=\boldsymbol{AUBX}_m+\boldsymbol{Z}=\boldsymbol{AUS}+\boldsymbol{Z} \tag{4.2}$$

其中各变量定义如下：

(1) 式(4.2)中矩阵 $\boldsymbol{A}$ 和 $\boldsymbol{U}$ 定义均与单测量模型(4.1)中相同；

(2) $\boldsymbol{B}=\mathrm{diag}(\boldsymbol{b})$ 为 $N\times N$ 对角阵，$\boldsymbol{b}=(b_1,b_2,\cdots,b_N)$，其元素 $b_i\sim B(1,\sigma)$，$\Pr(b_i=1)=\sigma=1-\Pr(b_i=0)$；

(3) $\boldsymbol{X}$ 为 $N\times L$ 随机矩阵，$x_{ij}\sim CN(0,p_i)$，x_{ij} 表示第 j 个节点第 i 个载波幅值，p_i 代表第 i 个载波功率，$i=1,2,\cdots,N$，$j=1,2,\cdots,L$，L 为 CR 节点个数；

(4) $\boldsymbol{Z}$ 为 $N\times L$ 噪声矩阵，$z_{ij}\overset{\text{i.i.d}}{\sim}CN(0,1)$，$\boldsymbol{A}$、$\boldsymbol{U}$、$\boldsymbol{X}$、$\boldsymbol{b}$ 和 $\boldsymbol{z}$ 相互独立。

式(4.1)和式(4.2)中矩阵 $\boldsymbol{A}$、$\boldsymbol{U}$、$\boldsymbol{b}$、$\boldsymbol{B}$ 对应的硬件设置为：$\boldsymbol{U}$ 表示认知用户频率选择滤波器系数矩阵。为了能够尽可能多地综合表示出不同主用户信号信息，滤波器系数设置为服从正态分布的随机数[4]；为了更加有效地估计宽带频谱的稀疏阶，采样时，从 N 个滤波器中随机选择 M 个，即采样频率 $\rho=\overline{M}/N$，ρ 为一个可操作参数，假定感知矩阵 $\boldsymbol{AU}$ 对于认知用户接收机已知[3]，根据稀疏度的动态时变性，假定 $b_i\sim\mathrm{Bernoulli}-\sigma$，$i=1,2,\cdots,N$。

MMV 模型是 SMV 模型的推广，观测数据矩阵 $\boldsymbol{Y}$ 中非零行的个数是 ρN，每个非零行包含 L 个节点的采样数据。由于在采样周期内所有主用户信道占用状态不变，因此 $\boldsymbol{S}=\boldsymbol{BX}_m$ 是一个 $N\times L$ 稀疏信号矩阵，且每个列向量的稀疏阶均相同(均为 σ)。下面主要针对 MMV 模型展开稀疏阶估计方法的研究。

4.3 基于特征值的稀疏阶估计算法

4.3.1 算法原理

本节通过利用大维随机矩阵谱分析理论，对接收信号协方差矩阵最大特征值渐进分布进行 Stieltjies 变换，进一步分别给出常值功率场景、变功率场景和相关信号场景下该变换与稀疏阶的数量关系。

1. 大维随机矩阵谱分析理论基础

大维随机矩阵谱分析是大维随机矩阵理论的重要组成部分，在理论物理、通信、金融等学科中都有广泛应用。下面介绍一些有着重要应用的相关结论[5]。

定义 4.1 假设 $\lambda_1,\lambda_2,\cdots,\lambda_n$ 为 Hermitian 矩阵 $\boldsymbol{A}$ 的实特征值，函数 $F^{\boldsymbol{A}}(x)$ 为

$$F^{\boldsymbol{A}}(x)=\frac{1}{n}\sum_{i=1}^{n}I(\lambda_i\leqslant x) \tag{4.3}$$

其中 $I(\cdot)$ 为示性函数，则称 $F^{\boldsymbol{A}}(x)$ 为经验谱分布函数。

一般地，随机矩阵在一定条件下其经验谱分布会随着矩阵维数的增大而收敛于谱分布，也就是说，经验谱分布函数的极限分布具有非随机性。

Stieltjies 变换、η 变换、R 变换、Σ 变换等方法是大维随机矩阵谱分析的重要工具，下面分别给出上述各变换的定义。

定义 4.2 设 $\boldsymbol{X}$ 为一个半正定矩阵，函数 $S_{\boldsymbol{X}}(z)$ 为

$$S_{\boldsymbol{X}}(z)=E\left[\frac{1}{\boldsymbol{X}-z}\right]=\int_{-\infty}^{+\infty}\frac{1}{\lambda-z}\mathrm{d}F_{\boldsymbol{X}}(\lambda) \tag{4.4}$$

其中，$F_{\boldsymbol{X}}(\cdot)$ 表示矩阵 $\boldsymbol{X}$ 的特征值概率分布函数，则称 $S_{\boldsymbol{X}}(z)$ 为矩阵 $\boldsymbol{X}$ 的 Stieltjies 变换。

Stieltjies 变换的优势在于极限谱密度函数可以简单地通过求解矩阵 Stieltjies 变换的极限得到，即

$$f_{\boldsymbol{X}}(x)=\lim_{y\to 0^+}\frac{1}{\pi}\mathrm{Im}\{S_{\boldsymbol{X}}(x+\mathrm{j}y)\} \tag{4.5}$$

定义 4.3 设 $\boldsymbol{X}$ 为一个半正定矩阵，函数 $\eta_{\boldsymbol{X}}(\gamma)$ 为

$$\eta_{\boldsymbol{X}}(\gamma)=E\left[\frac{1}{1+\gamma\boldsymbol{X}}\right]=\frac{S_{\boldsymbol{X}}\left(-\frac{1}{\gamma}\right)}{\gamma} \tag{4.6}$$

其中 γ 为非负实数，且 $0<\eta_{\boldsymbol{X}}(\gamma)\leqslant 1$，则称 $\eta_{\boldsymbol{X}}(\gamma)$ 为矩阵 $\boldsymbol{X}$ 的 η 变换。

定义 4.4 设 $\boldsymbol{X}$ 为一个半正定矩阵，函数 $R_{\boldsymbol{X}}(z)$ 为

$$R_{\boldsymbol{X}}(z)=S_{\boldsymbol{X}}^{-1}(-z)-\frac{1}{z} \tag{4.7}$$

称其 $R_{\boldsymbol{X}}(z)$ 为矩阵 $\boldsymbol{X}$ 的 R 变换。

定义 4.5 设 $\boldsymbol{X}$ 为一个半正定矩阵，函数 $\Sigma_{\boldsymbol{X}}(z)$ 为

$$\Sigma_{\boldsymbol{X}}(z)=-\frac{1+z}{z}\eta_{\boldsymbol{X}}^{-1}(1+z) \tag{4.8}$$

称 $\Sigma_{\boldsymbol{X}}(z)$ 为矩阵 $\boldsymbol{X}$ 的 Σ 变换。

2. 特征值的渐进分布

接下来，给出常值功率场景、变功率场景及相关信号场景下接收信号协方差矩阵最大特征值渐进分布的 Stieltjies 变换，进而给出该变换与稀疏阶的数量关系。

1) 常值功率 MMV 模型

考虑认知节点接收到宽频段中每个频率处的信号功率均为常值且相等，即，在 SMV 模型(4.1)中，$p_i=p$ 常数，$i=1,2,\cdots,N$。当系统中共有多个认知节点时，将多个测量综合考虑，并假定多测量向量中非零元素不相关，得到常值功率下的 MMV 模型，也就是式(4.2)中 $p_i=p$(常数)。方便起见，假定噪声方差为 1，且认知节点处信噪比已知。

常值功率 MMV 模型：

$$\boldsymbol{Y}=\boldsymbol{A}\boldsymbol{U}\sqrt{p}\boldsymbol{B}\boldsymbol{X}_m+\boldsymbol{Z} \tag{4.9}$$

假设源信号与噪声不相关，则观测信号协方差矩阵 $\boldsymbol{R}_{\boldsymbol{Y}}$ 可表示为

$$\begin{aligned}\boldsymbol{R}_{\boldsymbol{Y}}&=E[\hat{\boldsymbol{R}}_{\boldsymbol{Y}}]=E[\boldsymbol{Y}\boldsymbol{Y}^{\mathrm{H}}]\\&=E[(\boldsymbol{A}\boldsymbol{U}\sqrt{p}\boldsymbol{B}\boldsymbol{X}_m)(\boldsymbol{A}\boldsymbol{U}\sqrt{p}\boldsymbol{B}\boldsymbol{X}_m)^{\mathrm{H}}]+E[\boldsymbol{Z}\boldsymbol{Z}^{\mathrm{H}}]\\&=pE[\boldsymbol{A}\boldsymbol{U}\boldsymbol{B}\boldsymbol{X}_m\boldsymbol{X}_m^{\mathrm{H}}\boldsymbol{B}^{\mathrm{H}}\boldsymbol{U}^{\mathrm{H}}\boldsymbol{A}^{\mathrm{H}}]+E[\boldsymbol{Z}\boldsymbol{Z}^{\mathrm{H}}]\end{aligned}$$

协方差矩阵 $\boldsymbol{R}_{\boldsymbol{Y}}$ 的特征值概率分布 $f(\lambda)$，由于 $\boldsymbol{A}$、$\boldsymbol{U}$、$\boldsymbol{B}$、$\boldsymbol{X}_m$ 和 $\boldsymbol{Z}$ 均为方阵，且互相独立，则 $f_{\boldsymbol{R}_{\boldsymbol{Y}}}(\lambda)=f_{\bar{\boldsymbol{R}}_{\boldsymbol{Y}}}(\lambda)$，其中 $\bar{\boldsymbol{R}}_{\boldsymbol{Y}}=pE[\boldsymbol{U}^{\mathrm{H}}\boldsymbol{A}^{\mathrm{H}}\boldsymbol{A}\boldsymbol{U}\boldsymbol{B}\boldsymbol{X}_m\boldsymbol{X}_m^{\mathrm{H}}\boldsymbol{B}^{\mathrm{H}}]+E[\boldsymbol{Z}\boldsymbol{Z}^{\mathrm{H}}]=p\boldsymbol{R}_1\boldsymbol{R}_2+\boldsymbol{R}_{\boldsymbol{Z}}$，$\boldsymbol{R}_1=E[\boldsymbol{U}^{\mathrm{H}}\boldsymbol{A}^{\mathrm{H}}\boldsymbol{A}\boldsymbol{U}]$，$\boldsymbol{R}_2=E[\boldsymbol{B}\boldsymbol{X}_m\boldsymbol{X}_m^{\mathrm{H}}\boldsymbol{B}^{\mathrm{H}}]$，$\boldsymbol{R}_{\boldsymbol{Z}}=E[\boldsymbol{Z}\boldsymbol{Z}^{\mathrm{H}}]$。

在实际应用中，采用样本协方差矩阵 $\hat{\boldsymbol{R}}_{\boldsymbol{Y}}(N)=\boldsymbol{Y}\boldsymbol{Y}^{\mathrm{H}}/N$ 来近似代替 $\boldsymbol{R}_{\boldsymbol{Y}}$，同时样本协方差矩阵可表示为如下形式：

$$\lim_{N\to\infty}\hat{\boldsymbol{R}}_{\boldsymbol{Y}}(N)\approx p\hat{\boldsymbol{R}}_1\hat{\boldsymbol{R}}_2+\hat{\boldsymbol{R}}_{\boldsymbol{Z}} \tag{4.10}$$

其中 $\hat{\boldsymbol{R}}_1$、$\hat{\boldsymbol{R}}_2$、$\hat{\boldsymbol{R}}_{\boldsymbol{Z}}$ 为相应样本协方差矩阵。

由式(4.5)可知，样本协方差矩阵的极限特征值概率密度函数可以通过计算其 Stieltjies 变换得到，但直接计算样本协方差矩阵的 Stieltjies 变换有很大困难。大维随机矩阵的自由概率理论指出，无须考虑随机矩阵的特征值结构，多个随机矩阵和或积的渐进谱可通过分别

计算各个随机矩阵的渐进谱得到，主要是指 Σ 变换满足乘性自由卷积性，以及 R 变换满足加性自由卷积性，该特性在后续理论推到中会被反复应用。

根据文献[5]可知，矩阵 $\hat{\boldsymbol{R}}_1$ 和 $\hat{\boldsymbol{R}}_2$ 的 Σ 变换可分别表示为

$$\Sigma_{\hat{\boldsymbol{R}}_1}(z)=\frac{1}{\rho+z},\quad \Sigma_{\hat{\boldsymbol{R}}_2}(z)=\frac{1}{\sigma+z} \tag{4.11}$$

利用 Σ 变换的乘性自由卷积性质可得矩阵乘积 $\hat{\boldsymbol{R}}_1\hat{\boldsymbol{R}}_2$ 的 Σ 变换为

$$\Sigma_{\hat{\boldsymbol{R}}_1\hat{\boldsymbol{R}}_2}(z)=\Sigma_{\hat{\boldsymbol{R}}_1}(z)\Sigma_{\hat{\boldsymbol{R}}_2}(z)=\frac{1}{\rho+z}\frac{1}{\sigma+z} \tag{4.12}$$

将式(4.8)代入式(4.12)，可得

$$z(\eta_{\hat{\boldsymbol{R}}_1\hat{\boldsymbol{R}}_2}(z)+\rho-1)(\eta_{\hat{\boldsymbol{R}}_1\hat{\boldsymbol{R}}_2}(z)+\sigma-1)\eta_{\hat{\boldsymbol{R}}_1\hat{\boldsymbol{R}}_2}(z)+\eta_{\hat{\boldsymbol{R}}_1\hat{\boldsymbol{R}}_2}(z)-1=0 \tag{4.13}$$

根据 η 变换与 Stieltjies 变换的关系式(4.6)，可知 $\hat{\boldsymbol{R}}_1\hat{\boldsymbol{R}}_2$Stieltjies 变换满足如下多项式：

$$z^2S^3_{\hat{\boldsymbol{R}}_1\hat{\boldsymbol{R}}_2}(z)+z(2-\rho-\sigma)S^2_{\hat{\boldsymbol{R}}_1\hat{\boldsymbol{R}}_2}(z)+((\rho-1)(\sigma-1)-z)S_{\hat{\boldsymbol{R}}_1\hat{\boldsymbol{R}}_2}(z)-1=0 \tag{4.14}$$

结合式(4.7)和式(4.14)，可得 $\hat{\boldsymbol{R}}_1\hat{\boldsymbol{R}}_2$ 的 R 变换：

$$R_{\hat{\boldsymbol{R}}_1\hat{\boldsymbol{R}}_2}=-\frac{z\rho+z\sigma-1}{2z^2}-\frac{\sqrt{z^2\rho^2-2z^2\rho\sigma-2z\rho+z^2\sigma^2-2z\sigma+1}}{2z^2} \tag{4.15}$$

根据文献[5]，关于 R 变换有如下结论。

定理 4.1 设 $\boldsymbol{X}$ 为一个 Wishart 随机矩阵，则 $\boldsymbol{X}$ 的特征值概率分布的 R 变换为如下形式：

$$\boldsymbol{R}_{\boldsymbol{X}}(z)=\frac{\beta}{1-z} \tag{4.16}$$

且对任意实数 $a>0$，有

$$\boldsymbol{R}_{a\boldsymbol{X}}(z)=a\boldsymbol{R}_{\boldsymbol{X}}(az) \tag{4.17}$$

根据定理 4.1 和 R 变换的加性自由卷积性质可得

$$\boldsymbol{R}_{\hat{\boldsymbol{R}}_{\boldsymbol{Y}}}(z)=p\boldsymbol{R}_{\hat{\boldsymbol{R}}_1\hat{\boldsymbol{R}}_2}(pz)+\boldsymbol{R}_{\hat{\boldsymbol{R}}_{\boldsymbol{Z}}}(z) \tag{4.18}$$

利用 R 变换和 Stieltjies 变换的关系式(4.7)，可知采样协方差矩阵 $\boldsymbol{R}_{\boldsymbol{Y}}(N)$的 Stieltjies 变换满足如下多项式：

$$c_6S^6_{\hat{\boldsymbol{R}}_{\boldsymbol{Y}}}(z)+c_5S^5_{\hat{\boldsymbol{R}}_{\boldsymbol{Y}}}(z)+c_4S^4_{\hat{\boldsymbol{R}}_{\boldsymbol{Y}}}(z)+c_3S^3_{\hat{\boldsymbol{R}}_{\boldsymbol{Y}}}(z)+c_2S^2_{\hat{\boldsymbol{R}}_{\boldsymbol{Y}}}(z)+c_0=0 \tag{4.19}$$

$$\begin{cases}c_0=-p^2\\ c_2=p^2(\rho\sigma-z-1)-p^3(\rho+\sigma)+p^4\\ c_3=-p^3(\rho+\sigma)(z+1)+2p^2(\rho\sigma-z+zp^2)\\ c_4=zp^4(2-z)-2zp^3(\rho+\sigma)-p^2(z-\rho\sigma)\\ c_5=2z^2p^4-zp^3(\rho+\sigma)\\ c_6=p^4z^2\end{cases} \tag{4.20}$$

其中，ρ 和 σ 分别表示压缩比和稀疏阶；p 表示信噪比。

结合式(4.5)，可进一步得到采样协方差矩阵 $\hat{\boldsymbol{R}}_{\boldsymbol{Y}}(N)$ 的极限特征值概率密度函数，且其仅与稀疏阶 σ、压缩比 ρ 和信噪比 p 有关。

大维随机矩阵理论指出经验谱分布函数 $F^{\boldsymbol{A}}(x)$ 的 k 阶矩可表示为

$$\beta_k(\boldsymbol{A}) = \int_{-\infty}^{+\infty} x^k \mathrm{d}F^{\boldsymbol{A}}(x) = \frac{1}{n}\mathrm{tr}[\boldsymbol{A}^k] \tag{4.21}$$

从而可得出 $\hat{\boldsymbol{R}}_{\boldsymbol{Y}}(N)$ 的极限特征值期望为

$$E_{\hat{\boldsymbol{R}}_{\boldsymbol{Y}}}(\lambda) = \int_{-\infty}^{+\infty} x \mathrm{d}F^{\hat{\boldsymbol{R}}_{\boldsymbol{Y}}}(x) = \frac{1}{N}\mathrm{tr}[\hat{\boldsymbol{R}}_{\boldsymbol{Y}}] \tag{4.22}$$

因 $\hat{\boldsymbol{R}}_{\boldsymbol{Y}}(N) = \boldsymbol{Y}\boldsymbol{Y}^{\mathrm{H}}/N$，所以

$$\frac{1}{N}\mathrm{tr}[\hat{\boldsymbol{R}}_{\boldsymbol{Y}}] = \frac{1}{N}\mathrm{tr}[\hat{\boldsymbol{R}}_{\boldsymbol{Y}}(N)] = \frac{1}{N^2}\sum_{i-1}^{N}\sum_{j=1}^{N}|Y_{ij}|^2 \tag{4.23}$$

综合式(4.22)和式(4.23)，可得

$$E_{\hat{\boldsymbol{R}}_{\boldsymbol{Y}}}(\lambda) = \frac{1}{N^2}\sum_{i=1}^{N}\sum_{j=1}^{N}|Y_{ij}|^2 = E_{\boldsymbol{Y}} \tag{4.24}$$

2) 变功率 MMV 模型

在实际环境中，信号的功率是动态变化的。因此，将接收到的各载波功率假定为动态变化且服从某一分布更具有一般性。接下来给出变功率场景下宽带频谱稀疏阶的理论表达。

在常值功率模型的基础上，变功率场景下 SMV 模型和 MMV 模型可分别表示为[1]

$$\boldsymbol{y} = \boldsymbol{AUP}^{1/2}\boldsymbol{X}_s\boldsymbol{b} + \boldsymbol{z} \tag{4.25}$$

$$\boldsymbol{Y} = \boldsymbol{AUP}^{1/2}\boldsymbol{BX}_m + \boldsymbol{Z} \tag{4.26}$$

其中 $\boldsymbol{P} = \mathrm{diag}(\boldsymbol{p})$，$\boldsymbol{p} = (p_1, p_2, \cdots, p_N)$，$p_1, p_2, \cdots, p_N$ 代表各频率处信号的功率，且它们独立同分布，均值为 $\bar{p}$，式(4.25)中 $\boldsymbol{X}_s$ 与式(4.1)稍有不同，式(4.25)中 x_i 的方差为 1；式(4.26)与式(4.2)两式中 $\boldsymbol{X}_m$ 不同，式(4.26)中 x_{ij} 的方差也为 1，其他变量的含义与前述定义相同。$\boldsymbol{A}$、$\boldsymbol{U}$、$\boldsymbol{X}$、$\boldsymbol{B}$ 和 $\boldsymbol{Z}$ 相互独立，对于接收端而言，感知矩阵 $\boldsymbol{AU}$ 已知。

与常值功率场景类似，对于变功率场景下 MMV 模型，样本协方差矩阵的极限可近似为如下形式：

$$\lim_{N\to\infty}\hat{\boldsymbol{R}}_{\boldsymbol{Y}}(N) \approx \hat{\boldsymbol{R}}_1\boldsymbol{P}^{1/2}\hat{\boldsymbol{R}}_2\boldsymbol{P}^{1/2} + \hat{\boldsymbol{R}}_{\boldsymbol{Z}} \tag{4.27}$$

其中 $\hat{\boldsymbol{R}}_1$、$\hat{\boldsymbol{R}}_2$、$\hat{\boldsymbol{R}}_{\boldsymbol{Z}}$ 为相应的样本协方差矩阵。

对于该场景下接收信号功率统计模型描述，均匀分布最为恰当，然而这将导致在随机矩阵的谱分析中涉及对数函数，从而不易于分析和处理，为此，选用修正的半圆分布作为接收信号功率分布。由于这是一个非零均值的对称分布，因此易于分析和处理。

根据文献[5]，标准(零功率均值)半圆律($\hat{\boldsymbol{R}}_{\boldsymbol{Y}}(N) = \boldsymbol{Y}\boldsymbol{Y}^{\mathrm{H}}/N$ 的经验谱分布密度函数)描述如下：

$$f_{\mathrm{S}}(z) = \frac{1}{2\pi}\sqrt{4 - z^2}, \quad -2 < z < 2 \tag{4.28}$$

根据文献[5]，非标准(非零功率均值)半圆律(修正半圆律)描述如下：

$$f_{\mathrm{MS}}(z) = \frac{g}{2\pi}\sqrt{4 - g^2(z - \bar{p})^2}, \quad \bar{p} - \frac{2}{g} < z < \bar{p} + \frac{2}{g} \tag{4.29}$$

其中，$\bar{p}$ 代表所考虑功率分布的均值；g 表示伸缩因子($g>2/\bar{p}$)。

令$[a,b]$表示所考虑分布的支撑集，那么 $\bar{p}=\frac{a+b}{2}$，$g=\frac{4}{b-a}$。

引理 4.1 设修正半圆律为式(4.29)所示，则修正半圆律的 Stieltjies 变换为如下形式：

$$S_{\boldsymbol{P}}(z)=\frac{1}{2}g\left[-g(z-\bar{p})+\sqrt{g^2(z-\bar{p})^2-4}\right] \tag{4.30}$$

引理 4.2 设修正半圆律为式(4.29)所示，则修正半圆律的 Σ 变换为如下形式：

$$\Sigma_{\boldsymbol{P}}(z)=\frac{g\left(gc+\sqrt{g^2\bar{p}^2-4z-8}\right)}{2z} \tag{4.31}$$

引理 4.3 设$\boldsymbol{W}=\hat{\boldsymbol{R}}_1\boldsymbol{P}^{1/2}\hat{\boldsymbol{R}}_2\boldsymbol{P}^{1/2}$，则 $\boldsymbol{W}$ 的特征值渐进分布的 Stieltjies 变换由如下方程给出：

$$S_{\boldsymbol{W}}(z)(\rho-zS_{\boldsymbol{W}}(z)-1)(\sigma-zS_{\boldsymbol{W}}(z)-1)+\frac{1}{2}g^2\bar{p}+\frac{1}{2}g\sqrt{g^2\bar{p}^2+4zS_{\boldsymbol{W}}(z)-4}=0 \tag{4.32}$$

定理 4.2 设样本协方差矩阵 $\hat{\boldsymbol{R}}_{\boldsymbol{Y}}(N)=\boldsymbol{YY}^{\mathrm{H}}/N$，$\boldsymbol{Y}=\boldsymbol{AUP}^{1/2}\boldsymbol{BX}_m+\boldsymbol{Z}$，则 $\hat{\boldsymbol{R}}_{\boldsymbol{Y}}(N)$的特征值渐进分布的 Stieltjies 变换由如下方程给出：

$$\begin{aligned}S_{\hat{\boldsymbol{R}}_{\boldsymbol{Y}}}^{-1}(z)=&z(\rho-zS_{\boldsymbol{W}}(z)-1)(\sigma-zS_{\boldsymbol{W}}(z)-1)+\\&\frac{1}{2}g^2\bar{p}+\frac{1}{2}g\sqrt{g^2\bar{p}^2+4zS_{\boldsymbol{W}}(z)-4}+\frac{1}{1-z}\end{aligned} \tag{4.33}$$

其中，g 表示伸缩因子；ρ 和 σ 分别表示压缩采样比和稀疏阶；$\bar{p}$ 表示平均信噪比。

3) 相关信号场景下的 MMV 模型

常值功率和变功率场景的共同特性是各频率处载波信号之间不相关，下面考虑宽带频谱各频率信号相关场景，此场景是常值功率和变功率场景的推广，更加具有一般性。参照文献[3]，相关信号场景下 SMV 模型和 MMV 模型分别表示如下：

$$\text{SMV：}\boldsymbol{y}=\boldsymbol{AU\Theta}^{1/2}\sqrt{p}\boldsymbol{X}_s\boldsymbol{b}+\boldsymbol{z} \tag{4.34}$$

$$\text{MMV：}\boldsymbol{Y}=\boldsymbol{AU\Theta}^{1/2}\sqrt{p}\boldsymbol{BX}_m+\boldsymbol{Z} \tag{4.35}$$

其中各载波功率均为 p，$\boldsymbol{\Theta}=(\theta_{ij})\in\mathbf{R}^{N\times N}$，且$(1/N)\mathrm{Tr}(\boldsymbol{\Theta})=1$，其元素服从指数相关模型，

$$\theta_{ij}=\begin{cases}\theta^{(j-i)}, & i\leqslant j\\(\theta^{(i-j)})^*, & i>j\end{cases} \tag{4.36}$$

$\theta\in\mathbf{C}$，$|\theta|\leqslant1$，$i=1,2,\cdots,N$，$j=1,2,\cdots,N$。

该指数相关模型为单边噪声模型[6,7]，其数学描述如下：

$$\hat{\boldsymbol{X}}=\boldsymbol{\Theta}^{1/2}\boldsymbol{X}$$

其中相关矩阵$\boldsymbol{\Theta}$ 满足：$\boldsymbol{\Theta}^{1/2}\boldsymbol{\Theta}^{1/2}=\boldsymbol{\Theta}=E[\hat{\boldsymbol{X}}\hat{\boldsymbol{X}}^{\mathrm{H}}]$，$(1/N)\mathrm{Tr}(\boldsymbol{\Theta})=1$。

条件$(1/N)\mathrm{Tr}(\boldsymbol{\Theta})=1$ 的设定是为了确保接收信号功率不受影响。通过引入该指数相关模型，式(4.34)和式(4.35)中的各频率处载波均为相关信号，式(4.34)和式(4.35)中其他变量的定义分别与式(4.25)和式(4.26)相同。

相关模型如式(4.36)所示,根据文献[5],该场景下观测信号协方差矩阵的经验谱分布密度函数(半圆律)$f_{\boldsymbol{\Theta}}(z)$为

$$f_{\boldsymbol{\Theta}}(z)=\frac{1}{2\pi\mu z^2}\sqrt{\left(\frac{z}{\delta_1}-1\right)\left(1-\frac{z}{\delta_2}\right)} \tag{4.37}$$

其中,$[\delta_1,\delta_2]$表示信号分布的支撑集;$\mu=\frac{\sqrt{\delta_2}-\sqrt{\delta_1}}{4\delta_1\delta_2}$。

式(4.37)中的μ制约着相关矩阵$\boldsymbol{\Theta}$的相关系数$\theta(|\theta|<1)$和信号分布的支撑集,同时相关矩阵$\boldsymbol{\Theta}$的信号条件数c_{SCN}(Signal Condition Number)也与μ有关,其二者之间的关系描述如下:

$$\mu=\frac{c_{\text{SCN}}-1}{c_{\text{SCN}}+1} \tag{4.38}$$

文献[8]指出,μ与参数θ也有关,二者之间的数学关系描述如下:

$$\mu=\frac{\theta^2}{1-\theta^2} \tag{4.39}$$

为了给出不同相关水平下MMV模型的稀疏阶估计,下面给出样本协方差矩阵特征值的渐进概率分布函数。与前述的常值功率场景和变功率场景相似,观测信号协方差矩阵的极限可近似描述如下:

$$\lim_{N\to\infty}\hat{\boldsymbol{R}}_{\boldsymbol{Y}}(N)\approx p\hat{\boldsymbol{R}}_1\boldsymbol{\Theta}^{1/2}\hat{\boldsymbol{R}}_2\boldsymbol{\Theta}^{1/2}+\hat{\boldsymbol{R}}_{\boldsymbol{Z}} \tag{4.40}$$

定理 4.3　设样本协方差矩阵$\hat{\boldsymbol{R}}_{\boldsymbol{Y}}(N)=\boldsymbol{Y}\boldsymbol{Y}^{\text{H}}/N$,$\boldsymbol{Y}=\boldsymbol{A}\boldsymbol{U}\boldsymbol{\Theta}^{1/2}\sqrt{p}\boldsymbol{B}\boldsymbol{X}_m+\boldsymbol{Z}$,则$\hat{\boldsymbol{R}}_{\boldsymbol{Y}}(N)$的特征值渐进分布的Stieltjies变换由如下方程给出:

$$c_6S_{\hat{\boldsymbol{R}}_{\boldsymbol{Y}}}^6(z)+c_5S_{\hat{\boldsymbol{R}}_{\boldsymbol{Y}}}^5(z)+c_4S_{\hat{\boldsymbol{R}}_{\boldsymbol{Y}}}^4(z)+c_3S_{\hat{\boldsymbol{R}}_{\boldsymbol{Y}}}^3(z)+c_2S_{\hat{\boldsymbol{R}}_{\boldsymbol{Y}}}^2(z)+c_1S_{\hat{\boldsymbol{R}}_{\boldsymbol{Y}}}(z)+c_0=0 \tag{4.41}$$

$$\begin{cases}c_0=p\mu(1+p\mu)\\ c_1=2p\mu(zp\mu-p^2)+p^2(\mu(\rho+\sigma)-1)+p\mu(z-\rho\sigma+1)\\ c_2=(\rho+\sigma)(p^2\mu+zp^2\mu-p^3)+p\rho\sigma(p-2\mu)+\\ \qquad 2zp\mu(p\mu+1-2p^2)-p^2(1+z-z^2\mu^2)\\ c_3=2zp^2(\mu(\rho+\sigma)-z\mu(p-\mu)+p^2-2p\mu-1)-\\ \qquad p^3(z+1)(\rho+\sigma)+p(\rho\sigma(2p-\mu)+z\mu)\\ c_4=zp^2\mu(\rho+\sigma)-2zp^3(\rho+1)+p^2(z^2(\mu^2-4p\mu+p^2)+\\ \qquad \rho\sigma-z+2zp^2)\\ c_5=2z^2p^3(p-\mu)-zp^3(\rho+\sigma)\\ c_6=z^2p^4\end{cases} \tag{4.42}$$

其中,ρ和σ分别表示压缩比和稀疏阶;p表示信噪比;$\mu=\theta^2/(1-\theta^2)$。

4.3.2　算法步骤

稀疏阶估计是一个识别稀疏向量非零元素数量的过程,不需要精确求解向量的幅值和

非零元素的位置。本节考虑宽带认知无线电场景,对于如何确定接收机的采样频率问题,在大多数现有压缩感知研究中均假定所考虑宽带频谱的稀疏阶已知。然而实际应用中频谱的稀疏阶呈现出动态性,因此稀疏阶往往未知,且按照最大频谱利用率一般只能测出其上限。基于稀疏阶上限而确定出的采样频率将会导致不必要的高感知成本。从以上讨论可知,根据稀疏阶动态变化来调节采样频率具有重要意义,从而表明如何实时估计稀疏阶成为了一个关键问题。接下来介绍一个基于观测信号协方差矩阵最大特征值的稀疏阶估计算法。为了具体阐述上述过程,现给出常值功率场景下的特征值-稀疏阶对应信息表创建算法,如表 4.1 所示,其中压缩采样频率 ρ 是一个可操作参数,p 假定已知。表 4.1 给出了不同情形下样本协方差矩阵 $\hat{\boldsymbol{R}}_{\boldsymbol{Y}}(N)$的最大特征值,其中 K 为采样时隙数,$\bar{\lambda}_{\max}=E_K[\lambda_{\max}(\hat{\boldsymbol{R}}_{\boldsymbol{Y}}(N))]$,将 $\bar{\lambda}_{\max}$ 与表 4.2 中的特征值进行比对,若能在表中找到完全相同的特征值,则找个相应的稀疏阶即可,否则利用适当的插值方法估计出相应的稀疏阶 σ。$\bar{\lambda}_{\max}$ 的求解方式如下:求解方程(4.19),得到常值功率场景下采样协方差矩阵 $\hat{\boldsymbol{R}}_{\boldsymbol{Y}}(N)$的 Stieltjies 变换;根据式(4.5)求解 $\hat{\boldsymbol{R}}_{\boldsymbol{Y}}(N)$的最大特征值 $\bar{\lambda}_{\max}$。

表 4.1 特征值-稀疏阶对应信息表创建算法

输入:压缩采样比 ρ,信噪比 p(事先采样相关算法估计)。
(1) 利用式(4.19)计算 $\hat{\boldsymbol{R}}_Y(N)$的 Stieltjies 变换 $S_{\hat{\boldsymbol{R}}_Y}(z)$; (2) 根据式(4.5)计算 $\hat{\boldsymbol{R}}_Y(N)$的最大特征值 $\bar{\lambda}_{\max}$; (3) 对每个 $\sigma\in(0,1)$,重复步骤(1)和步骤(2); (4) 保存所有 $\bar{\lambda}_{\max}$ 和 $\sigma\in(0,1)$。
输出:特征值-稀疏阶对应信息表。

表 4.2 基于特征值的稀疏阶估计算法

输入:采样时隙 K。
(1) 计算每个时隙的 $\hat{\boldsymbol{R}}_Y(N)=\boldsymbol{YY}^{\mathrm{H}}/N$; (2) 计算 $\hat{\boldsymbol{R}}_Y(N)$的最大特征值平均值 $\bar{\lambda}_{\max}=E_K[\lambda_{\max}(\hat{\boldsymbol{R}}_Y(N))]$; (3) 从特征值-稀疏阶对应信息表中找到与 $\bar{\lambda}_{\max}$ 对应的稀疏阶最接近的两个值 σ_1 和 σ_2,并利用插值方法估计出中间值 $\hat{\sigma}$。
输出:稀疏阶 $\hat{\sigma}$。

4.4 基于迹的稀疏阶估计算法

下面分别考虑宽带信号不相关场景(包括常值功率、变功率信号)和相关场景。对于每一种场景,从理论上分别给出单测量向量与多测量向量模型的稀疏阶表达。

对于 SMV 模型和 MMV 模型,定义 $\hat{\boldsymbol{R}}_y=\boldsymbol{yy}^{\mathrm{H}}$ 和 $\hat{\boldsymbol{R}}_Y=\boldsymbol{YY}^{\mathrm{H}}$,分别称为观测信号向量和

观测信号矩阵的协方差阵，设 σ_s 和 σ_m 分别为两种模型的稀疏阶，下面依次给出三种场景下两种模型稀疏阶的理论值。

4.4.1　算法原理

本节通过利用接收信号协方差矩阵迹的期望，分别给出常值功率场景、变功率场景和相关信号场景下稀疏阶的理论表达。

1. 常值功率场景

假定所考虑宽频段中每个频率处的信号功率均为常值，且相等，即 SMV 模型(4.1)中的 $p_i=p$ 常数，$i=1,2,\cdots,N$。当系统中有多个认知节点时，将多个测量综合考虑，并假定多测量向量中非零元素不相关，得到常值功率下的 MMV 模型，也就是式(4.2)中 $p_i=p$（常数）。方便起见，假定噪声方差为 1。

定理 4.4　对于常值功率场景下的 SMV 模型，若 $\boldsymbol{A}$、$\boldsymbol{U}$、$\boldsymbol{X}_s$、$\boldsymbol{b}$ 和 $\boldsymbol{z}$ 在统计上相互独立，则宽带频谱的稀疏阶 σ_s 为

$$\sigma_s=\frac{E[\mathrm{Tr}(\hat{\boldsymbol{R}}_y)]-N}{Np\rho}$$

证明：根据式(4.1)和 $\hat{\boldsymbol{R}}_y=\boldsymbol{y}\boldsymbol{y}^{\mathrm{H}}$，则 $E[\hat{\boldsymbol{R}}_y]=E[(\boldsymbol{AUX}_s\boldsymbol{b}+\boldsymbol{z})(\boldsymbol{AUX}_s\boldsymbol{b}+\boldsymbol{z})^{\mathrm{H}}]$由于 $\boldsymbol{A}$、$\boldsymbol{U}$、$\boldsymbol{X}_s$、$\boldsymbol{b}$ 和 $\boldsymbol{z}$ 在统计上相互独立，则

$$E[(\boldsymbol{AUX}_s\boldsymbol{b}+\boldsymbol{z})(\boldsymbol{AUX}_s\boldsymbol{b}+\boldsymbol{z})^{\mathrm{H}}]=E[\boldsymbol{AUX}_s\boldsymbol{b}\boldsymbol{b}^{\mathrm{H}}\boldsymbol{X}_s^{\mathrm{H}}\boldsymbol{U}^{\mathrm{H}}\boldsymbol{A}^{\mathrm{H}}]+\boldsymbol{I}$$

对 $\hat{\boldsymbol{R}}_y=(\boldsymbol{AUX}_s\boldsymbol{b}+\boldsymbol{z})(\boldsymbol{AUX}_s\boldsymbol{b}+\boldsymbol{z})^{\mathrm{H}}$ 两边取迹再取期望，得

$$\begin{aligned}E[\mathrm{Tr}(\hat{\boldsymbol{R}}_y)]&=\mathrm{Tr}(E[\hat{\boldsymbol{R}}_y])=\mathrm{Tr}(E[\boldsymbol{AUX}_s\boldsymbol{b}\boldsymbol{b}^{\mathrm{H}}\boldsymbol{X}_s^{\mathrm{H}}\boldsymbol{U}^{\mathrm{H}}\boldsymbol{A}^{\mathrm{H}}])+N\\&=E[\mathrm{Tr}(\boldsymbol{AUX}_s\boldsymbol{b}\boldsymbol{b}^{\mathrm{H}}\boldsymbol{X}_s^{\mathrm{H}}\boldsymbol{U}^{\mathrm{H}}\boldsymbol{A}^{\mathrm{H}})]+N\end{aligned}$$

对于上式等号右端第一项 $E[\mathrm{Tr}(\boldsymbol{AUX}_s\boldsymbol{b}\boldsymbol{b}^{\mathrm{H}}\boldsymbol{X}_s^{\mathrm{H}}\boldsymbol{U}^{\mathrm{H}}\boldsymbol{A}^{\mathrm{H}})]$，有

$$\begin{aligned}E[\mathrm{Tr}(\boldsymbol{AUX}_s\boldsymbol{b}\boldsymbol{b}^{\mathrm{H}}\boldsymbol{X}_s^{\mathrm{H}}\boldsymbol{U}^{\mathrm{H}}\boldsymbol{A}^{\mathrm{H}})]&=\mathrm{Tr}(E[\boldsymbol{AUX}_s\boldsymbol{b}\boldsymbol{b}^{\mathrm{H}}\boldsymbol{X}_s^{\mathrm{H}}\boldsymbol{U}^{\mathrm{H}}\boldsymbol{A}^{\mathrm{H}}])\\&=E[\mathrm{Tr}(\boldsymbol{A}^{\mathrm{H}}\boldsymbol{AUX}_s\boldsymbol{b}\boldsymbol{b}^{\mathrm{H}}\boldsymbol{X}_s^{\mathrm{H}}\boldsymbol{U}^{\mathrm{H}})]\\&=\mathrm{Tr}[E(\boldsymbol{A}^{\mathrm{H}}\boldsymbol{AUX}_s\boldsymbol{b}\boldsymbol{b}^{\mathrm{H}}\boldsymbol{X}_s^{\mathrm{H}}\boldsymbol{U}^{\mathrm{H}})]\\&=\mathrm{Tr}(\rho\boldsymbol{I}E[\boldsymbol{UX}_s\boldsymbol{b}\boldsymbol{b}^{\mathrm{H}}\boldsymbol{X}_s^{\mathrm{H}}\boldsymbol{U}^{\mathrm{H}}])\\&=\rho E[\mathrm{Tr}(\boldsymbol{X}_s^{\mathrm{H}}\boldsymbol{X}_s\boldsymbol{b}\boldsymbol{b}^{\mathrm{H}})]\\&=Np\rho\sigma\end{aligned}$$

从而得 $\sigma_s=\dfrac{E[\mathrm{Tr}(\hat{\boldsymbol{R}}_y)]-N}{Np\rho}$，定理得证。

定理 4.10 给出了常值功率场景下 SMV 模型稀疏阶的理论表示。该定理指出该模型的稀疏阶可通过载波个数、载波功率、采样频率及接收信号协方差阵的迹来表示，且稀疏阶与接收信号协方差阵的迹成正比，与其他参数成反比。

类似地，常值功率场景下 MMV 模型稀疏阶的理论值描述如下。

定理 4.5　对于常值功率场景下 MMV 模型，若 $\boldsymbol{A}$、$\boldsymbol{U}$、$\boldsymbol{X}_m$、$\boldsymbol{B}$ 和 $\boldsymbol{Z}$ 在统计上相互独立，则宽带频谱的稀疏阶为

$$\sigma_m=\frac{E[\mathrm{Tr}(\hat{\boldsymbol{R}}_Y)]-NL}{NLp\rho}$$

证明：$E[\hat{\boldsymbol{R}}_Y]=E[(\boldsymbol{AUBX}_m+\boldsymbol{Z})(\boldsymbol{AUBX}_m+\boldsymbol{Z})^{\mathrm{H}}]$

由于 $\boldsymbol{A}$、$\boldsymbol{U}$、$\boldsymbol{X}_m$、$\boldsymbol{B}$ 和 $\boldsymbol{Z}$ 在统计上相互独立，则

$$E[(\boldsymbol{AUBX}_m+\boldsymbol{Z})(\boldsymbol{AUBX}_m+\boldsymbol{Z})^{\mathrm{H}}]=E[\boldsymbol{AUBX}_m\boldsymbol{X}_m^{\mathrm{H}}\boldsymbol{B}^{\mathrm{H}}\boldsymbol{U}^{\mathrm{H}}\boldsymbol{A}^{\mathrm{H}}]+\boldsymbol{I}$$

对 $\hat{\boldsymbol{R}}_Y=(\boldsymbol{AUBX}_m+\boldsymbol{Z})(\boldsymbol{AUBX}_m+\boldsymbol{Z})^{\mathrm{H}}$ 两边取迹再取期望，得

$$\begin{aligned}E[\mathrm{Tr}(\hat{\boldsymbol{R}}_Y)]=\mathrm{Tr}(E[\hat{\boldsymbol{R}}_Y])&=\mathrm{Tr}(E[\boldsymbol{AUBX}_m\boldsymbol{X}_m^{\mathrm{H}}\boldsymbol{B}^{\mathrm{H}}\boldsymbol{U}^{\mathrm{H}}\boldsymbol{A}^{\mathrm{H}}])+NL\\&=E(\mathrm{Tr}[\boldsymbol{AUBX}_m\boldsymbol{X}_m^{\mathrm{H}}\boldsymbol{B}^{\mathrm{H}}\boldsymbol{U}^{\mathrm{H}}\boldsymbol{A}^{\mathrm{H}}])+NL\\&=E(\mathrm{Tr}[\boldsymbol{A}^{\mathrm{H}}\boldsymbol{AUBX}_m\boldsymbol{X}_m^{\mathrm{H}}\boldsymbol{B}^{\mathrm{H}}\boldsymbol{U}^{\mathrm{H}}])+NL\\&=\rho E(\mathrm{Tr}[\boldsymbol{UBX}_m\boldsymbol{X}_m^{\mathrm{H}}\boldsymbol{B}^{\mathrm{H}}\boldsymbol{U}^{\mathrm{H}}])+NL\\&=\rho E(\mathrm{Tr}[\boldsymbol{X}_m\boldsymbol{X}_m^{\mathrm{H}}\boldsymbol{B}^{\mathrm{H}}\boldsymbol{B}])+NL\\&=NL\rho p\sigma+NL\end{aligned}$$

从而 $\sigma_m=\dfrac{E[\mathrm{Tr}(\hat{\boldsymbol{R}}_Y)]-NL}{NLp\rho}$，定理得证。

定理 4.11 给出了常值功率场景下 MMV 模型稀疏阶的理论表示。该定理指出该模型的稀疏阶可通过载波个数、载波功率、采样频率、接收信号协方差阵的迹及测量数目来表示，且稀疏阶与接收信号协方差阵的迹成正比，与其他参数成反比。

2. 变功率场景

在实际环境中，信号的功率是动态变化的。因此，将接收到各载波功率假定为动态变化且服从某一分布更具有一般性。接下来给出变功率场景下宽带频谱稀疏阶的理论表达。

下面给出变功率场景下 SMV 模型(4.25)和 MMV 模型(4.26)的稀疏阶理论值。

定理 4.6 对于变功率场景下的 SMV 模型，若 $\boldsymbol{A}$、$\boldsymbol{U}$、$\boldsymbol{X}_s$、$\boldsymbol{b}$ 和 $\boldsymbol{z}$ 在统计上相互独立，则宽带频谱的稀疏阶 σ_s 为

$$\sigma_s=\frac{E[\mathrm{Tr}(\hat{\boldsymbol{R}}_y)]-N}{N\bar{p}\rho}$$

证明：$E[\hat{\boldsymbol{R}}_y]=E[(\boldsymbol{AUP}^{1/2}\boldsymbol{X}_s\boldsymbol{b}+\boldsymbol{z})(\boldsymbol{AUP}^{1/2}\boldsymbol{X}_s\boldsymbol{b}+\boldsymbol{z})^{\mathrm{H}}]$

$$\begin{aligned}E[\mathrm{Tr}(\hat{\boldsymbol{R}}_y)]=\mathrm{Tr}(E[\hat{\boldsymbol{R}}_y])&=\mathrm{Tr}(E[\boldsymbol{AUP}^{1/2}\boldsymbol{X}_s\boldsymbol{bb}^{\mathrm{H}}\boldsymbol{X}_s^{\mathrm{H}}\boldsymbol{P}^{1/2}\boldsymbol{U}^{\mathrm{H}}\boldsymbol{A}^{\mathrm{H}}])+N\\&=E(\mathrm{Tr}[\boldsymbol{AUP}^{1/2}\boldsymbol{X}_s\boldsymbol{bb}^{\mathrm{H}}\boldsymbol{X}_s^{\mathrm{H}}\boldsymbol{P}^{1/2}\boldsymbol{U}^{\mathrm{H}}\boldsymbol{A}^{\mathrm{H}}])+N\\&=E(\mathrm{Tr}[\boldsymbol{A}^{\mathrm{H}}\boldsymbol{AUP}^{1/2}\boldsymbol{X}_s\boldsymbol{bb}^{\mathrm{H}}\boldsymbol{X}_s^{\mathrm{H}}\boldsymbol{P}^{1/2}\boldsymbol{U}^{\mathrm{H}}])+N\\&=\rho E(\mathrm{Tr}[\boldsymbol{UP}^{1/2}\boldsymbol{X}_s\boldsymbol{bb}^{\mathrm{H}}\boldsymbol{X}_s^{\mathrm{H}}\boldsymbol{P}^{1/2}\boldsymbol{U}^{\mathrm{H}}])+N\\&=\rho\mathrm{Tr}(E[\boldsymbol{P}]E[\boldsymbol{X}_s^{\mathrm{H}}\boldsymbol{X}_s]E[\boldsymbol{bb}^{\mathrm{H}}])+N\\&=\rho\mathrm{Tr}(E[\boldsymbol{P}]E[\boldsymbol{bb}^{\mathrm{H}}])+N\\&=N\bar{p}\rho\sigma_s+N\end{aligned}$$

从而 $\sigma_s=\dfrac{E[\mathrm{Tr}(\hat{\boldsymbol{R}}_y)]-N}{N\bar{p}\rho}$，定理得证。

定理 4.12 给出了变功率场景下 SMV 模型稀疏阶的理论表示。该定理指出该模型的稀疏阶可通过载波个数、载波平均功率、采样频率及接收信号协方差阵的迹来表示，且稀疏阶与接收信号协方差阵的迹成正比，与其他参数成反比。

类似地，变功率场景下 MMV 模型稀疏阶的理论值描述如下。

定理 4.7　对于变功率场景下的 MMV 模型，若 $\boldsymbol{A}$、$\boldsymbol{U}$、$\boldsymbol{X}_m$、$\boldsymbol{B}$ 和 $\boldsymbol{Z}$ 在统计上相互独立，则宽带频谱的稀疏阶 σ_m 为

$$\sigma_m = \frac{E[\mathrm{Tr}(\hat{\boldsymbol{R}}_{\boldsymbol{Y}})] - NL}{NL\bar{p}\rho}$$

定理 4.13 的证明过程与定理 4.12 的类似，因此，此处省略定理 4.13 的证明。

定理 4.13 给出了变功率场景下 MMV 模型稀疏阶的理论表示。该定理指出该模型的稀疏阶可通过载波个数、载波平均功率、采样频率、接收信号协方差阵的迹及测量数目来表示，且稀疏阶与接收信号协方差阵的迹成正比，与其他参数成反比。

3. 相关信号场景

相关信号场景下 SMV 模型(4.34)和 MMV 模型(4.35)的稀疏阶理论值描述如下。

定理 4.8　对于宽带相关信号场景下的 SMV 模型，若 $\boldsymbol{A}$、$\boldsymbol{U}$、$\boldsymbol{X}_s$、$\boldsymbol{b}$ 和 $\boldsymbol{z}$ 在统计上相互独立，且相关矩阵$\boldsymbol{\Theta}$ 中元素服从指数相关模型(4.36)，则宽带频谱的稀疏阶 σ_s 为

$$\sigma_s = \frac{E[\mathrm{Tr}(\hat{\boldsymbol{R}}_{\boldsymbol{y}})] - N}{Np\rho}$$

证明：由于 $E[\hat{\boldsymbol{R}}_{\boldsymbol{y}}] = E[(\boldsymbol{AU\Theta}^{1/2}\sqrt{p}\boldsymbol{X}_s\boldsymbol{b}+\boldsymbol{z})(\boldsymbol{AU\Theta}^{1/2}\sqrt{p}\boldsymbol{X}_s\boldsymbol{b}+\boldsymbol{z})^{\mathrm{H}}]$，则

$$\begin{aligned}
E[\mathrm{Tr}(\hat{\boldsymbol{R}}_{\boldsymbol{y}})] = \mathrm{Tr}(E[\hat{\boldsymbol{R}}_{\boldsymbol{y}}]) &= \mathrm{Tr}(E[\boldsymbol{AU\Theta}^{1/2}\sqrt{p}\boldsymbol{X}_s\boldsymbol{bb}^{\mathrm{H}}\boldsymbol{X}_s^{\mathrm{H}}\sqrt{p}\,\boldsymbol{\Theta}^{1/2}\boldsymbol{U}^{\mathrm{H}}\boldsymbol{A}^{\mathrm{H}}]) + N \\
&= E(\mathrm{Tr}[\boldsymbol{AU\Theta}^{1/2}\sqrt{p}\boldsymbol{X}_s\boldsymbol{bb}^{\mathrm{H}}\boldsymbol{X}_s^{\mathrm{H}}\sqrt{p}\,\boldsymbol{\Theta}^{1/2}\boldsymbol{U}^{\mathrm{H}}\boldsymbol{A}^{\mathrm{H}}]) + N \\
&= E(\mathrm{Tr}[\boldsymbol{A}^{\mathrm{H}}\boldsymbol{AU\Theta}^{1/2}\sqrt{p}\boldsymbol{X}_s\boldsymbol{bb}^{\mathrm{H}}\boldsymbol{X}_s^{\mathrm{H}}\sqrt{p}\,\boldsymbol{\Theta}^{1/2}\boldsymbol{U}^{\mathrm{H}}]) + N \\
&= \rho E(\mathrm{Tr}[\boldsymbol{U\Theta}^{1/2}\sqrt{p}\boldsymbol{X}_s\boldsymbol{bb}^{\mathrm{H}}\boldsymbol{X}_s^{\mathrm{H}}\sqrt{p}\,\boldsymbol{\Theta}^{1/2}\boldsymbol{U}^{\mathrm{H}}]) + N \\
&= \rho p\sigma_s E(\mathrm{Tr}[\boldsymbol{\Theta}]) + N \\
&= Np\rho\sigma_s + N
\end{aligned}$$

从而 $\sigma_s = \dfrac{E[\mathrm{Tr}(\hat{\boldsymbol{R}}_{\boldsymbol{y}})] - N}{Np\rho}$，定理得证。

定理 4.14 给出了信号相关场景下 SMV 模型稀疏阶的理论表示。该定理指出该模型的稀疏阶可通过载波个数、载波平均功率、采样频率及接收信号协方差阵的迹来表示，且稀疏阶与接收信号协方差阵的迹成正比，与其他参数成反比。

类似地，相关信号场景下 MMV 模型稀疏阶的理论值描述如下。

定理 4.9　对信号相干场景 MMV 模型，若 $\boldsymbol{A}$、$\boldsymbol{U}$、$\boldsymbol{B}$、$\boldsymbol{X}_m$ 和 $\boldsymbol{Z}$ 在统计上相互独立，且相关矩阵$\boldsymbol{\Theta}$ 中元素服从指数相关模型(4.36)，则宽带频谱的稀疏阶为

$$\sigma_m = \frac{E[\mathrm{Tr}(\hat{\boldsymbol{R}}_{\boldsymbol{y}})] - NL}{NLp\rho}$$

定理 4.15 的证明过程类似于定理 4.14 的证明过程，因此此处省略定理 4.15 的证明。

定理 4.15 给出了相关信号场景下 MMV 模型稀疏阶的理论表示。该定理指出该模型

的稀疏阶可通过载波个数、载波功率、采样频率、接收信号协方差阵的迹及测量数目来表示，且稀疏阶与接收信号协方差阵的迹成正比，与其他参数成反比。

定理 4.14 和定理 4.15 均表明，相关信号场景下，稀疏阶不受信号相关性的影响。定理 4.10 至定理 4.15 给出了三种场景（每种场景包含两种测量模型）下宽带频谱稀疏阶的理论表示，以上六个定理分别提供了不同场景不同测量模型的稀疏阶与载波个数、载波功率、采样频率、接收信号协方差矩阵的迹及认知节点个数之间的数量关系。六种情形下的稀疏阶理论表示汇总结果如表 4.3 所示，其中 $\bar{p}=(\bar{p}_1+\bar{p}_2+\cdots+\bar{p}_N)/N$，$\hat{\boldsymbol{R}}_y=\boldsymbol{y}\boldsymbol{y}^{\mathrm{H}}$，$\hat{\boldsymbol{R}}_Y=\boldsymbol{Y}\boldsymbol{Y}^{\mathrm{H}}$。

表 4.3 六种情形下的稀疏阶理论表示汇总结果

	SMV	MMV
常值功率	$\sigma_s=\dfrac{E[\mathrm{Tr}(\hat{\boldsymbol{R}}_y)]-N}{Np\rho}$	$\sigma_m=\dfrac{E[\mathrm{Tr}(\hat{\boldsymbol{R}}_Y)]-NL}{NLp\rho}$
变功率	$\sigma_s=\dfrac{E[\mathrm{Tr}(\hat{\boldsymbol{R}}_y)]-N}{N\bar{p}\rho}$	$\sigma_m=\dfrac{E[\mathrm{Tr}(\hat{\boldsymbol{R}}_Y)]-NL}{NL\bar{p}\rho}$
相关信号	$\sigma_s=\dfrac{E[\mathrm{Tr}(\hat{\boldsymbol{R}}_y)]-N}{Np\rho}$	$\sigma_m=\dfrac{E[\mathrm{Tr}(\hat{\boldsymbol{R}}_Y)]-NL}{NLp\rho}$

注：$\bar{p}=(\bar{p}_1+\bar{p}_2+\cdots+\bar{p}_N)/N$，$\hat{\boldsymbol{R}}_y=\boldsymbol{y}\boldsymbol{y}^{\mathrm{H}}$，$\hat{\boldsymbol{R}}_Y=\boldsymbol{Y}\boldsymbol{Y}^{\mathrm{H}}$。

4.4.2 算法步骤

从上述六个定理可知，宽带频谱稀疏阶大小依赖于宽带频谱载波个数、载波功率、采样频率、接收信号协方差矩阵的迹及认知节点数量等参数，因此，当这些参数已知或可以通过其他相关方法获取时，可以按照定理给出的数量关系来估计稀疏阶。载波个数通过离散傅里叶变换的预处理即可获取。关于载波功率，以常值功率为例，由于假定了标准噪声方差，所以载波功率 $p=10^{\mathrm{SNR}/10}$（SNR 为信噪比），而信噪比可以采用文献[9]中方法进行估计。采样频率 ρ 是可操作参数，由接收端设置。M 是认知用户接收机选用的滤波器个数。当认知节点预先已知压缩采样频率 ρ 和信噪比时，基于前述定理，通过接收信号协方差阵的迹，即可估计出稀疏阶，进而获得稀疏度。下面以变功率场景 MMV 模型为例，给出稀疏阶估计算法步骤，见表 4.4。

表 4.4 基于迹的稀疏阶估计算法

输入：输入参数 N,M,L。
步骤 1，设置采样频率 ρ 步骤 2，计算 (1) 平均功率 $\bar{p}=(\bar{p}_1+\bar{p}_2+\cdots+\bar{p}_N)/N$ (2) 第 m 个采样时刻的样本协方差矩阵的迹 $\mathrm{Tr}(\hat{\boldsymbol{R}}_Y^{(m)})$ (3) 接收信号协方差阵的迹的平均值 $\hat{\mathrm{Tr}}=\dfrac{1}{M}\sum_{m=1}^{M}\mathrm{Tr}(\hat{\boldsymbol{R}}_Y^{(m)})$
输出：稀疏阶估计值 $\hat{\sigma}_m=\dfrac{\hat{\mathrm{Tr}}-NL}{NL\bar{p}\rho}$。

对于变功率场景 SMV 模型和常值功率场景 SMV 和 MMV 模型的稀疏阶估计算法步骤，只需在表 4.4 中将样本协方差阵 $\hat{\boldsymbol{R}}_{\boldsymbol{Y}}^{(m)}$ 作相应替换即可。关于相关信号场景稀疏阶的估计算法步骤，参数 θ 可按照单边噪声相关模型构造[6-7]，即该参数假定已知，根据定理 4.14 和定理 4.15，$\hat{\sigma}_s=(\hat{\mathrm{T}}\mathrm{r}-N)/Np\rho$，$\hat{\sigma}_m=(\hat{\mathrm{T}}\mathrm{r}-NL)/NLp\rho$。相关信号场景的稀疏阶估计算法与变功率场景下的估计算法类似，因此省略相关信号场景的稀疏阶估计算法。从表 4.4 可以看出，该稀疏阶估计算法的关键步骤是观测信号协方差矩阵迹的计算，故称之为基于迹的稀疏阶估计算法。

4.4.3 计算复杂度分析

本节以 MMV 模型为例，分析基于迹的稀疏阶估计算法的计算复杂度。由于该算法的计算过程主要由样本协方差阵的求迹运算构成，因此，对于 $N\times N$ 的样本协方差矩阵 $\hat{\boldsymbol{R}}_{\boldsymbol{Y}}$，其迹运算的加法复杂度为 $O(N)$。而文献[3]中基于特征值的稀疏阶估计过程主要由两步构成：创建稀疏阶查询表和最大特征值求解。在第一步创建稀疏阶查询表时，需要求解一系列采样协方差矩阵的最大特征值，其中还要进行与谱分析相关的一些变换操作，稀疏查询表的尺寸根据研究者的需求来定。第二步，计算观测信号协方差阵的最大特征值 $\lambda_{\max}(\hat{\boldsymbol{R}}_{\boldsymbol{Y}})$，因此，对于一个 $N\times N$ 协方差阵，该步运算的乘法复杂度为 $O(N^3)$。由此可见，从计算复杂度来看，基于迹的稀疏阶估计优于基于特征值的稀疏阶估计。

从算法执行过程来看，基于迹的稀疏阶估计误差 SOEE 主要来自随机采样，而基于特征值的稀疏阶估计误差来自两方面：创建稀疏阶查询表和最大特征值求解，而稀疏阶的估计值通过查表给出。显然基于特征值的稀疏阶估计方法过程烦琐，需要通过多步估计来完成，稀疏阶估计误差由各步估计误差累积而构成。因此，从稀疏阶估计精度来看，基于迹的稀疏阶估计优于基于特征值的估计算法。

4.5 仿真实验及结果分析

为了评价稀疏阶估计算法精度，仿真实验将标准化稀疏阶估计误差(Sparsity Order Estimation Erro，SOEE)的期望作为估计精度的标准[3]，SOEE 定义如下：

$$\mathrm{SOEE}=\frac{\sqrt{E[\hat{\sigma}-\sigma]^2}}{\sigma} \tag{4.43}$$

其中，$\hat{\sigma}$ 是稀疏阶估计值；σ 为真实值。

仿真实验中，采用了 SOEE 的样本均值

$$E_K[\hat{\sigma}-\sigma]^2=\frac{1}{K}\sum_{k=1}^{K}\frac{\sqrt{(\hat{\sigma}_k-\sigma)^2}}{\sigma} \tag{4.44}$$

其中 K 为蒙特卡罗次数。

由式(4.44)可知，稀疏阶估计误差 SOEE 的计算需要两步。首先按照 SMV/MMV 模型的稀疏阶估计公式($\hat{\sigma}_s$ 或 $\hat{\sigma}_m$)计算每次采样的稀疏阶估计值 $\hat{\sigma}_k$(压缩采样频率事先被设

置，信噪比已知)，然后计算 SOEE(仿真中采样次数 $K=1000$)。

为方便起见，基于迹的稀疏阶估计算法记为 TM，基于特征值的稀疏阶估计算法记为 EM(Eigenvalue Method)，压缩采样记为 CM(Compressive Measurement)，全采样记为 FM (Full Measurement)。

4.5.1 基于特征值的稀疏阶估计算法

本节给出基于特征值的稀疏阶估计算法仿真实验及结果，包括特征值-稀疏阶对应信息表(见表 4.5)、三种场景下(常值功率、变功率和相关信号场景)协方差矩阵最大特征值的分布及该算法的估计精度。

表 4.5 特征值-稀疏阶对应信息表

稀疏阶	场景					
	SNR=2dB $\rho=0.8$	SNR=2dB $\rho=1$	DR=6.02dB $\rho=0.8$	DR=6.02dB $\rho=1$	SNR=0dB $\rho=0.8$ SCN=4	SNR=0dB $\rho=1$ SCN=4
1	9.63	7.44	12.8	10.19	6.93	5.86
0.9	9.03	7.14	11.8	9.58	6.53	5.65
0.8	8.41	6.83	11.03	9.08	6.17	5.44
0.7	7.85	6.53	10.22	8.60	5.80	5.24
0.6	7.26	6.21	9.36	8.08	5.43	5.02
0.5	6.67	5.88	8.42	7.44	5.08	4.81
0.4	6.05	5.52	7.51	6.84	4.74	4.60
0.3	5.44	5.15	6.63	6.24	4.43	4.40
0.2	4.85	4.76	5.66	5.57	4.17	4.20
0.1	4.25	4.31	4.69	4.80	3.96	4.00
0	3.79	3.79	3.79	3.79	3.79	3.79

实验 1：特征值-稀疏阶对应信息表

基于特征值的稀疏阶估计算法实现的第一步就是特征值-稀疏阶对应信息表的创建，本实验给出常值功率场景下协方差矩阵最大特征值-稀疏阶对应信息表。该表给出不同采样频率下 11 个不同稀疏阶及与之对应的协方差矩阵最大特征值，例如，当 $\bar{\lambda}_{\max}=6.05$ 时，稀疏阶 $\sigma=0.4$。

实验 2：常值功率场景下协方差矩阵最大特征值的分布

为了评价前述关于协方差矩阵 $\hat{\boldsymbol{R}}_{\boldsymbol{Y}}(N)$的特征值的理论分析，本实验给出常值功率场景下该矩阵最大特征值的总体分布密度($f_{\boldsymbol{Y}}^{\infty}$)曲线和直方图。该实验采用信号模型为 $\boldsymbol{Y}=\boldsymbol{A}\boldsymbol{U}\sqrt{p}\boldsymbol{B}\boldsymbol{X}_m+\boldsymbol{Z}$。仿真参数设置：采样比 $\rho=0.8$，稀疏阶 $\sigma=0.6$，载波个数 $N=100$，信噪比 SNR=0dB。仿真结果如图 4.1 所示。从仿真结果可以看出，常值功率场景下协方差矩阵最大特征值分布的直方图很好地拟合了总体分布密度曲线。

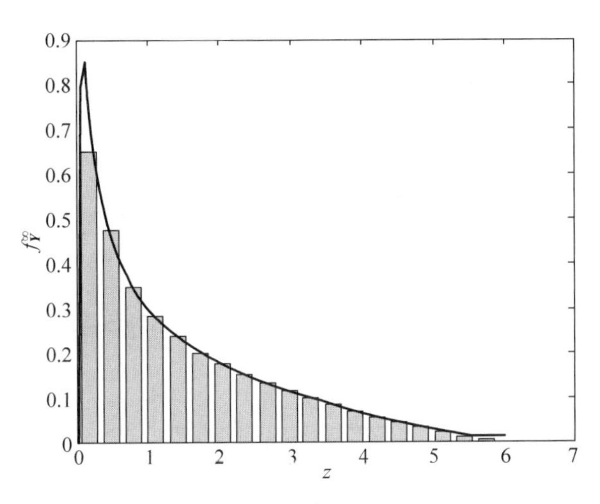

图 4.1　常值功率场景下$\hat{R}_Y(N)$的特征值的分布

实验 3：常值功率场景下基于特征值的稀疏阶估计算法性能

本实验给出常值功率场景下基于特征值的稀疏阶估计算法性能。实验条件设置：分为压缩采样（采样比 $\rho=0.8$）和全采样（采样比 $\rho=1$）两种情形。仿真结果如图 4.2 至图 4.4 所示，其中图 4.2 给出信噪比 SNR＝2dB 条件下误差 SOEE 随稀疏阶变化而变化的曲线；图 4.3 给出稀疏阶 $\sigma=0.6$ 条件下误差 SOEE 随信噪比变化而变化的曲线；图 4.4 给出稀疏阶 $\sigma=0.6$、信噪比 SNR＝2dB 条件下误差 SOEE 随压缩采样比变化而变化的曲线。

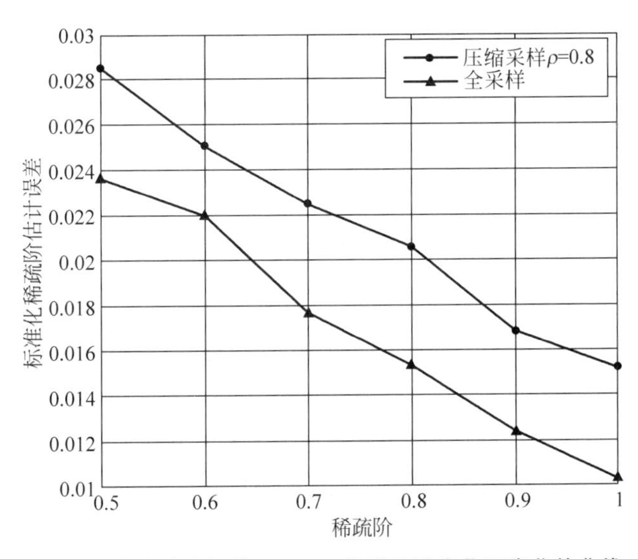

图 4.2　常值功率场景下 SOEE 随稀疏阶变化而变化的曲线

从如图 4.2 所示的仿真结果可以看出：全采样时的误差曲线低于压缩采样时的误差曲线；当稀疏阶 $\sigma=0.6$ 时，采样比 $\rho=0.8$ 条件下的稀疏阶估计误差 SOEE 接近于 2.9%，而全采样条件下的估计误差 SOEE 大约为 2.4%；以上仿真结果说明，在节省 20%的采样成本条件下，估计误差没有发生大的改变，这就是所提算法的优势。从如图 4.3 所示的仿真结果可以看出：当信噪比较低（低于－0.5dB）时，压缩采样条件下稀疏阶估计误差 SOEE 低

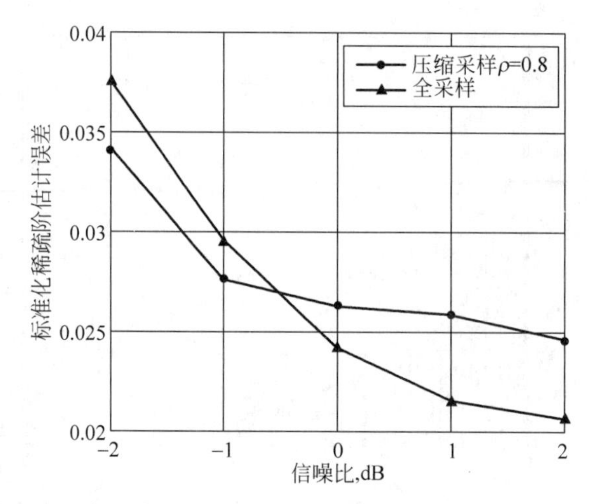

图 4.3 常值功率场景下 SOEE 随信噪比变化而变化的曲线

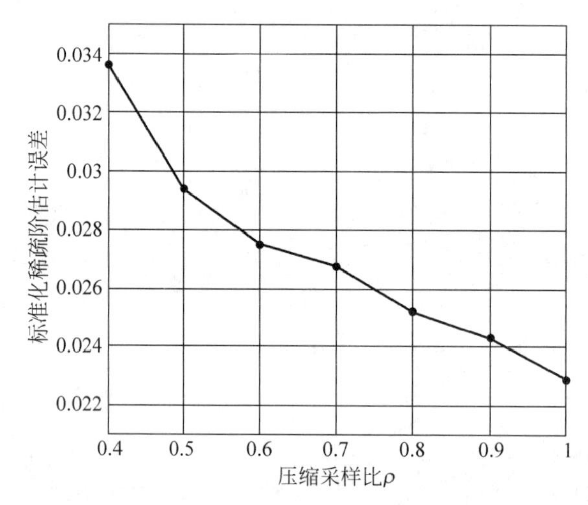

图 4.4 场景功率场景下 SOEE 随压缩采样比变化而变化的曲线

于全采样条件下的估计误差。产生此结果的一个直观解释就是,与压缩采样相比,在全采样条件下,影响协方差矩阵最大特征值分布的主要因素是噪声。从如图 4.4 所示的仿真结果可以看出,稀疏阶估计误差 SOEE 随着压缩采样比的减小而增大,即若是节省采样成本,则需要牺牲估计精度,因此,在实际应用中,在采样成本和算法精度之间应该折中一下。

实验 4:变功率场景下协方差矩阵最大特征值的分布

变功率场景下各载波功率假定服从一个已知分布,基于特征值的稀疏阶估计算法的优势是不需要知道载波功率信息。为了评价基于特征值的稀疏阶估计算法性能,本实验给出变功率场景下协方差矩阵 $\hat{\boldsymbol{R}}_{\boldsymbol{Y}}(N)$ 的最大特征值的总体分布密度($f_{\boldsymbol{Y}}^{\infty}$)曲线和直方图。该实验采用信号模型为 $\boldsymbol{Y}=\boldsymbol{AUP}^{1/2}\boldsymbol{BX}_m+\boldsymbol{Z}$;仿真参数设置:采样比 $\rho=0.8$,稀疏阶 $\sigma=0.6$,载波个数 $N=100$,功率动态变化范围(Dynamic Range,DR)DR=6.02dB,平均功率 $\bar{p}=$ 7.78dB;仿真结果如图 4.5 所示。从仿真结果可以看出,变功率场景下协方差矩阵最大特征值分布的直方图很好地拟合了总体分布密度曲线。

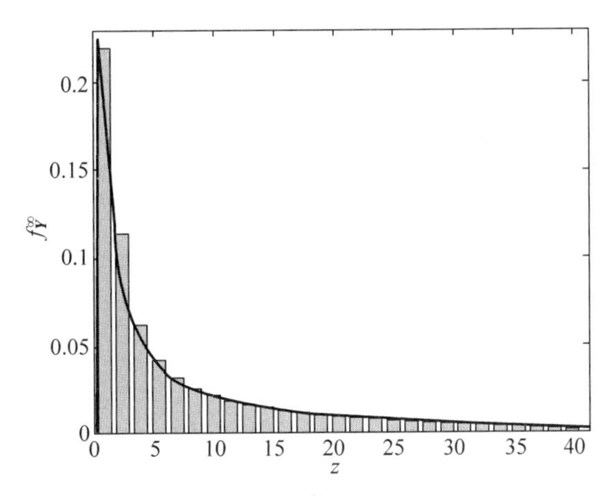

图 4.5 变功率场景下$\hat{\boldsymbol{R}}_Y(N)$的特征值的分布

实验 5：变功率场景下基于特征值的稀疏阶估计算法性能

本实验给出变功率场景信噪比 SNR＝2dB 条件下基于特征值的稀疏阶估计算法误差 SOEE 随稀疏阶变化而变化的曲线。实验条件设置：分为压缩采样(采样比 $\rho=0.8$)和全采样(采样比 $\rho=1$)两种情形，载波个数 $N=100$，功率动态变化范围(Dynamic Range，DR)DR＝6.02dB，平均功率 $\bar{p}=7.78$dB。仿真结果如图 4.6 所示。从仿真结果可以看出，全采样时的误差曲线低于压缩采样时的误差曲线；当稀疏阶 $\sigma=0.5$ 时，采样比 $\rho=0.8$ 条件下的稀疏阶估计误差 SOEE 低于 2.9%，而全采样条件下的估计误差 SOEE 大约为 2.5%。进一步表明，以节省 20%的采样成本条件下，估计误差将会稍微增大，如果预节省采样成本，则肯定要牺牲一些估计精度，因此，在实际应用中，在采样成本和算法精度之间应该折中一下。

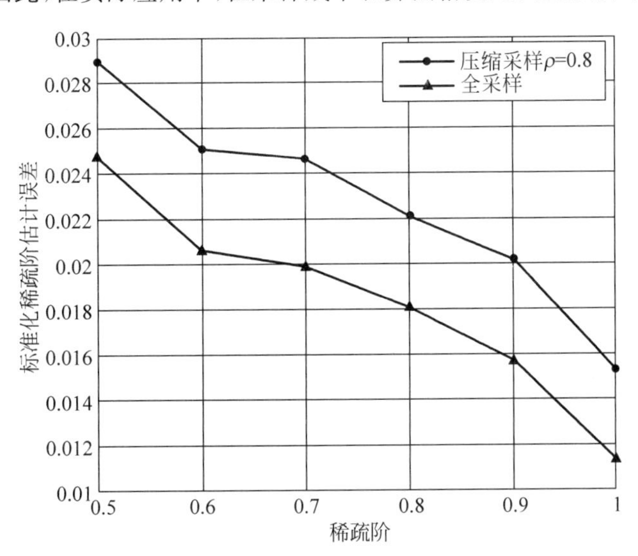

图 4.6 变功率场景下 SOEE 随稀疏阶变化而变化的曲线

实验 6：相关信号场景下协方差矩阵最大特征值的分布

对于相关信号场景下多测量向量模型，为了评价基于特征值的稀疏阶估计算法性能，本实验给出该场景下协方差矩阵 $\hat{\boldsymbol{R}}_Y(N)$的最大特征值的总体分布密度($f_Y^\infty$)曲线和直方图。该实验采用信号模型为$\boldsymbol{Y}=\boldsymbol{AUP}^{1/2}\boldsymbol{BX}_m+\boldsymbol{Z}$。仿真参数设置：采样比 $\rho=0.8$，稀疏阶 $\sigma=0.6$，

载波个数 $N=100$，信号条件数(Signal Condition Number，SCN)SCN＝4，信噪比 SNR＝0dB。仿真结果如图4.7所示。从仿真结果可以看出，相关信号场景下协方差矩阵最大特征值分布的直方图很好地拟合了总体分布密度曲线。

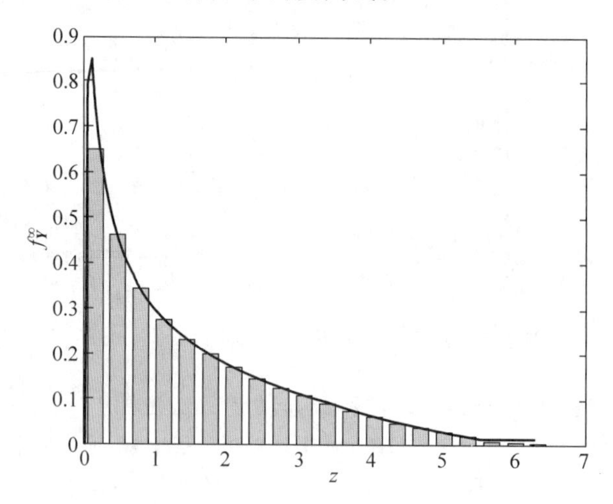

图 4.7 相关信号场景下 $\hat{\boldsymbol{R}}_Y(\boldsymbol{N})$ 的特征值的分布

实验 7：相关信号场景下基于特征值的稀疏阶估计算法性能

本实验给出相关信号场景下基于特征值的稀疏阶估计算法误差 SOEE 随稀疏阶变化而变化的曲线。实验条件设置：分为压缩采样(采样比 $\rho=0.8$)和全采样(采样比 $\rho=1$)两种情形，载波个数 $N=100$，SCN＝4，信噪比 SNR＝0dB。仿真结果如图4.8所示。从仿真结果可以看出，全采样时的误差曲线低于压缩采样时的误差曲线；当稀疏阶 $\sigma=0.5$ 时，采样比 $\rho=0.8$ 条件下的稀疏阶估计误差 SOEE 低于3%，而全采样条件下的估计误差 SOEE 大约为2.8%。进一步表明，在节省20%的采样成本条件下，估计误差将会稍微增大，如果欲节省采样成本，则需要牺牲一些估计精度，因此，在实际应用中，在采样成本和算法精度之间应该折中一下。

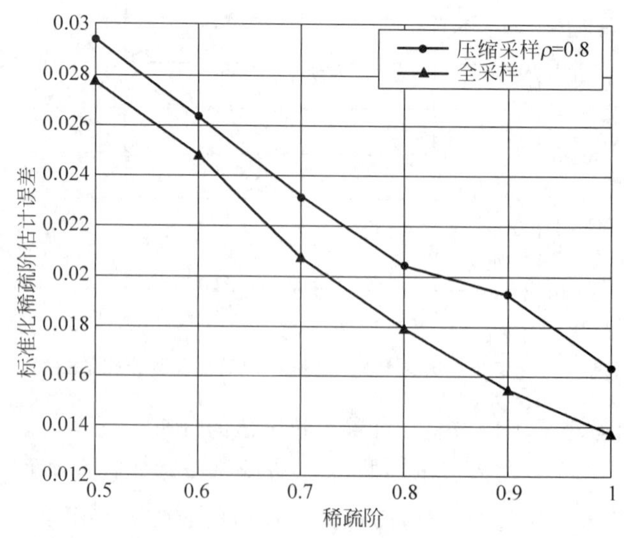

图 4.8 相关信号场景下 SOEE 随稀疏阶变化而变化的曲线

4.5.2 基于迹的稀疏阶估计算法

本节提供了两部分的仿真实验，分别验证稀疏阶估计的适应性和基于迹的稀疏阶估计算法性能。前者通过比较稀疏阶估计值与期望值的误差进行验证，后者利用稀疏阶估计误差(Sparsity Order Estimation Error，SOEE)进行评估。

实验 8：基于迹的稀疏阶估计算法适应性

本实验给出了几组稀疏阶估计值与真实值(期望值)之间关系，仿真结果如图 4.9 所示。为方便表述，在本节的仿真结果中，用英文简称 SOE(Sparse Order Estimation)表示稀疏阶估计。图 4.9(a)和图 4.9(b)分别给出了变功率场景 SMV 模型和 MMV 模型稀疏阶估计值与真实值之间关系的曲线，其中 $\hat{\sigma}_s=(\hat{\mathrm{T}}\mathrm{r}-N)/N\bar{p}\rho$，$\hat{\sigma}_m=(\hat{\mathrm{T}}\mathrm{r}-NL)/NL\bar{p}\rho$。而信号相干场景下 SMV 模型和 MMV 模型的稀疏阶估计值与真实值之间的关系曲线分别见图 4.9(c)和图 4.9(d)，其中 $\hat{\sigma}_s=(\hat{\mathrm{T}}\mathrm{r}-N)/Np\rho$，$\hat{\sigma}_m=(\hat{\mathrm{T}}\mathrm{r}-NL)/NLp\rho$。

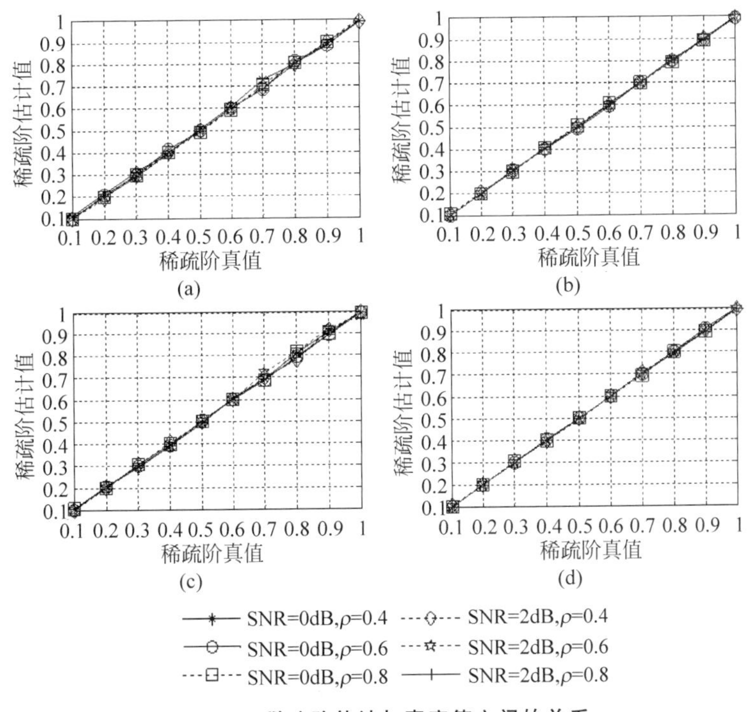

图 4.9 稀疏阶估计与真实值之间的关系

图 4.9(a)和图 4.9(c)中 $N=100$；而图 4.9(b)和图 4.9(d)中 $N=L=100$。图 4.9 给出了不同条件下稀疏阶的估计值与真实值之间的对比关系，从而验证了稀疏阶估计的适应性。通过比较图 4.9 中的四幅图，可以发现 MMV 模型的稀疏阶估计精度高于 SMV 模型。

实验 9：常值功率场景下基于迹的稀疏阶估计算法精度

本实验给出了常值功率场景下($N=100$，SNR$=2$dB)两种测量模型对应的基于迹的稀疏阶估计误差与稀疏阶之间的关系，如图 4.10 所示。由如图 4.10 所示的仿真结果分析可知：

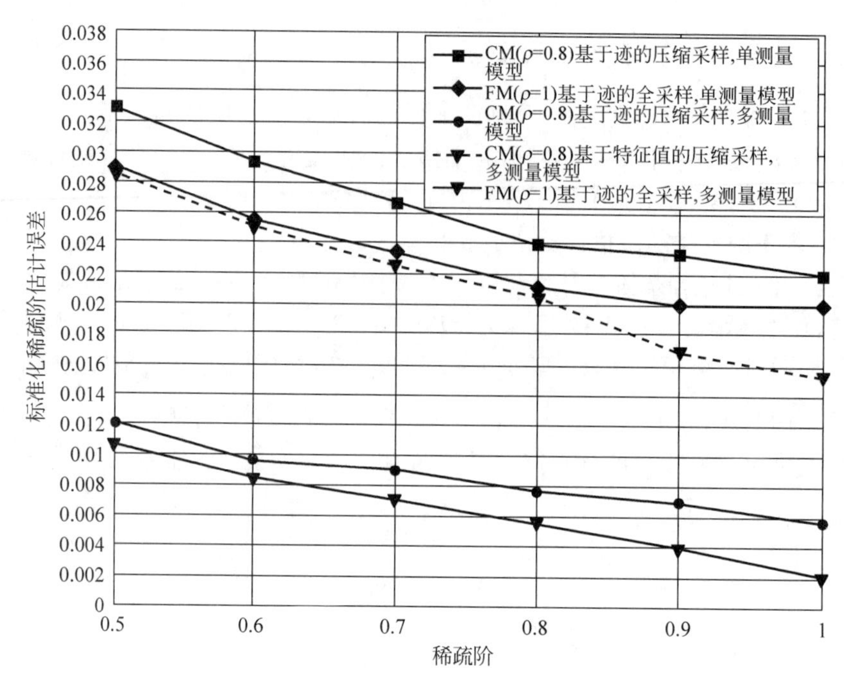

图 4.10 常值功率场景下 SOEE 随稀疏阶变化曲线

(1) 各种情形下基于迹的 SOEE 均随稀疏阶的增大而减小,例如对于压缩采样($\rho=0.8$)的 SMV 模型,当稀疏阶为 $\sigma=0.5$ 时,SOEE 约为 3.3%,而当稀疏阶为 $\sigma=1$ 时,SOEE 约为 2.2%;

(2) 利用 TM 算法,当测量模型相同时,全采样比压缩采样的估计误差小,例如对于稀疏阶 $\sigma=0.5$ 的 SMV 模型,全采样($\rho=1$)时,SOEE 约为 2.9%,小于压缩采样 $\rho=0.8$ 时的 3.3%;

(3) 利用 TM 算法,在相同采样条件下,MMV 模型比 SMV 测量模型估计精度高;

(4) 相同采样和测量模型下,TM 算法优于 EM 算法的稀疏阶估计。

实验 9 的仿真结果表明,与 EM 算法相比,TM 算法具有较低的估计误差。导致这一结果的根本原因是 EM 算法需要计算协方差阵的特征值和构建稀疏阶查询表,而 TM 算法通过利用稀疏阶的闭式解来计算稀疏阶(见 4.4.1 节定理)。

实验 10:变功率场景下基于迹的稀疏阶估计算法精度

本实验给出了变功率场景下($\bar{p}_1=\bar{p}_2=\cdots=\bar{p}_N$,$N=100$,SNR=2dB)两种测量模型对应的稀疏阶估计误差 SOEE 与相关参数之间的关系,如图 4.11 至图 4.15 所示。

从该图 4.11 能够得出与图 4.10 类似的结论(1)~(4),例如类似于图 4.10 中的结论(2)。从图 4.11 中可以看到,对于稀疏阶 $\sigma=0.5$ 时的 SMV 模型,当全采样($\rho=1$)时,SOEE 约为 2.6%,小于压缩采样 $\rho=0.5$ 时的 2.8%。

由如图 4.10 和图 4.11 所示的仿真结果分析可知:利用 TM 算法,当测量个数相同时,全采样估计误差稍低于压缩采样估计误差,但压缩采样降低了硬件采样成本;在相同条件下,MMV 模型的稀疏阶估计精度高于 SMV 模型的估计精度;在相同条件下,TM 算法的估计精度高于文献[3]中 EM 算法的精度。另外,从图 4.11 还可以看出,在变功率场景下,

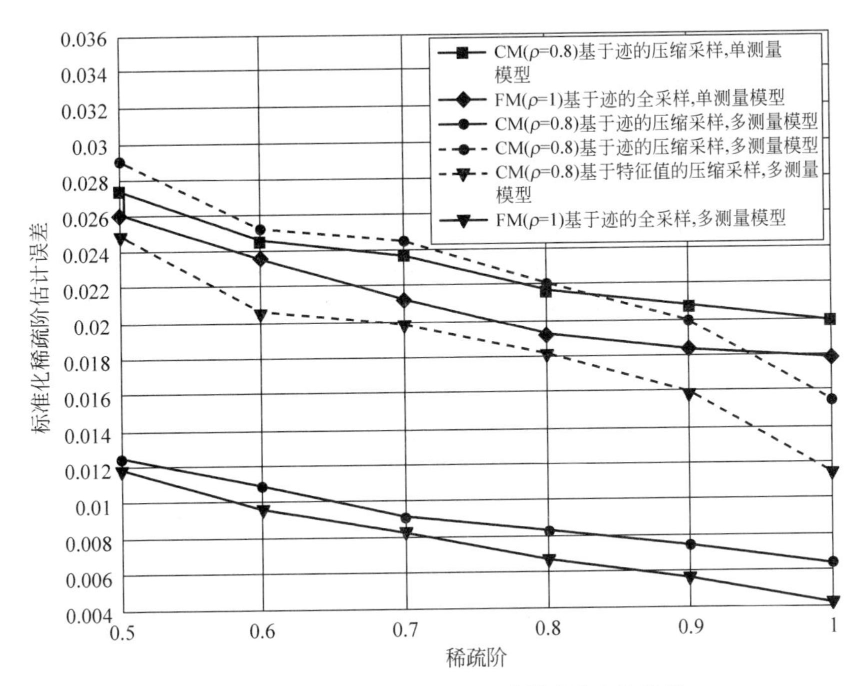

图 4.11 变功率场景下 SOEE 随稀疏阶变化曲线

与基于特征值 EM 算法(需要计算协方差阵的特征值和构建稀疏阶查询表)相比,TM 算法具有较低的估计误差。

图 4.12 的仿真条件为 $\sigma=0.6$,$\rho=0.8$,SNR=2dB。该图表明基于迹的稀疏阶估计误差 SOEE 随着主用户信道个数增加而减小。

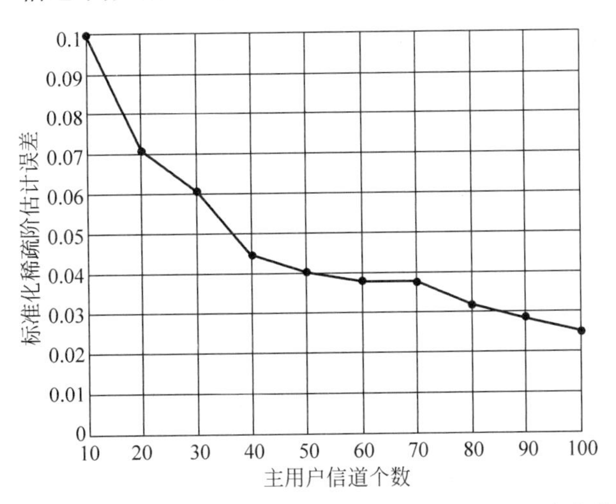

图 4.12 变功率 SMV 模型下 SOEE 随主用户信道个数变化曲线

图 4.13 的仿真条件为 $\sigma=0.6$,$\rho=0.8$,SNR=2dB,$N=100$。该图表明基于迹的稀疏阶估计误差 SOEE 随着 CR 节点个数增加而减小,当 $L>10$ 时,稀疏阶估计误差 SOEE 趋于稳定,收敛于 0.01。

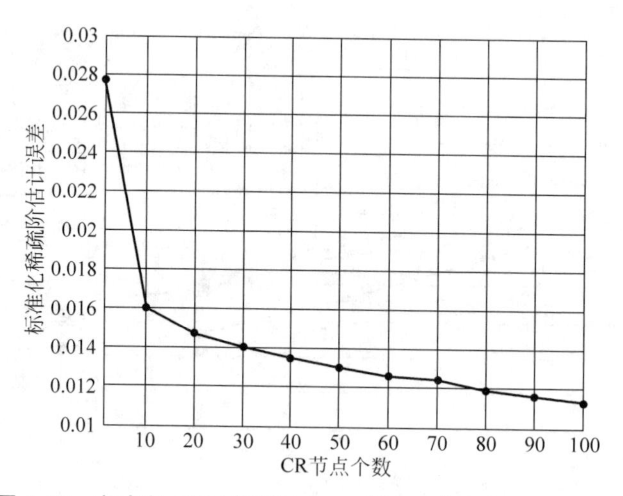

图 4.13 变功率 MMV 模型下 SOEE 随 CR 节点数 L 变化曲线

图 4.14 的仿真条件为 $\sigma=0.6$，$\rho=0.8$。该图表明基于迹的稀疏阶估计误差 SOEE 随着 SNR 增加而缓慢减小，说明该稀疏阶估计方法关于噪声具有稳健性，从图 4.14 中还可以看出，相同条件下 TM 算法精度高于 EM 算法的精度。

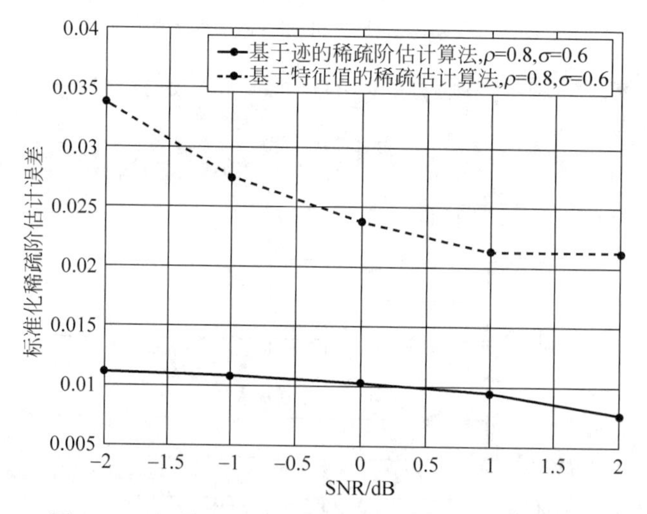

图 4.14 变功率 MMV 模型下 SOEE 随 SNR 变化曲线

图 4.15 的仿真条件为 $\sigma=0.6$，SNR=2dB。此图表明基于迹的稀疏阶估计误差 SOEE 随着随压缩采样比 ρ 增加而减小，该图还说明相同条件下基于迹的稀疏阶估计(TM)误差低于基于特征值估计(EM)的误差。

实验 11：相关信号场景下基于迹的稀疏阶估计算法精度

本实验给出了相关信号场景下两种模型对应的稀疏阶估计误差 SOEE 与相关参数之间的关系，如图 4.16 和图 4.17 所示。

通过与前述实验结果比较可知，图 4.16 中误差曲线的特征与图 4.10 和图 4.11 相似，即对于不相关信号场景(常值功率，变功率)和相关信号场景，基于迹的稀疏阶估计误差特征基本一致：稀疏阶估计误差 SOEE 随稀疏阶的增大而减小；不管是 SMV，还是 MMV 模型，SOEE 均随着信噪比的增加而减小，随着采样压缩比的增加而减小；在相同条件下，MMV

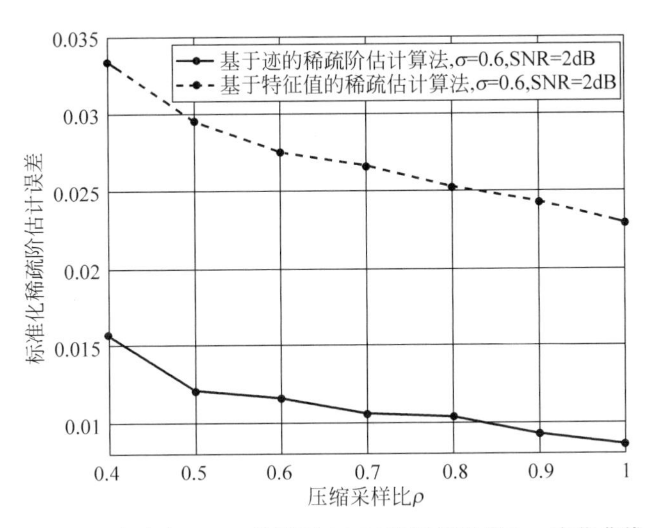

图 4.15 变功率 MMV 模型下 SOEE 随压缩采样比 ρ 变化曲线

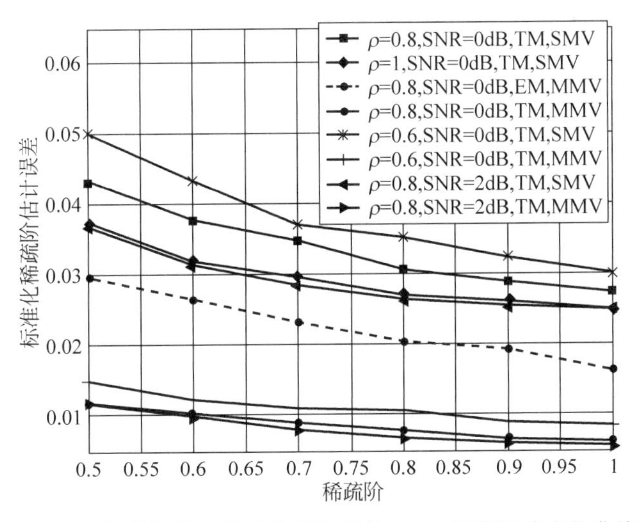

图 4.16 相关场景下稀疏阶估计误差 SOEE 随稀疏阶变化曲线

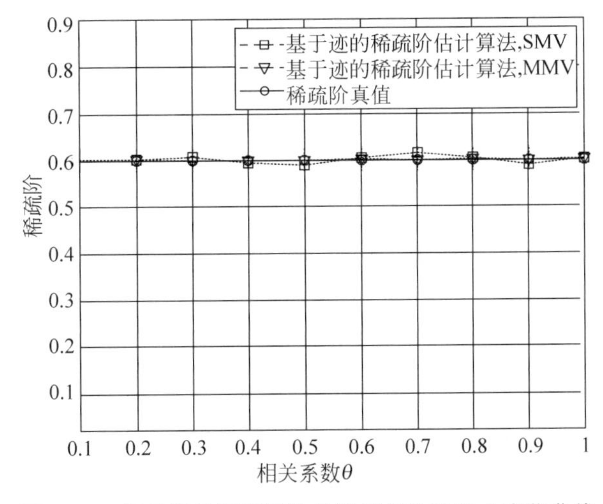

图 4.17 相关场景下稀疏阶估计随相关系数 θ 变化曲线

模型估计精度高于 SMV 模型精度；在相同条件下，TM 算法优于 EM 算法。从图 4.16 的仿真结果分析可知，对于相关信号场景，与 EM 算法相比，TM 算法具有较低的估计误差。

定理 4.14 和定理 4.15 表明宽带频谱的稀疏阶与各频点载波间的相关性没有关系。为了验证这一结论，本节提供了稀疏阶与相关系数 θ 之间关系的仿真实验，仿真结果如图 4.17 所示。仿真条件为 $\sigma=0.6$，$\rho=0.8$，SNR=0dB。从图 4.17 可以看出，不管是 SMV 模型，还是 MMV 模型，宽带频谱的稀疏阶均不依赖于相关系数 θ。同时说明，在相同条件下，MMV 模型下的稀疏阶估计精度高于 SMV 模型的估计精度。

4.6 本章小结

针对宽带不相关信号场景（常值功率、变功率）和相关信号场景，本章主要介绍了两个稀疏阶估计方法：基于特征值的稀疏阶估计和基于迹的稀疏阶估计。基于特征值的稀疏阶估计方法利用渐近随机矩阵理论，给出测量信号协方差矩阵特征值的渐近分布函数，根据该分布函数，建立协方差矩阵的最大特征值-稀疏阶信息表，对于观测信号，通过计算样本协方差矩阵最大特征值、查表及插值运算来估计信号的稀疏阶。该算法主要用于多测量向量模型下的宽带信号不相关信号场景（常值功率、变功率）、相关场景。仿真结果验证该算法的有效性。基于迹的稀疏阶估计方法通过随机压缩采样，利用采样协方差矩阵的迹、压缩采样频率、信噪比、测量数目与稀疏阶之间的数量关系来计算稀疏阶。该算法适用于宽带不相关信号场景（包括常值功率、变功率）和相关信号场景下的 SMV 和 MMV 模型。理论分析和仿真结果表明，与基于特征值的稀疏阶估计算法相比，基于迹的稀疏阶估计算法不但具有较低的计算复杂度，还具有较低的估计误差。

基于迹的稀疏阶估计算法精确性方面得出了如下结论：相同测量模型时，利用所提基于迹的稀疏阶估计方法，与全采样相比，虽然压缩采样估计误差略有增加，然而压缩采样降低了硬件采样成本；在相同条件下，利用基于迹的稀疏阶估计，MMV 模型的估计精度高于 SMV 模型的精度；在相同条件下，基于迹的稀疏阶估计算法精度高于基于特征值的稀疏阶估计算法的精度。

本章关于宽带信号稀疏阶估计方法的研究结果解决了后续章节中结构化压缩感知中常面临的稀疏度受限问题，为结构化压缩感知理论的应用奠定了基础。

参考文献

[1] Ma X, Yang F, Liu S, et al. Structured compressive sensing-based channel estimation for time frequency training OFDM systems over doubly selective channel[J]. *IEEE Wireless Communications Letters*, 2017, 6(2): 266-269.

[2] Tulino A M, Caire G, Verdu S, et al. Support recovery with sparsely sampled free random matrices [J]. *IEEE Transactions on Information Theory*, 2013, 59(7): 4243-4271.

[3] Sharma S K, Chatzinotas S, Ottersten B. Compressive sparsity order estimation for wideband cognitive radio receiver[J]. *IEEE Transactions on Signal Processing*, 2014, 62(19): 4984-4996.

[4] Meng J J, Yin W, Li H, et al. Collaborative spectrum sensing from sparse observations in cognitive radio networks[J]. *IEEE Journal on Selected Areas in Communications*, 2011, 29(2): 327-337.

[5] Tulino A M, Verdu S. *Random matrix theory and wireless communications*[M]. Now Publishers Inc. PUB4850, Hanover, MA, USA, 2004.

[6] Chatzinotas S, Imran M A, Hoshyar R. On the multicell processing capacity of the cellular MIMO uplink channel in correlated Rayleigh fading environment[J]. *IEEE Transactions on Wireless communications*, 2009, 8(7): 3704-3715.

[7] Sharma S K, Chatzinotas S, Ottersten B. Eigenvalue-based sensing and SNR estimation for cognitive radio in presence of noise correlation[J]. *IEEE Transactions on Vehicular Technology*, 2013, 62(8): 3671-3684.

[8] Mestre X, Fonollosa J, Pages-Zamora A. Capacity of MIMO channels: asymptotic evaluation under correlated fading[J]. *IEEE Journal on Selected Areas in Communications*, 2003, 21(5): 829-838.

[9] Sharma S K, Chatzinotas S, Ottersten B. SNR estimation for multi-dimensional cognitive receiver under correlated channel/noise[J]. *IEEE Transactions on Wireless Communications*, 2013, 12(12): 6392-6405.

第5章

基于结构化压缩感知的一维谱空穴检测

5.1 引言

前四章分别介绍结构化压缩感知研究现状、结构化压缩感知基本理论、典型结构化压缩感知方法及稀疏度估计方法，从本章开始介绍结构化压缩感知理论在无线通信领域中的应用。众所周知，块稀疏压缩感知是结构化压缩感知的主要形式之一，自提出以来受到了无线电信号处理领域学者们的广泛关注。本章主要介绍块稀疏压缩感知在一维谱空穴检测中的三个应用：基于动态组稀疏的频谱感知、基于块稀疏的空间谱估计和基于块稀疏贝叶斯学习的空间谱估计。

谱空穴是指频谱资源在某个或某些信息维度上未被占用的空闲机会。谱空穴从维度的多少可分为一维、二维和多维谱空穴。比如，一维谱空穴中的时域谱空穴是指在某些时间片段上未占用信道的空闲机会，频域谱空穴是指未占用某些信道的空闲机会；二维谱空穴中的时-频谱空穴是指在某些时间片段、某些信道上未占用信道的空闲机会；三维谱空穴的时-角-频是指在某些时间片段、某些方向、某些信道上未占用信道的空闲机会。

若要想利用这些谱空穴，首要解决的问题就是如何发现谱空穴，即谱空穴检测问题，关于谱空穴的一些概念将在5.2节给出。纵观近十几年来的无线电信号处理方面的研究结果，相较于二维、三维及多维谱空穴检测，一维谱空穴检测方法的研究最为广泛，且以往大量研究表明，频域上谱空穴检测的主要形式是频谱感知；角域上谱空穴检测的主要形式为空间谱估计，即DOA估计。本章主要介绍基于结构化压缩感知的一维谱空穴检测方法，包括频谱感知和DOA估计。

5.2 一维谱空穴检测

本节首先介绍谱空穴的一些基本概念，然后给出一维谱空穴检测的常见形式。

5.2.1 谱空穴概念

本节从不同角度给出谱空穴的概念。自然域上的频谱空穴被定义为在特定时间和地点未被主用户使用的一段频谱[1]，多维谱空穴是自然域上频谱空穴概念的推广，因此，多维谱空穴可被定义为在多维参数域上未被主用户使用的一段频谱。以往的研究中对于谱空穴定义的描述主要有三种形式。

第一种定义通过示性函数来描述。设存在主用户信号的区域$\mathcal{D}^* \subset \mathbf{C}^N$，$\boldsymbol{x} \in \mathbf{C}^N$，$N$-元示性函数$\mathbf{1}_{\mathcal{D}^*}(\cdot)$定义为

$$\mathbf{1}_{\mathcal{D}^*}(\boldsymbol{x}) = \begin{cases} 1, & \boldsymbol{x} \in \mathcal{D}^* \\ 0, & \boldsymbol{x} \in \mathbf{R}^N \setminus \mathcal{D}^* \end{cases} \tag{5.1}$$

其中，1 表示对应区域有信号；0 表示对应区域没信号(谱空穴)[2-3]。

第二种定义是通过将信号强度与噪声强度进行比较来给出[4]。由于噪声等因素的影响，连续维度上谱空穴存在性可通过将观测到的主用户信号幅值同一预先设置的阈值进行比较来判断，数学描述如下：

$$\begin{cases} (x_1, x_2, \cdots, x_N)\text{处有信号}, & |s(x_1, x_2, \cdots, x_N)| \geqslant c \\ (x_1, x_2, \cdots, x_N)\text{处有谱空穴}, & |s(x_1, x_2, \cdots, x_N)| < c \end{cases} \tag{5.2}$$

第三种定义是通过 $N+1$ 维空间(维度 1，维度 2，…，维度 N)上的功率或幅值分布来刻画谱空穴分布[3]，图 5.1 描绘了二维谱空穴分布。

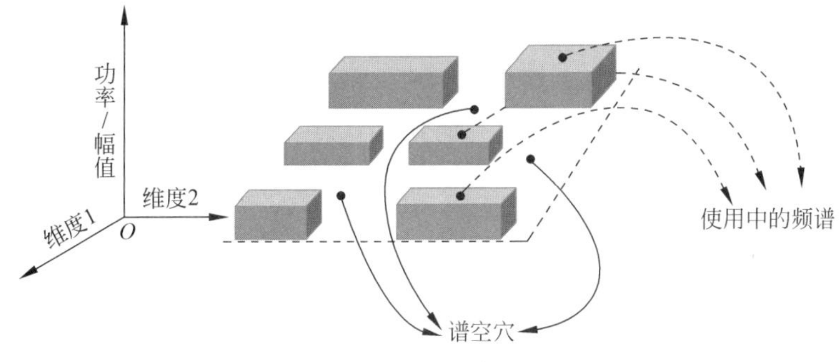

图 5.1　二维谱空穴

多维谱空穴主要是指在时、空、角、调制等维度上的空闲频谱，或者说，时、空、频、角、调制等维度上的空闲频谱资源，其中时、空、频是三个自然维度，在这三个维度上谱空穴的意义比较直观，而调制维度的谱空穴是在调制维度上除了信号所采用的调制状态之外的调制模式均可视作该维度上存在谱空穴。

简单地说，谱空穴检测就是在信号的任何域寻找频谱空洞的过程。参照频谱感知的概念，谱空穴检测就是通过某种算法，在不影响授权用户工作的前提下，认知用户对某个特定区域的频段进行分析，如果授权用户正占用该频段，则认知用户需要跳到该范围之外的区域或者改变传输功率和调制方式以避免对授权用户的干扰；如果授权用户没有使用该特定域，则授权用户会接入该特定区域进行数据传输。

5.2.2　典型一维谱空穴检测

谱空穴检测可以看作是频谱感知在其他域上的推广，因此一维谱空穴检测在频域上等同于频谱感知，而在空域上等同于主用户空间地理位置检测，在角域上等同于 DOA 估计，

在调制域上等同于调制识别。

从谱空穴检测的维度来说，谱空穴检测主要研究频、时、空、调制等维度上的谱空穴发现问题[5]。目前关于谱空穴检测比较成熟的研究是单个维度上的谱搜索，主要包括传统频谱感知、动态频谱感知、DOA估计、调制识别等方面。以能量检测为代表的频谱感知方法是较为成熟的频域谱空穴检测方法；动态频谱感知实际上是一种时域谱空穴检测问题；DOA估计可以看作是一种角域上的谱空穴检测，是对主用户的来波方向进行定位的一种技术[5]，通过阵列信号处理方法获得主用户信号的来波方向；调制识别的常规做法是利用数学工具将信号变换到其他域或采用统计手段提取某些特征来判断调制类型。在认知无线电系统中，调制识别是用来检测主用户信号的调制方式[6]，是一种调制维度上的谱空穴检测。需要注意的是，与其他连续性维度不同，由调制方式构成的调制维度是离散的。认知无线电中调制识别的研究通常考虑若干调制方式共存的通信环境，给出能够识别主用户信号调制类型的检测方法，这为进一步了解主用户信号调制方式及调制参数等提供了有效手段，以便认知用户能够更加灵活地接入频谱而不对主用户信号造成干扰。

本章主要介绍基于结构化压缩感知的频谱感知和DOA估计方法。

1. 频谱感知

频谱感知技术是认知无线电技术的基础，频谱感知就是在频域寻找频谱空洞的过程。因此，频谱感知的性能决定了整个认知无线电系统的性能。漏检概率和虚警概率决定了频谱感知的性能。漏检概率是指进行频谱感知的特定频段存在授权用户进行数据传输，而频谱感知结果是感知频段为空闲的概率；虚警概率是指进行频谱感知的特定频段空闲，而频谱感知的结果为感知频段被占用的概率。两种概率过高都会使认知无线电系统的性能下降。漏检概率过高会无法探测到存在的授权用户，因此非授权用户在授权用户存在的情况下接入授权频带进行数据传输，就会对授权用户造成干扰。如果虚警概率过高，非授权用户会错误地认为授权频带存在授权用户的数据传输，从而放弃对该频段的使用，导致的结果就是频谱利用率降低，认知网络的吞吐量下降。综上所述，频谱感知的目标是同时降低漏检概率和虚警概率。当然这一点很难达到，需要通过算法进行折中。除了漏检概率和虚警概率的优化之外，频谱感知还需要考虑尽量减小感知时间、降低感知复杂度等关键问题。

频谱感知分为单节点感知和多节点感知。单节点的具体感知主要包括匹配滤波检测、能量检测和循环平稳信号谱特征检测，匹配滤波器检测可以在较短的时间内得到较高的处理增益，使得输出的信噪比最大。但是由于需要采用已知的先验信息与接收信号对应的部分进行相关，从而产生检测统计量，因此，需要接收机对授权用户进行精准同步。能量检测计算过程简单且对信号类型无限制，不需要已知被检测信号的先验信息。因此能量检测算法广泛应用于认知无线电频谱感知。由于能量检测无法分辨信号来源类型，因此容易被不明信号误导从而产生误判。另外，能量检测受噪声不确定度影响较大。循环平稳特征检测的优点是，能够把授权用户信号、噪声信号和干扰信号区分开，但是循环平稳特征检测将频谱从一维平面扩展到二维平面，其计算复杂度远大于能量检测，并且需要更长的观测时间，这是其应用的最大限制。由于这些频谱感知算法有各自的优缺点，因此需要针对具体的应用场景进行选择或结合使用。

多节点协作感知可以有效地消除信道快衰落的影响从而做出可靠性更高的判决。协作式频谱感知一般分为集中式和分布式两种。集中式协作感知指认知无线网络中存在集中控制的节点或基站，对感知节点的结果进行数据融合并通过某种融合算法给出判决结果。分布式频谱感知指认知网络中不存在集中控制的节点，各个认知节点通过相互交换感知信息，然后基于本地信息进行判决。影响协作频谱感知的关键因素除了单个认知节点的感知性能外，还包括组网方式和感知结果的融合算法；此外，不同感知节点的相关性和单个节点的可靠性也会对频谱感知的结果产生重要影响。

频谱感知通过检测未使用的频谱缺口，使得用户适应无线电环境，并且不引起对授权用户（本书称之为主用户）的干扰。为了避免对主用户造成干扰，认知用户必须在主用户出现时能快速检测到主用户信号并让出频段，这就要求频谱空穴检测算法的感知时间短、实时性强且复杂度低。然而随着未来移动通信向着高带宽、高速率的方向发展，如 LTE、LTE-A、UWB 等，认知无线电需要检测的频段范围也向着更宽的全频段检测方向发展，这就要求在未来的认知无线电系统中，认知用户需要支持几吉赫兹（GHz）的频谱检测能力。

在频谱感知过程中，认知用户通过射频前端的模数转换器（Analog to Digital Converter，ADC）获取离散的数字信号并对其进行分析处理，得到相应的频谱信息。对于宽带频谱检测而言，认知用户接收机需要配置一个高速模数转换器、宽带天线、宽带滤波器和放大器。由于采样获取的大量样本需要更多存储空间，对认知用户终端造成严重计算负担，因此适用于窄频带的传统频谱检测技术，如能量检测、匹配滤波、循环特征检测等算法，很难有效地应用于宽带场景。传统的宽带频谱检测方法将整个频带划分为多个信道，然后逐个信道执行顺序检测，然而该方法造成了大量延时。为了降低延时并检测多个信道，研究者提出使用配置窄带带通滤波器组的射频前端，然而它需要大量射频组件。

为了解决上述问题，压缩感知技术引起了学术界的高度重视。压缩感知理论指出，如果信号本身是稀疏的或者在某个变换域是稀疏的，则能够以低于奈奎斯特速率对信号进行采样，在一定条件下，通过稀疏表示、信号重构恢复原始信号，从而能够减少算法的感知时间、降低计算复杂度。调查结果表明，由于主用户对频谱资源的利用率低下，存在大量空闲频谱资源，主用户信号频谱具有明显的稀疏特性，故可以将信号处理领域的压缩感知技术和通信领域的频谱检测技术相结合。因此，压缩频谱感知技术为宽带频谱检测提供了一种高效可行的实现方案，基于压缩感知的频谱空穴检测算法的研究具有重要的理论意义和实际应用价值。

对于频谱空穴检测而言，由于主用户固定的频谱分配策略，认知用户能够获取更多的频谱结构信息作为先验条件，而传统频谱检测方法只利用了主用户信号的稀疏性而没有考虑其他的一些特殊结构，如块稀疏、联合稀疏特性等。例如，由于固定的频谱分配，在多载波通信系统中，主用户信号频谱表现出明显的块稀疏特性；同时多认知用户合作时，认知用户受相同主用户信号的影响，其接收数据在频域上表现出联合稀疏特性。因此，认知用户在检测频谱空穴时，可以利用这些结构特性来降低采样频率、提高频谱检测性能。

2. DOA 估计

DOA 估计是阵列信号处理领域的关键问题，在雷达、通信、地震检测等众多领域有广泛应用。空间谱估计技术的发展实现了目标 DOA 的超分辨估计。经典的空间谱估计算法包括 MUSIC 和 ESPRIT 算法，它们主要是根据阵列接收信号的统计特性来估计目标的到达角，因此需要大量独立同分布的测量数据。压缩感知理论为 DOA 估计解决上述问题带来了新的技术途径。国内外基于压缩感知的 DOA 估计研究已有初步进展。Malioutov 等人最早将稀疏性的思想引入阵列 DOA 估计中，通过对空间角度的离散化建立稀疏重构模型，然后使用二阶锥规划求解相应的优化问题，并通过收缩网格划分的处理以获得角度高分辨率[7]。Cevher 等人通过阵元接收数据的随机投影和由一个参考阵元得到的完整的波形记录，重构出一个稀疏的角度空间场景，给出信源数和它们的到达角[8]。Duarte 则考虑利用信号的结构稀疏逼近方法来建立阵元接收信号的稀疏重构模型[9]。

在信号角域稀疏表示基础上的压缩感知算法只考虑了信号整体的稀疏性，往往会造成低信噪比条件下难以精确重构信号的问题。实际上，除了一般稀疏性，块稀疏结构在 DOA 估计中广泛存在，对于如今的测向问题，空域中感兴趣的目标信号往往以集群的形式出现，群目标数量众多，群内分布密集，呈现分块稀疏性。

5.3 基于动态组稀疏的频谱感知

针对认知无线电网络中宽带频谱感知问题，本节介绍一种基于主用户信号频谱结构的频谱感知算法（Dynamic Group Sparse Spectrum Sensing，DGS-SS），简称为 DGS-SS 算法[10]。该算法首先利用压缩感知理论对信号进行欠采样，然后利用主用户信号频谱的组稀疏结构修正重构过程中的频谱和残差支撑集，从而能够加快重构主用户信号频谱的收敛速度，并且提高主用户信号频谱的重构精度，最后利用重构信号频谱给出频谱空穴的有效检测。

5.3.1 频谱感知问题描述

频谱感知作为认知无线电系统中的核心步骤，对保证认知无线电系统正常工作有着十分重要的意义。频谱感知的作用是，在不对主用户的正常通信形成干扰这一前提下，迅速、准确地判断主用户是否占用目标频段进行通信，并通过分析接收信号，在无线频段上寻找频谱空穴。

频谱感知的过程可以用如下二元假设检验模型来描述：

$$\begin{cases} H_0: y(t)=n(t) \\ H_1: y(t)=n(t)+hx(t) \end{cases} \tag{5.3}$$

其中，H_0 表示主用户信号不存在，信道处于空闲状态；H_1 表示主用户信号存在，信道处于被占用状态；$y(t)$表示接收机收到的信号；$x(t)$表示主用户发射机发出的信号；$n(t)$表示信道中的加性高斯白噪声；h 表示无线信道增益。

频谱感知的性能可以用检测概率 P_d 和虚警概率 P_f 这两个量来衡量，其数学表达式如下：

$$\begin{cases} P_d=P(Y>\lambda \mid H_1) \\ P_f=P(Y>\lambda \mid H_0) \end{cases} \tag{5.4}$$

其中，Y 表示接收信号的检测统计量（如在能量检测法中，Y 表示接收信号的功率）；λ 表示对应的判决门限。

式(5.4)表明：检测概率 P_d 代表在主用户存在的情况下，感知结果为 H_1 的概率；虚警概率 P_f 表示在主用户不存在的情况下，感知结果为 H_1 的概率。检测概率越大，说明频谱感知的效率越高；而虚警概率越大，则说明对频谱资源的利用效率越低。

目前，较为成熟的频谱感知方法主要有能量检测法、循环平稳特征检测法和匹配滤波法。其中，能量检测法由于计算复杂度较低、硬件易于实现且不需要知道主用户信号的先验信息，应用最为广泛。但能量检测法的判决门限推导过程比较复杂，且易受到噪声的不确定性影响。压缩感知理论的引入为频谱感知技术开辟了新的思路，本章利用无线宽带信号具有的组稀疏特性，引入频段划分情况作为先验条件，研究了基于组稀疏恢复的压缩频谱感知算法，下面将对该算法进行详细介绍。

5.3.2 DGS-SS 算法原理

在压缩感知模型中，信号的采样不再遵从奈奎斯特采样定理，而是通过线性测量 $\boldsymbol{y}=\boldsymbol{\Phi x}$ 来实现压缩和采样同时进行，其中 $\boldsymbol{x}$ 是一个 $N\times 1$ 列向量，稀疏度为 K，$\boldsymbol{y}$ 是一个 $M\times 1$ 列向量，$\boldsymbol{\Phi}$ 为 $M\times N$ 的观测矩阵。在重构信号的过程中，假设 K 稀疏信号 $\boldsymbol{x}$ 存在于一个 K 维子空间的集合 Ω_k 中，集合 Ω_k 中含有 C_N^K 个 K 维子空间。若希望无失真的恢复源信号，则观测 $\boldsymbol{\Phi}$ 需要满足 RIP 性质，这一点在第 2 章已有相关介绍。接下来，假设 K 稀疏信号 $\boldsymbol{x}$ 位于子空间集合 $\boldsymbol{\beta}$ 内，那么 K-RIP 性质可以推广为 $\boldsymbol{\beta}$-RIP 性质，定义如下：

定义 5.1($\boldsymbol{\beta}$-RIP) 一个 $M\times N$ 矩阵 $\boldsymbol{\Phi}$，如果在它的所有 K 维子空间集合中，存在子集 $\boldsymbol{\beta}$，且 $\boldsymbol{\beta}$ 中的所有 K 维子空间均满足：

$$(1-\delta_{\boldsymbol{\beta}}(\boldsymbol{\Phi}))\|\boldsymbol{x}\|_2^2\leqslant\|\boldsymbol{\Phi x}\|_2^2\leqslant(1+\delta_{\boldsymbol{\beta}}(\boldsymbol{\Phi}))\|\boldsymbol{x}\|_2^2 \tag{5.5}$$

则称矩阵 $\boldsymbol{\Phi}$ 具有参数为 $\delta_{\boldsymbol{\beta}}(\boldsymbol{\Phi})$ 的 $\boldsymbol{\beta}$-RIP 性质。

Blumensath 和 Davies 等学者证明了，在观测矩阵 $\boldsymbol{\Phi}$（或信号须做变换时的感知矩阵 $\boldsymbol{A}$）满足 $\boldsymbol{\beta}$-RIP 性质时，对任意的 $t>0$，压缩采样后能够以至少 $1-\mathrm{e}^{-t}$ 的概率重构源信号，同时，观测次数 M 需满足以下关系：

$$M=O(K+K\log(N/K)) \tag{5.6}$$

这与传统压缩感知理论中的结果也是一致的。

对于传统的压缩感知重构模型来说，大多没有将信号结构上的特点应用到重构算法中。而在实际的无线通信中，频谱被划分成一个个信道，每个信道有着固定的带宽，用户进行通信时，同一时段仅占用有限个信道，几乎不会出现同一时间所有信道都被占用的情况。这说明，在某一时段内对一段较宽频带进行观测，应仅有有限个信道上存在主用户信号，即信号并非随机分布在这一宽频带上，而是呈现聚簇的趋势，在这种情况下，信号也可以满足稀疏条件，我们称这类稀疏为组稀疏。动态组稀疏重构算法将信号的稀疏度和组稀疏分布同时作为先验条件应用到压缩感知的重构算法中，同传统的贪婪算法相比，能够在重构概率相同的情况下，有效减少观测次数和计算复杂度。

在 K 稀疏信号定义的基础上，(K,q) 组稀疏信号可定义如下：

定义 5.2 设信号 $\boldsymbol{x}$ 是一个 $N\times 1$ 列向量，如果 $\boldsymbol{x}$ 的稀疏度（即非零元素个数）为 K，$K\ll N$，且信号 $\boldsymbol{x}$ 中的 K 个非零元素聚簇形成了 q 个组，$q\leqslant K$，则称信号 $\boldsymbol{x}$ 为 (K,q) 组稀

疏信号。

由以上定义可知，组稀疏信号的结构化特征主要体现在 K 和 q 两个参数上、下面将对重构算法做详细介绍。在(K,q)组稀疏信号的重构过程中，仅需要已知信号的稀疏度 K，便可以实现准确重构，并不需要预先知道具体的分组情况，即不需要知道各个组的大小和位置，也就是说，信号的组结构可以是动态变化的，即动态组稀疏。这并不会影响算法的性能，也使得算法的灵活性大大增加。

根据第2章对重构算法的介绍，可以看出，在传统的重构算法中，综合考虑重构率和计算复杂度的情况下，SP算法的性能较为稳定。动态组稀疏(DGS)重构算法将SP算法搜寻子空间的思想与信号的组稀疏结构先验相结合，实现了以更少的观测次数取得更优的重构效果的目的。Huang J. 等人对 M 的取值给出了定理并证明了其正确性，当信号满足(K,q)组稀疏条件时，对于任意的 $t>0$，假如 M 满足以下条件[11]：

$$M=O(K+q\log(N/q)) \tag{5.7}$$

且观测矩阵$\boldsymbol{\Phi}$具有$\boldsymbol{\beta}$-RIP性质，则采用本算法就能够以大于或等于 $1-\mathrm{e}^{-t}$ 的概率重构源信号。

与式(5.6)相比，由于组数 q 始终满足 $q\leqslant K$ 条件，则式(5.7)给出的 M 必定小于式(5.6)中的 M 值。

动态组稀疏重构算法的每次迭代过程可以概括为以下5个步骤：

(1) 利用组结构先验对残差估计进行预处理；

(2) 合并支撑集；

(3) 用最小二乘法对信号进行估计；

(4) 利用组结构先验条件对信号的估计值进行预处理；

(5) 更新残差的估计值以及信号的支撑集。

由以上步骤可以看出，DGS算法与SP算法的处理过程非常相近，仅在第(1)和第(4)步有所区别，DGS对残差和信号估计值的处理是基于组结构先验而非 K 稀疏先验，这使得在搜寻信号所在的子空间时，仅需在子空间集合 β 中搜索目标子空间即可，并不需要搜索全部 C_N^K 个子空间，这一点也为DGS算法能够以更少的观测次数实现更准确的恢复提供了保证。

在DGS算法的组先验预处理中，有两个重要参数，分别是邻元素数目 τ 和邻元素权重 ω，它们分别具有不同的物理意义。邻元素数目 τ 决定了稀疏信号中每个元素受多少个邻元素的影响，这里所处理的信号为一维信号，因此取 τ 的值为2，即每个元素受前一个元素和后一个元素的影响，如果将本算法推广到二维信号，以此类推 τ 的值应取4；而邻元素权重 ω 则保持着 K 稀疏先验和组结构先验在重构过程中贡献度的平衡，ω 越大说明每个元素的邻元素对其影响越大，因而组先验起到的作用也就越明显，而 ω 并非越大越好，因为受噪声不确定性的影响，所以无法确定每个元素的邻元素的可信度，相关文献中给出，在没有理论支撑的情况下，一般取 ω 值为0.5。DGS算法中组先验的预处理过程可描述如表5.1所示。

表 5.1 DGS 算法的组先验预处理步骤

输入：$N\times 1$ 维信号的估计值 $\hat{\boldsymbol{x}}$，稀疏度 K，$N\times\tau$ 维邻元素值矩阵 $\boldsymbol{T}_x$，邻元素权重 ω，邻元素数目 τ，迭代次数 $i=1$。
(1) 将输入信号中每个值与其邻元素做预处理，数学表达式如下： $$z(i)=\hat{\boldsymbol{x}}^2(i)+\sum_{t=1}^{\tau}\omega^2(i,t)T_x^2(i,t)$$ (2) 取 $i=i+1$。 (3) 判断 $i>N$ 是否成立，若否，则返回第(1)步继续迭代；若是，则进行下一步。 (4) 进行支撑集的修剪，将 $z(i)$ 中前 K 个大值保留，其余值置零。 (5) 将支撑集 $\boldsymbol{\Gamma}$ 更新为 $z(i)$ 的支撑集。 (6) 输出信号估计 $\hat{x}$ 的新支撑集 $\boldsymbol{\Gamma}$。

由于频谱感知的主要目的是判断主用户信号存在与否，以及寻找频谱空穴，因此并不要求重构信号的幅度值与源信号严格一致，只需保证支撑集准确恢复即可，因此采用 DGS 算法重构出源信号之后，只需通过计算支撑集的归一化重构误差，即可完成频谱感知的性能验证。下一节将对基于组稀疏重构的压缩频谱感知算法进行数值仿真，验证其有效性。

5.3.3 仿真实验及结果分析

本节针对基于动态组稀疏重构的压缩频谱感知算法，进行了数值仿真验证，并比较了各种参数对算法性能的影响。首先，在仿真过程中，预设信号带宽为 48MHz，这段宽带信号被平均分为 16 个带宽相同的子信道，假设其中 4 个信道被主用户随机占用，并且任意两个主用户不会同时占用同一个或相邻的信道，主用户信号均采用 BPSK 调制。

实验 1：验证 DGS 算法的重构效果

本实验给出 DGS 算法的重构效果。仿真参数设置：信号点数 $N=2400$，稀疏度 $K=160$，压缩比为 1/4，即观测次数 $M=600$，信噪比设置为 −5dB。仿真结果如图 5.2 和图 5.3 所示，其中图 5.2(a)为 BPSK 的时域信号，即待采样信号；图 5.2(b)为待采样信号的频谱，源信号中混入了噪声，但由于 BPSK 信号抗噪声性能较好，因此在信噪比为 −5dB 的情况下，其频谱受噪声影响并不大；图 5.2(c)为 DGS 算法重构出的信号频谱。图 5.2 中 3 个子图的幅度单位为 dBm。可以看出，DGS 算法重构出的频谱支撑集与源信号频谱一致，幅值由于受到噪声的影响，与源信号频谱的幅值略有差异。

图 5.3 为 DGS 算法与 OMP 算法、SP 算法以及 IHT 算法的重构效果比较，可以看出，在预设的仿真条件下，DGS 算法能够准确恢复原组稀疏信号的支撑集，而其他算法均存在错误的干扰频点。

实验 2：验证 DGS 算法在不同信噪比下频谱感知性能

本实验给出 DGS 算法在不同信噪比下频谱感知性能的重构效果，并给出 DGS 算法与 SP 算法、OMP 算法、IHT 算法在不同信噪比下的检测概率比较。仿真参数设置：信号点数 $N=600$，稀疏度 $K=50$，观测次数 $M=150$，即压缩比为 1/4，信噪比由 −5dB 变化至 10dB，间隔为 1dB。本实验采用蒙特卡罗仿真方法，蒙特卡罗仿真次数为 1000 次，在感知过程中，

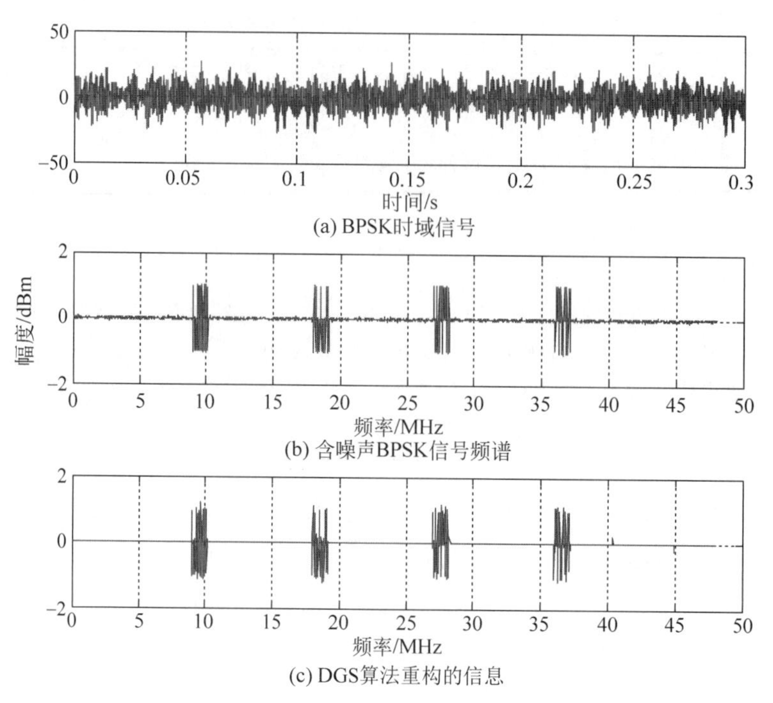

图 5.2 DGS 算法的重构效果

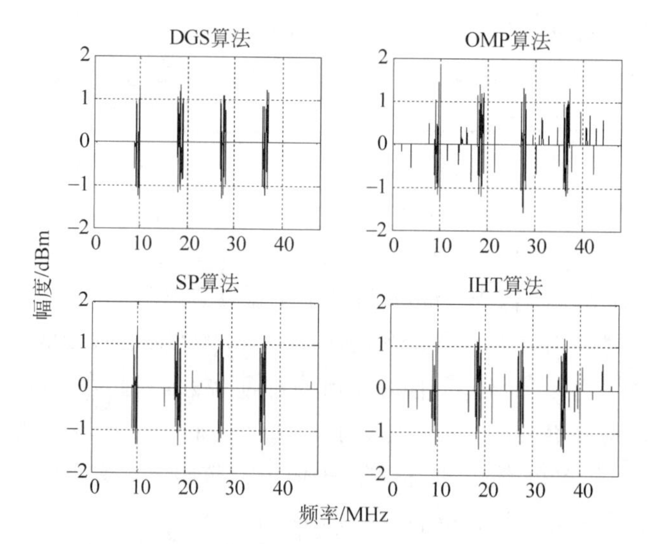

图 5.3 DGS 算法与其他重构算法重构效果的比较

设支撑集的重构误差小于 2%时为感知成功。仿真结果如图 5.4 所示,可以看出,在同等条件下,DGS 算法的检测性能明显优于其他 3 种算法。并且,在信噪比为 0dB 时,DGS 算法的检测概率已达到 0.9,远高于其他 3 种算法,这说明 DGS 算法具有较好的抗噪声性能。

实验 3:验证 DGS 算法在不同观测次数下的感知性能

本实验给出 DGS 算法在不同观测次数下的感知性能,并给出在不同观测次数下 DGS 算法与其他 3 种算法检测概率的比较。仿真参数设置:信号点数 $N=600$,稀疏度 $K=50$,信噪比为 0dB,观测次数 M 由 60 变化至 240,间隔为 20。本实验采用蒙特卡罗仿真方法,蒙特卡罗仿真次数为1000次，在感知过程中，设支撑集的重构误差小于2%时为感知成功。仿真结果如图5.5所示，可以看出，在观测次数M为140时，DGS算法的检测概率即可达到0.8，而其余3种算法的检测概率尚未达到0.5，说明在相同信噪比条件下，DGS算法能够以更少的观测次数更准确地重构源信号。

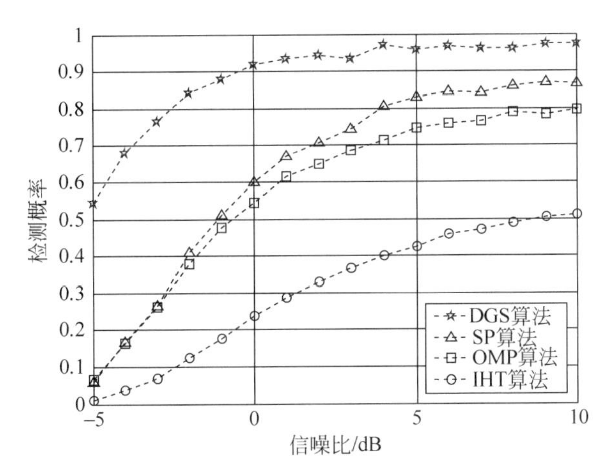

图5.4 DGS算法在不同信噪比下的感知性能比较

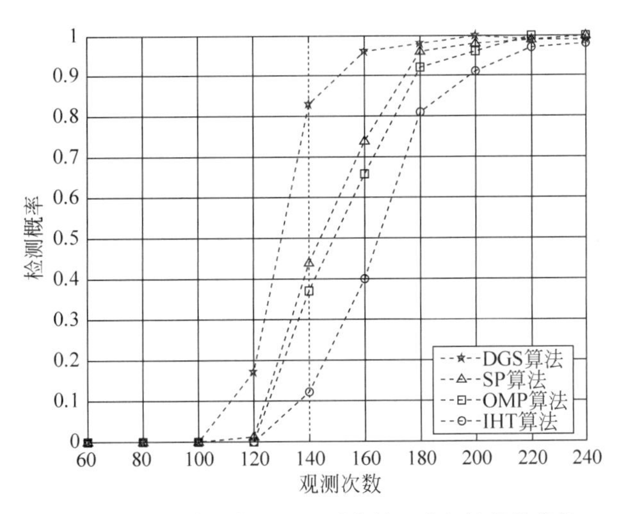

图5.5 DGS算法在不同观测次数下感知性能的比较

5.4 基于块稀疏的空间谱估计

针对频谱空穴检测算法判断主用户活动状态较慢问题，利用主用户信号的块稀疏特性和参与合作的认知用户接收数据的联合稀疏特性，本节介绍一种基于块-分阶段正交匹配追踪的合作频谱空穴检测(Cooperative spectrum Holes Detection Based on Block Stagewise Orthogonal Matching Pursuit，BStOMP-CPHD)算法[12]。该算法通过融合中心对认知用户采集样本进行重组，然后根据残差与测量矩阵间相关系数的条件卡方分布特性求解稀疏优化问题，并在每次迭代中利用硬阈值法选择多个原子，从而加快了频谱空穴检测算法的收敛速度。与传统方法相比,该算法利用了主用户信号的结构特性,并通过每次迭代选择符合条件的多个原子,不但保证了频谱空穴检测性能,而且有效减少了运行时间。

5.4.1 空间谱估计问题描述

考虑一个基于多载波调制的宽带主用户通信系统(例如,OFDM 系统),系统中 N 个子载波被划分为 N_{sig} 个互不相邻的子信道,并且每个子信道分配给一个主用户。为了检测频谱空穴,J 个空间随机分布的认知用户同时检测主用户信号。网络模型如图 5.6 所示,认知用户随机分布在主用户周围,且由于受阴影效应等影响认知用户接收的主用户信号出现不同程度的衰减,有些频段衰减较小,有些频段衰减较严重,甚至主用户信号淹没在噪声里,认知用户无法判断该频段上主用户信号是否出现。

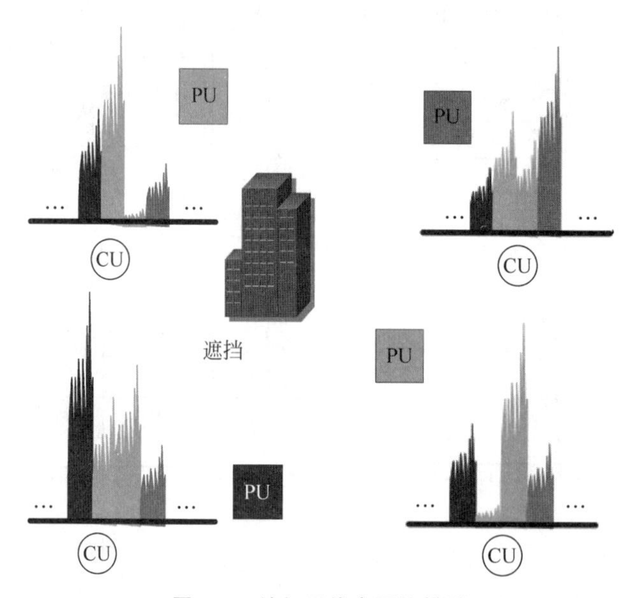

图 5.6 认知无线电网络模型

假设主用户 i 的发射信号经过对数衰落信道到达认知用户 j 的接收端,检测周期内信道具有时不变性,则信道的路径损耗可描述为

$$\mathrm{PL}_{i,j}=\mathrm{PL}_0+10\gamma\log\frac{d_{i,j}}{d_0}+X_\sigma \tag{5.8}$$

其中,d_0 表示认知用户相对于参考点的参考距离;$d_{i,j}$ 表示主用户 i 与认知用户 j 间的距离;PL_0 为参考点的路径损耗;γ 为路径损耗因子;X_σ 为方差为 σ^2 的高斯随机变量。

假设认知用户已知检测频谱的分配策略,且所有认知用户理想同步。若在检测周期内有 I 个活跃主用户,其发射信号为 $s_i(t)(i=1,2,\cdots,I)$。则第 j 个认知用户的接收信号可表示为

$$r_j(t)=\sum_{i=1}^{I}h_{ij}(t)*s_i(t)+w_j(t) \tag{5.9}$$

其中,$*$ 代表卷积;信道脉冲响应 $h_{ij}(t)=10^{-\mathrm{PL}_{i,j}/20}$;随机变量 $w_j(t)$是均值为零,功率谱密度为 σ^2 的高斯白噪声。

为了反映 N 个子载波的离散信号响应，$r_j(t)$取 N 点离散傅里叶转换 $\boldsymbol{r}_f^{(j)}$，则 $\boldsymbol{r}_f^{(j)}$ 可表示为

$$\boldsymbol{r}_f^{(j)}=\sum_{i=1}^{I}\boldsymbol{D}_h^{(ij)}\boldsymbol{s}_f^{(i)}+\boldsymbol{w}_f^{(j)} \tag{5.10}$$

其中，$\boldsymbol{D}_h^{(ij)}=\mathrm{diag}(\boldsymbol{h}_f^{(ij)})$是一个 $N\times N$ 维的对角信道增益矩阵；且 $\boldsymbol{h}_f^{(ij)}$、$\boldsymbol{s}_f^{(i)}$、$\boldsymbol{w}_f^{(j)}$ 分别是 $h_{ij}(t)$、$s_i(t)$、$w_j(t)$的频域表示。

由于无线频谱资源的低利用率，频域接收信号向量 $\boldsymbol{r}_f^{(j)}$ 具有稀疏性。利用稀疏特征，第 j 个认知用户的压缩测量向量 $\boldsymbol{y}_t^{(j)}$ 可以表示为

$$\boldsymbol{y}_t^{(j)}=\boldsymbol{\Phi}^{(j)}\boldsymbol{F}_N^{-1}\boldsymbol{r}_f^{(j)}=\boldsymbol{\Theta}^{(j)}\boldsymbol{r}_f^{(j)} \tag{5.11}$$

其中，$\boldsymbol{F}_N^{-1}$ 表示 N 维的逆 DFT 转换矩阵；$\boldsymbol{\Phi}^{(j)}$是 $M\times N$ 维的压缩测量矩阵并且 $M\ll N$。

由于在采样阶段认知用户获取的采样值数目从 N 降到了 M，从而使得认知用户的采样速率远低于奈奎斯特速率，降低了认知用户的采样成本。

5.4.2 BStOMP-CPHD 算法原理

BStOMP-CPHD 算法利用认知用户采集数据的块结构稀疏特性和联合稀疏特性检测频谱空穴，主要包括数据矩阵重组、优化问题求解和频谱空穴检测三部分内容。下面对这三部分内容分别展开描述。

1. 数据矩阵重组

为了描述主用户信号的块结构特性[13]，给出块稀疏定义。

定义 5.3 如果向量 $\boldsymbol{x}\in\mathbf{R}^N$ 中至多有 K 个非零块 $\boldsymbol{x}[l](l=1,2,\cdots,L)$，且 $N=\sum_{l=1}^{L}d_l$，则称向量 $\boldsymbol{x}$ 为在结构$\mathcal{I}=\{d_1,d_2,\cdots,d_L\}$下的块 K-稀疏向量，其中 d_l 表示第 l 个块中包含元素个数。

向量 $\boldsymbol{x}$ 也可以表示为

$$\boldsymbol{x}=[\boldsymbol{x}^{\mathrm{T}}[1],\boldsymbol{x}^{\mathrm{T}}[2],\cdots,\boldsymbol{x}^{\mathrm{T}}[L]]^{\mathrm{T}} \tag{5.12}$$

其中 $\boldsymbol{x}[l]\in\mathbf{R}^{d_i}$，$l\in\Pi=\{1,2,\cdots,L\}$。

将测量矩阵 $\mathbf{A}$ 的列与 $\boldsymbol{x}$ 向量元素位置对应，测量矩阵 $\mathbf{A}$ 可以重新表示为

$$\mathbf{A}=[\mathbf{A}^{\mathrm{T}}[1],\mathbf{A}^{\mathrm{T}}[2],\cdots,\mathbf{A}^{\mathrm{T}}[L]]^{\mathrm{T}} \tag{5.13}$$

其中 $\mathbf{A}[l](l\in\Pi)$表示 $M\times d_i$ 的矩阵子块。

由定义 5.3 可知，在现有固定频谱分配策略中，由于主用户信号对频谱资源的低利用率，使得认知用户接收信号在频域上不但呈现出稀疏性，且大多数满足块稀疏特性。因此，在频谱空穴检测过程中，可利用上述特性降低认知用户求解稀疏问题的计算复杂度，提高频谱空穴检测性能。综上所述，第 j 个认知用户的接收信号 $\boldsymbol{r}_f^{(j)}$ 可以表示为多个块的串联，假设 $\boldsymbol{r}_f^{(j)}[n]$表示第 n 个块，且 $d_n(n=1,2,\cdots,N_{\mathrm{sig}})$表示第 n 个块的长度，则 $\boldsymbol{r}_f^{(j)}$ 可表示为

$$\boldsymbol{r}_f^{(j)}=[\underbrace{\boldsymbol{r}_1^{(j)}\boldsymbol{r}_2^{(j)}\cdots\boldsymbol{r}_{d_1}^{(j)}}_{\boldsymbol{r}_f^{(j)\mathrm{T}}[1]}\underbrace{\boldsymbol{r}_{d_1+1}^{(j)}\cdots\boldsymbol{r}_{d_1+d_2}^{(j)}}_{\boldsymbol{r}_f^{(j)\mathrm{T}}[2]}\cdots\underbrace{\boldsymbol{r}_{N-d_{N_{\mathrm{sig}}}+1}^{(j)}\cdots\boldsymbol{r}_N^{(j)}}_{\boldsymbol{r}_f^{(j)\mathrm{T}}[N_{\mathrm{sig}}]}]^{\mathrm{T}} \tag{5.14}$$

其中 $N=\sum_{n=1}^{N_{\mathrm{sig}}}d_n$，$\boldsymbol{r}_f^{(j)\mathrm{T}}[n](n=1,2,\cdots,N_{\mathrm{sig}})$ 表示第 n 个子信道的接收向量。

利用块稀疏结构。$\boldsymbol{r}_f^{(j)}(j=1,2,\cdots,J)$ 的支撑集可表示为

$$\mathrm{supp}(\boldsymbol{r}_f^{(j)})=\{n \mid \boldsymbol{r}_f^{(j)\mathrm{T}}[n]\neq \boldsymbol{0}\} \tag{5.15}$$

即 $\mathrm{supp}(\boldsymbol{r}_f^{(j)})$ 为接收向量 $\boldsymbol{r}_f^{(j)}$ 中非零块的个数。

本节假设 $d_1=d_2=\cdots=d_{N_{\mathrm{sig}}}=d$，即每个子块中包含相同的元素个数，且元素个数均为 d。

各认知用户将采集数据 $\boldsymbol{y}_t^{(j)}(j=1,2,\cdots,J)$ 发送到融合中心，则融合中心接收数据可以表示为

$$\boldsymbol{Y}=\boldsymbol{\Theta X} \tag{5.16}$$

其中 $\boldsymbol{Y}=[\boldsymbol{y}_t^{(1)},\boldsymbol{y}_t^{(2)},\cdots,\boldsymbol{y}_t^{(J)}]\in\mathbf{R}^{M\times J}$，$\boldsymbol{X}=[\boldsymbol{r}_f^{(1)},\boldsymbol{r}_f^{(2)},\cdots,\boldsymbol{r}_f^{(J)}]\in\mathbf{R}^{N\times J}$。

如果 $\boldsymbol{r}_f^{(j)}(j=1,2,\cdots,J)$ 的稀疏度不大于 K，即 $|\mathrm{supp}(\boldsymbol{r}_f^{(j)})|\leqslant K(j=1,2,\cdots,J)$，则矩阵 $\boldsymbol{X}=[\boldsymbol{r}_f^{(1)},\boldsymbol{r}_f^{(2)},\cdots,\boldsymbol{r}_f^{(J)}]$ 的支撑集为 $\boldsymbol{r}_f^{(1)},\boldsymbol{r}_f^{(2)},\cdots,\boldsymbol{r}_f^{(J)}$ 支撑集的并集，可表示为

$$\mathrm{supp}(\boldsymbol{X})=\bigcup_{j=1}^{J}\mathrm{supp}(\boldsymbol{r}_f^{(j)}) \tag{5.17}$$

如果矩阵 $\boldsymbol{X}$ 满足 $\mathrm{supp}(\boldsymbol{X})\leqslant K$，则成矩阵 $\boldsymbol{X}$ 是联合稀疏的，也即如果矩阵 $\boldsymbol{X}$ 多包括 K 个非零行，则 $\boldsymbol{X}$ 为联合稀疏矩阵。

通过上述分析可知，由于参与合作的 J 个认知用户接收数据受相同主用户信号的影响，因此 J 个认知用户接收数据在频域上具有相同支撑集，从而呈现出联合稀疏特性。因此，稀疏矩阵 $\boldsymbol{X}$ 可以表示成多个行块 $\boldsymbol{X}[n]\in\mathbf{R}^{d_n\times J}$ 的联合形式，即

$$\boldsymbol{X}=[\underbrace{\boldsymbol{X}_{(1)}^{\mathrm{T}},\boldsymbol{X}_{(2)}^{\mathrm{T}},\cdots,\boldsymbol{X}_{(d_1)}^{\mathrm{T}}}_{\boldsymbol{X}^{\mathrm{T}}[1]},\cdots,\underbrace{\boldsymbol{X}_{(N-d_{N_{\mathrm{sig}}}+1)}^{\mathrm{T}},\cdots,\boldsymbol{X}_{(N)}^{\mathrm{T}}}_{\boldsymbol{X}^{\mathrm{T}}[N_{\mathrm{sig}}]}]^{\mathrm{T}} \tag{5.18}$$

其中 $\boldsymbol{X}_{(k)}(k=1,2,\cdots,N)$ 表示接收矩阵 $\boldsymbol{X}$ 的第 k 行。

通过上述分析可知，矩阵 $\boldsymbol{X}$ 即满足块稀疏特性，同时也满足联合稀疏特性，即 $\boldsymbol{X}$ 具有块联合稀疏特性。

2. 优化问题求解

利用融合中心接收数据(见式(5.16))，根据矩阵 $\boldsymbol{X}$ 的块联合稀疏特性，则频谱空穴检测问题等价于下述优化问题：

$$\min_{\boldsymbol{x}}\|\boldsymbol{x}\|_0 \quad \mathrm{s.t.}\quad \|\boldsymbol{Y}-\boldsymbol{\Theta X}\|_{\mathrm{F}}^2\leqslant\sigma^2 \tag{5.19}$$

其中，$\boldsymbol{x}=(\|\boldsymbol{X}[1]\|_{\mathrm{F}},\|\boldsymbol{X}[2]\|_{\mathrm{F}},\cdots,\|\boldsymbol{X}[N_{\mathrm{sig}}]\|_{\mathrm{F}})$；$\|\boldsymbol{x}\|_0$ 表示向量 $\boldsymbol{x}$ 的 L_0 范数，即 $\boldsymbol{x}$ 中非零元素的个数。

上述优化问题(5.19)可简单描述为：在 $\|\boldsymbol{Y}-\boldsymbol{\Theta X}\|_{\mathrm{F}}^2\leqslant\sigma^2$ 约束条件下求解稀疏矩阵 $\boldsymbol{X}$ 中非零行块个数的最小值。为了快速地求解问题(5.19)，实现频谱空穴检测。本节将传统压缩感知框架下的 StOMP 算法应用到多测量模型下，根据矩阵 $\boldsymbol{X}$ 的块联合稀疏特性提出块-分阶段正交匹配追踪算法，简称为 BStOMP 算法，算法具体过程如下所述：

初始化恢复矩阵 $\boldsymbol{\Theta}$，支撑集 $T=\varnothing$，残差 $\boldsymbol{R}_0=\boldsymbol{Y}$，迭代计数 $s=1$，之后重复执行以下步骤：

步骤 1，相关系数计算。

计算恢复矩阵 $\boldsymbol{\Theta}$ 与残差的相关系数 $c_s(n)$：

$$c_s(n)=\|\boldsymbol{\Theta}^{\mathrm{T}}[n]\boldsymbol{R}_{s-1}/\sigma_s\|_{\mathrm{F}}^2,\quad n=1,2,\cdots,N_{\mathrm{sig}} \tag{5.20}$$

其中 $\sigma_s^2=\|\boldsymbol{R}_s\|_{\mathrm{F}}^2/M$，$s$ 表示第 s 次迭代。

在合作频谱空穴检测中，各认知用户接收数据 $\boldsymbol{r}_f^{(j)}(j=1,2,\cdots,J)$ 可以表示为具有块结构的向量，且各认知用户间相互独立，互不影响。由压缩感知理论可知，如果测量矩阵 $\boldsymbol{\Phi}$ 的元素取自 USE(Uniform Spherical Ensemble)，那么 $\|\boldsymbol{\Theta}^{\mathrm{T}}[n]\boldsymbol{R}_{s-1}\|_{\mathrm{F}}^2$ 服从条件卡方分布。在算法迭代过程中，可根据这一分布特性确定算法选择原子的阈值。

步骤 2，索引集更新。

利用硬阈值方法选择原子，求解更新的原子块集合，所选原子块集合可表示为

$$T'_s=\{n\mid c_s(n)>t_s\} \tag{5.21}$$

其中，t_s 为自由度为 d 的卡方分布的 $\alpha(\alpha\in[0.95,1])$ 分位数。则更新索引集可表示为

$$T_s=\{n\mid 1+[T'_s(i)-1]d\leqslant n\leqslant T'_s(i)d,i=1,2,\cdots,|T'_s|\} \tag{5.22}$$

结合式(5.17)和式(5.19)可知，如果 $n\notin T$，表明在检测周期内第 n 个子信道上不存在主用户信号，相关系数 $c_s(n)$ 服从自由度为 d 的中心卡方分布；如果 $n\in T$，表明在检测周期内第 n 个子信道上存在主用户信号，相关系数 $c_s(n)$ 服从自由度为 d 的非中心卡方分布。利用上述特征，BStOMP 算法使用硬阈值方法在每次迭代中选择符合条件的多个原子，从而减少算法的迭代次数，加快了算法的收敛速度。

步骤 3，支撑集更新。

合并更新索引集 T_s 与已选索引集 I_{s-1}，将支撑集更新为 $I_s=I_{s-1}\cup T_s$。

步骤 4，最小二乘法求解。

更新支撑集后，求 $\boldsymbol{Y}=\boldsymbol{\Theta}_{I_s}\boldsymbol{X}_s$ 的最小二乘解：$(\boldsymbol{X}_s)_{I_s}=(\boldsymbol{\Theta}_{I_s}^{\mathrm{T}}\boldsymbol{\Theta}_{I_s})^{-1}\boldsymbol{\Theta}_{I_s}^{\mathrm{T}}\boldsymbol{Y}$

步骤 5，残差更新。

利用最小二乘解 $\boldsymbol{X}_s$，将残差更新为：$\boldsymbol{R}_s=\boldsymbol{Y}-\boldsymbol{\Theta}_{I_s}(\boldsymbol{X}_s)_{I_s}$。

循环执行步骤 1 至步骤 5，当残差小于 σ^2 或者在当次迭代中没有符合条件的原子可选时，可认为实现了求解优化问题(5.19)，完成了块联合稀疏矩阵 $\boldsymbol{X}$ 的重构。于是，停止迭代上述步骤，算法终止，并输出支撑集 T 和重构数据 $\boldsymbol{X}_s$，然后利用重构所得矩阵 $\boldsymbol{X}_s$ 的块联合稀疏特性检测频谱空穴。算法过程总结如表 5.2 所示。

表 5.2　BStOMP 重构算法

输入：测量矩阵 $\boldsymbol{\Phi}$，感知矩阵 $\boldsymbol{Y}$，子信道子载波个数 d，最大迭代次数 S
初始化：恢复矩阵 $\boldsymbol{\Theta}$，支撑集 $T=\varnothing$，残差 $\boldsymbol{R}_0=\boldsymbol{Y}$，迭代计数 $s=1$ While 终止条件为假 do (1) 相关系数 $\sigma_s^2=\|\boldsymbol{R}_s\|_{\mathrm{F}}^2/M$ $c_s(n)=\|\boldsymbol{\Theta}^{\mathrm{T}}[n]\boldsymbol{R}_{s-1}/\sigma_s\|_{\mathrm{F}}^2,\quad n=1,2,\cdots,N_{\mathrm{sig}}$ (2) 硬阈值选择原子 $T'_s=\{n\mid c_s(n)>t_s\}$ $T_s=\{n\mid 1+[T'_s(i)-1]d\leqslant n\leqslant T'_s(i)d,i=1,2,\cdots,\|T'_s\|\}$ (3) 更新支撑集 $I_s=I_{s-1}\cup T_s$ (4) 最小二乘求解 $(\boldsymbol{X}_s)_{I_s}=(\boldsymbol{\Theta}_{I_s}^{\mathrm{T}}\boldsymbol{\Theta}_{I_s})^{-1}\boldsymbol{\Theta}_{I_s}^{\mathrm{T}}\boldsymbol{Y}$

续表

(5) 更新残差 $\boldsymbol{R}_s=\boldsymbol{Y}-\boldsymbol{\Theta}_{I_s}(\boldsymbol{X}_s)_{I_s}$ End while Return $T,\boldsymbol{X}_s$
输出：支撑集 $T,\boldsymbol{X}_s$。

3. 频谱空穴检测

通过求解问题(5.19)，融合中心重构矩阵 $\boldsymbol{X}$，并利用 $\boldsymbol{X}$ 的块联合稀疏特性判断主用户的活动状态，检测频谱空穴。为了避免认知用户对主用户通信造成干扰，融合中心采用 OR 准则进行判决，准则可进一步描述为：若所有参与合作的认知用户中任意一个认知用户检测到主用户信号，则判断为主用户信号存在，认知用户不能使用其信道传输数据；相反，若所有认知用户均没有检测到主用户信号，则判决为该信道空闲，认知用户可以使用该信道进行通信。频谱空穴检测可表示为如下二元假设检验问题：

$$\begin{cases}\|\hat{\boldsymbol{X}}_n\|_{\mathrm{F}}^2=0, & \mathrm{H}_0^n\\ \|\hat{\boldsymbol{X}}_n\|_{\mathrm{F}}^2\neq 0, & \mathrm{H}_1^n\end{cases}\tag{5.23}$$

其中，H_0^n 和 H_1^n 分别表示在第 n 个子信道上不存在和存在主用户信号的两种假设。

分析式(5.23)可知，如果 $\hat{\boldsymbol{X}}_n$ 中所有元素均为零，则判断第 n 个子信道上不存在主用户信号；如果 $\hat{\boldsymbol{X}}_n$ 中包含任意一个非零元素，则判断第 n 个子信道上存在主用户信号。融合中心利用式(5.23)判断频谱空穴，并将判决结果发送至各认知用户，从而认知用户实现频谱空穴检测。

综上所述，BStOMP-CPHD 算法可简要概述为：

步骤 1，参与合作的认知用户利用压缩感知技术获取测量值 $\boldsymbol{y}_t^{(j)}(j=1,2,\cdots,J)$，并将测量值发送到融合中心；

步骤 2，融合中心将接收的各认知用户测量值 $\boldsymbol{y}_t^{(j)}(j=1,2,\cdots,J)$ 重组为矩阵形式 $\boldsymbol{Y}$；

步骤 3，融合中心根据接收数据矩阵 $\boldsymbol{Y}$，利用 BStOMP 算法求解优化问题(5.19)，得到具有结构特性的矩阵 $\boldsymbol{X}$；

步骤 4，融合中心利用 $\boldsymbol{X}$ 的块联合稀疏结构，根据判决准则(5.23)检测频谱空穴，并将判决结果传递给认知用户，从而认知用户发现可用频谱。

5.4.3 仿真实验与结果分析

在本节的所有仿真实验中，假设宽带 OFDM 系统具有 $N=5120$ 个子载波，子载波被平均分给 $N_{\mathrm{sig}}=80$ 个主用户，即每个主用户占用 64 个子载波。采用文献[14]中相关参数设置，对数衰落信道参数设为：认知用户相对于参考点的参考距离 $d_0=1$，参考点的路径损耗 $\mathrm{PL}_0=0$，路径损耗因子 $\gamma\in\{2.6,2.4,0,3\}$，高斯随机变量 $X_\sigma\in\{14.1,9.6,0,7\}$。认知用户均匀分布在距离主用户发射机 100km 的范围内。噪声是均值为零的高斯白噪声。所有实验结果均是经过 100 次蒙特卡罗实验取平均所得。

评价频谱空穴检测性能的两个主要指标分别为检测概率 P_{d} 和虚警概率 P_{fa}，其定义如下所示：

$$P_{d}=\mathrm{E}\left\{\frac{\| \boldsymbol{d}_{\text{true}} \& \hat{\boldsymbol{d}} \|_{0}}{\| \boldsymbol{d}_{\text{true}} \|_{0}}\right\} \tag{5.24}$$

$$P_{fa}=\mathrm{E}\left\{\frac{\| (\sim \boldsymbol{d}_{\text{true}}) \& \hat{\boldsymbol{d}} \|_{0}}{\| \sim \boldsymbol{d}_{\text{true}} \|_{0}}\right\} \tag{5.25}$$

其中，$\hat{\boldsymbol{d}}$ 表示由融合中心经过信息处理所得的主用户信号占用信道状态的估计值，$\boldsymbol{d}_{\text{true}}$ 表示主用户信号占用信道状态的真实值，$\sim\boldsymbol{d}_{\text{true}}$ 表示按位取非操作，即 $\boldsymbol{d}_{\text{true}}$ 中表示信道处于占用状态的元素位置，在 $\sim\boldsymbol{d}_{\text{true}}$ 中则表示信道空闲元素的位置。$(\sim\boldsymbol{d}_{\text{true}})\&\hat{\boldsymbol{d}}$ 则表示 $\sim\boldsymbol{d}_{\text{true}}$ 和 $\hat{\boldsymbol{d}}$ 按位相与，即 $\sim\boldsymbol{d}_{\text{true}}$ 和 $\hat{\boldsymbol{d}}$ 中某位置的元素均为非零元素时，则 $(\sim\boldsymbol{d}_{\text{true}})\&\hat{\boldsymbol{d}}$ 在该位置上的元素也为非零元素。

实验1：信道无衰落条件下单个认知用户接收原信号与恢复信号的比较

本实验给出信道无衰落条件下单个认知用户接收原信号与恢复信号的比较，其中信号幅值(Amplitude)单位为dBm。仿真参数设置：活跃主用户个数 $I=5$，压缩采样个数 $M=400$，块长度 $d=64$。仿真结果如图5.7所示，可以看出，在OFDM通信系统中主用户信号在频域呈现明显的块稀疏特性，这是由无线频谱资源的固定分配策略和OFDM信号特点所引起的。在频谱空穴检测中可以将主用户信号的上述特性作为先验信息，以达到提升检测性能的目的。在单认知用户的场景下，如果主用户发射机与认知用户接收机间的信道为无衰落信道，认知用户可以准确地检测并恢复主用户信号，从而快速准确地判断主用户的活动状态，找出空闲频谱。

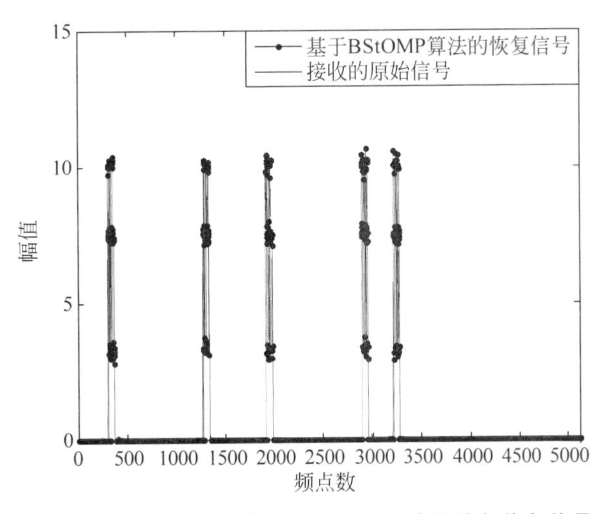

图5.7　信道无衰落条件下单个认知用户接收与恢复信号

实验2：衰落环境下单个认知用户接收和恢复信号

本实验给出信道衰落条件下单个认知用户接收原信号与恢复信号的比较。仿真参数设置：活跃主用户个数 $I=5$，压缩采样个数 $M=400$，块长度 $d=64$。为了使得实验对比更鲜明，本实验假设第三个活跃主用户的发射信号经过严重的信道衰落到达认知用户接收端。仿真结果如图5.8所示，可以看出，当主用户信号经历严重的信道衰落时，往往导致主用户信号湮没在噪声里,使得认知用户不能准确的检测出活跃的主用户信号,从而无法在保证不影响主用户通信的条件下有效检测出频谱空穴。在实际的认知无线电应用场景中,不确定信道衰落、随机遮蔽等外界环境因素容易导致认知用户接收的主用户信号强度变弱,甚至导致认知用户无法检测到主用户信号,影响最终的频谱空穴判决。

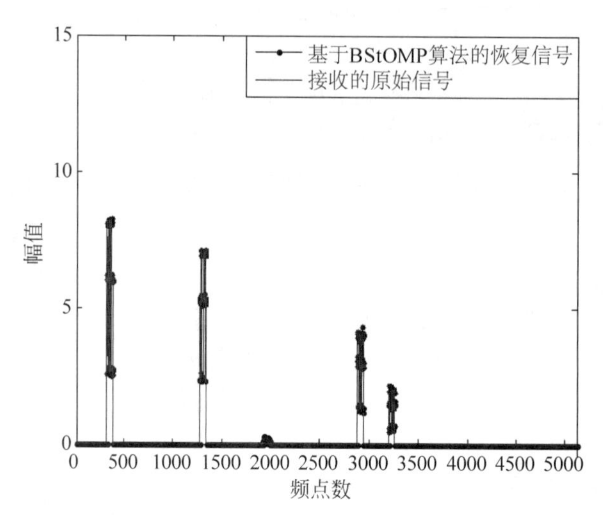

图 5.8 衰落环境下单个认知用户接收与恢复信号

实验 3: BStOMP-CPHD 算法与 BSOMP 算法运行时间

本实验给出 BStOMP-CPHD 算法与 BSOMP 算法的运行时间。仿真参数设置:活跃主用户个数 $I=5$,块长度 $d=64$,合作认知用户个数 $J=3$,计算机 CPU 主频为 1.8GHz,内存为 2GBDDR3,压缩采样个数为 1~600,间隔为 20。仿真结果如图 5.9 所示。可以看出,两种算法的运行时间都随采样个数的增加而增加,在采样个数较少时 BStOMP-CPHD 算法的运行时间和 BSOMP 算法的运行时间相差甚微,这是因为 BStOMP-CPHD 算法在求解优化问题时,采用了固定的迭代次数。但此时由于样本个数过少,融合中心不能实现优化问题的求解,也即融合中心此时不能利用这两个算法准确检测出频谱空穴。随着样本个数的增加,BStOMP-CPHD 算法的运行时间明显低于 BSOMP 算法的运行时间。这是因为在求解优化问题时 BSOMP 算法每次迭代只能选择一个原子,而 BStOMP-CPHD 算法在固定的迭代次数内完成迭代,且在每次迭代中根据硬阈值准则同时选择多个原子。因此,BStOMP-CPHD 算法运行的速度要比 BSOMP 算法快,消耗更少的计算时间。

实验 4: BStOMP-CPHD 算法与 BSOMP 算法的检测概率

本实验给出 BStOMP-CPHD 算法与 BSOMP 算法的检测概率。仿真参数设置:活跃主用户个数 $I=5$,块长度 $d=64$,合作认知用户个数 $J=3$,压缩采样个数为 1~600,间隔为 20。仿真结果如图 5.10 所示,可以看出,随着采样个数的增加,BStOMP-CPHD 算法与 BSOMP 算法的检测概率都呈上升趋势。虽然在采样个数小于 320 时,同一采样个数条件下,BStOMP-CPHD 算法的检测概率低于 BStOMP-CPHD 算法的检测,但是,此时两种算法的检测概率都明显低于 0.9。换言之,在采样个数小于 320 时,两种算法都不能准确检测出主用户的活动状态。当采样个数增加到满足重建条件时,BStOMP-CPHD 算法能达到与 BSOMP 算法相同的检测概率。

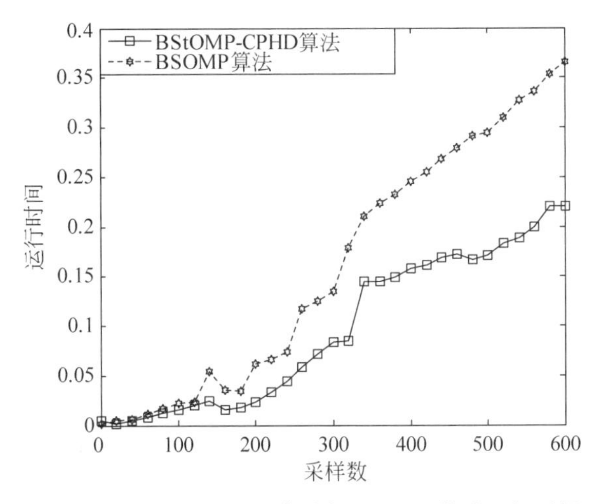

图 5.9 BStOMP-CPHD 算法与 BSOMP 算法运行时间

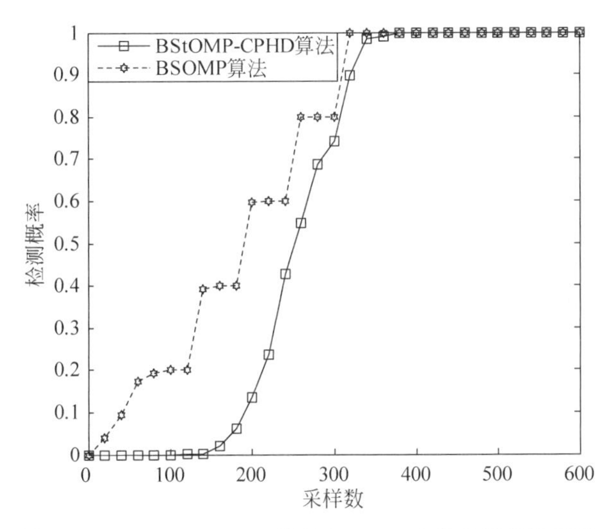

图 5.10 BStOMP-CPHD 算法与 BSOMP 算法的检测概率

实验 5：BStOMP-CPHD 算法与 BSOMP 算法的虚警概率

本实验给出 BStOMP-CPHD 算法与 BSOMP 算法的虚警概率。仿真参数设置：活跃主用户个数 $I=5$，块长度 $d=64$，合作认知用户个数 $J=3$，压缩采样个数为 1～600，间隔为 20。仿真结果如图 5.11 所示，可以看出，随着采样个数的增加，BStOMP-CPHD 算法与 BSOMP 算法的虚警概率都呈下降趋势，并且当样本个数达到一定数量时，虚警概率都趋于零。因此当样本个数满足原始信号重建条件时，BStOMP-CPHD 算法能够保证虚警概率低于 0.1。结合图 5.10 和图 5.11 可以发现 BStOMP-CPHD 算法能够保证认知用户实现高于 0.9 的检测概率和低于 0.1 的虚警概率。进一步地，从图 5.9 可知，BStOMP-CPHD 算法的运行时间明显低于 BSOMP 算法的运行时间。综上所述，BStOMP-CPHD 算法相当于以更低的计算复杂度实现了 BSOMP 算法相同的频谱空穴检测性能。

实验 6：BStOMP-CPHD 算法的检测概率与虚警概率随认知用户个数变化

本实验给出 BStOMP-CPHD 算法与 BSOMP 算法的检测概率与虚警概率随认知用户

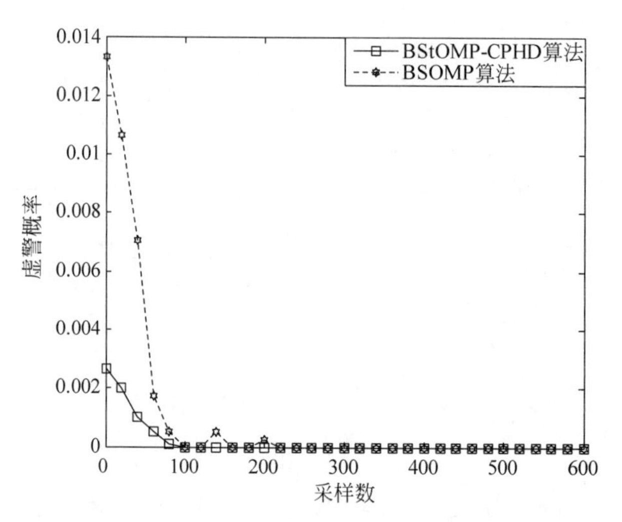

图 5.11 BStOMP-CPHD 算法与 BSOMP 算法的虚警概率

个数变化而变化的曲线。仿真参数设置：活跃主用户个数 $I=5$，块长度 $d=64$，$M=400$，认知用户个数为 1～20，间隔为 2。仿真结果图 5.12 所示，可以看出，随着参与合作的认知用户个数的增加，BStOMP-CPHD 算法的检测概率逐渐增加，虚警概率逐渐降低。当认知用户个数增加到 $J=8$ 时，检测概率趋近于 1，虚警概率趋近于 0。从多认知用户合作能够提高检测性能的角度分析，参与合作的认知用户个数越多，频谱检测性能越好。但是，由图 5.12 可知，当认知用户个数增加到一定程度时，BStOMP-CPHD 算法的检测概率和虚警概率不再有明显的变化，检测概率总是大于 0.9，虚警概率总是小于 0.1。因此在进行合作频谱空穴检测时，应适当地选取认知用户个数。

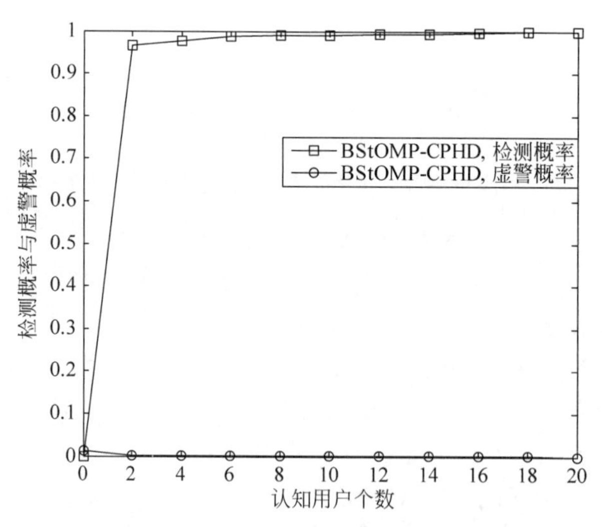

图 5.12 BStOMP-CPHD 的检测概率与虚警概率

通过上述仿真实验及分析可以发现，由于固定的频谱分配策略和频谱的低利用率，主用户信号在频域表现出明显的块稀疏特性。并且，BStOMP-CPHD 算法通过利用主用户信号在频域的块稀疏特性和参与合作的认知用户接收数据的联合稀疏特性，在保证频谱空穴检测性能的基础上，降低了检测算法求解优化问题消耗的时间，从而缩短了认知用户检测频谱空穴所需的时间。

5.5 基于块稀疏贝叶斯学习的空间谱估计

对于具有块稀疏结构的信号，传统基于稀疏表示的 DOA 估计算法单纯利用信号的空域稀疏性，导致在低信噪比时信号稀疏性变差，从而影响信号稀疏重构效果。为此，针对块稀的信号，利用块稀疏理论进行稀疏分解能够有效提高信号重构精度。

随着目标增多及任务改变，DOA 估计往往呈现目标群测向的特点，为了能够更好地利用信号的结构特征和统计特征，本节介绍基于空-时联合块稀疏贝叶斯的 DOA 估计算法[15]。该算法利用块稀疏贝叶斯理论挖掘信号的内部结构，充分利用信号的块内稀疏性和块间相关性，有效提高 DOA 估计精度。仿真结果表明：相比于经典的 DOA 方法，该方法具有更低的估计误差。

目前，基于稀疏表示的雷达信号波达方向(DOA)估计算法广受关注，比如，李子高等人利用稀疏表示-凸优化-正交匹配跟踪算法来实现 DOA 估计。然而这种方法只考虑了信号整体的稀疏性，易导致低信噪比条件下难以精确重构信号的问题。事实上，除了一般稀疏性，块稀疏结构在 DOA 估计中广泛存在，例如，空域中感兴趣的目标信号往往以集群的形式出现，而且群目标数量众多，群内分布密集，呈现分块稀疏性。对于此类问题，一种块稀疏分解的信号重构方法，利用信号的块稀疏结构提高重构性能被提出[16]。张智林等人进一步发展了这一理论，提出了块稀疏贝叶斯学习(Block Sparse Bayesian learning，BSBL)算法[17]，创新性地利用信号的分块稀疏性和块间相关性实现了高精度的稀疏信号重构。

本节以 BSBL 为基础，将其拓展到多测量向量(MMV)模型下的 DOA 估计应用中，在考虑信号分块稀疏性和信号相关性的基础上，兼顾多观测向量间的时域相关信息，以窄带信号为例，介绍基于空-时联合块稀疏贝叶斯学习(Space-Time Combination BSBL，STC-BSBL)的 DOA 估计算法。

5.5.1 阵列结构及数据模型

1. MMV 模型

考虑 L 个远场窄带信号入射到由 M 个阵元组成的均匀线阵上，阵元间距为 d，阵列接收模型如图 5.13 所示。假设信号中心频率为 f，带宽为 B，波长为 λ，阵元间距取为 $d=\lambda/2$，入射角度为$\{\theta_1,\theta_2,\cdots,\theta_L\}$，则 t 时刻第 m 个阵元的接收数据 $y_m(t)$ 表示为

$$y_m(t)=\sum_{i=1}^{L}x_i(t-\tau_{m,i})+n_m(t) \tag{5.26}$$

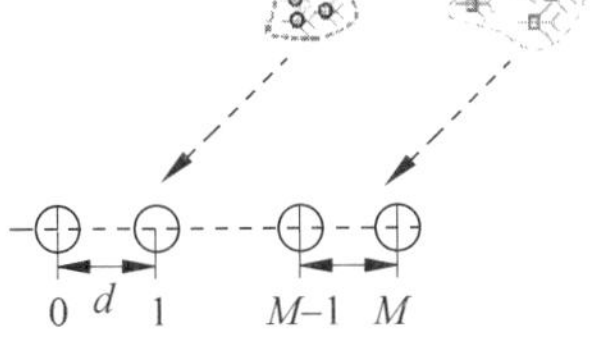

图 5.13 阵列结构示意图

其中，$x_i(t)$表示第 i 个源信号幅值，$\tau_{m,i}=(m-1)d\sin\theta_i/c$，$m=1,2,\cdots,M$，$i=1,2,\cdots,L$。

由式(5.26)知，整个天线阵列中 M 个阵元接收信号向量 $\boldsymbol{y}(t)$可表示为

$$\boldsymbol{y}(t)=\begin{bmatrix} y_1(t) \\ y_2(t) \\ \vdots \\ y_M(t) \end{bmatrix}=\begin{bmatrix} e^{-j\beta x_1 \sin\theta_1} & e^{-j\beta x_1 \sin\theta_2} & \cdots & e^{-j\beta x_1 \sin\theta_L} \\ e^{-j\beta x_2 \sin\theta_1} & e^{-j\beta x_2 \sin\theta_2} & \cdots & e^{-j\beta x_2 \sin\theta_L} \\ \vdots & \vdots & \ddots & \vdots \\ e^{-j\beta x_M \sin\theta_1} & e^{-j\beta x_M \sin\theta_2} & \cdots & e^{-j\beta x_M \sin\theta_L} \end{bmatrix}\begin{bmatrix} x_1(t) \\ x_2(t) \\ \vdots \\ x_L(t) \end{bmatrix}+\begin{bmatrix} n_1(t) \\ n_2(t) \\ \vdots \\ n_M(t) \end{bmatrix} \tag{5.27}$$

其中 $\beta x_m=2\pi(m-1)fd/c$。

考虑 P 个快拍，整个天线阵列中 M 个阵元接收信号矩阵 $\boldsymbol{Y}$ 构成 MMV 模型，可表示如下：

$$\boldsymbol{Y}=\boldsymbol{\Phi}\boldsymbol{X}+\boldsymbol{N} \tag{5.28}$$

其中，$\boldsymbol{Y}\in\mathbf{C}^{M\times P}$ 表示观测矩阵；$\boldsymbol{\Phi}\in\mathbf{C}^{M\times N}$ 是由空域密集网格划分构成的过完备字典；$\boldsymbol{X}\in\mathbf{C}^{N\times P}$ 表示源信号矩阵；$\boldsymbol{N}\in\mathbf{C}^{M\times P}$ 表示噪声矩阵。

在 MMV 模型中，$\boldsymbol{\Phi}$ 称为感知矩阵；$\boldsymbol{X}$ 为待重构信号矩阵；$\boldsymbol{N}$ 为加性高斯噪声矩阵。本节进行 DOA 估计的关键就是求解源信号矩阵 $\boldsymbol{X}$ 中不同列向量之间非零元素的位置，即对应信号的方位角。

2. 块稀疏 MMV 模型

对于上述 MMV 模型，假定 P 个快拍过程中源信号矩阵 $\boldsymbol{X}$ 中不同列向量间非零位置相同。在此条件下，待重构矩阵 $\boldsymbol{X}$ 就具备了行联合稀疏性，从而非零行向量具备了分块稀疏的条件，块稀疏的优势在于它能充分利用信号内部的结构特性，以及非零块之间的时域相关性，提高信号的稀疏重构性能，将此优势应用到 DOA 估计中，可以得到更好的估计效果和更快的收敛速度。

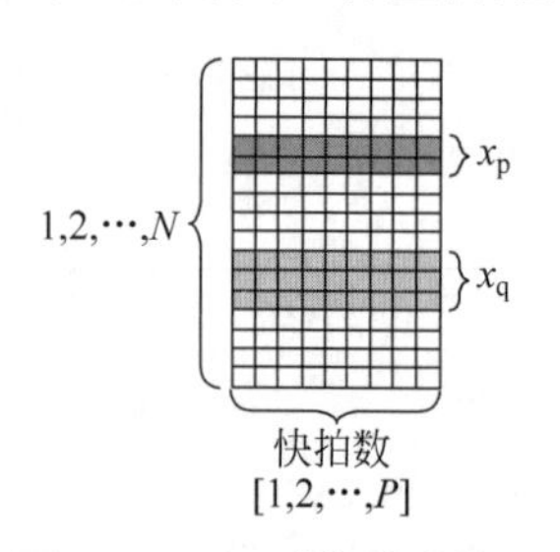

图 5.14 空-时块稀疏信号

块稀疏 MMV 模型如图 5.14 所示，将源信号矩阵 $\boldsymbol{X}$ 分为 g 块，非零块个数 w 满足：$w\ll g$，第 i 个信号块用 $\boldsymbol{X}_i$ 表示，第 i 个信号块长度为 d_i，d_i 大小可以不相等，这一点区别于传统块稀疏模型。源信号矩阵 $\boldsymbol{X}$ 的分块表示如下：

$$\boldsymbol{X}=[\underbrace{\boldsymbol{x}_1,\boldsymbol{x}_2,\cdots,\boldsymbol{x}_{d_1}}_{\boldsymbol{X}_1^{\mathrm{T}}(t)},\underbrace{\boldsymbol{x}_{d_1+1},\cdots,\boldsymbol{x}_{d_1+d_2}}_{\boldsymbol{X}_2^{\mathrm{T}}(t)},\cdots,\underbrace{\boldsymbol{x}_{N-d_g+1},\cdots,\boldsymbol{x}_N}_{\boldsymbol{X}_g^{\mathrm{T}}(t)}]^{\mathrm{T}} \tag{5.29}$$

同理，感知矩阵 $\boldsymbol{\Phi}$ 也相应地分成 g 块：$\boldsymbol{\Phi}=[\boldsymbol{\Phi}_1,\boldsymbol{\Phi}_2,\cdots,\boldsymbol{\Phi}_g]$，$\boldsymbol{\Phi}_i$ 为对应第 i 个信号块 $\boldsymbol{X}_i$ 的 $M\times d_i$ 维基字典。

5.5.2 STC-BSBL 算法原理

接下来，首先构建空-时联合块稀疏贝叶斯学习框架下的 DOA 估计模型，然后给出相应的算法步骤。

首先建立贝叶斯框架下块稀疏模型，然后，针对多测量条件下群目标信号所具有的空时相关性，介绍空-时联合稀疏思想，并推导模型中时域特性参数和结构特性参数的迭代求解方法，实现信号重构，进而实现对目标信号源的 DOA 估计。

1. 块稀疏贝叶斯模型

由于稀疏贝叶斯学习不但可以方便地对各类物理信息进行建模描述，其重构性能优异，而且对相关性较强的感知矩阵有较好的鲁棒性，因此常常将贝叶斯学习理论引入块稀疏模型中以便达到更好的重构效果。稀疏贝叶斯学习（Sparse Bayesian Learning，SBL）在稀疏信号重构领域受到了越来越多研究学者的青睐。该方法通过对观测信号 $\boldsymbol{y}$ 和待重构信号 $\boldsymbol{x}$ 建立分层贝叶斯模型，采用参数化的概率模型对系统求解，其概率模型如下：

$$P(\boldsymbol{y}\mid\beta)\sim N(y;\boldsymbol{\Phi x},\beta^{-1}\boldsymbol{I}),P(x_i\mid\gamma_i)\sim N(x_i;0,\gamma_i) \tag{5.30}$$

其中 $i=1,2,\cdots,N$。

由于贝叶斯模型(5.30)适用于单测量向量（SMV）模型，因此把前述所建立的块稀疏 MMV 模型转换为 SMV 模型下的块稀疏贝叶斯模型，从而利用式(5.30)进行分析。利用 Kronecker 积可将 MMV 模型转换为 SMV 模型，具体转化过程可描述如下：

$$\boldsymbol{y}\triangleq\mathrm{Vec}(\boldsymbol{Y}^{\mathrm{T}}),\quad \boldsymbol{A}\triangleq\boldsymbol{\Phi}\otimes\boldsymbol{I},\quad \boldsymbol{x}\triangleq\mathrm{Vec}(\boldsymbol{X}^{\mathrm{T}}),\quad \boldsymbol{n}\triangleq\mathrm{Vec}(\boldsymbol{N}^{\mathrm{T}}) \tag{5.31}$$

其中，$\boldsymbol{x}\in\mathbf{C}^{NP\times1}$，$\boldsymbol{A}\in\mathbf{C}^{PM\times PN}$，$\boldsymbol{x}\in\mathbf{C}^{MP\times1}$。

由式(5.31)，MMV 模型(5.28)可转化 SMV 模型：

$$\boldsymbol{y}=\boldsymbol{Ax}+\boldsymbol{n} \tag{5.32}$$

对于 SMV 模型(5.32)，信号 $\boldsymbol{x}$ 分块稀疏，且每一个信号块 $\boldsymbol{x}_i\in\mathbf{C}^{d_i\times P}$，其信号模型如图 5.14 所示。

考虑到远场信号往往呈现多目标、集群化的特点，目标信号不仅在空域（MMV 模型的行向量）分块稀疏，时域回波（MMV 模型的列向量）也存在很强的相关性。如何利用这两类信息，给出快速、高性能的重构算法，是我们应该最关心的问题。基于以上考虑，空-时联合块稀疏贝叶斯学习算法（STC-BSBL）被提出。该算法在 BSBL 算法的基础上，将信号的分块稀疏特性（block sparse）、块内相关性结构以及多测量向量时域相关性结构联合起来，从而提升重构性能。

2. 基于 STC-BSBL 算法的 DOA 估计

引入超参数 γ_i（代表第 i 行向量 $\boldsymbol{x}_i$ 与观测矩阵 $\boldsymbol{Y}$ 的相关性）。若信号的 γ_i 值较大，噪声的 γ_i 值较小，则在参数 γ_i 的学习过程中，其值就越大，$\boldsymbol{x}_i$ 就越有可能是信号分量；其值越小，$\boldsymbol{x}_i$ 就越有可能是噪声分量。一旦确定了 γ_i 中的非零位置，那么信号的方位角也随之确定。因此对超参量 γ_i 的学习是核心。而对于块稀疏信号而言，还需要考虑块内结构，引入超参量 $\boldsymbol{B}_i$，定义 $\boldsymbol{A}_i=\gamma_i\boldsymbol{B}_i$ 为 $\boldsymbol{x}_i$ 的协方差矩阵，则 $\boldsymbol{A}_i$ 是一个正定对称矩阵，用来描述信号向量 $\boldsymbol{x}_i$ 的空域相关性。对于时域相关性的建模，从实际情况出发，假设信号矩阵 $\boldsymbol{X}$ 列向量之间的相关性通过一个时域相关矩阵 $\boldsymbol{B}$ 来表示，则

$$P(\boldsymbol{x}_i;\boldsymbol{A}_i,\boldsymbol{B})\sim N(\boldsymbol{x}_i;\boldsymbol{0},\boldsymbol{A}_i\otimes\boldsymbol{B}) \tag{5.33}$$

进一步，假设信号矩阵 $\boldsymbol{X}$ 中各行向量不相关，则式(5.33)可以改写为

$$P(\boldsymbol{x}\mid\boldsymbol{\Gamma},\boldsymbol{B})\sim N(\boldsymbol{x};\boldsymbol{0},\boldsymbol{\Gamma}\otimes\boldsymbol{B}) \tag{5.34}$$

其中 $\boldsymbol{\Gamma}=\mathrm{diag}^{-1}\{\boldsymbol{A}_1,\boldsymbol{A}_2,\cdots,\boldsymbol{A}_N\}$。

假设噪声服从零均值高斯分布，即

$$N_{pq} \sim N(0,\lambda), \quad \forall p,q$$
$$P(\boldsymbol{y} \mid \boldsymbol{x},\lambda) \sim N_{y \mid x}(\boldsymbol{\Psi x},\lambda \boldsymbol{I}) \tag{5.35}$$

其中$\boldsymbol{\Psi} = \boldsymbol{\Phi} \otimes \boldsymbol{I}$。

由于感知矩阵$\boldsymbol{\Psi} \in \mathbf{C}^{PM \times PN}$过于巨大，在稀疏重构算法中，存储和计算每一个感知矩阵块都要耗费很大的存储空间。因此，考虑引入矩阵正态分布，将SMV模型转换为矩阵形式下的贝叶斯学习模型。由此更新式(5.34)和式(5.35)，得到MMV模型下信号矩阵$\boldsymbol{X}$的先验分布$P(\boldsymbol{X} \mid \boldsymbol{\Gamma},\boldsymbol{B})$和观测信号分布$P(\boldsymbol{Y} \mid \lambda,\boldsymbol{B})$：

$$P(\boldsymbol{X} \mid \boldsymbol{\Gamma},\boldsymbol{B}) \sim N_{N \times P}(\boldsymbol{X};\ \boldsymbol{0},\boldsymbol{\Gamma} \otimes \boldsymbol{B}) \tag{5.36}$$

$$P(\boldsymbol{Y} \mid \lambda,\boldsymbol{B}) \sim N_{M \times P}(\boldsymbol{Y};\ \boldsymbol{\Phi X},\lambda \boldsymbol{I} \otimes \boldsymbol{B}) \tag{5.37}$$

根据先验概率表达式(5.36)和观测信号概率表达式(5.37)，可得到似然函数$P(\boldsymbol{Y} \mid \boldsymbol{\Gamma},\boldsymbol{B})$和后验概率表达式$P(\boldsymbol{X} \mid \boldsymbol{Y};\ \lambda,\boldsymbol{\Gamma},\boldsymbol{B})$：

$$P(\boldsymbol{Y} \mid \boldsymbol{\Gamma},\boldsymbol{B}) = P(\boldsymbol{Y} \mid \boldsymbol{X},\lambda) P(\boldsymbol{X} \mid \boldsymbol{\Gamma},\boldsymbol{B}) \sim N_{M \times P}(\boldsymbol{Y};\ \boldsymbol{0},\boldsymbol{C} \otimes \boldsymbol{B}) \tag{5.38}$$

$$P(\boldsymbol{X} \mid \boldsymbol{Y};\ \lambda,\boldsymbol{\Gamma},\boldsymbol{B}) \sim N_{N \times P}(\boldsymbol{\mu},\boldsymbol{\Sigma}) \tag{5.39}$$

其中，$\boldsymbol{C} = \lambda \boldsymbol{I} + \boldsymbol{\Phi \Gamma \Phi}^{\mathrm{T}}$，$\boldsymbol{\mu} = \boldsymbol{\Sigma \Phi}^{\mathrm{T}} \boldsymbol{Y}/\lambda$，$\boldsymbol{\Sigma} = (\boldsymbol{\Gamma}^{-1} + \boldsymbol{\Phi}^{\mathrm{T}} \boldsymbol{\Phi}/\lambda)^{-1}$。

关于超参数λ，可以将其看作一个惩罚参数，根据信噪比的不同，可以对其赋予不同的值，例如，

$$\lambda = \begin{cases} 0.1 \|\boldsymbol{y}\|_2^2, & \text{SNR} < 20\text{dB} \\ 0.01 \|\boldsymbol{y}\|_2^2, & \text{SNR} > 20\text{dB} \\ 10^{-6}, & \text{无噪声} \end{cases} \tag{5.40}$$

易知，均值$\boldsymbol{\mu}$和协方差阵$\boldsymbol{\Sigma}$的求解等价于超参量$\boldsymbol{A}_i$和$\boldsymbol{B}$的估计问题，正确估计出超参量即可获得最大后验概率的解，从而重构出信号矩阵$\boldsymbol{X}$，得到所需的DOA估计。为了方便推导，构造如下的对数似然函数：

$$L(\boldsymbol{B},\boldsymbol{A}_i) = M\log|\boldsymbol{B}| + P\log|\boldsymbol{C}| + \mathrm{Tr}[\boldsymbol{B}^{-1}\boldsymbol{Y}^{\mathrm{T}}\boldsymbol{C}^{-1}\boldsymbol{Y}] \tag{5.41}$$

其中Tr[·]表示矩阵取迹。

通过对似然函数$L(\boldsymbol{B},\boldsymbol{A}_i)$中各个超参量求偏导，可得到各参量的更新公式。为了方便描述和简化计算，将代价函数表达式(5.41)写成两个代价函数的形式：

$$L(\boldsymbol{B}) \triangleq M\log|\boldsymbol{B}| + \mathrm{Tr}[\boldsymbol{B}^{-1}\boldsymbol{Y}^{\mathrm{T}}\boldsymbol{C}^{-1}\boldsymbol{Y}] \tag{5.42}$$

$$L(\boldsymbol{A}_i) \triangleq P\log|\boldsymbol{C}| + \mathrm{Tr}[\boldsymbol{B}^{-1}\boldsymbol{Y}^{\mathrm{T}}\boldsymbol{C}^{-1}\boldsymbol{Y}] \tag{5.43}$$

其中，$\boldsymbol{C} = \boldsymbol{D}_{-i} + \boldsymbol{\Phi}_i \boldsymbol{A}_i \boldsymbol{\Phi}_i^{\mathrm{T}}$，$\boldsymbol{D}_{-i} = \lambda \boldsymbol{I} + \sum_{m \neq i} \boldsymbol{\Phi}_m \boldsymbol{C}_m \boldsymbol{\Phi}_m^{\mathrm{T}}$。

对于代价函数$L(\boldsymbol{B})$，将块相关矩阵$\boldsymbol{A}_i$看作已知矩阵；对于代价函数$L(\boldsymbol{A}_i)$，将$\boldsymbol{B}$看作已知矩阵。对代价函数$L(\boldsymbol{B})$求偏导：

$$\frac{\partial L(\boldsymbol{B})}{\partial \boldsymbol{B}} = M\boldsymbol{B}^{-1} - \boldsymbol{B}^{-1}\boldsymbol{Y}^{\mathrm{T}}\boldsymbol{C}^{-1}\boldsymbol{Y}\boldsymbol{B}^{-1}$$

令$\dfrac{\partial L(\boldsymbol{B})}{\partial \boldsymbol{B}} = \boldsymbol{0}$，得

$$\boldsymbol{B}=\frac{1}{M}\boldsymbol{Y}^{\mathrm{T}}\boldsymbol{C}^{-1}\boldsymbol{Y} \tag{5.44}$$

利用矩阵求逆公式[18]，对代价函数 $L(\boldsymbol{A}_i)$进行最小化处理可得

$$\boldsymbol{A}_i=\boldsymbol{S}_i^{-1}\left(\frac{\boldsymbol{Q}_i\boldsymbol{B}^{-1}\boldsymbol{Q}_i^{\mathrm{T}}}{P}-\boldsymbol{S}_i\right)\boldsymbol{S}_i^{-1} \tag{5.45}$$

其中，$\boldsymbol{S}_i=\boldsymbol{\Phi}_i^{\mathrm{T}}\boldsymbol{D}_{-i}^{-1}\boldsymbol{Y}$，$\boldsymbol{Q}_i=\boldsymbol{\Phi}_i^{\mathrm{T}}\boldsymbol{D}_{-i}^{-1}\boldsymbol{\Phi}_i$。

通过给 $\boldsymbol{B}$ 一个初始值，并利用式(5.44)与式(5.45)，对超参量 $\boldsymbol{A}_i$ 和 $\boldsymbol{B}$ 进行交替更新，最后获得待重构信号矩阵 $\boldsymbol{X}$。

具体步骤为：首先，初始化 $\boldsymbol{B}=\boldsymbol{I}$，更新 $L(\boldsymbol{A}_i)$，按照式(5.45)可得 $\boldsymbol{A}_i$；其次，计算 $\boldsymbol{C}$，按照式(5.44)可得 $\boldsymbol{B}$。经过 k 次迭代后，$\boldsymbol{A}_i$ 和 $\boldsymbol{B}$ 收敛于稳定值；然后，通过 $\gamma_i=\mathrm{Tr}[\boldsymbol{A}_i]/d_i$ 计算得到 γ_i[19]；最后，利用所有的超参量，可得到后验概率，从而得出待重构信号矩阵 $\boldsymbol{X}$ 的估计值 $\boldsymbol{X}^*$：

$$\boldsymbol{X}^*=\boldsymbol{\mu}=(\lambda\boldsymbol{\Sigma}^{-1}+\boldsymbol{\Phi}^{\mathrm{T}}\boldsymbol{\Phi})\boldsymbol{\Phi}^{\mathrm{T}}\boldsymbol{Y}=\boldsymbol{\Sigma}\boldsymbol{\Phi}^{\mathrm{T}}(\lambda\boldsymbol{I}+\boldsymbol{\Phi}^{\mathrm{T}}\boldsymbol{\Sigma}\boldsymbol{\Phi})^{-1}\boldsymbol{Y} \tag{5.46}$$

从式(5.46)中恢复出原信号，并根据 γ_i 的非零位置，完成信号的 DOA 估计。使用流程图来描述整个信号重构及 DOA 估计过程，如图 5.15 所示。

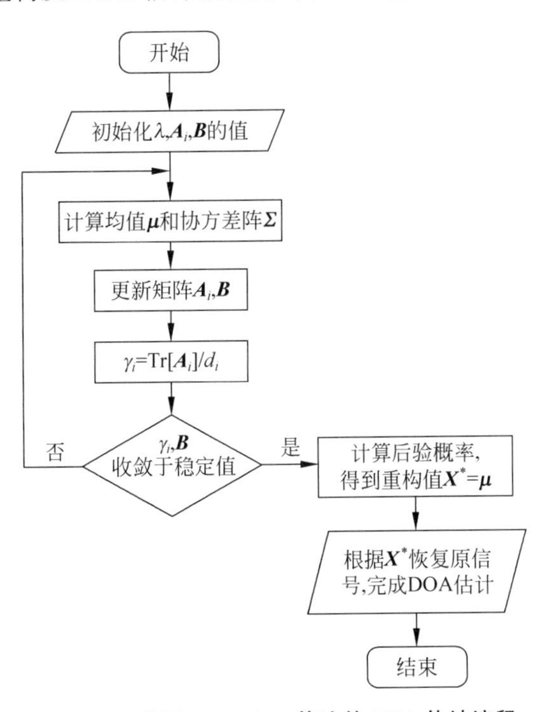

图 5.15 基于 STC-BSBL 算法的 DOA 估计流程

5.5.3 仿真实验与结果分析

实验 1：基于 STC-BSBL 算法的 DOA 估计效果

本实验给出基于空-时联合块稀疏贝叶斯学习的 DOA 估计算法(STC-BSBL)的估计值与真实值之间的比较。实验设置：均匀线阵阵元数为 30，阵元间距为信号频率对应的半波长，空域为[$-90°$，$90°$]，真实信号数目为 3，真实信号来波方位角 $\theta_1=0°$，$\theta_2=35°$，$\theta_3=40°$，

输入信噪比 SNR=8dB,快拍数 $P=100$。进行 1000 次蒙特卡罗实验,DOA 估计结果如图 5.16 所示,可以看出,DOA 的估计值与真实值比较接近。

实验 2:不同 DOA 估计算法比较

本实验给出 STC-BSBL 算法与经典算法[基于凸优化类正交匹配追踪(OMP)算法和基于子空间类的 MUSIC 算法]DOA 估计结果的比较。实验设置:信号数目为 4,真实信号来波方位角 $\theta_1=30°$,$\theta_2=45°$,$\theta_3=60°$,$\theta_4=75°$,其他条件实验 1 相同。仿真结果如图 5.17 所示,可以看出,在给定的条件下,STC-BSBL 算法和 OMP 算法拥有比 MUSIC 算法更窄的角度估计范围和更低的幅值适应度。

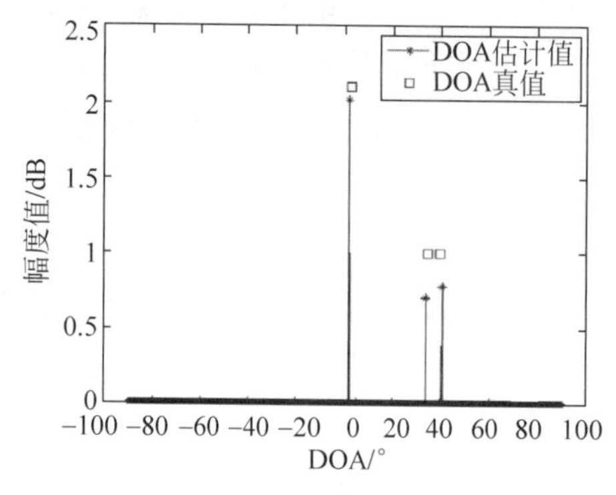

图 5.16 基于 STC-BSBL 算法的 DOA 估计

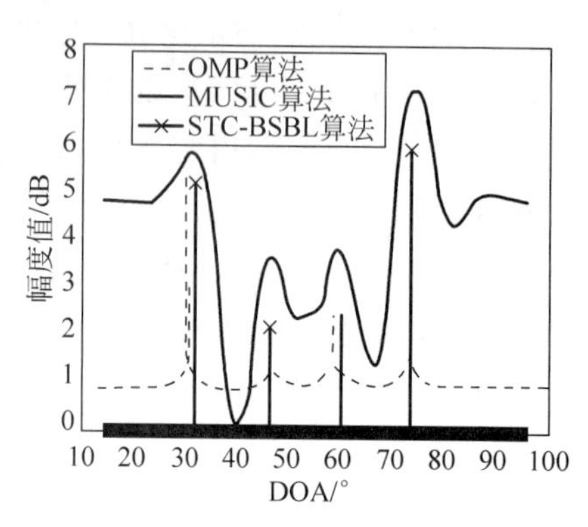

图 5.17 不同算法的 DOA 估计效果

实验 3:不同 DOA 估计算法正确率比较

目前,基于稀疏分解的 DOA 估计算法除了凸优化类算法,还包括稀疏贝叶斯学习框架下常用的块稀疏贝叶斯学习算法(BSBL)和基于时序结构的稀疏贝叶斯学习(TM-SBL)[20]。本实验以稀疏度 K 为自变量,针对这 3 种方法的 DOA 估计正确率进行仿真,并与 STC-BSBL 算法进行比较,实验条件与实验 2 相同。四种算法在不同稀疏度下的识别正确率曲线如图 5.18 所示。可以看出,在同等测量条件下 STC-BSBL 算法具有更好的重构性能,在相同稀疏度下,具有更高的 DOA 估计正确率。

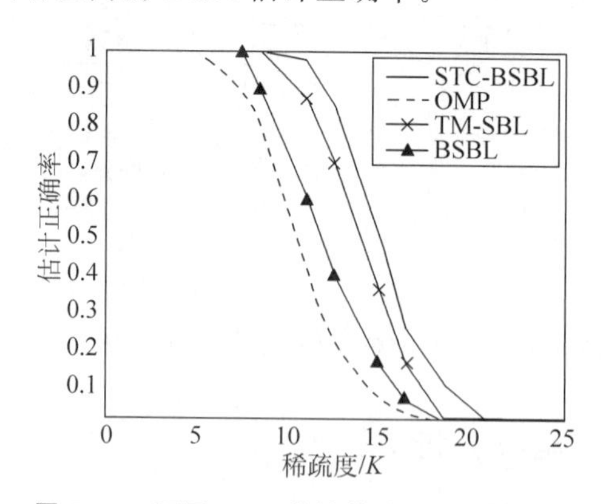

图 5.18 不同 DOA 估计算法正确率的比较

实验 4:基于 STC-BSBL 算法的 DOA 估计均方根误差分析

为了能更好地体现 STC-BSBL 算法在 DOA 估计中的优越性,本实验分别以信噪比和

快拍数为自变量,给出 5 种算法在进行 DOA 估计中的均方误差曲线。DOA 估计的均方根误差 RMSE 定义为

$$\mathrm{RMSE}=\sqrt{\frac{1}{KL}\sum_{k=1}^{K}\sum_{l=1}^{L}(\hat{\theta}_{kj}-\theta_{k})^{2}}$$

其中,L 为源信号数目;K 为蒙特卡罗模拟次数。

仿真结果如图 5.19 和图 5.20 所示。

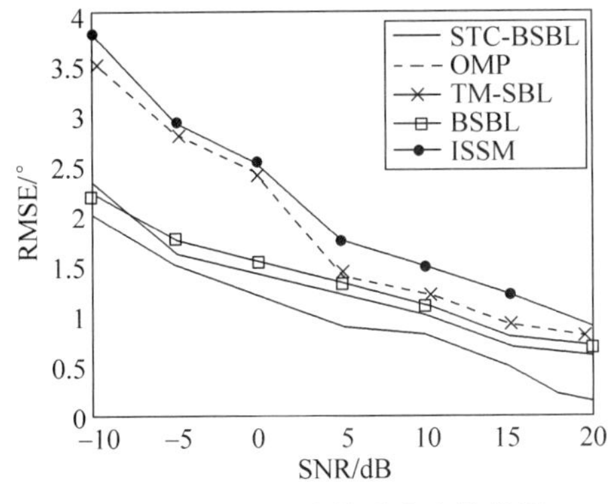

图 5.19 RMSE 随信噪比变化曲线

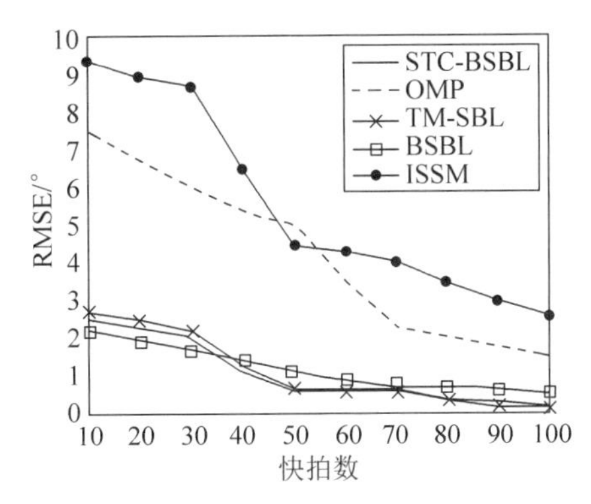

图 5.20 RMSE 随快拍数变化曲线

从图 5.19 和图 5.20 的仿真结果可以看出,随着信噪比和快拍数的增加,每种算法的 RMSE 均在减小,但在低信噪比和小快拍数时,OMP 和非相干信号子空间法(Incoherent Signal Subspace Method,ISSM)算法的估计误差明显增大。BSBL 算法和 TM-SBL 算法分别利用了信号的块稀疏结构和时域相关性,其重构误差有一定降低,但 STC-BSBL 算法由于联合了信号的空域相关性和时域相关性,估计误差始终最小。

5.6 本章小结

5.1 节和 5.2 节介绍了本章算法的应用背景,对谱空穴的概念及谱空穴检测方法研究的发展进行了简要的论述,同时,在认知无线电关键技术的基础上,重点探讨不同应用场景下的频谱感知的优化,探讨了一维谱空穴检测中遇到的问题与瓶颈,引出压缩感知与一维谱空穴检测相结合的可行性。

5.3 节介绍了基于动态组稀疏重构的压缩频谱感知算法,DGS-SS 作为一种基于主用户信号频谱结构的频谱感知算法,利用无线信号在频域具有组稀疏结构这一特性,在原有重构算法的基础上引入信号组稀疏结构作为先验,根据压缩感知理论对无线宽带信号进行亚奈奎斯特速率采样,并将主用户信号频谱的组稀疏结构应用于频谱的重建过程,加快重构主用户信号频谱的收敛速度,具有较高的重建精度。

5.4 节利用合作频谱空穴检测中认知用户接收主用户信号的结构特性,介绍了 BStOMP-CPHD 算法。该算法将主用户信号的块稀疏特性和参与合作的认知用户接收主用户信号的联合稀疏特性相结合,首先利用更新原子时相关系数的条件卡方分布特性选择判决门限;然后通过硬阈值方法在每次迭代中选择符合条件的多个原子,并更新支撑集;最后更新残差,实现稀疏向量求解,进而检测出频谱空穴。由于 BStOMP-CPHD 算法具有

固定的迭代次数，且每次迭代可以选择符合条件的多个原子，因此增加了算法的收敛速度。仿真结果表明，BStOMP-CPHD 算法不但能保证频谱空穴的检测性能，而且能有效降低算法运行时间。

5.5 节在稀疏贝叶斯学习框架下分析了块稀疏理论在稀疏信号重构方面的优越性，推导了块稀疏贝叶斯学习模型，并针对多测量向量模型下的窄带信号 DOA 估计问题，构建了块稀疏 MMV 模型，在现有的 BSBL 算法的基础上进行改进，在考虑信号块内相关性的基础上，联合了多次观测下信号的时域相关性，提出空-时联合块稀疏贝叶斯学习算法。仿真结果表明，该算法对雷达信号 DOA 估计在测向精度上有着更好的效果。

参考文献

[1] Haykin S. Cognitive radio: brain-empowered wireless communications[J]. *IEEE Journal on Selected Areas in Communications*, 2005, 23(2): 201-220.

[2] Tandra R, Sahai A, Mishra S M. What is a spectrum hole and what does it take to recognize one[J]. *Proceedings of the IEEE*, 2009, 97(5): 824-848.

[3] 马志垚. 认知无线电中基于时-频-空三维空洞的机会接入研究[D]. 北京：清华大学，2009.

[4] Khalid W, Yu H. Spatial-temporal sensing and utilization in full duplex spectrum-heterogeneous cognitive radio networks for the internet of things[J]. *Sensors*, 2019, 19(6): 1-8.

[5] Hu N, Xu D, Xu X. Wideband DOA estimation from the sparse recovery perspective for the spatial-only modeling of array data[J]. *Signal Processing*, 2012, 92(5): 1359-1364.

[6] 孙盼峰. 认知无线电频谱感知信号调制识别问题研究[D]. 宁波：宁波大学，2013.

[7] Malioutov D, Cetin M, Willsky A. A sparse signal reconstruction perspective for source localization with sensor arrays[J]. *IEEE Transactions on Signal Processing*, 2005, 53(8): 3010-3022.

[8] Cevher V, Boufounos P, Baraniuk R, et al. Near-optimal bayesian localization via incoherence and sparsity[C]. *Proceedings of the International Conference on Information Processing in Sensor Networks*, San Francisco, 2009: 205-216.

[9] Duarte M. Localization and bearing estimation via structured sparsity models[C]. *Proceedings of the IEEE Statistical Signal Processing Workshop*, Ann Arbor, 2012: 333-336.

[10] 刘福来，刘蕾，杜瑞燕. 基于动态组稀疏重构的频谱感知算法[J]. 东北大学学报，2018，29(1): 31-34.

[11] Huang J Z, Huang X, Metaxas D. Learning with dynamic group sparsity[C]. *IEEE International Conference on Computer Vision*, *Kyoto*, 2009: 64-71.

[12] 赵琴琴. 基于压缩感知的频谱空穴检测算法研究[D]. 沈阳：东北大学，2017.

[13] Eldar Y C, Mishali M. Robust recovery of signals from a structured union of subspaces[J]. *IEEE Transactions on Information Theory*, 2009, 55(11): 5302-5316.

[14] Cohen D, Akiva A, Avraham B, Eldar Y C. Centralized cooperative spectrum sensing from sub-Nyquist samples for cognitive radios[C]. *IEEE International Conference on Communications*, 2015.

[15] 王书豪，阮怀林. 基于改进块稀疏贝叶斯学习算法的波达方向估计[J]. 计算机应用研究. 2020，27(2): 443-445.

[16] Eldar Y C, Patrick K, B lcskei H. Block-sparse signals: uncertainty relations and efficient recovery [J]. *IEEE Transactions on Signal Processing*, 2010, 58(6): 3042-3054.

[17] Zhang Z L, Rao B D. Sparse signal recovery with temporally correlated source vectors using sparse Bayesian learning[J]. *IEEE Journal of Selected Topics in Signal Processing*, 2011, 5(5): 912-926.

[18] Roweis S. Matrix identities[EB/OL]. 1999.
[19] 王彪,朱志慧,戴跃伟. 一种快速稀疏贝叶斯学习的水声目标方位估计方法研究[J]. 声学学报,2016,41(1): 81-86.
[20] Zhang Z L,Rao B D. Recovery of block sparse signals using the framework of block sparse Bayesian learning[C]. *Proceedings of IEEE International Conference on Acoustics, Speech and Signal Processing*,2012: 3345-3348.

第6章

基于联合稀疏压缩感知的二维谱空穴检测

6.1 引言

由第 3 章可知,结构化压缩感知的主要形式包括块稀疏压缩感知和联合稀疏压缩感知。第 5 章主要介绍了动态组稀疏压缩感知和块稀疏压缩感知分别在频域谱空穴检测和角域谱空穴检测中的应用。本章主要介绍联合稀疏压缩感知在频-空二维谱空穴检测和频-角二维谱空穴检测中的应用。

以往对谱空穴检测方法的研究主要集中在时、空、频等单个维度上进行谱空穴搜索。然而,随着无线通信技术的发展,基于传统检测方法获取的一维谱空穴难以满足各种军事和民用无线电设备对频谱爆炸式增长的需求。而诸多通信数据表明,频谱资源在由时、空、频所构成的多维空间呈现出不同程度的闲置,甚至同一个频段在不同区域或不同来波方向均呈现出一定程度的闲置,以及同一个来波方向在不同频段也会呈现出不同程度的闲置。例如,在常见的协作感知系统中,由频率与地理位置所构成的频-空二维空间中存在空闲频谱,以及多址接入 FDMA(Frequency Division Multiple Access)或 SDMA(Space Division Multiple Access)场景下由频率和来波方向所构成的频-角二维空间中存在频-角不匹配的空闲频谱。对于认知用户来说,如果能够检测到这些二维空闲频谱资源并进行伺机频谱接入,那么该二维谱空穴检测对于缓解频谱供需矛盾不失为一条有效途径。为此,针对以往二维谱空穴检测算法因信号的二维结构化稀疏先验信息利用不充分而导致的检测硬件成本较高或精度较低问题,本章主要介绍基于联合稀疏压缩感知的二维谱空穴检测算法。

首先,考虑由多个认知用户构成的协作感知系统,对于主用户信号占用频率及其空间地理位置联合检测问题,提出一种基于频-空联合稀疏压缩感知(Frequency-Space Joint Sparse Compressed Sensing,FSJSCS)的二维谱空穴检测算法。该算法通过分析协作感知系统中信道占用状态和信号传播路径损耗模型,给出频-空二维联合稀疏表示,利用联合稀疏结构化压缩感知方法求解频-空二维稀疏矩阵,根据此矩阵中的元素检测主用户信道的占用状态和活跃主用户的占用频率,进一步获得各认知用户与活跃主用户之间的距离。根据频-空二维谱空穴判决准则,获得协作感知系统中的频-空二维谱空穴信息。

然后，考虑多址接入场景（FDMA 和 SDMA），对于主用户信号占用频率和来波方向不匹配的频-角联合检测问题，提出一种基于泰勒聚焦变换的频-角二维谱空穴检测（Frequency-Angle Spectrum Hole Detection with Taylor expansion based Focusing Transformation，TFT-FASHD）算法。该算法在接收信号频-角二维联合稀疏表示的基础上，利用一个基于泰勒展开的聚焦变换对稀疏表示中的过完备字典进行降维。利用降维后的最佳子字典给出接收信号的二维联合稀疏表示，利用联合稀疏结构化压缩感知求解频-角二维稀疏矩阵，根据频-角二维谱空穴判决准则，获得多址接入场景下的频-角二维谱空穴信息。本章所涉及稀疏表示中信号的稀疏度信息均假定已通过利用第 3 章所提稀疏阶估计算法而获得。

最后，对于上述算法进行仿真实验，并对仿真结果进行详细分析。仿真结果及性能分析表明：与基于标准压缩感知的检测算法相比，在相同的检测精度要求下，算法 FSJSCS 需要的滤波器数量较少；与以往频-角谱空穴检测算法相比，基于泰勒聚焦变换的频-角谱空穴检测算法 TFT-FASHD 具有较低的检测误差。

6.2 系统模型

通过分析可知，具有结构化稀疏特性的信号场景将会广泛存在于现有或未来的无线通信系统中，例如，对于协作感知系统和多址接入场景，信号在时、空、频等维度上呈现出一定的结构化稀疏特性。因此研究适用于具有结构化稀疏信号场景或系统的谱空穴检测方法具有重要的实用价值。为此，首先从一般意义上给出二维联合稀疏表示的定义，然后针对具体的协作感知系统和 FDMA/SDMA 多址场景，分别给信号的频-空联合稀疏表示和频-角联合稀疏表示。

6.2.1 二维联合稀疏表示

参照 2.3 节介绍的稀疏表示基本理论，本节首先给出稀疏表示的定义，然后给出二维联合稀疏表示定义，最后给出近似稀疏表示定义。

定义 6.1（稀疏表示） 设向量 $\boldsymbol{x}\in\mathbf{C}^{M\times 1}$ 为信号的时域表示，若存在向量 $\boldsymbol{s}(\theta)=[s(\theta_1),s(\theta_2),\cdots,s(\theta_N)]^{\mathrm{T}}$，矩阵 $\boldsymbol{\Psi}_\theta\in\mathbf{C}^{M\times N}$ 和正整数 $K(K<M\ll N)$，使得

$$\boldsymbol{x}=\boldsymbol{\Psi}_\theta\boldsymbol{s}(\theta),\quad \text{s.t.}\ \|\boldsymbol{s}\|_0\leqslant K \tag{6.1}$$

则称 $\boldsymbol{\Psi}_\theta=[\psi(\theta_1),\psi(\theta_2),\cdots,\psi(\theta_N)]$ 为过完备字典，$\boldsymbol{x}=\boldsymbol{\Psi}_\theta\boldsymbol{s}(\theta)$ 为信号向量 $\boldsymbol{x}$ 在字典 $\boldsymbol{\Psi}_\theta$ 的原子所在参数域的稀疏表示，$\boldsymbol{s}(\theta)=[s(\theta_1),s(\theta_2),\cdots,s(\theta_N)]^{\mathrm{T}}$ 为稀疏编码向量。

在定义 6.1 中，$\boldsymbol{\theta}=[\theta_1,\theta_2,\cdots,\theta_N]^{\mathrm{T}}$ 为某个参数域上的向量，比如，在频域上，不同信号占用频率所构成的向量。

在定义 6.1 的基础上，我们给出联合稀疏表示的定义。

定义 6.2（二维联合稀疏表示） 设矩阵 $\boldsymbol{X}\in\mathbf{C}^{M\times L}$ 为信号的时域表示，若存在矩阵 $\boldsymbol{S}(\boldsymbol{\theta},\boldsymbol{\vartheta})=[\boldsymbol{s}_1(\boldsymbol{\theta},\boldsymbol{\vartheta}),\boldsymbol{s}_2(\boldsymbol{\theta},\boldsymbol{\vartheta}),\cdots,\boldsymbol{s}_L(\boldsymbol{\theta},\boldsymbol{\vartheta})]\in\mathbf{C}^{N\times L}$（$\boldsymbol{S}(\boldsymbol{\theta},\boldsymbol{\vartheta})$ 满足：列向量的支撑集均相同，即 $\mathrm{supp}(\boldsymbol{s}_1(\boldsymbol{\theta},\boldsymbol{\vartheta}))=\mathrm{supp}(\boldsymbol{s}_2(\boldsymbol{\theta},\boldsymbol{\vartheta}))=\cdots=\mathrm{supp}(\boldsymbol{s}_L(\boldsymbol{\theta},\boldsymbol{\vartheta}))$，$\boldsymbol{\Psi}_{(\boldsymbol{\theta},\boldsymbol{\vartheta})}\in\mathbf{C}^{M\times N}$ 和正整数 $K(K<M\ll N)$，使得

$$\boldsymbol{X}=\boldsymbol{\Psi}_{(\boldsymbol{\theta},\boldsymbol{\vartheta})}\boldsymbol{S}(\boldsymbol{\theta},\boldsymbol{\vartheta}),\quad \text{s.t.}\ \|\boldsymbol{S}(\boldsymbol{\theta},\boldsymbol{\vartheta})\|_{\text{row},0}\leqslant K \tag{6.2}$$

其中$\|\boldsymbol{S}(\boldsymbol{\theta},\boldsymbol{\vartheta})\|_{\text{row},0}$表示$\boldsymbol{S}(\boldsymbol{\theta},\boldsymbol{\vartheta})$的非零行个数，则称$\boldsymbol{\Psi}_{(\boldsymbol{\theta},\boldsymbol{\vartheta})}=[\psi(\theta_1,\vartheta_1),\psi(\theta_2,\vartheta_2),\cdots,\psi(\theta_N,\vartheta_N)]$为过完备字典，$\boldsymbol{X}=\boldsymbol{\Psi}_{(\boldsymbol{\theta},\boldsymbol{\vartheta})}\boldsymbol{S}(\boldsymbol{\theta},\boldsymbol{\vartheta})$为信号矩阵$\boldsymbol{X}$在字典$\boldsymbol{\Psi}_{(\boldsymbol{\theta},\boldsymbol{\vartheta})}$的原子所在二维联合域上的二维联合稀疏表示，$\boldsymbol{S}(\boldsymbol{\theta},\boldsymbol{\vartheta})=[\boldsymbol{s}_1(\boldsymbol{\theta},\boldsymbol{\vartheta}),\boldsymbol{s}_2(\boldsymbol{\theta},\boldsymbol{\vartheta}),\cdots,\boldsymbol{s}_L(\boldsymbol{\theta},\boldsymbol{\vartheta})]\in\mathbf{C}^{N\times L}$为稀疏编码矩阵。

在定义6.2中，$(\boldsymbol{\theta},\boldsymbol{\vartheta})=[(\theta_1,\vartheta_1),(\theta_2,\vartheta_2),\cdots,(\theta_N,\vartheta_N)]$分别为两个参数联合域上的数组向量，比如，$N$对组合(信号频率，来波方向)而成的向量。

由于实际环境中噪声的影响，定义6.1和定义6.2中的$\boldsymbol{x}=\boldsymbol{\Psi}_\theta\boldsymbol{s}(\boldsymbol{\theta})$和$\boldsymbol{X}=\boldsymbol{\Psi}_{(\boldsymbol{\theta},\boldsymbol{\vartheta})}\boldsymbol{S}(\boldsymbol{\theta},\boldsymbol{\vartheta})$不能严格成立，而是$\boldsymbol{x}=\boldsymbol{\Psi}_\theta\boldsymbol{s}(\boldsymbol{\theta})+w$和$\boldsymbol{X}=\boldsymbol{\Psi}_{(\boldsymbol{\theta},\boldsymbol{\vartheta})}\boldsymbol{S}(\boldsymbol{\theta},\boldsymbol{\vartheta})+\boldsymbol{W}$，为此，衍生出了近似稀疏表示的概念。

定义6.3(近似稀疏表示) 设向量$\boldsymbol{x}\in\mathbf{C}^{M\times 1}$为信号的时域表示，若存在向量$\boldsymbol{s}(\boldsymbol{\theta})=[s(\theta_1),s(\theta_2),\cdots,s(\theta_N)]^{\mathrm{T}}$，矩阵$\boldsymbol{\Psi}_\theta\in\mathbf{C}^{M\times N}$，正整数$K(K<M\ll N)$和$\varepsilon$：$0<\varepsilon<1$，使得

$$\|\boldsymbol{x}-\boldsymbol{\Psi}_\theta\boldsymbol{s}(\boldsymbol{\theta})\|_{\mathrm{F}}\leqslant\varepsilon,\quad \text{s.t.}\ \|\boldsymbol{s}\|_0\leqslant K \tag{6.3}$$

则称$\boldsymbol{\Psi}_\theta=[\psi(\theta_1),\psi(\theta_2),\cdots,\psi(\theta_N)]$为过完备字典，$\boldsymbol{x}=\boldsymbol{\Psi}_\theta\boldsymbol{s}(\boldsymbol{\theta})$为信号向量$\boldsymbol{x}$在字典$\boldsymbol{\Psi}_\theta$的原子所在域的近似稀疏表示，$\boldsymbol{s}(\boldsymbol{\theta})=[s(\theta_1),s(\theta_2),\cdots,s(\theta_N)]^{\mathrm{T}}$为近似稀疏编码向量。

定义6.4(近似二维联合稀疏表示) 设矩阵$\boldsymbol{X}\in\mathbf{C}^{M\times L}$为信号的时域表示，若存在矩阵$\boldsymbol{S}(\boldsymbol{\theta},\boldsymbol{\vartheta})=[\boldsymbol{s}_1(\boldsymbol{\theta},\boldsymbol{\vartheta}),\boldsymbol{s}_2(\boldsymbol{\theta},\boldsymbol{\vartheta}),\cdots,\boldsymbol{s}_L(\boldsymbol{\theta},\boldsymbol{\vartheta})]\in\mathbf{C}^{N\times L}$($\boldsymbol{S}(\boldsymbol{\theta},\boldsymbol{\vartheta})$满足：列向量的支撑集均相同，即$\text{supp}(\boldsymbol{s}_1(\boldsymbol{\theta},\boldsymbol{\vartheta}))=\text{supp}(\boldsymbol{s}_2(\boldsymbol{\theta},\boldsymbol{\vartheta}))=\cdots=\text{supp}(\boldsymbol{s}_L(\boldsymbol{\theta},\boldsymbol{\vartheta}))$，$\boldsymbol{\Psi}_{(\boldsymbol{\theta},\boldsymbol{\vartheta})}\in\mathbf{C}^{M\times N}$，正整数$K(K<M\ll N)$和$\varepsilon$：$0<\varepsilon<1$，使得

$$\|\boldsymbol{X}-\boldsymbol{\Psi}_{(\boldsymbol{\theta},\boldsymbol{\vartheta})}\boldsymbol{S}(\boldsymbol{\theta},\boldsymbol{\vartheta})\|_{\mathrm{F}}\leqslant\varepsilon,\quad \text{s.t.}\ \|\boldsymbol{S}(\boldsymbol{\theta},\boldsymbol{\vartheta})\|_{\text{row},0}\leqslant K \tag{6.4}$$

$\|\boldsymbol{S}(\boldsymbol{\theta},\boldsymbol{\vartheta})\|_{\text{row},0}$表示$\boldsymbol{S}(\boldsymbol{\theta},\boldsymbol{\vartheta})$的非零行个数，则称$\boldsymbol{\Psi}_{(\boldsymbol{\theta},\boldsymbol{\vartheta})}=[\psi(\theta_1,\vartheta_1),\psi(\theta_2,\vartheta_2),\cdots,\psi(\theta_N,\vartheta_N)]$为过完备字典，$\boldsymbol{X}=\boldsymbol{\Psi}_{(\boldsymbol{\theta},\boldsymbol{\vartheta})}\boldsymbol{S}(\boldsymbol{\theta},\boldsymbol{\vartheta})$为信号矩阵$\boldsymbol{X}$在字典$\boldsymbol{\Psi}_{(\boldsymbol{\theta},\boldsymbol{\vartheta})}$的原子所在域上的近似二维联合稀疏表示，$\boldsymbol{S}(\boldsymbol{\theta},\boldsymbol{\vartheta})=[\boldsymbol{s}_1(\boldsymbol{\theta},\boldsymbol{\vartheta}),\boldsymbol{s}_2(\boldsymbol{\theta},\boldsymbol{\vartheta}),\cdots,\boldsymbol{s}_L(\boldsymbol{\theta},\boldsymbol{\vartheta})]\in\mathbf{C}^{N\times L}$为近似稀疏编码矩阵。

6.2.2 协作感知系统频-空联合稀疏表示

考虑由多个认知用户和一个融合中心构成的协作感知系统，在6.2.1节所定义的联合稀疏表示基础上，本节通过对协作感知系统中信道占用状态和信号传播路径损耗模型进行联合分析，给出融合中心接收信号的频-空二维联合稀疏表示。

假设所考虑的认知无线电系统有M个认知用户、N个主用户和1个数据融合中心，其中每个认知用户配有L个频率选择滤波器，每个主用户被授权一个信道，并对应一个中心频率，融合中心将综合M个认知用户接收数据进行协作感知，系统模型如图6.1所示。设认知用户频率选择滤波器系数矩阵为$\boldsymbol{A}_{L\times N}=[\boldsymbol{a}_1^{\mathrm{T}},\boldsymbol{a}_2^{\mathrm{T}},\cdots,\boldsymbol{a}_L^{\mathrm{T}}]^{\mathrm{T}}$($L\ll N,M\ll N$)，其中$\boldsymbol{a}_k(k=1,2,\cdots,L)$表示第$k$个滤波器对$N$个信道状态的响应向量，则矩阵$\boldsymbol{A}_{L\times N}$可以把$N$个信道的占用状态映射为$L$个观测数据，然后$M$个认知用户将$M\times L$个观测数据

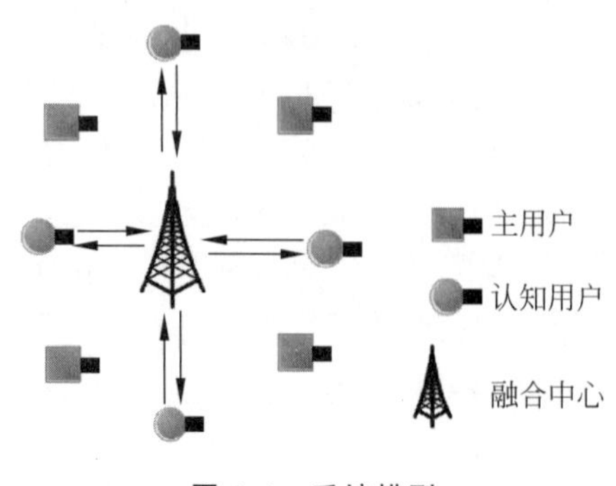

图6.1 系统模型

发送到认知网络融合中心。

假设该认知无线电系统中授权频段未被完全利用，也就是说，该系统中授权频段对应的信道未被完全占用，即该系统的信道占用状态具有稀疏性。假定信道占用状态对每一个认知用户来说均相同，即该系统的信道占用状态具有联合稀疏性。结合信号传播路径损耗模型，根据文献[1]和[2]，融合中心获得的数据模型可表示如下：

$$\boldsymbol{Y}=\boldsymbol{AEG}^{\mathrm{T}}+\boldsymbol{V} \tag{6.5}$$

其中，$\boldsymbol{Y}$ 为一个 $\boldsymbol{L}\times\boldsymbol{M}$ 的观测矩阵；$\boldsymbol{A}$ 为一个 $L\times N$ 的已知滤波器系数矩阵；$\boldsymbol{E}$ 为一个 $N\times N$ 对角矩阵，表示信道占用状态，对角元素 $e_{jj}=0$ 表示第 j 个信道未被占用，$e_{jj}=1$ 表示第 j 个信道被占用，假设第 j 个信道对应的中心频率为 f_j；$\boldsymbol{G}=(G_{ij})_{M\times N}$ 是认知用户与主用户之间的信道增益矩阵，其元素 $\boldsymbol{G}_{ij}=P_j(\lambda_j/(4\pi d_{ij}))^{\alpha/2}|h_{ij}|$，$P_j$ 表示占用第 j 个信道的主用户发射功率，λ_j 为波长，α 为传播损耗因子，d_{ij} 代表第 i 个认知用户与占用第 j 个信道的主用户之间的距离，h_{ij} 表示信道衰落增益；$\boldsymbol{V}$ 为噪声功率矩阵。

令 $\boldsymbol{X}=\boldsymbol{EG}^{\mathrm{T}}$，则式(6.5)可改写为

$$\boldsymbol{Y}=\boldsymbol{AX}+\boldsymbol{V} \tag{6.6}$$

式(6.6)中的 $\boldsymbol{X}$ 包含了活跃主用户占用中心频率信息及其位置信息，本章称之为频-空二维谱信息矩阵，简称为频-空二维谱矩阵。

由信道占用状态矩阵 $\boldsymbol{E}$ 中元素取值特点知，式(6.6)是一个频-空联合稀疏 MMV 模型，当 $M=1$ 时，模型(6.6)退化为 SMV。

6.2.3　多址接入场景频-角联合稀疏表示

在 6.2.1 节定义的联合稀疏表示基础上，考虑多址接入场景 FDMA 和 SDMA，即主用户采用多址接入方式 FDMA 或 SDMA，下面给出观测信号的频-角二维联合稀疏表示。

1. 频-角非匹配性描述

FDMA/SDMA 场景下的信号特点为频-角非匹配。为叙述方便，下面给出频-角匹配和频-角非匹配这两种场景的定义。

定义 6.5　设在一认知无线电系统中有 P 个主用户信号，且第 j 个信号的中心频率和波达角分别为 f_j 和 $\theta_j(j=1,2,\cdots,P)$，如果

(1) 对于任意 i,j，当 $f_i\neq f_j$ 时，有 $\theta_i\neq\theta_j$，则称该系统为频-角匹配场景；

(2) 存在 i_0,j_0，使得 $f_{i_0}=f_{j_0}$ 或 $\theta_{i_0}=\theta_{j_0}$，则称该系统为频-角非匹配场景。

非匹配场景包括不同来波方向但占用相同频率或占用不同频率却拥有相同来波方向两种情形，匹配场景可以看作是非匹配场景的特例，本章主要考虑 FDMA/SDMA 这种非匹配场景。假定在一定范围内的频域和角域上，主用户信号均具有一定程度的稀疏性。为了更加形象地描述信号在频-角联合域的稀疏特性，下面提供了一个频-角非匹配场景示意图，如图 6.2 所示。在这个频-角平面上 4 个位置有主用户信号，其他位置没有主用户信号，而这 4 个位置处的信号有些占

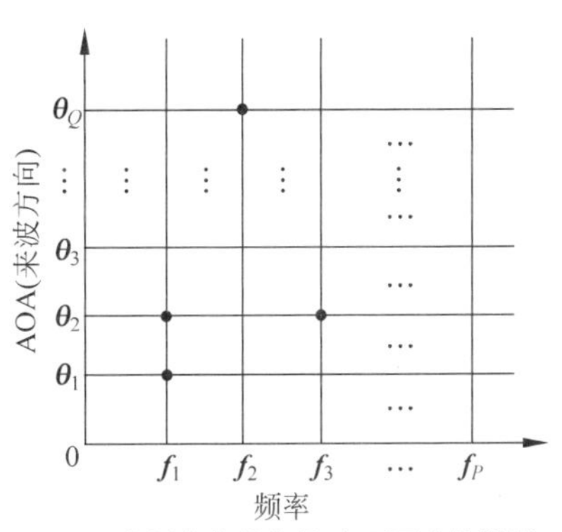

图 6.2　频-角二维谱分布

用同一个频率,有些拥有同一个来波方向,即具有频-角非匹配性。图 6.2 只是一个便于理解“频-角非匹配性”的示意图,而图 6.3 给出了真实频-角非匹配场景下的主用户信号在频-角二维平面上的功率分布,图中数据为 2017 年 6 月 26 日在芬兰观测到的实时信号数据[3]。图 6.3 表明,在频-角二维平面上,主用户信号所在的位置为(595MHz,30°)、(595MHz,60°)、(680MHz,120°)和(820MHz,60°),除了这 4 个位置之外的其他位置没有信号,也就是其他位置均存在谱空穴。

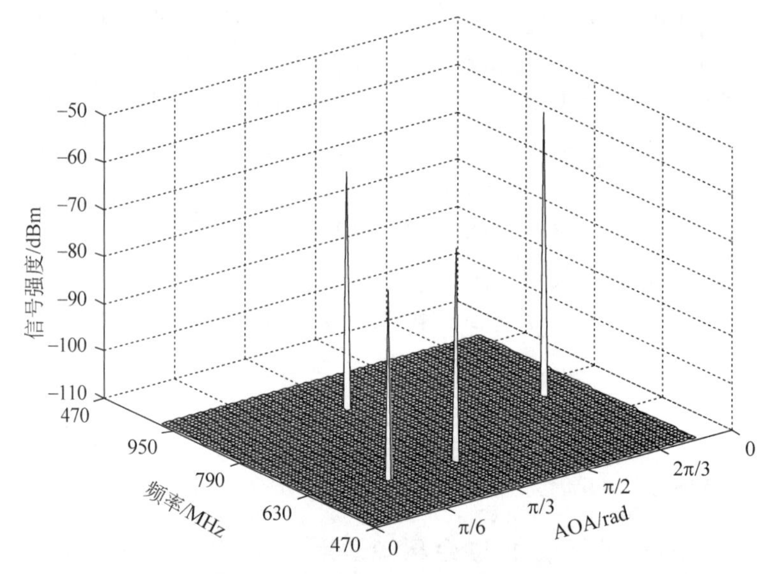

图 6.3 频-角平面上信号功率分布

2. 频-角二维表示

考虑远场宽带场景,主用户信号源占用 P_0 个载波频率($f_1, f_2, \cdots, f_{P_0}$)和 Q_0 个 AOA($\theta_1, \theta_2, \cdots, \theta_{Q_0}$),如图 6.2 所示。考虑一个配备 M 根均匀线性分布天线的认知用户,根据文献[4]和[5],在时刻 t 均匀线阵输出向量 $\boldsymbol{x}(t) \in \mathbf{C}^{M\times 1}$ 表示如下:

$$\boldsymbol{x}(t) = \boldsymbol{A}_0 \boldsymbol{s}_0(t) + \boldsymbol{w}(t) \tag{6.7}$$

式中各变量含义如下:

(1) 阵列流型 $\boldsymbol{A}_0 = [\boldsymbol{A}(f_1, \boldsymbol{\theta}), \boldsymbol{A}(f_2, \boldsymbol{\theta}), \cdots \boldsymbol{A}(f_{P_0}, \boldsymbol{\theta})] \in \mathbf{C}^{M\times P_0 Q_0}$, $\boldsymbol{A}(f_p, \theta) = [\boldsymbol{a}(f_p, \theta_1), \boldsymbol{a}(f_p, \theta_2), \cdots, \boldsymbol{a}(f_p, \theta_{Q_0})]$, $\boldsymbol{a}(f_p, \theta_q) = [1, \mathrm{e}^{-\mathrm{j}2\pi f_p d \sin\theta_q / c}, \cdots, \mathrm{e}^{-\mathrm{j}2\pi(M-1) f_p d \sin\theta_q / c}]^{\mathrm{T}}$, $f_1 < f_2 < \cdots < f_{P_0}$, $\theta_1 < \theta_2 < \cdots < \theta_{Q_0}$, $\boldsymbol{\theta} = [\theta_1, \theta_2, \cdots, \theta_{Q_0}]$, d 为相邻阵元间距, c 为电磁波波速, $p = 1, 2, \cdots, P_0$, $q = 1, 2, \cdots, Q_0$;

(2) $\boldsymbol{s}_0(t) = [\boldsymbol{s}_1^{\mathrm{T}}(t), \boldsymbol{s}_2^{\mathrm{T}}(t), \cdots, \boldsymbol{s}_{P_0}^{\mathrm{T}}(t)]^{\mathrm{T}}$ 表示信号源向量, $\boldsymbol{s}_p(t) = [\boldsymbol{s}_{p1}(t), \boldsymbol{s}_{p2}(t), \cdots, \boldsymbol{s}_{pQ_0}(t)]^{\mathrm{T}}$;

(3) $\boldsymbol{w}(t)$ 是一个 $M\times 1$ 的阵列噪声向量。

3. 频-角二维联合稀疏表示

式(6.7)描述的是 t 时刻活跃主用户信号到达认知用户接收端时的信号模型,为了确保能够检测出频-角平面上所有可能的谱空穴,现将式(6.7)在频域和角域上分别进行扩充,扩充方式为：

(1) 频域上，将 P_0 个中心频率所在宽带均匀划分为 P 个子带($P \gg P_0$)，第 p 个子带的中心频率为 f_p；

(2) 角域上，将 AOA 所有可能的角度范围均匀划分为 Q 个小区间($Q \gg Q_0$)，第 q 个小区间的中点设为 θ_q。这时接收信号模型(6.7)中的阵列流型 $\boldsymbol{A}_0$ 和信号源向量 $\boldsymbol{s}_0(t)$的维数均发生了改变，其中 $\boldsymbol{A}_0$ 扩充为 $\boldsymbol{A}=[\boldsymbol{A}(f_1,\theta),\boldsymbol{A}(f_2,\theta),\cdots\boldsymbol{A}(f_P,\theta)]\in\mathbf{C}^{M\times PQ}$，$\boldsymbol{s}_0(t)$扩充为 $\boldsymbol{s}(t)=[\boldsymbol{s}_1^{\mathrm{T}}(t),\boldsymbol{s}_2^{\mathrm{T}}(t),\cdots,\boldsymbol{s}_P^{\mathrm{T}}(t)]^{\mathrm{T}}\in\mathbf{C}^{PQ\times 1}$。

经过上述频域和角域上的扩充，式(6.7)可被重新描述如下：

$$\boldsymbol{x}(t)=\boldsymbol{A}\boldsymbol{s}(t)+\boldsymbol{w}(t) \tag{6.8}$$

式中 $\boldsymbol{A}$ 为扩充后的阵列流型。

显然，扩充后的信号模型(6.8)在频域和角域上均稀疏，因此该模型在频-角联合域上也稀疏，扩充的阵列流型 $\boldsymbol{A}$ 可看作一过完备字典，式(6.8)为接收数据 $\boldsymbol{x}(t)$的频-角二维近似稀疏表示，并称 $\boldsymbol{s}(t)$为频-角二维谱向量。

考虑 P 个快拍向量 $\boldsymbol{x}(t_1),\boldsymbol{x}(t_2),\cdots,\boldsymbol{x}(t_P)$，假设在采样过程中 $\boldsymbol{s}(t_1),\boldsymbol{s}(t_2),\cdots,\boldsymbol{s}(t_P)$的支撑集相同，即各个向量的非零元素索引相同，也就是说，向量 $\boldsymbol{s}(t_1),\boldsymbol{s}(t_2),\cdots,\boldsymbol{s}(t_P)$具有联合稀疏性。将这 P 个快拍向量均按照式(6.8)进行稀疏表示，并将这 P 个稀疏表示合并，可得如下形式：

$$\boldsymbol{X}=\boldsymbol{A}\boldsymbol{S}+\boldsymbol{W} \tag{6.9}$$

式中 $\boldsymbol{X}=[\boldsymbol{x}(t_1),\boldsymbol{x}(t_2),\cdots,\boldsymbol{x}(t_P)]$；$\boldsymbol{S}=[\boldsymbol{s}(t_1),\boldsymbol{s}(t_2),\cdots,\boldsymbol{s}(t_P)]\in\mathbf{C}^{PQ\times P}$，$i=1,2,\cdots,PQ$，$t=t_1,t_2,\cdots,t_P$；$\boldsymbol{W}$ 为噪声矩阵。

易知，式(6.9)为观测信号矩阵 $\boldsymbol{X}(t)$的联合稀疏表示。与 6.2.2 节类似，本章称 $\boldsymbol{S}$ 为频-角二维谱信息矩阵，简称为频-角二维谱矩阵。

综上所述，式(6.6)和式(6.9)均为联合稀疏表示模型，因此，对于两式中的稀疏矩阵 $\boldsymbol{X}$，本章选用同一种方法——联合稀疏压缩感知——来求解两式的稀疏矩阵 $\boldsymbol{X}$。

6.3　算法原理

6.2 节给出了协作感知系统频-空联合稀疏表示和多址接入场景频-角联合稀疏表示，在此基础之上，本节首先给出二维谱空穴判决准则，然后分别给出适用于协作感知系统的频-空谱空穴判决方法和适用于多址接入场景的频-角谱空穴判决方法。

6.3.1　二维谱空穴判决准则

在 5.2.2 节给出的谱空穴和 6.2.1 节给出的稀疏表示定义的基础上，本节给出二维谱空穴判决准则。

假设观测信号矩阵的二维联合稀疏表示如式(6.4)所示，则稀疏编码矩阵 $\boldsymbol{S}(\boldsymbol{\theta},\boldsymbol{\vartheta})$的求解问题可描述为下面的优化问题：

$$\hat{\boldsymbol{S}}(\boldsymbol{\theta},\boldsymbol{\vartheta})=\arg\min\|\boldsymbol{S}(\boldsymbol{\theta},\boldsymbol{\vartheta})\|_{\mathrm{row},0},\quad \text{s.t.}\ \|\boldsymbol{X}-\boldsymbol{\Psi}_{(\boldsymbol{\theta},\boldsymbol{\vartheta})}\boldsymbol{S}(\boldsymbol{\theta},\boldsymbol{\vartheta})\|_{\mathrm{F}}\leqslant\varepsilon \tag{6.10}$$

其中，$\hat{\boldsymbol{S}}(\boldsymbol{\theta},\boldsymbol{\vartheta})$为稀疏编码矩阵 $\boldsymbol{S}(\boldsymbol{\theta},\boldsymbol{\vartheta})$的估计值；$\boldsymbol{\Psi}_{(\boldsymbol{\theta},\boldsymbol{\vartheta})}$ 为字典。

设 $\hat{\boldsymbol{S}}=(\hat{s}(\theta_n,\vartheta_n))$，$\gamma$ 为阈值。参照5.2.2节的式(5.1)和式(5.2)，二维谱空穴判决准则可表示如下：

$$I_{\mathcal{D}^*}(\cdot)_{\mathcal{D}^*}((\theta_n,\vartheta_n))=\begin{cases}1, & (\theta_n,\vartheta_n)\in\mathcal{D}^*\\0, & (\theta_n,\vartheta_n)\in\mathbf{R}^2/\mathcal{D}^*\end{cases}\tag{6.11}$$

其中，$\mathcal{D}^*=\{(\theta_n,\vartheta_n):|\hat{s}(\theta_n,\vartheta_n)|\geqslant\gamma\}$表示存在主用户信号的区域；$I_{\mathcal{D}^*}(\cdot)$代表示性函数；1表示点$(\theta_n,\vartheta_n)$处该区域有主用户信号；0表示点$(\theta_n,\vartheta_n)$处没有主用户信号，即存在谱空穴。

在准则(6.11)中，当$|\hat{s}(\theta_n,\vartheta_n)|\geqslant\gamma$时，则可判断点$(\theta_n,\vartheta_n)$处不存在谱空穴，即存在主用户信号。

准则(6.11)只是用来判断是否存在谱空穴的一般性定义，由于$\boldsymbol{S}(\boldsymbol{\theta},\boldsymbol{\vartheta})$具有稀疏性，其非零元个数远小于零元个数，因此可以将谱空穴检测问题转化为存在主用户信号的点的判决问题，即不存在谱空穴的点的搜索问题。对于一个具有特殊稀疏结构协作系统或信号场景的二维谱空穴检测问题，根据稀疏表示的具体形式，下面给出更加具体的谱空穴判别算法。

对于协作感知系统中的频-空二维谱空穴检测问题，借助于频-空二维联合稀疏表示(6.6)，参照上述判决准则，通过求解多用户观测数据模型$\boldsymbol{Y}=\boldsymbol{AX}=\boldsymbol{AEG}^{\mathrm{T}}$，得到$\hat{\boldsymbol{X}}$。由于信道占用状态由矩阵$\boldsymbol{E}$决定，认知用户与主用户距离由矩阵$\boldsymbol{G}$决定，因此，需要通过求解方程$\hat{\boldsymbol{X}}=\boldsymbol{EG}^{\mathrm{T}}$，得出$\hat{\boldsymbol{E}}$和$\hat{\boldsymbol{G}}$，进而可得到存在主用户信号的点$(f_j,d_{ij})$，从而获得存在谱空穴的点。

对于多址接入场景下的频-角二维谱空穴检测问题，参照上述判决准则，借助于频-角二维联合稀疏表示(6.9)，通过求解最优联合稀疏表示模型$\boldsymbol{X}=\boldsymbol{AS}+\boldsymbol{W}$，得到$\hat{\boldsymbol{S}}$，从而获得存在谱空穴的点。

6.3.2 适用于协作感知系统的频-空谱空穴判决

在6.2.2节频-空联合稀疏表示的基础上，根据6.3.1节给出的二维谱空穴判决准则，本节给出协作感知系统频-空二维谱空穴判决方法。

为了获得频-空二维谱空穴，首先利用联合稀疏压缩感知从式(6.6)中求解$\boldsymbol{X}$，根据$\boldsymbol{X}$非零元素的索引，得到信道占用状态信息，从而获得活跃主用户所占用的中心频率，然后删除$\boldsymbol{X}$中的零行，利用最小二乘获得主用户位置信息。

1. 频率估计

对于式(6.6)，当活跃主用户占用信道个数为K时，矩阵$\boldsymbol{E}$和$\boldsymbol{X}$均为稀疏矩阵，且稀疏度等于活跃主用户个数K，$\boldsymbol{X}$为K-联合行稀疏矩阵，即矩阵$\boldsymbol{X}$中的每个列向量$\boldsymbol{x}_m$均为K-稀疏，其非零元素索引相同。易知$\mathrm{supp}(\boldsymbol{E})=\mathrm{supp}(\boldsymbol{X})$，其中$\mathrm{supp}(\boldsymbol{X})$表示矩阵$\boldsymbol{X}$的行支撑集，也就是矩阵非零行的行索引构成的指标集。这样，可以根据稀疏矩阵$\boldsymbol{X}$非零行向量的位置判定信道占用状态，于是，式(6.5)中关于信道占用状态矩阵$\boldsymbol{E}$的估计问题可以转化为式(6.6)中稀疏矩阵$\boldsymbol{X}$的求解问题。

若将滤波器系数矩阵$\boldsymbol{A}$看成压缩感知矩阵，则式(6.6)的稀疏求解问题即可转化为下述联合稀疏最小化问题：

$$\hat{\boldsymbol{X}}=\arg\min|\mathrm{supp}(\boldsymbol{X})|,\quad \mathrm{s.t.}\quad \|\boldsymbol{Y}-\boldsymbol{A}\boldsymbol{X}\|_{\mathrm{F}}\leqslant ML\sigma_n^2 \tag{6.12}$$

其中，$|\cdot|$表示集合的势；$\boldsymbol{A}$ 已知，$\boldsymbol{Y}$ 为各认知用户汇报给融合中心的各活跃主用户的功率信息构成的观测矩阵。

根据联合稀疏压缩感知理论[6]，优化问题(6.12)存在唯一解的充分必要条件可描述为

$$|\mathrm{supp}(\boldsymbol{X})|<\frac{\mathrm{spark}(\boldsymbol{A})-1+\mathrm{rank}(\boldsymbol{X})}{2} \tag{6.13}$$

其中，spark(・)为矩阵的最小线性相关列数；rank(・)代表矩阵的秩。

若条件(6.13)成立，则最小化问题(6.12)存在唯一最优稀疏解。一般情况下，稀疏恢复问题(6.12)中的矩阵 $\boldsymbol{X}$ 所需测量数量 $L\times M$ 小于 $L_0\times M$，其中 L_0 是标准压缩感知在相同恢复精度下恢复单个稀疏向量 $\boldsymbol{x}_m$ 所需的测量数目[7]。易知用 rank($\boldsymbol{Y}$)代替式(6.13)中的 rank($\boldsymbol{X}$)时，仍能够保证从观测矩阵 $\boldsymbol{Y}$ 中唯一地求解 $\boldsymbol{X}$。另外，根据文献[6]，如果 spark($\boldsymbol{A}$)$=L+1$(spark($\boldsymbol{A}$)的最大值)，rank($\boldsymbol{X}$)$=K$，由于 supp($\boldsymbol{X}$)$=K$，则 $L=K+1$，即 $K+1$ 次测量即可保证唯一恢复稀疏矩阵 $\boldsymbol{X}$，这意味着，$\boldsymbol{X}$ 能够被唯一恢复的最小测量次数为 $L=K+1$，与标准压缩感知所需测量个数 $L_0=O(K\log(N/K))$ 相比，具有较少的测量次数。为了有效混合不同的信道感知信息，滤波器系数可被设计为随机数[1]，这样，spark($\boldsymbol{A}$)可能的最大值为 $L+1$。

以上分析表明：当滤波器系数矩阵 $\boldsymbol{A}$ 的列和稀疏矩阵 $\boldsymbol{X}$ 的非零行均具有较低的相关性时，利用频-空联合稀疏结构化压缩感知方法，只需较少的滤波器即可重构出问题(6.12)中的 $\boldsymbol{X}$。

本节中的滤波器系数矩阵 $\boldsymbol{A}$ 随机产生，且各列之间相互独立，假定信道增益矩阵各行不相关。在该条件下，采用频-空联合稀疏正交匹配追踪算法进行求解最小化问题(6.12)，其求解步骤如表 6.1 所示，其中稀疏阶 q 可以通过利用第 3 章给出的算法 TM 进行估计。

表 6.1　联合稀疏正交匹配追踪算法(JSOMP)

输入：主用户个数 N，认知用户个数 M，滤波器数目 L，滤波器系数矩阵 $\boldsymbol{A}$，融合中心获取的数据矩阵 $\boldsymbol{Y}$，稀疏阶 $q(q=E(K)/N)$。
初始化：残差矩阵 $\boldsymbol{R}^{(0)}=\boldsymbol{Y}$，支撑集 $\Omega^{(0)}=\varnothing$(空集)，稀疏矩阵 $\boldsymbol{X}^{(0)}=\boldsymbol{0}$。
(1) 支撑集识别 ① 按照内积最大化原则，选取 $\boldsymbol{A}$ 中列向量的列索引： $$n^{(k)}=\arg\max_n\|\boldsymbol{A}_n^{\mathrm{T}}\boldsymbol{R}^{(k-1)}\|_2$$ ② 更新稀疏解矩阵 $\boldsymbol{A}$ 的支撑集，$\Omega^{(k)}=\Omega^{(k-1)}\cup\{n^{(k)}\}$ (2) 稀疏矩阵估计 利用(1)中获得的支撑集，计算最小二乘解矩阵 $\boldsymbol{X}_{\Omega^{(k)}}^{(k)}$，即 $$\boldsymbol{X}_{\Omega^{(k)}}^{(k)}=((\boldsymbol{A}_{\Omega^{(k)}})^{\mathrm{T}}\boldsymbol{A}_{\Omega^{(k)}})^{-1}(\boldsymbol{A}_{\Omega^{(k)}})^{\mathrm{T}}\boldsymbol{R}^{(k-1)}$$ (3) 残差更新 利用(2)中稀疏解矩阵 $\boldsymbol{X}_{\Omega^{(k)}}^{(k)}$，计算残差 $\boldsymbol{R}^{(k)}=\boldsymbol{Y}-\boldsymbol{A}_{\Omega^{(k)}}\boldsymbol{X}_{\Omega^{(k)}}^{(k)}$，当满足误差条件时结束循环，否则转移到(1)。
输出：联合稀疏解矩阵 $\hat{\boldsymbol{X}}=\boldsymbol{X}_{\Omega^{(K)}}^{(k)}$。

通过上述联合稀疏正交匹配追踪(Joint Sparse Orthogonal Matching Pursuit,JSOMP)算法获得稀疏解矩阵 $\hat{\boldsymbol{X}}$,然后利用关系式 $\text{supp}(\boldsymbol{E})=\text{supp}(\boldsymbol{X})$,得到对角矩阵 $\hat{\boldsymbol{E}}$。假设认知用户端已知各信道所占用的中心频率,根据 $\hat{\boldsymbol{E}}$ 即可判断出活跃主用户所占用的中心频率。

2. 检测概率影响因素分析

设基于 JSOMP 算法成功检测信道(即估计频率)的概率为 P_s,根据文献[8],P_s 可近似表示为

$$P_s \approx \frac{1}{2^{N-1}} \frac{(N-K)}{\sigma_1 \sqrt{2\pi}} \int_{-\infty}^{\infty} \left[1+\text{erf}\left(\frac{x-l_1}{\sigma_1\sqrt{2}}\right)\right]^{N-K-1} \left[1-\text{erf}\left(\frac{x-l_2}{\sigma_2\sqrt{2}}\right)\right]^{K} \exp\left[-\left(\frac{x-l_1}{\sigma_1\sqrt{2}}\right)^2\right] \mathrm{d}x \tag{6.14}$$

其中,$l_1=LK\sigma^2$,$l_2=L(L+K+1)\sigma^2$,$\sigma_1^2=\frac{2LK\sigma^4}{M}(LK+3K+3L+6)$,$\sigma_2^2=\frac{L\sigma^4}{M}(34LK+6K^2+28L^2+92L+48K+90+2L^3+2LK^2+4L^2K)$,$\sigma^2$ 为信道估计误差,高斯误差函数 $\text{erf}(x)=\frac{2}{\sqrt{\pi}}\int_0^x \mathrm{e}^{-t^2}\mathrm{d}t$。

经推导,可得

$$P_s \approx c_1(N,K)\int_{-\infty}^{\infty}[1+\text{erf}(t)]^{N-K-1}\left[1-\text{erf}\left(\frac{1}{L}t-\sqrt{M}c_2(K)\right)\right]^{K}\exp[-t^2]\mathrm{d}t \tag{6.15}$$

其中,$c_1(N,K)=\frac{N-K}{2^{N-1}\sqrt{\pi}}$,$c_2(K)=\frac{K+1}{4K}$。

式(6.15)给出了信道检测概率与主用户个数、认知用户个数、稀疏度及滤波器个数之间的数量关系,“约等号”右边的积分是一个非初等函数。由式(6.15)可知,当主用户数目 N 和稀疏度 K 固定时,如果信道检测概率 P_s 保持不变,则 $t/L-\sqrt{M}c_2(K)$ 关于 (M,L) 保持不变,不妨设 $t/L-\sqrt{M}c_2(K)=c(P_s,\sigma^2,t)$,从而得到 L 与其他参数的数量关系:

$$L=\frac{1}{\sqrt{M}c_2(K)+c(P_s,\sigma^2,t)}t \tag{6.16}$$

式(6.16)给出了滤波器个数与认知用户的数量关系,从该式可以看出,L 关于 M 是单调下降的。该式表明,认知无线电网络中,在不降低信道检测概率 P_s 和信道估计精度的前提下,随着认知用户数目 M 的增加,可以适当减少滤波器个数 L,以此来节省硬件成本。

3. 主用户位置估计

在信道状态被检测的基础上,利用观测数据信息,进一步求解各认知用户与各活跃主用户之间的距离。

令 $\Omega^{(K)}=\text{supp}(\hat{\boldsymbol{X}})$,其中 $\hat{\boldsymbol{X}}$ 为优化问题(6.12)最优稀疏解矩阵的估计值。根据支撑集 $\Omega^{(K)}$ 构建 $\boldsymbol{G}$ 的一个子阵 $\boldsymbol{G}_{\Omega^{(K)}}=[\boldsymbol{g}_{j_1},\boldsymbol{g}_{j_2},\cdots,\boldsymbol{g}_{j_K}]$,$j_k\in\Omega^{(K)}$,$k=1,2,\cdots,K$。类似地,构建 $\boldsymbol{A}$ 的子阵 $\boldsymbol{A}_{\Omega^{(K)}}$。利用 $\boldsymbol{A}_{\Omega^{(K)}}$ 和 $\boldsymbol{G}_{\Omega^{(K)}}$,则可将 $\boldsymbol{Y}=\boldsymbol{A}\hat{\boldsymbol{X}}$ 改写为如下形式:

$$\boldsymbol{Y}=\boldsymbol{A}_{\Omega^{(K)}}(\boldsymbol{G}_{\Omega^{(K)}})^{\mathrm{T}} \tag{6.17}$$

当 $\text{supp}(\boldsymbol{X})=K$ 时,式(6.17)中子阵 $\boldsymbol{A}_{\Omega^{(K)}}$ 和 $(\boldsymbol{G}_{\Omega^{(K)}})^{\mathrm{T}}$ 的尺寸分别是 $L\times K$ 和 $K\times$

M。由前述可知问题(6.12)中稀疏矩阵 $\boldsymbol{X}$ 被唯一重构的最小测量次数为 $L=K+1$。因此，如果条件(6.13)成立，则测量数目 $L>K$，式(6.17)为超定方程组。由于 $\boldsymbol{A}_{\Omega^{(K)}}$ 中元素随机产生且各列互不相关，所以子阵 $\boldsymbol{A}_{\Omega^{(K)}}$ 列满秩，从而利用最小二乘法得到信道增益矩阵估计值 $\hat{\boldsymbol{G}}_{\Omega^{(K)}}$，其表达式如下：

$$(\hat{\boldsymbol{G}}_{\Omega^{(K)}})^{\mathrm{T}}=[(\boldsymbol{A}_{\Omega^{(K)}})^{\mathrm{T}}\boldsymbol{A}_{\Omega^{(K)}}]^{-1}(\boldsymbol{A}_{\Omega^{(K)}})^{\mathrm{T}}\boldsymbol{Y} \tag{6.18}$$

其中 K 为稀疏度。

假定已知占用第 j 个信道的主用户发射功率为 P_j 和信道衰落增益为 h_{ij}，则通过联立式(6.18)和 $\hat{G}_{ij}=P_j(d_{ij})^{-\alpha/2}|h_{ij}|$，可以得到第 i 个认知用户与占用第 j 个信道的主用户之间距离 d_{ij} 的估计值 $\hat{d}_{ij}=(P_j|h_{ij}|/\hat{G}_{ij})^{2/\alpha}$，最后得到各认知用户与各活跃主用户之间的距离矩阵 $\boldsymbol{D}_{\Omega^{(K)}}=(d_{ij})_{\Omega^{(K)}}$ 的估计值，其表示如下：

$$\hat{\boldsymbol{D}}_{\Omega^{(K)}}=(\hat{d}_{ij})_{\Omega^{(K)}} \tag{6.19}$$

其中(d_{ij})表示距离矩阵。

在信道状态被检测的基础上，按照式(6.19)估计主用户位置，其步骤见表 6.2。

表 6.2 主用户位置估计

输入：滤波器系数矩阵 $\boldsymbol{A}$，融合中心获取的数据矩阵 $\boldsymbol{Y}$，占用第 j 个信道的主用户发射功率 P_j，信道衰落增益为 h_{ij}，$i=1,2,\cdots,M$，$j=1,2,\cdots,N$，$\Omega^{(K)}=\mathrm{supp}(\hat{\boldsymbol{X}})$。
(1) 计算子阵 $\boldsymbol{A}_{\Omega^{(K)}}=[\boldsymbol{a}_{j_1},\boldsymbol{a}_{j_2},\cdots,\boldsymbol{a}_{j_K}]$，$j_k,\in\Omega^{(K)}$，$k=1,2,\cdots,K$ (2) 计算信道增益矩阵$(\hat{\boldsymbol{G}}_{\Omega^{(K)}})^{\mathrm{T}}=[(\boldsymbol{A}_{\Omega^{(K)}})^{\mathrm{T}}\boldsymbol{A}_{\Omega^{(K)}}]^{-1}(\boldsymbol{A}_{\Omega^{(K)}})^{\mathrm{T}}\boldsymbol{Y}$ (3) 估计距离 $\hat{d}_{ij}=(P_j|h_{ij}|/\hat{G}_{ij})^{2/\alpha}$
输出：各认知用户与各活跃主用户之间的距离矩阵 $\hat{\boldsymbol{D}}_{\Omega^{(K)}}=(\hat{d}_{ij})_{\Omega^{(K)}}$。

令 P_{ij} 表示第 i 个认知用户接收到的第 j 个主用户(占用第 j 个信道的主用户)的信号功率。易知 $P_{ij}=P_j(d_{ij})^{-\alpha/2}|h_{ij}|E_{jj}$。定义 $P(E_{jj},d_{ij})\triangleq P_{ij}$ 为无线电信号在频-空二维空间上的功率谱。如果 $\hat{P}_{ij}<P_0^{(i)}$($\hat{P}_{ij}$ 表示 P_{ij} 估计值，$P_0^{(i)}$ 表示第 i 个认知用户的干扰温度限)，则对于认知用户 i 来说，点$(\hat{f}_j,\hat{d}_{ij})$处存在频-空二维谱空穴，即在地理位置 $\hat{d}_{ij}$ 处，频率 f_j 未被主用户占用，认知用户 i 可以伺机使用该频率及对应信道；否则，点$(\hat{f}_j,\hat{d}_{ij})$处不存在频-空二维谱空穴，即在地理位置 $\hat{d}_{ij}$ 处，第 j 个信道及其对应的频率 f_j 被主用户占用，认知用户 i 不能接入该信道和使用该频率。当对所有点$\{(\hat{f}_j,\hat{d}_{ij})$：$i=1,2,\cdots,M$，$j=1,2,\cdots,N\}$均进行谱空穴的判断时，即可完成频-空二维谱空穴检测。

6.3.3 适用于多址接入场景的频-角谱空穴判决

在 6.2.3 节频-角联合稀疏表示的基础上，根据 6.3.1 节给出的二维谱空穴判决准则，本节给出 FDMA/SDMA 多址场景下的频-角二维谱空穴判决方法。

1. 频-角二维谱矩阵估计

为便于叙述，参照文献[9]中空-时二维谱空穴的定义，采用接收信号模型(6.8)中变量，下面给出频-角二维谱及谱空穴的定义。

定义 6.6 设 $\boldsymbol{s}(t)$为模型(6.8)中的信号源向量，则称幅值$|s_{pq}(t)|$为时域信号向量$\boldsymbol{s}(t)$在频-角二维平面上点(f_p,θ_q)处的谱，$\boldsymbol{s}(t)$称为频-角二维谱向量。

由定义 6.6 可知，若 $s_{pq}(t)\neq 0$，则意味着点(f_p,θ_q)处存在主用户信号；否则不存在主用户信号，即频-角二维平面点(f_p,θ_q)处存在谱空穴(见图 6.3)。下面给出频-角二维谱空穴定义。

定义 6.7 设 $\boldsymbol{s}(t)$为模型(6.8)中的信号源向量，若 $s_{pq}(t)=0$，则称在频-角二维平面点(f_p,θ_q)处存在谱空穴；否则，点(f_p,θ_q)处不存在谱空穴。

谱空穴检测的目的是找出频-角二维平面中所有存在主用户信号占用频率和来波方向，进而获得谱空穴。对于这一研究目标，本节的研究思路是根据观测数据向量 $\boldsymbol{x}(t)$和阵列流型 $\boldsymbol{A}$，求解式(6.8)中稀疏向量 $\boldsymbol{s}(t)$，根据 $\boldsymbol{s}(t)$的支撑集、定义 6.6 和定义 6.7，得到频-角平面上谱空穴点集$\{(f_p,\theta_q)\}_{p=1,2,\cdots,P,q=1,2,\cdots,Q}$。而实际操作时，只需求得谱不为零($s_{pq}(t)\neq 0$)的点集即可，即求解稀疏向量 $\boldsymbol{s}(t)$的支撑集。

关于式(6.9)中 $\boldsymbol{S}$ 的支撑集求解问题，由于 $\boldsymbol{S}$ 具有联合稀疏性，因此 $\boldsymbol{S}$ 可以由下面的联合稀疏优化问题给出：

$$\min_{\boldsymbol{S}} \|\boldsymbol{S}\|_0, \quad \text{s.t.}\ \|\boldsymbol{X}-\boldsymbol{A}\boldsymbol{S}\|_2 \leqslant \varepsilon_{\mathrm{w}} \tag{6.20}$$

式中，$\boldsymbol{S}=(\boldsymbol{s}(i,t))\in\mathbf{C}^{PQ\times P}$，$i=1,2,\cdots,PQ$，$t=t_1,t_2,\cdots,t_P$；$\boldsymbol{X}=(\boldsymbol{x}(t_1),\boldsymbol{x}(t_2),\cdots,\boldsymbol{x}(t_P))$为 P 个快拍向量构成的信号矩阵；$\varepsilon_{\mathrm{w}}=\sqrt{2MP}\sigma_{\mathrm{w}}$，$\sigma_{\mathrm{w}}^2$ 为噪声方差。

对于优化问题(6.20)，冗余字典 $\boldsymbol{A}\in\mathbf{C}^{M\times PQ}$，冗余字典 $\boldsymbol{A}$ 的行数 M 和列数 PQ 较大，从而导致稀疏重构的计算负担较重，为此，本节首先对过完备字典进行降维，然后利用联合稀疏压缩感知重构算法进行求解。

综上所述，本节将频-角二维谱空穴检测问题转化为优化问题(6.20)。针对该问题，首先优化字典 $\boldsymbol{A}$，然后利用压缩感知快速求解算法-联合稀疏正交匹配追踪(JSOMP)来重构信号源矩阵 $\boldsymbol{S}$。

1）基于 TFT 的字典降维

关于冗余字典降维，接下来分两步进行：频域字典降维和角域字典降维。

(1) 频域字典降维。

频域字典降维方法采用离散傅里叶变换(DFT)，该处理过程比较容易实现，简单描述如下：

设 DFT 矩阵 $\boldsymbol{F}\in\mathbf{C}^{P\times P}$，对于 P 个快拍向量构成的信号矩阵 $\boldsymbol{X}=[\boldsymbol{x}(t_1),\boldsymbol{x}(t_2),\cdots,\boldsymbol{x}(t_P)]$的转置 $\boldsymbol{X}^{\mathrm{T}}$ 做 P 点离散 DFT 如下：

$$\begin{aligned}\boldsymbol{F}\boldsymbol{X}^{\mathrm{T}} &= \boldsymbol{F}[(\boldsymbol{x}^{\mathrm{T}}(t_1),\boldsymbol{x}^{\mathrm{T}}(t_2),\cdots,\boldsymbol{x}^{\mathrm{T}}(t_P)]^{\mathrm{T}} \\ &= \boldsymbol{F}[(\boldsymbol{s}^{\mathrm{T}}(t_1),\boldsymbol{s}^{\mathrm{T}}(t_2),\cdots,\boldsymbol{s}^{\mathrm{T}}(t_P)]^{\mathrm{T}}\boldsymbol{A}^{\mathrm{T}}+\boldsymbol{F}[\boldsymbol{w}^{\mathrm{T}}(t_1),\boldsymbol{w}^{\mathrm{T}}(t_2),\cdots,\boldsymbol{w}^{\mathrm{T}}(t_P)]^{\mathrm{T}}\end{aligned} \tag{6.21}$$

令$[\boldsymbol{x}_{f_1}^{\mathrm{T}},\boldsymbol{x}_{f_2}^{\mathrm{T}},\cdots,\boldsymbol{x}_{f_P}^{\mathrm{T}}]^{\mathrm{T}}=\boldsymbol{F}\boldsymbol{X}^{\mathrm{T}}$，$[\boldsymbol{s}_{f_1}^{\mathrm{T}},\boldsymbol{s}_{f_2}^{\mathrm{T}},\cdots,\boldsymbol{s}_{f_P}^{\mathrm{T}}]^{\mathrm{T}}=\boldsymbol{F}[\boldsymbol{s}^{\mathrm{T}}(t_1),\boldsymbol{s}^{\mathrm{T}}(t_2),\cdots,$

$\boldsymbol{s}^{\mathrm{T}}(t_P)]^{\mathrm{T}}$，$[\boldsymbol{w}_{f_1}^{\mathrm{T}},\boldsymbol{w}_{f_2}^{\mathrm{T}},\cdots,\boldsymbol{w}_{f_P}^{\mathrm{T}}]^{\mathrm{T}}=\boldsymbol{F}[\boldsymbol{w}^{\mathrm{T}}(t_1),\boldsymbol{w}^{\mathrm{T}}(t_2),\cdots,\boldsymbol{w}^{\mathrm{T}}(t_P)]^{\mathrm{T}}$，则式(6.21)可重新表示为

$$[\boldsymbol{x}_{f_1}^{\mathrm{T}},\boldsymbol{x}_{f_2}^{\mathrm{T}},\cdots,\boldsymbol{x}_{f_P}^{\mathrm{T}}]^{\mathrm{T}}=[\boldsymbol{s}_{f_1}^{\mathrm{T}},\boldsymbol{s}_{f_2}^{\mathrm{T}},\cdots,\boldsymbol{s}_{f_P}^{\mathrm{T}}]^{\mathrm{T}}\boldsymbol{A}^{\mathrm{T}}+[\boldsymbol{w}_{f_1}^{\mathrm{T}},\boldsymbol{w}_{f_2}^{\mathrm{T}},\cdots,\boldsymbol{w}_{f_P}^{\mathrm{T}}]^{\mathrm{T}} \tag{6.22}$$

为叙述方便，现将矩阵$[\boldsymbol{x}_{f_1}^{\mathrm{T}},\boldsymbol{x}_{f_2}^{\mathrm{T}},\cdots,\boldsymbol{x}_{f_P}^{\mathrm{T}}]^{\mathrm{T}}$的列向量$\boldsymbol{x}_{f_p}$表示如下：

$$\boldsymbol{x}_{f_p}=\boldsymbol{A}\boldsymbol{s}_{f_p}+\boldsymbol{w}_{f_p} \tag{6.23}$$

式中$p=1,2,\cdots,P$。

假定$f_{J_1},f_{J_2},\cdots,f_{J_K}$满足：$(\boldsymbol{x}_{f_k}^{\mathrm{T}}\boldsymbol{1}_M)/M\neq 0$，令$\boldsymbol{A}_1=[\boldsymbol{A}(f_{J_1},\boldsymbol{\theta}),\boldsymbol{A}(f_{J_2},\boldsymbol{\theta}),\cdots,\boldsymbol{A}(f_{J_K},\boldsymbol{\theta})]$，则向量$\boldsymbol{x}_{f_{J_k}}$表示为

$$\boldsymbol{x}_{f_{J_k}}=\boldsymbol{A}_1\boldsymbol{s}_{f_{J_k}}+\boldsymbol{w}_{f_{J_k}} \tag{6.24}$$

其中$k=1,2,\cdots,K$，$\boldsymbol{A}_1\in\mathbf{C}^{M\times KQ}$为$\boldsymbol{A}$的子字典。

一般情形下，Q较大，子字典$\boldsymbol{A}_1$的列数仍然很大，为此，将子字典$\boldsymbol{A}_1$在角域上进行降维。

(2) 角域字典降维。

本节首先借助泰勒展开将阵列流型$\boldsymbol{A}_1$分离，在此基础上，推导出一个聚焦变换，使得接收信号从由多个占用频率$f_{J_1},f_{J_2},\cdots,f_{J_K}$的信号对应的子空间$\mathrm{span}\{\boldsymbol{a}(f_{J_1},\theta_1),\boldsymbol{a}(f_{J_2},\theta_2),\cdots,\boldsymbol{a}(f_{J_1},\theta_Q),\cdots,\boldsymbol{a}(f_{J_K},\theta_1),\cdots,\boldsymbol{a}(f_{J_K},\theta_Q)\}$聚焦到由一个占用频率$f_0$的信号对应的子空间$\mathrm{span}\{\boldsymbol{a}(f_0,\theta_1),\boldsymbol{a}(f_0,\theta_2),\cdots,\boldsymbol{a}(f_0,\theta_Q)\}$，然后通过联合稀疏正交匹配追踪JSOMP重构方法，获得角域降维后的子字典。

① 基于泰勒展开的阵列流型分离。

尽管原始字典$\boldsymbol{A}$在频域上进行了降维处理，变为式(6.24)中的字典$\boldsymbol{A}_1$，然而，由于角域划分规格(Q)较大，致使子字典$\boldsymbol{A}_1$的列数较大，仍然不利于优化问题(6.20)的求解。为此，现将子字典$\boldsymbol{A}_1$进行角域降维。易知，子字典$\boldsymbol{A}_1$仍然包含天线数、频率、AOA 3个参数维度的综合信息，为了使$\boldsymbol{A}_1$在角域上有效降维，下面对子矩阵$\boldsymbol{A}_1$中各参数进行分离。

定理6.1 设阵列流型$\boldsymbol{A}=[\boldsymbol{A}(f_1,\boldsymbol{\theta}),\boldsymbol{A}(f_2,\boldsymbol{\theta}),\cdots,\boldsymbol{A}(f_K,\boldsymbol{\theta})]\in\mathbf{C}^{M\times KQ}$，若载波中心频率$f_1,f_2,\cdots,f_K$均满足条件：$f_k d/c\leqslant 0.5$(确保无模糊测向)，$k=1,2,\cdots,K$，则对任意小的正数$\delta(f_k)$，存在一个正整数$L_0$，使得

$$\boldsymbol{A}(f_k,\boldsymbol{\theta})=\boldsymbol{B}(M)\boldsymbol{C}(f_k)\boldsymbol{D}(\boldsymbol{\theta})+\boldsymbol{E}(f_k),\quad \|\boldsymbol{E}(f_k)\|\leqslant\delta(k) \tag{6.25}$$

其中$\boldsymbol{B}(M)=\begin{pmatrix}1 & 0 & \cdots & 0\\ 1 & 1/1! & \cdots & 1/L_0!\\ \vdots & \vdots & \ddots & \vdots\\ 1 & (M-1)/1! & \cdots & (M-1)^{L_0}/L_0!\end{pmatrix}\in\mathbf{R}^{M\times(L_0+1)}$，$\boldsymbol{C}(f_k)=\mathrm{diag}(\boldsymbol{c}(f_k))\in\mathbf{C}^{(L_0+1)\times(L_0+1)}$，$\boldsymbol{c}(f_k)=\begin{pmatrix}1\\ \vdots\\ \left(\dfrac{\mathrm{j}2\pi d f_k}{c}\right)^{L_0}\end{pmatrix}$，$\boldsymbol{D}(\boldsymbol{\theta})=\begin{pmatrix}1 & 1 & \cdots & 1\\ -\sin\theta_1 & -\sin\theta_2 & \cdots & -\sin\theta_Q\\ \vdots & \vdots & \ddots & \vdots\\ (-\sin\theta_1)^{L_0} & (-\sin\theta_2)^{L_0} & \cdots & (-\sin\theta_Q)^{L_0}\end{pmatrix}$

证明：由泰勒公式：$\mathrm{e}^z=\sum_{n=0}^{\infty}\dfrac{z^n}{n!}$，则$\mathrm{e}^{-\mathrm{j}2\pi f_k(m-1)d\sin\theta_q/c}=\sum_{n=0}^{\infty}\dfrac{[-\mathrm{j}2\pi f_k(m-1)d\sin\theta_q/c]^n}{n!}$。

由于$\frac{f_k d}{c}\leqslant 0.5$，则$\frac{f_k d\sin\theta_q}{c}\leqslant 0.5$，从而$\left|\frac{[-\mathrm{j}2\pi f_k(m-1)d\sin\theta_q/c]^n}{n!}\right|\leqslant\frac{[\pi(m-1)]^n}{n!}$。

令

$$R(L,f_k)=\sum_{n=L+1}^{\infty}\frac{[-\mathrm{j}2\pi f_k(m-1)d\sin\theta_q/c]^n}{n!} \tag{6.26}$$

则$|R(L,f_k)|\leqslant\sum_{n=L+1}^{\infty}\frac{[\pi(m-1)]^n}{n!}$，和

$$\mathrm{e}^{-\mathrm{j}2\pi f_k(m-1)d\sin\theta_q/c}=\sum_{n=0}^{L}\frac{[-\mathrm{j}2\pi f_k(m-1)d\sin\theta_q/c]^n}{n!}+R(L,f_k) \tag{6.27}$$

对于阵列流型$\boldsymbol{A}(f_k,\boldsymbol{\theta})$中的每个元素$-\mathrm{j}2\pi f_k(m-1)d\sin\theta_q/c$均按照式(6.27)进行泰勒展开，可得

$$\boldsymbol{A}(f_k,\boldsymbol{\theta})=\boldsymbol{B}(M)\boldsymbol{C}(f_k)\boldsymbol{D}(\boldsymbol{\theta})+\boldsymbol{E}(f_k)$$

其中矩阵$\boldsymbol{B}(M)$、$\boldsymbol{C}(f_k)$及$\boldsymbol{D}(\theta)$的含义与定理6.1中相应矩阵含义相同，$L_0=\min\left\{L:\sqrt{MQ}\sum_{n=L+1}^{\infty}\frac{[\pi(M-1)]^n}{n!}\leqslant\delta(f_k)\right\}$，$|\boldsymbol{E}(f_k)|\leqslant\sqrt{MQ}\sum_{n=L+1}^{\infty}\frac{[\pi(M-1)]^n}{n!}\leqslant\delta(f_k)$。

定理6.1证毕。

定理6.1中无模糊测向约束($f_k d/c\leqslant 0.5$)是一个比较宽松的条件。从定理6.1可以看出，利用泰勒展开，阵列流型矩阵可以被近似地分解为3个矩阵的乘积，即阵列流型的3类参数(天线个数、频率及AOA)能够被分离。

② 聚焦变换Taylor-TFT。

在定理6.1的基础上，下面给出聚焦变换Taylor-TFT。

定理6.2 设$\boldsymbol{T}_T(f_k)=\boldsymbol{B}(M)\boldsymbol{C}(f_0)\boldsymbol{C}^{-1}(f_k)\boldsymbol{B}^{\mathrm{T}}(M)(\boldsymbol{B}(M)\boldsymbol{B}^{\mathrm{T}}(M))^{-1}$，$f_0\in[f_1,f_K]$，对于阵列流型$\boldsymbol{A}(f_k,\boldsymbol{\theta})$和$\boldsymbol{A}(f_0,\boldsymbol{\theta})$，则有

$$\boldsymbol{T}_T(f_k)\approx\arg\min_{\boldsymbol{T}(f_k)}\|\boldsymbol{T}(f_k)\boldsymbol{A}(f_k,\boldsymbol{\theta})-\boldsymbol{A}(f_0,\boldsymbol{\theta})\|^2 \tag{6.28}$$

证明：根据定理6.1，则

$$\boldsymbol{A}(f_k,\boldsymbol{\theta})=\boldsymbol{B}(M)\boldsymbol{C}(f_k)\boldsymbol{D}(\boldsymbol{\theta})+\boldsymbol{E}(f_k),\quad \boldsymbol{A}(f_0,\boldsymbol{\theta})=\boldsymbol{B}(M)\boldsymbol{C}(f_0)\boldsymbol{D}(\boldsymbol{\theta})+\boldsymbol{E}(f_0)$$

从而可得

$$\begin{aligned}\|\boldsymbol{T}(f_k)\boldsymbol{A}(f_k,\boldsymbol{\theta})-\boldsymbol{A}(f_0,\boldsymbol{\theta})\| &\approx \|\boldsymbol{T}(f_k)\boldsymbol{B}(M)\boldsymbol{C}(f_k)\boldsymbol{D}(\boldsymbol{\theta})-\boldsymbol{B}(M)\boldsymbol{C}(f_0)\boldsymbol{D}(\boldsymbol{\theta})\|\\ &\leqslant \|\boldsymbol{T}(f_k)\boldsymbol{B}(M)\boldsymbol{C}(f_k)-\boldsymbol{B}(M)\boldsymbol{C}(f_0)\|\,\|\boldsymbol{D}(\boldsymbol{\theta})\|\end{aligned}$$

接下来考虑优化问题：

$$\min_{\boldsymbol{T}(f_k)}\|\boldsymbol{T}(f_k)\boldsymbol{B}(M)\boldsymbol{C}(f_k)-\boldsymbol{B}(M)\boldsymbol{C}(f_0)\| \tag{6.29}$$

令$\boldsymbol{\Gamma}(f_0,f_k)=\boldsymbol{C}(f_0)\boldsymbol{C}^{-1}(f_k)=\mathrm{diag}(1,f_0/f_k,\cdots,(f_0/f_k)^{L_0})$，则优化问题(6.29)可改写为

$$\min_{\boldsymbol{T}(f_k)}\|\boldsymbol{T}(f_k)\boldsymbol{B}(M)-\boldsymbol{B}(M)\boldsymbol{\Gamma}(f_0,f_k)\| \tag{6.30}$$

由于$\boldsymbol{B}(M)$为行满秩矩阵，所以式(6.29)存在最小二乘解：

$$\begin{aligned}\boldsymbol{T}_T(f_k)&=\boldsymbol{B}(M)\boldsymbol{C}(f_0)\boldsymbol{C}^{-1}(f_k)\boldsymbol{B}^{\mathrm{T}}(M)(\boldsymbol{B}(M)\boldsymbol{B}^{\mathrm{T}}(M))^{-1}\\&=\boldsymbol{B}(M)\boldsymbol{\Gamma}(f_0,f_k)\boldsymbol{B}^{\mathrm{T}}(M)(\boldsymbol{B}(M)\boldsymbol{B}^{\mathrm{T}}(M))^{-1}\end{aligned}\tag{6.31}$$

定理 6.2 证毕。

从定理 6.2 的证明过程可以看出，$\boldsymbol{T}_T(f_k)$是一个近似最小二乘解，在误差允许范围内，矩阵序列$\{\boldsymbol{T}_T(f_k)\}$能够将宽带阵列流型序列$\{\boldsymbol{A}(f_k,\boldsymbol{\theta})\}$近似变换到同一个固定窄带阵列流型$\{\boldsymbol{A}(f_0,\boldsymbol{\theta})\}$，起到了聚焦的作用，并称$\boldsymbol{T}_T(f_k)$为基于泰勒展开的聚焦变换 Taylor-TFT，$f_0$ 为聚焦频率。

定理 6.2 表明，聚焦变换$\boldsymbol{T}_T(f_k)$依赖于载波频率 f_k、聚焦频率 f_0 和矩阵 $\boldsymbol{B}(M)$。由此可以看出，该聚焦变换避免了考虑频-角是否一一匹配问题，且矩阵 $\boldsymbol{B}(M)$是固定的，可预先计算。而以往的研究中，大多数聚焦变换的计算除了需要考虑频-角是否匹配问题之外，还需要对阵列信号协方差阵进行特征值分解[10]或求逆运算[11]，这些都需要在线操作，而且若频-角配对不恰当，聚焦性能将会下降。

③ 最佳聚焦频率选择。

由定理 6.2 知，聚焦变换$\boldsymbol{T}_T(f_k)$除了依赖于频率 f_k 之外，还受聚焦频率 f_0 影响。为了进一步提高聚焦变换性能，接下来研究天线个数和宽带主用户信息固定时最佳聚焦频率的选取问题。

本节选择最佳聚焦频率的准则是在聚焦矩阵为良性条件下使得式(6.30)中误差达到最小的聚焦频率。

由式(6.31)可知，当天线数固定时，聚焦矩阵 $\boldsymbol{T}_T(f_k)$所表现出的性态特征由对角矩阵$\boldsymbol{\Gamma}(f_0,f_k)$来决定，而且该聚焦矩阵的性态依赖于矩阵$\boldsymbol{\Gamma}(f_0,f_k)$的条件数。因此，可通过约束条件数来确保聚焦矩阵的良性特征，从而界定 f_0 的取值范围。根据文献[12]和[13]，矩阵$\boldsymbol{\Gamma}(f_0,f_k)$的条件数 $\mathrm{cond}(\cdot)_2$ 表示如下：

$$\mathrm{cond}(\boldsymbol{\Gamma}(f_0,f_k))_2=\begin{cases}f_k/f_0, & f_0\leqslant f_k\\ f_0/f_k, & f_0>f_k\end{cases}\tag{6.32}$$

式中 $\mathrm{cond}(\cdot)_2$ 表示谱条件数。

为了避免矩阵$\boldsymbol{\Gamma}(f_0,f_k)$呈现出病态性，限制式(6.32)中的条件数不大于 1，即 $f_0\in[f_1,f_K]$。在该条件下，最佳聚焦频率选择问题可描述为下面的最小化问题：

$$f_0=\underset{f_0\in[f_1,f_K]}{\arg\min}\sum_{k=1}^{K}\|\boldsymbol{T}_T(f_k)\boldsymbol{A}(f_k,\boldsymbol{\theta})-\boldsymbol{A}(f_0,\boldsymbol{\theta})\|^2\tag{6.33}$$

接下来，通过数学推导给出优化问题(6.33)的求解方法。为方便数学推导，我们重新设定变量如下：

令 $Q(f)=\sum_{k=1}^{K}\|\boldsymbol{T}_T(f_k)\boldsymbol{A}(f_k,\boldsymbol{\theta})-\boldsymbol{A}(f_0,\boldsymbol{\theta})\|^2$，$[\boldsymbol{b}_0,\boldsymbol{b}_1,\cdots,\boldsymbol{b}_{L_0}]^{\mathrm{H}}=\boldsymbol{B}^{\mathrm{H}}(M)\boldsymbol{B}(M)$，$\boldsymbol{H}_k=[\boldsymbol{C}^{-1}(f_k)\boldsymbol{B}^{\mathrm{H}}(M)(\boldsymbol{B}(M)\boldsymbol{B}^{\mathrm{H}}(M))^{-1}\boldsymbol{B}(M)\boldsymbol{C}(f_k)-\boldsymbol{I}]\boldsymbol{D}(\theta)$，$\boldsymbol{G}=[\boldsymbol{g}_1,\boldsymbol{g}_2,\cdots,\boldsymbol{g}_{L_0+1}]=\sum_{k=1}^{K}\boldsymbol{H}_k\boldsymbol{H}_k^{\mathrm{H}}$，$v(f)=\dfrac{2\pi df}{c}$，$\widetilde{Q}(f)=\sum_{l=0}^{L_0}\mathrm{tr}[(-\mathrm{j})^l v^l(f)\boldsymbol{C}(f)\boldsymbol{g}_l\boldsymbol{b}_l^{\mathrm{H}}]$，$\mathcal{F}=\left\{f:\dfrac{\partial\widetilde{Q}(f)}{\partial f}=0,f\in[f_1,f_K]\right\}$。

下面给出最小化问题(6.33)的解。

定理 6.3 设 $f_1<f_2<\cdots<f_K$，则优化问题(6.33)的解可表示为

$$f_0=\arg\min_{f\in\mathcal{F}}\widetilde{Q}(f) \tag{6.34}$$

证明：

$$\begin{aligned}
Q(f)&=\sum_{k=1}^{K}\|\boldsymbol{T}_T(f_k)\boldsymbol{A}(f_k,\boldsymbol{\theta})-\boldsymbol{A}(f_0,\boldsymbol{\theta})\|^2\\
&\approx\sum_{k=1}^{K}\|\boldsymbol{B}(M)\boldsymbol{C}(f)[\boldsymbol{C}^{-1}(f_k)\boldsymbol{B}^{\mathrm{T}}(M)(\boldsymbol{B}(M)\boldsymbol{B}^{\mathrm{T}}(M))^{-1}\boldsymbol{B}(M)\boldsymbol{C}(f_k)-\boldsymbol{I}]\boldsymbol{D}(\theta)\|^2\\
&=\sum_{k=1}^{K}\|\boldsymbol{B}(M)\boldsymbol{C}(f)\boldsymbol{H}_k\|^2\\
&=\sum_{k=1}^{K}\mathrm{tr}[\boldsymbol{B}(M)\boldsymbol{C}(f)\boldsymbol{H}_k(\boldsymbol{B}(M)\boldsymbol{C}(f)\boldsymbol{H}_k)^{\mathrm{H}}]\\
&=\mathrm{tr}[\boldsymbol{B}(M)\boldsymbol{C}(f)\sum_{k=1}^{K}(\boldsymbol{H}_k\boldsymbol{H}_k)^{\mathrm{H}}\boldsymbol{C}^{\mathrm{H}}(f)\boldsymbol{B}^{\mathrm{H}}(M)]\\
&=\mathrm{tr}[\boldsymbol{B}(M)\boldsymbol{C}(f)\boldsymbol{G}\boldsymbol{C}^{\mathrm{H}}(f)\boldsymbol{B}^{\mathrm{H}}(M)]\\
&=\mathrm{tr}[\boldsymbol{C}(f)\boldsymbol{G}\boldsymbol{C}^{\mathrm{H}}(f)\boldsymbol{B}^{\mathrm{H}}(M)\boldsymbol{B}(M)]\\
&=\sum_{l=0}^{L_0}\mathrm{tr}[(-\mathrm{j})^l v^l(f)\boldsymbol{C}(f)\boldsymbol{g}_l\boldsymbol{b}_l^{\mathrm{H}}]=\widetilde{Q}(f)
\end{aligned}$$

由于 $\widetilde{Q}(f)$ 是一个关于 f 的 $2L_0-1$ 次多项式，因此，优化问题(6.33)的解为 $f_0=\arg\min\limits_{f\in\mathcal{F}}\widetilde{Q}(f)$。

定理 6.3 证毕。

④ 最佳聚焦频率特性。

定理 6.3 表明最佳聚焦频率选取可以转化为多项式最小值问题，通过导数为零求解极值点，然后通过比较极值得到最小值点。该求解过程借助计算机较易实现，只是闭式解的形式难于给出。如此获得的最佳聚焦频率的性能(见仿真实验 5)如下：

- 定理 6.3 给出的最佳聚焦频率接近于区间 $[f_1,f_K]$ 的中点；
- 聚焦变换后，阵列信号的信噪比几乎没有变化，也就是聚焦后的窄带信号功率大于聚焦变换前每个窄带的功率。

⑤ 基于 Taylor-TFT 的角域字典降维。

按照定理 6.3 得出的结论，设 $f_0=(f_1+f_K)/2$，$\boldsymbol{T}_T(f_k)$ 如式(6.31)所示，利用聚焦矩阵 $\boldsymbol{T}_T(f_k)$，将式(6.24)中的多频点信号向量聚焦到中心频率为 f_0 的窄带上，可得到

$$\boldsymbol{T}_T(f_k)\boldsymbol{x}_{f_{J_k}}=\boldsymbol{A}_1\boldsymbol{s}_{f_{J_k}}+\boldsymbol{w}_{T,f_{J_k}} \tag{6.35}$$

式中 $\boldsymbol{w}_{T,f_{J_k}}=\boldsymbol{T}_T(f_k)\boldsymbol{w}_{f_{J_k}}$，$k=1,2,\cdots,K$。

对式(6.35)，关于 k 两边求和，可得

$$\sum_{k=1}^{K}\boldsymbol{T}_T(f_k)\boldsymbol{x}_{f_{J_k}}=\boldsymbol{A}_1(f_0,\boldsymbol{\theta})\sum_{k=1}^{K}\boldsymbol{s}_{f_{J_k}}+\sum_{k=1}^{K}\boldsymbol{w}_{T,f_{J_k}} \tag{6.36}$$

令 $\boldsymbol{s}_f=\sum_{k=1}^{K}\boldsymbol{s}_{f_{J_k}}$，则 $\boldsymbol{s}_f\in\mathbf{C}^{Q\times 1}$。由于向量 $\boldsymbol{s}_f$ 稀疏，因此 $\boldsymbol{s}_f$ 的重构可描述为下面的优化问题：

$$\min_{\boldsymbol{s}_f}\|\boldsymbol{s}_f\|_0,\quad \text{s. t.}\left\|\sum_{k=1}^{K}\boldsymbol{T}_T(f_k)\boldsymbol{x}_{f_{J_k}}-\boldsymbol{A}_1(f_0,\boldsymbol{\theta})\boldsymbol{s}_f\right\|_2\leqslant\varepsilon_{w_f}\tag{6.37}$$

式中 $\varepsilon_{w_f}=\sqrt{2KM}\sigma_w$，$\sigma_w^2$ 为噪声方差。

对于稀疏优化问题(6.37)，采用 OMP 算法进行稀疏求解。设 $\{I_1,I_2,\cdots,I_H\}$ 为利用 OMP 算法得到的稀疏向量 $\boldsymbol{s}_f$ 的支撑集，那么 $\theta_{I_1},\theta_{I_2},\cdots,\theta_{I_H}$ 为主用户信号可能的到达方向角 AOA，于是子字典 $\boldsymbol{A}_1$ 的维数 $M\times KQ$ 可以被降为 $M\times KH$。设降维后的子字典为 $\boldsymbol{A}_2$，则 $\boldsymbol{A}_2$ 的表达式为

$$\boldsymbol{A}_2=[\boldsymbol{a}(f_{J_1},\theta_{I_1}),\boldsymbol{a}(f_{J_2},\theta_{I_2}),\cdots,\boldsymbol{a}(f_{J_1},\theta_{I_H}),\cdots,\boldsymbol{a}(f_{J_K},\theta_{I_H})]\tag{6.38}$$

式中，$K\ll P,H\ll Q$。

综上所述，原始字典 $\boldsymbol{A}$ 依次通过频域降维和角域降维两步去冗余处理，变成了子字典 $\boldsymbol{A}_2$，从而频-角二维稀疏表示(6.8)可等价为如下形式：

$$\boldsymbol{x}(t)=\boldsymbol{A}_2\boldsymbol{s}_2(t)+\boldsymbol{w}(t)\tag{6.39}$$

式中 $\boldsymbol{s}_2(t)\in\mathbf{C}^{KH\times 1}$。

与式(6.8)相比，式(6.39)中稀疏向量 $\boldsymbol{s}_2(t)$ 的维数大大降低，这对稀疏问题求解带来极大的便利。

在角域上对子字典 $\boldsymbol{A}_1$ 进行降维的算法步骤见表 6.3，其中，对步骤(2)中的优化问题(6.37)，利用 OMP 算法求解，获得稀疏解 $\boldsymbol{s}_f$。

表 6.3　基于 TFT 的角域字典降维方法

输入：天线个数 M，AOA 个数 Q，主用户信号频域表示 $\boldsymbol{x}_{f_{J_k}}(k=1,2,\cdots,K)$，$\theta_q(q=1,2,\cdots,Q)$，相邻天线间距离 d，电磁波波速 c。
(1) 计算：聚焦频谱 $f_0=(f_1+f_K)/2$，对角矩阵 $\boldsymbol{\Gamma}(f_0,f_k)=\boldsymbol{C}(f_0)\boldsymbol{C}^{-1}(f_k)$，矩阵 $\boldsymbol{B}(M)$，聚焦矩阵 $\boldsymbol{T}_T(f_k)=\boldsymbol{B}(M)\boldsymbol{\Gamma}(f_0,f_k)\boldsymbol{B}^{\mathrm{T}}(M)(\boldsymbol{B}(M)\boldsymbol{B}^{\mathrm{T}}(M))^{-1}$，阵列流型 $\boldsymbol{A}(f_0,\boldsymbol{\theta})$ (2) 利用 OMP 算法解稀疏最小化问题(6.37)，得到 $\boldsymbol{s}_f$ (3) 建立支撑集 $\text{supp}(\boldsymbol{s}_f)=\{I_1,I_2,\cdots,I_H\}$
输出：子字典 $\boldsymbol{A}_2=(\boldsymbol{a}(f_{J_1},\theta_{I_1}),\cdots,\boldsymbol{a}(f_{J_1},\theta_{I_H}),\cdots,\boldsymbol{a}(f_{J_K},\theta_{I_H}))$。

需要注意的是，为了确保将具有较强表示能力的字典原子在降维后尽可能地保留下来，在执行稀疏重构算法 OMP 时，可适当增大内积最大化过程的搜索次数，比如增大某个常数倍。这样一来，角域降维后的字典维数 $M\times KH$ 仍然远大于网络中活跃主用户信号个数，因此，式(6.39)仍然是观测信号向量 $\boldsymbol{x}(t)$ 的一个稀疏表示。

下面利用子字典 $\boldsymbol{A}_2$，通过求解二维谱稀疏矩阵 $\boldsymbol{S}$ 来完成谱空穴检测。

2) 二维谱矩阵估计

原始过完备字典 $\boldsymbol{A}$ 经过两步降维得到了维数较低的子字典 $\boldsymbol{A}_2\in\mathbf{C}^{M\times KH}$。利用该子字典，则稀疏优化问题(6.20)可转化为下面的联合稀疏优化问题：

$$\min_{\boldsymbol{S}}\|\boldsymbol{S}\|_0,\quad \text{s. t.}\ \|\boldsymbol{X}-\boldsymbol{A}_2\boldsymbol{S}\|_2\leqslant\varepsilon_{\mathrm{w}}\tag{6.40}$$

式中 $\boldsymbol{S}=(s(i,t))\in\mathbf{C}^{KH\times P}$，$i=1,2,\cdots,KH$，$t=t_1,t_2,\cdots,t_P$，且在采样时间内稀疏矩阵 $\boldsymbol{S}$ 的各列支撑集相同，$\varepsilon_{\mathrm{w}}=\sqrt{2MP}\sigma_{\mathrm{w}}$，$\sigma_{\mathrm{w}}^2$ 为噪声方差。

对于联合稀疏优化问题(6.40)，根据 6.3.2 节的分析，在理想情况下，几乎无失真恢复 $\boldsymbol{S}$ 所需的天线个数最低为 $KH+1$[6]。这就意味着，增加快拍数可以减少天线个数。也就是说，在满足一定重构精度的条件下，通过利用算法 JSOMP，只需使用较少天线，即可解出问题(6.40)中的 $\boldsymbol{S}$。这个结论与 6.3.2 节中的一个结论（当认知用户增多时，适当减少滤波器个数，也不会引起估计精度的下降）一致。

2. 频-角二维谱空穴判决

对于重构出的联合稀疏矩阵 $\hat{\boldsymbol{S}}$，首先确定其支撑集，然后进行频-角二维谱空穴判别。纵观频-角二维谱空穴检测过程，可知该过程的关键在于角域字典降维，而这一步的核心就是 TFT 聚焦变换过程。因此，本节将频-角二维谱空穴检测算法命名为 TFT-FASHD，该算法步骤见表 6.4。该表中 $(\mathbf{1}_P)^{\mathrm{T}}=[1,1,\cdots,1]_{1\times P}$，阈值 r_1 可以利用文献[14]中方法获得，通过利用模数 $|[(\mathbf{1}_P)^{\mathrm{T}}\boldsymbol{S}_{\Omega^{(N_0)}}^{(N_0)}(i,:)/P]|$ 与阈值 r_1 进行比较来判决索引指标 i 是否为支撑集 Ω 的元素。易知，集合 Ω 中的每一个元素对应频-角平面上的一个点，在该点处存在主用户信号；集合 Ω 的补集中的每一个元素也对应着频-角平面上的一个点，在该点处存在谱空穴，至此完成频-角二维谱空穴检测。

表 6.4 TFT-FASHD 算法

输入：M,P,Q,d,c，阈值 r_1，观测矩阵 $\boldsymbol{X}$，子字典 $\boldsymbol{A}_2$（由基于 TFT 的角域字典降维方法得到），稀疏度 N_0（假设已知）。
(1) 利用 DFT 估计 K，利用角域字典降维算法获得合适的 H (2) 初始化：残差矩阵 $\boldsymbol{R}^{(0)}=\boldsymbol{X}$，支撑集 $\Omega^{(0)}=\varnothing$，稀疏矩阵 $\boldsymbol{S}^{(0)}=\mathbf{0}$ (3) 识别支撑集元素：$n^{(k)}=\arg\max\limits_{n}\|\boldsymbol{A}_{2(n)}^{\mathrm{T}}\boldsymbol{R}^{(k-1)}\|_2$，$\boldsymbol{A}_{2(n)}^{\mathrm{T}}$ 表示 $\boldsymbol{A}_2$ 的第 n 列 (4) 更新支撑集：$\Omega^{(k)}=\Omega^{(k-1)}\cup\{n^{(k)}\}$ (5) 计算最小二乘解 $\boldsymbol{S}_{\Omega^{(k)}}^{(k)}=[\boldsymbol{A}_{2(\Omega^{(k)})}^{\mathrm{T}}\boldsymbol{A}_{2(\Omega^{(k)})}]^{-1}\boldsymbol{A}_{2(\Omega^{(k)})}^{\mathrm{T}}\boldsymbol{R}^{(k-1)}$ (6) 更新残差 $\boldsymbol{R}^{(k)}=\boldsymbol{X}-\boldsymbol{A}_{2(\Omega^{(k)})}\boldsymbol{S}_{\Omega^{(k)}}^{(k)}$，若满足要求，则循环结束；否则回到(3) (7) 建立支撑集 $\Omega=\{i:\ |[(\mathbf{1}_P)^{\mathrm{T}}\boldsymbol{S}_{\Omega^{(N_0)}}^{(N_0)}(i,:)/P]|>r_1,i=1,2,\cdots,KH\}$
输出：联合稀疏矩阵 $\boldsymbol{S}_{\Omega^{(N_0)}}^{(N_0)}$、支撑集 Ω 及活跃主用户信号二维参数向量(f_k,θ_h)。

6.3.4 计算复杂度分析

本节分别对基于 FSJSCS 的频-空谱空穴检测和基于 TFT-FASHD 的频-角谱空穴检测算法的复杂度进行分析。

1. 基于 FSJSCS 的频-空谱空穴检测算法

本节所提基于 JSOMP 的频-空二维谱空穴检测过程包括两步：占用信道状态检测和主用户位置估计，其中信道状态检测由联合稀疏正交匹配追踪算法 JSOMP 实现，而主用户位置估计由最小二乘方法实现。

从表6.1可以看出,JSOMP算法的时间复杂度主要由支撑集识别和稀疏矩阵估计两步决定,其中支撑集识别的计算复杂度为$O(KLMN)$,而稀疏矩阵估计(最小二乘估计)的时间开销正比于K^2LM,即此步骤的计算复杂度为$O(K^2LM)$。由于$K<M, K\ll N, KLMN>K^2LM$,所以信道状态检测过程的计算复杂度为$O(KLMN)$。根据6.3.2节的分析,在理想条件下,利用联合稀疏压缩感知重构时,$L=K+1$仍可达到精度要求。所以理想条件下,信道状态检测过程的计算复杂度为$O(K^2MN)$,因此当接近条件理想时,利用JSOMP算法可降低复杂度。

从表6.2可以看出,主用户位置估计的时间开销正比于K^2LM,理想条件下,$L=K+1$,该步骤的计算复杂度正比于K^3M。由于$K^3M\leqslant K^2MN$,因此,基于JSOMP的频-空二维谱空穴检测算法的计算复杂度为$O(K^2MN)$。如果不使用JSOMP,需要对L个观测反复利用算法OMP进行稀疏重构,则其计算复杂度为$O(KLMN)$。由此可见,与压缩感知OMP重构算法相比,利用JSOMP算法可降低计算成本。

2. 基于TFT-FAJSCS的频-角谱空穴检测算法

下面分别针对匹配场景和非匹配场景,讨论算法TFT-FASHD的计算复杂度。

由算法的实现过程可知,TFT-FASHD算法的计算成本主要由3部分构成:基于DFT的频域字典降维、基于TFT的角域字典降维和优化问题(6.40)的稀疏重构。这3部分中涉及的数据处理有DFT、TFT、OMP及JSOMP。根据文献[15],DFT的复杂度为$O(P^2)$;根据聚焦变换TFT式(6.31),不难得出其复杂度为$O(M(L_0+1)^2)$;由文献[16]知,利用OMP算法求解问题(6.37)的复杂度为$O(MQH)$。对于非匹配场景,利用JSOMP求解问题(6.40)的计算复杂度为$O(MPK^2H^2)$;对于匹配场景($H=K$),该算法的复杂度为$O(MPH^2)$。

综合以上分析,在非匹配场景下,所提算法TFT-FASHD的复杂度为$\max\{O(P^2), O(M(L_0+1)^2), O(MQH), O(MPK^2H^2)\}$;对于匹配场景,所提算法复杂度为$\max\{O(P^2), O(M(L_0+1)^2), O(MQH), O(MPH^2)\}$,其中$L_0$为定理6.1中的常数,$P$、$Q$、$H$和$M$分别表示字典在频域扩充时频域划分小区间数量(中心频率个数)、角域划分小区间数量(AOA个数)、被活跃主用户占用的来波方向数量(AOA个数)和天线个数,一般情况下,$M<P, H<M<Q$。

对于匹配场景,关于频-角二维谱空穴检测问题,典型方法主要包括ESPRIT(Estimating Signal Parameter via Rotational Invariance Techniques)、压缩感知(CS)和PARAFAC(Parallel Factor)。比如文献[17],将该问题的研究框架设置在压缩采样系统(CaSCADE)中,针对频-角二维谱空穴检测问题,分别采用了上述3种检测方法。在本节所设置仿真条件下,ESPRIT和PARAFAC的计算复杂度分别为$\max\{O(MP), O(M^3), O(M^2H), O(H^3)\}$[18]和$O(MPH^2I)$(一般地,$I\approx 20$)[19]。匹配场景($Q=P, H=K$)下,CS的复杂度为$O(M^2P^2H)$。事实上,文献[17]利用CS所求解的优化问题中信号的稀疏表示是将采样协方差矩阵按列拉直构成的长向量(见文献[17]中的式(48))。由文献[17]中稀疏表示式(48)可知,测量向量和稀疏编码向量长度分别为M^2和P^2,稀疏向量非零元素个数(稀疏度)的数量级为H。对于这样的稀疏重构问题,若采用低复杂度重构恢复算法OMP,则求解该问题的OMP计算复杂度为$O(M^2P^2H)$。

为了更加清晰地反映各算法在匹配场景下的计算复杂度之间的异同，现将上述复杂度分析结果进行归纳，汇总结果见表6.5，表中各参数的含义见前面介绍。

表 6.5 匹配场景下各算法计算复杂度比较

算法名称	计算复杂度
TFT-FASHD	$\max\{O(P^2),O(M(L_0+1)^2),O(MQH),O(MPH^2)\}$
ESPRIT	$\max\{O(MP),O(M^3),O(M^2H),O(H^3)\}$
CS	$O(M^2P^2H)$
PARAFAC	$O(MPH^2I)$

在匹配场景下，若以 $Q=P=128$ 为例，代入表6.5中各计算复杂度公式可知，CS的复杂度最高，所提算法TFT-FASHD的复杂度与PARAFAC的复杂度相当，但二者的复杂度均高于ESPRIT的复杂度。

综上所述，CS的复杂度最高，所提算法TFT-FASHD的复杂度与PARAFAC的复杂度相当，但二者的复杂度均高于ESPRIT的复杂度。

6.4 仿真实验及结果分析

本节分别给出频-空和频-角二维谱空穴检测算法的仿真实验及结果分析。通过实验1～实验3来验证频-空二维谱空穴检测算法FSJSCS的信道检测及主用户位置估计性能；通过实验4～实验11验证频-角二维谱空穴检测算法TFT-FASHD的性能；在实验1～实验3中，认知无线电网络圆形区域 C_P 的半径为1km，网络区域内均匀分布着100个主用户，每个主用户拥有一个授权信道，主用户工作时的发射功率 $P_j=1\mathrm{W}, j=1,2,\cdots,N$；主用户占用信道状态矩阵主对角元素所构成向量的平均稀疏度 $\boldsymbol{E}(K)=qN$（$\boldsymbol{E}$ 的平均非零行数）；认知用户均匀分布在一个半径为500m的圆形区域内 $C_S(C_S\subset C_P)$；$\alpha=4$；N 个信道均为加性高斯信道，$|h_{ij}|=1$，信噪比SNR=30dB；蒙特卡罗仿真实验次数 $T=1000$。

本节以信道检测概率和距离检测概率作为基于FSJSCS的频-空二维谱空穴检测算法性能的评估标准。根据文献[8]，信道检测概率 $P_d^{(C)}$ 表示如下：

$$P_d^{(C)}=\frac{\sum_{t=1}^{T}\mathrm{Num}(k(t)\in\hat{\Gamma}_a\,|\,k(t)\in\Gamma_a)}{\sum_{t=1}^{T}K(t)} \tag{6.41}$$

其中，$\mathrm{Num}(k(t)\in d\,|\,k(t)\in k)$ 表示活跃信道集合 Γ_a 与活跃信道集合估计 $\hat{\Gamma}_a$ 中相同元素的个数；$K(t)$ 表示 t 时刻信道状态矩阵主对角元素所构成向量的稀疏度。

根据文献[8]，距离检测概率 $P_d^{(D)}$ 表示如下：

$$P_d^{(D)}=\frac{1}{T}\sum_{t=1}^{T}\mathrm{Num}(\hat{\boldsymbol{D}}_{\Omega^{(K(t))}}\,|\,\boldsymbol{D}_{\Omega^{(K(t))}}) \tag{6.42}$$

其中 $\mathrm{Num}(\hat{\boldsymbol{D}}_{\Omega^{(K(t))}}\,|\,\boldsymbol{D}_{\Omega^{(K(t))}})=\begin{cases}1, & \|\hat{\boldsymbol{D}}_{\Omega^{(K(t))}}-\boldsymbol{D}_{\Omega^{(K(t))}}\|_{\mathrm{F}}<r\\ 0, & \|\hat{\boldsymbol{D}}_{\Omega^{(K(t))}}-\boldsymbol{D}_{\Omega^{(K(t))}}\|_{\mathrm{F}}\geqslant r\end{cases}$，$r$ 为预先给定的阈值。仿

真实验中取 $r=0.001$。

实验 1：单个认知用户检测概率

本实验给出了单个认知用户本地检测模式下信道检测概率与滤波器个数之间关系。在该实验中，每个认知用户单独进行本地信道检测，而不对接收到的主用户功率信息汇报给融合中心进行集中检测，即采用 SMV 模型，利用标准压缩感知进行信道检测，测量数目 $L_0=O(K\log(N/K))$，即每个认知用户需要配备 L_0 个滤波器，从而网络中所有认知用户需要配备的滤波器总数为 ML_0。仿真结果如图 6.4 所示，可以看出，当稀疏水平 $q=0.1$ 时，如果信道检测概率设为 95%，那么频率选择滤波器的数目至少为 45。图 6.4 中 4 条曲线的分布表明，当信道检测概率固定在某个水平时，随着稀疏水平（平均稀疏比率 $q=E(K)/N$）的增大，认知用户需要的滤波器数量逐渐增多。

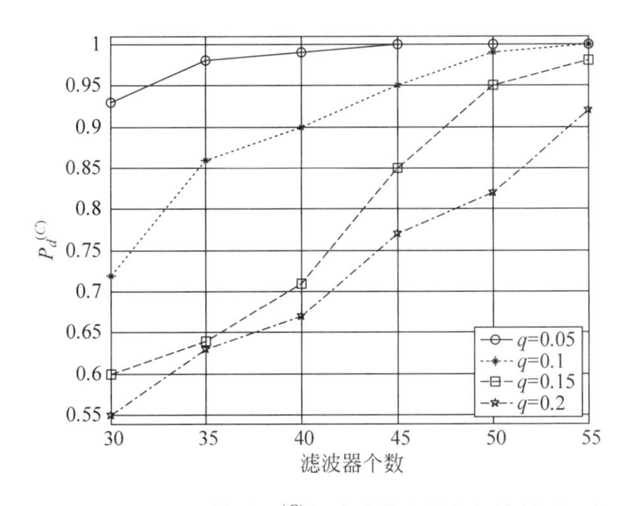

图 6.4 SMV 模型 $P_d^{(C)}$ 与滤波器个数之间的关系

实验 2：多认知用户协作检测概率

本实验给出了基于 FSJSCS 算法的集中式协作信道检测概率与滤波器个数之间关系。在该实验中，每个认知用户将接收到的主用户功率信息汇报给融合中心情形，采用集中式协作检测模型，即融合中心采用联合稀疏 MMV 模型，利用 FSJSCS 算法检测信道占用状态。根据前述分析，恢复稀疏矩阵 $\boldsymbol{X}$ 所需的测量数量 LM 少于 L_0M。仿真结果如图 6.5 所示。该图中的 3 条曲线分别对应着 3 种稀疏水平下的检测概率变化情况（认知用户个数设为 $M=10$）。从图 6.5 可以看到，当信道检测概率固定为某个水平时，随着稀疏度的增大，所需滤波器个数将会增加，这一结果与单个认知用户检测方式的结果一致。进一步地，将图 6.4 与图 6.5 进行比较，可以发现，在相同实验条件下，欲达到同样的检测精度（相同的信道检测概率），当采用集中式协作检测（即采用联合稀疏压缩感知）时，单个认知用户需要配备滤波器的数量要少于单个认知用户本地检测时所需滤波器数量。例如当 $M=10$，$q=0.1$，信道检测概率固定为 95%时，如果采用集中式协作检测，则单个认知用户需配备 35 个滤波器；而若采用单个认知用户进行本地检测，则单个认知用户需配备 45 个滤波器。实验 1～实验 2 的仿真结果表明，采用联合稀疏结构化压缩感知 FSJSCS 算法，单个认知用户需要配备的滤波器数量少于采用标准压缩感知方法所需的数量。

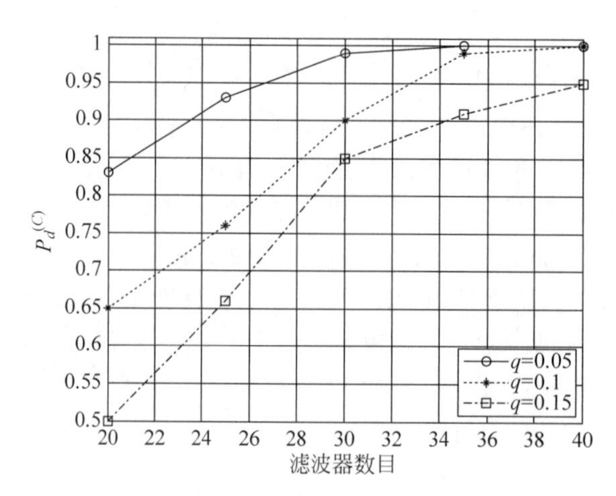

图 6.5 MMV 模型 $P_d^{(C)}$ 与滤波器个数之间的关系

实验 3：多认知用户协作模式下的距离检测概率

本实验给出了基于 FSJSCS 算法的集中式协作距离检测概率与认知用户个数之间的关系。该仿真实验中稀疏度 $q=0.1$，两条曲线分别对应着滤波器数量的两种取值：$L=40$ 和 $L=50$，仿真结果如图 6.6 所示。仿真结果表明，距离检测概率 $P_d^{(D)}$ 与认知用户个数 M 之间的变化关系为：随着认知用户个数的增加，距离检测概率将增大，当认知用户的规模大到一定程度时，检测效果基本趋于稳定。将两条曲线进行比较，可以发现，当网络中认知用户个数增加时，适当减少单个认知用户配备的滤波器数量，仍然能够达到预设的检测精度。例如在稀疏度 $q=0.1$ 前提下，当网络中认知用户个数 $M=13$ 时，每个认知用户滤波器数量 $L=50$，可使距离检测概率达到 95%；如果网络中认知用户的个数增加到 $M=55$ 时，每个认知用户只需配备 40 个滤波器即可使距离检测概率达到 95%。实际上，对于信道检测情形，也会有类似的结论。从这个角度来看，网络中认知用户数量越多越好。然而需要注意的是，如果将检测概率固定在某个水平，随着认知无线电网络中认知用户个数 M 的不断增加，虽然单个认知用户需要配备的滤波器数目 L 可以适当减小，但 L 不会减小到 0，而是稳定于某个数。

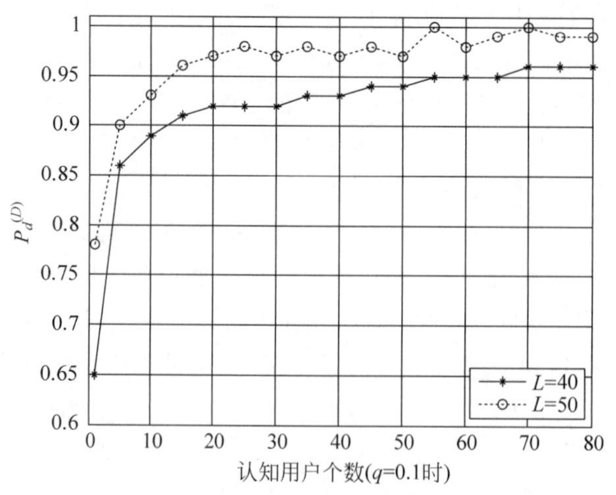

图 6.6 MMV 模型 $P_d^{(D)}$ 与认知用户个数之间的关系

接下来，通过实验4～实验11来验证频-角谱空穴检测算法TFT-FASHD的性能，其中实验4～实验5用来验证所提聚焦变换TFT的聚焦性能，实验6～实验10给出所提算法TFT-FASHD的信号重构精度，实验11从能效性和检测概率的角度验证该算法的性能。非匹配场景与匹配场景的参数设置如下：

在非匹配场景中，活跃主用户信号中心频率 $f_1=1\text{GHz}$，$f_2=2\text{GHz}$；活跃主用户信号来波方向AOA：$\theta_1=-30°$，$\theta_2=0°$，$\theta_2=20°$；认知用户配备均匀天线阵列，有3个主用户信号，对应频-角二维平面上3个点：(f_1,θ_1)，(f_1,θ_2)和(f_2,θ_3)，仿真结果见图6.7～图6.15。

在匹配场景中，为了便于与典型方法(ESPRIT，CS和PARAFAC)[165]进行比较，主用户信号中心频率 $f_k(k=1,2,3)$在区间$[0,9.95\text{GHz}]$上随机产生，来波方向(AOA)$\theta_h(h=1,2,3)$在区间$[-85°,85°]$上随机产生，天线个数为8、9、10，仿真结果见图6.16～图6.18。

非匹配场景和匹配场景下的相邻天线间距离均为中频信号的半波长。

实验4：阵列流型分离误差

本实验给出了泰勒展开余项与展开项数之间的关系，该实验中的近似分解误差即为式(6.26)中的展开余项，其中 $f_1=1\text{GHz}$，$f_2=2\text{GHz}$。仿真结果如图6.7所示。可以看出，泰勒展开误差随着展开项数的增加而减小。图6.7(a)的仿真结果表明，当 $f_1=1\text{GHz}$，$L\geqslant 12$时，对于天线数分别为4、5、6的3种情形，展开余项 $R(L,f_1)$均接近于0；图6.7(b)的仿真结果表明，当 $f_2=2\text{GHz}$，$L\geqslant 23$时，对于天线数分别为4、5、6的3种情形，展开余项 $R(L,f_1)$均接近于0；以上仿真结果验证了定理6.1的正确性。另外，从图6.7还可以发现，随着天线个数的减少，展开误差逐渐变小。通过将两个子图进行比较，可以发现，随着频率的增加，欲使展开误差不变，需要扩大泰勒展开项数。

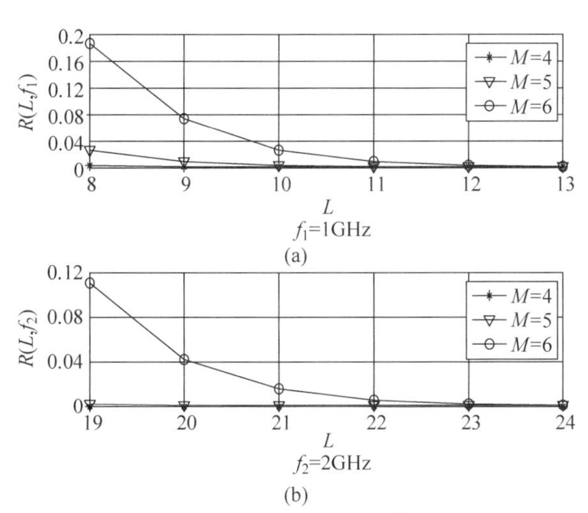

图6.7 展开误差随展开项数 L 增加而变化的曲线

实验5：聚焦变换TFT的精度

本实验给出了定理6.2中聚焦变换 $\boldsymbol{T}_T(f_k)$的聚焦误差 r_T 稳定时对应的展开项数范围。该实验采用聚焦误差作为聚焦变换 $\boldsymbol{T}_T(f_k)$的性能评价指标，聚焦误差 r_T 的定义如下：

$$r_T = \frac{\frac{1}{K}\sum_{k=1}^{K} \| \boldsymbol{T}_T(f_k)\mathbf{A}(f_k,\boldsymbol{\theta}) - \mathbf{A}(f_0,\boldsymbol{\theta}) \|_F}{\| \mathbf{A}(f_0,\boldsymbol{\theta}) \|_F} \tag{6.43}$$

式中 K 为信号占用频率数量,聚焦频率 $f_0=(f_1+f_2)/2$,来波方向$\boldsymbol{\theta}=(\theta_1,\theta_2,\cdots,\theta_{Q_0})$。

仿真结果如图 6.8 和图 6.9 所示。图 6.8(a)的仿真结果表明,当天线数为 4、5、6 时,若泰勒展开项数 L 大于 13,则聚焦误差基本上稳定,且低于 0.07;从图 6.8(b)的仿真结果也可得出类似的结论:当天线数为 8、9、10 时,若泰勒展开项数 L 大于 24,则聚焦误差基本上稳定,且低于 0.1。通过比较两个子图,可以发现,若天线个数增加,所需的展开项数也将增加。

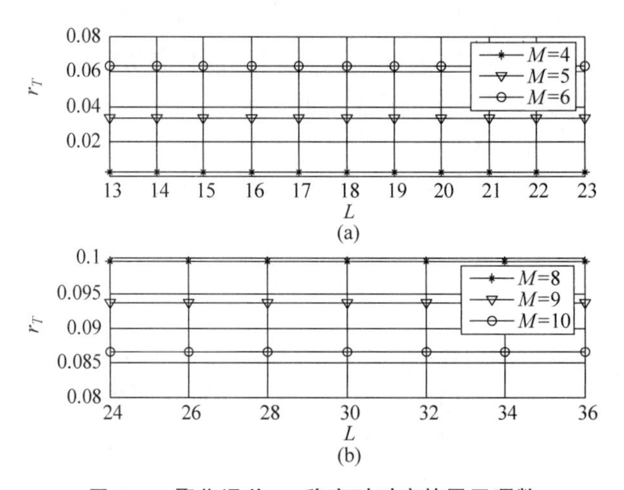

图 6.8 聚焦误差 r_T 稳定时对应的展开项数

另外,需要注意的是,本节聚焦变换的目的是使得过完备字典在角域降维,剔除冗余原子,提高字典的表达能力。为此,对于聚焦误差的要求并非十分严格。进一步来说,即便聚焦误差没有达到足够小,但只要字典在角域上被有效降维,即可达到冗余字典降维的目的,也就是说,只要降维后字典中具有较强表达能力的原子被保留下来,那么该聚焦变换就算作有效。

定理 6.3 讨论了最佳聚焦频率 f_0 的选择问题,聚焦频率不同,聚焦变换误差 r_T 也发生改变,仿真结果见图 6.9(a)和图(b)。这两个图给出了聚焦变换误差 r_T 随聚焦频率 f_0 变化而变化的曲线,同时表明最佳聚焦频率约为$(f_1+f_2)/2$。关于聚焦变换对信噪比的影响见图 6.9(c)和图(d)。这两个子图仿真结果表明,通过聚焦变换后,信号的信噪比几乎没有改变。

为了评估本节所提频-角二维谱空穴检测算法 TFT-FASHD 的性能,参照文献[17],我们采用了 3 种误差来评价该算法的性能,这 3 种误差分别为信号重构误差、频率重构误差和 AOA 重构误差。

实验 6:非匹配场景下 TFT-FASHD 算法的信号重构误差

本实验给出了 TFT-FASHD 算法的信号重构误差分别与天线数量和信噪比之间的关系。该实验中活跃主用户占用的中心频率数 $K=2$,AOA 个数 $H=3$。信号重构误差选用

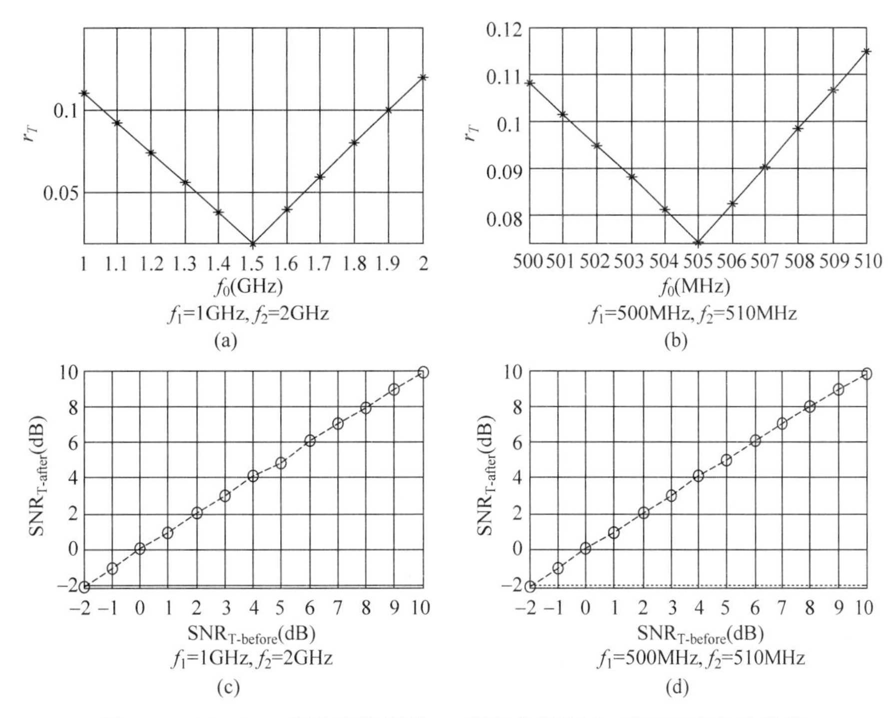

图 6.9　(a),(b)：聚焦变换误差 r_T 随聚焦频率 f_0 变化而变化的曲线

(c),(d)：聚焦变换后信噪比 SNR 的改变，$f_0=(f_1+f_2)/2$

均方误差(Mean Square Error,MSE),用符号 r_{MSE} 表示该误差,r_{MSE} 的数学表达如下：

$$r_{\text{MSE}}=\sum_{n=1}^{N}\frac{\|\hat{\boldsymbol{s}}_n-\boldsymbol{s}\|^2}{N\|\boldsymbol{s}\|^2} \tag{6.44}$$

其中,$\boldsymbol{s}$ 和 $\hat{\boldsymbol{s}}_n$ 分别表示真实源信号向量和重构信号向量；N 为蒙特卡罗仿真次数。

仿真结果如图 6.10 和图 6.11 所示。图 6.10 表明,重构误差随天线个数的增加而减小；图 6.11 表明,重构误差随信噪比的增加而减小。

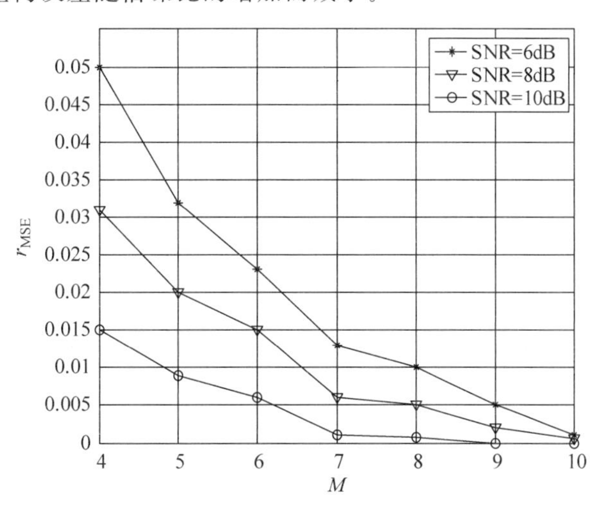

图 6.10　信号重构误差 MSE 与天线个数之间的关系

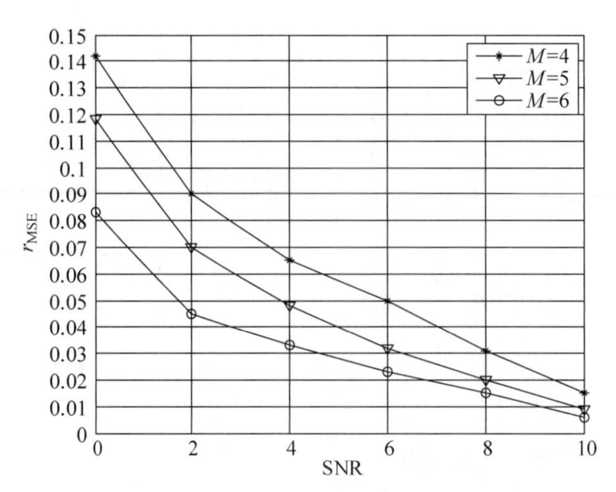

图 6.11 信号重构误差与信噪比的关系

实验 7：非匹配场景下 TFT-FASHD 算法的频率重构误差

本实验给出了 TFT-FASHD 算法的频率重构误差分别与天线数量和信噪比之间的关系。参照文献[17]，频率重构误差 r_{Fre} 的定义如下：

$$r_{\mathrm{Fre}}=\frac{1}{NKF_{\mathrm{s}}}\sum_{n=1}^{N}\sum_{k=1}^{K}\left|\hat{f}_{k_n}-f_k\right| \tag{6.45}$$

式中，F_{s} 为采样频率；f_k 和 $\hat{f}_{k_n}$ 分别表示信号真实中心频率和被重构出的频率。仿真结果如图 6.12 和图 6.13 所示。从图 6.12 可以看出，当活跃主用户占用的中心频率数 $K=2$，AOA 个数 $H=3$ 时，随着天线数量的增大，频率重构误差逐渐减小。当信噪比为 6dB，天线个数大于 10 时，频率重构误差接近于 0。从图 6.13 可以看出，随着信噪比的增大，频率重构误差逐渐减小。当天线个数分别为 8、9、10，信噪比大于 6dB 时，频率重构误差均接近于 0。

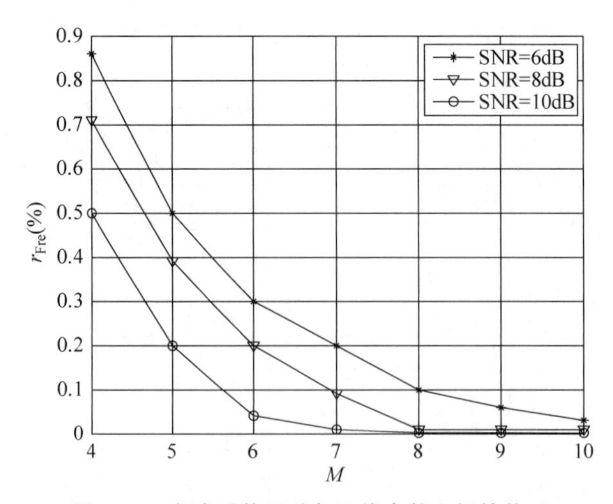

图 6.12 频率重构误差与天线个数之间的关系

实验 7 的仿真结果说明，非匹配场景下，所提算法 TFT-FASHD 利用聚焦变换获得频-角二维联合稀疏最佳子字典，基于该子字典的二维联合稀疏表示，能够得到更加精确的稀疏

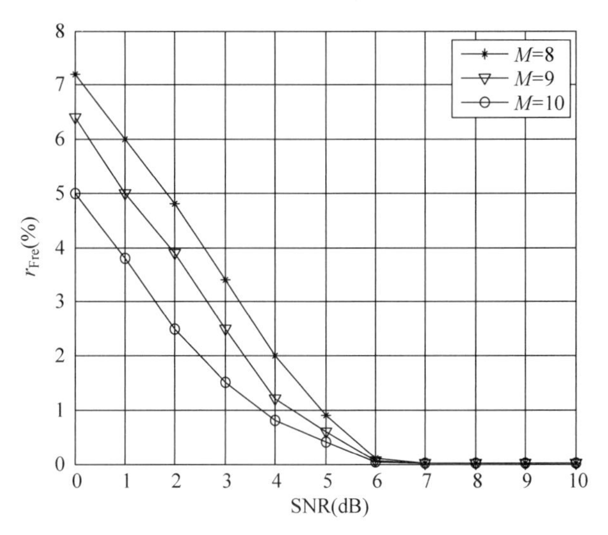

图 6.13 频率重构误差与信噪比之间的关系

解，当信噪比或天线个数达到某个固定值后，频率重构误差将基本稳定于一个很小的值。

实验 8：非匹配场景下 TFT-FASHD 算法的 AOA 重构误差

本实验给出了算法 TFT-FASHD 的 AOA 重构误差分别与天线个数和信噪比之间的关系。参照文献[17]，AOA 重构误差 r_{Ang} 的定义如下：

$$r_{\text{Ang}} = \frac{1}{180HN}\sum_{n=1}^{N}\sum_{h=1}^{H}|\hat{\theta}_{h_n} - \theta_h| \tag{6.46}$$

式中 θ_h 和 $\hat{\theta}_{h_n}$ 为真实方位角和被重构出的方位角。

仿真结果如图 6.14 和图 6.15 所示。从图 6.14 可以看出，当活跃主用户占用的中心频率数 $K=2$，AOA 个数 $H=3$ 时，随着天线个数的增大，AOA 重构误差逐渐减小。当信噪比为 6dB，天线个数大于或等于 9 时，AOA 重构误差接近于 0。从图 6.15 可以看出，随着信噪比的增大，AOA 重构误差逐渐减小。当时天线个数为 8、9、10，信噪比大于 9dB 时，AOA 重构误差接近于 0。

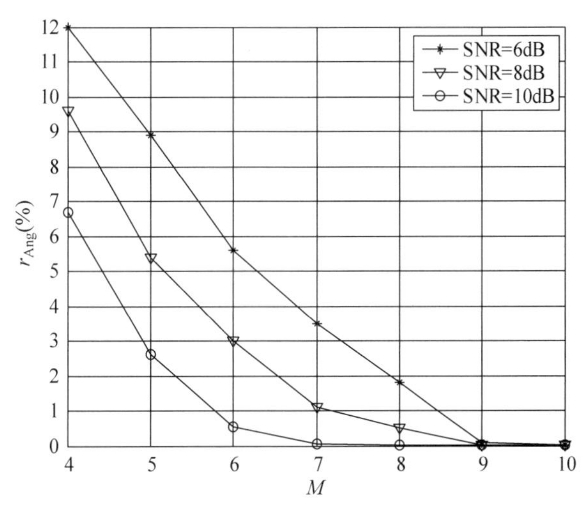

图 6.14 AOA 重构误差与天线数量之间的关系

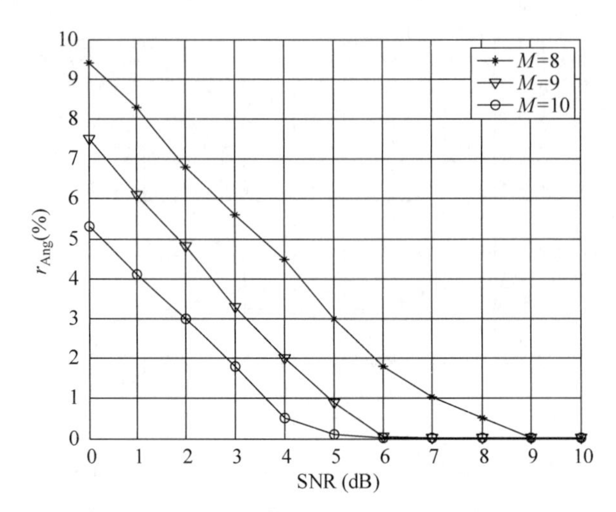

图 6.15 AOA 重构误差与信噪比之间的关系

实验 8 的仿真结果说明，非匹配场景下，所提算法 TFT-FASHD 利用聚焦变换获得频-角二维联合稀疏最佳子字典，基于该子字典的二维联合稀疏表示，能够得到更加精确的稀疏解，当信噪比或天线个数达到某个固定值后，AOA 重构误差将基本稳定于一个很小的值。

正如前文所述，本章所提算法 TFT-FASHD 不但适用于非匹配场景，也适用于匹配场景，而且匹配场景可以看作非匹配场景的特例。为了便于与以往典型方法进行比较，关于匹配场景，本节提供了几个仿真实验。

实验 9：匹配场景下 TFT-FASHD 算法的重构误差与天线数量之间的关系

本实验给出了几个相关算法的频率重构误差和 AOA 重构误差与天线个数之间的关系，仿真结果如图 6.16 所示，该图表明，4 种算法（TFT-FASHD、ESPRIT、CS 及 PARAFC）的频率重误差和 AOA 重构误差均随着天线个数的增加而减小。图 6.16(a)表明，当 SNR=10dB，$K=3$，$H=3$，$4\leqslant M\leqslant 11$ 时，所提算法 TFT-FASHD 的频率重构误差与其他 3 种算法相比始终最小（接近于 0）；图 6.16(b)表明，当 SNR=10dB，$K=3$，$H=3$，$7\leqslant M\leqslant 11$ 时，TFT-FASHD 算法的 AOA 重构误差与其他 3 种算法相比最小，而当 $4\leqslant M\leqslant 6$ 时，TFT-FASHD 算法的 AOA 重构误差比 CS 算法及 PARAFC 算法方法略高一些。

实验 10：匹配场景下 TFT-FASHD 算法的重构误差与信噪比之间的关系

本实验给出了几个相关方法的频率重构误差和 AOA 重构误差与信噪比之间的关系，仿真结果如图 6.17 所示，图 6.17(a)和图 6.17(b)表明，当 $M=10$，$K=3$，$H=3$，SNR$\geqslant$0dB 时，所提算法 TFT-FASHD 的频率重构误差和 AOA 重构误差均低于其他 3 种算法下的重构误差。

实验 9 和实验 10 的仿真结果说明，与相关检测算法相比，所提算法利用聚焦变换获得频-角二维联合稀疏最佳子字典，得到了更加精确的稀疏解，具有较低的检测误差。

实验 11：TFT-FASHD 算法的能效性

本实验给出了所提算法 TFT-FASHD 的能效性曲线。能效性常被当作评估算法性能的一个重要指标[15-18]。在以往的研究中，能效性度量方法并不唯一。文献[20]选用传输比特与能耗之比；文献[21]以检测概率与感知时间和数据传输时间之和的比值来分析能效性；文献[22]将 SU 的有效数据速率视为能效性指标；从检测概率和计算复杂度两方面综

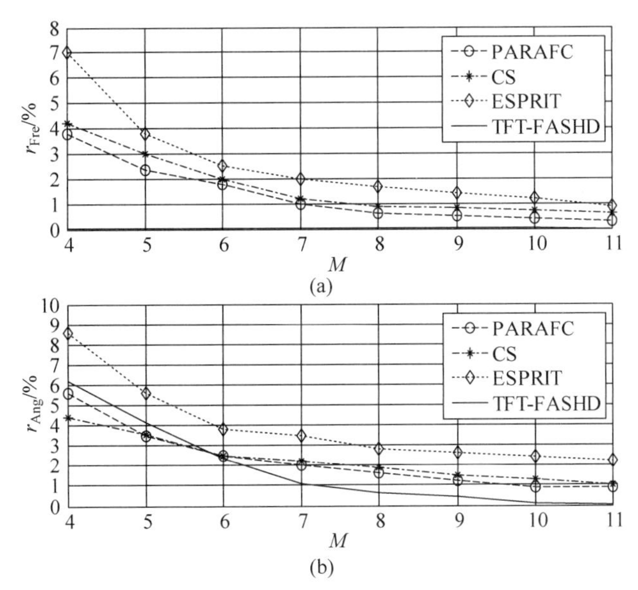

图 6.16　(a) 频谱重构误差与天线数量 M 的关系；(b) AOA 重构误差与天线数量 M 的关系

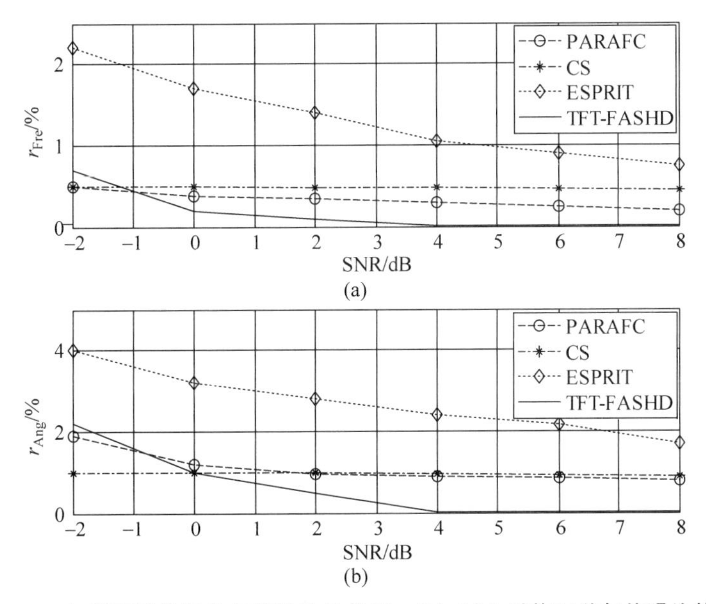

图 6.17　(a) 频率重构误差与信噪比的关系；(b) AOA 重构误差与信噪比的关系

合考虑能效性也是一种简单有效的手段[23]。

实际上，能耗和检测时间依赖于算法的运行时间开销，认知用户有效的数据速率依赖于检测概率，所以，以上能效性评价指标在一定程度上是等价的，只是在不同的场景选用更加合适的评价标准。考虑到 TFT-FASHD 算法的特性，参考检测概率与算法运行时间之比的能效性指标 $P_D(i)/T(i)$，由于时间开销受限于计算复杂度，因此，现将这个能效性指标表达略加修改，其形式如下：

$$\eta=\frac{P_D(i)}{T(O_i)} \tag{6.47}$$

式中，$P_D(i)$表示算法 i 能够正确识别主用户信号的概率；$T(O_i)=T(i)$为运行算法 i 的时间开销；O_i 表示算法 i 的时间计算复杂度。

对于频-角二维谱空穴检测问题，定义检测概率如下：

$$P_D = \Pr(\|\hat{\boldsymbol{s}}(t) - \boldsymbol{s}(t)\|_2 \leqslant r_2) \tag{6.48}$$

式中，$\boldsymbol{s}(t)$为源信号真值；$\hat{\boldsymbol{s}}(t)$为利用算法 TFT-FASHD 时 $\boldsymbol{s}(t)$的估计值；r_2 为一个预先给定的阈值。

易知，检测概率 P_D 由估计值$\hat{\boldsymbol{s}}(t)$的精度来决定，而估计精度取决于算法本身的性能。

所提算法及其相关算法的能效性仿真结果如图 6.18 所示，图 6.18(a)表明，当 $P=128$，$Q=180$，$K=3$，$H=3$ 时，所提算法 TFT-FASHD 的能效性指标(式(6.47)中的 η)随着信噪比的增大略有增加，但增加缓慢；图 6.18(b)表明，算法 TFT-FASHD 的能效性指标随着天线个数的增加几乎不变。两个图均表明所提算法 TFT-FASHD 的能效性指标(式(6.47)中的 η)高于算法 CS 和算法 PARAFC 的指标，而低于算法 ESPRIT 的指标。

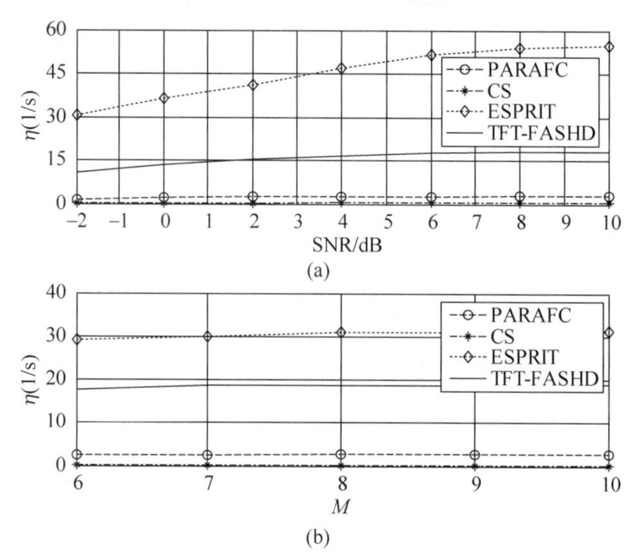

图 6.18　4 种算法的能效性曲线比较

为便于与以往相关算法进行比较，以上仿真实验选用的是科学实验频段中的 1～2GHz。为了验证所提算法的实用性，本实验选择了 UHF 频段(比如，广播电视频段)作为主用户信号的载波频率。

仿真设置：频-角二维平面上有 4 个活跃主用户信号，其坐标为(540MHz，−60°)、(540MHz，−30°)、(680MHz，30°)、(820MHz，−30°)。在该非匹配场景下，所提算法 TFT-FASHD 的能效性曲线如图 6.19 所示，其中 $P=1024$，$Q=180$，$K=3$，$H=3$。图 6.19(a)表明，能效性指标随着信噪比的增加而变大；图 6.19(b)表明，能效性指标随着天线个数的增加先是增大而后稳定于一个固定的值。如图 6.18 和图 6.19 所示的仿真结果表明，与相关检测算法相比，TFT-FASHD 算法具有较高的能效性。

关于 TFT-FASHD 算法的仿真运行时间见表 6.6。该表给出了两种活跃主用户信号场景下不同天线数的 TFT-FASHD 算法运行时间，表中的 $\mathrm{PU_{Loc1}}$ 代表活跃主用户信号位置场景 1：(1GHz，−30°)、(1.5GHz，0°)、(2GHz，20°)；$\mathrm{PU_{Loc2}}$ 代表活跃主用户信号位置场景 2：(540MHz，−60°)、(540MHz，−30°)、(680MHz，30°)、(820MHz，−30°)。由于场景 2 比场景 1 多一个信号，因此，$\mathrm{PU_{Loc2}}$ 场景下的算法运行时间稍微长于 $\mathrm{PU_{Loc1}}$。

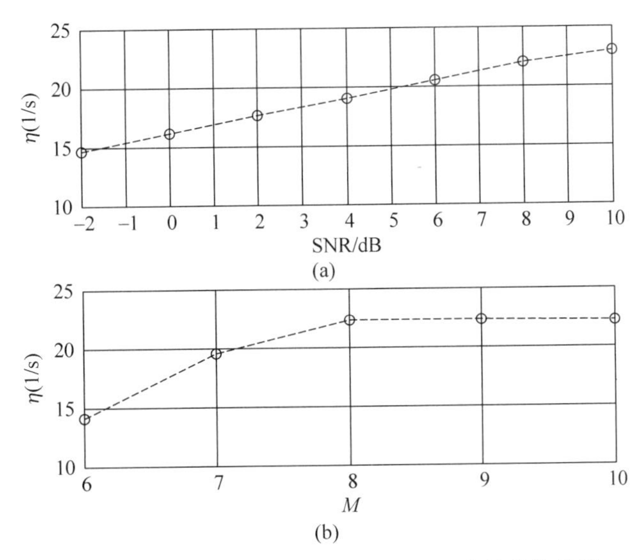

图 6.19 在 UHF 波段算法 TFT-FASHD 的能效性曲线

表 6.6 两种活跃主用户信号场景下不同天线数的 TFT-FASHD 算法运行时间

场景	M				
	6	7	8	9	10
PU_{Loc1}	0.0812	0.0815	0.0821	0.0827	0.0829
PU_{Loc2}	0.0827	0.0836	0.0839	0.0844	0.0850

综合上述仿真结果，可以得出，从精度上来看，所提算法 TFT-FASHD 优于其他 3 种相关算法；从能效性来看，所提算法的能效性低于 ESPRIT 算法的能效性，然而高于 CS 算法及 PARAFC 算法的能效性。

6.5 本章小结

本章介绍了基于联合稀疏压缩感知的频-空谱空穴检测方法和频-角谱空穴检测方法。

针对协作感知系统频-空二维谱空穴检测问题，给出了认知无线电系统中接收信号的频-空二维稀疏表示模型，借助于联合稀疏压缩感知建立频-空二维谱空穴检测模型，通过利用联合稀疏正交匹配追踪方法求解二维稀疏矩，根据该矩阵估计主用户信道占用状态，在此基础上获得各活跃主用户与认知用户之间的距离，给出了频-空二维谱空穴的判别准则。该方法选取信道检测概率作为基于联合稀疏压缩感知方法的信道重构性能评价标准，并从理论上推导出信道估计误差与信道检测概率、认知用户个数及滤波器数目之间的数量关系，进而对影响信道检测概率的参数进行了理论分析。仿真实验结果表明，与标准压缩感知方法相比，基于联合稀疏压缩感知的谱空穴检测方法不仅能够有效减少认知用户所需滤波器个数，而且当增加网络中认知用户数目增时，适当减少单个认知用户滤波器数目，仍可达到预设的估计误差。

针对多址接入场景频-角二维谱空穴检测问题，首先通过将角域导向向量矩阵扩充为包含频率和角度二维参数信息的稀疏表示,其中的稀疏字典为包含频-角二维信息的阵列流型。然后针对此稀疏字典先后在频域和角域上进行降维。初始稀疏字典的频域降维通过傅里叶变换和压缩感知得以实现;对频域降维后的子字典,通过利用一个有效的聚焦变换和压缩感知将字典再次降维,而其中的聚焦变换是通过对阵列流型矩阵进行泰勒展开获得的。另外,给出了最佳聚焦频率的选取方法。在两步字典降维的基础上,结合联合稀疏压缩感知,最后给出了一个有效的频-角二维谱空穴检测算法 TFT-FASHD。在该算法中,首先进行频域、角域两步字典降维;然后基于两步降维后的子字典,利用联合稀疏压缩感知进行稀疏求解;最后根据所获得的稀疏解矩阵和预先给定的阈值,获得稀疏矩阵的支撑集,从而完成频-角二维谱空穴检测。对于泰勒展开的精度、聚焦变换的有效性、频-角匹配和非匹配场合的精度、算法能效性以及与以往典型算法的比较、运行时间等,本章均给出了相应的仿真实验,实验结果证明了该算法的有效性、精确性及能效性。该频-角谱空穴检测方法不但适合频-角一一匹配场景,而且适合频-角非匹配场景。

联合稀疏结构化压缩感知不但可以有效应用于频-空谱空穴和频-角谱空穴检测,而且为具有某种特殊稀疏结构信号的谱空穴检测指出了新的研究思路。本章充分利用联合稀疏结构化先验信息,给出了有效的频-空和频-角二维谱空穴检测算法,作为多维谱空穴检测方法研究的一个开端,其意义在于,除了拓宽一维谱空穴检测的范围之外,还为基于结构化压缩感知的三维、甚至多维谱空穴检测模式提供了有力参考。

参考文献

[1] Meng J J, Yin W, Li H, et al. Collaborative spectrum sensing from sparse observations in cognitive radio networks[J]. *IEEE Journal on Selected Areas in Communications*, 2011, 29(2): 327-337.

[2] Jin S, Zhang X. Collaborative compressive spectrum sensing with missing observations for cognitive radio networks[C]. IEEE Global Communications Conference, 2014: 828-833.

[3] Mike E D, Yonina C E. Rank awareness in joint sparse recovery[J]. *IEEE Transactions on Information Theory*, 2012, 58(2): 1135-1146.

[4] 赵知劲,胡俊伟.稀疏度自适应的宽带压缩频谱感知方法[J].电信科学,2014,3: 100-104.

[5] Hallio J, Auranen J, Talmola P, et al. Designing a testbed infrastructure for experimental validation and trialing of 5G vertical applications[C]. *International Conference on Cognitive Radio Oriented Wireless Networks and Communications*, 2017: 247-263.

[6] Lemma A N, Van Der Veen A J, Deprettere E F. Analysis of joint angle-frequency estimation using ESPRIT[J]. *IEEE Transactions on Signal Processing*, 2003, 51(5): 1264-1283.

[7] Duarte M F, Eldar Y C. Structured compressed sensing: from theory to applications[J]. *IEEE Transactions on Signal Processing*, 2011, 59(9): 4053-4085.

[8] Xudong W, Zhang X, Li J, et al. Improved ESPRIT method for joint direction-of-arrival and frequency estimation using multiple-delay output[J]. *International Journal of Antennas and Propagation*, 2012, 1: 1-9.

[9] Tandra R, Mishra S M, Sahai A. What is a spectrum hole and what does it take to recognize one[J]. *Proceedings of the IEEE*, 2009, 97(5): 824-848.

[10] Marath A K, Leyman A R, Garg H K. New focusing scheme for DOA estimation of multipath clusters in WiMedia UWB systems without coarse estimation of angle of arrival[J]. *IEEE Communications Letters*, 2010, 14(2): 103-105.

[11] Bucris Y, Cohen I, Doron M A. Bayesian focusing for coherent wideband beamforming[J]. *IEEE Transactions on Audio, Speech, and Language Processing*, 2012, 20(4): 1282-1296.

[12] Shewchuk J R. An introduction to the conjugate gradient method without the agonizing pain [J]. 1994.

[13] Dag H, Alvarado F L. Toward improved uses of the conjugate gradient method for power system applications[J]. *IEEE Transactions on Power Systems*, 1997, 12(3): 1306-1314.

[14] Vien Q T, Nguyen H X, Trestian R, et al. A hybrid double-threshold based cooperative spectrum sensing over fading channels[J]. *IEEE Transactions on Wireless Communications*, 2016, 15(3): 1821-1834.

[15] Qian T, Zhang L, Li Z. Algorithm of adaptive Fourier decomposition[J]. *IEEE Transactions on Signal Processing*, 2011, 59(12): 5899-5906.

[16] Tropp J A, Gilbert A C. Signal recovery from random measurements via orthogonal matching pursuit [J]. *IEEE Transactions on Information Theory*, 2007, 53(12): 4655-4666.

[17] Ioushua S S, Yair O, Cohen D, et al. CaSCADE: compressed carrier and DOA estimation[J]. *IEEE Transactions on Signal Processing*, 2017, 65(10): 2645-2658.

[18] Wang X, Wang W, Liu J, et al. Tensor-based real-valued subspace approach for angle estimation in bistatic MIMO radar with unknown mutual coupling[J]. *Signal Processing*. 2015, 116: 152-158.

[19] Li J, Zhou M. Improved trilinear decomposition-based method for angle estimation in multiple-input multiple-output radar[J]. *IET Radar, Sonar & Navigation*, 2013, 7(9): 1019-1026.

[20] Shi Z, Teh K C, Li K H. Energy-efficient joint design of sensing and transmission durations for protection of primary user in cognitive radio systems[J]. *IEEE Communications Letters*, 2013, 17(3): 565-568.

[21] Hu H, Zhang H, Yu H, et al. Spectrum-energy-efficient sensing with novel frame structure in cognitive radio networks[J]. *AEU-International Journal of Electronics and Communications*, 2014, 68(11): 1065-1072.

[22] Lu Y, Duel-Hallen A. A sensing contribution-based two-layer game for channel selection and spectrum access in cognitive radio ad-hoc networks [J]. *IEEE Transactions on Wireless Communications*, 2018, 17(6): 3631-3640.

[23] Na W, Yoon J, Cho S, et al. Centralized cooperative directional spectrum sensing for cognitive radio networks[J]. *IEEE Transactions on Mobile Computing*, 2018, 17(6): 1260-1274.

第7章

基于结构化压缩感知的三维谱空穴检测

7.1 引言

第 6 章主要介绍了联合稀疏结构化压缩感知在频-空和频-角二维谱空穴检测中的应用，在联合稀疏结构化压缩感知基础上，结合观测信号的准联合结构化先验信息，本章介绍准联合稀疏结构化压缩感知在时-频-调制三维谱空穴检测领域中的应用。

与单域谱空穴检测相比，二维谱空穴检测能够提供更多的频谱使用机会。由此可知，频谱空间感知维度的增加能够提高认知用户的频谱接入机会。因此除了频域、空域和角域之外，增加其他感知维度也能提供更多潜在的谱接入机会，比如，调制维度。对于认知用户来说，调制维度包含主用户发射信号模式及信号的占用频率或频段等信息[1]。因此，调制识别的研究可以为认知无线电系统提供工作频率、调制方式等参数，使其具备重新配置的能力、进而实现智能通信，因此包含调制模式识别的多维谱空穴检测能够使得认知用户更加智能地实现频谱共享。

近年来，索引调制技术受到学者们的广泛关注，因其可以在牺牲较少的媒体资源情况下获得更多的性能增益，一度成为未来无线通信新型调制技术的研究热点，尤其是空频索引调制，因信号于空域和频域占用情况的时变性和稀疏性，为认知用户带来了频谱共享机会。因此，索引调制识别方法的研究对于认知无线电系统具有重要意义。

对于认知用户来说，索引调制识别的结果提供了谱空穴两个维度的信息：一是频率维度，二是调制维度。这些信息可从索引调制识别检测结果直接获取，即，索引调制识别可完成频-调制二维谱空穴检测。

随着通信技术的不断发展，为了避免各种干扰和确保通信的高效性，自适应索引调制无线传输技术日渐受到人们的普遍关注[2,3]。自适应调制根据对信道预测的结果动态调整调制方式。比如，空域索引调制系统的误比特率性能对信道的依赖性强，为了适应瞬时信道的变化，提高系统的鲁棒性，自适应空域调制将更加适合系统性能要求[2]。在慢衰落信道模型下，链路自适应索引调制通过调整参数设置可以获得更好的误码率性能和更高的信道效用[3]。由此看来，自适应索引调制信号的调制识别方法的研究具有重要的实用价值。自适应调制技术一般采用 TDMA 多址接入和时分双工 TDD 方式[4]，这无疑增加了调制方式识别的难度。另外，从认知用户的立场来看，这种信道环境驱动下的自适应索引调制系统所提供的谱空穴随着时间的变化而变化。综上所述，对于认知用户来说，自适应索引调制环境下的调制识别可获得时间、频率及调制方式 3 个维度信息，而且这 3 个维度上的谱空穴所提供的频谱机会大于其中任意两个维度上的谱空穴所提供的接入机会。因此，时-频-调制三维谱空穴检测方法研究对于缓解未来无线通信频谱资源短缺问题提供了一条有效途径。

对索引调制识别、自适应索引调制识别及时-频-调制三维谱空穴检测等方法的研究目前鲜有报道，因此，针对上述 3 个问题，本章以准联合稀疏表示为切入点，以索引调制识别为关键，以自适应索引调制识别为桥梁，以时-频-调制三维谱空穴检测为目的，层层推进地展开系统研究。

首先，本章研究 MIMO-OFDM 主用户信号调制模式固定环境中索引调制识别问题。对于该问题，本章从统计假设检验的角度提出一种基于 JSIR-PRA 的索引调制识别方法。该方法主要包括两部分：稀疏结构判决和投影残差分析。对于稀疏结构检测问题，首先利用联合稀疏索引剔除-压缩感知(Joint Sparse Index Removal and CS，JSIR-CS)方法剔除联合稀疏索引，然后结合压缩感知重构出准联合稀疏 GSFIM 信号的支持集，获得该信号的稀疏结构。在此基础上，对观测信号在某个初始时刻信号子空间的投影残差功率进行分析，并结合已获得的稀疏结构，进行索引调制方式识别。

其次，针对自适应索引调制系统的调制识别问题。考虑到该系统中调制方式的时域动态变化特性，本章给出自适应索引调制统计模型，并提出一个基于马氏距离的自适应索引调制识别方法 MD-AIMR。

再次，针对自适应索引调制系统下的时-频-调制三维谱空穴检测问题，在索引调制识别算法 JSIR-PRA 和自适应索引调制识别算法 MD-AIMR 的基础上，本章提出一个时-频-调制三维谱空穴检测方法 JSIR-PRA-MD。

最后，分别对稀疏结构判决方法 JSIR-CS、索引调制识别方法 JSIR-PRA、自适应索引调制识别方法 MD-AIMR 及时-频-调制三维谱空穴检测方法 JSIR-PRA-MD 的性能进行了仿真实验，并对仿真结果进行详细分析。

7.2 系统模型

7.2.1 索引调制信号模型

目前，MIMO-OFDM 已成为 5G 及 Beyond 5G 通信一种强有力的备选技术[5]。为了提高频谱效率和能量效率，近年来，空域索引调制和频域索引调制技术均被引入 MIMO-OFDM 系统，从而产生了空-频索引调制。本节首先介绍空域索引调制、频域索引调制、空-频索引调制和广义空-频索引调制，然后给出广义空-频索引调制(GSFIM)信号的准联合稀疏表示。

从索引调制技术提出的先后顺序，本节依次简要介绍空域索引调制、频域索引调制、空-频索引调制和广义空-频索引调制。

1. 空域索引调制

空域索引调制(SIM)的主要原理是，对于发射端的一组天线，每一时刻都有部分天线被索引比特激活，被激活的天线发送数据时，其他天线保持沉默。发送的消息分为两部分：一部分用来激活天线；另一部分用来传输数据。最初的 SIM 模式，其发射射频链的数目限制为一个，所有发射天线的数目一般为 2 的整数次幂形式。本章考虑广义空域索引调制模式(Generalized Spatial IM，GSIM)[6]，即，在 GSIM 中，有 n_t 个发射天线，n_{rf} 个射频链，且 $1\leqslant n_{rf}\leqslant n_t$，$\left\lfloor \log_2\binom{n_t}{n_{rf}}\right\rfloor$ 比特信息用来发送被激活天线的索引信息。这样，SIM 和空间复用分别对应 GSIM 中 $n_{rf}=1$ 和 $n_{rf}=n_t$ 的两种特殊情形。

2. 频域索引调制

受 MIMO 系统空域索引调制 SIM 的启发，在传统 OFDM 技术的基础上，文献[7]提出了频域索引调制(FIM)技术。在 FIM 中，并非所有的子载波都携带信息符号，而是一些被索引比特激活的子载波才传输 OFDM 调制信息，其他子载波保持沉默。这种 OFDM-IM 调制模式不仅可以补偿某些静默子载波没有发送信号造成的频谱效率损失，而且可以减少由于某些子载波只携带有效信息而引起的子载波多普勒干扰，从而增强了信号在频域的稀疏性。与传统的 OFDM 相比，OFDM-IM 将子载波划分为若干个子块，并将每个子块作为一个频率索引调制单元进行传输信息。

考虑一个频率选择性瑞利衰落信道下的 OFDM-IM 系统。假设在 OFDM-IM 系统发送端有 m 个传输比特进入 OFDM 数据块，这 m 比特被分成 g 组，每一组有 p 比特，即 $m=pg$。每一组的 p 比特数据被映射为一个子 OFDM 数据块，则每个子 OFDM 数据块的长度 $n=N/g$，其中 N 代表一个 OFDM 符号中所有子载波个数。

与传统 OFDM 系统不同，OFDM-IM 系统不仅通过调制符号传输信息，还通过子载波索引调制传输信息。

假设共有 k 个有效子载波在每个 OFDM 子块中传输调制符号，根据一定的准则，通过 p_1 比特选择 k 个子载波传输索引信息，剩下的 $p_2(p_2=p-p_1)$ 比特用来进行信息传输。

假设$[x_1,x_2,\cdots,x_N]^{\mathrm{T}}$ 为一个 OFDM-IM 符号，$x_n\in A_0$，$A_0=A\cup\{0\}$，A 代表 M 进制调制符号集。

3. 空-频索引调制

将索引调制思想引入 MIMO-OFDM 系统产生了空-频索引调制，继而产生空域与频域联合索引的调制模式。一种简单方法就是在一个域(空间或频率/子载波)中执行常规调制，并在另一个域中附加索引调制。例如，将每个子载波独立进行空域索引调制，被这样处理过的所有子载波的调制模式构成了 SIM-OFDM；将每个天线独立进行子载波索引调制，这样处理过的所有天线的调制模式构成了 MIMO-OFDM-IM。

4. 广义空-频索引调制

2016 年文献[6]提出广义空-频索引调制(GSFIM)。此类索引调制不是单独处理空间域或频率域，而是联合选择索引调制单元。在 GSFIM 中，一组发射天线被信息位激活，然后根据剩余的信息位联合选择索引调制单元。因此，它是 SIM-OFDM 和 MIMO-OFDM-IM 的推广。

IM 激活了部分天线或子载波，并使用被激活天线或子载波的指标索引或激活顺序作为信号调制的一部分。从这个意义上讲，IM 所占用的传播媒介资源较少，这与所有天线和子载波始终处于激活状态的传统方案不同。

7.2.2　空-频索引调制准联合稀疏表示

考虑一个与认知无线电网络(CRN)交织的多用户 MIMO-OFDM 系统,如图 7.1 所示[8]。假设主用户基站(PBS)配备 n_t 根发射天线,每根天线发射信号所占频段由 N 个正交子载波组成;每个认知用户接入点共有 n_r 根接收天线,每一对收发天线之间的传输通道为频率选择性衰落信道。

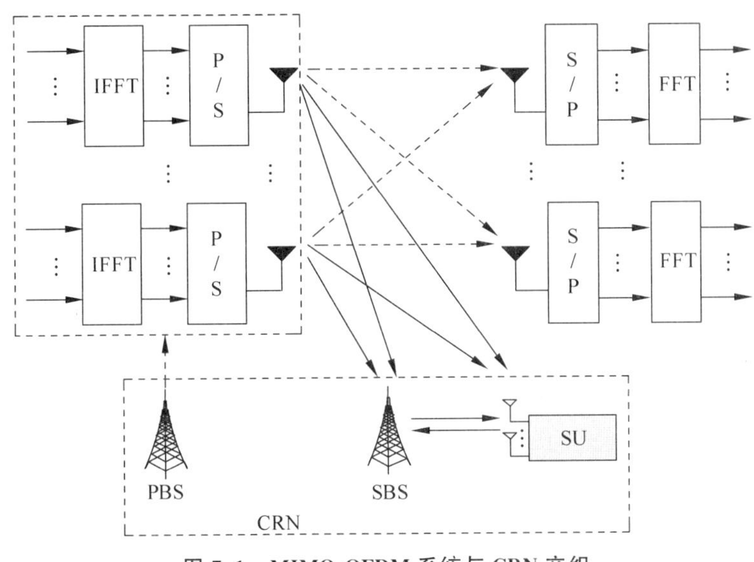

图 7.1　MIMO-OFDM 系统与 CRN 交织

不失一般性,考虑文献[6]和[9]中提出的广义空-频索引调制(GSFIM),其中激活单元从空间和频率域中联合选择。在 GSFIM 中,首先 $n_{\text{rf}}(1 \leqslant n_{\text{rf}} \leqslant n_t)$ 个发射天线由索引比特信息来激活,然后根据剩余的比特信息来选择空-频激活单元。GSFIM 信号发射机框图可参见文献[5]。

为便于理解,本节首先分别给出空间激活和频率激活模式,然后给出联合空-频激活模式,最后给出 GSFIM 信号的准联合稀疏表示。

天线激活模式由一个 $n_t \times 1$ 的向量表示,如 $[1,0,0,1,\cdots,1]^{\mathrm{T}}$,其中 1 表示天线激活,0 表示天线静默,而 0 的位置代表静默天线的索引信息。

按照文献[5]和[6],子载波被分成 n_g 组,每一组由 k 个有效子载波构成($k < N/m$)。根据这个特性,子载波激活模块可以通过一个分块行向量来表示,比如,$[\underbrace{0,1,\cdots,1}_{1},\underbrace{1,0,\cdots,1}_{2},\cdots,\underbrace{1,1,\cdots,0}_{n_g}]$,其中“1”表示活跃子载波(有效子载波),“0”表示静默子载波,而“0”的位置代表静默子载波的索引信息。需要注意的是,每一组非零元素个数相等。

将空间激活模式与频率激活模式联合,得到空-频联合激活模式。这个联合激活模块可用一个 $n_t \times N$ 矩阵表示,矩阵元素为一个 M-进制调制符号。这种联合域上矩阵表示与单域上向量表示相比,主要变化在于其元素符号不同,在单域向量表示中其元素为“0”或“1”,而联合域上的矩阵元素为调制符号,显然这种表示更加接近于真实情景,应用范围更加广泛,更具有一般性。本章将来自发射天线的所有子载波和天线输出组合成一个单元,称之为

GSFIM 信号矩阵(见图 7.2),用 $\boldsymbol{B}(t)$表示。

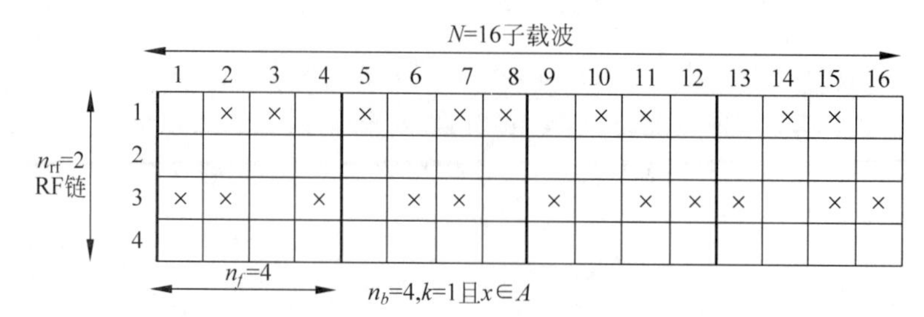

图 7.2 广义空-频索引调制

方便起见,GSFIM 信号矩阵 $\boldsymbol{B}(t)$分块表示,即

$$\boldsymbol{B}(t)=[\boldsymbol{B}_1(t),\boldsymbol{B}_2(t),\cdots,\boldsymbol{B}_{n_g}(t)] \tag{7.1}$$

式中 $\boldsymbol{B}_m(t)=(\boldsymbol{x}_{ij}^{(m)}(t))\in\mathbf{C}^{n_t\times n_f}$,$m=1,2,\cdots,n_g$,$n_f=N/n_g$,$\boldsymbol{x}_{ij}^{(m)}(t)\in A_0$,$A_0=A\cup\{0\}$,且子块 $\boldsymbol{B}_m(t)$中非零元素个数固定不变,设之为 n_{act}。

$\boldsymbol{B}(t)$中的每个行向量对应着一个长度为 N 的 OFDM 符号,这 n_{rf} 个 OFDM 符号通过 n_{rf} 个活跃天线平行发送;$\boldsymbol{B}(t)$中零向量的位置对应着静默天线信息;$\boldsymbol{B}(t)$中除去零行元素之外的零元素对应着静默子载波。按照以往研究中稀疏性概念,当信号矩阵 $\boldsymbol{B}(t)$中零元个数超过一定程度时,该矩阵为稀疏矩阵。为了研究方便,本章将具有零元的矩阵和向量均称为具有稀疏性。从图 7.2 可知,对于矩阵 $\boldsymbol{B}(t)$的 n_g 个列向量,均有 n_t-n_{rf} 个的零元素(其位置对应着静默天线索引信息),每个列向量除了这 n_t-n_{rf} 个的零元素之外,还有其他零元素(其位置对应着静默子载波索引信息)。本章将这种特殊的结构称为准联合稀疏结构,具有这种准联合稀疏结构的信号表示称为该信号的准联合稀疏表示,并称 GSFIM 信号矩阵 $\boldsymbol{B}(t)$为准联合稀疏矩阵。

定义 7.1 设非零矩阵 $\boldsymbol{B}=[\boldsymbol{b}_1,\boldsymbol{b}_2,\cdots,\boldsymbol{b}_N]$,第 n 个列向量 $\boldsymbol{b}_n$ 的零元素索引集为$\mathcal{I}_n$。如果$\mathcal{I}_n$满足:

(1) $\bigcap_{n=1}^{N}\mathcal{I}_n\neq\varnothing$;$\bigcap_{n=1}^{N}\mathcal{I}_n\subset\bigcup_{n=1}^{N}\mathcal{I}_n$,则称 $\boldsymbol{B}$ 为准联合稀疏矩阵;

(2) $\bigcap_{n=1}^{N}\mathcal{I}_n\neq\varnothing$;$\bigcap_{n=1}^{N}\mathcal{I}_n=\bigcup_{n=1}^{N}\mathcal{I}_n$,则称 $\boldsymbol{B}$ 为联合稀疏矩阵;

(3) $\bigcap_{n=1}^{N}\mathcal{I}_n=\varnothing$;$\bigcup_{n=1}^{N}\mathcal{I}_n\neq\varnothing$,则称 $\boldsymbol{B}$ 为一般稀疏矩阵。

另外,在一个 GSFIM 码元周期内,任意两个时刻的信号矩阵 $\boldsymbol{B}(t_1)$与 $\boldsymbol{B}(t_2)$的索引信息不变(时刻 t_1 和 t_2 在同一个码元周期);任何两个位于不同索引调制码元周期的信号矩阵 $\boldsymbol{B}(t_1)$与 $\boldsymbol{B}(t_2)$的索引信息存在差异(时刻 t_1 和 t_2 分别在两个不同的码元周期)。

考虑 MIMO-OFDM 系统中所有信道为独立同分布的瑞利衰落信道情形,$\boldsymbol{H}_n\in\mathbf{C}^{n_r\times n_t}$表示第 n 个子载波的信道矩阵。假设通过频率选择 MIMO-OFDM 信道,信号循环前缀(Cyclic Prefix,CP)已被消除,并在每个接收天线上均通过块解交织器进行离散傅里叶变换(DFT)处理[6],也就是说,接下来各节所涉及信号模型均为已通过去循环前缀和离散傅里叶变换处理之后的形式。于是接收端在时刻 t 接收到的第 n 个子载波(GSFIM)表示如下:

$$\boldsymbol{y}_n(t)=\boldsymbol{H}_n\boldsymbol{x}_n(t)+\boldsymbol{w}_n(t) \tag{7.2}$$

式中，$\boldsymbol{x}_n(t)\in\mathbf{C}^{n_t\times 1}$ 表示时刻 t 主用户第 n 个子载波发射向量；$\boldsymbol{w}_n(t)\in\mathbf{C}^{n_r\times 1}$ 表示时刻 t 加性高斯白噪声向量。

将被接收的 N 个向量 $\boldsymbol{y}_1(t),\boldsymbol{y}_2(t),\cdots,\boldsymbol{y}_N(t)$ 分成 n_g 组，每一组有 n_f 个向量，第 m 组为 $\boldsymbol{y}_{n_f(m-1)+1}(t),\boldsymbol{y}_{n_f(m-1)+2}(t),\cdots,\boldsymbol{y}_{n_f(m-1)+n_f}(t)$，这 n_f 个向量拼接在一起构成一个 $n_rn_f\times 1$ 的长向量，记为 $\boldsymbol{y}^{(m)}(t)$，即

$$\boldsymbol{y}^{(m)}(t)=\begin{bmatrix}\boldsymbol{y}_{n_f(m-1)+1}(t)\\ \boldsymbol{y}_{n_f(m-1)+2}(t)\\ \vdots\\ \boldsymbol{y}_{n_f(m-1)+n_f}(t)\end{bmatrix} \tag{7.3}$$

将式(7.2)代入式(7.3)，则式(7.3)可改写为

$$\boldsymbol{y}^{(m)}(t)=\boldsymbol{H}^{(m)}\boldsymbol{x}^{(m)}(t)+\boldsymbol{w}^{(m)}(t) \tag{7.4}$$

式中 $\boldsymbol{H}^{(m)}=\begin{bmatrix}\boldsymbol{H}_{n_f(m-1)+1} & & & \\ & \boldsymbol{H}_{n_f(m-1)+2} & & \\ & & \ddots & \\ & & & \boldsymbol{H}_{n_f(m-1)+n_f}\end{bmatrix}$，$\boldsymbol{x}^{(m)}(t)=\begin{bmatrix}\boldsymbol{x}_{n_f(m-1)+1}(t)\\ \boldsymbol{x}_{n_f(m-1)+2}(t)\\ \vdots\\ \boldsymbol{x}_{n_f(m-1)+n_f}(t)\end{bmatrix}$，

$\boldsymbol{w}^{(m)}(t)=\begin{bmatrix}\boldsymbol{w}_{n_f(m-1)+1}(t)\\ \boldsymbol{w}_{n_f(m-1)+2}(t)\\ \vdots\\ \boldsymbol{w}_{n_f(m-1)+n_f}(t)\end{bmatrix}$。

易知，式(7.4)中的GSFIM信号向量 $\boldsymbol{x}^{(m)}(t)$ 存在着零元素，当零元素个数比例达到一定程度时该向量稀疏。对于 n_g 个向量 $\boldsymbol{x}^{(1)}(t),\boldsymbol{x}^{(2)}(t),\cdots,\boldsymbol{x}^{(n_g)}(t)$，它们有 $n_g(n_t-n_{\mathrm{rf}})$ 个共同零元素(其位置对应着静默天线索引信息)，而每个 $\boldsymbol{x}^{(m)}(t)$ 除了这些共同的零之外可能还有其他零元素(其位置对应着静默子载波索引信息)。根据前述准联合稀疏矩阵定义7.1可知，由式(7.4)中的GSFIM信号拼接向量 $\boldsymbol{x}^{(m)}(t)$ 构成的矩阵 $[\boldsymbol{x}^{(1)}(t),\boldsymbol{x}^{(2)}(t),\cdots,\boldsymbol{x}^{(n_g)}(t)]$ 也是准联合稀疏矩阵。

需要注意的是，当 $0<n_{\mathrm{rf}}<n_t$，$n_{\mathrm{act}}=n_fn_{\mathrm{rf}}$ 时，GSFIM退化为GSIM，记作SIM；当 $n_{\mathrm{rf}}=n_t$，$0<n_{\mathrm{act}}<n_fn_{\mathrm{rf}}$ 时，GSFIM退化为GFIM，记作FIM；当 $0<n_{\mathrm{rf}}<n_t$，$0<n_{\mathrm{act}}<n_fn_{\mathrm{rf}}$ 时，GSFIM记作SFIM。

7.2.3 自适应索引调制信号三维稀疏表示

考虑一个自适应索引调制模式下的MIMO-OFDM系统，在认知用户接收端，观测到的第 n 个子载波信号向量表示如下：

$$\boldsymbol{y}_n(t)=\boldsymbol{H}_n\boldsymbol{x}_n(t),\quad n=1,2,\cdots,N \tag{7.5}$$

其中 $\boldsymbol{x}_n(t)$ 为主用户发出的第 n 个子载波信号向量，$n=1,2,\cdots,N$。

对于认知用户接收端来说，由于通信信道环境的复杂性和不确定性以及由于对主用户

信息未知所带来的不确定性，本节假定主用户信号于任一时刻的调制状态呈现出一定的随机性，且任一时刻索引调制状态只可能是4种模式之一。该系统中在时刻 t，主用户第 n 个子载波信号 $\boldsymbol{x}_n(t)$ 可表示如下：

$$\begin{aligned}\boldsymbol{x}_n(t) &= (\boldsymbol{x}_n^{(\mathrm{UIM})}(t), \boldsymbol{x}_n^{(\mathrm{SIM})}(t), \boldsymbol{x}_n^{(\mathrm{FIM})}(t), \boldsymbol{x}_n^{(\mathrm{SFIM})}(t))\boldsymbol{\Gamma}(t) \\ &= \gamma_0(t)\boldsymbol{x}_n^{(\mathrm{UIM})}(t) + \gamma_1(t)\boldsymbol{x}_n^{(\mathrm{SIM})}(t) + \gamma_2(t)\boldsymbol{x}_n^{(\mathrm{FIM})}(t) + \gamma_3(t)\boldsymbol{x}_n^{(\mathrm{SFIM})}(t)\end{aligned} \tag{7.6}$$

其中 $\boldsymbol{x}_n^{(\mathrm{UIM})}(t) \in \mathbf{C}^{n_t \times 1}$、$\boldsymbol{x}_n^{(\mathrm{SIM})}(t) \in \mathbf{C}^{n_t \times 1}$、$\boldsymbol{x}_n^{(\mathrm{FIM})}(t) \in \mathbf{C}^{n_t \times 1}$、$\boldsymbol{x}_n^{(\mathrm{SFIM})}(t) \in \mathbf{C}^{n_t \times 1}$ 分别表示未被索引调制，空域索引调制、频域索引调制及空-频索引调制信号；$\boldsymbol{\Gamma}(t) = (\gamma_0(t), \gamma_1(t), \gamma_2(t), \gamma_3(t))'$ 表示 $\boldsymbol{x}_n(t)$ 的索引调制状态随机向量，其分布为

$$\mathrm{Pr}_{\Gamma}(\boldsymbol{\Gamma}(t)) = \begin{cases} p_0, & \boldsymbol{\Gamma}(t) = (1,0,0,0) \\ p_1, & \boldsymbol{\Gamma}(t) = (0,1,0,0) \\ p_2, & \boldsymbol{\Gamma}(t) = (0,0,1,0) \\ 1 - p_0 - p_1 - p_2, & \boldsymbol{\Gamma}(t) = (0,0,0,1) \end{cases}$$

式(7.6)表明在时刻 t，$\boldsymbol{x}_n(t)$ 的调制状态向量 $\boldsymbol{\Gamma}(t)$ 为四元离散型随机向量，共有4种可能的调制状态取值，分别对应着 UIM、SIM、FIM 及 SFIM，其概率分别为 p_0、p_1、p_2 和 $1-p_0-p_1-p_2$。

从式(7.5)和式(7.6)可以看出，接收到的信号矩阵 $\boldsymbol{Y}(t) = [\boldsymbol{y}_1(t), \boldsymbol{y}_2(t), \cdots, \boldsymbol{y}_N(t)]$ 包含着主用户信号各子载波 $\boldsymbol{x}_1(t), \boldsymbol{x}_2(t), \cdots, \boldsymbol{x}_N(t)$ 的占用频率 $f_1, f_2, \cdots, f_N$ 和不同时刻的索引调制方式 π_t 3个维度(频率、时间、调制方式)的信息，因此，$\boldsymbol{Y}(t)$ 是一个包含3个维度信息的函数。为方便叙述，定义 $\boldsymbol{Y}(f_1, f_2, \cdots, f_X; t; \pi_t) \triangleq \boldsymbol{Y}(t)$，$\boldsymbol{y}(f_n; t; \pi_t) \triangleq \boldsymbol{y}_n(t)$，将式(7.6)代入式(7.5)，得

$$\boldsymbol{y}(f_n; t; \pi_t) = \boldsymbol{H}_n[\boldsymbol{x}_n^{(\mathrm{UIM})}(t), \boldsymbol{x}_n^{(\mathrm{SIM})}(t), \boldsymbol{x}_n^{(\mathrm{FIM})}(t), \boldsymbol{x}_n^{(\mathrm{SFIM})}(t)]\boldsymbol{\Gamma}(t) \tag{7.7}$$

式(7.7)为自适应索引调制信号的三维稀疏表示。

7.3 算法原理

7.3.1 基于 JSIR-PRA 的索引调制识别

调制识别是指在对信号特性分析的基础上，通过选择、提取具有信号明显特性的特征参数，从而达到对信号调制类型的识别，其识别过程如图7.3所示。

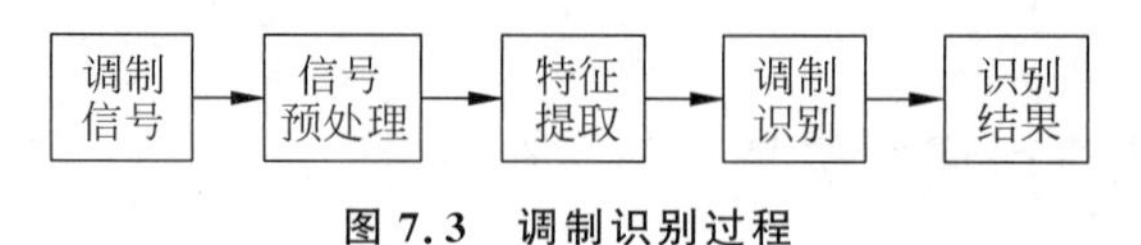

图7.3 调制识别过程

类似地，索引调制识别过程如图7.4所示。

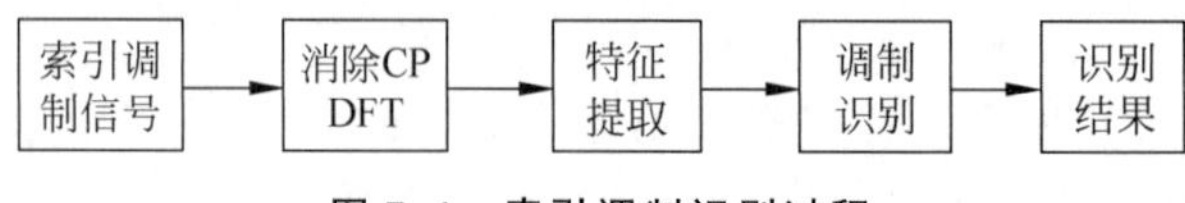

图7.4 索引调制识别过程

本章考虑适用于 MIMO-OFDM-IM 系统的索引调制模式家族，该家族包括 4 种类型：未被索引调制的 MIMO-OFDM 信号(简称为 unindexed modulation，记为 UIM)、空域索引调制(频域上未被索引调制，记为 SIM)、频域索引调制(空域上未被索引调制，记为 FIM)和空-频联合索引调制(SFIM)。

为方便表述，设信号矩阵 $\boldsymbol{X}(t)=[\boldsymbol{x}_1(t),\boldsymbol{x}_2(t),\cdots,\boldsymbol{x}_N(t)]$，有效子载波比 $q_f=n_{\mathrm{act}}/n_{\mathrm{rf}}n_f$，有效天线比 $q_s=n_{\mathrm{rf}}/n_t$，这里的 q_f 和 q_s 分别代表子载波和天线被激活的概率。现将上述 4 个索引调制模式构成的家族简要描述如下：

$$\begin{cases}\text{UIM：} & \boldsymbol{X}(t)\text{ 为 MIMO-OFDM 信号矩阵}, q_f=1, q_f=1\\ \text{SIM：} & \boldsymbol{X}(t)\text{ 为 SIM 信号矩阵}, 0<q_s<1, q_f=1\\ \text{FIM：} & \boldsymbol{X}(t)\text{ 为 FIM 信号矩阵}, q_s=1, 0<q_f<1\\ \text{SFIM：} & \boldsymbol{X}(t)\text{ 为 SFIM 信号矩阵}, 0<q_s<1, 0<q_f<1\end{cases} \tag{7.8}$$

从图 7.2 和式(7.8)可以看出，不同索引调制模式的特点体现在两方面：一方面，不同的索引调制信号矩阵 $\boldsymbol{X}(t)$具有不同的稀疏结构；另一方面，信号矩阵 $\boldsymbol{X}(t)$的非零元或零元位置呈现周期性变化。因此，针对 MIMO-OFDM-IM 系统中如式(7.8)所示的 4 种索引调制类型识别问题，本节通过以下几步来完成。首先检测 $\boldsymbol{X}(t)$的稀疏结构；然后，考虑到索引调制信号特性，利用在不同符号周期间由码元改变所引起的索引信息变化特征进行索引调制识别，而码元跳变信息将通过将当前符号周期内信号投影到一个固定初始符号周期内信号所在子空间的正交投影残差功率来度量。通过对这个正交投影残差功率的假设检验来判断不同符号周期间码元是否发生跳变。最后，将以上两步检测结果结合即可得出主用户信号的索引调制类型。

本节首先给出信号矩阵 $\boldsymbol{X}(t)$稀疏结构的检测方法，其次给出两个不同符号周期间由码元改变所引起的索引信息变化特征参数选取方法，然后从理论上给出特征参数的分布及统计性质，最后给出索引调制识别方法。

1. 稀疏结构判决

1) 稀疏结构定义

从图 7.2 可以看出，索引调制信号矩阵 $\boldsymbol{X}(t)$包含零元和非零元，然而不同的索引调制模式具有不同的稀疏特性。为叙述方便，下面给出 3 种稀疏结构的定义。

定义 7.2　如果 $\boldsymbol{X}(t)$为准联合稀疏矩阵，则称矩阵 $\boldsymbol{X}(t)$具有准联合稀疏结构，并将该稀疏结构简记为 S_{qjs}；如果 $\boldsymbol{X}(t)$为联合稀疏矩阵，则称 $\boldsymbol{X}(t)$具有联合稀疏结构，并将该稀疏结构简记为 S_{js}；如果 $\boldsymbol{X}(t)$为一般稀疏矩阵，则称 $\boldsymbol{X}(t)$具有一般稀疏结构，并将该稀疏结构简记为 S_{s}。

由定义 7.2 可知，

(1) SFIM 调制下的 $\boldsymbol{X}(t)$具有准联合稀疏结构 S_{qjs}；

(2) SIM 调制下的 $\boldsymbol{X}(t)$具有联合稀疏结构 S_{js}；

(3) FIM 调制下的 $\boldsymbol{X}(t)$具有一般稀疏结构 S_{s}。

本节通过检测 $\boldsymbol{X}(t)$的非零元位置来确定 $\boldsymbol{X}(t)$的稀疏结构，为此，考虑下面的优化问题，

$$\mathcal{J}_{\mathrm{A}}=\underset{\boldsymbol{x}_n(t),\mathcal{J}_{\mathrm{A}}}{\arg\min}\|\boldsymbol{X}(t)\|,\quad \|\boldsymbol{y}_n(t)-\boldsymbol{H}_n\boldsymbol{x}_n(t)\|^2\leqslant n_r\sigma_w^2 \tag{7.9}$$

其中$\mathcal{J}_{\mathrm{A}}$表示$\boldsymbol{X}(t)$的非零元索引集（活跃索引集），σ_w^2表示噪声方差。

对于问题(7.9)，本节首先识别被激活天线索引，从而得出静默天线索引（联合稀疏索引），然后剔除$\boldsymbol{X}(t)$中联合稀疏部分，对$\boldsymbol{X}(t)$的剩余部分进行非零元索引检测，得出活跃天线活跃子载波索引，从而得出$\mathcal{J}_{\mathrm{A}}$。

由$\mathcal{J}_{\mathrm{A}}$可得到$\boldsymbol{X}(t)$的零元索引集$\mathcal{J}_{\mathrm{S}}$（静默索引集），根据非零元索引集$\mathcal{J}_{\mathrm{A}}$和零元索引集$\mathcal{J}_{\mathrm{S}}$得出$\boldsymbol{X}(t)$的稀疏结构。

2）索引指标度量

令$\boldsymbol{H}_n=[\boldsymbol{h}_1(n),\boldsymbol{h}_2(n),\cdots,\boldsymbol{h}_{n_t}(n)]$，$\boldsymbol{h}_j(n)$表示第$n$个子载波第$j$个天线的信道增益向量，$1\leqslant j\leqslant n_t$。假定瑞利衰落信道矩阵$\boldsymbol{H}_n$的各列向量相互独立。设$\boldsymbol{x}_n(t)=[x_{n1}(t),x_{n2}(t),\cdots,x_{nn_t}(t)]^{\mathrm{T}}$，按照式(7.2)，则$t$时刻快拍向量$\boldsymbol{y}_n(t)$可表示如下：

$$\boldsymbol{y}_n(t)=x_{n1}(t)\boldsymbol{h}_1(n)+x_{n2}(t)\boldsymbol{h}_2(n)+\cdots+x_{nn_t}(t)\boldsymbol{h}_{n_t}(n)+\boldsymbol{w}_n(t) \tag{7.10}$$

由于$\boldsymbol{h}_j(n)$与$\boldsymbol{h}_i(n)$相互独立，则$\boldsymbol{y}_n(t)$与$\boldsymbol{h}_j(n)$的内积$\boldsymbol{y}_n^{\mathrm{H}}(t)\boldsymbol{h}_j(n)$在一定程度上可以表征式(7.10)中$x_{nj}(t)$的信息。

令$r_{nj}(t)=\boldsymbol{y}_n^{\mathrm{H}}(t)\boldsymbol{h}_j(n)$，$\boldsymbol{r}_n(t)=[r_{n1}(t),r_{n2}(t),\cdots,r_{nn_t}(t)]^{\mathrm{T}}$，$\boldsymbol{R}(t)=[\boldsymbol{r}_1(t),\boldsymbol{r}_2(t),\cdots,\boldsymbol{r}_N(t)]\in\mathbf{C}^{n_t\times N}$，则这个由内积构成的矩阵$\boldsymbol{R}(t)$包含了信号矩阵$\boldsymbol{X}(t)$的所有元素信息，且$\boldsymbol{R}(t)$可如下表示：

$$\boldsymbol{R}(t)=\boldsymbol{H}^{\mathrm{H}}\boldsymbol{Y}(t) \tag{7.11}$$

其中，$\boldsymbol{H}=[\boldsymbol{H}_1^{\mathrm{T}},\boldsymbol{H}_2^{\mathrm{T}},\cdots,\boldsymbol{H}_N^{\mathrm{T}}]^{\mathrm{T}}\in\mathbf{C}^{Nn_r\times n_t}$；$\boldsymbol{Y}(t)=\mathrm{diag}(\boldsymbol{y}_n(t))\in\mathbf{C}^{Nn_r\times N}$。

本节称式(7.11)中的$\boldsymbol{R}(t)$为信道矩阵$\boldsymbol{H}$与观测信号矩阵$\boldsymbol{Y}(t)$的内积矩阵。由前述分析可知，$\boldsymbol{R}(t)$中的元素$r_{nj}(t)$的模数$|r_{nj}(t)|$可以在一定程度上表征第j个天线第n个子载波$x_{nj}(t)$的模数$|x_{nj}(t)|$。当第j个天线或第n个子载波静默($x_{nj}(t)=0$)时，$|r_{nj}(t)|$会很小（理想情形为零）；当第j个天线和第n个子载波均被激活($x_{nj}(t)\neq 0$)时，$|r_{nj}(t)|$会相对很大（理想情形达到最大）。由此可知，这个内积模数$|r_{nj}(t)|$可以作为$x_{nj}(t)$是否为零的一种度量。

定义 7.3 令$\boldsymbol{x}_n(t)=[x_{n1}(t),x_{n2}(t),\cdots,x_{nn_t}(t)]^{\mathrm{T}}$，$\boldsymbol{H}_n=[\boldsymbol{h}_1(n),\boldsymbol{h}_2(n),\cdots,\boldsymbol{h}_{n_t}(n)]$，如果$\boldsymbol{y}_n(t)$、$\boldsymbol{x}_n(t)$、$\boldsymbol{H}_n$满足信号模型(7.10)，$r_{nj}(t)$为$\boldsymbol{y}_n(t)$与$\boldsymbol{h}_j(n)$的内积，则模数$|r_{nj}(t)|$就称为信号$x_{nj}(t)$的一个索引度量。

本节将以这个度量指标为出发点求解问题(7.9)。

3）联合稀疏索引删除

对于问题(7.9)，首先考虑该问题的一个子问题，活跃天线索引检测问题。对于该子问题，本节以二元假设检验的形式描述如下：

$$\begin{cases}\mathrm{H}_{j0}: & \text{第 } j \text{ 个天线静默}\\ \mathrm{H}_{j1}: & \text{第 } j \text{ 个天线活跃}\end{cases} \tag{7.12}$$

下面给出检验问题(7.12)的统计量及其分布。

根据定义 7.3，第j个天线的状态（激活或静默）可以通过第j个天线的所有子载波索引指标度量之和来衡量，这个索引度量和记为$s_j(t)$，即

$$s_j(t)=\sum_{n=1}^{N}|r_{nj}(t)| \tag{7.13}$$

其中 $r_{nj}(t)=\boldsymbol{h}_j^{\mathrm{H}}(n)\boldsymbol{H}_n\boldsymbol{x}_n(t)+\boldsymbol{h}_j^{\mathrm{H}}(n)\boldsymbol{w}_n(t)$。

接下来推导统计量 $s_j(t)$的分布，为此，首先考虑$|r_{nj}(t)|$的分布。

对于 $r_{nj}(t)=\boldsymbol{h}_j^{\mathrm{H}}(n)\boldsymbol{H}_n\boldsymbol{x}_n(t)+\boldsymbol{h}_j^{\mathrm{H}}(n)\boldsymbol{w}_n(t)$，设信道矩阵 $\boldsymbol{H}_n$ 已知，由于 $\boldsymbol{x}_n(t)$未知，存在不确定性，因此可以将 $\boldsymbol{x}_n(t)$看作一个随机向量。假设 $\boldsymbol{x}_n(t)$服从一个多元复高斯分布 $\mathrm{CN}(0,q_s p_f \sigma_{\mathrm{x}}^2 \boldsymbol{I}_{n_t})$，$\sigma_{\mathrm{x}}^2$ 表示子载波的平均功率。设 $\boldsymbol{w}_n(t)\sim\mathrm{CN}(0,\sigma_w^2\boldsymbol{I}_{n_r})$，由于 $\boldsymbol{x}_n(t)$和 $\boldsymbol{w}_n(t)$相互独立，则

$$r_{nj}(t)\sim\mathrm{CN}(0,\sigma_r^2(nj)) \tag{7.14}$$

其中方差

$$\sigma_r^2(nj)=\begin{cases} p_f\sigma_{\mathrm{x}}^2\sum\limits_{l=1}^{n_{\mathrm{rf}}}|\boldsymbol{h}_j^{\mathrm{H}}(n)\boldsymbol{h}_{i_l}(n)|^2+\sigma_w^2\,\|\boldsymbol{h}_j(n)\|^2, & \mathrm{H}_{j0}\\ p_f\sigma_{\mathrm{x}}^2\left(\sum\limits_{l=1}^{n_{\mathrm{rf}}-1}|\boldsymbol{h}_j^{\mathrm{H}}(n)\boldsymbol{h}_{i_l}(n)|^2+\|\boldsymbol{h}_j(n)\|^4\right)+\sigma_w^2\,\|\boldsymbol{h}_j(n)\|^2, & \mathrm{H}_{j1}\end{cases} \tag{7.15}$$

令 $z_{nj}(t)=|r_{nj}(t)|$，则统计量 $z_{nj}(t)$服从瑞利分布，其密度函数为

$$f_{z_{nj}(t)}(z)=\frac{z}{\sigma_r^2(nj)/2}\exp\left(-\frac{z^2}{\sigma_r^2(nj)}\right)$$

从而得出，$z_{nj}(t)$的期望和方差分别为

$$E\left[z_{nj}(t)\right]=\frac{\sqrt{\pi}}{2}\sigma_r(nj),\ \mathrm{Var}\ \left[z_{nj}(t)\right]=\frac{4-\pi}{2}\sigma_r^2(nj) \tag{7.16}$$

假定 $\|\boldsymbol{h}_j(n)\|=1$，对于每一个子载波，$\sum\limits_{l=1}^{n_{\mathrm{rf}}}|\boldsymbol{h}_j^{\mathrm{H}}(n)\boldsymbol{h}_{i_l}(n)|^2$ 可以看作近似相等，均为 $\frac{1}{N}\sum\limits_{n=1}^{N}\sum\limits_{l=1}^{n_{\mathrm{rf}}}|\boldsymbol{h}_j^{\mathrm{H}}(n)\boldsymbol{h}_{i_l}(n)|^2$。为方便起见，令 $\delta_0=\frac{1}{N}\sum\limits_{n=1}^{N}\sum\limits_{l=1}^{n_{\mathrm{rf}}}|\boldsymbol{h}_j^{\mathrm{H}}(n)\boldsymbol{h}_{i_l}(n)|^2$，$\delta_1=\frac{1}{N}\sum\limits_{n=1}^{N}\sum\limits_{l=1}^{n_{\mathrm{rf}}-1}|\boldsymbol{h}_j^{\mathrm{H}}(n)\boldsymbol{h}_{i_l}(n)|^2+1$，于是，式(7.15) 可以改写为

$$\sigma_r^2(nj)=\begin{cases} p_f\delta_0\sigma_{\mathrm{x}}^2+\sigma_w^2, & \mathrm{H}_{j0}\\ p_f\delta_1\sigma_{\mathrm{x}}^2+\sigma_w^2, & \mathrm{H}_{j1}\end{cases} \tag{7.17}$$

由式(7.16)和式(7.17)可知，$|r_{nj}(t)|$的期望为

$$\begin{cases} E[|r_{nj}(t)|]=\dfrac{\sqrt{\pi(p\delta_0\sigma_{\mathrm{x}}^2+\sigma_w^2)}}{2}, & \mathrm{H}_{j0}\\ E[|r_{nj}(t)|]=\dfrac{\sqrt{\pi(p\delta_1\sigma_{\mathrm{x}}^2+\sigma_w^2)}}{2}, & \mathrm{H}_{j1}\end{cases} \tag{7.18}$$

进而得到 $s_j(t)$的期望

$$\begin{cases} E[s_j(t)]=N\dfrac{\sqrt{\pi(p\delta_0\sigma_{\mathrm{x}}^2+\sigma_w^2)}}{2}, & \mathrm{H}_{j0}\\ E[s_j(t)]=N\dfrac{\sqrt{\pi(p\delta_1\sigma_{\mathrm{x}}^2+\sigma_w^2)}}{2}, & \mathrm{H}_{j1}\end{cases} \tag{7.19}$$

由于 $\boldsymbol{H}_n$ 的各列相互独立，因此 $\delta_1>\delta_0$，则第 j 个天线被激活状态（H_{j1}）下 $s_j(t)$ 的期望值比静默状态（H_{j0}）下的期望值大。由此可见，$s_j(t)$ 可以充当检验问题(7.12)的统计量。借助统计量 $s_j(t)$，检验问题(7.12)重新描述如下：

$$\begin{cases}\mathrm{H}_{j0}: & s_j(t)\leqslant\gamma\\ \mathrm{H}_{j1}: & s_j(t)>\gamma\end{cases}\tag{7.20}$$

其中 γ 为检测阈值。

假定 N 个子载波相互独立，则 $z_{1j}(t),z_{2j}(t),\cdots,z_{Nj}(t)$ 独立同分布。由式(7.17)、式(7.19)及中心极限定理知，$s_j(t)$ 近似服从正态分布，即

$$\begin{cases}\mathrm{H}_{j0}: & s_j(t)\sim N\left(N\dfrac{\sqrt{\pi(p\delta_0\sigma_{\mathrm{x}}^2+\sigma_w^2)}}{2},N\dfrac{(4-\pi)(p\delta_0\sigma_{\mathrm{x}}^2+\sigma_w^2)}{2}\right)\\ \mathrm{H}_{j1}: & s_j(t)\sim N\left(N\dfrac{\sqrt{\pi(p\delta_1\sigma_{\mathrm{x}}^2+\sigma_w^2)}}{2},N\dfrac{(4-\pi)(p\delta_1\sigma_{\mathrm{x}}^2+\sigma_w^2)}{2}\right)\end{cases}\tag{7.21}$$

众所周知，虚警概率和检测概率是评估检测方法的两个重要指标。根据式(7.21)，利用统计量 $s_j(t)$ 的分布，检验问题(7.20)的虚警概率 P_f 和检测概率 P_d 分别为

$$P_f=Q\left(\frac{\gamma-N\sqrt{\pi\beta_0}/2}{N\sqrt{(4-\pi)\beta_0/2}}\right),\quad P_d=Q\left(\frac{\gamma-N\sqrt{\pi\beta_1}/2}{N\sqrt{(4-\pi)\beta_1/2}}\right)\tag{7.22}$$

其中，$Q(\cdot)$ 表示标准正态分布的右尾函数，$\beta_0=p\delta_0\sigma_{\mathrm{x}}^2+\sigma_w^2$，$\beta_1=p\delta_1\sigma_x^2+\sigma_w^2$。

假设检验实施中，则当信噪比固定时，对于给定的观测数据，一般事先给定虚警概率 P_f，然后确定阈值 γ，通过式(7.20)中的判别原则进行检测。此时的检测概率 P_d 被确定。事实上，虚警概率 P_f 和检测概率是相互制约的，若使得 P_f 减小，则其他条件不变的情况下，P_d 也减小；若欲使 P_d 增大，则 P_f 也变大。因此，要想提高检测概率 P_d，同时减小虚警概率 P_f，那么只能改变其他条件，比如增大样本数或提高信噪比等，理由如下。

联立式(7.22)中的两式，可得出 P_d、P_f 与 N 之间的关系：

$$N=\left(\frac{Q^{-1}(P_f)\sqrt{\dfrac{(4-\pi)\beta_0}{2}}-Q^{-1}(P_d)\sqrt{\dfrac{(4-\pi)\beta_1}{2}}}{\dfrac{\sqrt{\pi\beta_1}}{2}-\dfrac{\sqrt{\pi\beta_0}}{2}}\right)^2\tag{7.23}$$

式(7.23)表明，只要 N 可以不受限制地无限增大，P_f 就可以无限接近于零，P_d 也可以无限接近于 1。然而在本章中由于 OFDM 系统中的子载波数固定，所以为了满足虚警概率和检测概率的要求，可以通过一个符号周期内多次采样的方式间接实现增加样本量 N 的目的。

另外，增大信噪比也可提高检测概率和降低虚警概率。本节中平均信噪比为

$$\mathrm{SNR}=\frac{E[(\boldsymbol{H}_n\boldsymbol{x}_n(t))^{\mathrm{H}}\boldsymbol{H}_n\boldsymbol{x}_n(t)]}{E[\boldsymbol{w}_n^{\mathrm{H}}(t)\boldsymbol{w}_n(t)]}=\frac{n_{\mathrm{rf}}p\sigma_{\mathrm{x}}^2}{n_r\sigma_w^2}\tag{7.24}$$

由式(7.22)，β_0 和 β_1 可得，P_d、P_f 与 SNR 之间的关系：

$$\mathrm{SNR}=\frac{n_r}{n_{\mathrm{rf}}}\frac{\frac{\beta_1}{\beta_0}-1}{\delta_1-\delta_0\frac{\beta_1}{\beta_0}} \tag{7.25}$$

其中$\frac{\beta_1}{\beta_0}=\left(\frac{Q^{-1}(P_f)\sqrt{2(4-\pi)}-\sqrt{N\pi}}{Q^{-1}(P_d)\sqrt{2(4-\pi)}-\sqrt{N\pi}}\right)^2$。

对于式(7.25),当$\delta_1>\delta_0$时,SNR关于β_1/β_0单调递增,因此,提高信噪比(采取一定的去噪方法)可以使得虚警概率减小同时检测概率变大。

以上分析表明,$s_j(t)$可以作为一个第j个天线的一个索引度量。

定义 7.4 设$\boldsymbol{R}(t)$是信道矩阵$\boldsymbol{H}$和观测信号矩阵$\boldsymbol{Y}(t)$的内积矩阵,则式(7.13)中的$s_j(t)$称为第j个天线的一个索引度量。

根据检测准则式(7.20)和定义7.4,活跃天线索引集$\mathcal{J}_{\mathrm{A}_0}$

$$\mathcal{J}_{\mathrm{A}_0}=\{j:s_j(t)>\gamma\} \tag{7.26}$$

从而静默天线索引集$\mathcal{J}_{\mathrm{S}_0}=\{j:j\in\{1,2,\cdots,n_t\},j\notin\mathcal{J}_{\mathrm{A}_0}\}$。

显然静默天线对应的$\boldsymbol{X}_{\mathcal{J}_{\mathrm{S}_0}}(t)$对信号矩阵$\boldsymbol{X}(t)$没有贡献,因此若从$\boldsymbol{X}(t)$中剔除$\boldsymbol{X}_{\mathcal{J}_{\mathrm{S}_0}}(t)$,将会简化问题(7.9),此剔除过程称为联合稀疏删除。剔除$\boldsymbol{X}_{\mathcal{J}_{\mathrm{S}_0}}(t)$后剩余部分为$\boldsymbol{X}_{\mathcal{J}_{\mathrm{A}_0}}(t)$,此时$\boldsymbol{X}_{\mathcal{J}_{\mathrm{A}_0}}(t)$稀疏,但不是联合稀疏。剔除$\boldsymbol{X}_{\mathcal{J}_{\mathrm{S}_0}}(t)$后,优化问题(7.9)等价于如下形式:

$$\mathcal{J}_{\mathrm{A}}=\underset{\boldsymbol{x}_{n\mathcal{J}_{\mathrm{A}_0}}(t)}{\arg\min}\|\boldsymbol{X}_{\mathcal{J}_{\mathrm{A}_0}}(t)\|,\quad \|\boldsymbol{y}_n(t)-\boldsymbol{H}_{n\mathcal{J}_{\mathrm{A}_0}}\boldsymbol{x}_{n\mathcal{J}_{\mathrm{A}_0}}(t)\|^2\leqslant|\mathcal{J}_{\mathrm{A}_0}|\sigma_w^2 \tag{7.27}$$

其中$\boldsymbol{x}_{n\mathcal{J}_{\mathrm{A}_0}}(t)$、$\boldsymbol{X}_{\mathcal{J}_{\mathrm{A}_0}}(t)$和$\boldsymbol{H}_{n\mathcal{J}_{\mathrm{A}_0}}$分别表示$\boldsymbol{x}_n(t)$、$\boldsymbol{X}(t)$和$\boldsymbol{H}_n$被剔除$\boldsymbol{x}_{n\mathcal{J}_{\mathrm{S}_0}}(t)$、$\boldsymbol{X}_{\mathcal{J}_{\mathrm{S}_0}}(t)$和$\boldsymbol{H}_{n\mathcal{J}_{\mathrm{S}_0}}$后的剩余部分。

4) 活跃索引集检测

由7.2.2节的索引调制可知,$\boldsymbol{x}_{n\mathcal{J}_{\mathrm{A}_0}}(t)$的稀疏度随着$n$的变化而变化,而堆叠向量$\boldsymbol{x}^{(m)}(t)(1\leqslant m\leqslant n_g)$的稀释度不变(稀疏度为$n_{\mathrm{act}}$),因此,$\boldsymbol{x}_{n\mathcal{J}_{\mathrm{A}_0}}^{(1)}(t),\boldsymbol{x}_{n\mathcal{J}_{\mathrm{A}_0}}^{(2)}(t),\cdots,\boldsymbol{x}_{n\mathcal{J}_{\mathrm{A}_0}}^{(n_g)}(t)$也具有相同的稀疏度$n_{\mathrm{act}}$,如此一来,问题(7.27)可以改写为如下形式

$$\mathcal{J}_{\mathrm{A}}=\underset{\boldsymbol{x}_{\mathcal{J}_{\mathrm{A}_0}}^{(m)}(t)}{\arg\min}\|\boldsymbol{x}_{\mathcal{J}_{\mathrm{A}_0}}^{(m)}(t)\|,\quad \|\boldsymbol{y}^{(m)}(t)-\boldsymbol{H}_{\mathcal{J}_{\mathrm{A}_0}}^{(m)}\boldsymbol{x}_{\mathcal{J}_{\mathrm{A}_0}}^{(m)}(t)\|^2\leqslant mn_r\sigma_w^2 \tag{7.28}$$

其中,$\boldsymbol{y}^{(m)}(t)=[\boldsymbol{y}_{n_f(m-1)+1}^{\mathrm{T}}(t),\boldsymbol{y}_{n_f(m-1)+2}^{\mathrm{T}}(t),\cdots,\boldsymbol{y}_{n_f(m-1)+n_f}^{\mathrm{T}}(t)]^{\mathrm{T}}$,$\boldsymbol{H}_{\mathcal{J}_{\mathrm{A}_0}}^{(m)}=\mathrm{diag}(\boldsymbol{H}_{n_f(m-1)+k,\mathcal{J}_{\mathrm{A}_0}}),1\leqslant k\leqslant n_f$,$\boldsymbol{x}_{\mathcal{J}_{\mathrm{A}_0}}^{(m)}(t)=[\boldsymbol{x}_{n_f(m-1)+1,\mathcal{J}_{\mathrm{A}_0}}^{\mathrm{T}}(t),\boldsymbol{x}_{n_f(m-1)+2,\mathcal{J}_{\mathrm{A}_0}}^{\mathrm{T}}(t),\cdots,\boldsymbol{x}_{n_f(m-1)+n_f,\mathcal{J}_{\mathrm{A}_0}}^{\mathrm{T}}(t)]^{\mathrm{T}},1\leqslant m\leqslant n_g$。

易知,式(7.28)是一个典型稀疏恢复问题,对于该问题,本节采用快速重构算法OMP来获得$\mathcal{J}_{\mathrm{A}}$。根据$\mathcal{J}_{\mathrm{A}}$和定义7.2,得到$\boldsymbol{X}(t)$的稀疏结构。

以上就是$\boldsymbol{X}(t)$的稀疏结构检测过程。在整个检测过程中,由于联合稀疏索引删除是较为关键且具有创新性的一步,因此,该稀疏结构检测方法被称为联合稀疏索引删除CS(Joint Sparse Index Removal CS,JSIR-CS)法,其算法步骤见表7.1。

表 7.1 JSIR-CS 算法

JSIR-CS 算法
输入：$\boldsymbol{y}_n(t), \boldsymbol{H}_n, N, q_s, q_f, \sigma_x^2, \sigma_w^2, P_f, \mathcal{J}=\varnothing$ 输出：$\boldsymbol{X}(t)$的稀疏结构 (0) 计算内积矩阵 $\boldsymbol{R}(t)$、索引度量 $s_1(t), s_2(t), \cdots, s_{n_t}(t)$、计算阈值 γ； (1) for $j=1$; $j \leqslant n_t$ do (2) if $s_j(t) > \gamma$ then $\mathcal{J}=\mathcal{J} \cup \varnothing$； (3) $\mathcal{J}_{\mathrm{A}_0}=J$； (4) 对式(7.28)利用 OMP 得到$\mathcal{J}_{\mathrm{A}}$； (5) $\mathcal{J}_{\mathrm{S}}=\mathcal{J}_0 \backslash \mathcal{J}_{\mathrm{A}}, \mathcal{J}_0=\{(1,1),(1,2),\cdots,(1,N),\cdots,(n_t,1),\cdots,(n_t,N)\}$； (6) 根据定义 7.2，得出 $\boldsymbol{X}(t)$的稀疏结构

2. 投影残差分析

稀疏结构检测结果并不能断定接收信号为索引调制信号，还需要进一步判定该接收信号矩阵的非零元素索引是否呈现周期性变化。接下来，本节将通过假设检验来判断信号矩阵 $\boldsymbol{X}(t)$是否被索引调制。

考虑下面的二元检验问题：

$$\begin{cases} \mathrm{H}_0: \boldsymbol{X}(t) \text{ 为 UIM 信号矩阵} \\ \mathrm{H}_1: \boldsymbol{X}(t) \text{ 为 IM 信号矩阵} \end{cases} \tag{7.29}$$

解决检验问题(7.29)的关键就是寻找一个有效统计量，为此，进行下面的分析和推导。

1) 投影残差功率

由索引调制原理知，信号矩阵 $\boldsymbol{X}(t)$非零元素索引中一个调制码元周期内不变，然而不同的码元周期之间将发生改变，这种码元跳变可通过将当前周期内观测到的每个子载波向量投影到之前的某个周期内该子载波向量所在空间所得的残差功率来度量。

假定在采样过程中，信道矩阵 $\boldsymbol{H}_n$ 保持不变。由式(7.10)知，第 i 个子载波于时刻 t_i 接收到的信号向量 $\boldsymbol{y}_n(t_i)$为

$$\boldsymbol{y}_n(t_i)=x_{n1}(t_i)\boldsymbol{h}_1(n)+x_{n2}(t_i)\boldsymbol{h}_2(n)+\cdots+x_{nn_t}(t_i)\boldsymbol{h}_{n_t}(n)+\boldsymbol{w}_n(t_i) \tag{7.30}$$

其中 $i=1,2,\cdots,K$，$t_1,t_2,\cdots,t_K$ 依次处于 K 个相邻的码元周期，$K+1 \leqslant 2^{k_{\mathrm{sf}}}$，$k_{\mathrm{sf}}=\lfloor \log_2(C_{n_t}^{n_{\mathrm{rf}}} C_{n_{\mathrm{rf}} n_f}^{n_{\mathrm{act}}}) \rfloor$。

设 t_0 处于时刻 t_1 所在码元周期之前的某个周期内，如果 $\boldsymbol{X}(t)$为一个索引调制信号矩阵，则 $\boldsymbol{X}(t_i)$与 $\boldsymbol{X}(t_0)$的非零元素索引位置不同，特别地，$\boldsymbol{X}_m(t_i)$与 $\boldsymbol{X}_m(t_0)$的非零元素索引不同，这里 $\boldsymbol{X}_m(t_i)=[\boldsymbol{x}_{n_f(m+1)+1}(t_i), \boldsymbol{x}_{n_f(m+1)+2}(t_i), \cdots, \boldsymbol{x}_{n_f(m+1)+n_f}(t_i)]$，$1 \leqslant m \leqslant n_g$。

总之，子阵 $\boldsymbol{X}_m(t_i)$有两个特点：一是 $\boldsymbol{X}_m(t_i)$存在零元素；二是 $\boldsymbol{X}_m(t_i)$与 $\boldsymbol{X}_m(t_0)$的非零元素索引不同。

对于式(7.30)，若只保留 $x_{n1}(t_i), x_{n2}(t_i), \cdots, x_{nn_t}(t_i)$中的非零项，则式(7.30)可以改写如下：

$$\boldsymbol{y}_n(t_i)=x_{n\alpha_1}(t_i)\boldsymbol{h}_{\alpha_1}(n)+x_{n\alpha_2}(t_i)\boldsymbol{h}_{\alpha_2}(n)+\cdots+x_{n\alpha_{P_i}}(t_i)\boldsymbol{h}_{\alpha_{P_i}}(n)+\boldsymbol{w}_n(t_i) \tag{7.31}$$

其中 $P_i(P_i<n_t)$表示时刻 t_i 被激活天线数。

为叙述方便,将式(7.31)改写为

$$\boldsymbol{y}_n(t_i)=\boldsymbol{H}_n^{(P_i)}\boldsymbol{x}_n^{(P_i)}(t_i)+\boldsymbol{w}_n(t_i) \tag{7.32}$$

其中 $\boldsymbol{H}_n^{(P_i)}=[\boldsymbol{h}_n(\alpha_1),\boldsymbol{h}_n(\alpha_2),\cdots,\boldsymbol{h}_n(\alpha_{P_i})]\in\mathbf{C}^{n_r\times P_i}$,$\boldsymbol{x}_n^{(P_i)}(t_i)=[x_{n\alpha_1}(t_i),x_{n\alpha_2}(t_i),\cdots,x_{n\alpha_{P_i}}(t_i)]^{\mathrm{T}}\in\mathbf{C}^{P_i\times 1}$。

类似地,初始时刻 t_0 观测到的第 n 个子载波可表示为

$$\boldsymbol{y}_n(t_0)=\boldsymbol{H}_n^{(P_0)}\boldsymbol{x}_n^{(P_0)}(t_0)+\boldsymbol{w}_n(t_0) \tag{7.33}$$

其中 $\boldsymbol{H}_n^{(P_0)}=[\boldsymbol{h}_n(\beta_1),\boldsymbol{h}_n(\beta_2),\cdots,\boldsymbol{h}_n(\beta_{P_0})]\in\mathbf{C}^{n_r\times P_0}$,其中 $P_0(P_0<n_t)$表示时刻 t_0 被激活天线数。

令 $\boldsymbol{e}_n(t_i)$为 $\boldsymbol{y}_n(t_i)$到子空间 $\mathrm{span}\{\boldsymbol{h}_n(\beta_1),\boldsymbol{h}_n(\beta_2),\cdots,\boldsymbol{h}_n(\beta_{P_0})\}$的投影残差向量,则 $\boldsymbol{e}_n(t_i)$可表示如下:

$$\boldsymbol{e}_n(t_i)=[\boldsymbol{I}-\boldsymbol{H}_n^{(P_0)}((\boldsymbol{H}_n^{(P_0)})^{\mathrm{H}}\boldsymbol{H}_n^{(P_0)})^{-1}(\boldsymbol{H}_n^{(P_0)})^{\mathrm{H}}]\boldsymbol{y}_n(t_i) \tag{7.34}$$

其中 $\boldsymbol{H}_n^{(P_0)}((\boldsymbol{H}_n^{(P_0)})^{\mathrm{H}}\boldsymbol{H}_n^{(P_0)})^{-1}(\boldsymbol{H}_n^{(P_0)})^{\mathrm{H}}$ 表示投影矩阵,$P_0<n_r$。

将式(7.32)代入式(7.34),则式(7.34)可改写为

$$\boldsymbol{e}_n(t_i)=[\boldsymbol{I}-\boldsymbol{H}_n^{(P_0)}((\boldsymbol{H}_n^{(P_0)})^{\mathrm{H}}\boldsymbol{H}_n^{(P_0)})^{-1}(\boldsymbol{H}_n^{(P_0)})^{\mathrm{H}}][\boldsymbol{H}_n^{(P_i)}\boldsymbol{x}_n^{(P_i)}(t_i)+\boldsymbol{w}_n(t_i)] \tag{7.35}$$

在不同的索引调制模式下,式(7.35)具有不同的形式:

(1) 若 $\boldsymbol{X}(t_i)$为 UIM 时,$\boldsymbol{H}_n^{(P_i)}=\boldsymbol{H}_n^{(P_0)}=\boldsymbol{H}_n$,$\boldsymbol{x}_n^{(P_i)}(t_i)=\boldsymbol{x}_n(t_i)$,则式(7.35)等价于

$$\boldsymbol{e}_n(t_i)=[\boldsymbol{I}-\boldsymbol{H}_n(\boldsymbol{H}_n^{\mathrm{H}}\boldsymbol{H}_n)^{-1}\boldsymbol{H}_n^{\mathrm{H}}][\boldsymbol{H}_n\boldsymbol{x}_n(t_i)+\boldsymbol{w}_n(t_i)] \tag{7.36}$$

(2) 若 $\boldsymbol{X}(t_i)$为 IM(SIM 或 FIM 或 SFIM)时,$\boldsymbol{H}_n^{(P_i)}\neq\boldsymbol{H}_n^{(P_0)}$,则投影残差向量 $\boldsymbol{e}_n(t_i)$如式(7.35)所示。

令 $\boldsymbol{E}(t_i)=[\boldsymbol{e}_1(t_i),\boldsymbol{e}_2(t_i),\cdots,\boldsymbol{e}_N(t_i)]$,则矩阵 $\boldsymbol{E}(t_i)\boldsymbol{E}^{\mathrm{H}}(t_i)$的迹 $\mathrm{Tr}[\boldsymbol{E}(t_i)\boldsymbol{E}^{\mathrm{H}}(t_i)]$表示所有子载波投影残差功率之和。下面给出不同调制模式下这个投影残差功率之和的期望和方差。

定理 7.1　如果 $\boldsymbol{X}(t)$为 UIM,且 $n_r\geqslant n_t$,则对于 $\forall i\in\{1,2,\cdots,K\}$,有

$$E[\mathrm{Tr}[\boldsymbol{E}(t_i)\boldsymbol{E}^{\mathrm{H}}(t_i)]]=\sum_{n=1}^{N}\mathrm{Tr}[\boldsymbol{H}_n^{\mathrm{H}}\boldsymbol{U}_n^2\boldsymbol{H}_n\boldsymbol{R}_x(n)+\sigma_w^2\boldsymbol{U}_n^2]$$

$$\mathrm{Var}[\mathrm{Tr}[\boldsymbol{E}(t_i)\boldsymbol{E}^{\mathrm{H}}(t_i)]]=\sum_{n=1}^{N}\mathrm{Tr}[4\sigma_w^2\boldsymbol{H}_n^{\mathrm{H}}\boldsymbol{U}_n^4\boldsymbol{H}_n\boldsymbol{R}_x(n)+2\sigma_w^4\boldsymbol{U}_n^4]$$

其中,$\boldsymbol{U}_n=\boldsymbol{I}-\boldsymbol{H}_n(\boldsymbol{H}_n^{\mathrm{H}}\boldsymbol{H}_n)^{-1}\boldsymbol{H}_n^{\mathrm{H}}$,$\boldsymbol{R}_x(n)=\boldsymbol{x}_n(t_i)\boldsymbol{x}_n^{\mathrm{H}}(t_i)$,$\sigma_w^2$ 表示噪声方差。

证明:令 $\boldsymbol{c}_n(t_i)=[\boldsymbol{I}-\boldsymbol{H}_n(\boldsymbol{H}_n^{\mathrm{H}}\boldsymbol{H}_n)^{-1}\boldsymbol{H}_n^{\mathrm{H}}]\boldsymbol{H}_n\boldsymbol{x}_n(t_i)$,代入式(7.35)得 $\boldsymbol{e}_n(t_i)=\boldsymbol{c}_n(t_i)+\boldsymbol{U}_n\boldsymbol{w}_n(t_i)$,于是

$$E[\mathrm{Tr}[\boldsymbol{E}(t_i)\boldsymbol{E}^{\mathrm{H}}(t_i)]]=\sum_{n=1}^{N}E[\boldsymbol{e}_n^{\mathrm{H}}(t_i)\boldsymbol{e}_n(t_i)]$$

$$= \sum_{n=1}^{N} (\boldsymbol{c}_n^{\mathrm{H}}(t_i)\boldsymbol{c}_n(t_i) + \sigma_w^2 \mathrm{Tr}[\boldsymbol{U}_n^{\mathrm{H}}\boldsymbol{U}_n])$$

$$= \sum_{n=1}^{N} \mathrm{Tr}[\boldsymbol{H}_n^{\mathrm{H}}\boldsymbol{U}_n^2\boldsymbol{H}_n\boldsymbol{R}_x(n) + \sigma_w^2 U_n^2]$$

$$\mathrm{Var}[\mathrm{Tr}[\boldsymbol{E}(t_i)\boldsymbol{E}^{\mathrm{H}}(t_i)]] = \mathrm{Var}\left[\mathrm{Tr}\left[\sum_{n=1}^{N}\boldsymbol{e}_n(t_i)\boldsymbol{e}_n^{\mathrm{H}}(t_i)\right]\right]$$

$$= \mathrm{Var}\left[\sum_{n=1}^{N}\boldsymbol{e}_n^{\mathrm{H}}(t_i)\boldsymbol{e}_n(t_i)\right]$$

$$= \sum_{n=1}^{N}\mathrm{Var}[\boldsymbol{e}_n^{\mathrm{H}}(t_i)\boldsymbol{e}_n(t_i)]$$

由于 $\boldsymbol{e}_n^{\mathrm{H}}(t_i)\boldsymbol{e}_n(t_i) = \boldsymbol{c}_n^{\mathrm{H}}(t_i)\boldsymbol{c}_n(t_i) + 2\boldsymbol{c}_n^{\mathrm{H}}(t_i)\boldsymbol{U}_n\boldsymbol{w}_n(t_i) + \boldsymbol{w}_n^{\mathrm{H}}(t_i)\boldsymbol{U}_n^{\mathrm{H}}\boldsymbol{U}_n\boldsymbol{w}_n(t_i)$,因此

$$\mathrm{Var}[\boldsymbol{e}_n^{\mathrm{H}}(t_i)\boldsymbol{e}_n(t_i)] = \mathrm{Var}[2\boldsymbol{c}_n^{\mathrm{H}}(t_i)\boldsymbol{U}_n\boldsymbol{w}_n(t_i) + \boldsymbol{w}_n^{\mathrm{H}}(t_i)\boldsymbol{U}_n^{\mathrm{H}}\boldsymbol{U}_n\boldsymbol{w}_n(t_i)] \quad (7.37)$$

而

$$E[2\boldsymbol{c}_n^{\mathrm{H}}(t_i)\boldsymbol{U}_n\boldsymbol{w}_n(t_i) + \boldsymbol{w}_n^{\mathrm{H}}(t_i)\boldsymbol{U}_n^{\mathrm{H}}\boldsymbol{U}_n\boldsymbol{w}_n(t_i)]^2 = 4\sigma_w^2\boldsymbol{c}_n^{\mathrm{H}}(t_i)\boldsymbol{U}_n\boldsymbol{U}_n^{\mathrm{H}}\boldsymbol{c}_n(t_i) + 4E[\boldsymbol{c}_n^{\mathrm{H}}(t_i)\boldsymbol{U}_n\boldsymbol{w}_n(t_i)\boldsymbol{w}_n^{\mathrm{H}}(t_i)\boldsymbol{U}_n^{\mathrm{H}}\boldsymbol{U}_n\boldsymbol{w}_n(t_i)] + E[\boldsymbol{w}_n^{\mathrm{H}}(t_i)\boldsymbol{U}_n^{\mathrm{H}}\boldsymbol{U}_n\boldsymbol{w}_n(t_i)\boldsymbol{w}_n^{\mathrm{H}}(t_i)\boldsymbol{U}_n^{\mathrm{H}}\boldsymbol{U}_n\boldsymbol{w}_n(t_i)] \quad (7.38)$$

由于零均值正态分布的三阶原点矩为 0,因此

$$E[\boldsymbol{c}_n^{\mathrm{H}}(t_i)\boldsymbol{U}_n\boldsymbol{w}_n(t_i)\boldsymbol{w}_n^{\mathrm{H}}(t_i)\boldsymbol{U}_n^{\mathrm{H}}\boldsymbol{U}_n\boldsymbol{w}_n(t_i)] = 0$$

而 $E[\boldsymbol{w}_n^{\mathrm{H}}(t_i)\boldsymbol{U}_n^{\mathrm{H}}\boldsymbol{U}_n\boldsymbol{w}_n(t_i)\boldsymbol{w}_n^{\mathrm{H}}(t_i)\boldsymbol{U}_n^{\mathrm{H}}\boldsymbol{U}_n\boldsymbol{w}_n(t_i)] = \sigma_w^4\mathrm{Tr}[\boldsymbol{U}_n^{\mathrm{H}}\boldsymbol{U}_n(\boldsymbol{U}_n^{\mathrm{H}}\boldsymbol{U}_n)^{\mathrm{H}}] + \sigma_w^4(\mathrm{Tr}[(\boldsymbol{U}_n^{\mathrm{H}}\boldsymbol{U}_n)^2] + (\mathrm{Tr}[\boldsymbol{U}_n^{\mathrm{H}}\boldsymbol{U}_n])^2)$

$$E[2\boldsymbol{c}_n^{\mathrm{H}}(t_i)\boldsymbol{U}_n\boldsymbol{w}_n(t_i) + \boldsymbol{w}_n^{\mathrm{H}}(t_i)\boldsymbol{U}_n^{\mathrm{H}}\boldsymbol{U}_n\boldsymbol{w}_n(t_i)] = E[\boldsymbol{w}_n^{\mathrm{H}}(t_i)\boldsymbol{U}_n^{\mathrm{H}}\boldsymbol{U}_n\boldsymbol{w}_n(t_i)] = \sigma_w^2\mathrm{Tr}[\boldsymbol{U}_n^{\mathrm{H}}\boldsymbol{U}_n] \quad (7.39)$$

联立式(7.37)、式(7.38)和式(7.39),可得

$\mathrm{Var}[\mathrm{Tr}[\boldsymbol{E}(t_i)\boldsymbol{E}^{\mathrm{H}}(t_i)]] = \sum_{n=1}^{N}\mathrm{Tr}[4\sigma_w^2\boldsymbol{H}_n^{\mathrm{H}}\boldsymbol{U}_n^4\boldsymbol{H}_n\boldsymbol{R}_x(n) + 2\sigma_w^4\boldsymbol{U}_n^4]$。定理 7.1 证毕。

定理 7.1 表明信号在未被索引调制下,投影残差功率的期望和方差依赖于信道矩阵,信号功率,噪声方差。

注记 1:当 $\boldsymbol{X}(t)$ 为 UIM,且 $n_r = n_t$ 时,$\boldsymbol{e}_n(t) = 0$,$\mathrm{Tr}[\boldsymbol{E}(t_i)\boldsymbol{E}^{\mathrm{H}}(t_i)] = 0$。

事实上,当 $n_r = n_t$ 时,$\boldsymbol{H}_n$ 为非奇异矩阵,于是 $\boldsymbol{U}_n = 0$,$\boldsymbol{e}_n(t) = 0$,因此 $\mathrm{Tr}[\boldsymbol{E}(t_i)\boldsymbol{E}^{\mathrm{H}}(t_i)]$ 的期望和方差都 0,所以 $\mathrm{Tr}[\boldsymbol{E}(t_i)\boldsymbol{E}^{\mathrm{H}}(t_i)] = 0$。

注记 2:当 $\boldsymbol{X}(t)$ 为 UIM,且 $n_r = n_t$ 时,$\boldsymbol{e}_n(t) = 0$,$\mathrm{Tr}[\boldsymbol{E}(t_i)\boldsymbol{E}^{\mathrm{H}}(t_i)] = 0$。

下面给出索引调制模式下投影残差功率之和的期望和方差。

定理 7.2 若 $\boldsymbol{X}(t)$ 为 SIM(FIM 或 SFIM),则对于 $\forall i \in \{1,2,\cdots,K\}$,有

$$E[\mathrm{Tr}[\boldsymbol{E}(t_i)\boldsymbol{E}^{\mathrm{H}}(t_i)]] = \sum_{n=1}^{N}\mathrm{Tr}[(\boldsymbol{H}_n^{(P_i)})^{\mathrm{H}}\boldsymbol{V}_n^2\boldsymbol{H}_n^{(P_i)}\boldsymbol{R}_x^{(P_i)}(n) + \sigma_w^2\boldsymbol{V}_n^2]$$

$$\mathrm{Var}[\mathrm{Tr}[\boldsymbol{E}(t_i)\boldsymbol{E}^{\mathrm{H}}(t_i)]] = \sum_{n=1}^{N}\mathrm{Tr}[4\sigma_w^2(\boldsymbol{H}_n^{(P_i)})^{\mathrm{H}}\boldsymbol{V}_n^4\boldsymbol{H}_n^{(P_i)}\boldsymbol{R}_x^{(P_i)}(n) + 2\sigma_w^4\boldsymbol{V}_n^4]$$

其中，$\boldsymbol{V}_n=\boldsymbol{I}-\boldsymbol{H}_n^{(P_i)}((\boldsymbol{H}_n^{(P_i)})^{\mathrm{H}}\boldsymbol{H}_n^{(P_i)})^{-1}(\boldsymbol{H}_n^{(P_i)})^{\mathrm{H}}$，$\boldsymbol{R}_x(n)=\boldsymbol{x}_n^{(P_i)}(t_i)(\boldsymbol{x}_n^{(P_i)}(t_i))^{\mathrm{H}}$。

定理 7.2 的证明与定理 7.1 类似，故省略。

注记 3：当 $\boldsymbol{X}(t)$ 为 IM，对于任意的 n_r 和 n_t，投影残差功率之和 $\mathrm{Tr}[\boldsymbol{E}(t_i)\boldsymbol{E}^{\mathrm{H}}(t_i)]>0$。

定理 7.2 表明信号在索引调制下，投影残差功率的期望和方差依赖于信道矩阵，信号功率，噪声方差及索引调制模式。

通过比较定理 7.1 与定理 7.2，可以发现，所有子载波残差功率和是否为零取决于信号是否被索引调制。

2）投影残差功率的显著性检验

定理 7.1 和定理 7.2 表明，残差功率之和 $E[\mathrm{Tr}[\boldsymbol{E}(t_i)\boldsymbol{E}^{\mathrm{H}}(t_i)]]$ 可以作为识别信号是否被索引调制的一个参数。因此，样本均值 $\sum_{i=1}^{K}\mathrm{Tr}[\boldsymbol{E}(t_i)\boldsymbol{E}^{\mathrm{H}}(t_i)]/K$ 可以作为问题(7.29)的一个检验统计量。下面给出该统计量的分布。

当 $n_r>n_t$ 时，令

$$z=\frac{\frac{1}{K}\sum_{i=1}^{K}\mathrm{Tr}[\boldsymbol{E}(t_i)\boldsymbol{E}^{\mathrm{H}}(t_i)]-E[\mathrm{Tr}[\boldsymbol{E}(t_i)\boldsymbol{E}^{\mathrm{H}}(t_i)]]}{\left(\frac{1}{K}\mathrm{Var}[\mathrm{Tr}[\boldsymbol{E}(t_i)\boldsymbol{E}^{\mathrm{H}}(t_i)]]\right)^{1/2}} \tag{7.40}$$

定理 7.1 表明 $\mathrm{Tr}[\boldsymbol{E}(t_1)\boldsymbol{E}^{\mathrm{H}}(t_1)]$，$\mathrm{Tr}[\boldsymbol{E}(t_2)\boldsymbol{E}^{\mathrm{H}}(t_2)]$，…，$\mathrm{Tr}[\boldsymbol{E}(t_K)\boldsymbol{E}^{\mathrm{H}}(t_K)]$ 独立同分布。根据中心极限定理，当信号矩阵 $\boldsymbol{X}(t)$ 为 UIM 时，式(7.40)中的 z 近似服从标准正态分布，即

$\frac{1}{K}\sum_{i=1}^{K}\mathrm{Tr}[\boldsymbol{E}(t_i)\boldsymbol{E}^{\mathrm{H}}(t_i)]\sim \mathrm{CN}(E[\mathrm{Tr}[\boldsymbol{E}(t_i)\boldsymbol{E}^{\mathrm{H}}(t_i)]],\frac{1}{K}\mathrm{Var}[\mathrm{Tr}[\boldsymbol{E}(t_i)\boldsymbol{E}^{\mathrm{H}}(t_i)]])$。利用统计量 $\frac{1}{K}\sum_{i=1}^{K}\mathrm{Tr}[\boldsymbol{E}(t_i)\boldsymbol{E}^{\mathrm{H}}(t_i)]$，检验问题(7.29)可以描述如下：

$$\begin{cases}\mathrm{H}_0(\mathrm{UIM}): & \frac{1}{K}\sum_{i=1}^{K}\mathrm{Tr}[\boldsymbol{E}(t_i)\boldsymbol{E}^{\mathrm{H}}(t_i)]\leqslant\lambda \\ \mathrm{H}_1(\mathrm{IM}): & \frac{1}{K}\sum_{i=1}^{K}\mathrm{Tr}[\boldsymbol{E}(t_i)\boldsymbol{E}^{\mathrm{H}}(t_i)]>\lambda\end{cases} \tag{7.41}$$

其中 λ 为检测阈值，且 λ 由虚惊概率 P_f 来确定

$$P_f=\Pr\left(\frac{1}{K}\sum_{i=1}^{K}\mathrm{Tr}[\boldsymbol{E}(t_i)\boldsymbol{E}^{\mathrm{H}}(t_i)]>\lambda\mid \mathrm{H}_0\right) \tag{7.42}$$

此时，检测概率 P_{d}

$$P_{\mathrm{d}}=\Pr\left(\frac{1}{K}\sum_{i=1}^{K}\mathrm{Tr}[\boldsymbol{E}(t_i)\boldsymbol{E}^{\mathrm{H}}(t_i)]>\lambda\mid \mathrm{H}_1\right) \tag{7.43}$$

关于虚警概率和检测概率优化问题与 7.4.1 节稀疏结构检测中的假设检验部分这两个参数的优化是类似的，即欲使虚警概率减小的同时检测概率增大，其途径有两个：一是增加采样数目；二是提高信噪比，过程从略。

需要注意的是，当 $n_r\leqslant n_t$ 时，取 $\gamma=0$。

3. 基于 JSIR-PRA 的索引调制识别算法

联合稀疏结构检测结果和假设检验式(7.41)所得结果,索引调制模式即可被确定,从而完成了索引调制识别。该索引调制识别过程包括稀疏结构检测和投影残差分析(PRA),而稀疏结构检测的关键步骤是联合稀疏索引删除(JSIR),因此,本节提出的索引调制识别方法记为 JSIR-PRA。

JSIR-PRA 算法步骤如表 7.2 所示。在表 7.2 中,$n_r > n_t$。稀疏结构检测的作用有两方面:一方面是检测信号矩阵 $\boldsymbol{X}(t)$的稀疏结构;另一方面是获得时刻 t_0 的有效信道矩阵 $\boldsymbol{H}_n^{(P_i)}$ $(1 \leqslant n \leqslant N)$,为投影残差分析提供固定初始时刻 t_0 的有效信道矩阵信息。

表 7.2 JSIR-PRA 算法

JSIR-PRA 算法
输入:$K, N, \boldsymbol{y}_n(t_i)$ $(1 \leqslant i \leqslant K, 1 \leqslant n \leqslant N)$, $\boldsymbol{H}_n$, P_f 输出:$\boldsymbol{X}(t)$ 的索引调制方式为 SIM、FIM 或 SFIM
(1) 根据稀疏结构判别算法 JSIR-CS,获得 $\boldsymbol{X}(t_0)$ 的稀疏结构和 $\boldsymbol{H}_n^{(P_0)}$
(2) 计算残差 $\boldsymbol{e}_n(t_i)$ 和残差矩阵 $\boldsymbol{E}(t_i)$
(3) 计算残差协方差矩阵的迹 $\mathrm{Tr}[\boldsymbol{E}(t_i)\boldsymbol{E}^{\mathrm{H}}(t_i)]$
(4) 计算统计量 $\sum_{i=1}^{K} \mathrm{Tr}[\boldsymbol{E}(t_i)\boldsymbol{E}^{\mathrm{H}}(t_i)]/K$
(5) 按照式(7.42)计算阈值 λ
(6) 如果 $\sum_{i=1}^{K} \mathrm{Tr}[\boldsymbol{E}(t_i)\boldsymbol{E}^{\mathrm{H}}(t_i)]/K \leqslant \lambda$,则 $\boldsymbol{X}(t)$ 为 UIM 信号;否则进入(7)
(7) 如果 $\sum_{i=1}^{K} \mathrm{Tr}[\boldsymbol{E}(t_i)\boldsymbol{E}^{\mathrm{H}}(t_i)]/K > \lambda$,且 $\boldsymbol{X}(t)$ 为联合稀疏,则 $\boldsymbol{X}(t)$ 为 SIM 信号;否则,进入(8)
(8) 如果 $\sum_{i=1}^{K} \mathrm{Tr}[\boldsymbol{E}(t_i)\boldsymbol{E}^{\mathrm{H}}(t_i)]/K > \lambda$,且 $\boldsymbol{X}(t)$ 为准联合稀疏,则 $\boldsymbol{X}(t)$ 为 SFIM 信号;否则,$\boldsymbol{X}(t)$ 为 FIM 信号

7.3.2 基于 MD 的自适应索引调制识别

1. 问题描述

对于 4 种索引调制模式:UIM、SIM、FIM 和 SFIM,分别用符号 π_{UIM}、π_{SIM}、π_{FIM} 和 π_{SFIM} 表示,令集合 $\mathcal{L} = \{\pi_{\mathrm{UIM}}, \pi_{\mathrm{SIM}}, \pi_{\mathrm{FIM}}, \pi_{\mathrm{SFIM}}\}$。

现将从时刻 t 到索引调制方式的映射 $\pi(\cdot)$定义如下:

$$t \rightarrow \pi(t) \in \mathcal{L}, \quad t \in \mathbf{Z}^{+} \tag{7.44}$$

以 TDMA 多址接入为例,时分多址基于时间分割信道,把时间分割成周期性的时间段(时帧),对一个时帧再分割成更小的时间段(时隙),每个用户在每个时帧内按指定的时隙收发信号。对于如此系统中的自适应索引调制信号的索引调制识别问题,若是直接利用 5.3.1 节所提的识别算法 JSIR-PRA,由于该系统调制模式具有时变性,则需要在每个时隙执行 JSIR-PRA 算法,这将意味着每次都要进行联合稀疏索引删除、稀疏恢复求解和投影残差功率的显著性检验,如此反复操作,复杂度较高,而且没有利用历史时隙识别结果。为此,寻找一个简单易行的自适应索引调制识别方法是认知用户获得时-频-调制三维谱空穴的关键所在。

本节将给出一个动态调制识别方法来检测不同采样时刻信号的索引调制方式 $\pi(t)$。

2. 马氏距离

从式(7.6)可以看出,自适应索引调制涉及的调制模式种类有限。因此,只需要在最初的一段时帧内执行 JSIR-PRA 算法,并将每个调制模式下的观测数据矩阵 $\boldsymbol{Y}(t)=[\boldsymbol{y}_1(t),\boldsymbol{y}_2(t),\cdots,\boldsymbol{y}_N(t)]$ 进行分类,然后对于新增的观测信号矩阵 $\boldsymbol{Y}(t)$ 按照一定规则进行判别分类即可获得时域上的索引调制模式结果。

事实上,从式(7.5)和式(7.6)可以看出,每一种索引调制模式下观测数据矩阵 $\boldsymbol{Y}(t)=[\boldsymbol{y}_1(t),\boldsymbol{y}_2(t),\cdots,\boldsymbol{y}_N(t)]$ 具有一定的相似性(聚集在一个子空间里),而不同索引调制模式下 $\boldsymbol{Y}(t)$ 具有一定的差异性。另外,还可以从不同索引调制对应不同的稀疏结构来理解这一相似性和差异性。由于系统中任一时刻的调制状态是随机的,按照前述假定,不同调制状态类在每个时刻出现的概率分别为 p_0、p_1、p_2 和 $1-p_0-p_1-p_2$,因此,这 4 类不同的观测数据 $\boldsymbol{Y}(t)$ 出现的概率也分别为 p_0、p_1、p_2 和 $1-p_0-p_1-p_2$,而且每个调制状态类 $\mathcal{G}_\pi$ 都可以看作一个总体,对应着不同的分布,具有不同的均值向量和协方差阵。由于信道矩阵 $\boldsymbol{H}_n$ 各列不相关,而每个类 $\mathcal{G}_\pi$ 依赖于信号的稀疏结构(受限于索引调制模式),因此每个类内所有观测矩阵 $\boldsymbol{Y}(t)$ 具有某种相似性,类间观测矩阵 $\boldsymbol{Y}(t)$ 具有一定的差异性。对于未知调制类型的观测数据矩阵 $\boldsymbol{Y}(t)$,应该与它所属的类最相似。对于这种相似性和差异性的度量,由于概率 p_0、p_1、p_2 和 $1-p_0-p_1-p_2$ 对于认知用户来说未知,因此,本节采用马氏距离。

标准的马氏距离是针对向量而言,而本节面临的数据是观测矩阵 $\boldsymbol{Y}(t)$,借助向量马氏距离[10],给出矩阵的马氏距离定义。

定义 7.5　设 $\mathcal{G}_\pi$ 是一个 $n_r\times N$ 类,即类内元素为 $n_r\times N$ 矩阵,均值矩阵 $\boldsymbol{U}\in\mathbf{C}^{n_r\times N}$,类内元素均被向量化后的协方差矩阵为 $\boldsymbol{\Sigma}\in\mathbf{C}^{n_rN\times n_rN}$,则称距离

$$d^2(\boldsymbol{Y}(t),\mathcal{G}_\pi)=(\mathrm{Vec}(\boldsymbol{Y}(t))-\mathrm{Vec}(\boldsymbol{U}))^{\mathrm{H}}\boldsymbol{\Sigma}^{-1}(\mathrm{Vec}(\boldsymbol{Y}(t))-\mathrm{Vec}(\boldsymbol{U}))$$

为观测矩阵 $\boldsymbol{Y}(t)$ 到类 $\mathcal{G}_\pi$ 的马氏距离,其中 $\mathrm{Vec}(\cdot)$ 表示矩阵按列拉直运算。

3. 马氏距离判别过程

鉴于上述分析,本节提出了基于马氏距离的自适应索引调制信号的调制识别方法(Mahalanobis Distance based Adaptive Index Modulation Recognition Algorithm, MD-AIMR)。该方法的执行分为两个阶段:调制状态类建立和马氏距离判别。

第一阶段(调制状态类建立):在起初若干时帧内,对每个采样时刻的观测数据矩阵 $\boldsymbol{Y}(t)$,均按照 7.3.1 节提出的 JSIR-PRA 方法进行索引调制识别(每个采样时刻均伴随着信道估计操作,本章略去信道估计过程,假定信道信息已知),根据识别结果,按照不同调制模式下对应的观测数据 $\boldsymbol{Y}(t)$ 进行分类(用 $\mathcal{G}_\pi$ 表示类,本节称之为调制状态类,其中 $\pi\in\{\mathrm{UIM},\mathrm{SIM},\mathrm{FIM},\mathrm{SFIM}\}$)。

第二阶段(马氏距离判别):经过初始阶段多个时帧的调制识别操作,即可建立比较完备的调制状态类,然后对于新增时隙内的采样矩阵 $\boldsymbol{Y}(t)$,利用马氏距离进行判别归类。

在马氏距离判别阶段,只需对观测数据矩阵 $\boldsymbol{Y}(t)$ 进行判别归类,而不是通过 $\boldsymbol{X}(t)$ 的稀疏结构检测、投影残差功率显著性检验等步骤进行调制识别。因此,基于马氏距离判别的识

别方法不但过程简单，而且还避免了稀疏结构检测和残差功率检验的误差积累，另外，采用马氏距离判别法既不需要概率 p_0、p_1、p_2 和 $1-p_0-p_1-p_2$ 的先验信息，也不需要事先知道各个总体的分布类型。

基于马氏距离的自适应调制识别算法 MD-AIMR 的具体步骤如下：

1）调制状态类建立

对于前 k 个时刻（起初的若干个时帧内）$t_1,t_2,\cdots,t_k$ 接收信号 $\boldsymbol{y}_n(t_1),\boldsymbol{y}_n(t_2),\cdots,\boldsymbol{y}_n(t_k)$，分别利用 5.3.1 节所提的稀疏结构检测算法 JSIR-CS 判别 $\boldsymbol{X}(t_1),\boldsymbol{X}(t_2),\cdots,\boldsymbol{X}(t_k)$ 的稀疏结构，进一步利用调制识别算法 JSIR-PRA 获得 $\boldsymbol{X}(t_1),\boldsymbol{X}(t_2),\cdots,\boldsymbol{X}(t_k)$ 的索引调制状态，进而建立索引调制状态类：$\mathcal{G}_\pi=\{\boldsymbol{Y}(t_{(i)}^{(\pi)})\mid\boldsymbol{X}(t_{(i)}^{(r)})\text{为}\pi\}$，$\boldsymbol{Y}(t_{(i)}^{(\pi)})=[\boldsymbol{y}_1(t_{(i)}^{(\pi)}),\cdots,\boldsymbol{y}_N(t_{(i)}^{(\pi)})]$，$t_{(i)}^{(\pi)}\in\{t_1,t_2,\cdots,t_k\}$，同时确定每个类内元素个数 k_π：$k_{\mathrm{UIM}}+k_{\mathrm{SIM}}+k_{\mathrm{FIM}}+k_{\mathrm{SFIM}}=k$。

2）马氏距离判别

（1）各类特征参数的计算。

① 矩阵向量化 $\boldsymbol{y}(t_{(i)}^{(\pi)})=\mathrm{Vec}(\boldsymbol{Y}(t_{(i)}^{(\pi)}))=[\boldsymbol{y}_1^{\mathrm{T}}(t_{(i)}^{(\pi)}),\boldsymbol{y}_2^{\mathrm{T}}(t_{(i)}^{(\pi)}),\cdots,\boldsymbol{y}_N^{\mathrm{T}}(t_{(i)}^{(\pi)})]^{\mathrm{T}}$；

② 计算各索引调制状态类的均值 $\overline{\boldsymbol{Y}}^{(\pi)}=\dfrac{1}{k_\pi}\sum\limits_{i=1}^{k_\pi}\boldsymbol{Y}(t_{(i)}^{(\pi)})$，$\overline{\boldsymbol{y}}^{(\pi)}=\dfrac{1}{k_\pi}\sum\limits_{i=1}^{k_\pi}\boldsymbol{y}(t_{(i)}^{(\pi)})$；

③ 计算类内离差阵 $\boldsymbol{A}_\pi=\sum\limits_{i=1}^{k_i}(\boldsymbol{y}(t_{(i)}^{(\pi)})-\overline{\boldsymbol{y}}^{(\pi)})(\boldsymbol{y}(t_{(i)}^{(\pi)})-\overline{\boldsymbol{y}}^{(\pi)})^{\mathrm{H}}$；

④ 计算类内协方差阵 $\boldsymbol{S}_\pi=\dfrac{\boldsymbol{A}_\pi}{k_\pi-1}$。

（2）对于时刻 t_{k+1} 接收数据 $\boldsymbol{Y}(t_{k+1})$，计算 $\boldsymbol{Y}(t_{k+1})$ 到各类 $\mathcal{G}_\pi$ 的马氏距离 $d^2(\boldsymbol{Y}(t_{k+1}),\mathcal{G}_\pi)=(\mathrm{Vec}(\boldsymbol{Y}(t_{k+1}))-\mathrm{Vec}(\overline{\boldsymbol{Y}}^{(\pi)}))^{\mathrm{H}}\boldsymbol{S}_\pi^{-1}(\mathrm{Vec}(\boldsymbol{Y}(t_{k+1}))-\mathrm{Vec}(\overline{\boldsymbol{Y}}^{(\pi)}))$，穷举法求解 $d_{\pi_{k+1}}^2(\boldsymbol{Y}(t_{k+1}))=\min\limits_{\pi}\{d^2(\boldsymbol{Y}(t_{k+1}),\mathcal{G}_\pi)\}$，从而判断 $\boldsymbol{X}(t_{k+1})$ 的调制状态为 π_{k+1}。

（3）调制状态类更新。

将 $\boldsymbol{Y}(t_{k+1})$ 添加到调制状态类 $\mathcal{G}_{\pi_0}$ 中，$\mathcal{G}_{\pi_0}$ 被更新为 $\mathcal{G}_{\pi_0}^{(1)}=\mathcal{G}_{\pi_0}\cup\{\boldsymbol{Y}(t_{k+1})\}$，$k_{\pi_0}^{(1)}=k_{\pi_0}+1$。

（4）下一时刻 t_{k+2} 的调制识别过程重复②和③即可。

按照（1）重新计算类 $\mathcal{G}_{\pi_0}$ 的各特征参数，对于时刻 t_{k+2} 接收数据 $\boldsymbol{Y}(t_{k+2})$ 按照（2）计算 $\boldsymbol{Y}(t_{k+2})$ 到各类 $\mathcal{G}_\pi$（包括 $\mathcal{G}_{\pi_0}^{(1)}$）的马氏距离，判别 $\boldsymbol{X}(t_{k+1})$ 的调制模式，然后更新调制状态类，并重新计算类内元素个数，依次进行下去。

需要注意的是，在更新状态类时，新类的每一个参数在更新前后存在递推关系。

下面以更新状态类 $\mathcal{G}_\pi$ 为例，给出递推公式。

对于类 $\mathcal{G}_\pi$，在更新前，为方便推导，设类 $\mathcal{G}_\pi$ 的特征参数如下：

类内均值 $\overline{\boldsymbol{Y}}_\pi^{(k)}=\dfrac{1}{k_\pi}\sum\limits_{i=1}^{k_\pi}\boldsymbol{Y}(t_{(i)}^{(\pi)})$，$\overline{\boldsymbol{y}}_\pi^{(k)}=\dfrac{1}{k_\pi}\sum\limits_{i=1}^{k_\pi}\boldsymbol{y}(t_{(i)}^{(\pi)})$；

类内离差阵 $\boldsymbol{A}_\pi=\sum\limits_{i=1}^{k_i}(\boldsymbol{y}(t_{(i)}^{(\pi)})-\overline{\boldsymbol{y}}^{(\pi)})(\boldsymbol{y}(t_{(i)}^{(\pi)})-\overline{\boldsymbol{y}}^{(\pi)})^{\mathrm{H}}\triangleq\boldsymbol{A}_\pi^{(k)}$；

类内协方差阵 $\boldsymbol{S}_{\pi}=\dfrac{\boldsymbol{A}_{\pi}}{k_{\pi}-1}\triangleq\boldsymbol{S}_{\pi}^{(k)}$。

若对时刻 t_{k+1} 观测数据 $\boldsymbol{Y}(t_{k+1})$，利用马氏距离判别规则，将 $\boldsymbol{Y}(t_{k+1})$ 判给类 $\mathcal{G}_{\pi}$，$\mathcal{G}_{\pi}$ 被更新为 $\mathcal{G}_{\pi}^{(1)}$，则更新后的新类 $\mathcal{G}_{\pi}^{(1)}$ 的特征参数如下：

类内均值 $\overline{\boldsymbol{Y}}_{\pi}^{(k+1)}=\dfrac{k_{\pi}\overline{\boldsymbol{Y}}_{\pi}^{(k)}+\boldsymbol{Y}(t_{k+1})}{k_{\pi}+1}$，$\overline{\boldsymbol{y}}_{\pi}^{(k+1)}=\dfrac{k_{\pi}\overline{\boldsymbol{y}}_{\pi}^{(k)}+\boldsymbol{y}(t_{k+1})}{k_{\pi}+1}$

类内离差阵
$$\boldsymbol{A}_{\pi}^{(k+1)}=\boldsymbol{A}_{\pi}^{(k)}+\frac{1}{k_{\pi}+1}\left[\overline{\boldsymbol{y}}_{k}^{(\pi)}(\overline{\boldsymbol{y}}_{k}^{(\pi)})^{\mathrm{H}}-k_{\pi}\overline{\boldsymbol{y}}_{k}^{(\pi)}\boldsymbol{y}^{\mathrm{H}}(t_{k+1})-k_{\pi}\boldsymbol{y}(t_{k+1})(\overline{\boldsymbol{y}}_{k}^{(\pi)})^{\mathrm{H}}+k_{\pi}\boldsymbol{y}(t_{k+1})\boldsymbol{y}^{\mathrm{H}}(t_{k+1})\right]$$

类内协方差阵 $\boldsymbol{S}_{\pi}^{(k+1)}=\dfrac{\boldsymbol{A}_{\pi}^{(k+1)}}{k_{\pi}}$

以上递推公式表明，类被更新后所得新类的特征参数可通过新观测数据和更新前各类特征参数之间有限次的线性运算或二次运算求出，而且二次运算最多4次。这些递推公式为自适应索引调制识别上机编程提供了极大的便利。因此，将状态类更新过程中的特征参数按照递推公式进行计算，将会大大降低时间计算成本。计算复杂度的推导过程将放在三维谱空穴检测部分。

自适应索引调制动态识别过程见图7.5。

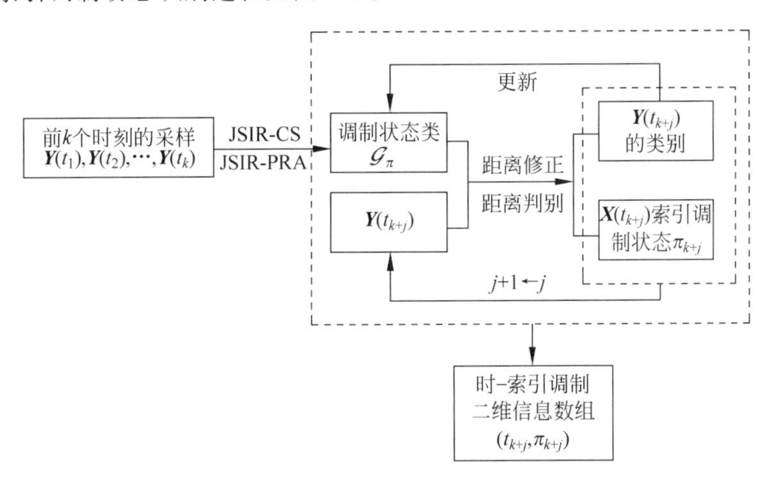

图7.5　基于MD的自适应索引调制识别过程

从MD-AIMR算法的执行过程可以看出，当前时刻调制状态的识别综合了当前接收数据及之前所有历史采样时刻识别出的调制状态信息，随着时间的推移，所建立的各调制状态类将会不断丰富和完善，从而使得基于马氏距离判别的自适应调制信号的调制识别精度越来越高。

3）自适应索引调制识别算法MD-AIMR

根据图7.5给出的基于MD的自适应索引调制识别过程，接下来给出自适应索引调制识别算法MD-AIMR的实现步骤，如表7.3所示。在该表中，首先，根据观测数据矩阵 $\boldsymbol{Y}(t_1),\boldsymbol{Y}(t_2),\cdots,\boldsymbol{Y}(t_k)$，利用JSIR-CS算法和JSIR-PRA算法分别对发射信号矩阵 $\boldsymbol{X}(t_k)$ 进行稀疏结构判决和调制类型识别，根据识别结果对观测数据矩阵 $\boldsymbol{Y}(t_1),\boldsymbol{Y}(t_2),\cdots,\boldsymbol{Y}(t_k)$

进行分类，建立调制状态类$\mathcal{G}_\pi$。然后，根据已经建立的类，利用马氏距离递推公式（主要是关于$\boldsymbol{Y}(t_1),\boldsymbol{Y}(t_2),\cdots,\boldsymbol{Y}(t_k)$的样本均值和离差阵的递推公式）依次对$t_{k+1},t_{k+2},\cdots,t_{k+j},\cdots$时刻的观测矩阵$\boldsymbol{Y}(t_{k+1}),\boldsymbol{Y}(t_{k+2}),\cdots,\boldsymbol{Y}(t_{k+j}),\cdots$进行判别归类，即可完成动态索引调制识别。最后，得到发射信号矩阵$\boldsymbol{X}(t_{k+j})$的时-调制二维信息数组(t_{k+j},π_{k+j})。

表 7.3 MD-AIMR 算法

MD-AIMR 算法
输入：k,j，观测数据$\boldsymbol{Y}(t_1),\boldsymbol{Y}(t_2),\cdots,\boldsymbol{Y}(t_k),\boldsymbol{Y}(t_{k+1}),\cdots,\boldsymbol{Y}(t_{k+j})$ 输出：$\boldsymbol{X}(t_{k+j})$时-调制二维信息数组(t_{k+j},π_{k+j}) （1）利用 JSIR-CR 和 JSIR-PRA，获得调制状态类$\mathcal{G}_\pi$ （2）计算类内特征参数$\bar{\boldsymbol{Y}}_\pi^{(k)},\boldsymbol{A}_\pi^{(k)},\boldsymbol{S}_\pi^{(k)}$ （3）for $i=1,i\leqslant j$ （4）根据新观测数据$\boldsymbol{Y}(t_{k+i})$，计算马氏距离 $d^2(\boldsymbol{Y}(t_{k+i}),\mathcal{G}_\pi)=(\mathrm{Vec}(\boldsymbol{Y}(t_{k+i}))-\mathrm{Vec}(\bar{\boldsymbol{Y}}_\pi^{(k+i-1)}))^{(\mathrm{H})}(\boldsymbol{S}_\pi^{(k+i-1)})^{-1}(\mathrm{Vec}(\boldsymbol{Y}(t_{k+i}))-\mathrm{Vec}(\bar{\boldsymbol{Y}}_\pi^{(k+i-1)}))$ （5）距离判别$d^2_{\pi_{k+i}}(\boldsymbol{Y}(t_{k+i}))=\min\limits_{\pi}\{d^2(\boldsymbol{Y}(t_{k+i}),\mathcal{G}_\pi)\}$，得到$\boldsymbol{X}(t_{k+i})$的调制方式$\pi_{k+i}$，进而得到$\boldsymbol{X}(t_{k+i})$的时-调制二维信息数组$(t_{k+i},\pi_{k+i})$ （6）更新参数：$\bar{\boldsymbol{Y}}_\pi^{(k+i)}=(k_\pi\bar{\boldsymbol{Y}}_\pi^{(k+i-1)}+\boldsymbol{Y}(t_{k+i}))/((k+i-1)_\pi+1)$，相邻两采样时刻离差阵偏差 $\Delta\boldsymbol{A}_\pi^{(k+i)}=\dfrac{[\bar{\boldsymbol{y}}_\pi^{(k+i-1)}-k_\pi\boldsymbol{y}(t_{k+i})](\bar{\boldsymbol{y}}_\pi^{(k+i-1)})^{\mathrm{H}}+(k+i-1)_\pi[\boldsymbol{y}(t_{k+i})\boldsymbol{y}^{\mathrm{H}}(t_{k+i})-\bar{\boldsymbol{y}}_\pi^{(k+i-1)}\boldsymbol{y}^{\mathrm{H}}(t_{k+i})]}{((k+i-1)_\pi+1)}$， 离差阵$\boldsymbol{A}_\pi^{(k+i)}=\boldsymbol{A}_\pi^{(k+i-1)}+\Delta\boldsymbol{A}_\pi^{(k+i)}$，协方差阵$\boldsymbol{s}_\pi^{(k+i)}=\boldsymbol{A}_\pi^{(k+i)}/(k+i-1)_\pi$ （7）end （8）输出$\boldsymbol{X}(t_{k+j})$时-调制二维信息数组(t_{k+j},π_{k+j})

7.3.3 基于 JSIR-PRA-MD 的三维谱空穴判决

从 7.3.1 节不难看出，对于认知用户来说，索引调制识别的结果提供了谱空穴两个维度的信息：一是频率维度；二是调制维度。这些信息可从索引调制识别检测结果直接获取，即，索引调制识别可完成频-调制二维谱空穴检测。

针对自适应索引调制系统中的时-频-调制三维谱空穴检测问题，根据 7.2.3 节给出的自适应索引调制信号的三维稀疏表示，在自适应索引调制识别算法 MD-AIMR 的基础上，本节提出一个基于 JSIR-PRA-MD 的时-频-调制三维谱空穴检测方法。

1. 三维谱空穴定义

为方便叙述，仿照 6.3.3 节定义 6.6 及定义 6.7，本节给出时-频-调制三维谱及谱空穴定义。

定义 7.6 设$\boldsymbol{Y}(f_1,f_2,\cdots,f_N;t;\pi_t)$中的列向量$\boldsymbol{y}_n(t)$满足式(7.5)和式(7.6)，则称范数$\|\boldsymbol{y}(f_n;t;\pi_t)\|$为信号矩阵$\boldsymbol{Y}(f_1,f_2,\cdots,f_N;t;\pi_t)$在时-频-调制三维空间点$(f_n,t,\pi_t)$处的谱，称$\boldsymbol{y}(f_n;t;\pi_t)$为时-频-调制三维谱向量，$\boldsymbol{Y}(f_1,f_2,\cdots,f_N;t;\pi_t)$为

时-频-调制三维谱矩阵。

由定义7.6可知，若$\| \boldsymbol{y}(f_n; t; \pi_t) \| \neq 0$，则意味着时-频-调制三维空间点$(f_n, t, \pi_t)$处存在主用户信号；否则不存在主用户信号，即三维空间点(f_n, t, π_t)处存在谱空穴。

定义7.7　设$\boldsymbol{Y}(f_1, f_2, \cdots, f_N; t; \pi_t)$中的列向量$\boldsymbol{y}_n(t)$满足式(7.5)和式(7.6)，若$\| \boldsymbol{y}(f_n: t; \pi_t) \| = 0$，则称在时-频-调制三维空间点$(f_n, t, \pi_t)$处存在谱空穴；否则，在点$(f_n, t, \pi_t)$处不存在谱空穴。

2. 三维谱空穴判决

对于索引调制状态时变系统，通过利用MD-AIMR算法，可得到索引调制状态在时域和频域上的分布，只需将每一步的调制识别结果按照三维数组(f_n, t, π_t)的形式记录下来，即可获得时-频-调制三维谱的分布。具体操作过程可在算法MD-AIMR的基础上略加修改。

基于MD-AIMR的时-频-调制三维谱检测步骤如下：

第一阶段，调制状态类建立。

对于前k个时刻$t_1, t_2, \cdots, t_k$接收信号$\boldsymbol{y}_n(t_1), \boldsymbol{y}_n(t_2), \cdots, \boldsymbol{y}_n(t_k)$，分别利用7.3节提出的稀疏结构检测算法JSIR-CS检测$\boldsymbol{X}(t_1), \boldsymbol{X}(t_2), \cdots, \boldsymbol{X}(t_k)$的稀疏结构，进一步利用调制识别算法JSIR-PRA获得$\boldsymbol{X}(t_1), \boldsymbol{X}(t_2), \cdots, \boldsymbol{X}(t_k)$的索引调制状态，进而建立索引调制状态类：$\mathcal{G}_\pi = \{\boldsymbol{Y}(t_{(i)}^{(\pi)}) \mid \boldsymbol{X}(t_{(i)}^{(\pi)})\text{为}\pi\}$，$\boldsymbol{Y}(t_{(i)}^{(\pi)}) = (\boldsymbol{y}_1(t_{(i)}^{(\pi)}), \boldsymbol{y}_2(t_{(i)}^{(\pi)}), \cdots, \boldsymbol{y}_N(t_{(i)}^{(\pi)}))$，$t_{(i)}^{(\pi)} \in \{t_1, t_2, \cdots, t_k\}$，同时确定每个类内元素个数$k_\pi$：$k_{\text{UIM}} + k_{\text{SIM}} + k_{\text{FIM}} + k_{\text{SFIM}} = k$，并得到时-频-调制三维空间中不存在谱空穴的点$(t_{(i)}^{(\pi)}, f_n, \pi)$，$1 \leqslant n \leqslant N$，$1 \leqslant i \leqslant k$。

第二阶段，马氏距离判别。

(1) 各类特征参数的计算。

① 矩阵向量化$\boldsymbol{y}(t_{(i)}^{(\pi)}) = \text{Vec}(\boldsymbol{Y}(t_{(i)}^{(\pi)})) = (\boldsymbol{y}_1^{\text{T}}(t_{(i)}^{(\pi)}), \boldsymbol{y}_2^{\text{T}}(t_{(i)}^{(\pi)}), \cdots, \boldsymbol{y}_N^{\text{T}}(t_{(i)}^{(\pi)}))^{\text{T}}$；

② 计算各索引调制状态类的均值$\bar{\boldsymbol{Y}}_\pi^{(k)} = \dfrac{1}{k_\pi}\sum\limits_{i=1}^{k_\pi}\boldsymbol{Y}(t_{(i)}^{(\pi)})$，$\bar{\boldsymbol{y}}_\pi^{(k)} = \dfrac{1}{k_\pi}\sum\limits_{i=1}^{k_\pi}\boldsymbol{y}(t_{(i)}^{(\pi)})$；

③ 计算类内离差阵$\boldsymbol{A}_\pi = \sum\limits_{i=1}^{k_i}(\boldsymbol{y}(t_{(i)}^{(\pi)}) - \bar{\boldsymbol{y}}^{(\pi)})(\boldsymbol{y}(t_{(i)}^{(\pi)}) - \bar{\boldsymbol{y}}^{(\pi)})^{\text{H}}$；

④ 计算类内协方差阵$\boldsymbol{S}_\pi = \dfrac{\boldsymbol{A}_\pi}{k_\pi - 1}$。

(2) 马氏距离的计算。

对于时刻t_{k+1}接收数据$\boldsymbol{Y}(t_{k+1})$，计算$\boldsymbol{Y}(t_{k+1})$到各类$\mathcal{G}_\pi$的马氏距离$d^2(\boldsymbol{Y}(t_{k+1}), \mathcal{G}_\pi) = (\boldsymbol{y}(t_{k+1}) - \bar{\boldsymbol{y}}^{(\pi)})^{\text{H}}\boldsymbol{S}_\pi^{-1}(\boldsymbol{y}(t_{k+1}) - \bar{\boldsymbol{y}}^{(\pi)})$，穷举法求解$d_{\pi_{k+1}}^2(\boldsymbol{Y}(t_{k+1})) = \min\limits_\pi\{d^2(\boldsymbol{Y}(t_{k+1}), \mathcal{G}_\pi)\}$，从而判断$\boldsymbol{X}(t_{k+1})$的调制状态为$\pi_{k+1}$，根据时-频-调制三维谱空穴定义7.7，可得时-频-调制三维空间中一个不存在谱空穴的点$(t_{k+1}, f_n, \pi_{k+1})$，$1 \leqslant n \leqslant N$。

(3) 类内参数更新。

将$\boldsymbol{Y}(t_{k+1})$添加到调制状态类$\mathcal{G}_{\pi_{k+1}}$中，$\mathcal{G}_{\pi_{k+1}}$被更新为$\mathcal{G}_{\pi_{k+1}}^{(1)} = \mathcal{G}_{\pi_{k+1}} \cup \{\boldsymbol{Y}(t_{k+1})\}$，$k_{\pi_{k+1}}^{(1)} =$

$k_{\pi_{k+1}}+1$,计算新类$\mathcal{G}_{\pi_{k+1}}$的各特征参数。

类内均值 $\overline{\boldsymbol{Y}}_{\pi_{k+1}}^{(k+1)}=\dfrac{k_{\pi_{k+1}}\overline{\boldsymbol{Y}}_{\pi_k}^{(k)}+\boldsymbol{Y}(t_{k+1})}{k_{\pi_{k+1}}^{(1)}}$, $\overline{\boldsymbol{y}}_{\pi_{k+1}}^{(k+1)}=\dfrac{k_{\pi_{k+1}}\overline{\boldsymbol{y}}_{\pi_k}^{(k)}+\boldsymbol{y}(t_{k+1})}{k_{\pi_k+1}^{(1)}}$

类内离差阵 $\boldsymbol{A}_{\pi}^{(k+1)}=\boldsymbol{A}_{\pi}^{(k)}+\dfrac{1}{k_{\pi}+1}[\overline{\boldsymbol{y}}_{k}^{(\pi)}(\overline{\boldsymbol{y}}_{k}^{(\pi)})^{\mathrm{H}}-k_{\pi}\overline{\boldsymbol{y}}_{k}^{(\pi)}\boldsymbol{y}^{\mathrm{H}}(t_{k+1})-$

$k_{\pi}\boldsymbol{y}(t_{k+1})(\overline{\boldsymbol{y}}_{k}^{(\pi)})^{\mathrm{H}}+k_{\pi}\boldsymbol{y}(t_{k+1})\boldsymbol{y}^{\mathrm{H}}(t_{k+1})]$

类内协方差阵 $\boldsymbol{S}_{\pi_{k+1}}^{(k+1)}=\dfrac{\boldsymbol{A}_{\pi_{k+1}}^{(k+1)}}{k_{\pi_{k+1}}}$

(4) 动态识别。

对下一采样时刻 t_{k+2} 数据 $\boldsymbol{Y}(t_{k+2})$,其调制识别过程重复步骤(2)和步骤(3),即可得到时-频-调制三维空间中一个不存在谱空穴的点(t_{k+2},f_n,π_{k+2}),$1\leqslant n\leqslant N$。

随着采样时刻 k 的变化,依次进行下去,时刻 $k+j$ 不存在谱空穴的点(t_{k+j},f_n,π_{k+j}),$1\leqslant n\leqslant N$,从而完成谱空穴检测。

基于 JSIR-PRA-MD 算法的三维谱空穴的检测过程如图 7.6 所示。在自适应调制模式系统中,由于调制模式变化以时帧为单位,接收端接收数据是以时隙为单位,因此,图 7.6 中的采样时间单位为时隙。

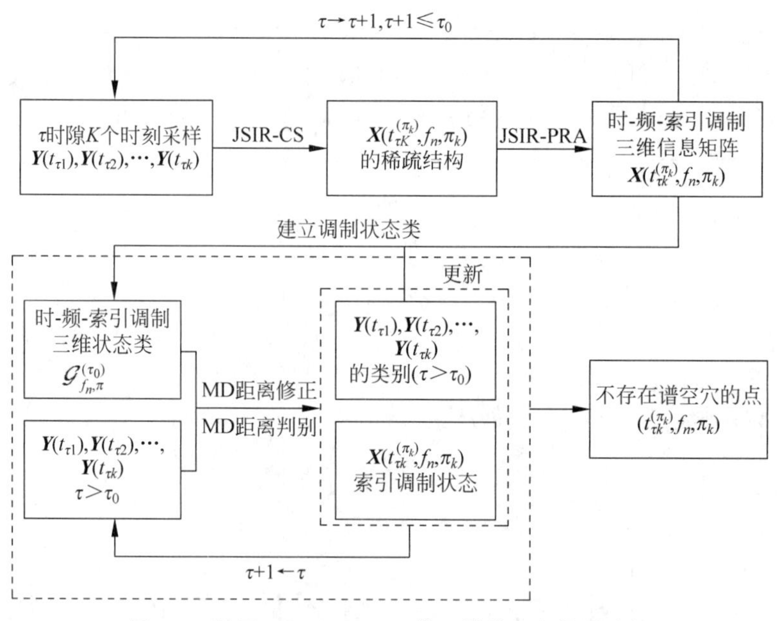

图 7.6 基于 JSIR-PRA-MD 的三维谱空穴检测过程

3. 时-频-调制三维谱空穴检测算法 JSIR-PRA-MD

JSIR-PRA-MD 算法步骤如表 7.4 所示,步骤(1)为第一阶段:对接收数据矩阵 $\boldsymbol{Y}(t_{\tau1})$,$\boldsymbol{Y}(t_{\tau2})$,…,$\boldsymbol{Y}(t_{\tau k})$$(\tau+1\leqslant\tau_0)$,执行算法 JSIR-CS 和 JSIR-PRA,获得发射信号矩阵 $\boldsymbol{X}(t_k)$ 的稀疏结构和索引调制类型,在此基础之上对 $\boldsymbol{Y}(t_1)$,$\boldsymbol{Y}(t_2)$,…,$\boldsymbol{Y}(t_k)$进行分类,从而建立调制状态类$\mathcal{G}_{\pi}$;步骤(2)~步骤(7)构成第二阶段,其中时隙 $\tau>\tau_0$。

表 7.4 JSIR-PRA-MD 算法

JSIR-PRA-MD 算法
输入：τ,k，观测数据 $\boldsymbol{Y}(t_{\tau 1}),\boldsymbol{Y}(t_{\tau 2}),\cdots,\boldsymbol{Y}(t_{\tau k}),\boldsymbol{Y}(t_{\tau k+1}),\cdots,\boldsymbol{Y}(t_{\tau k+j})$
输出：不存在谱空穴的点$(t_{\tau k+j},f_n,\pi_{\tau k+j})$
(1) 利用 JSIR-CR 和 JSIR-PRA，获得调制状态类$\mathcal{G}_\pi$
(2) 计算类内特征参数 $\bar{\boldsymbol{Y}}_\pi^{(\tau k)},\boldsymbol{A}_\pi^{(\tau k)},\boldsymbol{S}_\pi^{(\tau k)}$
(3) 根据新观测数据 $\boldsymbol{Y}(t_{\tau k+1})$，计算马氏距离
$d^2(\boldsymbol{Y}(t_{\tau k+1}),\mathcal{G}_\pi)=(\mathrm{Vec}(\boldsymbol{Y}(t_{\tau k+1}))-\mathrm{Vec}(\bar{\boldsymbol{Y}}_\pi^{(\tau k)}))^{(\mathrm{H})}(\boldsymbol{S}_\pi^{(\tau k)})^{-1}(\mathrm{Vec}(\boldsymbol{Y}(t_{\tau k+1}))-\mathrm{Vec}(\bar{\boldsymbol{Y}}_\pi^{(\tau k)}))$
(4) 距离判别 $d_{\pi_{k+1}}^2(\boldsymbol{Y}(t_{\tau k+1}))=\min\limits_{\pi}\{d^2(\boldsymbol{Y}(t_{\tau k+1}),\mathcal{G}_\pi)\}$，得到 $\boldsymbol{X}(t_{\tau k+1})$的调制方式 $\pi_{\tau k+1}$，进而得到$\boldsymbol{X}(t_{\tau k+1})$时-调制二维信息数组$(t_{\tau k+1},f_n,\pi_{\tau k+1})$
(5) 更新类内参数，均值矩阵 $\bar{\boldsymbol{Y}}_\pi^{(\tau k+1)}=(\tau k_\pi \bar{\boldsymbol{Y}}_\pi^{(\tau k)}+\boldsymbol{Y}(t_{\tau k+1}))/(\tau k_\pi+1)$，离差阵 $\boldsymbol{A}_\pi^{(\tau k+1)}=\boldsymbol{A}_\pi^{(\tau k)}+\dfrac{\bar{\boldsymbol{y}}_\pi^{(\tau k)}(\bar{\boldsymbol{y}}_{\pi\tau k}^{(k)})^{\mathrm{H}}-\tau k_\pi(\bar{\boldsymbol{y}}_\pi^{(\tau k)}\boldsymbol{y}^{\mathrm{H}}(t_{\tau k+1})+\boldsymbol{y}(t_{\tau k+1})(\bar{\boldsymbol{y}}_\pi^{(\tau k)})^{\mathrm{H}}-\boldsymbol{y}(t_{\tau k+1})\boldsymbol{y}^{\mathrm{H}}(t_{\tau k+1}))}{\tau k_\pi+1}$，协方差阵 $\boldsymbol{s}_\pi^{(\tau k+1)}=\boldsymbol{A}_\pi^{(\tau k+1)}/\tau k_\pi$
(6) 根据新观测数据 $\boldsymbol{Y}(t_{\tau k+2})$，重复步骤(3)～步骤(5)，得到不存在谱空穴的点$(t_{\tau k+2},f_n,\pi_{\tau k+2})$
(7) 根据新观测数据 $\boldsymbol{Y}(t_{\tau k+j})$，重复步骤(3)～步骤(5)，得到不存在谱空穴的点$(t_{\tau k+j},f_n,\pi_{\tau k+j})$

随着时间的推移，谱空穴检测的计算量主要集中在马氏距离判别，距离判别的主要任务就是状态类更新，而更新的核心任务就是特征参数的计算。利用这些递推公式，可将每一步参数计算中的烦琐运算转化为利用新观测数据对最近的历史参数进行修正，而且该修正过程只需有限次的线性运算和二次运算。

7.3.4 计算复杂度分析

1. JSIR-CS 算法

由前述可知，从计算时间角度，算法 JSIR-CS 可分为两部分：一部分是内积矩阵的计算；另一部分是基于 OMP 的稀疏最小化问题求解。

内积运算的计算复开销$\mathcal{C}_{\mathrm{IP}}$为

$$\mathcal{C}_{\mathrm{IP}}=Nn_t n_r \tag{7.45}$$

对于稀疏重构问题(7.28)，OMP 的成本$\mathcal{C}_{\mathrm{OMP}}$为[11]

$$\mathcal{C}_{\mathrm{OMP}}=n_g n_r n_f n_{\mathrm{rf}} n_{\mathrm{act}} \tag{7.46}$$

由于 $N=n_g n_f n_{\mathrm{rf}}$，联立式(7.45)和式(7.46)，得到算法 JSIR-CS 的计算开销$\mathcal{C}_{\text{JSIR-CS}}$，

$$\mathcal{C}_{\text{JSIR-CS}}=Nn_t n_r+Nn_r n_{\mathrm{act}} \tag{7.47}$$

假设 $n_r=n_t$，则算法 JSIR-CS 的复杂度可表示为

$$\mathcal{C}_{\text{JSIR-CS}}=O(Nn_t^2+Nn_t n_{\mathrm{act}}) \tag{7.48}$$

以往索引调制信号索引检测算法(ML、MMSE、MMSE-LLR、MMSE-LLR-OSIC、Subblock-Wise Detection、Subcarrier-Wise Detection)的复杂度见文献[5]和[7]，各检测算法中平均每个子载波的计算复杂度汇总见表 7.5。该表中 M 代表调制符号状态的总数(星

座图符号总数)，即 OFDM 信号是 M 进制调制。从表 7.5 可以看出，所提索引检测算法 JSIR-CS 的复杂度依赖于发射天线个数和活跃子载波数；而其他相关算法的复杂度受限于 M 和活跃子载波数。表 7.5 说明，当 $n_t^2+n_t n_{\text{act}}>M$ 时，JSIR-CS 的复杂度高于 MMSE-LLR、MMSE-LLR-OSIC 和 Subcarrier-Wise Detection，低于 ML、MMSE 和 Subblock-Wise Detection。

表 7.5　相关检测算法的平均每个子载波计算复杂度

方　　法	平均每个子载波复杂度
ML	$O(M^{n_{\text{act}}})$
MMSE	$O(M^{n_{\text{act}}/n_{\text{rf}}})$
MMSE-LLR	$O(M)$
MMSE-LLR-OSIC	$O(M)$
Subblock-Wise Detection	$O(M^{n_{\text{act}}/n_{\text{rf}}})$
Subcarrier-Wise Detection	$O(M)$
JSIR-CS	$O(n_t^2+n_t n_{\text{act}})$

2. JSIR-PRA 算法

本节所提算法 JSIR-PRA 由两个子过程稀疏结构检测和投影残差分析构成，因此 JSIR-PRA 的计算复杂度由两部分构成。稀疏结构检测由算法 JSIR-CS 实现，由 JSIR-CS 算法复杂度分析结果可知，JSIR-CS 的复杂度 $\mathcal{C}_{\text{JSR-CS}}=Nn_t n_r+Nn_r n_{\text{act}}$。接下来分析投影残差分析的计算复杂度。

根据定理 7.1，当信号矩阵 $\boldsymbol{X}(t)$ 为 UIM 时，$\text{Tr}\,[\boldsymbol{E}(t_i)\boldsymbol{E}^{\text{H}}(t_i)]$ 的期望 $E\,[\text{Tr}\,[\boldsymbol{E}(t_i)\boldsymbol{E}^{\text{H}}(t_i)]]$ 和方差 $\text{Var}\,[\text{Tr}\,[\boldsymbol{E}(t_i)\boldsymbol{E}^{\text{H}}(t_i)]]$ 可以事先离线计算。这样，统计量 $\sum_{i=1}^{K}\text{Tr}\,[\boldsymbol{E}(t_i)\boldsymbol{E}^{\text{H}}(t_i)]/K$ 的计算量主要在于 $\text{Tr}\,[\boldsymbol{E}(t_i)\boldsymbol{E}^{\text{H}}(t_i)]/K$ 的获取，该过程依次由以下几步完成：

$$\boldsymbol{e}_n(t_i)\rightarrow\boldsymbol{E}(t_i)\rightarrow\boldsymbol{E}(t_i)\boldsymbol{E}^{\text{H}}(t_i)\rightarrow\text{Tr}[\boldsymbol{E}(t_i)\boldsymbol{E}^{\text{H}}(t_i)]\rightarrow\sum_{i=1}^{K}\text{Tr}[\boldsymbol{E}(t_i)\boldsymbol{E}^{\text{H}}(t_i)]/K$$

因此，这个残差功率平均值 $\sum_{i=1}^{K}\text{Tr}[\boldsymbol{E}(t_i)\boldsymbol{E}^{\text{H}}(t_i)]/K$ 的复杂度 $\mathcal{C}_{\text{res-p}}$ 为

$$\mathcal{C}_{\text{res-p}}=N\cdot n_r n_r+Nn_r n_r\cdot n_r\cdot K$$

从而算法 JSIR-PRA 的复杂度 $\mathcal{C}_{\text{JSIR-PRA}}$ 为

$$\mathcal{C}_{\text{JSIR-PRA}}=Nn_t n_r+Nn_r n_{\text{act}}+Nn_r^2+Nn_r^3 K \tag{7.49}$$

一般来说，$n_t<n_{\text{act}}<K$，因此由式(7.49)可知，$\mathcal{C}_{\text{JSIR-PRA}}=O(Nn_r^3 K)$。

表 7.6 给出了几个经典调制识别方法(包括似然比检验、离散小波变换、高阶累积量)的计算复杂度，其中似然比检验(LRT)的复杂度为 $O(NM^{n_r K}n_r K)$[12]，离散小波变换(DWT)的复杂度为 $O(n_r K\log(K))$，高阶累积量(HOC)的复杂度为 $O(Nn_r^{3(d-1)}K)$，d 为阶数。

表 7.6 几个典型调制识别算法的计算复杂度

方 法	平均每个子载波复杂度
RLT	$O(NM^{n_rK}n_rK)$
DWT	$O(n_rK\log(K))$
HOC	$O(Nn_r^{3(d-1)}K)$
JSIR-PRA	$O(Nn_r^3K)$

通常来说，采样数目 K 远远大于接收天线个数 n_r，从表 7.6 可以看出，本节所提索引调制识别方法的复杂度低于其他经典算法的复杂度。

本节分析时-频-调制三维谱空穴检测算法 JSIR-PRA-MD 的计算复杂度。由 7.3.3 节可知，检测过程由 3 个子过程构成，其中第一个子过程是对前 k 个时刻的采样数据均执行索引调制识别过程，即对 JSIR-PRA 算法运行 k 次；第二个子过程是对第一个子过程的识别结果按照不同调制状态进行分类；第三个子过程是对新观测到的数据进行马氏距离判别，并对观测数据判别所归属的类进行更新。随着时间的推移，这种基于自适应识别的检测过程的时间成本主要取决于第三个子过程。接下来，分析第三个子过程中的马氏距离判别和调制状态类型更新的计算复杂度。

由马氏距离 $d^2(\boldsymbol{Y}(t_{k+1}),\mathcal{G}_\pi)=(\boldsymbol{y}(t_{k+1})-\overline{\boldsymbol{y}}^{(\pi)})^{\mathrm{H}}\boldsymbol{S}_\pi^{-1}(\boldsymbol{y}(t_{k+1})-\overline{\boldsymbol{y}}^{(\pi)})$ 知，其计算成本正比于 $(n_rN)^3$。而调制状态类更新过程的主要计算量集中在类内离差阵的更新，$\boldsymbol{A}_\pi^{(k+1)}=\boldsymbol{A}_\pi^{(k)}+[\overline{\boldsymbol{y}}_\pi^{(k)}(\overline{\boldsymbol{y}}_\pi^{(k)})^{\mathrm{H}}-k_\pi\overline{\boldsymbol{y}}_\pi^{(k)}\boldsymbol{y}^{\mathrm{H}}(t_{k+1})-k_\pi\boldsymbol{y}(t_{k+1})(\overline{\boldsymbol{y}}_\pi^{(k)})^{\mathrm{H}}+k_\pi\boldsymbol{y}(t_{k+1})\boldsymbol{y}^{\mathrm{H}}(t_{k+1})]/(k_\pi+1)$ 其计算成本正比于 n_rN。

综上所述，针对自适应索引调制系统，检测系统稳定（所建立的调制状态类相对比较完善）之后，时-频-调制三维谱空穴检测算法 JSIR-PRA-MD 的计算复杂度为 $O(n_rN)^3$。

7.4 仿真实验及结果分析

关于稀疏结构检测算法 JSIR-CS、索引调制识别算法 JSIR-PRA 的性能及时-频-调制三维谱空穴检测方法 JSIR-PRA-MD 的性能，本节给出了几个仿真实验结果。仿真实验的相关参数设置如下：

OFDM 符号为 4-QAM 调制，子载波间隔 $\Delta_f=15\text{kHz}$，采样间隔 $T_f=1/15\,000\text{s}$（采样频率 $f_s=15\text{kHz}$），$K=1000$。

由于算法 JSIR-PRA-MD 的性能依赖于算法 JSIR-PRA 的性能，而 JSIR-PRA 的性能由算法 JSIR-CS 的性能决定，即算法 JSIR-CS 本身的性能也是算法 JSIR-PRA 及 JSIR-PRA-MD 性能的一种体现。因此，本节首先给出了算法 JSIR-CS 下的误码率仿真结果；然后提供了残差分析时所用假设检验的检测概率和 JSIR-PRA 下的调制识别率仿真结果，最后给出 JSIR-PRA-MD 的检测效果。

实验 1：稀疏结构判决算法 JSIR-CS 的性能

本实验通过误码率评估 JSIR-CS 的性能，分别给出了不同索引调制方式下稀疏结构检测方法 JSIR-CS 的误码率与信噪比的关系，几个相关索引检测算法的误码率比较。仿真结果如图 7.7 和图 7.8 所示。

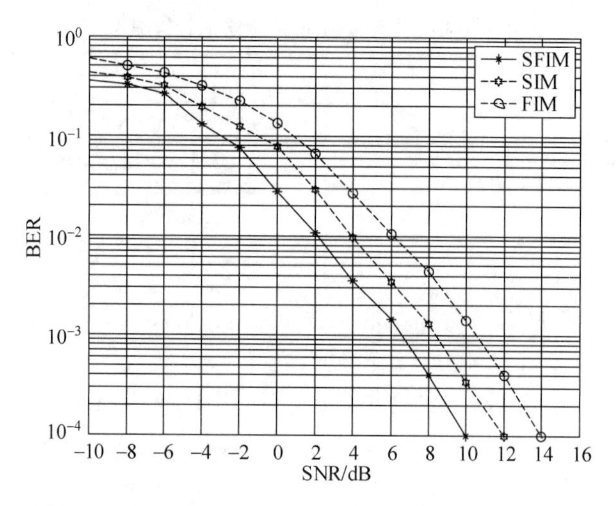

图 7.7 不同索引调制下算法 JSIR-CS 的误码率曲线

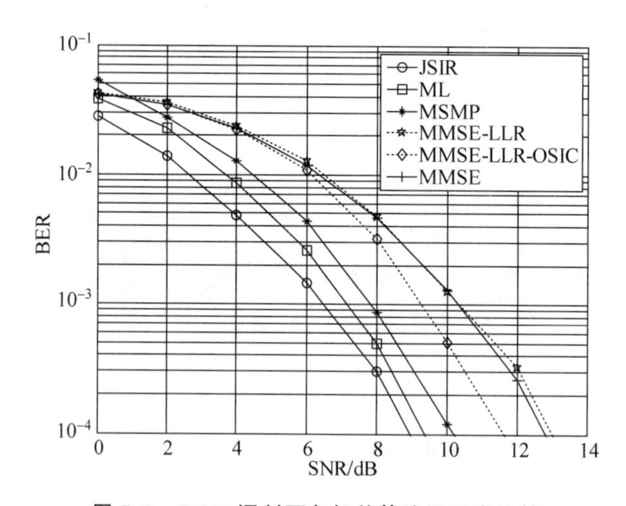

图 7.8 SFIM 调制下各相关算法误码率比较

图 7.7 给出了不同索引调制方式下稀疏结构检测方法 JSIR-CS 的误码率与信噪比关系，其仿真条件为：$n_t=8, n_f=4, n_r=8, N=16, n_g=4, P_f=0.05$。可以看出，该算法的误码率随信噪比的增加而减小。对于 SFIM 情形，$q_s=0.5, q_f=0.75$，当信噪比 SNR=0dB 时，误码率接近于 0.01；当信噪比 SNR=9dB 时，误码率接近于 10^{-4}。对于 SIM 情形，$q_s=0.5, q_f=1$，当信噪比 SNR=0dB 时，误码率接近于 0.1；当信噪比 SNR=12dB 时，误码率接近于 10^{-4}。对于 FIM 情形，$q_s=1, q_f=0.75$，当信噪比 SNR=0dB 时，误码率接近于 0.1；当信噪比 SNR=14dB 时，误码率接近于 10^{-4}。

图 7.8 给出了 SFIM 调制下 JSIR-CS 算法与几个相关算法的误码率比较。该仿真实验的相关参赛设置如下：$n_t=8, n_{\mathrm{rf}}=4, n_f=4, n_r=8, N=16, n_g=4, q_f=0.75, P_f=0.05$。仿真结果如图 7.8 所示，其中 ML、MSMP、MMSE、MMSE-LLR、MMSE-LLR-OSIC 可分别参见文献[5]和[7]。从图 7.8 可以看出，所提算法 JSIR-CS 的误码率小于其他 5 种算法的误码率；而当信噪比大于 9dB 时，算法 JSIR-CS 的误码率接近于 10^{-4}。

实验 2：不同索引调制模式下残差功率的区别

本实验给出不同索引调制模式下残差功率的区别，特别是索引调制与未被索引调制两种模式下残差功率的显著性区别，未索引调制曲线对应定理 7.1，索引调制曲线对应定理 7.2。该实验的目的是验证定理 7.1 和定理 7.2 的正确性，仿真结果如图 7.9 所示。

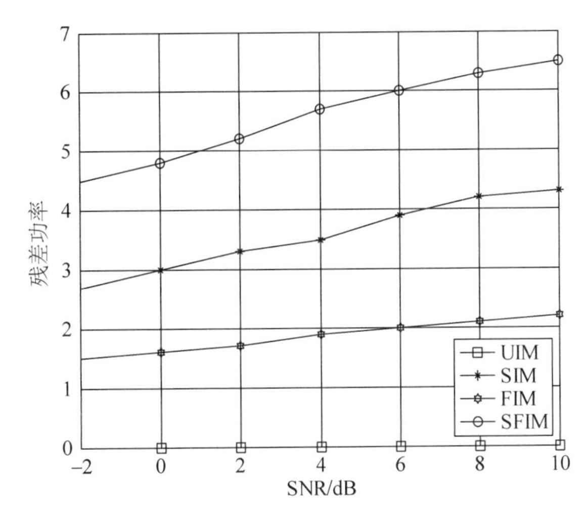

图 7.9 不同索引调制模式下残差功率随 SNR 变化曲线

图 7.9 给出了不同索引调制模式下残差功率之和的期望值 $E\left[\operatorname{Tr}\left[\boldsymbol{E}(t_i)\boldsymbol{E}^{\mathrm{H}}(t_i)\right]\right]$。仿真条件为：$N=16$，$n_g=4$，$n_r=n_t=8$，在 SFIM 下，$n_f=4$，有效子载波比率 $q_f=0.75$，被激活天线比率 $q_s=0.5$；SIM 下，有效子载波比率 $q_f=1$，被激活天线比率 $q_s=0.5$；在 FIM 下，$n_f=4$，有效子载波比率 $q_f=0.75$，被激活天线比率 $q_s=1$。$\boldsymbol{H}_n$ 各列模长为 1。OFDM 符号是 4-QAM 模式，每个子载波功率相等。图 7.9 说明 UIM 下残差功率之和为零，在其他 3 种索引调制模式下，该残差功率之和均明显大于零。

实验 3：索引调制识别算法 JSIR-PRA 的性能

本实验给出了投影残差功率显著性检验的检测概率和 JSIR-PRA 方法调制识别率分别与信噪比之间的关系，以及与几个相关调制识别算法调制识别率比较。

在稀疏结构检测(JSIR-CS)阶段，由于应用了压缩感知的思想，因此，即使接收天线个数小于发射天线个数，只要索引调制信号矩阵的稀疏度达到一定程度，那么该检测仍然有效，仿真结果见图 7.10 和图 7.11。

图 7.10 给出了 SFIM 调制模式下投影残差功率显著性检验(Projection Residual Power Significance Test，PRPST)的检测概率在不同接收天线个数时随信噪比变化曲线。该实验的仿真条件为：$n_t=8$，$n_{\mathrm{rf}}=4(q_s=0.5)$，$N=16$，$n_g=4$，$n_f=4$，$q_f=0.75$。图 7.10 表明，随着接收天线个数的增加，检测概率也增大。当信噪比 SNR$=-5$dB，接收天线个数 $n_r=6,7,8(n_r\leqslant n_t)$时，检测概率均接近于 0。

图 7.11 给出了不同索引调制模式下算法 JSIR-PRA 调制识别率。在该仿真实验中，$n_t=8$，$n_r=7$，$N=16$。对于 SIM 情形，$n_{\mathrm{rf}}=4(q_s=0.5,q_f=1)$；对于 FIM 情形，$n_g=4$，$n_f=4$，$q_f=0.75$，$q_s=1$；对于 SFIM 情形，$n_{\mathrm{rf}}=4(q_s=0.5)$，$n_g=4$，$n_f=4$，$q_f=0.75$。可以看出，当信噪比 SNR$\geqslant$8dB 时，SIM 和 SFIM 两种调制模式下算法 JSIR-PRA 的调制识别

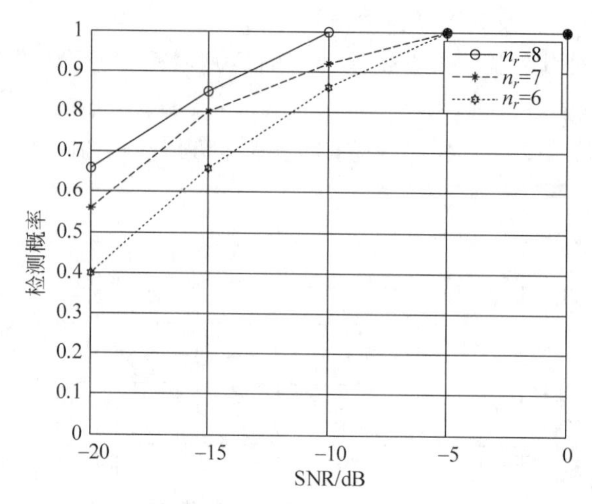

图 7.10 SFIM 调制下投影残差功率显著性检验的检测概率

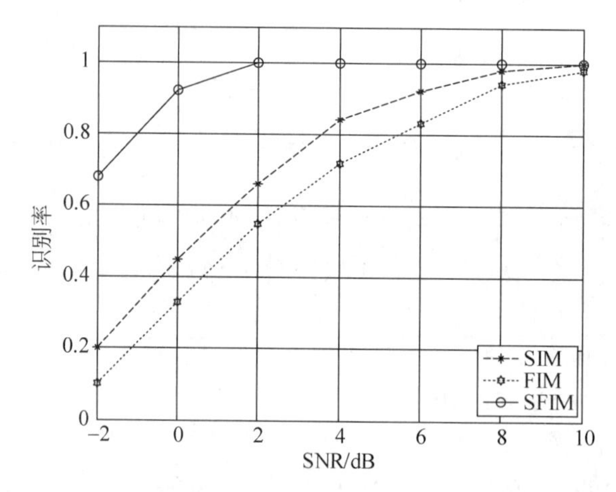

图 7.11 不同索引调制模式下 JSIR-PRA 算法的调制识别率

率接近于 1；而对于 FIM 调制模式，当信噪比 SNR≥10dB 时，该算法的调制识别率接近于 1。

图 7.12 给出了几个经典调制识别方法的调制识别率曲线，包括似然比检验、离散小波变换和高阶累积量(本次仿真实验选用六阶累积量)方法。为了使得这些方法适用条件的一致性，本次仿真中接收天线个数等于发射天线个数，即 $n_t=n_r=8$，其他实验条件与图 7.11 中一致。该图表明，对于 SFIM 情形，索引调制识别方法 JSIR-PRA 的识别率高于其他算法的识别率；而对于 SIM 和 FIM 情形，当 SNR≥4dB，所提算法 JSIR-PRA 优于其他算法。

实验 4：自适应索引调制识别算法 MD-AIMR 的性能

本实验分别给出了自适应调制识别 MD-AIMR 算法的识别率与信噪比、采样时隙之间的关系。

为方便叙述，将式(7.45)中随机向量$(\gamma_0(t),\gamma_1(t),\gamma_2(t),\gamma_3(t))$的概率分布向量$(p_0,p_1,p_2,1-p_0-p_1-p_2)$记为 $\boldsymbol{p}^{\mathrm{T}}\triangleq[p_0,p_1,p_2,1-p_0-p_1-p_2]$。本部分仿真实验共用参数设置为：$n_t=8,n_f=4,n_r=8,N=16,n_g=4$。空域索引调制 SIM：$n_{\mathrm{rf}}=4,q=$

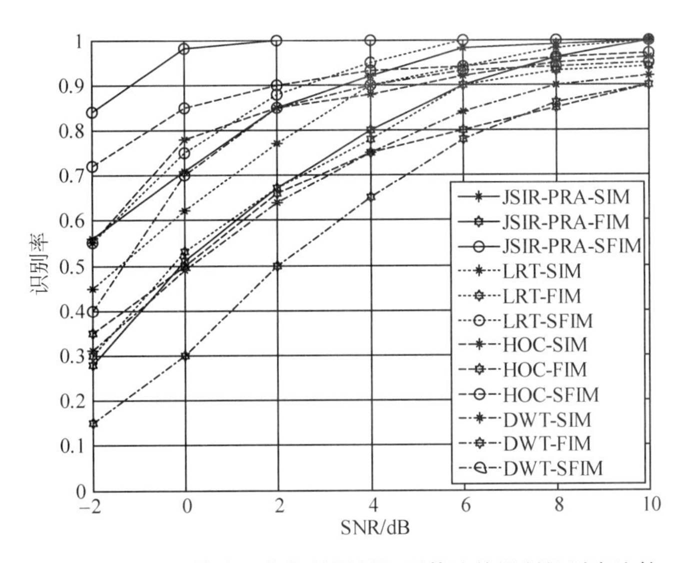

图 7.12　SFIM 模式下各相关调制识别算法的调制识别率比较

n_{rf}/n_t，$p=1$；频域索引调制 FIM：$n_{rf}=8$，$q=1$，$p=0.75$；空-频索引调制 SFIM：$n_{rf}=4$，$q=n_{rf}/n_t$，$p=0.75$。OFDM 符号设置与 7.5.1 节和 7.5.2 节仿真实验相同。本节仿真实验均假定一个时帧改变一次调制模式，一个 TDMA 帧包含 256 个时隙（1 个时隙包含的 OFDM 符号数为 14），每个 TDMA 帧的采样点数为 300。共设置概率向量 $\boldsymbol{p}^{\mathrm{T}}$ 的 5 种取值：(0.25，0.25，0.25，0.25)、(0，0.33，0.33，0.33)，(0，0.5，0.3，0.2)、(0，0.3，0.5，0.2)、(0，0.3，0.2，0.5)。(0.25，0.25，0.25，0.25)表示 4 种调制等可能性出现，后 4 种情况均为未索引调制 UIM 不出现情形，其中(0，0.33，0.33，0.33)代表着 SIM、FIM、SFIM 3 种索引调制等概率出现，最后 3 种情形中的索引调制（SIM、FIM、SFIM）以不相同概率出现。仿真结果如图 7.13 和图 7.14 所示。

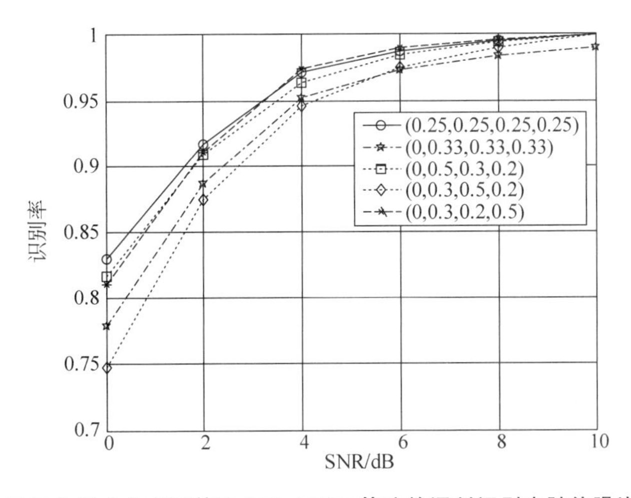

图 7.13　不同多制式分布下基于 MD-AIMR 算法的调制识别率随信噪比变化趋势

图 7.13 给出了 5 种多制式下第 20 个 TDMA 帧时间段内（前 16 个帧用于调制状态类建立，后 4 帧进行距离判别归类）算法 MD-AIMR 的调制识别率随信噪比变化的曲线。可

以看出,在这5种多制式下MD-AIMR算法的调制识别率随信噪比的增加而增大,UIM和SIM调制与FIM和SFIM调制相比,前两者的识别率大于后两者。当信噪比大于4dB时,5种制式的调制识别率在95%以上。

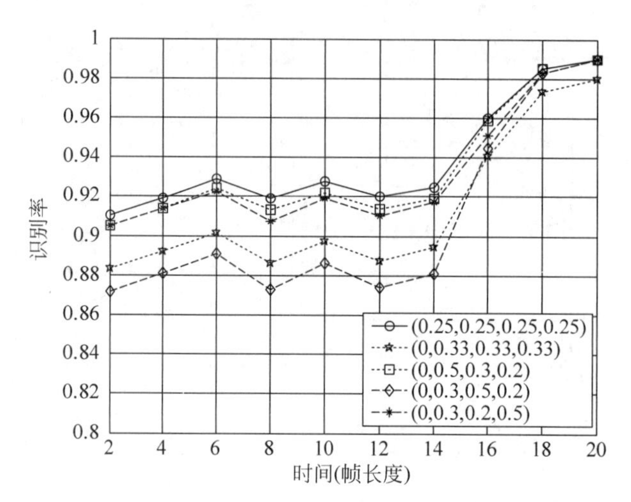

图7.14　不同多制式分布下基于MD-AIMR算法的调制识别率随采样时间变化趋势

图7.14给出了5种多制式下算法MD-AIMR的调制识别率随采样时间变化的曲线,以传输一个TDMA帧数据的时间长度作为时间单位。该仿真实验的信噪比SNR=8dB。前16帧用于调制状态类建立,16帧之后进行距离判别归类。该图反映采样时间16帧长度是个界限,在此之前,索引调制识别率在0.9附近,之后识别率接近于1。事实上,结合动态索引调制识别算法MD-AIMR过程,我们可以得出如下原因:16帧长度时间之前,索引调制识别是通过调制识别算法JSIR-CS检测的,这段时间内的检测性能实际上体现的就是JSIR-CS算法静态检测的性能,并且该段时间内检测出的调制类型基本上能够用来建立较为完备的索引调制类别集,这为后面利用MD-AIMR算法进行动态索引调制识别构建了较为理想的训练集。

实验5:三维谱空穴检测算法JSIR-PRA-MD的性能

本实验分别给出了三维谱空穴检测算法JSIR-PRA-MD的信号重构误差、频率重构误差、三维谱检测正确率与信噪比之间的关系。

为突出各维度信息,令$\boldsymbol{X}(f_1,f_2,\cdots,f_N;\ t;\ \pi)\triangleq\boldsymbol{X}(t)$。本实验以时-频-调制三维信号$\boldsymbol{X}(f_1,f_2,\cdots,f_N;\ t;\ \pi)$的重构精度、频率重构误差、调制识别率及三维谱检测正确率来评估三维谱空穴检测算法JSIR-PRA-MD的性能。

信号重构误差用均方误差r_{MSE}来评估,r_{MSE}表示如下:

$$r_{\mathrm{MSE}}=\sum_{k=1}^{K}\frac{\|\hat{\boldsymbol{X}}^{(k)}(t;\ f_1,f_2,\cdots,f_N;\ \pi)-\boldsymbol{X}(t;\ f_1,f_2,\cdots,f_N;\ \pi)\|^2}{K\|\boldsymbol{X}(t;\ f_1,f_2,\cdots,f_N;\ \pi)\|^2}\tag{7.50}$$

式中$\boldsymbol{X}(t;\ f_1,f_2,\cdots,f_N;\ \pi)$和$\hat{\boldsymbol{X}}^{(k)}(t;\ f_1,f_2,\cdots,f_N;\ \pi)$分别表示真实源信号向量和第$k$次蒙特卡罗仿真重构信号向量;$K$为蒙特卡罗仿真次数。

频率重构误差r_{Fre}的定义如下:

$$r_{\mathrm{Fre}}=\frac{1}{KF_{\mathrm{s}}}\sum_{k=1}^{K}\frac{1}{N}\sum_{n=1}^{N}\left|\hat{f}_{n}^{(k)}-f_{n}\right| \tag{7.51}$$

式中，F_{s} 为采样频率，f_n 和 $\hat{f}_n^{(k)}$ 分别表示仿真信号真实中心频率和第 k 次蒙特卡罗仿真被重构出的频率；K 为蒙特卡罗仿真次数。

为了给出调制识别率的定义，首先设示性函数 $I_A(x)$：

$$I_A(x)=\begin{cases}1, & x\in A\\ 0, & x\notin A\end{cases}$$

本节借助于该函数定义调制识别示性函数 $I_{\{\pi_0\}}(\pi)$ 为

$$I_{\{\pi_0\}}(\pi)=\begin{cases}1, & \pi=\pi_0\\ 0, & \pi\neq\pi_0\end{cases} \tag{7.52}$$

其中 $\pi=\pi_0$ 表示调制识别正确，$\pi\neq\pi_0$ 表示调制识别不正确。

调制识别率 R_{rate} 定义为

$$R_{\mathrm{rate}}=\frac{1}{KN_{\pi_0}}\sum_{k=1}^{K}\sum_{\pi_0}\hat{I}_{\{\pi_0\}}^{(k)}(\pi) \tag{7.53}$$

其中，$\hat{I}_{\{\pi_0\}}^{(k)}(\pi)$ 表示第 k 次蒙特卡罗仿真时调制识别示性函数的值；N_{π_0} 表示仿真过程中实际发生的调制模式个数。

借助于示性函数对三维谱检测结果进行定义示性函数 $I_{\{t_{(k)}^{(\pi_k)},f_n,\pi_k\}}(t,f,\pi)$，表示如下：

$$I_{\{(t_{(k)}^{(\pi_k)},f_n,\pi_k)\}}(t,f,\pi)=\begin{cases}1, & (t,f,\pi)=(t_{(k)}^{(\pi_k)},f_n,\pi_k)\\ 0, & (t,f,\pi)\neq(t_{(k)}^{(\pi_k)},f_n,\pi_k)\end{cases} \tag{7.54}$$

式中 (t,f,π) 表示时-频-调制三维信息。

由式(7.54)可知，三维谱检测正确率(Accurate Detection Rate，ADR)R_{AD} 可表示为

$$R_{\mathrm{AD}}=\frac{1}{KNN_{\pi_0}}\sum_{k=1}^{K}\sum_{n=1}^{N}\sum_{\pi_0}I_{\{(t_{(k)}^{(\pi_k)},f_n,\pi_k)\}}(t,f,\pi) \tag{7.55}$$

其中 N 为子载波个数。

仿真条件：OFDM 符号为 4-QAM 调制，子载波间隔 $\Delta_f=15\mathrm{kHz}$，采样间隔 $T_f=1/15\,000\mathrm{s}$(采样频率 $F_{\mathrm{s}}=15\mathrm{kHz}$)，$K=100$，主用户 GSFIM 信号的多制式调制模式与 7.2.1 节相同，因此采样时间长度也与 7.2.1 节相同。仿真结果如图 7.15～图 7.17 所示。

图 7.15 给出了 JSIR-PRA-MD 算法的信号矩阵 $\boldsymbol{X}(f_1,f_2,\cdots,f_N;t;\pi)$ 的重构误差 MSE 随信噪比增加而变化的曲线。该图说明对于不同的多制式调制，重构误差 MSE 随着信噪比的增加而减小。当信噪比为 6dB 时，5 种多制式调制信号重构误差均小于 0.05。另外，从 JSIR-PRA-MD 算法的执行过程可知，其信号 $\boldsymbol{X}(f_1,f_2,\cdots,f_N;t;\pi)$ 的重构精度主要由稀疏结构检测算法 JSIR-CS 和索引调制识别算法 JSIR-PRA 决定，因此，同一信噪比下各种多制式调制信号的频率重构误差与信号矩阵 $\boldsymbol{X}(f_1,f_2,\cdots,f_N;t;\pi)$ 的稀疏结构有关，越稀疏的调制组合模式，其信号重构精度越高。比如，FIM 出现的概率较大的情形，其重构误差较大；SFIM 出现的概率较大的情形，其重构误差较小。

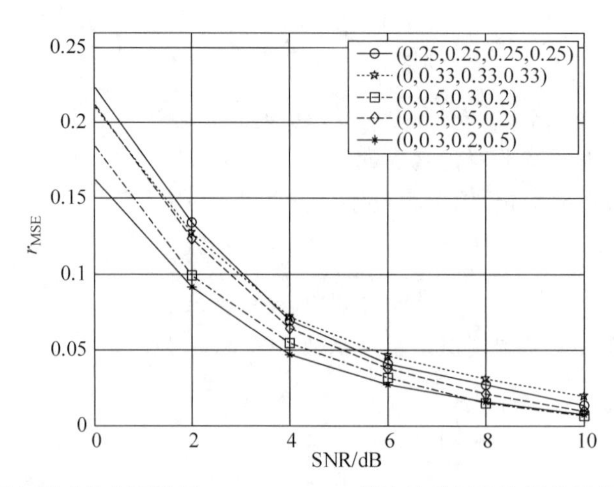

图 7.15 不同多制式分布下基于 JSIR-PRA-MD 算法的信号重构误差随信噪比变化趋势

图 7.16 给出了 JSIR-PRA-MD 算法下信号矩阵 $\boldsymbol{X}(f_1,f_2,\cdots,f_N;t;\pi)$ 的频率重构误差随信噪比变化而变化的曲线。可以看出，对于不同的多制式调制，其频率重构误差 r_{Fre} 随着信噪比的增加而减小。当信噪比为 6dB 时，5 种多制式调制信号的频率重构误差均接近于 0。另外，由 JSIR-PRA-MD 算法可知，其频率重构精度主要由稀疏结构检测算法 JSIR-CS 决定，因此，同一信噪比下各种多制式调制信号的频率重构误差与信号矩阵 $\boldsymbol{X}(f_1,f_2,\cdots,f_N;t;\pi)$ 的稀疏结构有关，越稀疏的调制组合模式，其频率重构精度越高。

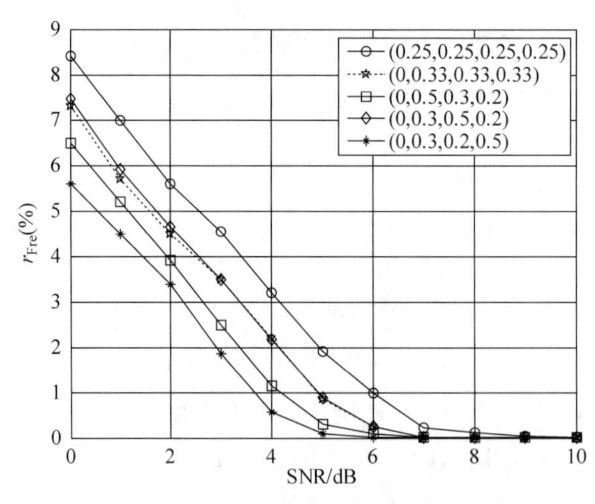

图 7.16 不同多制式分布下基于 JSIR-PRA-MD 算法的频率重构误差随信噪比变化趋势

图 7.17 给出了 5 种多制式下第 20 个 TDMA 帧时间段内(前 16 个帧用于调制状态类建立，后 4 帧进行距离判别归类)基于算法 JSIR-PRA-MD 的时-频-调制三维谱检测正确率 ADR 随 SNR 变化的曲线。由 JSIR-PRA-MD 算法过程可知，该调制识别率由 JSIR-CS、JSIR-PRA 和 MD-AIMR 算法共同决定。本实验条件设置与图 7.14 的仿真条件一样。图 7.17 表明，利用 JSIR-PRA-MD 算法，时-频-调制三维谱空穴检测正确率随着信噪比的增大而增大，当信噪比大于 4dB 时，5 种调制模式组合的时-频-调制三维谱空穴检测正确率大于 0.9。

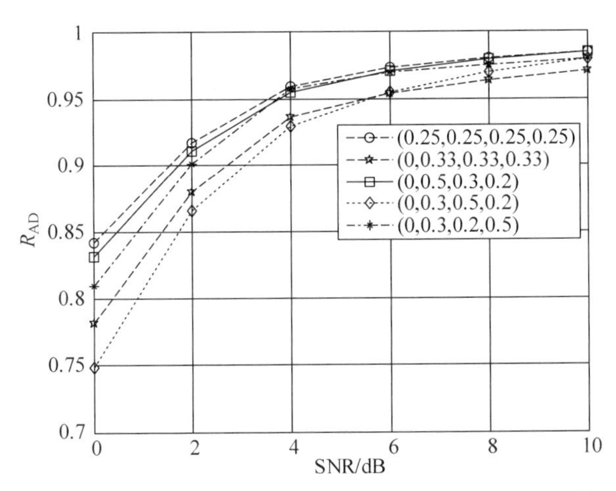

图 7.17 不同多制式分布下基于 JSIR-PRA-MD 算法的三维谱检测正确率

7.5 本章小结

对于 MIMO-OFDM-CR 系统索引调制信号，本章主要研究了索引调制识别、自适应索引调制识别及时-频-调制三维谱空穴检测方法。

首先，提出了一个基于联合稀疏索引剔除-投影残差分析的索引调制识别方法 JSIR-PRA。在所提方法中，

（1）通过剔除联合稀疏指标索引来检测索引调制信号的稀疏结构。在此基础上，获得投影残差的功率；

（2）对投影残差功率进行显著性检验，以此来识别接收信号是否被索引调制；

（3）根据检测到的稀疏结构和投影残差功率显著性检验结果，得到信号的索引调制方式：空域索引调制、频域索引调制及空-频联合索引调制。

其次，在索引调制识别方法 JSIR-PRA 的基础上，针对前后采样时刻马氏距离之间的关系进行推导，得出二者之间的递推公式，借助该公式，提出了一个基于马氏距离判别的自适应索引调制识别方法 MD-AIMR，有效实现了自适应索引调制模式的实时识别。在此基础上，进一步提出了基于 JSIR-PRA-MD 的时-频-调制三维谱空穴检测方法，该方法通过利用当前观测数据和前一个采样时刻的马氏距离来更新当前马氏距离，使得该三维谱空穴检测能够实时有效执行。

最后，本章通过仿真实验分别从误码率、检测概率、识别率、信号重构误差、频率重构误差等角度验证了所提算法 JSIR-CS、JSIR-PRA、MD-AIMR 及 JSIR-PRA-MD 的有效性和精确性。

参考文献

[1] 孙盼峰. 认知无线电频谱感知信号调制识别问题研究[D]. 宁波：宁波大学，2013.

[2] Wen M W，Zheng B X，Kim K J，et al. A survey on spatial modulation in emerging wireless systems：

research progresses and applications[J]. *IEEE Journal on Selected Areas in Communications*, 2019, 37(9): 1949-1972.

[3] 朱静. 新型自适应索引调制无线传输技术研究[D]. 成都: 电子科技大学, 2019.

[4] 刘聪杰, 彭华, 吴迪等. 突发自适应调制信号的调制识别算法研究[J]. 信号处理, 2012, 28(3): 417-424.

[5] Zheng B, Wen M, Basar E, et al. Multiple-input multiple-output OFDM with index modulation: low-complexity detector design[J]. *IEEE Transactions on Signal Processing*, 2017, 65(11): 2758-2772.

[6] Datta T, Eshwaraiah H S, Chockalingam A. Generalized space-and-frequency index modulation[J]. *IEEE Transactions on Vehicular Technology*, 2016, 65(7): 4911-4924.

[7] Basar E. On multiple-input multiple-output OFDM with index modulation for next generation wireless networks[J]. *IEEE Transactions on Signal Processing*, 2016, 64(15): 3868-3878.

[8] Punchihewa A, Bhargava V K, Despins C. Linear precoding for orthogonal space-time block coded MIMO-OFDM cognitive radio[J]. *IEEE Transactions on Communications*, 2011, 59(3): 767-779.

[9] Chen R, Zheng J. Index-modulated MIMO-OFDM: joint space-frequency signal design and linear precoding in rapidly time-varying channels[J]. *IEEE Transactions on Wireless Communications*, 2018, 17(10): 7067-7079.

[10] Anderson T W. An introduction to multivariate statistical analysis, 2nd Edition[J]. *Biometrics*, 1958, 41(3): 180-181.

[11] Tropp J A, Gilbert A C. Signal recovery from random measurements via orthogonal matching pursuit [J]. IEEE Transactions on Information Theory, 2007, 53(12): 4655-4666

[12] Xu J L, Su W, Zhou M. Likelihood-ratio approaches to automatic modulation classification[J]. *IEEE Transactions on Systems, Man, and Cybernetics*, Part C, 2011, 41(4): 455-469.

第8章

基于结构化压缩感知的信道估计

8.1 引言

压缩感知理论突破传统的奈奎斯特定律,针对稀疏或者可压缩信号,在采样的同时进行压缩,依据低速率的随机采样序列,使用非线性方法进行信号的重构和恢复。压缩感知理论一经提出,就在信号处理、统计学和计算机科学乃至整个科学界引起了广泛关注,而信号处理领域比较有代表性的研究就是信道估计,主要有水声信道估计、超声带信道估计和OFDM系统信道估计。基于压缩感知的无线信道估计都是基于信道特性参数的稀疏性进行研究的,在短时间内信道特性参数不仅具有稀疏性,还存在时序信息,即大多数信道具有变化平滑的状态特性,进而对其建立的多观测向量模型具有结构化稀疏性。

压缩感知理论指出,可以从非常有限的采样值中有效地重建信号,因此基于压缩感知的信道估计方法,在获得同样估计性能的情况下,需要的导频数或训练序列的长度大大减少,这样可以提高频谱利用率和信道估计性能。压缩感知理论的提出为信道估计方法找到了新的突破口,近年来,基于压缩感知的信道估计研究成果颇丰,例如,在对水声信道进行分析时,利用水声信道的稀疏性,采用压缩感知的重构算法BP(Basis Pursuit)、OMP(Orthogonal Matching Pursuit)对水声信道进行估计,实验结果表明,压缩感知的算法BP、OMP性能要优于传统的水声信道估计方法;虽然绝大多数以压缩感知为基础的信道方法的研究以理论研究为主,当然,也有一些基于压缩感知重构算法的实现研究,Maechler P、Greisen P、Sporrer B等人将压缩感知贪婪算法引入稀疏信道估计中,并在180nm工艺硬件上进行实验,实验结果表明,基于压缩感知的信道估计方法比传统的算法的均方误差要小得多。

本章主要介绍结构化压缩感知理论及方法在信道估计中的应用,每种信道估计方法的主要思路是通过分析特定通信信道特性,选用恰当的结构化稀疏信道模型,利用具体结构化压缩感知理论及方法估计出信道相应向量。参考近年来信道估计方面的研究热点,本章共介绍5种基于结构化压缩感知的信道估计方法,分别为基于时-频联合稀疏的多频带水声信道估计、基于角-频联合稀疏信道估计、基于联合稀疏的OFDM线性时变信道估计、基于块稀疏水声信道估计以及面向 5G 的块稀疏信道估计，最后给出仿真实验。

8.2 信道模型

8.2.1 无线信道特性

无线通信系统的性能主要受无线信道的制约和影响，信号从发送端，经无线信道进行传播，到达接收端，会产生大尺度衰落和小尺度衰落。如果发射端与接收端之间的距离比较远，几百米甚至达到几千米，此时信号强度发生的一些缓慢的变化称为大尺度衰落。小尺度衰落用于描述短距离或短时间内信号强度的快速变化[1]。在同一个无线信道中既存在大尺度衰落，也存在小尺度衰落，实际上，小尺度衰落是影响无线信道性能的主要因素，一般我们都是针对小尺度衰落建立信道模型。影响小尺度衰落的两个主要因素就是多径失真和多普勒频移。

传输信号从发送端发送后，接收端会在不同时刻接收到以不同入射角到达的多个传输信号的副本，此时信号就发生了多径失真。这种由多径传播引起的失真在室外环境中尤其常见，其主要原因是在传播过程中，射频波遇到类似建筑物或汽车等障碍物而发生了反射、折射。当信号的多个副本在同一时间到达接收端时，每一个信号副本在接收端进行向量叠加。由于每个信号副本都经历幅度失真和相位失真，因此接收端的信号强度会出现快速波动。信号在时域上的多径扩展影响着信号在频域上的变化，与时延扩展有关的另一个重要概念是相干带宽。相干带宽最初是用来描述两个频域信号不相关时的频率间隔，相干带宽与信道多径扩展成反比。时域上的离散将导致频域上的失真，进而导致符号间干扰[2]。对一个宽带系统来说，由于相干带宽比发送信号的带宽小，因此信道为频率选择性衰落信道。

从多普勒扩展和相关时间角度考虑，衰落可以为快衰落和慢衰落。相关时间是描述信道的时变性质的参量，通常将两个时域信号不相关的时间间隔定义为相关时间。多普勒扩展指的是在同一时间到达接收端的最小多普勒扩展信号和最大多普勒扩展信号的差异性，与相关时间成反比。频域上的离散化将导致时域上的失真，多普勒扩展会导致子载波失去正交性，进而引起载波间干扰。

8.2.2 信道估计模型

无线信道的小尺度传播特征可以用一个时、频、空三维动态多径信道模型来描述：

$$h(t,\tau,\varphi)=\sum_{l=1}^{L(t)-1}A[\varphi_l(t)]h_l(t)\delta[t-\tau_l(t)]\mathrm{e}^{\mathrm{j}\theta_l(t)}$$

其中，$L(t)$为从发送端到达接收端的路径数；$\tau_l(t)$为第 l 条路径相对于第 1 条路径的相对时延；$\theta_l(t)$为第 l 条路径的相位偏移，二者共同反映了频率选择性；$h_l(t)$为第 l 条路径的衰减因子，属于时间选择性范畴的参数；$\varphi_l(t)$表示空域方位角；$A[\varphi_l(t)]$表示对应的信号强度[3]，反映了空间选择性。

通常忽略空间选择性，对于频率选择性衰落信道，假设信道冲激响应在 OFDM 符号周期中维持恒定，多径的起始时间 $t=0$，那么信道模型可以简化为

$$h(t)=\sum_{l=1}^{L-1}h_l\delta[t-\tau(t)]$$

从而得到信道的冲激响应向量 $\boldsymbol{h}=[h(1),h(2),\cdots,h(N)]^{\mathrm{T}}$。

1. 系统模型

本节以 LTE 系统为例介绍无线通信信道模型的数学描述。LTE 系统中上行链路采用 SC-FDMA 技术,以降低 PAPR,提高功率效率。下行链路采用 OFDMA 多址接入方式:将传输带宽划分成相互正交的子载波集,通过将不同的子载波集被分配给不同的用户,可用资源能够被灵活地在不同移动终端之间共享。本节着重介绍 LTE 下行链路信道模型,LTE 下行链路系统及框图如图 8.1 所示。

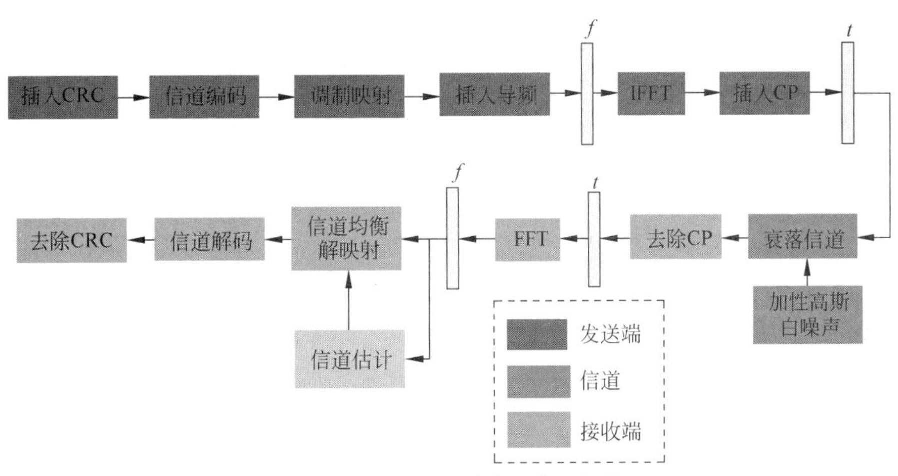

图 8.1　LTE 下行链路系统及框图

LTE 系统支持 1.25～20MHz 的信道带宽,LTE 下行 OFDM 系统需要考虑的系统基本参数包含传输信号带宽,同时需要考虑数据比特速率、保护间隔,此外,还需要考虑传输信道的多径时延扩展、OFDM 符号周期等。同时,在设计 LTE 系统参数时,需要考虑的需求有:与 3G 的后向兼容性;无线接入网延迟;多普勒频移和相位噪声;支持广域覆盖和 E-MBMsC35l。综上所述,LTE 目前确定的系统基本参数如表 8.1 所示。

表 8.1　LTE 系统基本参数表

参　　数	常用配置					
信道带宽/MHz	1.25	3	5	10	15	20
传输带宽/MHz	1.08	2.7	4.5	9	13.5	18
采样频率/MHz	1.92	3.84	7.68	15.36	23.04	30.72
	0.5×3.84	1×3.84	2×3.84	4×3.84	6×3.84	8×3.84
FFT 大小	128	256	512	1024	1536	2048
仿真 CP 大小	9	18	36	72	108	144
有效子载波数目	72	180	300	600	900	1200
RB 数目	6	15	25	50	75	100
每时隙每子载波/OFDM 符号数	常规 CP:一个时隙可传 7 个 OFDM $\Delta f=15\mathrm{kHz}$					
	扩展 CP:一个时隙可传 6 个 OFDM $\Delta f=15\mathrm{kHz}$					
	常规 CP:一个时隙可传 3 个 OFDM $\Delta f=7.5\mathrm{kHz}$					

续表

参　数	常用配置	
时限长度/ms	0.5	
子载波间隔/kHz	15	
CP 长度/T_s	常规 $\Delta f=15\text{kHz}$	160，当 $l=0$ 时
		144，当 $l=1,2,\cdots,6$ 时
	扩展 $\Delta f=15\text{kHz}$	512，当 $l=0,1,\cdots,5$ 时
	扩展 $\Delta f=7.5\text{kHz}$	1024，当 $l=0,1,2$ 时

设发送端数量为向量 $\boldsymbol{x}$，接收端数据为向量 $\boldsymbol{y}$，噪声为加性高斯白噪声向量 $\boldsymbol{v}$，则 LTE 系统模型为

$$\boldsymbol{y}=\boldsymbol{x}\otimes\boldsymbol{h}+\boldsymbol{v} \tag{8.1}$$

其中，$\boldsymbol{h}=[h(1),h(2),\cdots,h(N)]^{\mathrm{T}}$ 为长度为 N 的复信道冲激响应；$\otimes$表示 Kronecker 积。

只考虑导频符号的系统模型可以写成

$$\boldsymbol{y}_{\mathrm{p}}=\boldsymbol{x}_{\mathrm{p}}\otimes\boldsymbol{h}+\boldsymbol{v} \tag{8.2}$$

其中，$\boldsymbol{x}_{\mathrm{p}}$ 是参考信号；$\boldsymbol{y}_{\mathrm{p}}$ 是参考信号处的接收信号。

对 $\boldsymbol{x}_{\mathrm{p}}$ 进行特别设计，其中 T_{x} 是参考信号的时延基本单位，满足要求：

$$\boldsymbol{x}_{\mathrm{p}}(t)=\sum_{i=0}^{s-1}\boldsymbol{x}_{\mathrm{p}i}\delta[t-iT_{\mathrm{x}}] \tag{8.3}$$

对系统按系统时钟 T_{s} 进行采样，离散噪声用 $\boldsymbol{v}$ 表示，$m=1,2,\cdots,M-1$，则 m 时刻的采样 $\boldsymbol{y}_{\mathrm{p}}(mT_{\mathrm{s}})$ 为

$$\begin{aligned}\boldsymbol{y}_{\mathrm{p}}(mT_{\mathrm{s}})&=\boldsymbol{x}_{\mathrm{p}}(mT_{\mathrm{s}})\otimes\boldsymbol{h}(mT_{\mathrm{s}})+\boldsymbol{v}\\&=\int_0^{MT_{\mathrm{s}}}\boldsymbol{x}_{\mathrm{p}}(mT_{\mathrm{s}}-\tau)\boldsymbol{h}(\tau)\mathrm{d}\tau+\boldsymbol{v}\\&=\int_0^{UT_{\mathrm{s}}}\left[\sum_{i=0}^{L-1}\boldsymbol{x}_{\mathrm{p}i}\delta(mT_{\mathrm{s}}-iT_{\mathrm{x}}-\tau)\right]\boldsymbol{h}(\tau)\mathrm{d}\tau+\boldsymbol{v}\\&=\sum_{i=0}^{L-1}\boldsymbol{x}_{\mathrm{p}i}\boldsymbol{h}(mT_{\mathrm{s}}-iT_{\mathrm{x}})+\boldsymbol{v}\\&=\boldsymbol{\Theta}\boldsymbol{h}+\boldsymbol{v}\end{aligned} \tag{8.4}$$

其中，$\boldsymbol{\Theta}$ 是一个准托普利兹矩阵，满足每一行有 N 个非零项，并且下一行是上一行的循环移位。

矩阵$\boldsymbol{\Theta}$ 的元素满足于特定概率分布的托普利兹矩阵以较大的概率满足 RIP 特性，即满足其存在解的充分条件。

如果采用多重测量方式，则多测量向量(MMV)模型为

$$\boldsymbol{Y}_{M\times Q}=\boldsymbol{\Theta}_{M\times N}\boldsymbol{h}_{N\times Q}+\boldsymbol{V}_{M\times Q} \tag{8.5}$$

其中，M 表示采样数量；Q 表示多测量重数；N 表示信道长度。

2. 基于压缩感知的信道估计模型

设压缩感知理论中单测量向量(SMV)模型为

$$\boldsymbol{y}=\boldsymbol{\Phi}\boldsymbol{x} \tag{8.6}$$

其中，$x \in \mathbf{R}^n$ 为未知向量；$y \in \mathbf{R}^n$ 是已知向量；$\boldsymbol{\Phi} \in \mathbf{R}^{m \times n}$ 为已知的测量矩阵，$m < n$。

该方程组是欠定的，因而有无穷多解。压缩感知理论证明，若 $\boldsymbol{x}$ 的稀疏度为 $S \ll n$（其中 S 代表 $\boldsymbol{x}$ 中非零的个数），那么将求解 $\boldsymbol{x}$ 的问题转化为一个最优化问题，即寻找最稀疏的解，也就是满足最小 L_0 范数问题：

$$\min_{x \in \mathbf{R}^n} \| \boldsymbol{x} \|_0, \quad \boldsymbol{y} = \boldsymbol{\Phi x} \tag{8.7}$$

其中 $\| \boldsymbol{x} \|_0$ 表示 L_0 范数。

对于式(8.4)中的信道冲激响应向量的求解可以转化为最小化问题：

$$\min_{\boldsymbol{h} \in \mathbf{R}^N} \| \boldsymbol{h} \|_0, \quad \boldsymbol{y} = \boldsymbol{\Theta h} + \boldsymbol{v}$$

下面分别介绍基于时-频联合稀疏的多频带水声信道估计方法，基于角-频联合稀疏信道估计方法、基于联合稀疏模型的 OFDM 线性时变信道估计方法，基于块稀疏水声信道估计方法及面向 5G 的块稀疏信道估计方法，最后给出仿真实验及结果分析。

8.3 时-频联合稀疏多频带水声信道估计

多频带水声通信系统通过将较大的带宽分成若干个子带，并在不同子频带间设置保护间隔，提供了实现单载波和 OFDM 通信系统之外高速水声通信的一种折中方案。当前多频带水声通信研究大多集中在通信接收机结构设计以及不同调制方式的结合上，对子频带信道估计仍采用经典估计算法（如最小二乘）或现有压缩感知算法（如匹配追踪）。

在理想的波导环境中，多频带系统在同一个时刻每个子频带的信道多径结构可认为近似相同，即具有高度相关的多径抽头的位置。同时，由于每个子频带采用不同的中心频率进行调制，造成不同程度的散射、衰减等，在每个子频带引起了信道的变化，因此，虽然大部分多径抽头位置呈现出很高的相关性，但多径抽头系数并不相同。另一方面，在时间域每个子频带内数据块持续时间可认为小于信道相干时间，因此相邻两个数据块的信道多径结构也存在较高的相关性。

研究表明，充分利用水声信道多径结构存在的稀疏特性来设计高效信道估计与匹配方法是提高水声通信性能的有效途径，所以从分布式压缩感知的角度考虑时域联合稀疏性的研究可为多频带水声通信信道的高效估计提供新的思路。

8.3.1 多频带 SIMO 水声信道模型

对于多频带水声信号而言，多径稀疏结构在时域、频域均存在相关性，图 8.2 为联合频带稀疏和时间稀疏示意图。

(1) 联合时间稀疏：如果稀疏信道估计用的数据块来自不同的时间、同一频带，则称之为联合时间稀疏，如图 8.2 中虚线矩形选择的数据块代表联合时间稀疏。

(2) 联合时间频带稀疏：如果稀疏信道估计用的数据块来自同一时间不同频带，则称之为联合频带稀疏，如图 8.2 中虚线椭圆选中的数据块代表联合频带稀疏。

(3) 多频带单输入多输出水声通信系统。

在第 i 个接收阵元，第 j 个子频带的基带信号 $y_i^j(n)$ 如下：

$$y_i^j(n) = \sum_{l=0}^{L-1} x^j(n-l) h_i^j(l) + \omega_i^j(n) \tag{8.8}$$

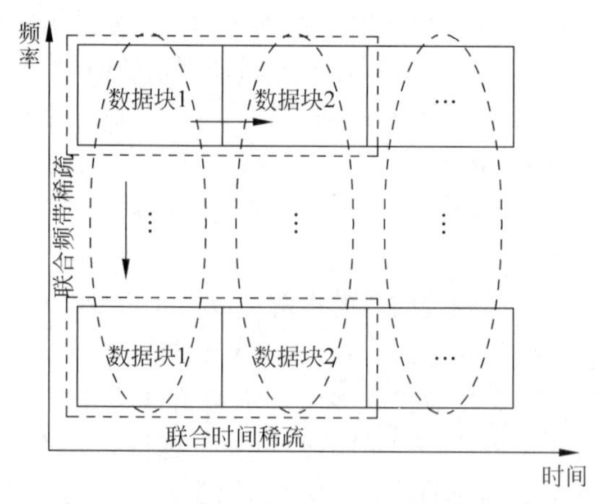

图 8.2 联合子频带稀疏和时间稀疏示意图

其中，n 是符号索引；N 为垂直接收阵元的个数；M 为总的子频带个数；$x^j(n)$为第 j 个子频带的发射符号。在第 i 个接收阵元第 j 个子频带的信道冲激响应为 $h_i^j(l)$，其信道长度为 L，$\omega_i^j(n)$为从第 i 个接收阵元第 j 个子频带接收的随机噪声，$i=1,2,\cdots,N$，$j=1,2,\cdots,M$。

采用基于数据块的信道估计算法，将接收到的基带信号按一定的大小分成若干个数据块，数据块间没有保护间隔，数据块索引用 k 表示。数据块之间可连续，可重叠。假设在 p 个采样点的持续时间内信道保持不变，式(8.8)可以写成矩阵形式：

$$\boldsymbol{y}_i^j(k)=\boldsymbol{A}^j(k)\boldsymbol{h}_i^j(k)+\boldsymbol{\omega}_i^j(k) \tag{8.9}$$

式中的 $\boldsymbol{A}^j(k)$：

$$\boldsymbol{A}^j(k)=\begin{pmatrix} x^j(k,L-1) & x^j(k,L-2) & \cdots & x^j(k,0) \\ x^j(k,L) & x^j(k,L-1) & \cdots & x^j(k,1) \\ \vdots & \vdots & \ddots & \vdots \\ x^j(k,L+P-2) & x^j(k,L+P-3) & \cdots & x^j(k,P-1) \end{pmatrix} \tag{8.10}$$

其中，$\boldsymbol{y}_i^j(k)=[y_i^j(k,L-1),y_i^j(k,L),\cdots,y_i^j(k,L+P-2)]^{\mathrm{T}}$，$\boldsymbol{h}_i^j(k)=[h_i^j(k,0),h_i^j(k,1),\cdots,h_i^j(k,L-1)]^{\mathrm{T}}$，$\boldsymbol{\omega}_i^j(k)=[\omega_i^j(k,L-1),\omega_i^j(k,L),\cdots,\omega_i^j(k,L+P-2)]^{\mathrm{T}}$。

对于式(8.9)中的信道相应向量 $\boldsymbol{h}_i^j(k)$，可以用最小二乘(Least Square，LS)信道估计算法对每个数据块、每个子频带的信道进行经典估计或压缩感知估计。考虑到水声信道是典型的稀疏信道，并且矩阵 $\boldsymbol{A}$ 满足约束受限特性(RIP)准则，因此，可用压缩感知信道估计算法如正交匹配追踪(Orthogonal Matching Pursuit，OMP)进行信道估计。进一步从分布式压缩感知的角度，可利用多个子频带和多个数据块进行联合稀疏信道估计，提高多频带水声通信信道估计性能。

8.3.2 基于多路径选择的时-频联合稀疏信道估计

1. *算法原理*

对于实际水声信道而言，在时间域或频率域多径结构类似的水声信道不可避免存在差异稀疏，即仍然有部分多径的时延位置并不相同。在联合稀疏模型 JSM-2(Joint Sparsity

Model 2,JSM-2)[4]下用分布式压缩感知进行稀疏信道建模时将差异稀疏集多径直接视为噪声,对信道估计性能造成影响。本节采用多路径选择的方案可解决差异稀疏造成的问题。

考虑上述多频带水声通信模型,将多频带 SIMO 水声信道分解成共同稀疏集和差异稀疏集:

$$\boldsymbol{h}_i^j(k)=\boldsymbol{h}_{i,c}^j(k)+\boldsymbol{h}_{i,d}^j(k) \tag{8.11}$$

其中,$\boldsymbol{h}_{i,c}^j(k)$为共同稀疏集;$\boldsymbol{h}_{i,d}^j(k)$为差异稀疏集。

基于 JSM-2 模型的水声信道只包含 $\boldsymbol{h}_{i,c}^j(k)$,本节不但加强了共同稀疏集部分,还确保差异稀疏集的正确性。

本节将多路径选择方案用于分布式压缩感知信道估计算法。多路径选择的核心思想是,每次迭代中选择若干个候选元素(Candidate)用 D 表示,每个选择的候选元素在下一次迭代中又产生若干个候选元素,如图 8.3(b)所示;而 OMP 在每次迭代中选择一个候选元素,如图 8.3(a)所示。本节将该思想用于分布式压缩感知的连续正交匹配追踪(Simultaneous Orthogonal Pursuit,SOMP)[5]算法中,并将该算法称为联合频带稀疏和时间稀疏的多路径选择 SOMP 信道估计算法(Joint Band Sparsity and Time Sparsity Multiple Selection SOMP,JBT-MSSOMP)。

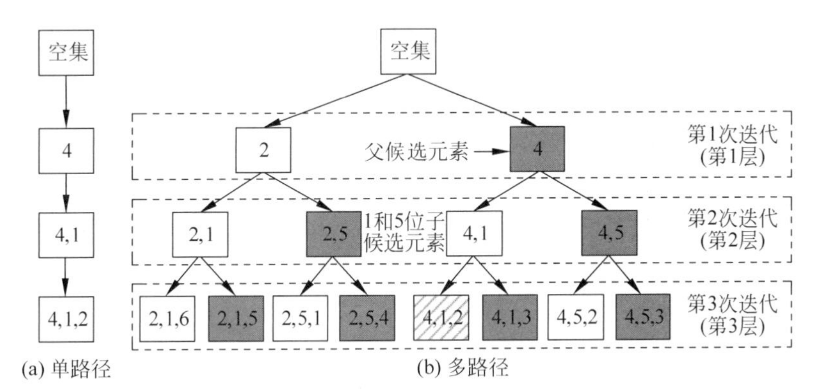

图 8.3 单路径和多路径搜索示意图

特别地,当 $Q=1$(Q 表示选择相邻数据块的个数)时,也就是在时间域上只选择一个数据块时,JBT-MSSOMP 算法退化成联合多频稀疏的多路径 SOMP 算法。在 JBT-MSSOPMP 算法中,若每次迭代选择一个候选元素,那么 JBT-MSSOPMP 退化成经典的 SOMP 算法,称为采用联合频带稀疏和时间稀疏的 SOMP。在 JBT-MSSOPMP 算法中,当用于稀疏信道估计的数据块来自同一时间不同的频带(即 $Q=1$)时,该算法表示为 JBT-MSSOMP,也属于经典的 SOMP 范畴。特别地,在 JBT-MSSOMP 算法中,当 $Q=1,M=1$ 时,JBT-MSSOMP 算法退化成经典的 OMP 算法。

图 8.3 为单路径和多路径的搜索示意图,图 8.3(a)为 OMP 或者 SOMP 的搜索示意图,在每次迭代中,只选择一个最大的候选元素;图 8.3(b)为多路径搜索示意图。在第 s 次迭代中,所有的候选元素都看作子候选元素,而在 $s-1$ 次迭代中产生该候选元素的候选元素称为父候选元素,所有的候选元素组成了一个节点,如图 8.3(b)所示,一个矩形框代表一个节点,一个节点中包含一个或者多个候选元素。为了保存信道的时延、抽头系数和残差,定义了 3 种候选元素,即时延候选元素、抽头系数候选元素和残差候选元素,不同种类的候

选元素分别构成不同种类的节点，不同种类的节点构成不同种类的树，对应为时延树、抽头系数树和残差树。这 3 种树具有相同的结构，如图 8.3(b)所示。在第 s 次迭代中，每个节点都遗传其父节点的信息，故每个节点都有 s 个候选元素。

表 8.3 描述了 JBT-MSSOMP 算法，该算法中有两个嵌套迭代外层循环根据稀疏度迭代，也就是图 8.3(b)中纵向层数的增加。里层循环根据父候选元素产生子候选元素的迭代，也就是图 8.3(b)中横向节点的增加。每次迭代中，首先产生时延候选元素，如表 8.2 中步骤 3(1)所示。表 8.2 中步骤 3(1)中 $\boldsymbol{u}_j^{s-1}(g^{s-1},k)$表示第 j 个子频带第 k 个数据块在 $s-1$ 次迭代中第 g^{s-1} 个节点对应的残差。计算第 j 个子频带第 k 个数据块对应的测量矩阵与残差的内积，一共有 $Q\times M$ 个内积，最后把这些内积的绝对值累加。在累加的内积中找到前 D 个最大值，并将其位置保存在 $\lambda_{g^{s-1}}$ 集合中，$\underset{|\lambda_{g^{s-1}}|=D}{\arg\max_D}(\cdot)$表示前 D 个最大值对应的解集。$|\lambda_{g^{s-1}}|=D$ 表示 $\lambda_{g^{s-1}}$ 的势(cardinality)，即 $\lambda_{g^{s-1}}$ 中有 D 个非零元素。将产生的时延候选元素放置于时延树对应的位置，如表 8.2 中步骤 3(2)所示，g^{s-1} 表示第 $s-1$ 迭代中节点的索引，在 $s-1$ 次迭代中一共有 D^{s-1} 个节点。第 s 次迭代中第 g^s 个子节点索引与在第 $s-1$ 次迭代中其对应的父节点索引 g^{s-1} 对应的关系为 $g^s=(g^{s-1}-1)+d$，d 表示同一个父节点产生子节点的顺序。如图 8.3(b)所示，在第 3 次迭代中，带斜杠阴影的节点从第 2 次迭代中的第 3 个父节点产生，并且是第一个产生，故 $s=3$，$g=3$，$d=1$，因此带斜杠阴影的节点索引值为$(3-1)\times2+1=5$。保存时延到对应的节点如表 8.2 中步骤 3(2)所示。根据时延节点计算对应的抽头系数和残差，并保存到各自相应的节点，分别如表 8.2 中步骤 3(3)和步骤 3(4)所示。

迭代完成以后，寻找残差树中最后一层的最小残差节点并保存对应的位置如表 8.2 所示，根据这个位置在抽头系数树和时延树中索引抽头系数和抽头时延如表 8.2 所示。共有 $M\times Q$ 棵树，因此需同时恢复 $M\times Q$ 个信道。

表 8.2 JBT-MSSOMP 信道估计算法

输入：$\boldsymbol{A}^j(k)$，$\boldsymbol{y}_i^j(k)$，稀疏度 S。
步骤 1，初始化。 (1) 建立 $Q\times M$ 棵树，包括时延树、抽头系数树和残差树，分别记作 $\Gamma_j(k)$，$\boldsymbol{\rho}_j(k)$，$\boldsymbol{u}_j(k)$ (2) 所有树中的节点都初始化为 0 (3) 初始化迭代次数 $s=0$ (4) 初始化残差 $u_j^0(v,k)=y_i^j(k)$；$j=1,2,\cdots,M$；$k=1,2,\cdots,Q$；$v=1,2,\cdots,D$ 步骤 2，迭代 $s=1$：S。 步骤 3，子迭代 $g^{s-1}=1$：D^{s-1}。 (1) 索引集(前 D 个最大值对应的索引集) $\lambda_{g^{s-1}}=\underset{|\lambda_{g^{s-1}}|=D}{\arg\max_D}\sum_{k=1}^{Q}\sum_{j=1}^{M}\lvert\langle\boldsymbol{A}^j(k),\boldsymbol{u}_j^{s-1}(g^{s-1},k)\rangle\rvert$ (2) $\Gamma_j^s(g^s,k)=\Gamma_j^{s-1}(g^{s-1},k)\cup\lambda_{g^{s-1}}(d)$ (3) $\boldsymbol{\rho}_j(g^s,k)=\boldsymbol{A}^{\dagger}_{j,[\Gamma_j^s(g^s,k)]}(k)\boldsymbol{y}_{i,j}(k)$ (4) $\boldsymbol{u}_j^s(g^s,k)=\boldsymbol{y}_i^j(k)-\boldsymbol{A}^j_{[\Gamma_j^s(g^s,k)]}\boldsymbol{\rho}_j(g^s,k)$

续表

(5) 最后的残差存储在 $\boldsymbol{u}_j^s(g^s,k)$ 中，计算每棵树最后一次迭代的残差，选择最小的残差对应的位置，保存在 $\hat{g}_j^S(k)$ 中：$\hat{g}_j^S(k)=\underset{g^S=1:D^S}{\arg\min}\|\boldsymbol{u}_j^S(g^S,k)\|_2^2$

(6) 在每棵时延树和抽头系数树中，根据选择出来最小残差值对应的位置，选择对应的抽头系数：$\hat{\boldsymbol{h}}_{i,j}(k)=\boldsymbol{\rho}_j(\hat{g}_j^S(k),k)$

对应的时延为 $\Gamma_j^S(\hat{g}_j^S(k),k)$。

步骤 4，停止子迭代。

步骤 5，停止迭代。

至此，信道的时延和抽头系数已经重构，信道估计完毕。

从式(8.9)中可以看出，如果多个信道具有相同的时延，那么具有相同时延的多径抽头估计得到了增强，具有不同时延的抽头将会被估计成虚拟抽头，这种虚拟抽头将会降低信道均衡器的性能。但是，只要不同时延多径抽头落在 D 个子候选元素中，通过产生多候选元素、多路径选择和最小残差选择，最终可以把这些不同时延的抽头重构出来。最终，不仅具有相同时延多径抽头的估计得到了增强，而且具有不同时延的多径抽头也同时得到了恢复，这是 JBT-MSSOMP 算法与 SOMP 算法的最本质区别。

从上面的分析可知，候选元素的个数呈指数增长，当 D 和 S 很大时，计算量非常大。考虑到水声信道稀疏多径的个数有限，本节选择了一个折中的方案。在每次迭代中，一共有 D^s 个节点，选择前 k 个最大的节点，抛弃 D^s-k 个节点。所以，在第 s 次迭代中有 kD 个节点，这样在不损失信道估计的性能下，大大降低了计算复杂度。

2. 复杂度分析

本节分析 OMP、JBT-SOMP 和 JBT-MSSOMP 算法的计算复杂度。假设乘法和加法拥有相同的计算复杂度[6-7]。在第 s 次迭代中，OMP 算法的计算复杂度是 $O(PL+Ps+Ps^2+s^3)$[7]。

表 8.3 给出了 OMP、JBT-SOMP 和 JBT-MSSOMP 算法的计算复杂度，对于每个信道估计，JBT-MSSOMP 算法比 OMP 算法多了 $O(PL)$次运算。JBT-MSSOMP 算法由于采用多路径搜索，其复杂度比前两者大。JBT-MSSOMP 的计算量由 D 和 k 决定。由于水声信道的稀疏性，D 和 k 的数值一般不会很大，JBT-MSSOM 的计算复杂度仍然可以接受。

表 8.3　不同算法计算复杂度比较

算法名称	计算复杂度
OMP	$O(PL+Ps+Ps^2+s^3)$
JBT-SOMP	$O(PL+PL+Ps+Ps^2+s^3)$
JBT-MSSOMP	$O(kPL+kD(PL+Ps+Ps^2+s^3))$

8.3.3　仿真实验及结果分析

仿真设置两个频带的多频带水声通信系统第 1 个频带记作 band-1，第 2 个频带记作

band-2,band-2 信道多径抽头位置部分与 band-1 信道抽头位置一致,如图 8.4 所示,其中幅度的单位为 dB。仿真实验在基带进行,符号速率为 12 000symbol/s,采用正交相移键控(Quadrature Phase Shift Keying,QPSK)映射方式。仿真的信噪比设置为 3dB,稀疏度 S 设置为 7,产生候选子元素的个数 D 设置为 5,k 设置为 10。

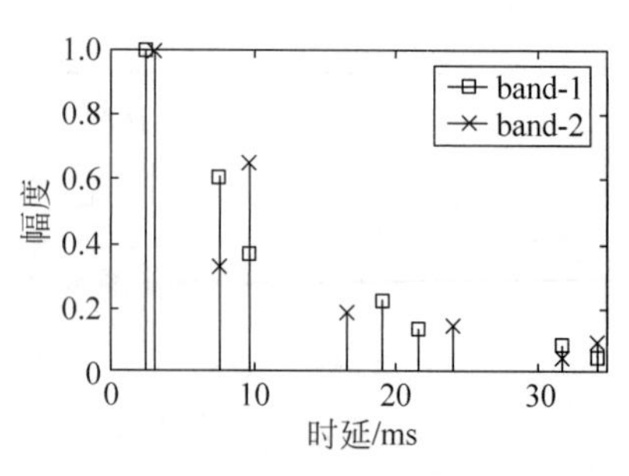

图 8.4 仿真信道

实验 1: JBT-MSSOMP 算法估计误差与训练长度之间的关系

本实验给出多路径选择的时-频联合稀疏信道估计相关算法的 MSE 随训练长度的变化而变化的趋势。仿真参数如上述设置,仿真信道估计性能用信道估计均方误差(Mean Square Error,MSE)来度量,仿真结果如图 8.5 所示。从图 8.5 中两个频带的信道估计误差曲线可以看出,在比较大的训练长度范围内(5~30ms),JB-MSSOP 算法和 JBT-MSSOP 算法均比 JB-SOMP 算法或者 OMP 算法获得更好的性能。在较短的训练长度范围内,如 5~10ms,JB-SOMP 算法获得的 MSE 比 OMP 算法获得的 MSE 要低,这是由于 JB-SOMP 算法采用了多个数据块进行联合估计。随着训练长度的增加,如大于 20ms,JB-SOMP 算法获得的性能稍微比 OMP 算法获得的性能差一些,如在图 8.5(a)中,JB-SOMP 获得的 MSE 是 −12.33dB,OMP 获得的 MSE 是 −12.10dB。造成这个现象的原因是 JB-SOMP 算法把差异稀疏集的信道多径估计成噪声,从而降低了其性能。

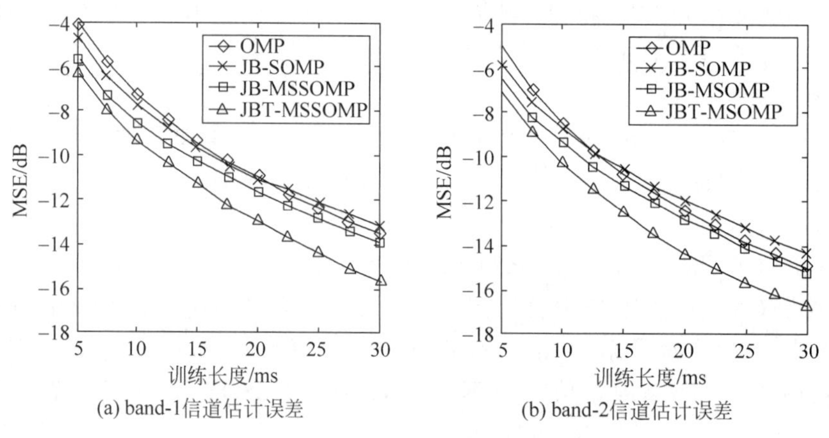

(a) band-1信道估计误差 (b) band-2信道估计误差

图 8.5 不同训练长度下的信道估计误差

从图 8.5 可以看出,由于 JB-SOMP 或者 JBT-MSSOMP 采用多路径选择方案,把差异稀疏支撑集的多径抽头正确估计出来,从而提高了估计性能。

实验 2: 实测数据下 JBT-MSSOMP 算法的性能

本实验通过实测数据来分析基于多路径选择的时-频联合稀疏信道估计算法(JBT-MSSOMP)的性能。

(1) 海试实验设置。

本实验在厦门五缘湾海域进行,实验海域平均水深约 10m。垂直接收阵列包含 4 个接收阵元,从海面第 1 个接收阵元到第 4 个接收阵元的深度分别为 2m、4m、6m、8m。发射阵元固定在船上，深度位于水下 2m，如图 8.6(a)所示，发射端和接收端的水平距离为 100m。发射端到接收端从海面到海底的信道分别记作通道 1、通道 2、通道 3 和通道 4。图 8.6(b)为实验区域声速梯度，可以看出，从海面到海底声速区别不大，声速曲线具有微弱的正梯度特性。

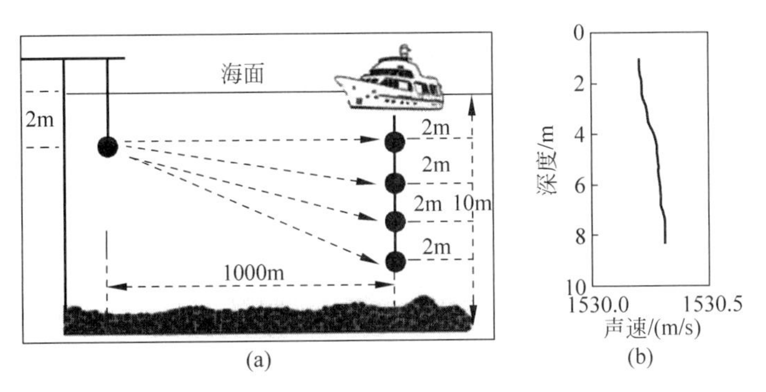

图 8.6 实验布放示意图和声速梯度

实验采用两个频带的 QPSK7JC 声信号进行分频带传输，每个子频带的带宽为 1.25kHz，频带间的保护间隔为 0.5kHz；两个子频带的中心频率为 13.8kHz 和 15.5kHz，分别记作 band-1 和 band-2；信号的持续时间为 5.6s。

由于海试实验无法预知真实信道，为了测试信道估计性能，采用通信接收机的输出性能评估信道估计好坏。通过理论分析和实验结果分析了信道估计好坏对基于多通道信道估计的判决反馈均衡(MCE-DFE)接收机性能的影响。因此，本实验采用 MCE-DFE 的输出信噪比、星座图、误码率指标进行对应信道估计算法的性能评估[8]。图 8.7 为数据帧结构，数据帧包括报文和数据块，其中报文的信息对于接收机来说已知，而数据块的信息对于接收机来说未知，接收机的目的是恢复数据块的比特信息。

图 8.7 数据帧结构

本实验采用 MCE-DFE 的训练模式和工作模式的输出结果来表征信道估计好坏。在训练模式下，所有的传输符号当作已知，包括报文和数据块；在工作模式下，只有报文信息已知，报文用于初始信道估计和多普勒估计，用于均衡报文后的第 1 个数据块，报文后的第 2 个数据块的多普勒估计和信道估计用报文后的第 1 个数据块恢复信息得到，以此循环，最终解调整帧信号。一帧数据中每个子频带包含 6500 个 QPSK 符号。水声通信实验系统参数如表 8.4 所示。信道长度设置为 200ms，对应 200 个符号长度。前馈滤波器和反馈滤波器长度分别为 400 和 199 个符号长度。OMP、JB-SOMP、JB-MSSOMP 和 JBT-MSSOMP 算法稀疏度 $S=15$；在 JB-MSSOMP 和 JBT-MSSOMP 算法中，设置 $k=10$，设置每次产生候选元素个数 $D=5$。因此，在每次迭代中，每 10 个最大的候选元素在下一次迭代中分别产生 5 个候选元素，在此迭代中一共有 50 个候选元素；设置多子带个数 $M=5$；设置连续数据块个数 $Q=2$。为了进一步评估系统性能，采用低密度奇偶校验码(Low Density Parity Check，LDPC)信道编码[9]，LDPC 码的码率为 2/3。

表 8.4 多频带水声通信实验系统参数

参数	参数描述	数值
Fs	采样频率	96 000symbol/s
Fc	子频带	13.8kHz 和 15.5kHz
R	符号率	1000symbol/s
N_T	发射源个数	1
N_R	接收阵元	4
K_{os}	过采样频率	1
$T_{preamble}$	报文持续时间	0.25s
T_{ch}	信道长度	200ms
L	离散信道长度	$L=T_{ch}\times R$
N_{ff}	前馈滤波器长度	$2\times L$
N_{fb}	反馈滤波器长度	$L-1$

(2) 实验结果与分析。

图 8.8(a)和图 8.8(b)分别为接收通道 3 的 band-1 和 band-2 的信道冲激响应图。信道长度设置为 200ms,信道估计前进行多普勒估计和补偿。为了更精确地恢复信道特性,训练长度为信道长度的 3 倍。信道估计算法为最小二乘 QR 分解算法(Least Square QR-Factorization,LSQR)。可以看出,水声信道呈现出较为典型的稀疏性,压缩感知信道估计算法可直接用于水声信道估计以提高信道估计性能。从图 8.8 中还可以看出,水声信道显现大的多径时延扩展,如多径时延可持续到将近 100ms。在理想的波导条件下,理论上两个子频带的信道是相同的,但实际上由于两个子频带的中心频率差异,其声场传播存在差异,但是 band-1 和 band-2 多径结构仍然显现出明显的相关性,即不同子频带信道存在大量位置相同的多径抽头,为利用分布式压缩感知改善信道估计性能提供了可能。

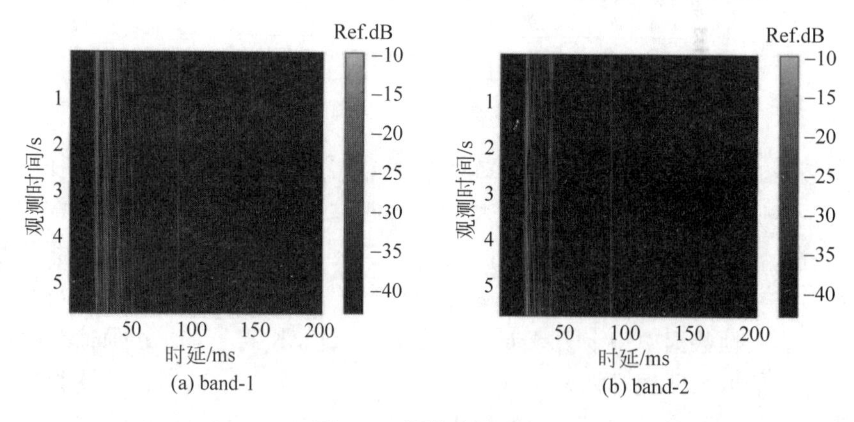

(a) band-1 (b) band-2

图 8.8 信道冲激响应

图 8.9 给出了 MCE-DFE 接收机在不同训练长度下各算法对应 MCE-DFE 接收机的输出信噪比(Output Signal-to-Noise Ratio,OSNR),其中每个训练长度获得的 OSNR 通过整帧数据的 OSNR 统计平均获得,可以看出,OSNR 随着训练长度变大而变大,因为长的训练长度提高了接收信号与训练序列的相关性,提高了多径位置的检测性能。明显地,LSQR 信道估计算法取得了最低的 OSNR。由于 LSQR 信道估计算法不是稀疏恢复算法,在非零抽

头存在大量的估计噪声降低了接收机性能；另外，LSQR 算法的训练长度往往要大于信道长度的 3 倍才能取得较好的信道估计性能。比较 OMP、JB-SOMP、JB-MSSOMP 和 JBT-MSSOMP 算法，JB-MSSOMP 和 JBT-MSSOMP 算法在较低的训练长度下（如小于 80ms）仍取得较高的 OSNR。

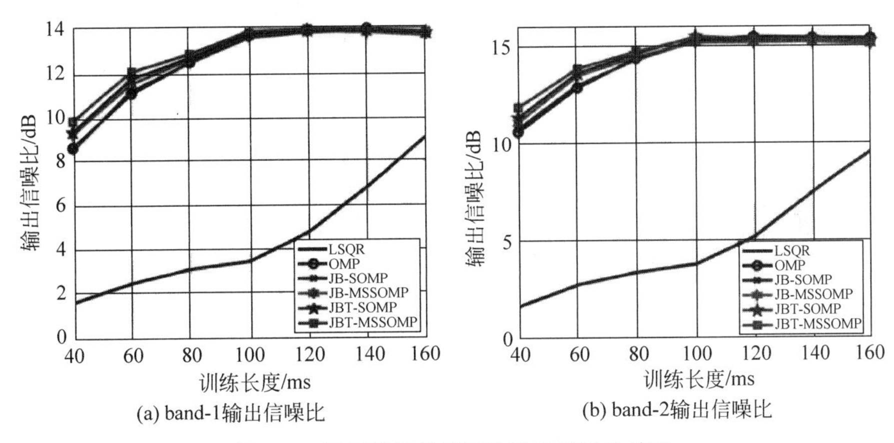

图 8.9 不同训练长度下的输出信噪比结果

在较短的训练长度下，接收信号与发射信号的相关性得到不同程度的降低，使得传统 OMP 算法在搜索多径抽头位置的能力下降，传统的 JB-SOMP 算法由于利用了信道间多径抽头的相关性，在较短的训练长度下提高了多径抽头搜索能力，提高了信道估计性能，但是传统的 JB-SOMP 算法忽略了差异稀疏部分，将差异稀疏部分视为噪声。采用多路径选择策略，在传统 JB-SOMP 算法的基础上，不但利用多径抽头的相关性提高了相同多径抽头位置的检测能力，而且通过多路径选择，恢复了不同位置的多径重构，提高了信道估计性能，从而为 MCE-DFE 提供精确的信道信息，进而提高 MCE-DFE 的 OSNR。

从图 8.9 中还可以看出，JB-MSSOMP 算法和 JBT-MSSOMP 算法所获得的 OSNR 在训练长度为 100ms 时达到收敛，再随着训练长度变长，其对应的 OSNR 变化不大。因为在较长的训练长度下，接收信号与训练序列的相关性增强，传统的 OMP 信道估计算法检测多径抽头位置的能力得到提高，基于多路径的分布式压缩感知信道估计算法所获得的增益变小。

图 8.10 所示为 MCE-DFE 接收机在工作模式下的 OSNR。除了训练长度设置为 60ms 之外，所有的参数与训练模式下的参数相同。在工作模式下，除了报文的发射训练已知，其他都当作未知。为了防止错误传递造成接收机崩溃，在接收数据帧中假设 14.29%的符号已知，且均匀分布，用于对信道和多普勒估计结果进行纠正，如图 8.10 所示。

可以看出，JB-MSSOMP 和 JBT-MSSOMP 算法比 OMP 算法获得了更高的 OSNR。如图 8.10(a)和图 8.10(b)所示，JB-MSSOMP 和 JBT-MSSOMP 算法与 OMP 算法获得的增益分别为 0.93dB、1.64dB 和 0.76dB、1.48dB。工作模式的结果与训练模式的结果相同。从图 8.10 中还可以看出，OMP 算法获得的 OSNR 随时间存在一定程度的振荡，原因是 OMP 获得的误码率比较高，造成错误传递。图 8.11 给出了 band-1 和 band-2 工作模式下的星座图，其中图 8.11(a)和图 8.11(b)分别为 band-1 OMP 和 JBT-MSSOMP 算法获得的星座图，图 8.11(c)和图 8.11(d)分别为 band-2 OMP 和 JBT-MSSOMP 算法获得的星座图。可以看出，OMP 的星座图略微模糊，而 JBT-MSSOMP 获得的星座图 4 个象限分离明显。图 8.11 中 4 个星座图对应的 OSNR 分别为 8.31dB、9.94dB、10.63dB 和 12.11dB。

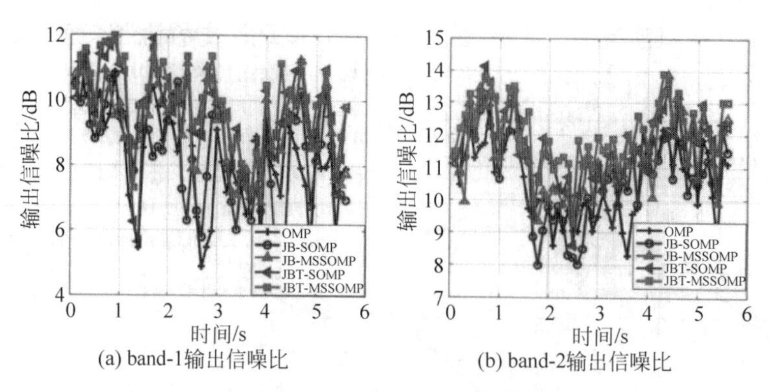

(a) band-1输出信噪比　(b) band-2输出信噪比

图 8.10　工作模式下接收机输出信噪比随时间变化图

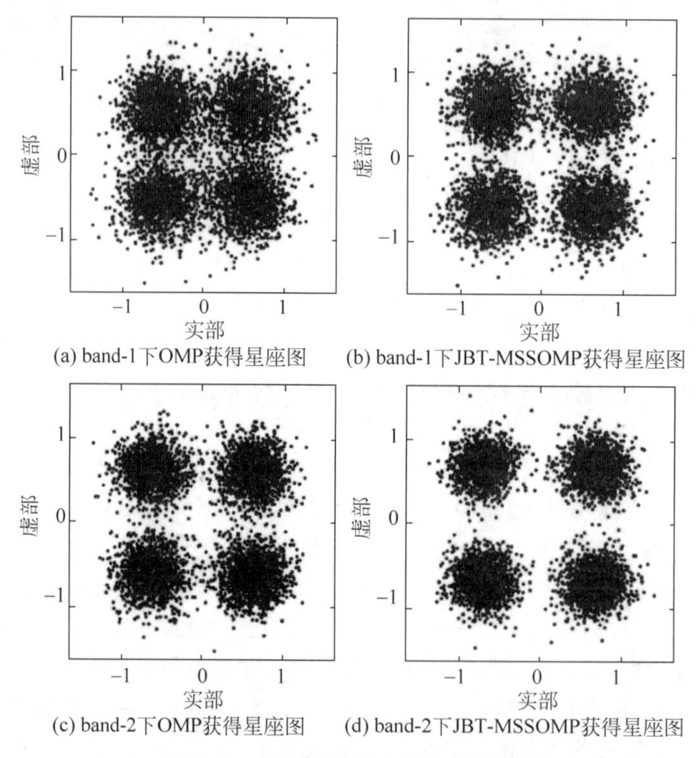

(a) band-1下OMP获得星座图　(b) band-1下JBT-MSSOMP获得星座图

(c) band-2下OMP获得星座图　(d) band-2下JBT-MSSOMP获得星座图

图 8.11　不同信道算法输出的星座图

表 8.5 为工作模式下原始误码率和信道编码后的误码率，误码率由整帧数据的所有比特信息统计平均获得。从表 8.5 中可以看出，LSQR 由于原始误码率比特高，信道编码后两个子频带的误码都为 0。

表 8.5　不同信道估计算法获得的误码率

		LSQR	OMP	JB-SOMP	JB-MSSOMP	JBT-MSSOMP
band-1	原始 BER(%)	42.14	1.94	1.73	0.83	0.61
	编码后 BER(%)	42.26	0.56	0.20	0.00	0.00
band-2	原始 BER(%)	41.94	0.24	0.23	0.11	0.0357
	编码后 BER(%)	42.16	0	0	0	0.00

图 8.9、图 8.10、图 8.11 和表 8.5 表明所提的 JB-MSSOMP 和 JBT-MSSOMP 在短的训练长度下可以有效地提高多频带水声通信系统性能。

由于各子频带间中心频率的差异导致多频带水声通信系统声场传播的差异，但是各子带间存在着大量抽头位置相同、抽头系数不同的多径，即不同子频带之间的信道有很强的相关性。这种子频带间信道的相关性为进一步提高信道估计提供可能。所以，可以利用时-频联合稀疏估计算法来提高多频带水声信道估计性能。

由于多频带声场传播差异，不同频带间的信道往往存在不同位置多径，而经典 JSM2 模型将不同位置的差异多径直接视为噪声处理，从而导致性能损失。针对这个问题，将多路径搜索方案应用于时-频联合稀疏的高效恢复中进行多频带信道估计算法的推导。

仿真实验和海试实验表明，对多频带水声信道中这种时-频联合稀疏性的利用有效提高了信道估计性能，并可通过构造信道估计均衡器进一步获得多频带水声通信性能的提升。在此基础上，多接收器系统中不同接收单元间信道存在的空间域稀疏相关性揭示了空、时、频域联合的扩展可能，从而为利用水声信道中不同域存在的稀疏特性来改善系统性能提供了新的思路。

8.4 角-频联合稀疏信道估计

在高速移动性环境中，宽带无线系统不但存在频率选择性衰落，也存在时间选择性衰落，这种场景被称为双选(Double-selective Channel，DS)信道[10]。对于 DS 信道场景中的多输入多输出(MIMO)系统，由于存在大量未知信道参数，因此很难获得准确的信道状态信息(Channel State Information，CSI)。为了高效地获得 CSI，已有研究人员提出了几种 DS 信道场景下 MIMO 系统的信道估计方案[11-12]。然而，这些方案都基于丰富的多径信道的假设，导频开销很大。

越来越多的研究已经证实，许多实际的无线信道都表现出稀疏性，因此可以将压缩感知(CS)理论用于信道估计[13]。基于信道在时延域的稀疏性，利用 CS 方法提高信道估计精度[14]。在实际环境中，由于基站周围的散射物有限，MIMO 信道通常在角度域也表现出稀疏性[15]。相关研究同时利用了时延域和角度域的稀疏性，提出基于 CS 的 MIMO 信道估计方案[16-17]。然而，上述信道估计方案都是基于平坦衰落或时不变的信道模型，对于 DS 信道场景中的 MIMO 系统，本节介绍同时利用时延域和角度域的稀疏特性实现信道估计的方法。

针对 DS 信道场景中的 MIMO 系统，介绍一种基于联合稀疏压缩感知的信道估计方案。首先利用复指数基扩展模型(Complex Exponential Basis Extended model，CE-BEM)对 DS 信道的时变性进行建模，从而将信道估计目标转化为角度域系数恢复问题，然后详细分析了待估计系数矩阵的稀疏结构，然后利用两种贪婪算法对信道参数进行恢复，并通过 MATLAB 平台仿真实验，验证了本算法具有良好的性能。

8.4.1 双选信道复指数扩展模型

1. 复指数扩展模型

假定已将 BEM 模型表达式代入 OFDM 系统的时域信道函数，然后变换到频域。本节研究 MIMO 系统正交频分复用(OFDM)下行传输,设基站配备有 N_t 个发射天线,用户是单天线。则用户端接收到的频域信号向量 $\boldsymbol{y}=[y[0],y[1],\cdots,y[N-1]]^{\mathrm{T}}$ 可表示为

$$\boldsymbol{y}=\sum_{i=1}^{N_t}\boldsymbol{F}\boldsymbol{H}_i\boldsymbol{F}^{\mathrm{H}}\boldsymbol{x}_i+\boldsymbol{w} \tag{8.12}$$

其中,$\boldsymbol{F}$ 为傅里叶变换矩阵;$\boldsymbol{x}_i=(x_i[0],x_i[1],\cdots,x_i[N-1])^{\mathrm{T}}$ 是第 i 个发射天线发射的频域信号向量;$\boldsymbol{w}$ 表示高斯白噪声向量;$\boldsymbol{H}_i$ 是一条路径上 $N\times N$ 维的时域信道矩阵。

根据相关研究可知,如果利用 CE-BEM 对 DS 信道进行建模,则第 l 个信道抽头对应的信道矩阵 $\boldsymbol{H}(l)$ 可表示为

$$\boldsymbol{H}(l)=(\boldsymbol{b}_0,\cdots,\boldsymbol{b}_{Q-1})\begin{pmatrix} c_{0,l}^{1} & c_{0,l}^{2} & \cdots & c_{0,l}^{N_t} \\ c_{1,l}^{1} & c_{1,l}^{2} & \cdots & c_{1,l}^{N} \\ \vdots & \vdots & \ddots & \vdots \\ c_{Q-1,l}^{1} & c_{Q-1,l}^{2} & \cdots & c_{Q-1,l}^{N_t} \end{pmatrix}+\xi_l \tag{8.13}$$

其中 $\boldsymbol{H}(l)=[\boldsymbol{h}_1(l),\boldsymbol{h}_2(l),\cdots,\boldsymbol{h}_{N_t}(l)]$,$\boldsymbol{h}_i(l)=[h_i(1,l),h_i(2,l),\cdots,h_i(N,l)]^{\mathrm{T}}$,$h_i(n,l)$表示第 i 个发射天线与用户在第 n 个时刻,第 l 条离散径的信道增益,$\boldsymbol{b}_q=[1,\mathrm{e}^{\mathrm{j}2\pi(q-Q/2)/N},\cdots,\mathrm{e}^{\mathrm{j}(N-1)2\pi(q-Q/2)/N}]^{\mathrm{T}}$ 是 CE-BEM 的基函数,$c_{q,l}^{n_t}$ 是 CE-BEM 系数,Q 为基函数的个数(BEM 阶数),ξ_l 为建模误差。

将式(8.13)代入式(8.12),得到

$$\boldsymbol{y}=\sum_{i=1}^{N_t}\left(\sum_{q=0}^{Q-1}\boldsymbol{B}_q\boldsymbol{C}_q^i\right)\boldsymbol{x}_i+\boldsymbol{z} \tag{8.14}$$

其中 $\boldsymbol{B}_q=\boldsymbol{F}\mathrm{diag}(\boldsymbol{b}_q)\boldsymbol{F}^{\mathrm{H}}$;$\boldsymbol{C}_q^i=\mathrm{diag}(\boldsymbol{V}_L\boldsymbol{c}_q^i)$,$\boldsymbol{c}_q^i=[c_{q,0}^i,c_{q,1}^i,\cdots,c_{q,L-1}^i]^{\mathrm{T}}$,$\boldsymbol{V}_L$ 是由$\sqrt{N}\times\boldsymbol{F}$ 的前L 列构成;$\boldsymbol{z}$ 为高斯白噪声和 CE-BEM 建模误差。

为了减少 MIMO 系统的导频开销,采用非正交导频模式,即不同发射天线的导频位置相同。此外,利用频域克罗内克函数导频配置方式,即 G 个有效导频左右分别放置 $Q-1$ 个保护导频[18],其中有效导频值设为随机的 1 或 -1,保护导频设为 0。设有效导频序列索引 $\boldsymbol{\kappa}_{\mathrm{val}}=\{k_0,k_1,\cdots,k_{G-1}\}$,则所有导频(包括有效导频和保护导频)序列索引 $\boldsymbol{\kappa}=\bigcup_{k\in\boldsymbol{\kappa}_{\mathrm{val}}}\{k-Q+1,k-Q+2,\cdots,k,\cdots,k+Q-1\}$。此处,重新定义 Q 个新子集$\{\boldsymbol{\kappa}_q\}_{q=0}^{Q-1}$:

$$\boldsymbol{\kappa}_q=\left\{k-\left(\frac{Q-1}{2}-q\right)\mid k\in\boldsymbol{\kappa}_{\mathrm{val}}\right\} \tag{8.15}$$

其中 $0\leqslant q\leqslant Q-1$。

基于 CE-BEM 模型和上述稀疏导频模式,对应于索引集 $\boldsymbol{\kappa}_q$ 的接收导频子载波 $[\boldsymbol{y}]_{\boldsymbol{\kappa}_q}$ 为[19]

$$[\boldsymbol{y}]_{\boldsymbol{\kappa}_q}=\sum_{i=1}^{N_t}\mathrm{diag}(\boldsymbol{P}_{\mathrm{val}}^i)[\boldsymbol{V}_L]_{\boldsymbol{\kappa}_{\mathrm{val}}}\boldsymbol{c}_q^i+\boldsymbol{z}_q \tag{8.16}$$

其中 $\boldsymbol{P}_{\mathrm{val}}^i$ 为有效导频的值,$0\leqslant q\leqslant Q-1$。

2. 信道模型稀疏性分析

将信道模型转换为角度域分析,第 l 个信道抽头对应的角度域信道矩阵 $\boldsymbol{H}_l^a$ 表示为

$$\boldsymbol{H}_l^a=\boldsymbol{H}_l\boldsymbol{U}_t \tag{8.17}$$

其中 $\boldsymbol{U}_t$ 是一个酉矩阵，即 $\boldsymbol{U}_t^{\mathrm{H}}\boldsymbol{U}_t=\boldsymbol{U}_t\boldsymbol{U}_t^{\mathrm{H}}=\boldsymbol{I}_N$，这里 $\boldsymbol{U}_t^{\mathrm{H}}$ 为 $\boldsymbol{U}_t$ 的共轭转置，酉矩阵 $\boldsymbol{U}_t$ 的 (m,n) 项元素为 $\frac{1}{\sqrt{N_t}}\exp\left(\frac{\mathrm{j}2\pi mn}{N_t}\right)$，$\boldsymbol{I}_N$ 为 N 阶单位矩阵。

定义第 l 个信道抽头的第 q 个 CE-BEM 系数向量为 $\tilde{\boldsymbol{c}}_q^l\triangleq[c_{q,l}^1,c_{q,l}^2,\cdots,c_{q,l}^{N_t}]^{\mathrm{T}}$，角度域中与之对应的系数向量为 $\boldsymbol{s}_q^l\triangleq[s_{q,l}^1,s_{q,l}^2,\cdots,s_{q,l}^{N_t}]^{\mathrm{T}}$，满足：

$$(\boldsymbol{s}_q^l)^{\mathrm{T}}=(\tilde{\boldsymbol{c}}_q^l)^{\mathrm{T}}\boldsymbol{U}_t \tag{8.18}$$

结合式(8.13)、式(8.17)、式(8.18)，角度域信道矩阵可以表示为

$$\boldsymbol{H}_l^a=(\boldsymbol{b}_0,\boldsymbol{b}_1,\cdots,\boldsymbol{b}_{Q-1})\begin{pmatrix}(\boldsymbol{s}_0^l)^{\mathrm{T}}\\(\boldsymbol{s}_1^l)^{\mathrm{T}}\\\vdots\\(\boldsymbol{s}_{Q-1}^l)^{\mathrm{T}}\end{pmatrix}+\xi_l^a \tag{8.19}$$

其中 $\xi_l^a=\xi_l\boldsymbol{U}_t$。

由此可得式(8.16)中的接收导频载波

$$[\boldsymbol{y}]_{\kappa_q}=\sum_{l=1}^{L-1}\boldsymbol{f}^l(\boldsymbol{U}_t^{\mathrm{H}})^{\mathrm{T}}\boldsymbol{s}_q^l+\boldsymbol{z}_q \tag{8.20}$$

其中 $\boldsymbol{f}^l=([\mathrm{diag}(\boldsymbol{P}_{\mathrm{val}}^1)[\boldsymbol{V}_L]_{\kappa_{\mathrm{val}}}]_{:,l},\cdots,[\mathrm{diag}(\boldsymbol{P}_{\mathrm{val}}^{N_t})[\boldsymbol{V}_L]_{\kappa_{\mathrm{val}}}]_{:,l})$，$0\leqslant q\leqslant Q-1$。

从而得到最终的结构化压缩信道估计模型

$$\boldsymbol{R}=[\boldsymbol{f}^0,\cdots,\boldsymbol{f}^{L-1}]\boldsymbol{M}\underbrace{\begin{pmatrix}s_0^0 & s_1^0 & \cdots & s_{Q-1}^0\\ s_0^1 & s_1^1 & \cdots & s_{Q-1}^1\\ \vdots & \vdots & \ddots & \vdots\\ s_0^{L-1} & s_1^{L-1} & \cdots & s_{Q-1}^{L-1}\end{pmatrix}}_{\boldsymbol{S}}+\boldsymbol{Z} \tag{8.21}$$

其中 $\boldsymbol{R}=[[\boldsymbol{Y}]_{\kappa_1}[\boldsymbol{Y}]_{\kappa_2}\cdots[\boldsymbol{Y}]_{\kappa_Q}]$，$\boldsymbol{M}=\boldsymbol{I}_N\otimes(\boldsymbol{U}_t^{\mathrm{H}})^{\mathrm{T}}$，$\otimes$表示 Kronecker 积，$\boldsymbol{S}=(s_q^l)_{L\times Q}$ 是被估计的系数矩阵。

因此将信道估计目标转换为求解$\{s_q^l\}_{q=0}^{Q-1}$。接下来分析矩阵 $\boldsymbol{S}$ 的稀疏结构。

首先，考虑信道在时延域的稀疏性。在宽带系统中，时延间隔通常远大于采样周期[14]，因此许多$\{\boldsymbol{H}_l\}_{l=0}^{L-1}$ 矩阵是零矩阵或者所有系数近似等于零。设时延域中的稀疏度是 K_d，即$\{\boldsymbol{H}_l\}_{l=0}^{L-1}$ 中只有 K_d 个矩阵(对应序列 $\iota=\{l_{t_1},l_{t_2},\cdots,l_{t_{K_d}}\}$)有相对较大的系数，其他系数小的矩阵可以被忽略。因此，对于所有 $n_t\in[1,N_t]$，由于$[s_{0,l}^{n_t},s_{1,l}^{n_t},\cdots,s_{Q-1,l}^{n_t}]^{\mathrm{T}}=[\boldsymbol{b}_0,\boldsymbol{b}_1,\cdots,\boldsymbol{b}_{Q-1}]^{\dagger}[\boldsymbol{H}_l^a]_{:,n_t}$，有

$$s_{0,l}^{n_t}=s_{1,l}^{n_t}=\cdots=s_{Q-1,l}^{n_t}=0,\quad l\notin\iota \tag{8.22}$$

那么对于每个 $q\in[0,Q-1]$，$\{s_q^l\}_{l=0}^{L-1}$ 中只有 K_d 个非零向量。

其次，考虑信道在角度域的稀疏性。在实际的 MIMO 信道中，基站往往高于周围建筑物[15]，因此，有用信号只集中在部分角度，角度域呈现出稀疏特性。设角度域中的稀疏度是

K_a,即 $\boldsymbol{H}_l^a$ 中只有 K_a 列有相对较大的系数,而其他系数较小的列可以被忽略。与式(8.22)相似,对 $n_t \notin \zeta_t^l$,有

$$s_{0,l}^{n_t} = s_{1,l}^{n_t} = \cdots = s_{Q-1,l}^{n_t} = 0 \tag{8.23}$$

很明显,对 $l \notin \iota$,$\{s_q^l\}_{q=0}^{Q-1}$ 的每个向量应该是一个稀疏度为 K_a 的向量,且 $\{s_q^l\}_{q=0}^{Q-1}$ 的每个向量中非零元素位置相同。

综上所述,当且仅当 $l \in \iota$,向量 $[s_0^l, s_1^l, \cdots, s_{Q-1}^l]^{\mathrm{T}}$ 非零,并且对每个 l 的非零向量 $[s_0^l, s_1^l, \cdots, s_{Q-1}^l]^{\mathrm{T}}$ 共享相同的非零位置。

8.4.2 基于贪婪算法的联合稀疏信道估计

基于联合稀疏结构化压缩感知模型,介绍两种新的贪婪算法来计算信道参数。

两步同时正交匹配追踪(Two Steps SOMP,TS-SOMP)算法(见表 8.6)包括两个阶段:首先找到所有非零抽头位置。搜寻最佳序号 $m_i \in [0, L-1]$ 使残差最小。根据所获得的 m_i 更新支撑集 $\boldsymbol{\Omega}$ 和选择矩阵 $\boldsymbol{\Theta}$。然后,并计算新的残差。估计非零角度域系数,用同时正交匹配追踪(SOMP)算法[20]计算非零角度域系数。SOMP 算法用所选择的矩阵 $\boldsymbol{\Theta}$,将接收信号矩阵 $\boldsymbol{R}$ 与稀疏度 $K_d \times K_a$ 作为输入,$\boldsymbol{S}_{\boldsymbol{\Omega}}$ 作为输出。

表 8.6 TS-SOMP 算法表

TS-SOMP 算法
步骤 1,找到非零抽头的位置 初始化残差 $\boldsymbol{r}^0 = \boldsymbol{R}$,支撑集 $\boldsymbol{\Omega}$,选择矩阵 $\boldsymbol{\Theta}$ For $i = 0$ to $K_d - 1$ (1) 计算残差,对所有 $l \in [0, L-1]$,$\varepsilon^i(l) = \lVert \boldsymbol{r}^i - \boldsymbol{f}^l (\boldsymbol{f}^l)^\dagger \boldsymbol{r}^i \rVert_2^2$ (2) 找到与 ε^i 的最小残差 $\varepsilon^i(m_i)$ 相关指数 m_i,然后令支撑集 $\boldsymbol{\Omega} = \boldsymbol{\Omega} \cup \{N_t(m_i - 1) + 1, \cdots, N_t m_i\}$,$\boldsymbol{\Theta} = \boldsymbol{\Theta} \cup \boldsymbol{f}^{m_i}$(表示矩阵 $\boldsymbol{\Theta}$ 添加列向量 $\boldsymbol{f}^{m_i}$) (3) 计算残差 $\boldsymbol{r}^i = \boldsymbol{R} - \boldsymbol{\Theta}\boldsymbol{\Theta}^\dagger \boldsymbol{R}$ 步骤 2,计算非零角度域的系数
基于新矩阵 $\boldsymbol{\Theta}$,执行算法 $\boldsymbol{S}_{\boldsymbol{\Omega}} = \mathrm{SOMP}(\boldsymbol{R}, \boldsymbol{\Theta}, K_d \times K_a)$

两环同时正交匹配追踪(Two Link SOMP,TL-SOMP)算法包括内外两层循环。在外部循环的每次迭代中,搜寻最佳序号 $m_i \in [0, L-1]$ 使残差最小。在内部循环的每次迭代中,计算最优序列 $k_j \in [1, N_t]$ 使 $\lVert [\boldsymbol{f}^{m_i}]_{:,n_t} \boldsymbol{r} \rVert_2^2$ 最大。基于 m_i 和 k_j,更新支撑集 $\boldsymbol{\Omega}$ 和选择矩阵 $\boldsymbol{\Theta}$,然后计算新的残差。最后得到非零系数 $\boldsymbol{S}_{\boldsymbol{\Omega}} = \boldsymbol{\Theta}^\dagger \boldsymbol{R}$。采用正交匹配追踪(OMP)算法和 SOMP 算法也可以估计稀疏向量,然而,OMP 算法忽略了不同系数向量的联合稀疏性,SOMP 算法从 $N_t L$ 行中搜索 $K_d \times K_a$ 个非零行,搜索维度大,精度低。在 TS-SOMP 算法中,在阶段 1 获得非零抽头位置之后,阶段 2 的未知行数减少至 $K_d \times N_t \ll N_t \times L$,估计的准确性会得到改善。此外,一旦 TL-SOMP 算法(见表 8.7)在时延域中找到一个非零抽头位置,就可以从 N_t 个未知行中估计出 K_a 个非零行,因此该算法会获得更高的估计精度。

表 8.7 TL-SOMP 算法表

TL-SOMP 算法
初始化残差 $\boldsymbol{r}^0=\boldsymbol{R}$,支撑集$\boldsymbol{\Omega}$,选择矩阵$\boldsymbol{\Theta}$ For $i=0$ to K_d-1 (1) 计算残差,对所有 $l\in[0,L-1]$,$\varepsilon^i(l)=\parallel \boldsymbol{r}^i-\boldsymbol{f}^l(\boldsymbol{f}^l)^{\dagger}\boldsymbol{r}^i\parallel_2^2$ (2) 找到与 ε^i 的最小残差 $\varepsilon^i(m_i)$相关索引 m_i (3) For $j=0$ to K_a-1 ① 对所有 $n_t\in\{1,2,\cdots,N_t\}$,计算 $b^j(n_t)=\parallel[\boldsymbol{f}^{m_i}]_{:,n_t}\boldsymbol{r}\parallel_2^2$ ② 找到与 $\boldsymbol{b}^j$ 的最大项 $\boldsymbol{b}^j(k_j)$相关的索引 k^j。然后令支撑集$\boldsymbol{\Omega}=\boldsymbol{\Omega}\cup(N_t(m_i-1)+k_j)$,$\boldsymbol{\Theta}=\boldsymbol{\Theta}\cup f_{:,N_t(m_i-1)+k_j}$ ③ 计算残差 $\boldsymbol{r}^i=\boldsymbol{R}-\boldsymbol{\Theta}\boldsymbol{\Theta}^{\dagger}\boldsymbol{R}$ End End
计算非零系数 $\boldsymbol{S}_{\boldsymbol{\Omega}}=\boldsymbol{\Theta}^{\dagger}\boldsymbol{R}$

根据本算法估计系数向量 $\boldsymbol{s}_q^l$,由式(8.21)可以得到 CE-BEM 的系数 $\tilde{\boldsymbol{c}}_q^l$,利用离散长椭球形序列(DPSS)对估计的 CE-BEM 系数进行平滑处理再根据式(8.16)计算信道矩阵 $\boldsymbol{H}_l$。

8.4.3 仿真实验及结果分析

本实验给出基于贪婪算法的双选角-频联合稀疏信道估计算法性能。MIMO-OFDM 系统仿真参数设置如表 8.8 所示。仿真中移动台移动速度为 350km/h,$K_d=3$,$K_a=3$,使用斯坦福大学的 Interim-1 信道模型生成信道参数,信道抽头时延为[0,0.4,0.9]μs,增益是[0,−15,−20]dB。导频子载波数 $P=(2Q-1)G=200$,导频模式由随机算法是获得。为了评估信道估计性能,使用归一化均方误差 $10\lg(E(\parallel\tilde{\boldsymbol{h}}-\boldsymbol{h}\parallel_2^2)/E(\parallel\tilde{\boldsymbol{h}}\parallel_2^2))$,其中,$\tilde{\boldsymbol{h}}$ 是真实信道参数,$\boldsymbol{h}$ 是估计值。仿真结果如图 8.12 所示,该图给出了归一化均方误差(NMSE)随信噪比(SNR)变化的曲线。可以看出,TL-SOMP 算法和 TS-SOMP 算法均比传统的 SOMP/OMP 算法优越。当归一化均方误差 $N_{\mathrm{MSE}}=-20$dB 时,与传统 SOMP 算法相比,TL-SOMP 算法实现了约 2dB 的 SNR 增益。这是因为在搜索到时延域中的非零抽头位置之后,可以用较少的列来重建测量矩阵,从而有效地减少估计误差。

表 8.8 仿真参数

参　　数	数　　值
子载波数	1024
发射天线数	8
CP 长	64
导频组	40
CE-BEM 阶	3
子载波间隔	15kHz
子载波频率	3GHz
调制	QPSK

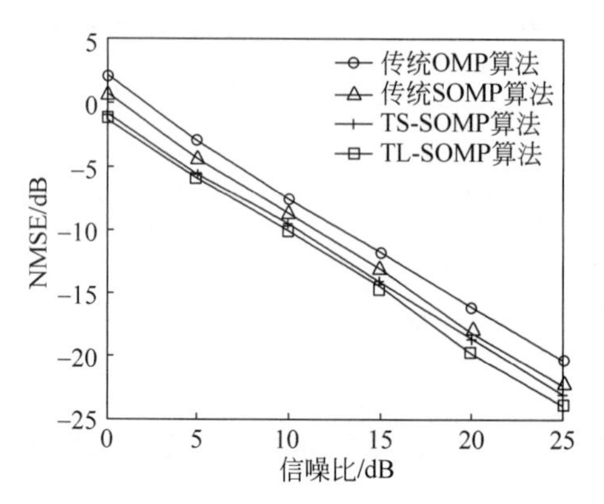

图 8.12 不同算法的 NMSE 性能比较

针对 MIMO-OFDM 系统双选信道,同时利用时延域和角度域的稀疏性,本节介绍了一种新的联合稀疏信道估计模型,并基于该模型又介绍了两种新的贪婪算法。TS-SOMP 算法首先在时延域中找到所有非零抽头位置,然后估计非零角度域系数;TL-SOMP 算法在外部循环中找到一个非零抽头位置后,即可直接在内部循环求解非零角度域系数。仿真结果表明,与传统的 SOMP/OMP 算法相比,该算法具有更高的估计精度。

8.5 多测量联合稀疏 OFDM 线性时变信道估计

为了进一步提高 OFDM 线性时变信道估计性能,利用信道抽头的时域稀疏特性和相关性,提出一种基于联合稀疏模型的信道估计方法。首先,将线性时变信道模型下对连续多个符号周期的信道估计转换成一个联合稀疏重构模型;其次,采用基于测量矩阵互相关性最小化的分组导频设计准则,在应对子载波干扰的同时,保证了稀疏重构算法的性能;最后,设计一种基于循环并行树的分组导频优化算法。

高速移动环境下的信道时间选择性衰落大,信道在一个正交频复用(OFDM)符号周期内发生变化,在信道估计时,待估计的参数量巨大[21]。为了减少时变信道中待估计参数的数量,目前常使用线性时变(Linear Time Varying,LTV)信道模型、多项式模型(Polynomial Model,PM)和基扩展模型(Basis Expansion Model,BEM)等拟合信道[22-25]。

在线性时变信道模型的基础上,利用联合稀疏模型把对信道抽头增益均值估计问题转换为稀疏重构问题,通过导频优化设计,不仅减小了导频开销,同时降低了子载波间的干扰,提高了信道估计精度。

8.5.1 OFDM 线性时变联合稀疏信道模型

1. OFDM 系统传输模型

在 OFDM 系统中,子载波数为 N,X_k 和 Y_k 分别表示第 $k(0\leqslant k\leqslant N-1)$个子载波上的调制和解调信号,$x[n]$和 $y[n](0\leqslant n\leqslant N-1)$分别代表第 n 个采样时刻的发送和接收信号(采样周期为 T_s)。上述变量具有如下关系:

$$x[n]=\frac{1}{N}\sum_{k=0}^{N-1}X_k \mathrm{e}^{\frac{\mathrm{j}2\pi nk}{N}}$$
$$y[n]=\frac{1}{N}\sum_{k=0}^{N-1}Y_k \mathrm{e}^{\frac{\mathrm{j}2\pi nk}{N}} \tag{8.24}$$

在理想同步的情况下，去除循环前缀之后可得

$$y[n]=\sum_{l=0}^{L-1}h[n,l]x[n-l]+w[n] \tag{8.25}$$

式中，L 为信道长度，$h[n,l]$为第 n 个采样时刻下第 l 个抽头的增益值，$l=0,1,\cdots,L-1$，$w[n]$为噪声。

如果信道为准静态的，那么信道增益 $h[n,l]$在一个 OFDM 符号持续时间内不变，则式(8.25)中的 $h[n,l]$等效为 $h(l)$，仅包含 L 个未知量。而对于时变信道而言，则有 $L\times N$ 个未知变量，直接进行估计不可行。

2. 时变信道模型

LTV 信道的本质是假设信道冲激响应在一个 OFDM 符号持续时间范围内呈线性变化，如果获得了一个符号某一采样时刻的抽头增益值和斜率，则可以根据线性运算获得这个符号内所对应的信道冲激响应[22]。将一个 OFDM 符号周期内第 l 个抽头增益的平均值定义为

$$h^{\mathrm{ave}}(l)=\frac{1}{N}\sum_{n=0}^{N-1}h[n,l] \tag{8.26}$$

首先，通过 N_p 个等间隔的导频对 3 个$(s-1,s,s+1)$连续 OFDM 符号下的信道抽头增益均值 $h_{s-1}^{\mathrm{ave}}(l),h_s^{\mathrm{ave}}(l),h_{s+1}^{\mathrm{ave}}(l)$，然后利用这 3 个值分别计算出第 s 个符号的前半段和后半段信道各抽头增益的斜率，即 $\alpha_s^{\mathrm{be}}(l)$和 $\alpha_s^{\mathrm{ne}}(l)$，最后得到第 s 个符号内各时刻的抽头增益值。在该模型下的系统频域传递模型为

$$\boldsymbol{y}=\boldsymbol{H}^{\mathrm{ave}}\boldsymbol{x}+(\boldsymbol{C}^{\mathrm{be}}\boldsymbol{H}^{\mathrm{be}}+\boldsymbol{C}^{\mathrm{ne}}\boldsymbol{H}^{\mathrm{ne}})\boldsymbol{x}+\boldsymbol{w} \tag{8.27}$$

式中 $\boldsymbol{y}=[Y_0,Y_1,\cdots,Y_{N-1}]$，$\boldsymbol{H}^{\mathrm{ave}}=\mathrm{diag}\{\mathrm{FFT}[h_s^{\mathrm{ave}}(0),h_s^{\mathrm{ave}}(1),\cdots,h_s^{\mathrm{ave}}(L-1),0,\cdots,0]\}$，$\boldsymbol{x}=[X_0,X_1,\cdots,X_{N-1}]$，$\boldsymbol{H}^{\mathrm{be}}=\mathrm{diag}\{\mathrm{FFT}[a_s^{\mathrm{be}}(0),a_s^{\mathrm{be}}(1),\cdots,a_s^{\mathrm{be}}(L-1),0,\cdots,0]\}$，$\boldsymbol{H}^{\mathrm{ne}}=\mathrm{diag}\{\mathrm{FFT}[a_s^{\mathrm{ne}}(0),a_s^{\mathrm{ne}}(1),\cdots,a_s^{\mathrm{ne}}(L-1),0,\cdots,0]\}$，$a_s^{\mathrm{be}}(l)=(h_s^{\mathrm{ave}}(l)-h_{s-1}^{\mathrm{ave}}(l))/N$，$a_s^{\mathrm{ne}}(l)=(h_s^{\mathrm{ne}}(l)-h_{s-1}^{\mathrm{ne}}(l))/N$。FFT(·)为向量的离散傅里叶变换；$\boldsymbol{w}$ 为频域噪声向量；$\boldsymbol{C}^{\mathrm{be}}$ 和 $\boldsymbol{C}^{\mathrm{ne}}$ 是常数矩阵[22]。

根据式(8.27)，令 $\boldsymbol{G}=\boldsymbol{H}^{\mathrm{ave}}+\boldsymbol{C}^{\mathrm{be}}\boldsymbol{H}^{\mathrm{be}}+\boldsymbol{C}^{\mathrm{ne}}\boldsymbol{H}^{\mathrm{ne}}$，在完成信道估计后进行均衡，得到 $\hat{\boldsymbol{x}}=(\boldsymbol{G}^{\mathrm{H}}\boldsymbol{G})^{-1}\boldsymbol{G}^{\mathrm{H}}\boldsymbol{y}$。可见，在 LTV 信道模型下，对信道抽头增益均值 $h^{\mathrm{ave}}(l)$的估计尤为重要。

3. 稀疏信道模型

由式(8.24)和式(8.25)可得

$$Y_k=G_{k,k}X_k+\sum_{m=0,m\neq k}^{N-1}G_{k,m}X_m+W_k \tag{8.28}$$

式中，

$$G_{k,k}=\frac{1}{N}\sum_{l=0}^{L-1}\sum_{n=0}^{N-1}h[n,l]\mathrm{e}^{-\mathrm{j}2\pi kl/N} \tag{8.29}$$

$$G_{k,m}=\frac{1}{N}\sum_{l=0}^{L-1}\sum_{n=0}^{N-1}h[n,l]\mathrm{e}^{-\mathrm{j}2\pi n(k-m)/N}\mathrm{e}^{-\mathrm{j}2\pi ml/N} \tag{8.30}$$

式(8.28)右端的第一项为第 k 个子载波接收信息的期望值；第二项为其他子载波对第 k 个子载波产生的干扰；第三项 W_k 为加性高斯白噪声。

由式(8.26)和式(8.29)可得

$$G_{k,k}=\sum_{l=0}^{L-1}h^{\mathrm{ave}}(l)\mathrm{e}^{-\mathrm{j}2\pi kl/N}$$

将其代入式(8.28)，可得

$$Y_k=\sum_{l=0}^{L-1}h^{\mathrm{ave}}(l)\mathrm{e}^{-\mathrm{j}2\pi kl/N}X_k+\sum_{m=0,m\neq k}^{N-1}G_{k,m}X_m+W_k=\mathrm{FFT}(\boldsymbol{h}^{\mathrm{ave}})X_k+W'_k \tag{8.31}$$

式中 $\boldsymbol{h}^{\mathrm{ave}}=[h^{\mathrm{ave}}(0),h^{\mathrm{ave}}(1),\cdots,h^{\mathrm{ave}}(L-1)]$，$W'_k=\sum\limits_{m=0,m\neq k}^{N-1}G_{k,m}X_m+W_k$。

假设导频符号为 $X_{p_1},X_{p_2},\cdots,X_{p_{N_p}}$，$p_1,p_2,\cdots,p_{N_p}$ 为 N_p 个导频位置，且 $0\leqslant p_1<p_2<\cdots<p_{N_p}\leqslant N-1$，则式(8.31)可表示为

$$\boldsymbol{y}_p=\boldsymbol{A}\boldsymbol{h}^{\mathrm{ave}}+\tilde{\boldsymbol{w}}_p \tag{8.32}$$

式中 $\boldsymbol{y}_p=[Y_{p_1},Y_{p_2},\cdots,Y_{p_{N_p}}]^{\mathrm{T}}$，$\boldsymbol{A}=\boldsymbol{X}_p\boldsymbol{F}_{N_p\times L}$，$\boldsymbol{F}_{N_p\times L}$ 由一个标准 $N\times N$ 傅里叶变换矩阵的$\{p_1,p_2,\cdots,p_{N_p}\}$行和$\{0,1,\cdots,L-1\}$列组成，$\boldsymbol{X}_p=\mathrm{diag}\{X_{p_1},X_{p_2},\cdots,X_{p_{N_p}}\}$，$\tilde{\boldsymbol{w}}_p=[W'_{p_1},W'_{p_2},\cdots,W'_{p_{N_p}}]^{\mathrm{T}}$。

为不失一般性，令导频信号 $\boldsymbol{X}_p=\boldsymbol{I}$（$\boldsymbol{I}$ 为单位矩阵），则 $\boldsymbol{A}=\boldsymbol{F}_{N_p\times L}$，可见 $\boldsymbol{A}$ 由导频位置集合 $P=\{p_1,p_2,\cdots,p_{N_p}\}$唯一确定。对于绝大多数的无线信道而言，采样间隔通常远小于信道时延扩展，冲激响应中的绝大多数抽头幅度为 0，或者近似为 0，也就是说，$\boldsymbol{h}^{\mathrm{ave}}$ 是稀疏的[26-27]。因此，基于压缩感知理论，可以使用数量小于信道长度的导频进行信道估计。$\boldsymbol{A}$ 称为测量矩阵，对 $\boldsymbol{h}^{\mathrm{ave}}$ 的求解称为稀疏重构。

4. 多测量联合稀疏信道模型

通常情况下，信道多径时延在一个甚至几个 OFDM 符号内保持不变，各符号对应的信道在时间上具有共稀疏特征。针对这一特点，对连续 3 个 OFDM 符号下的信道进行联合稀疏重构，即

$$\begin{cases}\boldsymbol{y}_{P_1}=\boldsymbol{A}_1\boldsymbol{h}^{\mathrm{ave}}+\tilde{\boldsymbol{w}}_{p_1}\\ \boldsymbol{y}_{P_2}=\boldsymbol{A}_2\boldsymbol{h}^{\mathrm{ave}}+\tilde{\boldsymbol{w}}_{p_2}\\ \boldsymbol{y}_{P_3}=\boldsymbol{A}_3\boldsymbol{h}^{\mathrm{ave}}+\tilde{\boldsymbol{w}}_{p_3}\end{cases} \tag{8.33}$$

式中 $\boldsymbol{y}_{P_s}$、$\boldsymbol{A}_s$ 和 $\tilde{\boldsymbol{w}}_{p_s}$ 分别表示第 $s(s=1,2,3)$个 OFDM 符号的频域接收值、测量矩阵和噪声干扰。

因为使用不同的导频位置集合 P_s，因此 $\boldsymbol{A}_s$ 也不同。与式(8.32)相比，式(8.33)用不

同的测量矩阵 $\boldsymbol{A}_s$ 对共有稀疏变量 $\boldsymbol{h}^{\mathrm{ave}}$ 进行观测，将多次观测结果联合起来进行稀疏重构，这种联合稀疏重构可以很好地抵抗式(8.32)中单一测量矩阵所带来的恢复性能损失。

上述联合稀疏问题，可以由联合正交匹配追踪算法对 $\boldsymbol{h}^{\mathrm{ave}}$ 进行求解[28]，最后根据 LTV 模型进行均衡，即可恢复出发送的数据。

8.5.2　基于分组优化的联合稀疏信道估计

当前稀疏信道重构都是基于测量矩阵互相关性最小化来设计导频完成的[29-30]，矩阵 $\boldsymbol{A}$ 的互相关系数 $u(\boldsymbol{A})$ 定义为

$$u(\boldsymbol{A}) = \max_{0\leqslant c<c'\leqslant L-1} \left| \boldsymbol{a}_c^{\mathrm{H}} \boldsymbol{a}_{c'} \right| = \max_{0\leqslant c<c'\leqslant L-1} \left| \sum_{r=1}^{N_p} \mathrm{e}^{-\mathrm{j}2\pi p r(c-c')/N} \right| \tag{8.34}$$

式中 $\boldsymbol{a}_c$ 为 $\boldsymbol{A}$ 中的第 c 列元素。

可见，在信道长度 L 一定的情况下，测量矩阵的 $u(\boldsymbol{A})$ 值由导频位置集合 P 决定，因此 $u(P) \triangleq u(\boldsymbol{A})$。但对于时变信道，如果导频与数据符号相邻，就会造成未知数据子载波对导频子载波的干扰，影响信道估计效果。

因此，综合考虑消除子载波干扰和降低测量矩阵互相关性两个因素，采用基于测量矩阵互相关性最小化的分组导频设计准则，即将子载波集 $\{1,2,\cdots,N\}$ 依次分成 G_p 个组，在每组中保留 L_g 个连续子载波作为导频，其中 $L_g = N_p/G_p$，可以在一定程度上消除未知数据对导频的干扰，再基于测量矩阵互相关性最小化的原则来设计各分组中连续导频的位置。由于组内导频是连续的，因此在确定导频位置时，只需要确定最后一个导频位置即可。$L_g=3$ 时的分组导频结构如图 8.13 所示。

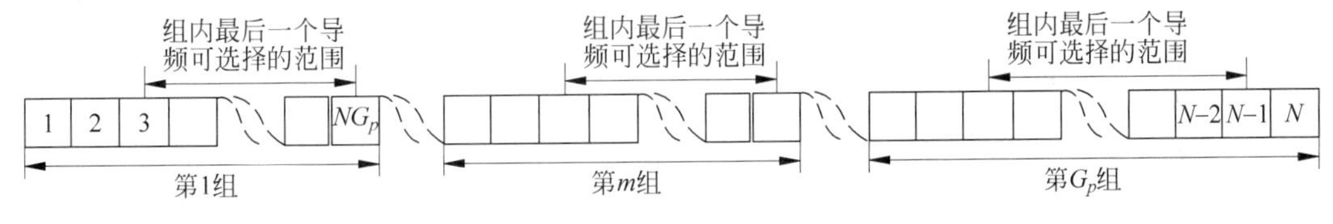

图 8.13　分组导频结构

接下来将介绍的一种基于循环并行树的分组导频优化算法，主要包括初始化和循环迭代两个阶段。在初始导频图案的基础上，分组内基于并行树逐位选优，设分支数为 N_t。根据测量矩阵互相关性最小化准则，对每个分支进行逐位优化，分别保留其中 N_t 个最优导频位置，得到 $N_t \times N_t$ 个备选集合，并从中选择 N_t 个相关性较小的作为下一次分组优化时的初始节点，循环遍历所有分组，最终找出一个最优导频图案。算法流程如图 8.14 所示。其中各变量类型和定义如表 8.9 所示。

8.5.3　仿真实验及结果分析

本实验给出基于分组优化的联合稀疏信道估计算法的误码率曲线。

1. 时变信道及系统参数设置

结合无人机城市环境下的信道特点和 OFDM 数据链需求，仿真验证时变信道及系统参数设置如表 8.10 所示。根据无人机飞行速度和工作频率不同，归一化多普勒频移的范围为 0.012～0.048，满足 LTV 模型。

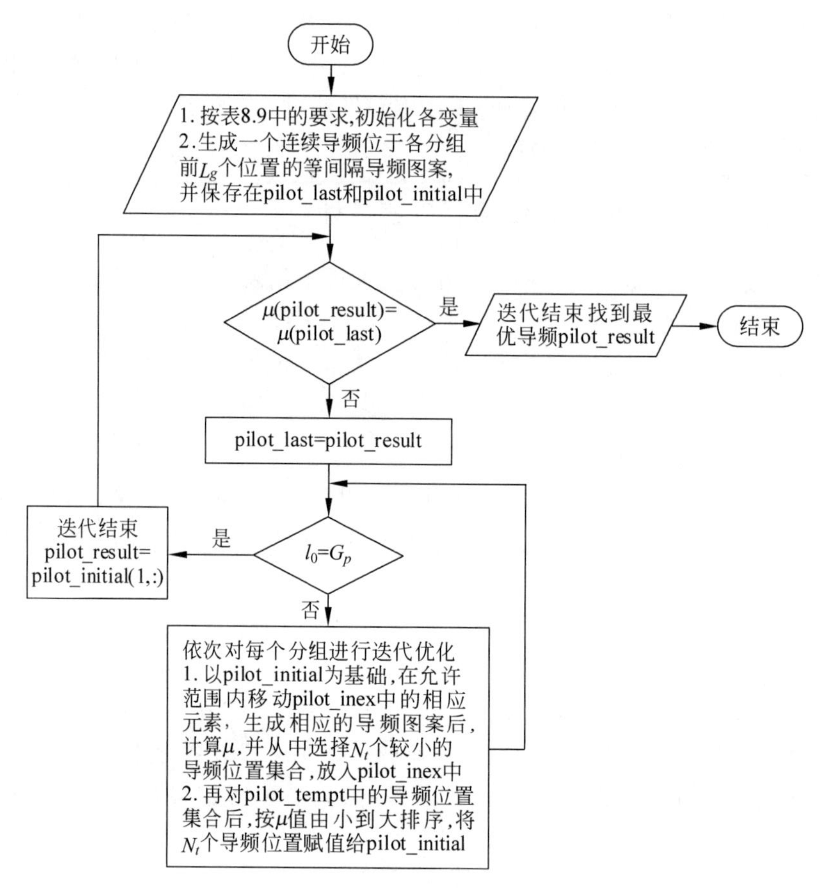

图 8.14 分组导频优化算法流程

表 8.9 导频优化算法中的主要变量

变量名	大小	含义
pilot_result	$N_p \times 1$	当前迭代后的结果
pilot_last	$N_p \times 1$	上次迭代后的结果
pilot_initial	$N_p \times N_t$	前一个组优化后的结果
pilot_tempt	$N_p \times (N_t \times N_t)$	临时备选导频位置集合
pilot_index	$1 \times N_t$	前一个组优化后每个分支中最后一个导频位置
l_0	一维变量	迭代时的组索引

表 8.10 仿真参数设置

参数	配置	参数	配置
瑞利信道模型	6 路径	子载波数	1024
最大时延/μs	7	循环前缀/μs	256
延时功率谱	指数分布	调制方式	PSK
系统带宽/Mbps	25.6	信道编码	无
采样周期/ns	31.25	工作频率/GHz	1～4
子载波间隔/kHz	25	飞行速度/$(m \cdot s^{-1})$	50

2. 导频分组长度的确定

由式(8.34)可知，在对连续 3 个 OFDM 符号周期内的信道进行稀疏重构时，需要使用 3 个不同的导频图案，因此，导频优化算法分别使用 3 个不同的 N_t 值(如 3、4、5)即可生成 3 种不同的导频图案。同时，根据信道长度，设计导频数量 $N_p=192$，分组长度 L_g 分别取值为 3、4、6 和 8，分别生成 4 组不同的分组导频图案集合，并计算所对应的测量矩阵的互相关系数 u 值，结果如表 8.11 所示。

表 8.11　导频图案优化结果

s	$L_g=3$	$L_g=4$	$L_g=6$	$L_g=8$
1	0.1490	0.1847	0.1985	0.2197
2	0.1493	0.1766	0.2027	0.2284
3	0.1495	0.1794	0.1974	0.2227

为了应对多普勒频移所带来的子载波间干扰，L_g 应越大越好；由表 8.11 可知，随 L_g 的增加，得到的导频所对应的 μ 值也会逐渐增加，根据压缩感知理论，这样势必造成重构算法性能的下降。为了确定 L_g 值的大小，使用表 8.11 中的信道模型和系统参数设置，基于对信道抽头增益均值的稀疏重构方法，对表 8.11 中的优化算法所生成 4 种不同 L_g 值的导频图案组的性能进行对比。

3. 仿真结果分析

图 8.15 为归一化多普勒频移为 0.012 时，不同 SNR 下 LTV 信道估计性能对比。图 8.16 为 SNR=30dB 时，不同归一化多普勒频移下的 LTV 信道估计性能对比。由图 8.15 和图 8.16 可知：

(1) 在信噪比较低的情况下，使用不同分组长度的导频性能无差别，这是由于低信噪比下的 OMP 算法性能较差；

(2) 随着信噪比的增加，$L_g=4$ 的分组导频图案的信道估计性能略好些；

(3) 无论使用哪种分组长度，在信噪比一定的情况下，系统误码率(Bit Error Rate, BER)都会随着多普勒频移的增加而增加；

(4) 随着分组长度的增加，对抗子载波干扰所获得的增益小于重构算法性能下降带来的影响。因此，确定 $L_g=4$ 为宜。

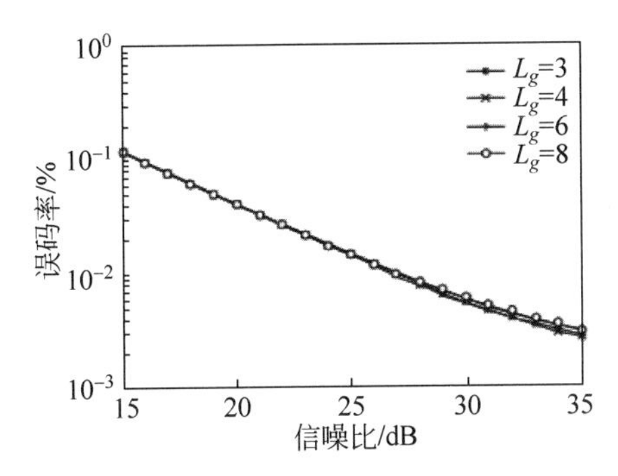

图 8.15　不同分组长度下的信噪比-误码率曲线

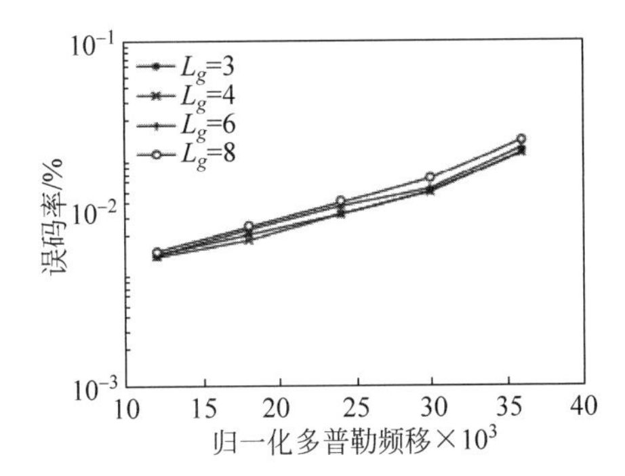

图 8.16　不同分组长度下的归一化多普勒频移-误码率曲线

在传统的线性时变信道模型的基础上，利用联合稀疏模型对连续多个符号持续时间内的多径抽头均值进行估计，根据上述分组导频设计准则和相应的优化算法进行信道估计。仿真结果表明，相比现有相关方法，本节所介绍的信道估计算法在误码率、抗多普勒频移、频带利用率以及便于工程应用上都有明显改善。

8.6 块稀疏水声信道估计

压缩感知信道估计可利用信道稀疏特性提高估计性能，但对于具有典型块稀疏分布的水声信道，经典的 L_0 或 L_1 范数无法很好地描述块稀疏特性。利用水声信道块稀疏分布规律特性提出一种能够识别块稀疏结构的块稀疏似零范数，并在稀疏恢复信道估计算法中引入块稀疏似零范数约束项，进一步推导了复数域块稀疏似零范数恢复迭代算法(BAL0)，该算法通过对块稀疏似零范数进行梯度下降迭代并将梯度解投影至解空间来获得水声信道的块稀疏似零范数估计。数值仿真实验结果表明，该算法相对经典的稀疏信道估计算法有较明显的性能改善。

8.6.1 块稀疏水声信道模型

设$\{a[i]\}_{i=1}^{m+n-1}$表示发送端的 $m+n-1$ 个训练序列，该训练序列通过水声信道 $\boldsymbol{h}\in\mathbf{C}^{n\times 1}$ 传输，得到接收信号 $\boldsymbol{y}\in\mathbf{C}^{m\times 1}$，发送信号采用 QPSK 调制，即发送信号实部和虚部各自出现 1 和 -1 的概率均为 0.5。信号输入输出关系表达式可表示为

$$\boldsymbol{y}=\boldsymbol{A}\boldsymbol{h}+\boldsymbol{w} \tag{8.35}$$

其中 $\boldsymbol{w}$ 为加性高斯白噪声向量，且 $\boldsymbol{w}\sim CN(\boldsymbol{0},\sigma^2\boldsymbol{I}_n)$，测量矩阵 $\boldsymbol{A}$ 为一个 $m\times n$ 的类-托普利兹矩阵，其表达式为

$$\boldsymbol{A}=\begin{bmatrix} a[n] & a[n-1] & \cdots & a[1] \\ a[n+1] & a[n] & \cdots & a[2] \\ \vdots & \vdots & \ddots & \vdots \\ a[n+m-1] & a[n+m-2] & \cdots & a[m] \end{bmatrix}$$

对给定的测量矩阵能否成功恢复稀疏信号，一个重要的判断标准是看其是否满足等距受限性。相关研究表明，选用托普利兹矩阵作为测量矩阵能够高概率恢复稀疏信号[31]。

与分块稀疏概念[32]类似，定义水声信道的块稀疏度如下。

定义 8.1 设水声信道增益向量 $\boldsymbol{h}\in\mathbf{C}^{n\times 1}$ 共有 L 个块，且 $n=Ld$，d 为块长度，$\boldsymbol{h}[l]$表示第 l 块构成的向量，则块稀疏度 $\|\boldsymbol{h}\|_{2,0}$ 定义为

$$\|\boldsymbol{h}\|_{2,0}=|\mathrm{supp}(\{\|\boldsymbol{h}[l]\|_2\})| \tag{8.36}$$

其中 supp(·)表示对应向量的支持集，而|supp(·)|表示支持集元素个数，$\boldsymbol{h}[l]$表示由第 l 个块构成的向量，$1\leqslant l\leqslant L$。

式(8.36)表示了水声信道非零稀疏块的个数，第 l 个块 $\boldsymbol{h}[l]$的具体形式可表示为

$$\boldsymbol{h}=[\underbrace{h_1,h_2,\cdots,h_d}_{\boldsymbol{h}^{\mathrm{T}}[1]},\cdots,\underbrace{h_{(l-1)d+1},\cdots,h_{ld}}_{\boldsymbol{h}^{\mathrm{T}}[l]},\cdots,\underbrace{h_{n-d+1},\cdots,h_n}_{\boldsymbol{h}^{\mathrm{T}}[L]}]^{\mathrm{T}} \tag{8.37}$$

一个块稀疏度为 K 的信号，即满足 $\|\boldsymbol{h}\|_{2,0}\leqslant K$，可以看出，若 $d=1$，块稀疏度退化为传统意义的稀疏度。

8.6.2　基于块稀疏似零范数的信道估计

针对块稀疏水声通信信道，本节推导了块稀疏似零范数恢复迭代算法对水声信道 $\boldsymbol{h} \in \mathbf{C}^{n \times 1}$ 进行估计。水声块稀疏信道估计要解决的问题可以表示为

$$\min_{\boldsymbol{h}} \|\boldsymbol{h}\|_{2,0} \quad \text{s.t.} \quad \boldsymbol{A}\boldsymbol{h} = \boldsymbol{y} \tag{8.38}$$

实际中因为噪声不可避免地存在，因此水声块稀疏信道估计问题转化为

$$\min_{\boldsymbol{h}} \|\boldsymbol{h}\|_{2,0} \quad \text{s.t.} \quad \|\boldsymbol{y} - \boldsymbol{A}\boldsymbol{h}\|_2 < \varepsilon \tag{8.39}$$

其中 ε 是与噪声能量有关的非负实数。

与 AL0(Approximated L_0)算法[17]不同，块稀疏似零范数恢复算法(Block Approximated L_0, BAL0)首先对信道进行分块并对所分块进行块稀疏识别，最后对所选稀疏块进行抽头估计。

考虑到水声信道的复数域情况，定义一个近似计算块稀疏阶的函数，其描述如下：

$$\|\boldsymbol{h}\|_{2,0} \approx \tanh\left(\frac{\boldsymbol{H}_{L\times 1}\mathbf{1}_{d\times 1}}{2\sigma^2}\right) \tag{8.40}$$

其中，$\tanh(x) = \dfrac{1-\mathrm{e}^{-2x}}{1+\mathrm{e}^{-2x}}$；$\boldsymbol{H}_{L\times 1} = [\|\boldsymbol{h}[1]\|_2, \|\boldsymbol{h}[2]\|_2, \cdots, \|\boldsymbol{h}[l]\|_2, \cdots, \|\boldsymbol{h}[L]\|_2]^{\mathrm{T}}$；$\mathbf{1}_{d\times 1} = [1, 1, \cdots, 1]^{\mathrm{T}}$ 而 $\|\boldsymbol{h}[l]\|$ 定义见式(8.40)。

采用两步策略解决块稀疏优化问题，首先采用复数梯度下降法搜索最小块稀疏解，然后将最小块稀疏解投影到最小二范数的可行解空间。采用复梯度下降法的第 j 步最小块稀疏解得

$$\tilde{\boldsymbol{h}}_{j+1} = \boldsymbol{h}_j - \frac{\mu_0}{2\sigma_j^2}\boldsymbol{h}_j \odot \left[\mathbf{1}_{n\times 1}\left(1 - \tanh^2\left(\frac{\boldsymbol{H}_{j,L\times 1}\mathbf{1}_{d\times 1}}{2\sigma_j^2}\right)\right)\right] \tag{8.41}$$

其中，$\boldsymbol{H}_{j,L\times 1} = [\|\boldsymbol{h}_j[1]\|, \cdots, \|\boldsymbol{h}_j[1]\|, \cdots, \|\boldsymbol{h}_j[1]\|]^{\mathrm{T}}$；“$\odot$”表示矩阵或向量的哈达玛(Hadamard)积；$\mu_0$ 是步长初始值。

迭代中将 $\mu_0/2\sigma_j^2$ 看作步长，并令其逐步减小，故采用 $2\sigma_j^2$ 与 $\mu_0/2\sigma_j^2$ 相乘。令 $\sigma_0 = \max(\|\boldsymbol{h}_0\|)$ 表示水声信道初始解的最大抽头系数绝对值，从一定程度上讲，参数 σ^2 反映了水声信道抽头系数的均方差。在迭代中通过逐步减小这个参数值，从而实现精细化处理搜索水声信道的块最小似零范数，BAL0 算法步骤如表 8.12 所示。

表 8.12　BAL0 算法

BAL0 算法
给定：发送信号构成的测量矩阵 $\boldsymbol{A} \in \mathbf{C}^{m\times n}$，接收信号 $\boldsymbol{y} \in \mathbf{C}^{m\times 1}$，算法终止阈值条件 σ_{th}，迭代次数 J，步长 μ，块大小 d。
步骤 1，初始化，令 $\boldsymbol{h}_0 = \boldsymbol{A}^{\dagger}\boldsymbol{y}$，$\sigma_0 = \max(\|\boldsymbol{h}_0\|)$；
步骤 2，若 $\sigma_j < \sigma_{\mathrm{th}}$，停止迭代并输出估计结果，否则转到步骤 3；
步骤 3，迭代：
For $j = 1:J$
复数域的最陡梯度法求最小值：

续表

$$\tilde{\boldsymbol{h}}_{j+1}=\boldsymbol{h}_j-\frac{\mu_0}{2\sigma_j^2}\boldsymbol{h}_j\circ\left[\boldsymbol{1}_{n\times1}\left(1-\tanh^2\left(\frac{\boldsymbol{H}_{j,L\times1}\boldsymbol{1}_{d\times1}}{2\sigma_j^2}\right)\right)\right]$$

投影到水声信道的可行解空间计算公式：$\boldsymbol{h}_{j+1}=\tilde{\boldsymbol{h}}_{j+1}-\boldsymbol{A}^{\dagger}(\boldsymbol{A}\tilde{\boldsymbol{h}}_{j+1}-\boldsymbol{y})$

End；

步骤 4，更新：$\sigma_{l+1}=\beta\sigma_l$；

步骤 5，若 $\sigma_j<\sigma_{\text{th}}$，则停止迭代并输出估计结果，否则转到步骤 3 进行下一轮迭代。

在复数域的最陡梯度法中，$\boldsymbol{H}_{L\times1}=[\|\boldsymbol{h}[1]\|_2,\|\boldsymbol{h}[2]\|_2,\cdots,\|\boldsymbol{h}[l]\|_2,\cdots,\|\boldsymbol{h}[L]\|_2]^{\mathrm{T}}$，且 $\boldsymbol{h}[l]$按照式(8.37)进行分块。

8.6.3 仿真实验及结果分析

本实验给出块稀疏水声信道估计 BAL0 算法的性能曲线。结合以往研究，仿真实验中 BAL0 算法所采用的评价指标有以下几种：均方差(Mean Square Error，MSE)、成功恢复概率(Probability of Successful Recovery，PSR)、误码率(Bit Error Rate，BER)、均衡器输出信噪比(Output Signal Noise Ratio，OSNR)、残余预测误差(Residual Prediction Error，RPE)。本实验以成功恢复概率、误码率、均衡器输出信噪比及残余预测误差作为算法性能评价指标，相关指标定义如下。

1. 算法评价指标

在仿真中已知稀疏水声信道各抽头系数，因此对于信道估计的各个算法，可以采用 SNR，单位为分贝(dB)来衡量，定义为

$$\text{SNR}=10\lg\frac{\|\boldsymbol{h}\|_2^2}{\|\boldsymbol{h}-\bar{\boldsymbol{h}}\|_2^2}\tag{8.42}$$

其中 $\bar{\boldsymbol{h}}$ 是估计的稀疏水声信道响应向量。

定义算法成功恢复概率为该算法成功恢复的次数与算法总运行次数的比值，其中算法成功恢复定义为待估计的稀疏水声信道的信噪比不小于原始给定的稀疏水声信道的信噪比；算法不成功恢复定义为待估计的稀疏水声信道的信噪比小于原始给定的稀疏水声信道的信噪比。

2. 系统参数设置

设置一个发射端和一个接收端，深度分别为 10m、20m，距离为 1000m，水深为 100m，如图 8.17 所示，均匀声速，发射信号采用 QPSK 调制，符号速率为 4kBaud，图 8.18 给出了该仿真信道的归一化冲激响应函数绝对值表示。从图 8.18 可以看出，仿真信道冲激响应具有明显的块稀疏结构，即非零抽头系数在时间延迟坐标轴上呈块状分布。BAL0 算法有效地利用了这一点，对信道进行估计，并与传统的 OMP 算法以及 BOMP 算法进行比较。

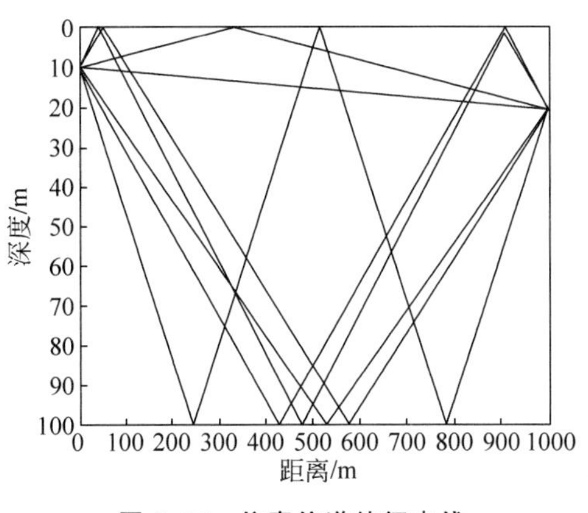

图 8.17 仿真信道特征声线

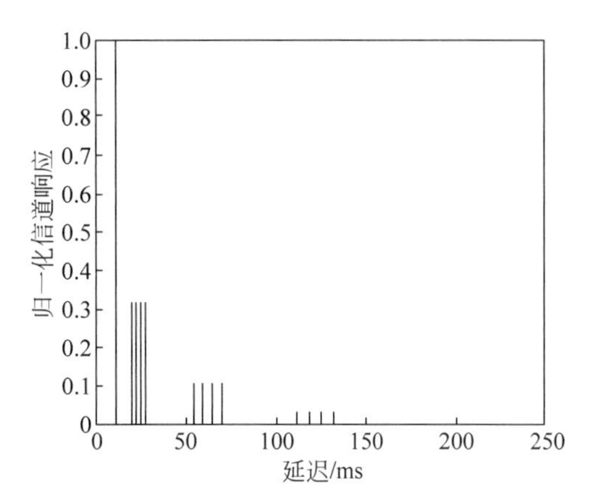

图 8.18 仿真信道归一化冲激响应

3. 仿真参数设置

信道估计器的阶数 $n=840$；稀疏度 $K=14$，即为仿真信道的实际多径数。BOMP 算法和 BAL0 算法的块长度在本次实验中都设置为 $d=4$。实验考虑两种不同的噪声环境，分别设置为 60dB 和 10dB 两种情况下测试各算法的性能。仿真运算次数都设置为 100 次，取平均值进行对比。对 BAL0 算法，各循环迭代次数 $J=4$，步长衰减因子 $\beta=0.9$，算法终止阈值 $\sigma_{\mathrm{th}}=10^{-4}$。

4. 结果分析

对于 60dB 的高信噪比情况，各算法所采用的托普利兹矩阵行数 m 为 25～100，按照变化间距为 25 进行设置。在每个设置下，各估计算法独立运行 100 次，并设置当恢复信道的信噪比达到 60dB 则认为恢复成功，否则判定为失败。用成功的次数除以总运行次数 100，即得到高信噪比环境下各算法对信道估计的成功概率。如图 8.19 所示，可以看出，该条件下能有效利用信道块稀疏分布特性的 BAL0 算法和 BOMP 算法较优于经典的稀疏估计算法，即 AL0 算法和 OMP 算法，其中 BAL0 算法由于采用了似零范数约束，以及利用了信道的块稀疏分布结构，所以信道估计的效果最好，并能以较少的测量次数成功估计块稀疏水声信道。

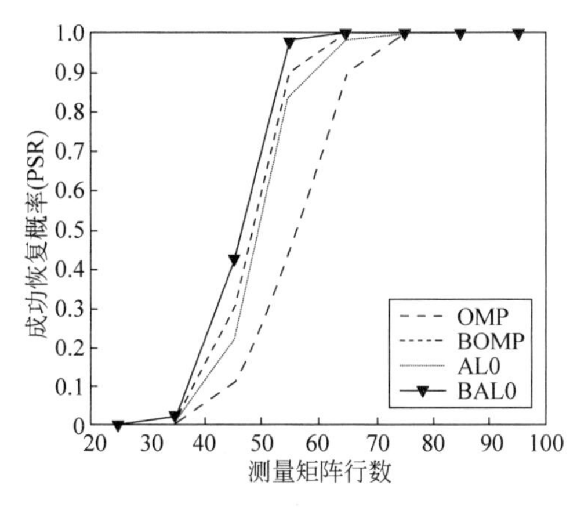

图 8.19 各算法对信道估计的成功概率(信噪比 60dB)

对于低信噪比的情形，设置其信噪比为10dB，各算法所采用的托普利兹矩阵行数 m 分别为25～250，间隔为25进行设置。在每个设置下各估计算法独立运行100次，并设置当恢复信道的信噪比达到10dB及以上则认为恢复成功，否则判定为失败。带噪环境下各算法对信道估计的成功概率如图8.20所示，可以看出，该条件下由于采用了似零范数，使得BAL0算法和AL0算法能有效在较强噪声背景下，以比OMP及BOMP算法更少的测量次数成功估计稀疏信道。更进一步地，本实验BAL0性能优于AL0算法，而BOMP算法在噪声环境下的鲁棒性下降明显，从而需要更多的测量次数才能成功估计出信道。同时也可以看出，矩阵行数 m 过小也会影响算法对稀疏信道的恢复能力。

为考查本算法中BAL0块稀疏搜索长度参数的影响，设置信噪比为20dB，各算法所采用的托普利兹矩阵行数 m 分别为40和50，算法搜索长度 d 从1逐渐增加到6。将BAL0算法独立运行100次，其对信道估计的SNR如图8.21所示，可以看出，BAL0算法在块长度为1时退化为AL0算法，即两者具有相同的性能表现，块长度设置为2或3性能有明显提升，进一步增加BAL0算法的块长度，性能与AL0算法相比有所下降，这是因为当算法的块长度设置过大时，不利于算法对块稀疏多径特征的检测，反而降低了算法信道估计的精确性。

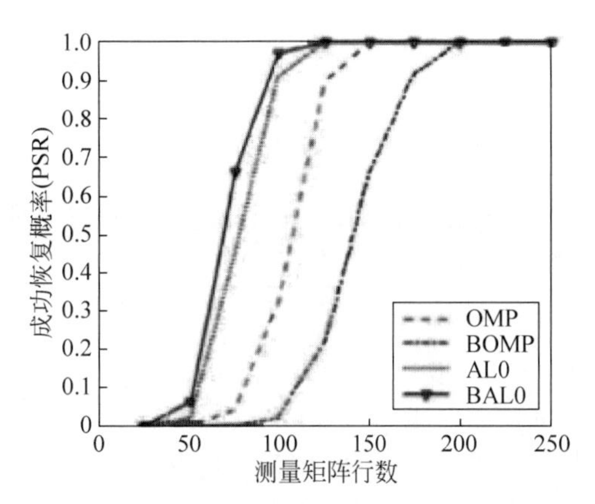

图8.20 各算法对信道估计的成功概率（信噪比10dB）

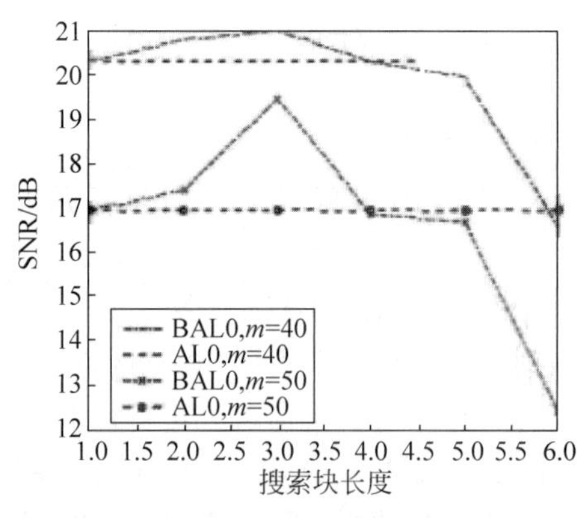

图8.21 BAL0算法搜索块长度 d 对算法的影响（信噪比20dB）

上述仿真结果验证了似零范数框架下块稀疏的水声信道估计算法（BAL0）的性能，并在含噪环境下对该算法的特性进行了分析。分别设置高信噪比和低信噪比两种不同环境[33]，对4种算法进行仿真验证及对比。结合CE-DFE的输出结果，分别用BER、OSNR、RPE作为评价指标[34]，与3种传统算法进行比较，实验结果表明，BAL0算法的性能更加优越。

8.7 面向5G的块稀疏信道估计

良好的信道估计技术能够有效提升Massive MIMO和3D Massive MIMO系统的频谱效率、能效等，是下一代5G通信系统的关键技术。然而，Massive MIMO和3D Massive MIMO系统基站天线数目的成倍增长与信道维数的增加，使得系统需要插入更多的导频进行信道估计，从而降低了系统的频谱资源利用率。如何在减少导频开销的同时提升系统的性能，是近年来信号处理的研究重点。压缩感知理论利用信号的稀疏特性随机地获取部分离散样本，在精确重建信号的同时极大地减少了导频开销，因此被广泛地应用于信道估计研究中。针对上述 Massive MIMO 和 3D Massive MIMO 系统，目前大多数稀疏信道估计从一维时延域和二维时-频域展开研究，少有文献考虑空间多维天线的角域块稀疏特性。针对这种潜在的信道结构信息，本节介绍一种有效的块稀疏算法，并应用于 Massive MIMO 和 3D Massive MIMO 系统的信道估计中，从而进一步提升系统的频谱效率和能效。

8.7.1 基于 BP-CoSaMP 的 Massive MIMO 块稀疏信道估计

随着基站配置的天线数目的增多，传统的信道估计算法，如 LS 算法、MMSE 算法的导频插入需要满足正交性，导频开销将提高百倍以上[35]，因此，不可避免地需要探索新的信道估计算法。近年来，许多学者提出了基于压缩感知的信道估计算法，在减少导频开销的同时保持了信道估计的精确性[36-42]。以上这些算法都是基于传统的 MIMO 系统或者 Massive MIMO 系统的时频域进行研究的，少有文献将 5G 通信系统中信道的块稀疏特性考虑到算法设计中。下面针对本节介绍的 BP-CoSaMP 算法，结合 Massive MIMO 技术，充分利用该算法的优势，同时将该算法与其他基于现有压缩感知的信道估计算法进行了仿真比较。

1. Massive MIMO 系统模型

假设 Massive MIMO 系统基站有 N_{T} 根天线为 K 个用户服务，基站端天线阵列排列方式采用均匀线性阵列（Uniform Linear Array，ULA），天线间距 $d=\lambda/2$，其中 λ 为载波波长。考虑具有空间相关性的 Massive MIMO 系统，如图 8.22 所示，则接收端的信号频域表达式为

$$\boldsymbol{y}=\sum_{i=1}^{N_{\mathrm{T}}}\boldsymbol{X}_i\boldsymbol{H}_i+\boldsymbol{n} \tag{8.43}$$

其中，$\boldsymbol{H}_i\in\mathbf{R}^{N_{\mathrm{T}}\times 1}$ 为信道脉冲响应（Channel Impulse Response，CIR）向量，$\boldsymbol{X}_i=\operatorname{diag}(\boldsymbol{x}_i)$；$\boldsymbol{x}_i$ 为第 i 根天线的发送信号；$\boldsymbol{n}$ 表示零均值高斯白噪声向量。

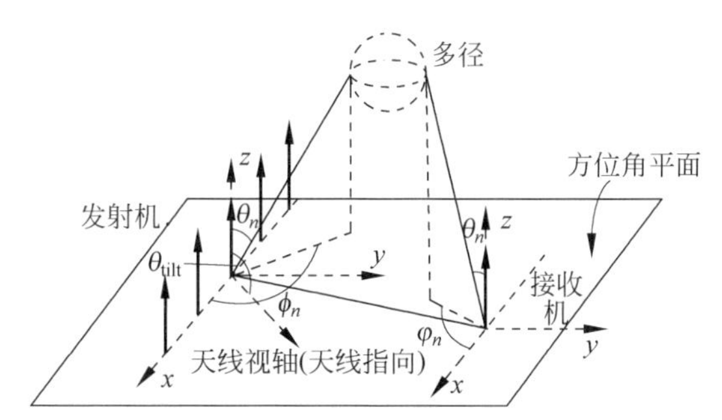

图 8.22 具有空间相关性的 Massive MIMO 系统模型

一般地，对信道长度为 L 的 CIR 几何模型，$\boldsymbol{H}_i$ 可以写为

$$\boldsymbol{H}_i=\boldsymbol{F}_L\boldsymbol{h}_i \tag{8.44}$$

其中 $\boldsymbol{F}_L$ 为 $N\times N$ 的 DFT 矩阵的前 L 列，则式(8.43)可写为

$$\boldsymbol{y}=\sum_{i=1}^{N_{\mathrm{T}}}\boldsymbol{X}_i\boldsymbol{F}_L\boldsymbol{h}_i+\boldsymbol{n}=\boldsymbol{A}\boldsymbol{h}+\boldsymbol{n} \tag{8.45}$$

对于 Massive MIMO 系统而言，随着基站端配置的天线数目增多，在丰富散射的环境下，信道矩阵的列向量之间逐渐趋于正交，一些简单的信号处理方法即可使系统性能最优[36]。因此，通过信道估计准确地获取 CSI，并完整地重建信道，是提高数据传输的有效性、频带利用率及数据传输速率等系统性能的前提。

针对上述 Massive MIMO 系统，令导频序列集合为 Ω，发送端第 i 根天线的导频信号向量可表示为 $\boldsymbol{x}_{ip} \in \mathbf{R}^{p \times 1}$，则接收端接收的信号可以表示为

$$\boldsymbol{y}_{\Omega} = \sum_{i=1}^{N_{\mathrm{T}}} \boldsymbol{X}_{i\Omega} \boldsymbol{F}_{L,\Omega} \boldsymbol{h}_i + \boldsymbol{n}_{\Omega} = \boldsymbol{A}_{\Omega} \boldsymbol{h} + \boldsymbol{n}_{\Omega} \tag{8.46}$$

然而，当天线很多时，为了使导频开销尽量少，系统运行效率尽量高，插入导频的数目需要远小于信道的数据数目，信道估计算法复杂度需要尽量低，这就导致式(8.46)存在不定解。为了克服上述难题，可充分利用信道的块稀疏特性，下面对其进行详细分析。

2. Massive MIMO 信道块稀疏特性

在 Massive MIMO 系统中，由于信号在传播过程中受到时延扩展、角度扩展和多普勒频率的限制，使得 Massive MIMO 信道存在稀疏性。同时，考虑到 Massive MIMO 系统每个发送接收天线对是离散多径信道，不同发送接收天线对之间具有相似的时延，因此可以认为发送接收天线对之间的 CIR 具有相同的稀疏特性。综上所述，Massive MIMO 系统的信道具有块稀疏性。

考虑到 Massive MIMO 系统的信道估计问题可转化为最小化以下代价函数：

$$C(\boldsymbol{h}_{\Omega}, K) = \arg\min \| \boldsymbol{y}_{\Omega} - \boldsymbol{A}_{\Omega} \boldsymbol{h}_{\Omega} \|_2 \tag{8.47}$$

其中 K 为块稀疏度。

下面将分两步建立 Massive MIMO 系统的块稀疏信道模型。

(1) 用 $\mathrm{supp}(\boldsymbol{h}_i)$ 表示所有 CIR $\boldsymbol{h}_i$ 对应于序列集 Ω 中的序号，Ω^{C} 为 Ω 的补集，则稀疏模型可表示为

$$\mathrm{supp}(\boldsymbol{h}_1) = \mathrm{supp}(\boldsymbol{h}_2) = \cdots = \mathrm{supp}(\boldsymbol{h}_{N_{\mathrm{T}}}) \subseteq \Omega \tag{8.48}$$

其中 $\mathrm{supp}(\boldsymbol{h}_i) = \{k : h_i(k) \neq 0\}$。

(2) 考虑到不同发送接收天线对的 CIR 之间具有相同的稀疏性，则可以认为，存在 K 维子空间，使块稀疏模型 M_K 可以定义为

$$M_K = \bigcup_{m=1}^{m_K} \mathrm{H}_m, \quad \text{s. t.} \ \mathrm{H}_m = \{\mathrm{supp}(\boldsymbol{h}_i) \in \Omega, \mathrm{supp}(\boldsymbol{h}_i) \mid \Omega^{\mathrm{C}} = 0\} \tag{8.49}$$

其中 $m_K \leqslant C_N^K$，属于 M_K 集合中的信号称作稀疏度为 K 的块稀疏信号。

假设信号集 S 中的信号向量 $\boldsymbol{x}_n \in \mathbf{R}^{JN_{\text{block}} \times 1}$，$n = 1, 2, \cdots, N_{\text{block}}$，若信号向量 $\boldsymbol{x}_n$ 可以变换为 $J \times N_{\text{block}}$ 的稀疏信号矩阵 $\boldsymbol{X}$，则矩阵 $\boldsymbol{X}$ 中每一列具有相同的信号索引。显然，矩阵 $\boldsymbol{X}$ 的列中的元素只存在全为零或者全不为零两种情况，矩阵 $\boldsymbol{X}$ 的稀疏度即为其非零列数。假设矩阵 $\boldsymbol{X}$ 的稀疏度为 K，则该块稀疏信号集 S 可以表示为

$$\begin{aligned} S_K = \{ & \boldsymbol{X} = [\boldsymbol{x}_1, \boldsymbol{x}_2, \cdots, \boldsymbol{x}_{N_{\text{block}}}] \in \mathbf{R}^{J \times N_{\text{block}}}, \quad \boldsymbol{x}_n = 0 (n \notin \Omega) \\ & \Omega \subseteq \{1, 2, \cdots, N_{\text{block}}\}, |\Omega| = K \} \end{aligned} \tag{8.50}$$

由上式可知，稀疏度为 K 的块稀疏信号 S_K 有 KJ 个非零值。通过矩阵变换，我们可以将上述矩阵 $\boldsymbol{X}$ 转换为 $\widetilde{\boldsymbol{X}} = [\tilde{\boldsymbol{x}}_1, \tilde{\boldsymbol{x}}_2, \cdots, \tilde{\boldsymbol{x}}_J]^{\mathrm{T}}$，其中 $\tilde{\boldsymbol{x}}_j$ 表示矩阵 $\boldsymbol{X}$ 的第 j 行。显然矩阵 $\widetilde{\boldsymbol{X}}$

与矩阵 $\boldsymbol{X}$ 具有相同的表示形式。因此，矩阵 $\widetilde{\boldsymbol{X}}$ 也可表示为块稀疏信号向量 $\tilde{\boldsymbol{x}}_j$ 的集合形式。也就是说，可以通过重建信号矩阵 $\widetilde{\boldsymbol{X}}$ 恢复出原始信号矩阵 $\boldsymbol{X}$。

由以上分析可知，Massive MIMO 系统具有块稀疏特性。同时考虑不同发送接收天线对，它们的 CIR 之间具有相同的稀疏特性，且稀疏度均为 K。换句话说，Massive MIMO 系统的 CIR 在某一变化矩阵下可以将其转换为具有块稀疏特性的 CIR，因此，可以将基于块稀疏的信道估计算法运用到 Massive MIMO 的信道估计中来。

3. BP-CoSaMP 算法介绍

BP-CoSaMP(Basis Pursuit CoSaMP)算法是在 CoSaMP 算法基础上进行的改进，该算法利用信号的块稀疏特性，将搜索 $2K$ 个普通索引降低为搜索 K 个块稀疏索引。此外，该算法能够在不降低算法鲁棒性的同时，降低有用数据的采集量。也就是说，在测量矩阵拥有相同数据的条件下，BP-CoSaMP 算法的精度大大提升，并且非常接近理想情况下的信道估计值。接下来，首先对 BP-CoSaMP 算法中改进的关键步骤——搜索 K 个索引的方法做简单介绍(BP-CoSaMP 算法步骤见表 8.13)。

令 $\boldsymbol{M}_K=\bigcup\limits_{m=1}^{M}\Re_{K_m}$，则 $\boldsymbol{M}_K$ 的 B 序集合为

$$\boldsymbol{M}_K^B=\left\{\boldsymbol{x}\left|\boldsymbol{x}=\sum_{b=1}^{B}\boldsymbol{x}^{(b)},\boldsymbol{x}^{(b)}\in\boldsymbol{M}_K\right.\right\} \tag{8.51}$$

其中 $B\geqslant 1$，且为正整数。

对于 $\boldsymbol{M}_K^B$ 子空间，可将搜索该子空间中与向量 $\boldsymbol{x}$ 匹配度最高的 K 个索引问题转化为如下表达式：

$$C_B(\boldsymbol{x},\boldsymbol{\Gamma}^{(K)})=\underset{\hat{\boldsymbol{x}}\in\boldsymbol{M}_K^B}{\arg\min}\|\boldsymbol{x}-\hat{\boldsymbol{x}}\|_2 \tag{8.52}$$

其中 $\boldsymbol{\Gamma}^{(K)}$ 表示 $\boldsymbol{x}$ 中 K 个非零元素的索引集。

表 8.13 BP-CoSaMP 信道估计算法

BP-CoSaMP 算法
输入：测量矩阵 $\boldsymbol{A}$，观测向量 $\boldsymbol{y}$，信号稀疏度 K，分块数 J 步骤 1，初始化：迭代次数 $s=0$，$\boldsymbol{\Gamma}_g^{(s)}=\varnothing$，$\boldsymbol{r}_0=\boldsymbol{y}$，$\boldsymbol{A}_0=\varnothing$； 步骤 2，计算 $\boldsymbol{u}=\text{abs}[\boldsymbol{A}^{\mathrm{T}}\boldsymbol{r}_{s-1}]$，$\boldsymbol{J}_0^s$ 表示$(C_2(\boldsymbol{u},K))$的索引号集合； 步骤 3，令$\boldsymbol{\Gamma}^{(s)}=\boldsymbol{\Gamma}^{(s-1)}\cup\boldsymbol{J}_0^{s-1}$ $\boldsymbol{A}_s=\boldsymbol{A}_{s-1}\cup\boldsymbol{a}_j(j\in\boldsymbol{J}_0^{s-1})$； 步骤 4，求 $\boldsymbol{h}^{(s)}=\underset{\boldsymbol{g}^{(s)}}{\arg\min}\|\boldsymbol{y}-\boldsymbol{A}_s\boldsymbol{g}^{(s)}\|=(\boldsymbol{A}_s^{\mathrm{T}}\boldsymbol{A}_s)^{-1}\boldsymbol{A}_s^{\mathrm{T}}\boldsymbol{y}_\Omega$ s.t. $\boldsymbol{y}=\boldsymbol{A}\boldsymbol{g}^{(s)}+\boldsymbol{n}$ 步骤 5，$\boldsymbol{h}^{(sK)}=C_1(\boldsymbol{h}^{(s)},K)$，对应 $\boldsymbol{A}_s$ 中的 K 列记为 $\boldsymbol{A}_{sK}$，对应的 $\boldsymbol{A}_s$ 的列序号记为$\boldsymbol{\Gamma}^{(sK)}$，更新集合 $\boldsymbol{\Gamma}^{(s)}=\boldsymbol{\Gamma}^{(sK)}$； 步骤 6，更新残差：$\boldsymbol{r}_s=\boldsymbol{y}-\boldsymbol{A}_{sK}\boldsymbol{h}^{(sK)}=\boldsymbol{y}-\boldsymbol{A}_{sK}(\boldsymbol{A}_s^{\mathrm{T}}\boldsymbol{A}_s)^{-1}\boldsymbol{A}_s^{\mathrm{T}}\boldsymbol{y}$； 步骤 7，$s=s+1$，如果 $s<S$，则返回第 2 步继续迭代，如果 $s<S$ 或残差 $\boldsymbol{r}_s=0$，则停止迭代 return $\hat{\boldsymbol{h}}=\boldsymbol{h}^{(sK)}$
输出：(1) 重建信道脉冲响应(亦即估计出的信道脉冲响应)：$\hat{\boldsymbol{h}}$ (2) 残差：$\boldsymbol{r}_s=\boldsymbol{y}-\boldsymbol{A}_s\hat{\boldsymbol{h}}_s$

4. BP-CoSaMP 算法可行性分析

与经典的基于压缩感知信道估计算法类似，BP-CoSaMP 算法的设计也需要满足压缩感知的基本条件。由于该算法改进了传统的稀疏信道估计算法，引入了块稀疏的概念，因此，下面将从信号的块稀疏特性、测量矩阵的块 RIP 特性、算法的鲁棒性对该算法进行分析。

1）块稀疏信号

稀疏度为 K 的稀疏信号 $\boldsymbol{x}$，K 个非零元素索引 $\Omega_K \in \mathbf{R}^N$。若存在 m_k 个 N 维子空间 $\Re_K^m$，使得 $\bigcup_{m=1}^{m_k} \Re_K^m \subseteq \mathbf{R}^N$，且每个子空间 $\Re_K^m$ 包含信号 $\boldsymbol{x}$ 的所有 K 个非零元素，则可以称信号 $\boldsymbol{x}$ 为块稀疏信号。

2）测量矩阵的块 RIP 准则

压缩感知理论指出，对于一个 M 维的向量 $\boldsymbol{y}$，满足：$\boldsymbol{y}=\boldsymbol{\Phi x}$，为了准确地恢复出稀疏信号 $\boldsymbol{x}$，测量矩阵 $\boldsymbol{\Phi}$ 须满足 RIP 准则[43]。类似地，对于块稀疏信号 $\boldsymbol{x}$，若存在一个 $M\times N$ 维的测量矩阵 $\boldsymbol{\Phi}$，$\boldsymbol{\Phi}$ 须满足块 RIP 准则[44]，即

$$(1-\delta_{\Re_K^m})\|\boldsymbol{x}\|_2^2 \leqslant \|\boldsymbol{\Phi x}\|_2^2 \leqslant (1+\delta_{\Re_K^m})\|\boldsymbol{x}\|_2^2 \tag{8.53}$$

此外，Blumensath 和 Davies[44]指出，满足块 RIP 准则的测量矩阵 $\boldsymbol{\Phi}$，测量数据量 M 满足如下表达式：

$$M \geqslant \frac{2}{c\delta_{\Re_K^m}^2}\left(\ln(2m_k)+K\ln\frac{12}{\delta_{\Re_K^m}}+t\right) \tag{8.54}$$

其中 c 为正实数，$\delta_{\Re_K^m} \geqslant 1-\mathrm{e}^{-t}$。

由于 $m_k \ll C_N^K$，因此，满足块 RIP 准则的测量矩阵所需的行数远小于满足 RIP 准则的测量矩阵所需的行数，也就是说，满足块 RIP 准则的测量矩阵可以利用更少的数据更好地恢复出原始信号。另外，块 RIP 准则也提升了块稀疏信号重建的鲁棒性，下面对算法的鲁棒性进行分析。

3）算法鲁棒性

由块 RIP 准则可知，块稀疏信号的重建要求测量矩阵 $\boldsymbol{\Phi}$ 满足近似等距的特性，文献[45]指出，考虑有噪声干扰的信号，对于一个 M 维的向量 $\boldsymbol{y}$，满足 $\boldsymbol{y}=\boldsymbol{\Phi x}+\boldsymbol{n}$。若测量矩阵 $\boldsymbol{\Phi}$ 满足 $\delta_{\Re_K^m} \leqslant 0.1$，则第 i 次迭代所重建的信号 $\hat{\boldsymbol{x}}_i$ 满足：

$$\|\boldsymbol{x}-\hat{\boldsymbol{x}}_i\|_2 \leqslant 2^{-i}\|\boldsymbol{x}\|_2 + 15\|\boldsymbol{n}\|_2 \tag{8.55}$$

这与 CoSaMP 算法重建信号所需满足的条件相对应，也就是说，BP-CoSaMP 算法具有鲁棒性和可行性。

5. 基于 BP-CoSaMP 算法的信道估计

对于一个 Massive MIMO 系统，假设存在块稀疏 CIR 向量 $\boldsymbol{g}=[\boldsymbol{g}_1^{\mathrm{T}},\boldsymbol{g}_2^{\mathrm{T}},\cdots,\boldsymbol{g}_{N_{\mathrm{T}}}^{\mathrm{T}}]^{\mathrm{T}} \in \mathbf{R}^{N_{\mathrm{T}}L\times 1}$，每一个子块稀疏向量矩阵 $\boldsymbol{g}_i=[g_{i,1},g_{i,2},\cdots,g_{i,L}]^{\mathrm{T}}$，则 Massive MIMO 系统中的 CIR 向量 $\boldsymbol{h}$ 和块稀疏向量 $\boldsymbol{g}$ 之间存在以下关系：

$$\boldsymbol{g}((l-1)N_{\mathrm{T}}+n_t)=\boldsymbol{h}((n_t-1)L+l) \tag{8.56}$$

其中 $l=1,2,\cdots,L$，$n_t=1,2,\cdots,N_{\mathrm{T}}$，$L$ 和 N_{T} 分别表示信道长度和发送天线个数。式(8.56)

可表示为如下形式：

$$\boldsymbol{g}=[\boldsymbol{g}_1^{\mathrm{T}},\boldsymbol{g}_2^{\mathrm{T}},\cdots,\boldsymbol{g}_{N_{\mathrm{T}}}^{\mathrm{T}}]^{\mathrm{T}}$$
$$=[\underbrace{\boldsymbol{h}_1(1),\boldsymbol{h}_2(1),\cdots,\boldsymbol{h}_{N_{\mathrm{T}}}(1)}_{\boldsymbol{g}_1^{\mathrm{T}}},\underbrace{\boldsymbol{h}_1(2),\boldsymbol{h}_2(2),\cdots,\boldsymbol{h}_{N_{\mathrm{T}}}(2)}_{\boldsymbol{g}_2^{\mathrm{T}}},\cdots,\underbrace{\boldsymbol{h}_1(L),\boldsymbol{h}_2(L),\cdots,\boldsymbol{h}_{N_{\mathrm{T}}}(L)}_{\boldsymbol{g}_{N_{\mathrm{T}}}^{\mathrm{T}}}]^{\mathrm{T}} \tag{8.57}$$

易知，若块稀疏 CIR 向量 $\boldsymbol{g}$ 存在 N_{block} 个稀疏块，且每个稀疏块中包含 N_{T} 个元素，则这 N_{block} 个稀疏块内元素必为全零元素或者全非零元素。同理，Massive MIMO 系统接收端接收信号模型式(8.45)的测量矩阵 $\boldsymbol{A}$ 可改写为

$$\boldsymbol{B}(:,(l-1)N_{\mathrm{T}}+n_t)=\boldsymbol{A}(:,(n_t-1)L+l) \tag{8.58}$$

因此可将 Massive MIMO 系统接收端接收信号 $\boldsymbol{y}_\Omega$ 改写为

$$\boldsymbol{y}_\Omega=\boldsymbol{B}_\Omega\boldsymbol{g}+\boldsymbol{n}_\Omega \tag{8.59}$$

其中，$\boldsymbol{y}_\Omega$ 为 $p\times1$ 维观测向量；$\boldsymbol{B}$ 为 $p\times N_{\mathrm{T}}L$ 维测量矩阵，p 为信道估计中插入导频的个数，且 $p\ll N_{\mathrm{T}}L$；$\boldsymbol{g}$ 为待恢复矩阵。

由以上分析可知，对于存在块稀疏特性的 Massive MIMO 系统而言，由于 CIR 向量 $\boldsymbol{h}$ 和块稀疏 CIR 向量 $\boldsymbol{g}$ 之间具有一一映射关系，所以只要恢复出 CIR 向量 $\boldsymbol{g}$，就可通过式(8.56)恢复出原始系统信道矩阵 $\boldsymbol{h}$。

6. Massive MIMO 信道估计算法比较

在 Massive MIMO 信道估计算法中，发送信号矩阵 $\boldsymbol{X}$ 可变换为 $J\times N_{\text{block}}$ 维的矩阵 $\widetilde{\boldsymbol{X}}$，而 BP-CoSaMP 算法每次只需更新块稀疏矩阵 $\widetilde{\boldsymbol{X}}$ 中匹配度最高的 K 个元素并存储到信号子空间 S_K 中即可。假设 ρ 为 $\widetilde{\boldsymbol{X}}$ 中第 K 个最大 L_2 范数的列序号，则上述最优匹配问题可转换为

$$S(\widetilde{\boldsymbol{X}},K)=\widetilde{\boldsymbol{X}}_K=[\tilde{\boldsymbol{x}}_{K,1},\tilde{\boldsymbol{x}}_{K,2},\cdots,\tilde{\boldsymbol{x}}_{K,N_{\text{block}}}] \tag{8.60}$$

其中 $\tilde{\boldsymbol{x}}_{K,n}=\begin{cases}\tilde{\boldsymbol{x}}_n, & \|\tilde{\boldsymbol{x}}_n\|_2\geqslant\rho\\ 0, & \|\tilde{\boldsymbol{x}}_n\|_2<\rho\end{cases}$。

对于传统的 CoSaMP 算法，由于其没有挖掘信道的块稀疏特性，所以算法复杂度较 BP-CoSaMP 算法更高。其一是因为算法的复杂度与测量数据量成正比，BPCoSaMP 算法需要的测量数据更少，因此算法复杂度更低；其二是因为 BP-CoSaMP 算法的最优匹配问题实际上是一个排序问题，算法所需解决的块稀疏优化问题的开销更低。因此可以利用第 7 章所提出的 BP-CoSaMP 算法对 Massive MIMO 系统进行信道估计，其估计性能理论上较传统算法更优。8.8 节将对 Massive MIMO 信道估计算法进行仿真分析。

8.7.2 基于 MMC 的 3D Massive MIMO 块稀疏信道估计

Massive MIMO 通过在基站端配置上百根天线，使得信道容量显著提升，然而由于 Massive MIMO 只考虑到了基站端天线在水平方向的配置问题，并没有考虑不同用户在垂直方向上天线俯仰角的设置问题。3D MIMO(Three Dimension Multi-Input Multi-Output)技术的引入为上述问题提供了新的解决途径，逐步成为了 5G 研究的另一关键技术。

由于 3D Massive MIMO 系统将信号扩展到了空间方向上，使得信号的传输不再受限

于有限的频谱资源,同时也使得基站端天线的覆盖范围更广。目前,虽然已有学者考虑到了信道的空域特性,从天线的角域进行分析,提出了基于角域分解的算法[46-47],以及其他自适应的基于压缩感知的信道估计算法[48],但是这些算法都是在2D信道的基础上进行研究的,并没有考虑基站端配置URA(Uniform Regular Array)型天线的3D Massive MIMO系统场景,也没有将多用户情况考虑进来。因此本节从减少信道估计导频开销的角度出发,提出适用于多用户3D Massive MIMO系统的导频方案设计。

1. 算法原理

在传统的信道估计算法中,导频序列的插入需要满足正交性,且每个导频符号占用不同的子载波。当天线数目增多时,导频开销必然增大,显然不适用于3D Massive MIMO系统。针对以上问题,同时结合3D Massive MIMO系统的块稀疏性,本节介绍非正交的导频方案,在不降低信道估计精度的前提下,有效地减少导频开销。

考虑到3D Massive MIMO系统在时域-角域具有块稀疏特性,我们对每一个OFDM符号插入的导频进行设计,使得基站端各天线之间插入的导频在频域方向上所处的位置相同。由于导频插入方式的改变,使得测量矩阵的特性也发生了变换,而测量矩阵的设计是压缩感知信道估计算法的关键步骤。

对于一个多用户的3D Massive MIMO系统,系统采用OFDM调制方式,子载波数为N_C,第k个用户的发送信号可表示为$\boldsymbol{x}_k \in \mathbf{R}^{N_C \times 1}$,则基站端接收到$K$个用户发送的信号为

$$\boldsymbol{y}=\sum_{k=1}^{K} \boldsymbol{y}_k=\boldsymbol{X}\boldsymbol{F}_{KL}\boldsymbol{h}+\boldsymbol{n} \tag{8.61}$$

其中,$\boldsymbol{X}=[\mathrm{diag}(\boldsymbol{x}_1),\mathrm{diag}(\boldsymbol{x}_2),\cdots,\mathrm{diag}(\boldsymbol{x}_K)]$表示$K$个用户发送的全部信号;$\boldsymbol{h}=[\boldsymbol{h}_{1,\mathrm{Total}\_L},\boldsymbol{h}_{2,\mathrm{Total}\_L},\cdots,\boldsymbol{h}_{K,\mathrm{Total}\_L}]^{\mathrm{T}}$,为$K$个用户在时域-空域的CIR;$\boldsymbol{n}$表示零均值,方差为$\sigma_n^2$的独立同分布的高斯白噪声向量;$\boldsymbol{F}_{KL}=\mathrm{diag}(\boldsymbol{F}_L)$,$\boldsymbol{F}_L$表示$N_C \times N_C$的DFT矩阵的前$L$列。

同理,接收端接收到的信号在时域-角域可表示如下:

$$\boldsymbol{y}^a=\boldsymbol{X}\boldsymbol{F}_{KL}\boldsymbol{h}^a+\boldsymbol{n}^a=\boldsymbol{A}\boldsymbol{h}^a+\boldsymbol{n}^a \tag{8.62}$$

其中$\boldsymbol{A}$需要满足块RIP准则或者互相关准则(Mutual Coherence Property,MCP)[49]。

下面对测量矩阵是否满足MCP准则进行讨论。

测量矩阵$\boldsymbol{A}$的最大互相关(Maximal Mutual Coherence,MMC)可表示为矩阵$\boldsymbol{G}=\widetilde{\boldsymbol{A}}^{\mathrm{H}}\widetilde{\boldsymbol{A}}$中除去对角线元素的所有元素模的最大值,即

$$\mu(\boldsymbol{A})=\max_{i \neq j}\lfloor \boldsymbol{g}_{ij} \rfloor \tag{8.63}$$

其中$\widetilde{\boldsymbol{A}}(:,j)=\dfrac{\boldsymbol{A}(:,j)}{\|\boldsymbol{A}(:,j)\|}$。

假设导频插入所在位置集合为Ω,则式(8.62)可改写为

$$\boldsymbol{y}_\Omega^a=\boldsymbol{X}_\Omega(\boldsymbol{F}_{KL})\boldsymbol{h}^a+\boldsymbol{n}_\Omega^a=\boldsymbol{A}_\Omega\boldsymbol{h}^a+\boldsymbol{n}_\Omega^a \tag{8.64}$$

其中$\boldsymbol{A}_\Omega=\boldsymbol{X}_\Omega(\boldsymbol{F}_{KL})$。

显然$\boldsymbol{A}_\Omega$的MMC由导频插入位置决定,测量矩阵$\boldsymbol{A}_\Omega$的MMC越小,信号恢复越精确。

为了获得较小的MMC,导频设计如下:在该方案中,信号$\boldsymbol{X}_\Omega$导频幅度相同,导频相位

随机，测量矩阵 $\mathbf{A}$ 所有列的 L_2 范数均为常数 $\sqrt{a}$。矩阵 $\boldsymbol{G}$ 可改写为 $\boldsymbol{G}=\mathbf{A}^{\mathrm{H}}\mathbf{A}/a$。测量矩阵 $\mathbf{A}$ 的 MMC 可表示为

$$\mu(\mathbf{A})=\frac{1}{a}\max_{i\neq j,n_1\neq n_2}\sum_{k=1}^{a}\boldsymbol{x}_{i,k}^{*}\boldsymbol{x}_{j,k}\mathrm{e}^{-\mathrm{j}\frac{2\pi}{N_t}\Omega_k(n_1-n_2)} \tag{8.65}$$

其中，$1\leqslant i,j\leqslant N_t$，$0\leqslant n_1,n_2\leqslant L-1$，$\{\Omega_k\}_{k=1}^{a}$ 表示导频插入位置，判断条件 $i\neq j,n_1\neq n_2$ 确保了 MMC 等于除矩阵 $\boldsymbol{G}$ 对角线元素外满足式(8.65)的最大值。

为了证明该种导频插入设计的 MMC 更小，普适性更好，对以下 3 种情况进行分析：

(1) $i=j,n_1\neq n_2$，式(8.65)可改写为

$$\mu(\mathbf{A})=\frac{1}{a}\max\sum_{k=1}^{a}\mathrm{e}^{-\mathrm{j}\frac{2\pi}{N_t}\Omega_k(n_1-n_2)} \tag{8.66}$$

由于 Ω_k/N_t 服从[0,1)均匀分布，此时，$\mu(\mathbf{A})=0$。

(2) $i\neq j,n_1=n_2$，式(8.65)可改写为

$$\mu(\mathbf{A})=\frac{1}{a}\max\sum_{k=1}^{a}x_{i,k}^{*}x_{j,k}=\frac{1}{a}\max\sum_{k=1}^{a}\mathrm{e}^{-\mathrm{j}2\pi(\theta_{i,k}-\theta_{j,k})} \tag{8.67}$$

由于 $\theta_{i,k},\theta_{j,k}$ 服从[0,1)均匀分布，同样地，$\mu(\mathbf{A})=0$。

(3) $i\neq j,n_1\neq n_2$，式(8.57)可改写为

$$\mu(\mathbf{A})=\frac{1}{a}\max_{i\neq j,n_1\neq n_2}\sum_{k=1}^{a}\mathrm{e}^{-\mathrm{j}2\pi\left((\theta_{i,k}-\theta_{j,k})+\frac{\Omega_k}{N_t}(n_1-n_2)\right)} \tag{8.68}$$

显然，由于 $\Omega_k/N_t,\theta_{i,k},\theta_{j,k}$ 均服从[0,1)均匀分布，$\mu(\mathbf{A})=0$。

综上所述，本节提出的非正交导频方案设计的 MMC 更小，恢复出的信号精确度更高。

2. 复杂度分析

由前面的分析可知，非正交导频方案下的测量矩阵 $\mathbf{A}$ 满足 MCP 准则。考虑测量矩阵 $\mathbf{A}$ 满足 MCP 准则。考虑测量矩阵 $\mathbf{A}\in\mathbf{R}^{N_P\times N_t}$，结合 8.7.1 节分析可知，BP-CoSaMP 算法需要的测量数据 N_P 满足：

$$N_P\geqslant\frac{2}{c\delta_{\Re_K^m}^2}\left(KJ\left(\ln\frac{2N_t}{K}+J\ln\frac{12}{\delta_{\Re_K^m}}\right)+t\right) \tag{8.69}$$

与 CoSaMP 算法所需测量数据量 $N_P=O(JK\log(N_t/K))$ 相比，BP-CoSaMP 算法所需测量数据量 $N_P=O(JK+K\log(N_t/K))$ 远低于前者。且当 $J\gg\log(N_t/K)$ 时，$N_P=O(JK)$，测量数据量 N_P 与块稀疏信号的稀疏性成正比，也就是说，信号越稀疏，需要的测量数据越少，需要插入的导频数量越低。

8.7.3 仿真实验及结果分析

本节主要给出 Massive MIMO 块稀疏信道估计算法 BP-CoSaMP 的仿真实验以及与相关算法性能的比较，其中信号幅值(Amplitude)采用归一化度量。

实验 1：BP-CoSaMP 算法与相关算法精确性比较

本实验给出 BP-CoSaMP 算法与传统 CoSaMP 算法测量数据量 N_P 及估计精确性的对比。仿真参数设置：对于一个 3D Massive MIMO 系统中采用 OFDM 调制的块稀疏信号，子载波个数为 $N_C=4096$，稀疏度 $JK=4\times8$。仿真结果如图 8.23 所示，其中图 8.23(b)、图 8.23(c)、图 8.23(d)所需测量数据量均为 $N_P=100$，而信道估计的误差分别为：Err(b)=

5.4315e−6、Err(c)=1.3722e−4、Err(d)=3.7404e−5。从另一个角度证明了,在所需测量数据相同的情况下,BP-CoSaMP算法估计出的误差更小,且更接近理想情况下恢复出的信号。

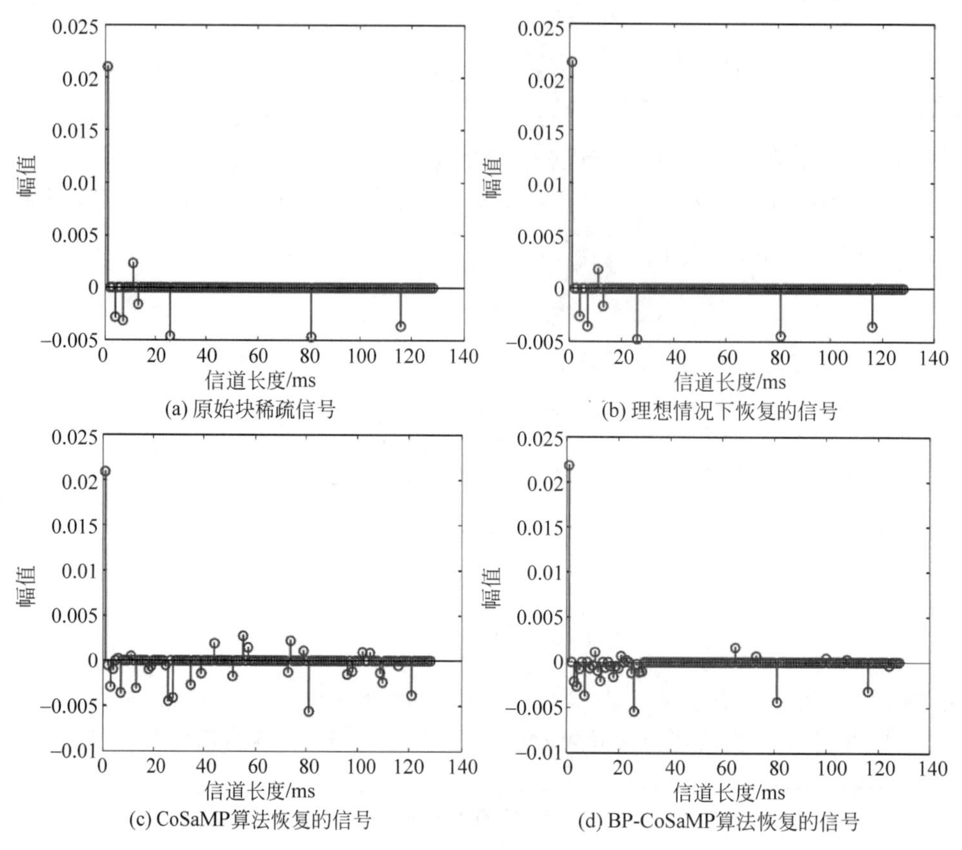

图 8.23 算法重建性能比较

实验 2:信道估计 BP-CoSaMP 算法的重建误差和鲁棒性

本实验给出BP-CoSaMP信道估计算法性能,包括重建误差和鲁棒性。

(1) 仿真场景及参数设置。

本次仿真的条件为:考虑一个MIMO系统的上行链路,基站端配置8根天线,系统采用FDD传输模式,QPSK(Quadrature Phase Shift Keying)调制方式,用户端配置单根天线的情况。具体仿真参数如表8.14所示。

表 8.14 仿真参数

仿真参数	设置值
基站端发送天线个数	8
用户端接收天线个数	1
系统带宽	50MHz
子载波个数	4069
信道长度/ms	128
每条发送天线稀疏度	9
天线阵列模型	ULA
SNR	30dB

(2) 结果分析。

图 8.24、图 8.25 及图 8.26 分别为 CoSaMP 算法、BP 算法及 BP-CoSaMP 算法与理想情况下重建的信号的误差的仿真图。仿真参数如表 8.14 所示，为了更好地对上述三种算法进行比较，随机选取符号长度在 400～500 的数据进行分析。

从图 8.24～图 8.26 中可以看出，由于 BP-CoSaMP 算法考虑了信道的块稀疏特性，信道重建误差最小，能最大限度地重建原始信号，且非常接近理想情况下重建信号算法——Exact LS 算法的性能；而由于 BP 算法的重建性能受测量矩阵影响较大，并且只通过一次迭代即完成重建，故信号重建误差较大；CoSaMP 算法虽然性能估计较好，但由于其在每次迭代时需要搜索的局部最优解的数量是 BP-CoSaMP 算法的两倍，算法的计算复杂度较高。换句话说，BP-CoSaMP 算法与以上两种算法相比，其导频开销最小，信道估计精度最高。

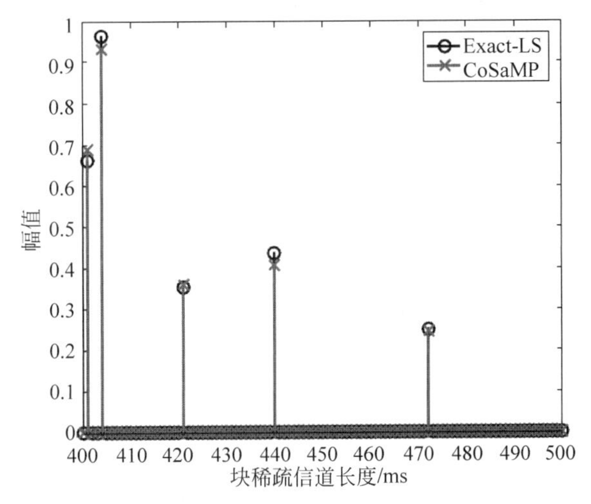

图 8.24 CoSaMP 算法与 Exact LS 算法的重建误差比较

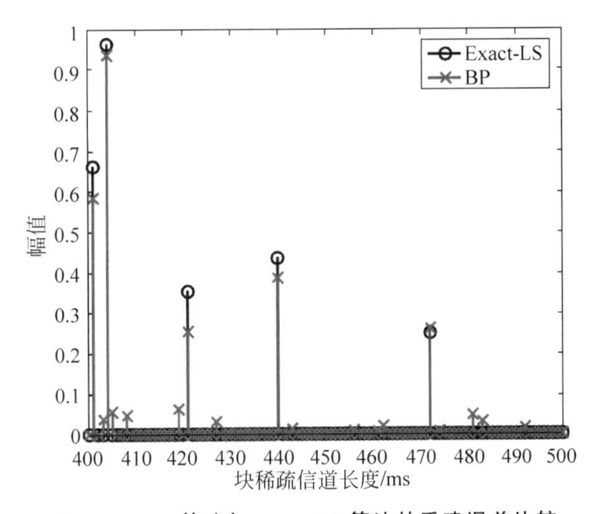

图 8.25 BP 算法与 Exact LS 算法的重建误差比较

此外，由 8.7.1 节的分析可知，BP-CoSaMP 算法具有较强的鲁棒性。对于传统的 CS 信道估计算法而言，所需要采集的测量数据个数 M 需要满足 $M=O(JK\log(N/K))$，而

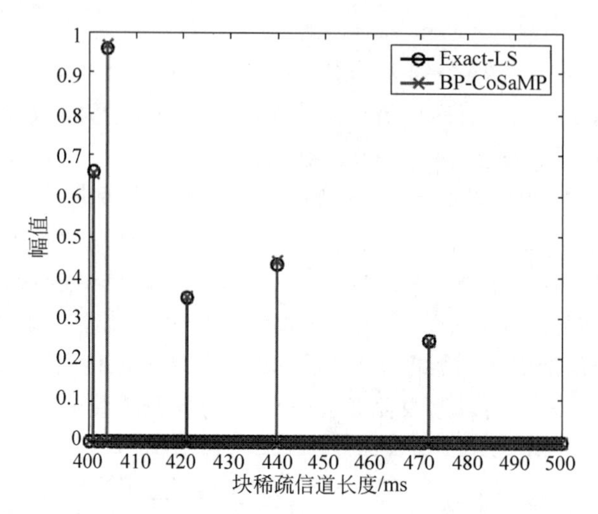

图 8.26 BP-CoSaMP 算法与 Exact LS 算法的重建误差比较

BP-CoSaM 算法的数据采集量在满足 $M=O(JK+K\log(N/K))$ 的情况下即可重建信号。特别地，当 $J>\log(N/K)$ 时，BP-CoSaMP 算法的 $M\approx O(JK)$，也就是说，数据采集量与待估信号的稀疏度成正比，信号越稀疏，需要的测量数据就越少。

为了验证上述结论，仿真实验对比了 BP-CoSaMP 算法与其他 3 种算法的鲁棒性随着测量数与稀疏度之比(M/K)的变化而变化的趋势，仿真结果如图 8.27 所示。仿真中，待估信号具有块稀疏特性，随机设置所需测量数据的个数 M，同时保持信号的稀疏度不变，进行 200 次重复试验。由仿真结果可以看出，当 $M\geqslant 6K$ 时，BP-CoSaMP 算法平均估计误差逐渐减小，且趋于逼近理想情况下的估计值。对于 CoSaMP 算法，当 $M\geqslant 13K$ 时，算法的平均估计误差才趋于稳定，并逐渐减少。对于 BP 算法，虽然在 $M\geqslant 6K$ 时，算法的平均估计误差逐渐降低，但是当 $M\geqslant 18K$ 时，算法的估计误差反而增大，这主要是由于 BP 算法性能受测量数据的影响明显。

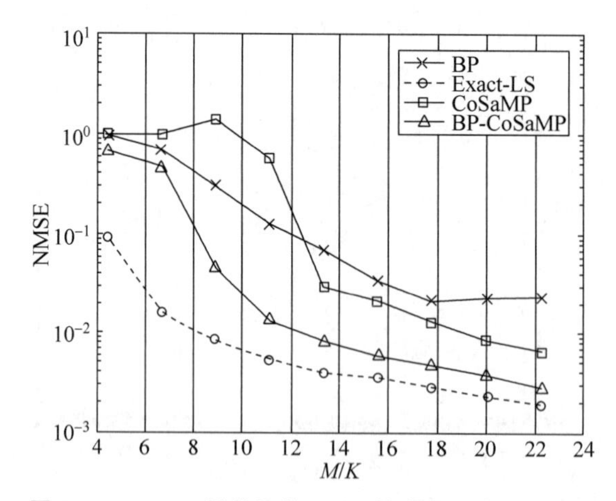

图 8.27 NMSE 随着比值 M/K 的变化而变化的趋势

实验 3：Massive MIMO 信道估计 BP-CoSaMP 算法的性能

本实验给出经典压缩感知信道估计算法及其改进算法在 Massive MIMO 系统中的性

能差异。首先介绍仿真参数及场景,然后再对仿真结果进行分析。

(1) 仿真场景及参数设置。

考虑一个单用户 Massive MIMO 系统,基站配置 $N_T=32$ 根发送天线,系统采用 OFDM 调制方式,系统带宽为 50MHz,子载波个数为 4096,信道为瑞利衰落且最大时延扩展为 128。具体仿真参数如表 8.15 所示。仿真所采用的天线阵列为 ULA 模型,如图 8.28 所示。

表 8.15　仿真参数

仿 真 参 数	设　置　值
基站端发送天线个数	32
用户端接收天线个数	1
系统带宽	50MHz
子载波个数	4069
信道长度/ms	128
每条发送天线稀疏度	9
天线阵列模型	ULA

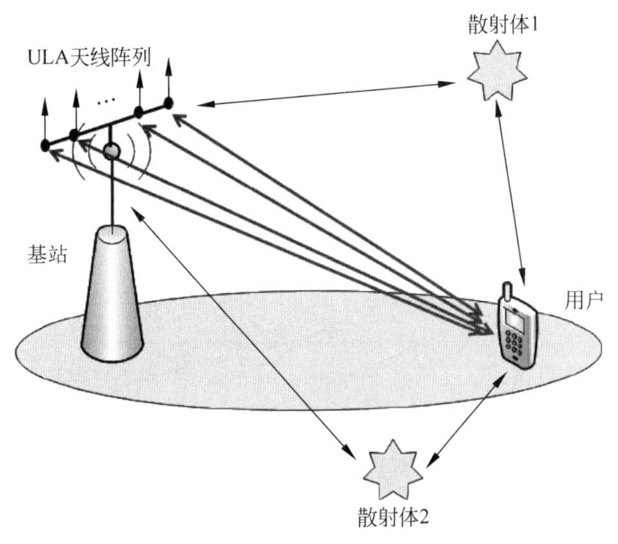

图 8.28　Massive MIMO 系统仿真模型

(2) 结果分析。

为了验证 BP-CoSaMP 算法对 Massive MIMO 系统信道估计性能的影响,本实验分别对 BP-CoSaMP 算法、CoSaMP 算法以及在已知所有信道状态信息的理想情况下重建信道的 Exact-LS 算法进行仿真。

仿真中,首先通过对比 3 种算法的归一化最小均方误差(Normalized Mean Square Error,NMSE)与信噪比 SNR 之间的关系,对 3 种算法进行性能分析。其中 NMSE 定义如下:

$$\mathrm{NMSE}=\frac{1}{N_{\mathrm{T}}}\frac{\sum_{N_t=1}^{N_{\mathrm{T}}}\|\boldsymbol{H}_{N_t}-\widetilde{\boldsymbol{H}}_{N_t}\|_2}{\sum_{N_t=1}^{N_{\mathrm{T}}}\|\boldsymbol{H}_{N_t}\|_2} \tag{8.70}$$

如图 8.29 所示，BP-CoSaMP 算法性能较传统的 CoSaMP 算法性能提升明显，且更接近理想情况下的信道。当 NMSE 为 10^{-2} 数量级时，BP-CoSaMP 算法与传统的 CoSaMP 算法相比，信噪比提高将近 5dB。当 SNR 为 30dB 时，BP-CoSaMP 算法的 NMSE 性能接近 10^{-3} 数量级，而 CoSaMP 算法只有 10^{-2} 数量级。随着信噪比的增加，BP-CoSaMP 算法仍能保证信道估计的准确性，也就是说，BP-CoSaMP 算法具有较好的鲁棒性。

图 8.30 对子载波个数等于 8192 时的各算法 NMSE 的性能进行了比较，其他仿真参数设置参考表 8.15。由于导频开销与子载波个数成反比，当子载波个数增加，而导频插入个数保持不变时，导频开销更低。对比图 8.29 与图 8.30 可知，对于 BP 算法，由于其只通过一次迭代即重建信号，且没有考虑噪声的影响，因此，当信噪比增加时，BP 算法与理想情况下重建的信号相比，估计误差的差距逐渐增大。对于 CoSaMP 算法，由于它可以将误选入的估计不准确的原子在某次迭代中剔除，因此随着 SNR 的增大，算法的估计精度也逐渐提升。然而，对比以上两种算法可知，虽然总体而言，当导频开销减少时，各种算法的 NMSE 均有不同幅度的减少，但是 BP-CoSaMP 算法的估计性能最稳定，且最接近理想情况下的估计值。换句话说，BP-CoSaMP 算法在导频开销较小的情况下，仍能以高精度及高稳定性重建原始信号，因此，BP-CoSaMP 算法更适用于 Massive MIMO 系统。

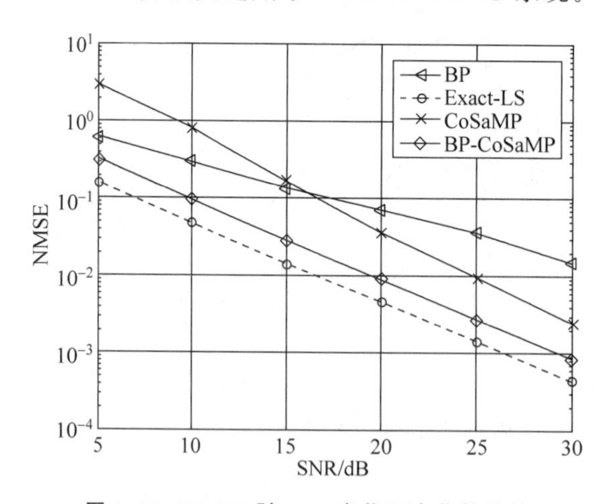

图 8.29 NMSE 随 SNR 变化而变化的趋势

接着，仿真实验对比了 3 种算法的误比特率(Bit Error Ratio，BER)性能，图 8.31 和图 8.32 中采用的调制方式为 QPSK 调制和 16-QAM 调制，其他参数设置同表 8.12 一致。普遍地，BP-CoSaMP 算法性能比 CoSaMP 算法更好。特别地，当信噪比较低时，BP-CoSaMP 算法性能更接近 Exact-LS 算法。随着信噪比的增加，BP-CoSaMP 算法的 BER 接近 10^{-5} 数量级，而 CoSaMP 算法只能达到 10^{-3} 数量级，当信噪比超过 25dB 时，BP-CoSaMP 算法的 BER 性能优势更加明显。另外，对比图 8.31 及图 8.32 知，QPSK 调制方

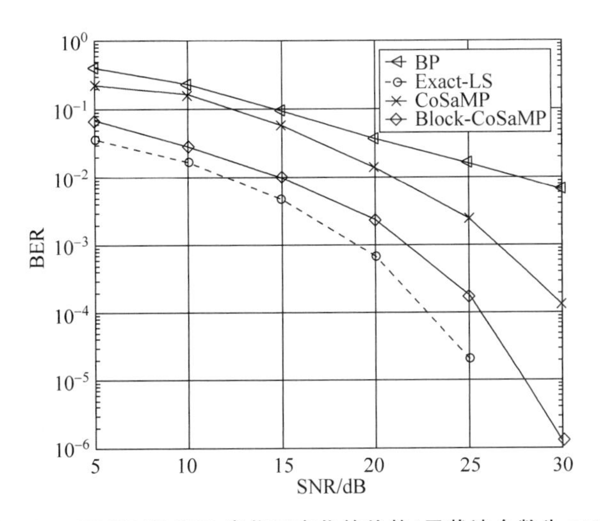

图 8.30 NMSE 随 SNR 变化而变化的趋势(子载波个数为 8192)

式下 3 种算法的整体性能较 16-QAM 调制更好,这主要是因为 16-QAM 为振幅调制,对噪声影响极为敏感,因此 BER 较高。

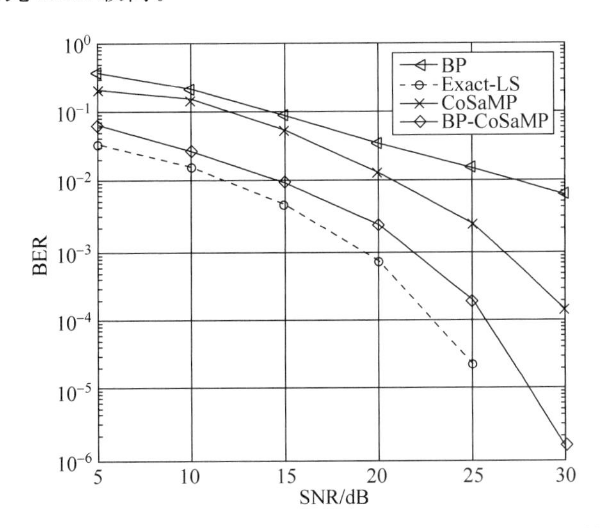

图 8.31 QPSK 调制模式下 BER 随 SNR 变化而变化的趋势

实验 4:基于 MMC 的 3D Massive MIMO 信道估计算法性能

本实验给出基于压缩感知的信道估计算法及基于 MMC 的信道估计算法在 3D Massive MIMO 系统中性能比较。首先对仿真参数及场景进行介绍,再给出仿真实验的结果分析。

(1) 仿真场景及参数介绍。

本次实验的仿真条件为:基站配置 URA 型天线阵列 $N_v \times N_h = 16 \times 16$ 的 3D Massive MIMO 多用户系统。该系统中采用 OFDM 调制方式,系统带宽为 50MHz,子载波个数为 4096,信道最大时延扩展为 100μs,插入导频个数为 100,每个用户多径数均为 8。具体仿真参数如表 8.16 所示。

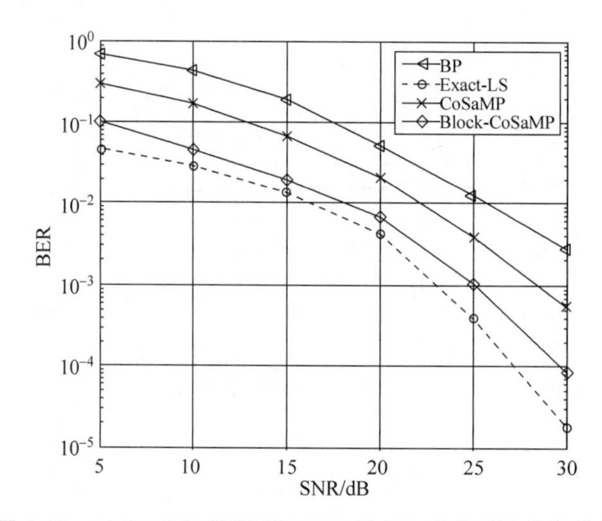

图 8.32 16-QAM 调制模式下 BER 随 SNR 变化而变化的趋势

表 8.16 仿真参数设置

仿真参数	设置值
基站端发送天线个数	256
用户数	4
系统带宽	50MHz
子载波个数	4096
信道长度/ms	128
每个用户多径数	8
天线阵列模型	URA
最大时延扩展/μs	100

(2) 结果分析。

为了分析 BP-CoSaMP 算法在 3D Massive MIMO 系统中信道估计的性能，本实验对比了 BP 算法、CoSaMP 算法以及理想情况下重建信道的 Exact-LS 算法。仿真中，导频开销采用相对度量指标：$\eta_P=(N_P N_t)/(N_C M_G)$，其中 M_G 表示保证信道具有稀疏性的常数，此处设置为 32[50]。

图 8.33 中仿真采用的参数如表 8.16 进行设置，插入导频个数设置为 100，此时导频开销为 $\eta_P=39.1\%$。可以看出，对于 3D Massive MIMO 系统而言，由 BP-CoSaMP 算法重建的信道误差较 CoSaMP 算法和 BP 算法更低，且当信噪比较低时，BP-CoSaMP 算法的性能更接近理想情况下重建信道的性能。

图 8.34 对比了导频开销对算法性能的影响。在此次仿真中，SNR=20dB，其他仿真参数设置参考表 8.14，可以看出，BP-CoSaMP 算法由于考虑到了 3D Massive MIMO 信道的块稀疏特性，在导频开销较低(如 $\eta_P=16.6\%$)时，NMSE(BP-CoSaMP)$=2.68\mathrm{e}^{-5}$，算法的性能最接近 Exact LS 算法，其他两种经典算法的 NMSE 分别为：NMSE(BP)$=2.93\mathrm{e}^{-5}$，NMSE(CoSaMP)$=161.45\mathrm{e}^{-5}$。由于 CoSaMP 算法可以将误选入的估计不准确的原子在

某次迭代中剔除，从而随着插入导频增多，CoSaMP 算法的估计性能逐渐增强，但是仍不如 BP-CoSaMP 算法精确度高。另外，尽管 BP 算法在导频开销较少时性能优势明显，但是随着导频开销增大，BP 算法与 BP-CoSaMP 算法估计性能的差距也逐渐增大。特别地，当导频开销 $\eta_P>18.55\%$时，BP-CoSaMP 算法的优势更加明显。

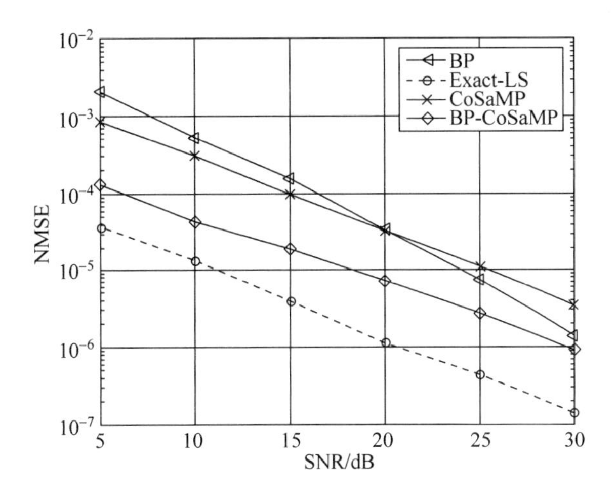

图 8.33 NMSE 随 SNR 变化而变化的趋势

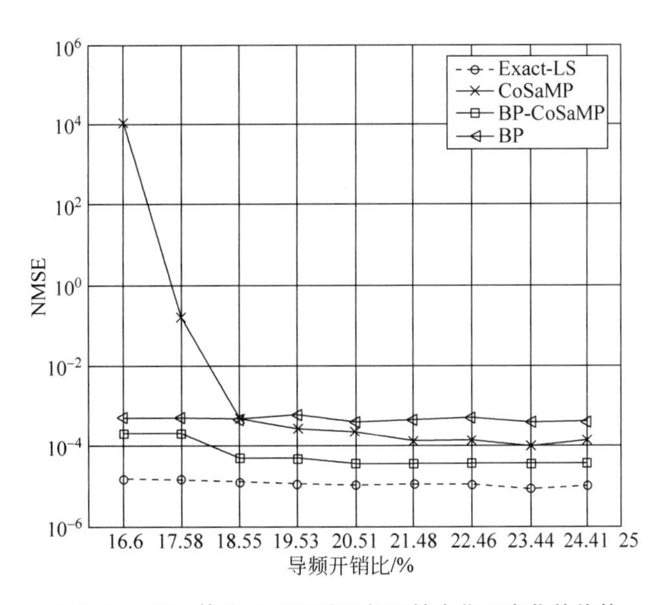

图 8.34 不同算法 NMSE 随导频开销变化而变化的趋势

图 8.35 对比了 SNR=10dB 和 SNR=20dB 时，导频开销对 NMSE 性能的影响。由图 8.35 可知，随着 SNR 的增大，NMSE 逐渐下降。特别地，当导频开销 $\eta_P>18.55\%$时，BP-CoSaMP 算法的 NMSE 持续减小，并趋于接近 Exact-LS 算法。尽管 CoSaMP 算法在导频开销 $\eta_P>17.58\%$时，估计性能就有所改善，但是由于没有考虑信道角域的影响，信道估计性能不如 BP-CoSaMP 算法，特别是当导频插入较少时，重建信道的误差非常大。

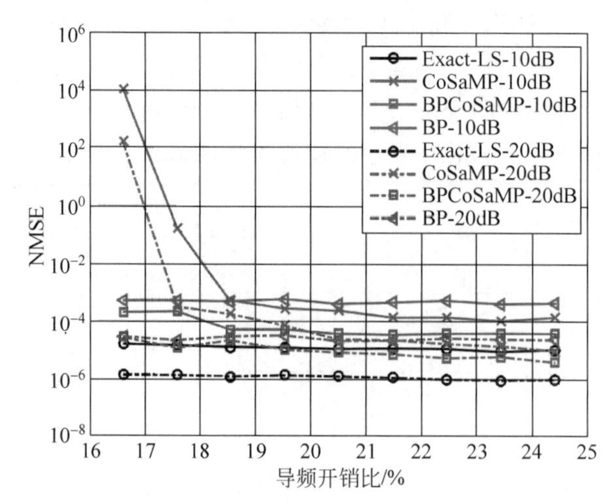

图 8.35 不同信噪比下相关算法的 NMSE 随导频开销变化而变化的趋势

8.8 本章小结

8.1 节和 8.2 节介绍了本章内容的应用背景和发展前景以及信道模型，对压缩感知理论用于信道估计进行了简要的论述，同时介绍了几种基于结构化压缩感知的信道估计，引出了对几种算法应用的详细阐述。

8.3 节详细阐述了基于时-频联合稀疏的多频带水声信道估计，多频带水声信道多径结构在相邻数据块和不同子频带存在相关性，从分布式压缩感知的角度可对这种时-频联合稀疏特性进行利用。但是在传统联合稀疏模型下，水声信道间存在的不同多径时延部分形成差异支撑集，由此引入的干扰导致估计性能下降，从而提出利用多路径选择机制进行差异支撑集检测；同时，进一步结合频域子频带信道间、时域相邻数据块信道间存在的相关性进行频带时间域联合稀疏估计。利用数值仿真及海试实验结果进行了性能验证和比较，表明利用时-频联合稀疏估计构造的水声通信接收机改善了匹配性能，可获得较为明显的输出信噪比、误比特率等通信性能的提升。从而说明，利用多频带水声信道在时域、频域存在的联合相关性可有效提高信道估计性能。

8.4 节针对多输入多输出(MIMO)系统在双选信道下信道估计问题，以及挖掘信道在时延域和角度域的联合稀疏特性，介绍了一种新的基于压缩感知的联合稀疏信道估计方案。首先，基于基扩展模型，将信道估计建模为结构化压缩感知问题，随后基于压缩感知模型，介绍了两种新的贪婪算法，有效地恢复了时变信道参数。其中两步同时正交匹配追踪(TS-SOMP)算法先在时延域中找到所有非零抽头位置，然后估计非零角度域系数。两环同时正交匹配追踪(TLSOMP)算法包括内外两个循环，在外部循环中找到一个非零抽头位置后，即可直接在内部循环求解非零角度域系数。最后，给出了归一化均方误差(NMSE)的仿真曲线，验证了该算法的有效性。

8.5 节详细介绍了结构化压缩感知理论用于联合稀疏模型的 OFDM 线性时变信道估计方法。首先，将线性时变信道模型下对连续多个符号周期的信道估计转换成一个联合稀疏重构模型；其次，采用基于测量矩阵互相关性最小化的分组导频设计准则，在应对子载波干扰的同时,保证了稀疏重构算法的性能;最后,设计一种基于循环并行树的分组导频优化算法。仿真结果表明,与传统线性时变信道估计方法和联合稀疏模型下的信道估计方法相比,所提方法所需导频数量少,信道估计性能更好,同时便于工程应用。

8.6 节阐述了块稀疏水声信道的改进压缩感知估计。利用水声信道块稀疏分布规律特性提出一种能够识别块稀疏结构的块稀疏似零范数,并在稀疏恢复信道估计算法中引入块稀疏似零范数约束项,进一步推导了复数域块稀疏似零范数恢复迭代算法。该算法通过对块稀疏似零范数进行梯度下降迭代并将梯度解投影至解空间来获得水声信道的块稀疏似零范数估计。数值仿真结果表明,该算法相对经典的稀疏信道估计算法有较明显的性能改善。通过算法推导、仿真和实验可获取结论:利用水声信道的块稀疏特性进行压缩感知重构可有效提高信道估计性能。

8.7 节介绍面向 5G 的块稀疏信道估计,8.7.1 节介绍基于块稀疏的 BP-CoSaMP 算法,从分析无线通信系统的特性出发,针对系统具有的块稀疏特性,考虑进行基于块稀疏信道估计算法的研究,结合 5G 通信场景分析其进行压缩感知信道估计的可行性。然后深入研究信道的块稀疏特性,提出了新的块稀疏信道估计算法。通过仿真分析,与两种经典的压缩感知信道估计算法进行比较,证明所提出的算法在保证信道估计精度的同时,所需插入的导频数据更少、鲁棒性更高,非常适用于 5G 通信系统的信道估计。针对 Massive MIMO 系统信道估计问题,首先对 Massive MIMO 系统进行介绍,并分析推导 Massive MIMO 系统的块稀疏特性,证明在 Massive MIMO 系统中运用 BP-CoSaMP 算法进行信道估计的可行性。最后建立单用户 Massive MIMO 系统模型,通过将 BP-CoSaMP 算法与现有的稀疏信道估计算法进行仿真比较,证明 BP-CoSaMP 算法在信道估计准确性及误码率等方面有很大的改善,更适用于 Massive MIMO 系统。8.7.2 节针对 3D Massive MIMO 系统中的信道估计算法进行了讨论。作为 5G 的一个关键技术,首先对 3D Massive MIMO 系统进行深入探讨,分析得出 3D Massive MIMO 系统在角域具有块稀疏特性,给出了 3D Massive MIMO 信道在时域-角域的表达式,而后针对多用户系统,构建了 3D Massive MIMO 多用户系统模型。此外,考虑到传统的导频放置需要满足正交性,导频开销大,提出了非正交的导频方案设计,并比较了 3D Massive MIMO 系统中采用 BP-CoSaMP 信道估计算法的性能优势——可以通过插入更少的导频更好地恢复出原始信号,且由于增加了天线俯仰角的影响,BP-CoSaMP 算法优化通信系统在接收端重建信号的性能,并通过数值仿真验证了这一点。

参考文献

[1] 张歆,张小蓟,邢晓飞,等. 单载波频域均衡中的水声信道频域响应与噪声估计[J]. 物理学报,2014,63(19):4304.

[2] 杨东凯,修春娣. 现代移动通信技术及应用[M]. 北京:电子工业出版社,2013,13-14.

[3] 王涛. 基于压缩感知的 OFDM 系统时域稀疏信道估计方法研究[D]. 西安电子科技大学,2012.

[4] 周跃海,伍飞云,童峰. 水声多输入多输出信道的分布式压缩感知估计[J]. 声学学报,2015;40(4):450-459.

[5] Tropp J A,Gilbert A C,Strauss M J. Simultaneous sparse approximation via greedy pursuit[C]. *IEEE International Conference on Acoustics,Speech,and Signal Processing,Philadelphia*,PA,USA,2005:721-724.

[6] Sturm B L, Christensen M G. Comparison of orthogonal matching pursuit implementations[C]. *Proceedings of the 20th European Signal Processing Conference, Bucharest, Romania*, 2012: 220-224.

[7] Blumensath T, Davies M E. Gradient pursuits[J]. *IEEE Transactions on Signal Processing*, 2008, 56(6): 2370-2382.

[8] Preisig J C. Performance analysis of adaptive equalization for coherent acoustic communications in the time-varying ocean environment[J]. *Journal of the Acoustical Society of America*, 2005; 118(1): 263-278.

[9] Huang J, Zhou S, Willett P. Nonbinary LDPC Coding for multicarrier underwater acoustic communication[J]. *IEEE Journal on Selected Areas in Communications*, 2008; 26(9): 1684-1696.

[10] Ren X, Chen W, Tao M. Position-Based compressed channel estimation and pilot design for high-mobility OFDM systems[J]. *IEEE Transactions on Vehicular Technology*, 2015, 64(5): 1918-1929.

[11] Aboutorab N, Hardjawana W, Vucetic B. A new iterative Doppler-assisted channel estimation joint with parallel ICI cancellation for high-mobility MIMO-OFDM systems[J]. *IEEE Transactions on Vehicular Technology*, 2012, 61(4): 1577-1589.

[12] Muralidhar K, Sreedhar D. Pilot design for vector state-scalar observation Kalman channel estimators in doubly-selective MIMO-OFDM systems[J]. *IEEE Wireless Communications Letters*, 2013, 2(2): 147-150.

[13] Zhang Y, Venkatesan R, Dobre O A, et al. Novel compressed sensing-based channel estimation algorithm and near-optimal pilot placement scheme[J]. *IEEE Transactions on Wireless Communications*, 2016, 15(4): 2590-2603.

[14] Qi C H, Yue G S, Wu L A, et al. Pilot design schemes for sparse channel estimation in OFDM systems[J]. *IEEE Transactions on Vehicular Technology*, 2015, 64(4): 1493-1505.

[15] Rao X B, Lau V K N. Distributed compressive CSIT estimation and feedback for FDD multi-user massive MIMO systems[J]. *IEEE Transactions on Signal Processing*, 2014, 62(12): 3261-3271.

[16] Kim S. Angle-domain frequency-selective sparse channel estimation for underwater MIMO-OFDM systems[J]. *IEEE Communications Letters*, 2012, 16(5): 685-687.

[17] Pan Y Q, Meng X, Gao X M. A new sparse channel estimation for 2D MIMO-OFDM systems based on compressive sensing[C]. *IEEE Proceedings of the 6th International Conference on Wireless Communications and Signal Processing*, 2014.

[18] Hrycak T, Das S, Matz G, et al. Practical estimation of rapidly varying channels for OFDM systems [J]. *IEEE Transactions on Communications*, 2011, 59(11): 3040-3048.

[19] Gong B, Gui L, Qin Q B, et al. Block distributed compressive sensing-based doubly selective channel estimation and pilot design for large-scale MIMO systems[J]. *IEEE Transactions on Vehicular Technology*, 2017, 66(10): 9149-9161.

[20] Cheng P, Chen Z, Rui Y, et al. Channel estimation for OFDM systems over doubly selective channels: a distributed compressive sensing based approach[J]. *IEEE Transactions on Communications*, 2013, 61(10): 4173-4185.

[21] Wu J X, Fan P Z. A survey on high mobility wireless communications: challenges, opportunities and solutions[J]. *IEEE Access*, 2016, 4(1): 450-479.

[22] Mostofi Y, Donald C C. ICI mitigation for pilot-aided OFDM mobile systems[J]. *IEEE Transactions on Wireless Communications*, 2005, 5(2): 765-774.

[23] Kwak K, Lee S, Min H, et al. New OFDM channel estimation with dual-ICI cancellation in highly mobile channel[J]. *IEEE Transactions on Wireless Communications*, 2010, 10(9): 3155-3165.

[24] 谢永生，汪明亮，周磊磊. 线性时变信道下的 OFDM 系统的加窗信道估计[J]. 华南理工大学学报(自

然科学版),2013,41(5):43-47.

[25] Tao C,Qiu J H,Liu L. A novel OFDM channel estimation algorithm with ICI mitigation over fast fading channel[J]. *Radioengineering*,2010,19(2):347-355.

[26] Vuokko V M,Kolmonen J S,Vainikainen P. Measurement of large-scale cluster power characteristics for geometric channel models[J]. *IEEE Transactions on Antennas and Propagation*,2007,55(11):3361-3365.

[27] Gao Z,Zhang C,Wang Z C. Priori-information aided iterative hard threshold:a low-complexity high-accuracy compressive sensing based channel estimation for TDS-OFDM[J]. *IEEE Transactions on Wireless Communications*,2015,15(1):242-252.

[28] 郭文彬,李春波,雷迪,等.基于联合稀疏模型的OFDM压缩感知信道估计[J].北京邮电大学学报,2014,37(3):1-6.

[29] Candès E J,Tao T. Decoding by linear programming[J]. *IEEE Transactions on Information Theory*,2005,11(51):4203-4215.

[30] Qi C H,Yue G S,Wu L N. Pilot design schemes for sparse channel estimation in OFDM systems [J]. *IEEE Transactions on Vehicular Technology*,2015,64,(4):1493-1506.

[31] Haupt J,Bajwa W,Raz G,Nowak R. Toeplitz compressed sensing matrices with applications to sparse channel estimation[J]. *IEEE Transaction on Information Theory*,2010.

[32] Eldar Y C,Kuppinger P,Bolcskei H. Compressed sensing for block-sparse signals:uncertainty relations,coherence,and efficient recovery[J]. *IEEE Transaction on Signal Processing*,2010;58(6):3042-3054.

[33] Yu Y,Zhou F,Qiao G,Nie D H. Orthogonal M-arry code shift keying spread spectrum underwater acoustic communication[J]. *Chinese Journal of Acoustics*,2014;39(3):279-288.

[34] 武岩波,朱敏,朱维庆,等.接近非相干水声通信信道容量的信号处理方法[J].声学学报,2015,40(1):117-123.

[35] Larsson E,Edfors O,Tufvesson F,et al. Massive MIMO for next generation[J]. *IEEE Communications Magazine*,2014,52(2):186-195.

[36] Marzetta T L. Noncooperative cellular wireless with unlimited numbers of base station antennas[J]. *IEEE Transactions on Wirelession Communications*,2010,9(11):3590-3600.

[37] Dai L,Wang J,Wang Z,et al. Spectrum and energy efficient OFDM based on simultaneous multi-channel reconstruction[J]. *IEEE Transaction on Signal Processing*,2013,61(23):6047-6059.

[38] Shen W,Dai L,Shim B,et al. Joint CSIT acquistion based on low-rand matrix completion for FDD massive MIMO systems[J]. IEEE Communications Letters,2015,19(12):2178-2181.

[39] Gao Z,Dai L,Lu Z,et al. Super-resolution sparse MIMO-OFDM channel estimation based on spatial and temporal correlations[J]. *IEEE Communications Letters*,2014,18(7):1266-1269.

[40] Dai L,Wang Z,Yang Z. Spectrally efficient time-frequency training OFDM for mobile large-scale MIMO systems[J]. *IEEE Journal on Selected Areas in Communications*,2013,31(2):251-263.

[41] Gui G,Adachi F. Stable adaptive sparse filtering algorithms for estimating multiple-input multiple-output channels[J]. *IET Communications*,2014,8(7):1032-1040.

[42] Qi C,Yue G,Wu L,et al. Pilot design for sparse channel estimation in OFDM-based cognitive radio systems[J]. *IEEE Transaction on Vehicular Technology*,2014,3(2):982-987.

[43] Candès E J. The restricted isometry property and its implication for compressive sensing[J]. *Acadèmie desciences*,2006,346(1):592-598.

[44] Blumensath T,Davies M. Sampling theorems for signals from the union of finite-dimensional linear subspaces[J]. *IEEE Transactions on Information Theory*,2009,55(4):1872-1882.

[45] Barbotin Y,Hormati A,Rangan S,et al. Estimation of sparse MIMO channels with common support

[J]. *IEEE Transactions on Communications*,2012,60(12):3705-3716.

[46] Li H,Jan W,Frans M. Low complexity LMMSE based MIMO-OFDM channel estimation via angle-domain processing[J]. *IEEE Transactions on Signal Processing*,2007,55(12):5668-5680.

[47] Li H,Chin K,Jan W,et al. Pilot-aided angle domain channel estimation techniques for MIMO-OFDM systems[J]. *IEEE Transactions on Vehicular Technology*,2008,57(2):906-920.

[48] Gao Z,Dai L,Wang Z,et al. Spatially common sparsity based adaptive channel estimation and feedback for FDD Massive MIMO[J]. *IEEE Transactions on Signal Processing*,2015,63(23):6169-6183.

[49] Duarte M,Eldar Y. Strutured compressed sensing:from theory to applications[J]. *IEEE Transactions on Signal Processing*,2011,59(9):4053-4085.

[50] Gao Z,Dai L,Dai W,et al. Structured compressive sensing-based spatio-temporal joint channel estimation for FDD massive MIMO[J]. *IEEE Transactions on Communications*,2016,64(2):601-617.

第9章

基于结构化压缩感知的毫米波信道估计

9.1 引言

随着各式移动终端的普及，移动通信网络的用户数量增长极其迅猛，其数据吞吐量也随之急剧增加。然而，当前6GHz以下的频谱资源几乎消耗殆尽，无法满足用户的需求，尽管诸如认知无线电等信号处理方法在一定程度上提升了频谱利用率，但对于当前容量需求来说无疑是杯水车薪，解决这个问题已是迫在眉睫。近些年来，毫米波（Millimeter Wave，mmWave）通信已成为国内外学者的一个研究热点，它所处的30～300GHz频段大多未经过开发商用，该频段频谱资源丰富，使用毫米波进行通信可以有效缓解当前频谱稀缺的问题。毫米波所处的高频段也赋予了其一些新的特性，这些特性可以有效地与当前新一代移动通信技术结合，满足应用需求，尤其是毫米波技术能够与5G关键技术中的大规模MIMO（Massive Multiple Input Multiple Output）技术和超密集蜂窝网络互补使用，是下一代移动通信的热门技术之一。

目前，5G毫米波技术逐渐成熟，但仍有一些技术问题待解决和优化。由于毫米波极易受环境影响且存在严重的路径损耗，技术上采用大规模MIMO波束成形技术，对传输信号进行预编码，弥补功率损耗。传统预编码技术包括全数字基带预编码和全模拟预编码调制技术。其中，全数字预编码要求拥有与天线数目相同的无线射频（Radio Frequency，RF）链，在大规模MIMO毫米波系统中会产生难以承受的硬件成本；模拟采用相位控制技术，虽然成本低但效果远低于前者，不适用于毫米波。研究表明，混合预编码（模拟-数字混合波束成形器）可以较好地结合前两者的优点[1-2]，以更少的RF获得与全数字预编码器相似的性能。在混合预编码器中，拥有准确的信道状态信息（Channel State Information，CSI）和波达角非常重要。CSI是连接收发两端的重要桥梁，只有在精确CSI条件下，才能够利用大规模MIMO多天线优势提供更多自由度，从而提升信道容量[3]。

在无线信号传播过程中，信号传播环境复杂，电磁波的传播路径不同，接收信号的能量不断消耗，信号幅度、相位及时间不断变化，从而引起原始信号失真或者出错，这种现象称为多径效应。此外，电磁波的传播除了直射波、反射波以外，还会受其他障碍物产生的散射波的影响,使得信号幅度迅速下降,以致大尺度衰落影响可以忽略不计,造成多径衰落等现象。当信号带宽远大于相干带宽时,就会引起频率选择性衰落。对于 LTE(Long Term Evolution)系统而言,信道呈现频率选择性。对于一个给定的 LTE 系统,假设信道的多径数目为 9,时延分别为 0.0,0.03,0.15,0.31,0.37,0.71,1.09,1.73,2.51 微秒,信道长度为 1024 毫秒,幅度值由均值为 0、方差为 1 的高斯分布产生并归一化。此 LTE 无线信道的离散脉冲响应如图 9.1 所示,可以看到,离散采样信道大部分采样点值为零,只有极少数(9 个)采样点值非零,通常称这样的信道为稀疏信道。

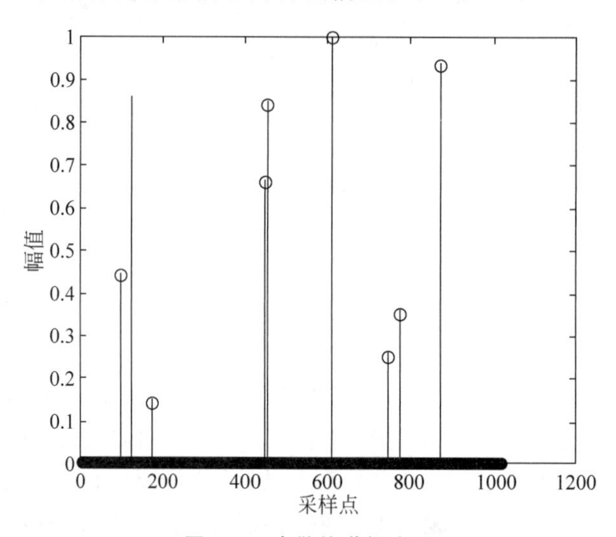

图 9.1 离散信道幅度图

在 5G 通信系统中,移动端除了需要估计本小区的下行信道,还需要估计相邻基站与本基站之间的信道信息,如何在提高信息传输速率和用户体验度的同时,保证导频开销尽量少、精确地获得 CSI,成为首先要解决的问题。使用压缩感知信道估计算法,可以保证在准确地恢复原始信道信息的同时,插入更少的导频信号,减少对有用资源的占用。

毫米波在传输过程中由于引入传输路径、所使用技术手段等因素导致信道信息状态呈现出一定的结构化稀疏性,比如,宽带无线通信信道在多径传播过程中具有空间相关性,不同发送接收天线对的信道脉冲响应(Channel Impulse Response,CIR)具有稀疏性,而传输时延的近似相同导致它们的 CIR 间具有块稀疏特性;估计波束空间信道向量具有群稀疏性。

针对这些具有特殊稀疏结构的毫米波信道估计问题,本章介绍 3 种方法,分别为:基于块稀疏压缩感知的多面板天线毫米波 MIMO 信道估计方法、基于群稀疏压缩感知的双选择毫米波 MIMO 信道估计方法及基于群稀疏压缩感知的混合模拟/数字毫米波 MIMO 信道估计方法,关于每一种方法均给出仿真实验来验证其性能。

9.2 信道模型

9.2.1 毫米波传播特性

本节将从信道的衰落这一角度入手,对毫米波的传输特性进行详细分析。

信号在自由传播过程中，假设发射功率为 P_t，接收功率为 P_r，根据弗里斯公式可知，收发功率之间满足如式(9.1)所述关系。

$$P_r = G_r G_t \left(\frac{\lambda}{4\pi d}\right)^2 P_t \tag{9.1}$$

其中，d 表示收发两端的间距，λ 表示电磁波的波长，G_t 和 G_r 分别表示发送天线和接收天线的增益[弗里斯传输公式表明，路径的功率损耗比例 P_t/P_r 与波长的平方 λ^2 成反比(与频率的平方 f^2 成正比)]。

从式(9.1)可以看出，路径损耗与波长的平方成反比，即波长越短，其路径损耗越高。因此，对于存在短波特性的毫米波而言，如果缺少足够的天线增益以及波束赋形等技术带来的功率补偿，那么路径损耗将会对其通信造成严重的影响。然而，在天线理论中，所使用的电磁波波长越短，天线所需的尺寸也就越小。这就意味着在毫米波通信系统中，一个较小的区域内可以容纳更多的天线，进而提升了天线的增益。此外，这一部分提升的天线增益在抵消了其短波特性对路径损耗造成的影响后，还能有所富余，这一特点也促进了大规模 MIMO 技术与毫米波通信技术的结合。

除了路径损耗的影响之外，毫米波的短波特性还给毫米波的通信带来了更严重的影响——穿透衰落。各种障碍物都会对毫米波的传播造成极大的衰减，例如建筑物，能够对毫米波信号造成 40～80dB 的衰减；人体本身的衰减，也能达到 20～35dB；甚至于植物的叶子也能对其造成相当明显的衰减。此外，大气吸收和雨雪衰落，这两个因素对于高频通信系统会造成严重影响的衰落特性，极大地干扰了毫米波的长距离通信。

综上所述，毫米波系统的室外通信面临着严峻的考验，值得庆幸的是，建筑物、人体等障碍物同样存在较强的反射性。这也就使得毫米波信号在经过此类障碍物反射后，能产生非可视路径传播。此外，短距离的通信使得大气吸收和雨雪衰落对于毫米波只能造成很小的影响，而毫米波的短波特性也使得衍射对于毫米波通信系统造成的影响可以忽略不计。在纽约曼哈顿进行的室外实测就有效证实了毫米波在短距离通信下的稳定性——即使在人流量较大的市区，毫米波系统也能在 200m 左右的距离内实现正常通信。

9.2.2 毫米波信道模型

在了解了毫米波信号的传播特性之后，可以利用其信道的稀疏结构特性对毫米波大规模 MIMO 系统进行信道建模分析。在稀疏散射环境下，可以采用基于扩展的 Saleh-Valenzuela 模型来表示窄带信道，它允许准确地捕获毫米波信道中的基本特征。在该模型下，窄带信道矩阵 $\boldsymbol{H}$ 可以表示为

$$\boldsymbol{H} = \sqrt{\frac{N_t N_r}{L}} \sum_{l=1}^{L} \alpha_l \boldsymbol{G}_r(\phi_l^r, \theta_l^r) \boldsymbol{G}_t(\phi_l^t, \theta_l^t) \boldsymbol{a}_r(\phi_l^r, \theta_l^r) \boldsymbol{a}_l^H(\phi_l^t, \theta_l^t) \tag{9.2}$$

其中，N_t 与 N_r 分别为发射端与接收端的天线数量；L 为有限的路径数量；$\alpha_l \in \mathbf{C}$ 为对应于第 l 条路径的复增益；ϕ_l^t/θ_l^t 与 ϕ_l^r/θ_l^r 分别表示对应于发射角(Angles of Departure, AoD)与到达角(Angles of Arrival, AoA)的水平方位角/仰角；$\boldsymbol{G}_t(\phi_l^t, \theta_l^t)$ 与 $\boldsymbol{G}_r(\phi_l^r, \theta_l^r)$ 分别表示对应于 AoD/AoA 的发射天线与接收天线元件的增益。为考虑方便但又不失一般性，可以将 $\boldsymbol{G}_t$ 和 $\boldsymbol{G}_r$ 设置为 AoD/AoA 范围内的某一项。$\boldsymbol{a}_t(\phi_l^t, \theta_l^t)$ 与 $\boldsymbol{a}_r(\phi_l^r, \theta_l^r)$ 分别表示

在水平方位角/仰角的归一化发射器与接收器的阵列响应向量。此处，若只考虑水平方位角而不考虑仰角，则收发端的天线可以采用均匀线性 ULA 阵列架构，此时阵列响应向量可以表达成如下形式：

$$\boldsymbol{a}_{\mathrm{ULA}}(\phi)=\frac{1}{\sqrt{N}}\left[1,\mathrm{e}^{\mathrm{j}\frac{2\pi}{\lambda}d\sin(\phi)},\cdots,\mathrm{e}^{\mathrm{j}(N-1)\frac{2\pi}{\lambda}d\sin(\phi)}\right]^{\mathrm{T}} \tag{9.3}$$

其中，N 表示天线数量，λ 表示信号波长，d 表示天线元件之间的距离。

若同时考虑水平方位角与仰角，则可采用均匀平面阵列（Uniform Planar Arrays，UPA）架构来配置收发端的天线，相应的阵列响应向量表示如下：

$$\boldsymbol{a}_{\mathrm{ULA}}(\phi,\theta)=\frac{1}{\sqrt{N}}\left[1,\cdots,\mathrm{e}^{\mathrm{j}\frac{2\pi}{\lambda}(d_x\sin(\phi)\sin(\theta)+d_y\cos(\theta))},\cdots,\mathrm{e}^{\mathrm{j}(N-1)\frac{2\pi}{\lambda}((W_1-1)d_x\sin(\phi)\sin(\theta)+(W_2-1)d_y\cos(\theta))}\right]^{\mathrm{T}} \tag{9.4}$$

其中，d_x、d_y 分别表示阵元沿水平和垂直方向的距离；W_1、W_2 分别表示水平面、垂直面上的天线数量，且 $W_1W_2=N$。

在毫米波系统中考虑 UPA 阵列架构的实际意义在于，它们可以产生更小的天线阵列维度，且便于在合理大小的阵列中包装更多的天线元件，还可以在仰角域中启用。

9.3 基于块稀疏表示的多面板毫米波 MIMO 信道估计

为了满足日益增长的高速数据传输需求，毫米波通信由于其丰富的频谱资源得到了广泛的研究[4-6]。为了补偿毫米波通信中严重的自由空间路径损失，通常采用大规模天线阵来实现波束形成增益[7-8]。在现有的大规模 MIMO 系统中，基站端配有大量天线，相邻天线之间的距离较小。为了保证各天线之间的独立性，可以采用波长更短的毫米波作为信号载体进行数据传输。这种毫米波大规模 MIMO 系统主要采用全连接和部分连接两种天线连接结构。其中，全连接结构是指每一个射频链路与所有阵列天线相连接。与全连接结构相比，部分连接结构的硬件复杂度更低，该结构是指大规模天线阵列被划分成了多个子阵列，每一个子阵列分别与一个射频链路相连接。近些年，出于进一步降低系统硬件成本的考虑，研究者在毫米波部分连接结构的基础上又提出了集成天线技术（Antenna in Package），即在天线端使用多个天线面板，每个天线面板分别集成多根天线，这种结构被称为多天线面板结构（Multi-panel Antenna Array）。

信道估计是毫米波系统进行有效通信和预编码的基础，由于多天线面板结构的毫米波 MIMO 系统中基站端的天线数目庞大，且各天线面板间与用户间信号的有效路径发射角各不相同，因此也就导致各个天线面板与用户间的信道信息存在一定的差异，又由于该天线阵列具有混合结构和非均匀排列等特性，使得传统的毫米波系统的信道估计方法无法直接使用于多天线面板结构的毫米波 MIMO 系统。

综上所述，如何在现有技术的基础上提出一种针对多天线面板结构的毫米波 MIMO 系统的快速、精确、复杂度低的信道估计方法也就成为了目前业内研究人员亟待解决的问题。

本节介绍一种基于正交投影的信道估计方法。在该方法中，首先将多小组 MIMO 系统的信道估计建模为一个块稀疏信号恢复问题；然后，根据最大似然准则，利用正交投影的思想检测信道响应向量的支持度，并利用最小二乘估计和一种低复杂度的贪婪支持度检测算法，有效降低计算复杂度；最后，通过分析支持检测的成对错误概率，验证联合多小组信道估计在单小组信道估计上的性能增益，进一步地，发现独立产生的随机合并矩阵联合多小组信道估计的性能优于同样产生的合并矩阵信道估计。数值结果验证了联合多小组正交投影信道估计方法的优越性。

集成天线是指将天线与单片射频收发机集成在一起从而成为一个标准的表面贴器件。集成天线技术是过去20年来为适应系统级无线芯片出现而发展起来的天线解决方案，如今其已成为60GHz无线通信和手势雷达系统的主流天线技术。集成天线由于其易于实现和低成本，特别是在高频段，例如毫米波频段，因此深受业界青睐。在集成天线中，天线不再是一个单独的部件，而是集成在包装中。例如，一个完全集成的16元素60GHz相控数组接收器只用一个复杂的数据流作为输出即可实现。应用集成天线技术的mmWave MIMO系统具有两个结构特性：部分连接混合结构和非均匀阵列结构。在部分连接混合结构中，每个射频链专门连接到一个天线子集上。相比之下，在全连接结构中，每个射频链都连接到所有天线上[9-11]。虽然部分连接混合结构的波束形成增益有所降低，但由于其低硬件成本和低能耗而受到青睐[12]。第二个特征旨在说明这种多天线面板结构组成的大型天线阵是非均匀结构。这是因为不同面板中两个相邻天线之间的间距通常比面板中的天线间距大[13-14]。一方面，它扩大了天线阵列的孔径，由于减少了天线面板之间的相关性而带来了性能增益；另一方面，它破坏了大型天线阵列的均匀结构[15]。值得注意的是，天线面板不容易校准，因此，不同面板之间可能存在随机相位差。为方便理解，图9.2给出了具有相同天线数的均匀单面板和多面板MIMO的结构。尽管多面板MIMO技术的应用在很多方面都带来了较好的性能，但其结构给系统设计带来了新的挑战。受限的射频链混合结构表明，基于导频训练的传统时分双工(Time Division Duplex，TDD)MIMO信道估计方法不能直接应用于这种具有多天线面板结构的MIMO系统。射频链的不足导致采样后数字处理器的维数降低，因此信道估计需要较大的训练开销[16-18]。同时，天线阵的非均匀结构限制了阵列信号处理技术对多面板天线阵整体的适用性。

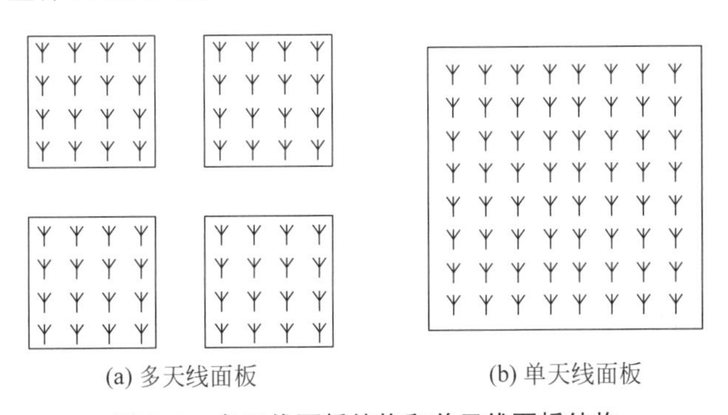

图9.2　多天线面板结构和单天线面板结构

目前毫米波的信道估计方法可以分为两类：基于波束形成的方法和基于压缩感知的方法。对于基于波束形成的方法，预定的码本是关键[19]。从码本中自适应或尽可能地选择波束形成码字以获得最大的波束形成增益。分层码本用于自适应波束选择，其码字被分成若干层[19]。从第一层到最后一层，波束宽度逐渐变窄。使用分层码本的波束形成方法的训练开销随着天线数量的增大呈对数式增加。离散傅里叶变换(DFT)码本用于穷举码字搜索。

DFT 码本中的码字在波束宽度上相同，非分层结构等同于对所有可能的码字进行详尽的搜索，因此，使用 DFT 码本的波束形成方法的训练开销随天线数目增大呈线性增加。基于压缩感知的方法主要依赖于毫米波信道在角域的稀疏性[20-22]，其核心思想是通过 DFT 变换将毫米波信道变换到角域，然后应用压缩感知算法，如基追踪(BP)、正交匹配追踪(OMP)等恢复稀疏角域信道响应。基于压缩感知方法的训练开销与测量矩阵的大小有关，而利用尽可能少的训练导频来可靠地估计信道响应不但具有必要性，而且具有挑战性。

本节介绍基于压缩感知的 TDD 多天线面板结构 MIMO 系统毫米波信道估计方法。由于不同天线面板的结构具有非均匀性和相位随机性，因此传统的压缩传感算法不能直接应用。幸运的是，天线的均匀性在天线面板内保持不变，这表明传统的信道估计方法，例如压缩感知，可以对每个天线面板独立地执行。然而，这种处理方式由于未能开发多天线面板的优势而导致性能不高。直观地说，通过多天线面板联合信道估计可能会比通过单个天线面板独立信道估计产生更高的性能增益，但是多天线面板以何种方式协作以及这种协作将带来多大的性能提高却不得而知。

为此，本节介绍的方法所体现的创新及贡献如下：

首先将多面板毫米波 MIMO 系统的信道估计模型化为一个联合检测波达角(AoA)的块稀疏信号恢复问题。然后根据最大似然准则，利用一种基于正交投影的信道估计算法，为分析多天线面板天线系统联合信道估计性能奠定基础，最后采用一种基于次最优正交投影的低复杂度贪婪支撑搜索算法来估计信道。

已经证明在高信噪比条件下，使用基于正交投影的信道估计方法，只要满足 $L+1$ 阶块受限等距特性(RIP)，那么 $L+1$ 个测量值就足以成功地恢复 L 路毫米波信道信息。

推导多天线面板联合支撑检测和独立单天线面板支撑检测的匹配对错误概率的解析表达式，利用该表达式，验证联合多天线面板支撑检测相对于独立单天线面板支撑检测的性能增益。

证明了在不同多天线面板上独立生成随机组合矩阵的联合多面板支持检测优于同一个随机组合矩阵的联合多天线面板支撑检测。

仿真结果表明，基于正交投影块稀疏压缩感知的信道估计优于传统的压缩感知算法，多天线面板系统联合信道估计明显优于单天线面板系统信道估计。

9.3.1 TDD 多面板块稀疏信道模型

1. 系统模型

考虑一个下行多用户 MIMO 系统，该系统由一个基站(Base Station，BS)和 K 个用户构成，基站中有 N_t 根天线，每个用户配有单个天线，如图 9.3 所示。BS 配备了 N_p 个天线面板，每个面板由 N_a 根天线组成，即 $N_t=N_pN_a$，每个天线面板只有一个 RF 链，即 $N_{rf}=N_p$。二维天线阵列的信道响应可以看作垂直和水平两维信道响应向量的 Kronecker 积[23]。为方便起见，本节仅考虑一维信道响应模型，由此很容易扩展到二维天线阵列。在多天线面板 MIMO 系统中，每个天线面板只有一个射频链，其通过 N_a 根模拟移相器连接 N_a 根天线。

1) 信道模型

采用集群信道模型对毫米波信道进行建模[24]。假设信道估计过程由用户执行，BS 和

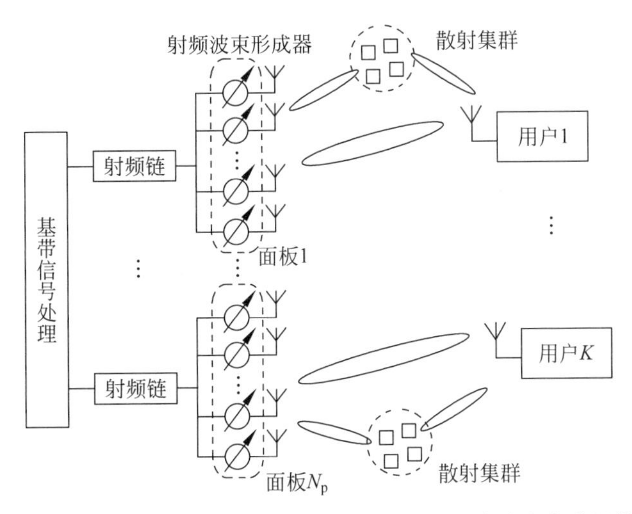

图 9.3 基于多天线面板基站和 K 个单天线移动用户的毫米波通信系统

给定用户之间的信道响应 $\boldsymbol{h}$ 表示为

$$\boldsymbol{h}=\left[\boldsymbol{h}_1^{\mathrm{T}},\boldsymbol{h}_2^{\mathrm{T}},\cdots,\boldsymbol{h}_{N_{\mathrm{p}}}^{\mathrm{T}}\right]^{\mathrm{T}} \tag{9.5}$$

其中，$\boldsymbol{h}_{n_{\mathrm{p}}}=[h_{n_{\mathrm{p}},1},h_{n_{\mathrm{p}},2},\cdots,h_{n_{\mathrm{p}},N_{\mathrm{a}}}]^{\mathrm{T}}$ 表示第 n_{p} 个天线面板和用户之间的信道响应，其可以被表示如下：

$$\boldsymbol{h}_{n_{\mathrm{p}}}=\sum_{l=1}^{L}\alpha_{l,n_{\mathrm{p}}}a(\phi_l,N_{\mathrm{a}}) \tag{9.6}$$

式中 $\alpha_{l,n_{\mathrm{p}}}=\alpha_l \mathrm{e}^{\mathrm{j}(\pi 2\tau_{n_{\mathrm{p}}}\phi_l/\lambda+\theta_{n_{\mathrm{p}}})}$，$\alpha_l$ 是第 l 条路径的复系数，L 是路径总数，λ 是波长，$\tau_{n_{\mathrm{p}}}$ 是第 n_{p} 个天线面板到第 1 个天线面板之间的距离，$\theta_{n_{\mathrm{p}}}$ 是由于是不同天线面板的独立时钟和工作温度不稳定造成的相位校准误差，$\phi_l\in(-1,1]$是到达角(AOA)的余弦。

由于将第一个天线面板设置作为参考，因此 $\tau_1=0$。当天线面板内的天线间距为 $\tau_{\mathrm{a}}=\lambda/2$ 时，导向向量 $\boldsymbol{a}(\phi_l)$由下式给出

$$\boldsymbol{a}(\phi_l,N_{\mathrm{a}})=\left[1,\mathrm{e}^{\mathrm{j}\pi\phi_l},\cdots,\mathrm{e}^{\mathrm{j}\pi(N_{\mathrm{a}}-1)\phi_l}\right]^{\mathrm{T}} \tag{9.7}$$

由于大型组装天线阵列的尺寸与用户和基站之间的距离相比相对较小，因此可以假设不同的天线面板均具有相同的 AOA。

2）上行链路传输

在上行链路传输中，基站处的接收信号向量 $\boldsymbol{y}$ 可表示为

$$\boldsymbol{y}=\boldsymbol{Mhs}+\boldsymbol{Mw}=\boldsymbol{Mhs}+\boldsymbol{n} \tag{9.8}$$

其中，s 表示用户发送的导频信号，$\boldsymbol{n}=\boldsymbol{Mw}$ 为等效噪声，$\boldsymbol{w}\sim\mathrm{CN}(\boldsymbol{0},\sigma_w^2\boldsymbol{I}_{N_t\times N_t})$，组合矩阵 $\boldsymbol{M}=\mathrm{diag}(\boldsymbol{m}_n^{\mathrm{T}})$，$\boldsymbol{m}_n\in\mathbf{C}^{N_{\mathrm{a}}\times 1}$ 是属于第 n_{p} 个面板的 n_{a} 天线的确定相移系数向量，$n=1,2,\cdots,N_{\mathrm{a}}$。

由于模拟移相器用于实现模拟组合(接收波束成形)，因此 $\boldsymbol{m}_n$ 是单位复向量[10,25]，即

$$\boldsymbol{m}_{n_{\mathrm{p}}}=\frac{1}{\sqrt{N_{\mathrm{a}}}}\left(\mathrm{e}^{\mathrm{j}\pi\theta_{1,n_{\mathrm{p}}}},\mathrm{e}^{\mathrm{j}\pi\theta_{2,n_{\mathrm{p}}}},\cdots,\mathrm{e}^{\mathrm{j}\pi\theta_{N_{\mathrm{a}},n_{\mathrm{p}}}}\right)^{\mathrm{T}} \tag{9.9}$$

其中 $\theta_{n_{\mathrm{a}},n_{\mathrm{p}}}$ 是第 n_{a} 个模拟移相器的相移值。

2. 非块稀疏表示下的信道估计

本节首先分析训练开销充足和训练开销不足的 TDD 多天线面板毫米波 MIMO 系统中的导频辅助信道估计问题。

在 TDD 系统中，信道估计可以通过利用用户向基站发送导频信号来实现。假设 $s=1$，则多天线面板 MIMO 系统基站接收到的导频信号 $\boldsymbol{y}$ 可以写为

$$\boldsymbol{y}=\boldsymbol{M}\boldsymbol{h}+\boldsymbol{n} \tag{9.10}$$

由于矩阵 $\boldsymbol{M}$ 对于基站来说已知，因此可以从 $\boldsymbol{y}$ 和 $\boldsymbol{M}$ 来估计 $\boldsymbol{h}$。然而，由于射频链的数量有限，所以组合矩阵 $\boldsymbol{M}$ 不满足列满秩的条件，因此一些传统的信道估计方法不能重构出信道向量 $\boldsymbol{h}$，例如最小二乘法(LS)[26]。为了获得 $\boldsymbol{h}$ 的准确估计，需要在基站收集更多的样本。因此，导频信号 s 应该被重复发送，至少 N_{a} 次，同时要求组合矩阵 $\boldsymbol{M}$ 随着导频传输而改变。

N_{Φ} 个时隙内接收到的信号可以级联表示如下：

$$\underbrace{[\boldsymbol{y}_1^{\mathrm{T}},\boldsymbol{y}_2^{\mathrm{T}},\cdots,\boldsymbol{y}_{N_{\Phi}}^{\mathrm{T}}]^{\mathrm{T}}}_{\boldsymbol{y}_{\mathrm{con}}}=\underbrace{[\boldsymbol{M}_1^{\mathrm{T}},\boldsymbol{M}_2^{\mathrm{T}},\cdots,\boldsymbol{M}_{N_{\Phi}}^{\mathrm{T}}]^{\mathrm{T}}}_{\boldsymbol{M}_{\mathrm{con}}}\boldsymbol{h}+\underbrace{[\boldsymbol{n}_1^{\mathrm{T}},\boldsymbol{n}_2^{\mathrm{T}},\cdots,\boldsymbol{n}_{N_{\Phi}}^{\mathrm{T}}]^{\mathrm{T}}}_{\boldsymbol{n}_{\mathrm{con}}} \tag{9.11}$$

其中 N_{Φ} 是导频传输的重复次数。

由于

$$E(\boldsymbol{n}_l\boldsymbol{n}_l^{\mathrm{H}})=E(\boldsymbol{M}_l\boldsymbol{w}_l\boldsymbol{w}_l^{\mathrm{H}}\boldsymbol{M}_l^{\mathrm{H}})=\sigma_w^2\boldsymbol{I}_{N_{\mathrm{p}}\times N_{\mathrm{p}}} \tag{9.12}$$

$$E(\boldsymbol{n}_k\boldsymbol{n}_l^{\mathrm{H}})=E(\boldsymbol{M}_k\boldsymbol{w}_k\boldsymbol{w}_l^{\mathrm{H}}\boldsymbol{M}_l^{\mathrm{H}})=\boldsymbol{0}_{N_{\mathrm{p}}\times N_{\mathrm{p}}} \tag{9.13}$$

其中 $\forall\, l\neq k, k\in\{1,2,\cdots,N_{\Phi}\}$。于是，有

$$E(\boldsymbol{n}_{\mathrm{con}}\boldsymbol{n}_{\mathrm{con}}^{\mathrm{H}})=\sigma_w^2\boldsymbol{I}_{N_{\Phi}N_{\mathrm{p}}\times N_{\Phi}N_{\mathrm{p}}} \tag{9.14}$$

因此，级联的等效噪声向量 $\boldsymbol{n}_{\mathrm{con}}\in\mathrm{CN}(\boldsymbol{0}_{N_{\Phi}N_{\mathrm{p}}\times 1},\sigma_w^2\boldsymbol{I}_{N_{\Phi}N_{\mathrm{p}}})$。

针对式(9.11)中信道向量 $\boldsymbol{h}$ 的求解方法可以分析如下：

(1) 训练开销充足。

$N_{\Phi}\geqslant N_{\mathrm{a}}$ 是保证 $\boldsymbol{M}$ 列满秩的必要条件，这是完全重构 $\boldsymbol{h}$ 的必要条件。在这种情况下，信道向量的 LS 解为 $\hat{\boldsymbol{h}}=(\boldsymbol{M}_{\mathrm{con}}^{\mathrm{H}}\boldsymbol{M}_{\mathrm{con}})^{-1}\boldsymbol{M}_{\mathrm{con}}^{\mathrm{H}}\boldsymbol{y}$。然而，较大的 N_{Φ} 预示着延迟和频谱效率降低。因此，具有挑战性 $N_{\Phi}<N_{\mathrm{a}}$ 情形更加具有吸引力。

(2) 训练开销不足。

如果忽略高斯噪声的影响，即设置 $\boldsymbol{n}_{\mathrm{con}}=\boldsymbol{0}$，则当 $\boldsymbol{N}_{\Phi}<N_{\mathrm{a}}$ 时，式(9.11)中的线性系统是欠定方程，有无穷多个解[26]。因此，在没有附加信息的情况下，从 $\boldsymbol{y}_{\mathrm{con}}$ 中不可能恢复出信道向量 $\boldsymbol{h}$。由于毫米波信道在角域中的稀疏性，可以借助于压缩感知来恢复出 $\boldsymbol{h}$。

3. 多天线面板毫米波 MIMO 信道的块稀疏特性

在多天线面板阵毫米波 MIMO 系统中，由于不同天线面板间的随机相位校准误差和面板间距离的影响，组装成的大型天线阵列的方向向量未知。因此，阵列信号处理技术不能通过将组装的天线阵列作为一个整体来应用到多面板 MIMO 信道估计中；相反，我们可以在天线面板层进行信道估计。

路径数 L 通常比毫米波通信中每个面板中天线数 N_{a} 小得多，这预示着，变换到角域后的信道响应 $\boldsymbol{h}_{n_{\mathrm{p}}}$ 具有稀疏性，这可以通过标准的离散傅里叶变换(DFT)来实现。然而，只有当 AoA/AOD 是傅里叶变换基角度的整数倍时，角域道响应向量才为 L-稀疏。为了解决由于基失配造成的稀疏性损失，应用冗余(过采样)DFT 基对信道响应向量 $\boldsymbol{h}_{n_{\mathrm{p}}}$ 进行建模[27-30]，即

$$\boldsymbol{h}_{n_p} = \boldsymbol{A}\boldsymbol{\xi}_{n_p} \tag{9.15}$$

其中，$\boldsymbol{A}=[\boldsymbol{a}(\varphi_1,N_a),\boldsymbol{a}(\varphi_2,N_a),\cdots,\boldsymbol{a}(\varphi_{N_aK_s},N_a)]$是过采样离散傅里叶变换矩阵，$\varphi_n=-1+2n/N_aK_s,n=1,2,\cdots,N_aK_s$，$K_s$ 是过采样因子；$\boldsymbol{\xi}_{n_p}$ 是稀疏向量。

注意，当过采样因子 $K_s\to\infty$时，式(9.15)等价于式(9.20)，且稀疏向量$\boldsymbol{\xi}_{n_p}$ 恰好具有 L 个非零元素。

由式(9.15)可知，全部信道相应可写成如下形式：

$$\boldsymbol{h}=(\boldsymbol{I}_{N_p}\otimes\boldsymbol{A})\bar{\boldsymbol{\xi}} \tag{9.16}$$

其中$\bar{\boldsymbol{\xi}}=[\boldsymbol{\xi}_1^{\mathrm{T}},\boldsymbol{\xi}_2^{\mathrm{T}},\cdots,\boldsymbol{\xi}_{N_p}^{\mathrm{T}}]^{\mathrm{T}}$。

于是，级联接收信号可表示为

$$\boldsymbol{y}_{\mathrm{con}}=\underbrace{\boldsymbol{M}_{\mathrm{con}}(\boldsymbol{I}_{N_p}\otimes\boldsymbol{A})}_{\bar{\boldsymbol{D}}}\bar{\boldsymbol{\xi}}+\boldsymbol{n}_{\mathrm{con}} \tag{9.17}$$

其中，矩阵 $\bar{\boldsymbol{D}}$ 称为测量矩阵；$\bar{\boldsymbol{\xi}}$ 为待估计的稀疏向量，$\bar{\boldsymbol{\xi}}$ 中非零元素的指标集称为$\bar{\boldsymbol{\xi}}$ 的支持度[31]。

由于不同的天线面板具有大致相同的波达角，因此$\boldsymbol{\xi}_{n_p}(n_p=1,2,\cdots,N_p)$中非零元的位置也相同，可以利用天线面板上这些相同的位置信息来辅助检测支持集。为此，对 $\bar{\boldsymbol{D}}$ 和$\bar{\boldsymbol{\xi}}$ 重新排序，式(9.17)可改写为

$$\boldsymbol{y}_{\mathrm{con}}=\boldsymbol{D}\boldsymbol{\xi}+\boldsymbol{n}_{\mathrm{con}}=\sum_{n=1}^{N_aK_s}\boldsymbol{D}[n]\boldsymbol{\xi}[n]+\boldsymbol{n}_{\mathrm{con}}=\boldsymbol{D}_{\mathcal{I}}\boldsymbol{\xi}_{\mathcal{I}}+\boldsymbol{n}_{\mathrm{con}} \tag{9.18}$$

其中向量$\boldsymbol{\xi}$ 为

$$\boldsymbol{\xi}=[\underbrace{\xi_{1,1},\xi_{2,1},\cdots,\xi_{N_p,1}}_{\boldsymbol{\xi}[1]^{\mathrm{T}}},\underbrace{\xi_{1,2},\xi_{2,2},\cdots,\xi_{N_p,2}}_{\boldsymbol{\xi}[2]^{\mathrm{T}}},\cdots,\underbrace{\xi_{1,N_aK_s},\cdots,\xi_{N_p,N_aK_s}}_{\boldsymbol{\xi}[N_aK_s]^{\mathrm{T}}}]^{\mathrm{T}} \tag{9.19}$$

其子向量$\boldsymbol{\xi}[n]\in\mathbf{C}^{N_p\times 1}$，矩阵 $\boldsymbol{D}$ 为

$$\boldsymbol{D}=[\underbrace{\bar{\boldsymbol{d}}_1,\bar{\boldsymbol{d}}_{N_aK_s+1},\cdots,\bar{\boldsymbol{d}}_{(N_p-1)N_aK_s+1}}_{\boldsymbol{D}[1]},\underbrace{\bar{\boldsymbol{d}}_2,\bar{\boldsymbol{d}}_{N_aK_s+2},\cdots,\bar{\boldsymbol{d}}_{(N_p-1)N_aK_s+2}}_{\boldsymbol{D}[2]},\cdots,\underbrace{\bar{\boldsymbol{d}}_{N_aK_s},\bar{\boldsymbol{d}}_{2N_aK_s+1},\cdots,\bar{\boldsymbol{d}}_{N_pN_aK_s}}_{\boldsymbol{D}[N_aK_s]}]^{\mathrm{T}} \tag{9.20}$$

$\boldsymbol{D}$ 的子阵 $\boldsymbol{D}[n]$为

$$\boldsymbol{D}[n]=\begin{pmatrix}\boldsymbol{m}_{1,1}^{\mathrm{T}}a^*(\phi_n,N_a) & 0 & 0 & 0\\ 0 & \boldsymbol{m}_{1,2}^{\mathrm{T}}a^*(\phi_n,N_a) & 0 & 0\\ 0 & 0 & \vdots & 0\\ 0 & 0 & 0 & \boldsymbol{m}_{1,N_p}^{\mathrm{T}}a^*(\phi_n,N_a)\\ \vdots & \vdots & \vdots & \vdots\\ \boldsymbol{m}_{N_\Phi,1}^{\mathrm{T}}a^*(\phi_n,N_a) & 0 & 0 & 0\\ & \boldsymbol{m}_{N_\Phi,2}^{\mathrm{T}}a^*(\phi_n,N_a) & 0 & 0\\ & 0 & \vdots & 0\\ & 0 & & \boldsymbol{m}_{N_\Phi,N_p}^{\mathrm{T}}a^*(\phi_n,N_a)\end{pmatrix}\in\mathbf{C}^{N_pN_\Phi\times N_p} \tag{9.21}$$

式中 $\boldsymbol{m}_{i,j}$ 表示第 j 个天线板第 i 个时隙的模拟组合向量，$\mathcal{I}=\{i_1,i_2,\cdots,i_L\}$表示非零块索引集。

从本质上来说，式(9.19)和式(9.20)将属于不同天线面板的相同角度对应元素(测量矩阵的向量和路径系数)合并为一块。为了便于说明，图 9.4 给出了从$\bar{\boldsymbol{\xi}}$ 到$\boldsymbol{\xi}$ 的转换过程，可以看出，$\boldsymbol{\xi}$ 的非零元素是逐块出现的，而不是像经典的稀疏信号恢复问题那样一个接一个地出现。

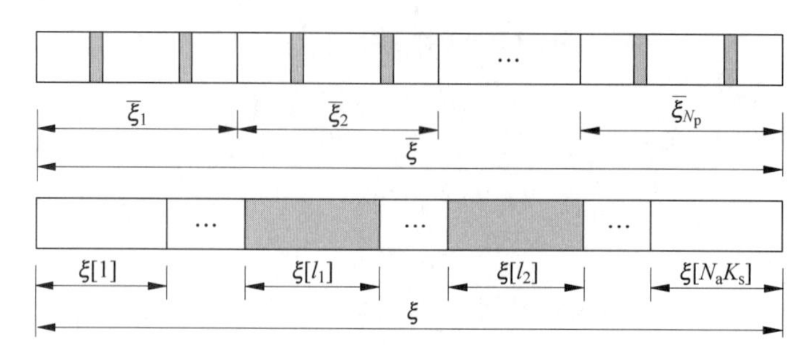

图 9.4　从$\bar{\boldsymbol{\xi}}$ 到$\boldsymbol{\xi}$ 的转换

9.3.2　块稀疏正交投影信道估计算法

1. 块稀疏信道恢复问题的测量矩阵设计

块稀疏信号的估计质量本质上是由其测量矩阵 $\boldsymbol{D}$ 来决定，在压缩感知中，块受限等距特性(RIP)常数是一个公认的评价测量矩阵 $\boldsymbol{D}$ 质量好坏的指标。

定义 9.1(块 RIP)　设 $\boldsymbol{D}\in\mathbf{C}^{m\times n}$ 是一个具有 L_2 归一化列向量的矩阵，$\boldsymbol{D}$ 具有参数 $\delta_l>0$ 的块 RIP[32]：对每个 l-块稀疏$\boldsymbol{\xi}\in\mathbf{C}^{n\times 1}$，有

$$(1-\delta_l)\|\boldsymbol{\xi}\|_2^2\leqslant\|\boldsymbol{D}\boldsymbol{\xi}\|_2^2\leqslant(1+\delta_l)\|\boldsymbol{\xi}\|_2^2 \tag{9.22}$$

则称满足等式的最小 δ_l^* 为块 RIP 常数。

块 RIP 本质上要求每一组基数小于或等于 l 的给定子矩阵均条件良性，较小的 δ_l^* 可以获得更令人满意的恢复精度。然而，“好”矩阵的确定性结构很难找到[26]。幸运的是，随机矩阵，例如高斯随机矩阵和伯努利随机矩阵，均能够以高概率满足 RIP 条件[33]。在混合结构毫米波 MIMO 系统中，由于模拟移相器的恒模限制，高斯随机矩阵很难被构造。在文献[21]中，伯努利随机矩阵被选择作为透镜天线阵列毫米波 MIMO 系统的组合矩阵，并从[0,π]中以等概率随机选择每个模拟移相器的相移 ρ_{n_a}。显然，伯努利随机矩阵将相移范围从[0,2π)缩小到[0,π]，从而抑制了测量矩阵的随机性。与文献[21]不同，本节从[0,2π)中等概率随机选择 ρ 来产生组合向量 $\boldsymbol{m}_{n_\Phi,n_p}$，其中 $n_\Phi=1,2,\cdots,N_\Phi$，$n_p=1,2,\cdots,N_p$。

2. 基于正交投影的块稀疏信道重构

下面介绍一种最大似然准则下基于正交投影矩阵的块稀疏信道估计算法。另外，在该块稀疏信道估计方法实施过程中，还涉及一个低复杂度贪婪支撑集检测算法，本节将逐一介绍。

1) 最大似然准则下的最优信道估计

最大似然估计旨在找到使得似然函数达到最大的$\mathcal{I}$和$\boldsymbol{\xi}_{\mathcal{I}}$，即

$$\max_{\mathcal{I},\boldsymbol{\xi}_{\mathcal{I}}} \mathcal{L}(\mathcal{I},\boldsymbol{\xi}_{\mathcal{I}}) \tag{9.23}$$

由此,可得对数似然函数 $\ln \mathcal{L}(\mathcal{I},\boldsymbol{\xi}_{\mathcal{I}})$:

$$\ln \mathcal{L}(\mathcal{I},\boldsymbol{\xi}_{\mathcal{I}}) = \log p(\boldsymbol{y}_{\text{con}} \mid \mathcal{I},\boldsymbol{\xi}_{\mathcal{I}}) \tag{9.24}$$

$$p(\boldsymbol{y}_{\text{con}} \mid \mathcal{I},\boldsymbol{\xi}_{\mathcal{I}}) \propto \exp\left(-\frac{\| \boldsymbol{y}_{\text{con}} - \boldsymbol{D}_{\mathcal{I}} \boldsymbol{\xi}_{\mathcal{I}} \|_2^2}{\sigma_{\text{w}}^2}\right) \tag{9.25}$$

因此,优化问题(9.23)等价于

$$\min_{\mathcal{I},\boldsymbol{\xi}_{\mathcal{I}}} \| \boldsymbol{y}_{\text{con}} - \boldsymbol{D}_{\mathcal{I}}\boldsymbol{\xi}_{\mathcal{I}} \|_2^2 \tag{9.26}$$

为了得到最优$\boldsymbol{\xi}_{\mathcal{I}}$ 的表达式,可忽略与其无关的项$\mathcal{I}$,并令

$$\frac{\partial \| \boldsymbol{y}_{\text{con}} - \boldsymbol{D}_{\mathcal{I}} \boldsymbol{\xi}_{\mathcal{I}} \|_2^2}{\partial \boldsymbol{\xi}_{\mathcal{I}}} = 0 \tag{9.27}$$

由式(9.27)可得

$$\boldsymbol{D}_{\mathcal{I}}^{\text{H}}(\boldsymbol{y}_{\text{con}} - \boldsymbol{D}_{\mathcal{I}}\boldsymbol{\xi}_{\mathcal{I}}) = 0 \tag{9.28}$$

从而得到最优$\boldsymbol{\xi}_{\mathcal{I}}^*$

$$\boldsymbol{\xi}_{\mathcal{I}}^* = (\boldsymbol{D}_{\mathcal{I}}^{\text{H}}\boldsymbol{D}_{\mathcal{I}})^{-1}\boldsymbol{D}_{\mathcal{I}}^{\text{H}}\boldsymbol{y}_{\text{con}} \tag{9.29}$$

那么最优的支撑集$\mathcal{I}$可以通过求解下面的优化问题得出

$$\min_{\mathcal{I}} \| \boldsymbol{y}_{\text{con}} - \underbrace{\boldsymbol{D}_{\mathcal{I}}(\boldsymbol{D}_{\mathcal{I}}^{\text{H}}\boldsymbol{D}_{\mathcal{I}})^{-1}\boldsymbol{D}_{\mathcal{I}}^{\text{H}}}_{\boldsymbol{D}_{\mathcal{I}}^{\#}}\boldsymbol{y}_{\text{con}} \|_2^2 \tag{9.30}$$

其中 $\boldsymbol{D}_{\mathcal{I}}^{\#} = \boldsymbol{D}_{\mathcal{I}}(\boldsymbol{D}_{\mathcal{I}}^{\text{H}}\boldsymbol{D}_{\mathcal{I}})^{-1}\boldsymbol{D}_{\mathcal{I}}^{\text{H}}$ 是正交投影矩阵。

下面以引理的形式给出正交投影矩阵的一些性质,以便于从理论上证明支撑集的统计特性。

引理 9.1 设 $\boldsymbol{D}_{\mathcal{I}}^{\#}$ 为一个正交投影矩阵,则有下列结论成立:

$$\boldsymbol{D}_{\mathcal{I}}^{\#}\boldsymbol{D}_{\mathcal{I}} = \boldsymbol{D}_{\mathcal{I}} \tag{9.31a}$$

$$(\boldsymbol{D}_{\mathcal{I}}^{\#})^{\text{H}} = \boldsymbol{D}_{\mathcal{I}}^{\#} = (\boldsymbol{D}_{\mathcal{I}}^{\#})^{\text{H}}\boldsymbol{D}_{\mathcal{I}}^{\#} \tag{9.31b}$$

$$\boldsymbol{D}_{\mathcal{I}}^{\#} = \boldsymbol{U}\begin{pmatrix} \boldsymbol{I}_{LN_{\text{p}}} & 0 \\ 0 & 0 \end{pmatrix}\boldsymbol{U}^{\text{H}} = \boldsymbol{U}_{1:LN_{\text{p}}}(\boldsymbol{U}_{1:LN_{\text{p}}})^{\text{H}} \tag{9.31c}$$

其中,$\boldsymbol{U}$ 是从 $\boldsymbol{D}_{\mathcal{I}}$ 的奇异值分解得到的左酉矩阵($\boldsymbol{D}_{\mathcal{I}} = \boldsymbol{U\Lambda V}^{\text{H}}$),$\boldsymbol{U}_{1:LN_{\text{p}}}$ 为 $\boldsymbol{U}$ 的前 LN_{p} 列构成的子阵。

证明:式(9.31a)可根据矩阵结合律推出;式(9.31b)可由共轭转置性质和矩阵结合律推出;式(9.31c)通过 $\boldsymbol{D}_{\mathcal{I}}$ 的奇异值分解(SVD)而获得。

根据引理 9.1,有

$$\begin{aligned}\| \boldsymbol{y}_{\text{con}} - \boldsymbol{D}_{\mathcal{I}}^{\#}\boldsymbol{y}_{\text{con}} \|_2^2 &= \boldsymbol{y}_{\text{con}}^{\text{H}}(\boldsymbol{I} - \boldsymbol{D}_{\mathcal{I}}^{\#})^{\text{H}}(\boldsymbol{I} - \boldsymbol{D}_{\mathcal{I}}^{\#})\boldsymbol{y}_{\text{con}} \\ &= \boldsymbol{y}_{\text{con}}^{\text{H}}(\boldsymbol{I} - \boldsymbol{D}_{\mathcal{I}}^{\#})\boldsymbol{y}_{\text{con}} \\ &= \| \boldsymbol{y}_{\text{con}} \|_2^2 - \| \boldsymbol{D}_{\mathcal{I}}^{\#}\boldsymbol{y}_{\text{con}} \|_2^2\end{aligned} \tag{9.32}$$

于是,优化问题(9.30)就可以简化为

$$\max_{\mathcal{I}} \| \boldsymbol{D}_{\mathcal{I}}^{\#}\boldsymbol{y}_{\text{con}} \|_2^2$$

综上所述,基于最佳正交投影的块稀疏信道估计可以按以下 3 个步骤执行。

步骤 1,通过穷举法搜索最优支撑集$\mathcal{I}^*$,即

$$\mathcal{I}^* = \arg\max_{\mathcal{I}\in\mathcal{S}} \| \boldsymbol{D}_{\mathcal{I}}^{\#} \boldsymbol{y}_{\mathrm{con}} \|_2 \tag{9.33}$$

其中$\mathcal{S}=\{\mathcal{I}_1,\mathcal{I}_2,\cdots,\mathcal{I}_{|\mathcal{S}|}\}$,$|\mathcal{S}|=C_{N_{\mathrm{a}}K_{\mathrm{s}}}^{L}$。

步骤 2,利用这个支撑集$\mathcal{I}^*$和 LS 方法来求解这个包含非零元素的向量$\bar{\boldsymbol{\xi}}_{\mathcal{I}^*}$,即,

$$\bar{\boldsymbol{\xi}}_{\mathcal{I}^*} = (\boldsymbol{D}_{\mathcal{I}^*}^{\mathrm{H}} \boldsymbol{D}_{\mathcal{I}^*})^{-1} \boldsymbol{D}_{\mathcal{I}^*}^{\mathrm{H}} \boldsymbol{y}_{\mathrm{con}} \tag{9.34}$$

步骤 3,在支撑集$\mathcal{I}^*$上重构$\bar{\boldsymbol{\xi}}$,即,

$$\begin{aligned} &\bar{\boldsymbol{\xi}} = \boldsymbol{0} \\ &\bar{\boldsymbol{\xi}}(\mathcal{I}^*) = \bar{\boldsymbol{\xi}}_{\mathcal{I}^*} \end{aligned} \tag{9.35}$$

2) 导频传输的最小次数

假设波达角取自一组离散点,即,$\phi_l = -1+2n/N_{\mathrm{a}}K_{\mathrm{s}}$,其中 $n=1,2,\cdots,N_{\mathrm{a}}K_{\mathrm{s}}$。接下来推导基数为 L 的可区分支持集所需的最小导频传输次数。

定理 9.1 假定

(1) 支撑集为$\mathcal{J}\subset\{1,2,\cdots,N_{\mathrm{a}}\}$($|\mathcal{J}|=L+1$)的矩阵 $\boldsymbol{D}$ 的每个子矩阵 $\boldsymbol{D}_{\mathcal{J}}$ 满足列满秩(秩为 $N_{\mathrm{p}}(L+1)$)条件;

(2) $\boldsymbol{\xi}$ 的非零元素为连续型分布变量,则下列不等式

$$\| \boldsymbol{D}_{\mathcal{I}}^{\#} \boldsymbol{D}_{\mathcal{I}} \boldsymbol{\xi}_{\mathcal{I}} \|_2 > \| \boldsymbol{D}_{\tilde{\mathcal{I}}}^{\#} \boldsymbol{D}_{\mathcal{I}} \boldsymbol{\xi}_{\mathcal{I}} \|_2 \tag{9.36}$$

对于任何两个不同的支撑集$\mathcal{I}$和$\tilde{\mathcal{I}}$以概率 1 成立,其中$\boldsymbol{\xi}_{\mathcal{I}}$是由$\boldsymbol{\xi}$的非零元素组成的向量。

证明:根据引理 9.1 中的式(9.31a),$\| \boldsymbol{D}_{\mathcal{I}}^{\#} \boldsymbol{D}_{\mathcal{I}} \boldsymbol{\xi}_{\mathcal{I}} \|_2 = \| \boldsymbol{D}_{\mathcal{I}} \boldsymbol{\xi}_{\mathcal{I}} \|_2$,于是式(9.36)可被写为

$$\| \boldsymbol{D}_{\tilde{\mathcal{I}}}^{\#} \boldsymbol{D}_{\mathcal{I}} \boldsymbol{\xi}_{\mathcal{I}} \|_2 < \| \boldsymbol{D}_{\mathcal{I}} \boldsymbol{\xi}_{\mathcal{I}} \|_2 \tag{9.37}$$

对矩阵 $\boldsymbol{D}_{\mathcal{I}} \in \mathbf{C}^{N_{\mathrm{p}}N_{\Phi}\times LN_{\mathrm{p}}}$ 做奇异值分解:

$$\begin{aligned} \boldsymbol{D}_{\mathcal{I}} &= \boldsymbol{U}[\boldsymbol{\Lambda}_{LN_{\mathrm{p}}}\ \boldsymbol{0}]^{\mathrm{T}}\boldsymbol{V}^{\mathrm{H}} = [\boldsymbol{U}_{1:LN_{\mathrm{p}}}\ \boldsymbol{U}_{LN_{\mathrm{p}}+1:N_{\mathrm{p}}N_{\Phi}}][\boldsymbol{\Lambda}_{LN_{\mathrm{p}}}\ \boldsymbol{0}]^{\mathrm{T}}\boldsymbol{V}^{\mathrm{H}} \\ &= \boldsymbol{U}_{1:LN_{\mathrm{p}}} \boldsymbol{\Lambda}_{LN_{\mathrm{p}}} \boldsymbol{V}^{\mathrm{H}} \end{aligned} \tag{9.38}$$

其中,$\boldsymbol{\Lambda}_{LN_{\mathrm{p}}}$ 是一个 $LN_{\mathrm{p}}\times LN_{\mathrm{p}}$ 的对角阵;$\boldsymbol{U}_{1:LN_{\mathrm{p}}}$ 表示 LN_{p} 个非零奇异值对应的左奇异矩阵的子阵;$\boldsymbol{U}_{LN_{\mathrm{p}}+1:N_{\mathrm{p}}N_{\Phi}}$ 表示由左奇异矩阵 $\boldsymbol{U}$ 剩下的列构成的子阵。利用这个奇异值分解结果,可以得出

$$\begin{aligned} \| \boldsymbol{D}_{\tilde{\mathcal{I}}}^{\#} \boldsymbol{D}_{\mathcal{I}} \boldsymbol{\xi}_{\mathcal{I}} \|_2 &= \| \tilde{\boldsymbol{U}}_{1:LN_{\mathrm{p}}} \tilde{\boldsymbol{U}}_{1:LN_{\mathrm{p}}}^{\mathrm{H}} \boldsymbol{U}_{1:LN_{\mathrm{p}}} \boldsymbol{\Lambda}_{LN_{\mathrm{p}}} \boldsymbol{V}^{\mathrm{H}} \boldsymbol{\xi}_{\mathcal{I}} \|_2 \\ &= \| \tilde{\boldsymbol{U}}_{1:LN_{\mathrm{p}}}^{\mathrm{H}} \boldsymbol{U}_{1:LN_{\mathrm{p}}} \underbrace{\boldsymbol{\Lambda}_{LN_{\mathrm{p}}} \boldsymbol{V}^{\mathrm{H}} \boldsymbol{\xi}_{\mathcal{I}}}_{\boldsymbol{b}_{\mathcal{I}}} \|_2 \end{aligned} \tag{9.39}$$

由式(9.39)易知,$\| \boldsymbol{b}_{\mathcal{I}} \|_2 = \| \boldsymbol{D}_{\mathcal{I}} \boldsymbol{\xi}_{\mathcal{I}} \|_2$,从而可知,$\| \boldsymbol{D}_{\tilde{\mathcal{I}}}^{\#} \boldsymbol{D}_{\mathcal{I}} \boldsymbol{\xi}_{\mathcal{I}} \|_2$ 的精确值依赖于矩阵 $\boldsymbol{U}_{1:LN_{\mathrm{p}}}^{\mathrm{H}} \tilde{\boldsymbol{U}}_{1:LN_{\mathrm{p}}} \tilde{\boldsymbol{U}}_{1:LN_{\mathrm{p}}}^{\mathrm{H}} \boldsymbol{U}_{1:LN_{\mathrm{p}}}$ 的特征值 λ_i。

接下来,首先证明 $\lambda_i \leqslant 1, i=1,2,\cdots,LN_{\mathrm{p}}$。

根据瑞利商的定义,最大特征值 $\lambda_{\max}$ 满足:

$$\lambda_{\max} = \max_{\boldsymbol{b}_{\mathcal{I}} \in \mathbf{C}^{LN_p \times 1}} \frac{\boldsymbol{b}_{\mathcal{I}}^{H} \boldsymbol{U}_{1:LN_p}^{H} \widetilde{\boldsymbol{U}}_{1:LN_p} \widetilde{\boldsymbol{U}}_{1:LN_p}^{H} \boldsymbol{U}_{1:LN_p} \boldsymbol{b}_{\mathcal{I}}}{\boldsymbol{b}_{\mathcal{I}}^{H} \boldsymbol{b}_{\mathcal{I}}}$$

$$= \max_{\boldsymbol{b}_{\mathcal{I}} \in \mathbf{C}^{LN_p \times 1}} \frac{\boldsymbol{b}_{\mathcal{I}}^{H} \boldsymbol{U}_{1:LN_p}^{H} \widetilde{\boldsymbol{U}}_{1:LN_p} \widetilde{\boldsymbol{U}}_{1:LN_p}^{H} \boldsymbol{U}_{1:LN_p} \boldsymbol{b}_{\mathcal{I}}}{\boldsymbol{b}_{\mathcal{I}}^{H} \boldsymbol{U}_{1:LN_p}^{H} \boldsymbol{U}_{1:LN_p} \boldsymbol{b}_{\mathcal{I}}} \tag{9.40a}$$

$$\leqslant 1 \tag{9.40b}$$

式(9.40a)成立是由于 $\boldsymbol{b}_{\mathcal{I}}^{H} \boldsymbol{U}_{1:LN_p}^{H} \boldsymbol{U}_{1:LN_p} \boldsymbol{b}_{\mathcal{I}} = \boldsymbol{b}_{\mathcal{I}}^{H} \boldsymbol{b}_{\mathcal{I}}$；式(9.40b)成立是因为矩阵 $\widetilde{\boldsymbol{U}}_{1:LN_p} \widetilde{\boldsymbol{U}}_{1:LN_p}^{H}$ 的最大特征值是1。

其次，利用反证法证明至少有一个特征值小于1($\lambda_i < 1$)。

假设所有特征值都等于1，即 $\lambda_i = 1(i=1,2,\cdots,LN_p)$，那么 $\widetilde{\boldsymbol{U}}_{1:LN_p}^{H} \boldsymbol{U}_{1:LN_p}$ 是酉矩阵，即

$$\widetilde{\boldsymbol{U}}_{1:LN_p}^{H} \boldsymbol{U}_{1:LN_p} = \boldsymbol{U}_{LN_p \times LN_p} \tag{9.41}$$

其中 $\boldsymbol{U}_{LN_p \times LN_p}$ 是一个酉矩阵。

利用式(9.41)，矩阵 $[\boldsymbol{D}_{\mathcal{I}}\ \boldsymbol{D}_{\widetilde{\mathcal{I}}}]$ 的秩为

$$\begin{aligned}
&\operatorname{rank}([\boldsymbol{D}_{\mathcal{I}}\ \boldsymbol{D}_{\widetilde{\mathcal{I}}}]) \\
&= \operatorname{rank}([\boldsymbol{U}_{1:LN_p} \boldsymbol{\Lambda}_{LN_p} \boldsymbol{V}^{H} \widetilde{\boldsymbol{U}}_{1:LN_p} \widetilde{\boldsymbol{\Lambda}}_{LN_p} \widetilde{\boldsymbol{V}}^{H}]) \\
&= \operatorname{rank}([\boldsymbol{U}_{1:LN_p} \boldsymbol{\Lambda}_{LN_p} \boldsymbol{V}^{H} \boldsymbol{U}_{1:LN_p} \boldsymbol{U}_{LN_p \times LN_p}^{H} \widetilde{\boldsymbol{\Lambda}}_{LN_p} \widetilde{\boldsymbol{V}}^{H}]) \\
&= \operatorname{rank}(\boldsymbol{U}_{1:LN_p} [\boldsymbol{\Lambda}_{LN_p} \boldsymbol{V}^{H} \boldsymbol{U}_{LN_p \times LN_p}^{H} \widetilde{\boldsymbol{\Lambda}}_{LN_p} \widetilde{\boldsymbol{V}}^{H}]) \\
&\leqslant \min(\operatorname{rank}(\boldsymbol{U}_{1:LN_p}), \operatorname{rank}([\boldsymbol{\Lambda}_{LN_p} \boldsymbol{V}^{H} \boldsymbol{U}_{LN_p \times LN_p}^{H} \widetilde{\boldsymbol{\Lambda}}_{LN_p} \widetilde{\boldsymbol{V}}^{H}])) \\
&\leqslant \operatorname{rank}(\boldsymbol{U}_{1:LN_p}) = LN_p
\end{aligned} \tag{9.42}$$

根据定理9.1中的条件(1)，即矩阵 $\boldsymbol{D}$ 的每个依赖于 $\mathcal{J} \subset \{1,2,\cdots,N_a\}(|\mathcal{J}| = L+1)$ 的子阵 $\boldsymbol{D}_{\mathcal{J}}$ 列满秩，其秩 $\operatorname{rank}(\boldsymbol{D}_{\mathcal{J}}) = N_p(L+1)$，从而有

$$\operatorname{rank}([\boldsymbol{D}_{\mathcal{I}}\quad \boldsymbol{D}_{\widetilde{\mathcal{I}}}]) = \operatorname{rank}([\boldsymbol{D}_{\mathcal{I} \cup \widetilde{\mathcal{I}}}\quad \boldsymbol{D}_{\mathcal{I} \cap \widetilde{\mathcal{I}}}]) = \operatorname{rank}(\boldsymbol{D}_{\mathcal{I} \cup \widetilde{\mathcal{I}}}) \geqslant N_p(L+1) \tag{9.43}$$

显然式(9.43)与式(9.42)矛盾，因此上述假设不正确，所以至少有一个特征值小于1的结论正确。

然后，推导式(9.36)成立的概率。

$$\| \boldsymbol{D}_{\widetilde{\mathcal{I}}}^{\#} \boldsymbol{D}_{\mathcal{I}} \boldsymbol{\xi}_{\mathcal{I}} \|_2 = \| \operatorname{diag}\{\lambda_1, \lambda_2, \cdots, \lambda_{LN_p}\} \hat{\boldsymbol{b}}_{\mathcal{I}} \|_2 \tag{9.44}$$

其中

$$\hat{\boldsymbol{b}}_{\mathcal{I}} = \hat{\boldsymbol{U}}_{LN_p \times LN_p}^{H} \boldsymbol{b}_i = \hat{\boldsymbol{U}}_{LN_p \times LN_p}^{H} \boldsymbol{\Lambda}_{LN_p} \boldsymbol{V}^{H} \boldsymbol{\xi}_{\mathcal{I}} \tag{9.45}$$

$\hat{\boldsymbol{U}}_{LN_p \times LN_p}^{H}$ 是对矩阵 $\widetilde{\boldsymbol{U}}_{1:LN_p}^{H} \boldsymbol{U}_{1:LN_p}$ 进行奇异值分解后得到的右酉矩阵。

注意 $\| \boldsymbol{D}_{\mathcal{I}}^{\#} \boldsymbol{D}_{\mathcal{I}} \boldsymbol{\xi}_{\mathcal{I}} \|_2 = \| \boldsymbol{D}_{\widetilde{\mathcal{I}}}^{\#} \boldsymbol{D}_{\mathcal{I}} \boldsymbol{\xi}_{\mathcal{I}} \|_2$ 成立，当且仅当

$$\hat{\boldsymbol{b}}_{\mathcal{I}} = [b_1, b_2, \cdots, b_m, 0, \cdots, 0]^{T} \tag{9.46}$$

其中 $\hat{\boldsymbol{b}}_{\mathcal{I}}$ 的前 m 个元素对应着特征值 $\lambda_i = 1$，后 $LN_p - m$ 个元素对应着特征值 $\lambda_i < 1$。

由于$\boldsymbol{\xi}_{\mathcal{I}}$的元素为连续型随机变量，因此$\hat{\boldsymbol{b}}_{\mathcal{I}}$为连续型随机向量，从而有$\|\boldsymbol{D}_{\mathcal{I}}^{\#}\boldsymbol{D}_{\mathcal{I}}\boldsymbol{\xi}_{\mathcal{I}}\|_2=\|\boldsymbol{D}_{\tilde{\mathcal{I}}}^{\#}\boldsymbol{D}_{\mathcal{I}}\boldsymbol{\xi}_{\mathcal{I}}\|_2$的概率$P(\|\boldsymbol{D}_{\mathcal{I}}^{\#}\boldsymbol{D}_{\mathcal{I}}\boldsymbol{\xi}_{\mathcal{I}}\|_2=\|\boldsymbol{D}_{\tilde{\mathcal{I}}}^{\#}\boldsymbol{D}_{\mathcal{I}}\boldsymbol{\xi}_{\mathcal{I}}\|_2)$为

$$P(\|\boldsymbol{D}_{\mathcal{I}}^{\#}\boldsymbol{D}_{\mathcal{I}}\boldsymbol{\xi}_{\mathcal{I}}\|_2=\|\boldsymbol{D}_{\tilde{\mathcal{I}}}^{\#}\boldsymbol{D}_{\mathcal{I}}\boldsymbol{\xi}_{\mathcal{I}}\|_2)=\int_{-\infty}^{+\infty}\cdots\int_{-\infty}^{+\infty}\int_{0}^{0}\cdots\int_{0}^{0}f(\hat{\boldsymbol{b}})\mathrm{d}\hat{b}_1\cdots\mathrm{d}\hat{b}_m\mathrm{d}\hat{b}_{m+1}\cdots\mathrm{d}\hat{b}_{LN_{\mathrm{p}}}=0 \tag{9.47}$$

于是$P(\|\boldsymbol{D}_{\mathcal{I}}^{\#}\boldsymbol{D}_{\mathcal{I}}\boldsymbol{\xi}_{\mathcal{I}}\|_2>\|\boldsymbol{D}_{\tilde{\mathcal{I}}}^{\#}\boldsymbol{D}_{\mathcal{I}}\boldsymbol{\xi}_{\mathcal{I}}\|_2)=1-P(\|\boldsymbol{D}_{\mathcal{I}}^{\#}\boldsymbol{D}_{\mathcal{I}}\boldsymbol{\xi}_{\mathcal{I}}\|_2=\|\boldsymbol{D}_{\tilde{\mathcal{I}}}^{\#}\boldsymbol{D}_{\mathcal{I}}\boldsymbol{\xi}_{\mathcal{I}}\|_2)=1$

定理 9.1 证毕。

注意，正交投影矩阵$\boldsymbol{D}_{\mathcal{I}}^{\#}$的列向量是$\mathcal{S}_{\mathcal{I}}$的正交基，因此，$\boldsymbol{D}_{\mathcal{I}}^{\#}\boldsymbol{y}_{\mathrm{con}}$就是$\boldsymbol{y}_{\mathrm{con}}$到$\boldsymbol{D}_{\mathcal{I}}$的列空间$\mathcal{S}_{\mathcal{I}}$上的投影，即，

$$\mathrm{proj}_{\mathcal{S}_{\mathcal{I}}}\boldsymbol{y}_{\mathrm{con}}\triangleq\boldsymbol{D}_{\mathcal{I}}^{\#}\boldsymbol{y}_{\mathrm{con}} \tag{9.48}$$

说明：定理 9.1 中的条件(1)是比$L+1$阶块 RIP 还弱的条件，块 RIP 不仅要求$\boldsymbol{D}$的每个子阵$\boldsymbol{D}_{\mathcal{J}}$列满秩，而且对矩阵$\boldsymbol{D}_{\mathcal{J}}$的条件数也有限制。

说明：根据定理 9.1，在信噪比足够高的情况下，$N_{\Phi}=L+1$次导频传输就足以实现精确的稀疏信道估计。定理 9.1 为基于正交投影的信道估计奠定了基础，它表明在无噪声的条件下，$\boldsymbol{y}_{\mathrm{con}}$在子空间$\mathcal{S}_{\mathcal{I}}$上的投影将保持其功率水平；反之，如果$\boldsymbol{y}_{\mathrm{con}}$被投影到与$\mathcal{S}_{\mathcal{I}}$不同的子空间上，其功率将由于沿$\mathcal{S}_{\mathcal{I}}$的零空间的分量不为零而降低。

3）基于正交投影的信道估计

基于正交投影的信道估计的基本原理是基于最大似然准则搜索$\boldsymbol{y}_{\mathrm{con}}$所在的子空间，最优方法需要搜索$C_{N_{\mathrm{a}}K_{\mathrm{s}}}^{L}$个可能的候选支撑集，计算量极大。为了降低复杂度，下面介绍一种低复杂度的基于正交投影的启发式贪婪支撑集检测信道估计算法，如表 9.1 所示。该算法不同于基于正交投影的穷举搜索信道估计，在步骤 1 中，以贪婪的方式顺序选择$\boldsymbol{D}_{\mathcal{I}}$块。具体地说，在迭代时增加了$\boldsymbol{y}_{\mathrm{con}}$到投影空间的维度。在每次迭代中，导致最小功率降低的$\boldsymbol{D}[i]$最有可能被选择直到收集完所有L个子矩阵。在第l次迭代中，正交投影矩阵的生成次数为$N_{\mathrm{a}}K_{\mathrm{s}}-l+1$，因此生成正交投影矩阵的总次数仅为$\sum_{l=0}^{L-1}(N_{\mathrm{a}}K_{\mathrm{s}}-l)$，因此与穷举搜索相比，该算法的计算量大大减少。

表 9.1 基于正交投影的贪婪支持搜索信道估计算法

初始化：设置支持度$\mathcal{I}_{(0)}=\varnothing$，可行基索引集$\mathcal{S}_{(0)}=\{1,2,\cdots,N_{\mathrm{a}}K_{\mathrm{s}}\}$，角域信道响应向量$\boldsymbol{\xi}_{(0)}=\boldsymbol{0}$，迭代次数$l=1$。
步骤 1，贪婪支撑搜索 Repeat (1) 根据以下公式检测基索引： $i_l=\arg\max_{i\in\mathcal{S}_{(l-1)}}\{\|\boldsymbol{D}_{\mathcal{I}_{(l-1)}\cup\{i\}}^{\#}\boldsymbol{y}_{\mathrm{con}}\|_2\}$ $\boldsymbol{D}_{\mathcal{I}_{(l-1)}\cup\{i\}}^{\#}=\boldsymbol{D}_{\mathcal{I}_{(l-1)}\cup\{i\}}(\boldsymbol{D}_{\mathcal{I}_{(l-1)}\cup\{i\}}^{\mathrm{H}}\boldsymbol{D}_{\mathcal{I}_{(l-1)}\cup\{i\}})^{-1}\boldsymbol{D}_{\mathcal{I}_{(l-1)}\cup\{i\}}^{\mathrm{H}}$ (2) 增加索引i_l至支撑集$\mathcal{I}_{(l-1)}$中，从可行基集合$\mathcal{S}_{(l-1)}$中删除索引i_l： $\mathcal{S}_{(l)}=\mathcal{S}_{(l-1)}\backslash\{i_l\}$ $\mathcal{I}_{(l)}=\mathcal{I}_{(l-1)}\cup\{i_l\}$

续表

(3) 令 $l=l+1$ Until $l=L^2$ 步骤 2,利用步骤 1 中获得的支撑集$\mathcal{I}_{(L)}$,计算最小二乘解$\widetilde{\boldsymbol{\xi}}_{\mathcal{I}_{(L)}}=(\boldsymbol{D}_{\mathcal{I}_{(L)}}^{\mathrm{H}}\boldsymbol{D}_{\mathcal{I}_{(L)}})^{-1}\boldsymbol{D}_{\mathcal{I}_{(L)}}^{\mathrm{H}}\boldsymbol{y}_{\mathrm{con}}$ 步骤 3,重构$\bar{\boldsymbol{\xi}}=\boldsymbol{0},\bar{\boldsymbol{\xi}}(\mathcal{I}_{(L)})=\bar{\boldsymbol{\xi}}_{\mathcal{I}_{(L)}}$

该算法是基于正交投影的信道估计的多项式时间复杂度算法的第一步。作为一种低复杂度方法,其性能下降主要来自贪婪支撑集选择的次优性,其缺点是,一旦在中间支撑集$\mathcal{I}_{(l)}$中选择了错误的索引,那么该索引将保留在所有后续的索引中。这可以通过更复杂的迭代算法(增加迭代次数)来解决。然而,由于我们的主要目标是从理论上验证和分析多面板信道估计的好处,因此本节将不探讨这种复杂的迭代算法。

4) 复杂度分析

基于正交投影的穷举支撑搜索信道估计的计算复杂度主要来源于正交投影矩阵$\boldsymbol{D}_{\mathcal{I}}^{\#}$的推导。由于测量矩阵可以转化为块对角矩阵,因此$\boldsymbol{D}_{\mathcal{I}}^{\#}$的推导可以按块进行,由此可知,获取矩阵$\boldsymbol{D}_{\mathcal{I}}^{\#}$的复杂度为$O(N_{\mathrm{p}}N_{\Phi}L^2+N_{\mathrm{p}}L^3+N_{\mathrm{p}}N_{\Phi}^2L)$。在基数为$C_{N_{\mathrm{a}}K_{\mathrm{s}}}^{L}$的索引集上搜索算法的复杂度为$O(C_{N_{\mathrm{a}}K_{\mathrm{s}}}^{L}(N_{\mathrm{p}}N_{\Phi}L^2+N_{\mathrm{p}}L^3+N_{\mathrm{p}}N_{\Phi}^2L))$。

定理 9.1 表明$N_{\Phi}\geqslant L+1$,为了简化表示,上述复杂度可以近似为$O(C_{N_{\mathrm{a}}K_{\mathrm{s}}}^{L}N_{\mathrm{p}}N_{\Phi}^2L)$,从而可知,$L$ 次迭代的计算复杂度为$O(C_{N_{\mathrm{a}}K_{\mathrm{s}}}^{L}N_{\mathrm{p}}N_{\Phi}^2L^2)$。显然,具有穷举支撑搜索的基于正交投影的信道估计不具有多项式复杂度,不适合实际应用,尤其是当K_{s}值较大,而L值相对较大时。

正交投影的贪婪支撑搜索信道估计的计算复杂度主要来源于对$\boldsymbol{D}_{\mathcal{I}_{(l-1)}\cup\{i\}}^{\#}$的推导,在第$l$次迭代中,计算$\boldsymbol{D}_{\mathcal{I}_{(l-1)}\cup\{i\}}^{\#}$的复杂度为$O(N_{\mathrm{p}}N_{\Phi}l^2+N_{\mathrm{p}}l^3+N_{\mathrm{p}}N_{\Phi}^2l)$。由于$\boldsymbol{D}_{\mathcal{I}_{(l-1)}\cup\{i\}}^{\#}$需要在$N_{\mathrm{a}}K_{\mathrm{s}}-l+1$个候选元上被穷举计算,且$l\ll N_{\mathrm{a}}K_{\mathrm{s}}$,因此第$l$次迭代的计算复杂度近似为$O(N_{\mathrm{a}}K_{\mathrm{s}}(N_{\mathrm{p}}N_{\Phi}l^2+N_{\mathrm{p}}l^3+N_{\mathrm{p}}N_{\Phi}^2l))$。$L$次迭代的计算复杂度为$O(N_{\mathrm{a}}K_{\mathrm{s}}(N_{\mathrm{p}}N_{\Phi}L^3+N_{\mathrm{p}}L^4+N_{\mathrm{p}}N_{\Phi}^2L^2))$,考虑到$N_{\Phi}\geqslant L+1$,该复杂度可以进一步近似为$O(N_{\mathrm{a}}K_{\mathrm{s}}N_{\mathrm{p}}N_{\Phi}^2L^2)$。

为便于比较,表 9.2 中列出了最优和次优方法的运行时间。实验的运行设备条件为:Matlab R2016a,PC 配备 2.4 GHz Intel Core i5 和 8 GB RAM。实验中令人感兴趣的变量是过采样因子K和测量次数N_{Φ},因为它们都是信道估计性能的决定因素,可以根据不同的规格进行配置。由表 9.2 可以看出,对于给定的K_{s},在N_{Φ}次测量上的运行时间的增加对于两种方法均微不足道,这表明增加N_{Φ}的成本主要源于导频开销而不是计算复杂度。对于给定的N_{Φ},最优方法的运行时间关于K_{s}呈指数增长,而基于正交投影贪婪搜索算法的运行时间呈线性增长。这表明,当K_{s}较大时,基于正交投影贪婪搜索算法可以大大降低计算复杂度。

表 9.2 不同算法的运行时间($N_a=16, N_p=4, L=2$)

参数	方法		
	最优算法	正交投影算法	Ratio
$K_s=4, N_\Phi=3$	0.0785s	0.0051s	15.4
$K_s=4, N_\Phi=6$	0.0924s	0.0057s	16.2
$K_s=4, N_\Phi=9$	0.1093s	0.0064s	17.1
$K_s=8, N_\Phi=3$	0.3349s	0.0103s	32.5
$K_s=16, N_\Phi=3$	1.2419s	0.0189s	65.7

9.3.3 联合多面板信道估计的性能分析

本节分析联合多面板信道估计的性能,并将其与独立单面板信道估计进行比较。为了便于分析,假设波达角取自一组离散点,即 $\phi_l=-1+2n/N_aK_s(n=1,2,\cdots,N_aK_s)$,并应用穷举支撑集检测。由于连续波达角可以被认为是具有无穷小角度 $\Delta\phi_l$ 的离散形式,因此在假定过采样因子 K_s 足够大的情况下,本节推导的结果仍然适用于具有连续波达角的实际毫米波系统联合多面板信道估计。

1. 支撑检测错误概率

首先,将这两个方案简单描述如下。

(1) 联合多面板支撑检测。将角域信道响应向量$\boldsymbol{\xi}$ 作为 L 块稀疏信号对待,多个天线面板系统稀疏信道估计作为一个整体。

(2) 独立面板支撑检测。将第 n_p 个天线面板的角域响应$\boldsymbol{\xi}_{n_p}$ 视为 L-稀疏信号向量,各个面板稀疏信道估计性能相互独立。

由于以均方误差(Mean Squared Error,MSE)衡量的信道估计质量在很大程度上依赖于支撑检测错误概率,因此,接下来研究支撑检测中配对错误概率(Pairwise Error Probability,PEP)。下面的定理 9.2 和推论 9.1 分别给出联合多面板支撑检测和独立单板支撑检测的 PEP。

定理 9.2 联合多面板支撑度检测中,将正确支撑集$\mathcal{I}$误认为$\widetilde{\mathcal{I}}$的配对错误概率 $\text{Pe}(\mathcal{I}\to\widetilde{\mathcal{I}})$ 可近似为

$$\text{Pe}(\mathcal{I}\to\widetilde{\mathcal{I}})\approx Q\left(\sqrt{\frac{d_{\text{mul}}^2}{2\sigma_w^2}}\right) \tag{9.49}$$

其中 $d_{\text{mul}}^2\triangleq\boldsymbol{\xi}_{\mathcal{I}}^{\text{H}}\boldsymbol{D}_{\mathcal{I}}^{\text{H}}(\boldsymbol{I}_{N_\Phi N_p}-\boldsymbol{D}_{\widetilde{\mathcal{I}}}^{\#})\boldsymbol{D}_{\mathcal{I}}\boldsymbol{\xi}_{\mathcal{I}}$。

证明:

$$\begin{aligned}\text{Pe}(\mathcal{I}\to\widetilde{\mathcal{I}})&=\text{Pe}(\boldsymbol{D}_{\mathcal{I}}\to\boldsymbol{D}_{\widetilde{\mathcal{I}}})\\&=\Pr(\|\boldsymbol{D}_{\mathcal{I}}^{\#}\boldsymbol{y}^{\text{UL}}\|^2<\|\boldsymbol{D}_{\widetilde{\mathcal{I}}}^{\#}\boldsymbol{y}^{\text{UL}}\|^2)\\&=\Pr(\underbrace{2\Re\{\boldsymbol{\xi}_{\mathcal{I}}^{\text{H}}\boldsymbol{D}_{\mathcal{I}}^{\text{H}}\boldsymbol{D}_{\widetilde{\mathcal{I}}}^{\#}\tilde{\boldsymbol{n}}-\boldsymbol{\xi}_{\mathcal{I}}^{\text{H}}\boldsymbol{D}_{\mathcal{I}}^{\text{H}}\tilde{\boldsymbol{n}}\}}_{N_1}+\end{aligned}$$

$$\underbrace{\| \boldsymbol{D}_{\widetilde{\mathcal{I}}}^{\#} \tilde{\boldsymbol{n}} \|^2 - \| \boldsymbol{D}_{\mathcal{I}}^{\#} \tilde{\boldsymbol{n}} \|^2}_{N_2} > \| \boldsymbol{D}_{\mathcal{I}} \boldsymbol{\xi}_{\mathcal{I}} \|^2 - \| \boldsymbol{D}_{\mathcal{I}}^{\#} \boldsymbol{D}_{\mathcal{I}} \boldsymbol{\xi}_{\mathcal{I}} \|^2)$$

$$\approx \Pr(\underbrace{2\Re\{\boldsymbol{\xi}_{\mathcal{I}}^{\mathrm{H}} \boldsymbol{D}_{\mathcal{I}}^{\mathrm{H}} \boldsymbol{D}_{\widetilde{\mathcal{I}}}^{\#} \tilde{\boldsymbol{n}} - \boldsymbol{\xi}_{\mathcal{I}}^{\mathrm{H}} \boldsymbol{D}_{\mathcal{I}}^{\mathrm{H}} \tilde{\boldsymbol{n}}\}}_{N_1} > \boldsymbol{\xi}_{\mathcal{I}}^{\mathrm{H}} (\boldsymbol{D}_{\mathcal{I}}^{\mathrm{H}} \boldsymbol{D}_{\mathcal{I}} - \boldsymbol{D}_{\mathcal{I}}^{\mathrm{H}} \boldsymbol{D}_{\widetilde{\mathcal{I}}}^{\#} \boldsymbol{D}_{\mathcal{I}}) \boldsymbol{\xi}_{\mathcal{I}}) \tag{9.50}$$

其中 $\Re\{\cdot\}$表示取实部。

由于 N_1 是高斯随机变量，于是 $N_1 \sim N(0, 2\sigma_w^2 \boldsymbol{\xi}_{\mathcal{I}}^{\mathrm{H}} \boldsymbol{D}_{\mathcal{I}}^{\mathrm{H}} (\boldsymbol{I} - \boldsymbol{D}_{\widetilde{\mathcal{I}}}^{\#}) \boldsymbol{D}_{\mathcal{I}} \boldsymbol{\xi}_{\mathcal{I}})$。从而可得

$$\mathrm{Pe}(\boldsymbol{D}_{\mathcal{I}} \rightarrow \boldsymbol{D}_{\widetilde{\mathcal{I}}}) \approx Q\left(\sqrt{\frac{1}{2\sigma_w^2} \boldsymbol{\xi}_{\mathcal{I}}^{\mathrm{H}} \boldsymbol{D}_{\mathcal{I}}^{\mathrm{H}} (\boldsymbol{I} - \boldsymbol{D}_{\widetilde{\mathcal{I}}}^{\#}) \boldsymbol{D}_{\mathcal{I}} \boldsymbol{\xi}_{\mathcal{I}}}\right) \tag{9.51}$$

定理 9.2 证毕。

推论 9.1 在独立面板支撑度检测中，对于第 n_{p} 个天线面板，将正确支撑集误认为$\widetilde{\mathcal{I}}$的配对错误概率$\mathrm{Pe}_{n_{\mathrm{p}}}(\mathcal{I} \rightarrow \widetilde{\mathcal{I}})$可近似为

$$\mathrm{Pe}_{n_{\mathrm{p}}}(\mathcal{I} \rightarrow \widetilde{\mathcal{I}}) \approx Q\left(\sqrt{\frac{d_{n_{\mathrm{p}}}^2}{2\sigma_w^2}}\right) \tag{9.52}$$

其中，$d_{n_{\mathrm{p}}}^2 = \boldsymbol{\xi}_{\mathcal{I},n_{\mathrm{p}}}^{\mathrm{H}} \boldsymbol{D}_{n_{\mathrm{p}}}^{\mathrm{H}} (\boldsymbol{I}_{N_\Phi} - \boldsymbol{D}_{\widetilde{\mathcal{I}},n_{\mathrm{p}}}^{\#}) \boldsymbol{D}_{\mathcal{I},n_{\mathrm{p}}} \boldsymbol{\xi}_{\mathcal{I},n_{\mathrm{p}}}$，矩阵 $\boldsymbol{D}_{\mathcal{I},n_{\mathrm{p}}} \in \mathbf{C}^{N_\Phi \times L}$ 由 $\boldsymbol{D}_{\mathcal{I}}$ 中与第 n_{p} 个天线面板相对应的元素构成，向量$\boldsymbol{\xi}_{\mathcal{I},n_{\mathrm{p}}} \in \mathbf{C}^{L \times 1}$ 由$\boldsymbol{\xi}_{\mathcal{I}}$ 中与第 n_{p} 个天线面板相对应的元素构成。

证明：在定理 9.2 中设置 $N_{\mathrm{p}} = 1$ 即可得到推论 9.1。

为了比较联合多面板支撑集检测和单面板检测的性能，通过列和行运算将矩阵 $\boldsymbol{D}_{\mathcal{I}}$ 转换为块对角矩阵 $\boldsymbol{D}_{\mathrm{bd}}$。为了方便说明，图 9.5 给出了当 $N_{\mathrm{p}} = 4, N_\Phi = 4$ 时的变换过程。$\boldsymbol{D}_{n_{\mathrm{p}}} \in \mathbf{C}^{N_{\mathrm{p}} \times L}$ 是 $\boldsymbol{D}_{\mathrm{bd}}$ 的子矩阵，其由对应于第 n_{p} 个天线面板的列向量组成。同样地，向量$\boldsymbol{\xi}_{\mathcal{I}}$ 可以相应地重新排序，$\boldsymbol{\xi}_{n_{\mathrm{p}}}$ 表示对应于第 n_{p} 个天线面板的有序向量$\boldsymbol{\xi}_{\mathrm{bd}}$ 的子向量。可得

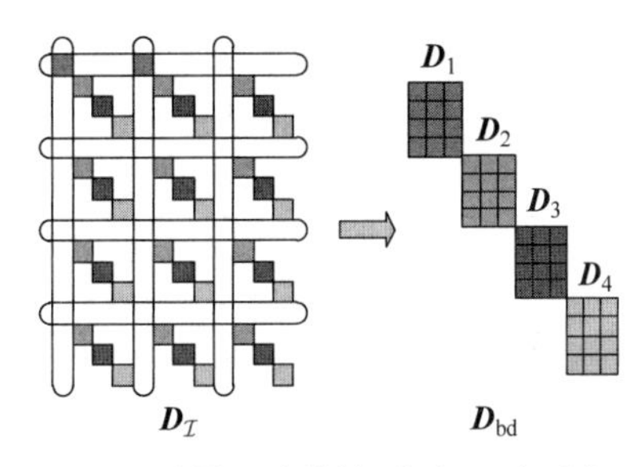

图 9.5 测量矩阵转换（灰色正方形表示非零元素，空格表示零元素）

$$\begin{aligned} d_{\mathrm{mul}}^2 &= \boldsymbol{\xi}_{\mathcal{I}}^{\mathrm{H}} \boldsymbol{D}_{\mathcal{I}}^{\mathrm{H}} (\boldsymbol{I}_{N_\Phi N_{\mathrm{p}}} - \boldsymbol{D}_{\widetilde{\mathcal{I}}}^{\#}) \boldsymbol{D}_{\mathcal{I}} \boldsymbol{\xi}_{\mathcal{I}} \\ &= \boldsymbol{\xi}_{\mathrm{bd}}^{\mathrm{H}} \boldsymbol{D}_{\mathrm{bd}}^{\mathrm{H}} (\boldsymbol{I}_{N_\Phi} - \widetilde{\boldsymbol{D}}_{\mathcal{I}}^{\#}) \boldsymbol{D}_{\mathrm{bd}} \boldsymbol{\xi}_{\mathrm{bd}} \\ &= \sum_{n_{\mathrm{p}}=1}^{N_{\mathrm{p}}} \boldsymbol{\xi}_{\mathcal{I},n_{\mathrm{p}}}^{\mathrm{H}} \boldsymbol{D}_{\mathcal{I},n_{\mathrm{p}}}^{\mathrm{H}} (\boldsymbol{I}_{N_\Phi} - \boldsymbol{D}_{\widetilde{\mathcal{I}},n_{\mathrm{p}}}^{\mathrm{H}}) \boldsymbol{D}_{\mathcal{I},n_{\mathrm{p}}} \boldsymbol{\xi}_{\mathcal{I},n_{\mathrm{p}}} \\ &= \sum_{n_{\mathrm{p}}=1}^{N_{\mathrm{p}}} d_{n_{\mathrm{p}}}^2 \end{aligned} \tag{9.53}$$

其中，$\boldsymbol{D}_{\mathrm{bd}} = \mathrm{diag}\{\boldsymbol{D}_{\mathcal{I},1}, \boldsymbol{D}_{\mathcal{I},2}, \cdots, \boldsymbol{D}_{\mathcal{I},N_{\mathrm{p}}}\}$；$\widetilde{\boldsymbol{D}}_{\mathrm{bd}}^{\#} = \mathrm{diag}\left\{\boldsymbol{D}_{\widetilde{\mathcal{I}},1}^{\#}, \boldsymbol{D}_{\widetilde{\mathcal{I}},2}^{\#}, \cdots, \boldsymbol{D}_{\widetilde{\mathcal{I}},N_{\mathrm{p}}}^{\#}\right\}$。

从而，联合多面板支撑集检测的配对错误概率可被重新表示为

$$\mathrm{Pe}(\mathcal{I}\rightarrow\widetilde{\mathcal{I}})\approx Q\left(\sqrt{\sum_{n_\mathrm{p}=1}^{N_\mathrm{p}}\frac{d_{n_\mathrm{p}}^2}{2\sigma_w^2}}\right) \tag{9.54}$$

说明：与单面板检测相比，联合多面板支撑检测的性能增益很容易从关系式 $d_{\mathrm{mul}}^2>d_{n_\mathrm{p}}^2$ 中得到验证。

2. 同一个组合矩阵与独立生成组合矩阵

虽然定理 9.2、推论 9.1 和式(9.53)共同揭示了联合多面板信道估计优于独立单面板信道估计，但如何使联合多面板信道估计的性能增益最大化还是个未知数。

当我们在基站端随机生成组合矩阵时，自然会问应该在所有天线面板上采用同一个组合矩阵，还是应该采用独立生成的合并矩阵。为了找到答案，首先重写 d_{mul}^2 的表达式。将式(9.6)和式(9.15)相结合，向量$\boldsymbol{\xi}_{\mathcal{I},n_\mathrm{p}}$ 可以表示为

$$\boldsymbol{\xi}_{\mathcal{I},n_\mathrm{p}}=\boldsymbol{P}_{n_\mathrm{p}}\boldsymbol{\alpha} \tag{9.55}$$

其中，$\boldsymbol{\alpha}=[\alpha_1,\alpha_2,\cdots,\alpha_L]^\mathrm{T}$，$\boldsymbol{P}_{n_\mathrm{p}}=\mathrm{diag}\{\boldsymbol{p}_{n_\mathrm{p}}\}$，$\boldsymbol{p}_{n_\mathrm{p}}=\left[\mathrm{e}^{\mathrm{j}(2\pi\tau n_\mathrm{p}\phi_1/\lambda+\theta_{n_\mathrm{p}})},\mathrm{e}^{\mathrm{j}(2\pi\tau n_\mathrm{p}\phi_2/\lambda+\theta_{n_\mathrm{p}})},\cdots,\mathrm{e}^{\mathrm{j}(2\pi\tau n_\mathrm{p}\phi_L/\lambda+\theta_{n_\mathrm{p}})}\right]^\mathrm{T}$。

于是，$d_{n_\mathrm{p}}^2$ 可表示为

$$d_{n_\mathrm{p}}^2=\boldsymbol{\alpha}^\mathrm{H}\boldsymbol{P}_{n_\mathrm{p}}^\mathrm{H}\boldsymbol{D}_{\mathcal{I},n_\mathrm{p}}^\mathrm{H}(\boldsymbol{I}_{N_\Phi}-\boldsymbol{D}_{\widetilde{\mathcal{I}},n_\mathrm{p}}^{\#})\boldsymbol{D}_{\mathcal{I},n_\mathrm{p}}\boldsymbol{P}_{n_\mathrm{p}}\boldsymbol{\alpha} \tag{9.56}$$

然后，根据式(9.53)，有

$$\begin{aligned}d_{\mathrm{mul}}^2&=\sum_{n_\mathrm{p}}^{N_\mathrm{p}}\boldsymbol{\alpha}^\mathrm{H}\boldsymbol{P}_{n_\mathrm{p}}^\mathrm{H}\boldsymbol{D}_{\mathcal{I},n_\mathrm{p}}^\mathrm{H}(\boldsymbol{I}_{N_\Phi}-\boldsymbol{D}_{\widetilde{\mathcal{I}},n_\mathrm{p}}^{\#})\boldsymbol{D}_{\mathcal{I},n_\mathrm{p}}\boldsymbol{P}_{n_\mathrm{p}}\boldsymbol{\alpha}\\&=\boldsymbol{\alpha}^\mathrm{H}\underbrace{\sum_{n_\mathrm{p}}^{N_\mathrm{p}}\boldsymbol{P}_{n_\mathrm{p}}^\mathrm{H}\boldsymbol{D}_{\mathcal{I},n_\mathrm{p}}^\mathrm{H}(\boldsymbol{I}_{N_\Phi}-\boldsymbol{D}_{\widetilde{\mathcal{I}},n_\mathrm{p}}^{\#})\boldsymbol{D}_{\mathcal{I},n_\mathrm{p}}\boldsymbol{P}_{n_\mathrm{p}}}_{\boldsymbol{\Sigma}}\boldsymbol{\alpha}\end{aligned} \tag{9.57}$$

显然，d_{mul}^2 主要由矩阵$\boldsymbol{\Sigma}$ 来决定[34]。为了研究矩阵$\boldsymbol{\Sigma}$ 对支撑检测错误概率的影响，假设$\boldsymbol{\alpha}\sim\mathrm{CN}(\boldsymbol{0}_{L\times1},\boldsymbol{I}_L)$，那么，可以推导出平均 PEP 为

$$E_\alpha[\mathrm{Pe}(\mathcal{I}\rightarrow\widetilde{\mathcal{I}})]\leqslant(4\sigma_w^2)^{\mathrm{rank}(\boldsymbol{\Sigma})}\left(\prod_{i=1}^{\mathrm{rank}(\boldsymbol{\Sigma})}\lambda_i\right)^{-1} \tag{9.58}$$

其中 $\lambda_i(i=1,2,\cdots,\mathrm{rank}(\boldsymbol{\Sigma}))$是矩阵$\boldsymbol{\Sigma}$ 的特征值。

式(9.58)可由方程(9.52)的 Chernoff 界和$\boldsymbol{\alpha}$ 分布上的积分导出，其详细推导可参考文献[34]。从式(9.58)可以发现，支撑检测的平均 PEP 由矩阵$\boldsymbol{\Sigma}$ 的特征值决定。

接下来，将导出矩阵$\boldsymbol{\Sigma}$ 的秩与集合差的基数(即$|\mathcal{I}\backslash\widetilde{\mathcal{I}}|$)之间的关系。

定理 9.3 矩阵$\boldsymbol{\Sigma}$ 可以表示为

$$\boldsymbol{\Sigma}=\boldsymbol{E}_{\mathrm{col}}^\mathrm{H}\begin{bmatrix}\boldsymbol{0}&\boldsymbol{0}\\\boldsymbol{0}&\boldsymbol{R}_{|\mathcal{I}\backslash\widetilde{\mathcal{I}}|}\end{bmatrix}\boldsymbol{E}_{\mathrm{col}} \tag{9.59}$$

其中 $\boldsymbol{E}_{\mathrm{col}}$ 是一个初等矩阵，且每行和每列只有一个非零元素 1，它的每列与 $\boldsymbol{D}_{\mathcal{I},n_\mathrm{p}}$ 进行运算，产生所期望的重排矩阵$[\boldsymbol{D}_{\mathcal{I}\cap\widetilde{\mathcal{I}},n_\mathrm{p}}\ \boldsymbol{D}_{\mathcal{I}\backslash\widetilde{\mathcal{I}},n_\mathrm{p}}]$，以及矩阵 $\boldsymbol{R}_{|\mathcal{I}\backslash\widetilde{\mathcal{I}}|}$：

$$\boldsymbol{R}_{|\mathcal{I}\backslash\widetilde{\mathcal{I}}|}=\sum_{n_{\rm p}=1}^{N_{\rm p}}([\boldsymbol{0}\quad \boldsymbol{I}_{|\mathcal{I}\backslash\widetilde{\mathcal{I}}|}]\boldsymbol{E}_{\rm col}\boldsymbol{p}_{n_{\rm p}}\boldsymbol{p}_{n_{\rm p}}^{\rm H}\boldsymbol{E}_{\rm col}^{\rm H}[\boldsymbol{0}\quad \boldsymbol{I}_{|\mathcal{I}\backslash\widetilde{\mathcal{I}}|}]^{\rm H})\odot(\boldsymbol{D}_{\mathcal{I}\backslash\widetilde{\mathcal{I}},n_{\rm p}}^{\rm H}(\boldsymbol{I}_{N_\Phi}-\boldsymbol{D}_{\widetilde{\mathcal{I}},n_{\rm p}}^{\#})\boldsymbol{D}_{\mathcal{I}\backslash\widetilde{\mathcal{I}},n_{\rm p}}) \tag{9.60}$$

其中，$\boldsymbol{I}_{|\mathcal{I}\backslash\widetilde{\mathcal{I}}|}$ 是$|\mathcal{I}\backslash\widetilde{\mathcal{I}}|\times|\mathcal{I}\backslash\widetilde{\mathcal{I}}|$的单位矩阵；"$\odot$"表示矩阵的 Hadamard 积。

证明：首先，$\boldsymbol{D}_{\mathcal{I},n_{\rm p}}$ 可表示为

$$\boldsymbol{D}_{\mathcal{I},n_{\rm p}}=[\boldsymbol{D}_{\mathcal{I}\cap\widetilde{\mathcal{I}},n_{\rm p}}\quad \boldsymbol{D}_{\mathcal{I}\backslash\widetilde{\mathcal{I}},n_{\rm p}}]\boldsymbol{E}_{\rm col} \tag{9.61}$$

其中 $\boldsymbol{E}_{\rm col}\in\mathbf{R}^{L\times L}$。

于是，有

$$\begin{aligned}
&(\boldsymbol{D}_{\mathcal{I},n_{\rm p}}^{\rm H}(\boldsymbol{I}_{N_\Phi}-\boldsymbol{D}_{\widetilde{\mathcal{I}},n_{\rm p}}^{\#})\boldsymbol{D}_{\mathcal{I},n_{\rm p}})\\
&=\boldsymbol{E}_{\rm col}^{\rm H}[\boldsymbol{D}_{\mathcal{I}\cap\widetilde{\mathcal{I}},n_{\rm p}}\quad \boldsymbol{D}_{\mathcal{I}\backslash\widetilde{\mathcal{I}},n_{\rm p}}]^{\rm H}(\boldsymbol{I}_{N_\Phi}-\boldsymbol{D}_{\widetilde{\mathcal{I}},n_{\rm p}}^{\#})[\boldsymbol{D}_{\mathcal{I}\cap\widetilde{\mathcal{I}},n_{\rm p}}\quad \boldsymbol{D}_{\mathcal{I}\backslash\widetilde{\mathcal{I}},n_{\rm p}}]\boldsymbol{E}_{\rm col}\\
&=\boldsymbol{E}_{\rm col}^{\rm H}\begin{bmatrix}\boldsymbol{D}_{\mathcal{I}\cap\widetilde{\mathcal{I}},n_{\rm p}}^{\rm H}(\boldsymbol{I}_{N_\Phi}-\boldsymbol{D}_{\widetilde{\mathcal{I}},n_{\rm p}}^{\#})\boldsymbol{D}_{\mathcal{I}\cap\widetilde{\mathcal{I}},n_{\rm p}} & \boldsymbol{D}_{\mathcal{I}\cap\widetilde{\mathcal{I}},n_{\rm p}}^{\rm H}(\boldsymbol{I}_{N_\Phi}-\boldsymbol{D}_{\widetilde{\mathcal{I}},n_{\rm p}}^{\#})\boldsymbol{D}_{\mathcal{I}\backslash\widetilde{\mathcal{I}},n_{\rm p}}\\ \boldsymbol{D}_{\mathcal{I}\backslash\widetilde{\mathcal{I}},n_{\rm p}}^{\rm H}(\boldsymbol{I}_{N_\Phi}-\boldsymbol{D}_{\widetilde{\mathcal{I}},n_{\rm p}}^{\#})\boldsymbol{D}_{\mathcal{I}\cap\widetilde{\mathcal{I}},n_{\rm p}} & \boldsymbol{D}_{\mathcal{I}\backslash\widetilde{\mathcal{I}},n_{\rm p}}^{\rm H}(\boldsymbol{I}_{N_\Phi}-\boldsymbol{D}_{\widetilde{\mathcal{I}},n_{\rm p}}^{\#})\boldsymbol{D}_{\mathcal{I}\backslash\widetilde{\mathcal{I}},n_{\rm p}}\end{bmatrix}\boldsymbol{E}_{\rm col}\\
&=\boldsymbol{E}_{\rm col}^{\rm H}\begin{bmatrix}\boldsymbol{0} & \boldsymbol{0}\\ \boldsymbol{0} & \boldsymbol{D}_{\mathcal{I}\backslash\widetilde{\mathcal{I}},n_{\rm p}}^{\rm H}(\boldsymbol{I}_{N_\Phi}-\boldsymbol{D}_{\widetilde{\mathcal{I}},n_{\rm p}}^{\#})\boldsymbol{D}_{\mathcal{I}\backslash\widetilde{\mathcal{I}},n_{\rm p}}\end{bmatrix}\boldsymbol{E}_{\rm col}
\end{aligned} \tag{9.62}$$

由矩阵 Hadamard 积的性质，$\boldsymbol{\Sigma}$ 可被改写为[35]

$$\boldsymbol{\Sigma}=\sum_{n_{\rm p}=1}^{N_{\rm p}}(\boldsymbol{p}_{n_{\rm p}}\boldsymbol{p}_{n_{\rm p}}^{\rm H})\odot(\boldsymbol{D}_{\mathcal{I},n_{\rm p}}^{\rm H}(\boldsymbol{I}_{N_\Phi}-\boldsymbol{D}_{\widetilde{\mathcal{I}},n_{\rm p}}^{\#})\boldsymbol{D}_{\mathcal{I},n_{\rm p}}) \tag{9.63}$$

由于 Hadamard 积是两个矩阵对应位置元素相乘，因此，易知

$$\boldsymbol{E}_{\rm col}\boldsymbol{\Sigma}\boldsymbol{E}_{\rm col}^{\rm H}=\sum_{n_{\rm p}=1}^{N_{\rm p}}(\boldsymbol{E}_{\rm col}\boldsymbol{p}_{n_{\rm p}}\boldsymbol{p}_{n_{\rm p}}^{\rm H}\boldsymbol{E}_{\rm col}^{\rm H})\odot(\boldsymbol{E}_{\rm col}\boldsymbol{D}_{\mathcal{I},n_{\rm p}}^{\rm H}(\boldsymbol{I}_{N_\Phi}-\boldsymbol{D}_{\widetilde{\mathcal{I}},n_{\rm p}}^{\#})\boldsymbol{D}_{\mathcal{I},n_{\rm p}}\boldsymbol{E}_{\rm col}^{\rm H})=\begin{bmatrix}\boldsymbol{0} & \boldsymbol{0}\\ \boldsymbol{0} & \boldsymbol{R}_{|\mathcal{I}\backslash\widetilde{\mathcal{I}}|}\end{bmatrix} \tag{9.64}$$

其中 $\boldsymbol{R}_{|\mathcal{I}\backslash\widetilde{\mathcal{I}}|}=\sum_{n_{\rm p}=1}^{N_{\rm p}}([\boldsymbol{0}\ \boldsymbol{I}_{|\mathcal{I}\backslash\widetilde{\mathcal{I}}|}]\boldsymbol{E}_{\rm col}\boldsymbol{p}_{n_{\rm p}}\boldsymbol{p}_{n_{\rm p}}^{\rm H}\boldsymbol{E}_{\rm col}^{\rm H}[\boldsymbol{0}\ \boldsymbol{I}_{|\mathcal{I}\backslash\widetilde{\mathcal{I}}|}]^{\rm H})\odot(\boldsymbol{D}_{\mathcal{I}\backslash\widetilde{\mathcal{I}},n_{\rm p}}^{\rm H}(\boldsymbol{I}_{N_\Phi}-\boldsymbol{D}_{\widetilde{\mathcal{I}},n_{\rm p}}^{\#})\boldsymbol{D}_{\mathcal{I}\backslash\widetilde{\mathcal{I}},n_{\rm p}})$。

从而可得$\boldsymbol{\Sigma}=\boldsymbol{E}_{\rm col}^{\rm H}\begin{bmatrix}\boldsymbol{0} & \boldsymbol{0}\\ \boldsymbol{0} & \boldsymbol{R}_{|\mathcal{I}\backslash\widetilde{\mathcal{I}}|}\end{bmatrix}\boldsymbol{E}_{\rm col}$，定理 9.3 证毕。

说明：根据定理 9.3，易知 $\text{rank}(\boldsymbol{\Sigma})\leqslant|\mathcal{I}\backslash\widetilde{\mathcal{I}}|$。

在高信噪比条件下，$|\mathcal{I}\backslash\widetilde{\mathcal{I}}|=1$ 的错误类型比$|\mathcal{I}\backslash\widetilde{\mathcal{I}}|>1$ 的错误类型更容易发生。因此，我们忽略了错误类型$|\mathcal{I}\backslash\widetilde{\mathcal{I}}|>1$，而将重点放在$|\mathcal{I}\backslash\widetilde{\mathcal{I}}|=1$ 的错误类型上。请注意，当$|\mathcal{I}\backslash\widetilde{\mathcal{I}}|=1$ 时，将有下面的等式成立：

$$[0 \quad \boldsymbol{I}_{|\mathcal{I}\backslash\widetilde{\mathcal{I}}|}]\boldsymbol{E}_{\mathrm{col}}\boldsymbol{p}_{n_{\mathrm{p}}}\boldsymbol{p}_{n_{\mathrm{p}}}^{\mathrm{H}}\boldsymbol{E}_{\mathrm{col}}^{\mathrm{H}}[0 \quad \boldsymbol{I}_{|\mathcal{I}\backslash\widetilde{\mathcal{I}}|}]^{\mathrm{H}}=1 \tag{9.65}$$

从而得出下面的推论。

推论 9.2 假定

(1) 根据 9.3.2 节第 1 部分随机生成满足 $L+1$ 阶块 RIP 的组合(测量)矩阵;

(2) $|\mathcal{I}\backslash\widetilde{\mathcal{I}}|=1$,则矩阵$\boldsymbol{\Sigma}$ 满足:

$$\mathrm{rank}(\boldsymbol{\Sigma})=1 \tag{9.66}$$

且$\boldsymbol{\Sigma}$ 的非零特征值λ_1 为

$$\lambda_1=\boldsymbol{R}_{\mathcal{I}\backslash\widetilde{\mathcal{I}}}=\sum_{n_{\mathrm{p}}=1}^{N_{\mathrm{p}}}\boldsymbol{D}_{\mathcal{I}\backslash\widetilde{\mathcal{I}},n_{\mathrm{p}}}^{\mathrm{H}}(\boldsymbol{I}_{N_{\Phi}}-\boldsymbol{D}_{\widetilde{\mathcal{I}},n_{\mathrm{p}}}^{\#})\boldsymbol{D}_{\mathcal{I}\backslash\widetilde{\mathcal{I}},n_{\mathrm{p}}} \tag{9.67}$$

证明:推论 9.2 中的 $\mathrm{rank}(\boldsymbol{\Sigma})=1$ 等价于

$$\sum_{n_{\mathrm{p}}=1}^{N_{\mathrm{p}}}\boldsymbol{D}_{\mathcal{I}\backslash\widetilde{\mathcal{I}},n_{\mathrm{p}}}^{\mathrm{H}}(\boldsymbol{I}_{N_{\Phi}}-\boldsymbol{D}_{\widetilde{\mathcal{I}},n_{\mathrm{p}}}^{\#})\boldsymbol{D}_{\mathcal{I}\backslash\widetilde{\mathcal{I}},n_{\mathrm{p}}}>0 \tag{9.68}$$

易知,$\boldsymbol{D}_{\mathcal{I}\backslash\widetilde{\mathcal{I}},n_{\mathrm{p}}}^{\mathrm{H}}(\boldsymbol{I}_{N_{\Phi}}-\boldsymbol{D}_{\widetilde{\mathcal{I}},n_{\mathrm{p}}}^{\#})\boldsymbol{D}_{\mathcal{I}\backslash\widetilde{\mathcal{I}},n_{\mathrm{p}}}\geqslant 0$。

接下来,利用反证法证明 $\boldsymbol{D}_{\mathcal{I}\backslash\widetilde{\mathcal{I}},n_{\mathrm{p}}}^{\mathrm{H}}(\boldsymbol{I}_{N_{\Phi}}-\boldsymbol{D}_{\widetilde{\mathcal{I}},n_{\mathrm{p}}}^{\#})\boldsymbol{D}_{\mathcal{I}\backslash\widetilde{\mathcal{I}},n_{\mathrm{p}}}\neq 0$。

假设

$$\boldsymbol{D}_{\mathcal{I}\backslash\widetilde{\mathcal{I}},n_{\mathrm{p}}}^{\mathrm{H}}(\boldsymbol{I}_{N_{\Phi}}-\boldsymbol{D}_{\widetilde{\mathcal{I}},n_{\mathrm{p}}}^{\#})\boldsymbol{D}_{\mathcal{I}\backslash\widetilde{\mathcal{I}},n_{\mathrm{p}}}=0 \tag{9.69}$$

根据引理 9.1,$\boldsymbol{D}_{\widetilde{\mathcal{I}},n_{\mathrm{p}}}^{\#}=\boldsymbol{U}_{\widetilde{\mathcal{I}},n_{\mathrm{p}},1:L}\boldsymbol{U}_{\widetilde{\mathcal{I}},n_{\mathrm{p}},1:L}^{\mathrm{H}}$,其中 $\boldsymbol{U}_{\widetilde{\mathcal{I}},n_{\mathrm{p}},1:L}$ 是矩阵 $\boldsymbol{D}_{\widetilde{\mathcal{I}},n_{\mathrm{p}}}$ 经过奇异值分解所得的左奇异矩阵,即

$$\boldsymbol{D}_{\widetilde{\mathcal{I}},n_{\mathrm{p}}}=\boldsymbol{U}_{\widetilde{\mathcal{I}},n_{\mathrm{p}}}[\boldsymbol{\Lambda}_{\widetilde{\mathcal{I}},n_{\mathrm{p}}} \quad \boldsymbol{0}]^{\mathrm{T}}\boldsymbol{V}_{\widetilde{\mathcal{I}},n_{\mathrm{p}}}^{\mathrm{H}}=\boldsymbol{U}_{\widetilde{\mathcal{I}},n_{\mathrm{p}},1:L}\boldsymbol{\Lambda}_{\widetilde{\mathcal{I}},n_{\mathrm{p}}}\boldsymbol{V}_{\widetilde{\mathcal{I}},n_{\mathrm{p}},1:L}^{\mathrm{H}} \tag{9.70}$$

式(9.69)表明 $\boldsymbol{D}_{\mathcal{I}\backslash\widetilde{\mathcal{I}},n_{\mathrm{p}}}$ 是矩阵 $\boldsymbol{U}_{\widetilde{\mathcal{I}},n_{\mathrm{p}},1:L}$ 的列向量的线性组合,即

$$\boldsymbol{D}_{\mathcal{I}\backslash\widetilde{\mathcal{I}},n_{\mathrm{p}}}=\boldsymbol{U}_{\widetilde{\mathcal{I}},n_{\mathrm{p}},1:L}\boldsymbol{\omega} \tag{9.71}$$

其中 $\omega\in\mathbf{C}^{L\times 1}$。

另一方面,根据引理 9.1,矩阵 $\boldsymbol{D}_{\widetilde{\mathcal{I}},n_{\mathrm{p}}}$ 可进一步被表示为

$$\boldsymbol{D}_{\widetilde{\mathcal{I}},n_{\mathrm{p}}}=\boldsymbol{D}_{\widetilde{\mathcal{I}},n_{\mathrm{p}}}^{\#}\boldsymbol{D}_{\widetilde{\mathcal{I}},n_{\mathrm{p}}}=\boldsymbol{U}_{\widetilde{\mathcal{I}},n_{\mathrm{p}},1:L}\boldsymbol{U}_{\widetilde{\mathcal{I}},n_{\mathrm{p}},1:L}^{\mathrm{H}}\boldsymbol{D}_{\widetilde{\mathcal{I}},n_{\mathrm{p}}} \tag{9.72}$$

级联式(9.71)和式(9.72),可得

$$[\boldsymbol{D}_{\mathcal{I}\backslash\widetilde{\mathcal{I}},n_{\mathrm{p}}} \quad \boldsymbol{D}_{\widetilde{\mathcal{I}},n_{\mathrm{p}}}]=\boldsymbol{U}_{\widetilde{\mathcal{I}},n_{\mathrm{p}},1:L}[\boldsymbol{\omega}\boldsymbol{U}_{\widetilde{\mathcal{I}},n_{\mathrm{p}},1:L}^{\mathrm{H}}\boldsymbol{D}_{\widetilde{\mathcal{I}},n_{\mathrm{p}}}] \tag{9.73}$$

由于$[\boldsymbol{\omega}\boldsymbol{U}_{\widetilde{\mathcal{I}},n_{\mathrm{p}},1:L}^{\mathrm{H}}\boldsymbol{D}_{\widetilde{\mathcal{I}},n_{\mathrm{p}}}]\in\mathbf{C}^{L\times(L+1)}$,则易得

$$\mathrm{rank}([\boldsymbol{\omega}\boldsymbol{U}_{\widetilde{\mathcal{I}},n_{\mathrm{p}},1:L}^{\mathrm{H}}\boldsymbol{D}_{\widetilde{\mathcal{I}},n_{\mathrm{p}}}])\leqslant L \tag{9.74}$$

联立式(9.73)和式(9.74),有

$$\mathrm{rank}([\boldsymbol{D}_{\mathcal{I}\backslash\widetilde{\mathcal{I}},n_{\mathrm{p}}} \quad \boldsymbol{D}_{\widetilde{\mathcal{I}},n_{\mathrm{p}}}])\leqslant\min(\mathrm{rank}(\boldsymbol{U}_{\widetilde{\mathcal{I}},n_{\mathrm{p}},1:L}),\mathrm{rank}([\boldsymbol{\omega}\boldsymbol{U}_{\widetilde{\mathcal{I}},n_{\mathrm{p}},1:L}^{\mathrm{H}}\boldsymbol{D}_{\widetilde{\mathcal{I}},n_{\mathrm{p}}}]))\leqslant L \tag{9.75}$$

然而式(9.75)与 $L+1$ 阶块稀疏相矛盾[36]，因此假设 $\boldsymbol{D}^{\mathrm{H}}_{\mathcal{I}\backslash\widetilde{\mathcal{I}},n_{\mathrm{p}}}(\boldsymbol{I}_{N_{\Phi}}-\boldsymbol{D}^{\#}_{\widetilde{\mathcal{I}},n_{\mathrm{p}}})\boldsymbol{D}_{\mathcal{I}\backslash\widetilde{\mathcal{I}},n_{\mathrm{p}}}=0$ 不成立，故 $\boldsymbol{D}^{\mathrm{H}}_{\mathcal{I}\backslash\widetilde{\mathcal{I}},n_{\mathrm{p}}}(\boldsymbol{I}_{N_{\Phi}}-\boldsymbol{D}^{\#}_{\widetilde{\mathcal{I}},n_{\mathrm{p}}})\boldsymbol{D}_{\mathcal{I}\backslash\widetilde{\mathcal{I}},n_{\mathrm{p}}}\neq 0$，从而定理9.3证毕。

对于配置1——不同天线面板利用同一个生成的组合矩阵，即 $\boldsymbol{D}_{\mathcal{I},1}=\boldsymbol{D}_{\mathcal{I},2}=\cdots=\boldsymbol{D}_{\mathcal{I},N_{\mathrm{p}}}$，$\boldsymbol{\Sigma}$ 的非零特征值 λ_1 为

$$\lambda_1=N_{\mathrm{p}}\boldsymbol{D}^{\mathrm{H}}_{\mathcal{I}\backslash\widetilde{\mathcal{I}},1}(\boldsymbol{I}_{N_{\Phi}}-\boldsymbol{D}^{\#}_{\widetilde{\mathcal{I}},1})\boldsymbol{D}_{\mathcal{I}\backslash\widetilde{\mathcal{I}},1} \tag{9.76}$$

对于配置2——在不同天线面板中独立生成组合矩阵，$\boldsymbol{\Sigma}$ 的非零特征值 λ_1 为

$$\lambda_1=\sum_{n_{\mathrm{p}}=1}^{N_{\mathrm{p}}}\boldsymbol{D}^{\mathrm{H}}_{\mathcal{I}\backslash\widetilde{\mathcal{I}},n_{\mathrm{p}}}(\boldsymbol{I}_{N_{\Phi}}-\boldsymbol{D}^{\#}_{\widetilde{\mathcal{I}},n_{\mathrm{p}}})\boldsymbol{D}_{\mathcal{I}\backslash\widetilde{\mathcal{I}},n_{\mathrm{p}}} \tag{9.77}$$

将 $\boldsymbol{D}^{\mathrm{H}}_{\mathcal{I}\backslash\widetilde{\mathcal{I}},n_{\mathrm{p}}}(\boldsymbol{I}_{N_{\Phi}}-\boldsymbol{D}^{\#}_{\widetilde{\mathcal{I}},n_{\mathrm{p}}})\boldsymbol{D}_{\mathcal{I}\backslash\widetilde{\mathcal{I}},n_{\mathrm{p}}}$ 视为一个随机向量。在配置1中，λ_1 只是 $\boldsymbol{D}^{\mathrm{H}}_{\mathcal{I}\backslash\widetilde{\mathcal{I}},1}(\boldsymbol{I}_{N_{\Phi}}-\boldsymbol{D}^{\#}_{\widetilde{\mathcal{I}},1})\boldsymbol{D}_{\mathcal{I}\backslash\widetilde{\mathcal{I}},1}$ 的缩小形式，因此 λ_1 的分布直接由 $\boldsymbol{D}^{\mathrm{H}}_{\mathcal{I}\backslash\widetilde{\mathcal{I}},1}(\boldsymbol{I}_{N_{\Phi}}-\boldsymbol{D}^{\#}_{\widetilde{\mathcal{I}},1})\boldsymbol{D}_{\mathcal{I}\backslash\widetilde{\mathcal{I}},1}$ 决定。在配置2中，λ_1 是 N_{p} 个独立的非负随机变量的和，即 $\boldsymbol{D}^{\mathrm{H}}_{\mathcal{I}\backslash\widetilde{\mathcal{I}},n_{\mathrm{p}}}(\boldsymbol{I}_{N_{\Phi}}-\boldsymbol{D}^{\#}_{\widetilde{\mathcal{I}},n_{\mathrm{p}}})\boldsymbol{D}_{\mathcal{I}\backslash\widetilde{\mathcal{I}},n_{\mathrm{p}}}$，根据中心极限定理，$\lambda_1$ 渐近服从高斯分布。为了从数值上研究 λ_1 在不同配置中的分布，随机生成测量矩阵 $\boldsymbol{D}$、索引集合 $\mathcal{I}$ 和 $\widetilde{\mathcal{I}}$($|\mathcal{I}\backslash\widetilde{\mathcal{I}}|=1$)，并绘制 λ_1 的直方图(见图9.6)。可以看到，配置1中 λ_1 直方图的左尾比配置2中的更重。由于支撑检测错误概率主要由 λ_1 的小值(即左尾)贡献，因此可以预期配置1的性能比配置2好。

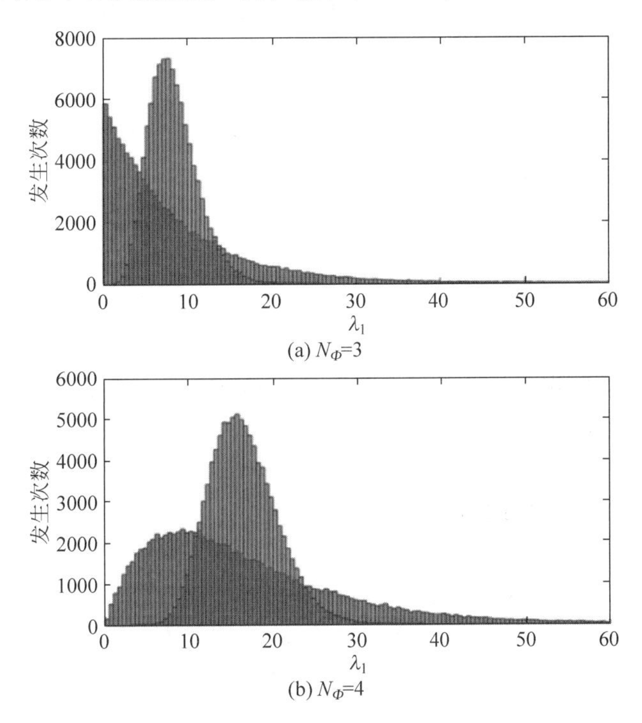

图9.6　λ_1 直方图($|\mathcal{I}\backslash\widetilde{\mathcal{I}}|=1$，$N_{\mathrm{a}}=16$，$N_{\mathrm{p}}=8$，$K_{\mathrm{s}}=1$ 和 $L=2$
图9.6(a)对应于相同生成的合并矩阵，图9.6(b)对应于独立生成的合并矩阵)

9.3.4 仿真实验及结果分析

本节给出多面板毫米波 MIMO 系统的块稀疏信道估计方法的仿真结果及性能分析。

实验 1：不同信道估计算法性能比较

本实验给出了穷举支撑检测和低复杂度贪婪支撑检测的多面板正交投影信道估计(Orthogonal Projection based Channel Estimation，OPCE)的归一化均方误差(Normalized Mean Square Error，NMSE)随信噪比变化而变化的曲线。仿真参数设置：$N_a=16$，$N_p=8$，$K_s=8$，$N_\Phi=3$ 和 $L=2$。仿真结果如图 9.7 所示，从图 9.7(a)可以看出，具有穷举支撑检测的 OPCE 算法达到了最佳性能。作为一种最优方案，穷举支撑检测的 OPCE 算法的优越性并不令人惊讶。值得注意的是，贪婪支撑低复杂度 OPCE 算法检测效果优于传统的块 OMP 和混合 L_1/L_2 范数优化方法。作为贪婪方法，贪婪支撑搜索 OPCE 算法根据接收到的信号向量 $\boldsymbol{y}_{con}$ 以贪婪的方式依次构造信号子空间，而块 OMP 算法根据残差信号向量通过删除 $\boldsymbol{y}_{con}$ 的投影依次搜索最强的基。在这两种算法中，前几次迭代中选择的错误索引将在随后的迭代中保留在支撑集中，最终导致支撑集检测错误。然而，块 OMP 的不利影响更为显著，因为根据不正确的索引导致的投影删除所犯错误概率将会被放大，并将此干扰传播到后续迭代中，而且这种影响在测量数 N_Φ 较小时尤其明显。此外，还可以发现，尽管所列出的 4 种信道估计方案的 NMSE 在所给定的信噪比范围内衰减，但在较高信噪比的情况下，衰减率逐渐变为零，这说明存在一个不可逾越的 NMSE 下限。这个不可逾越的 NMSE 下限来源可能是以下两方面：角度量化误差和角度支撑检测误差。为了排除角度量化误差的影响，仿真实验中设置信道响应离散($\phi_l=-1+2n/N_aK_s$，$n=1,2,\cdots,N_aK_s$)，如图 9.7(b)所示。对于穷举支撑检测 OPCE 算法，NMSE 的对数随信噪比呈线性下降。结果表明，在无噪声的情况下，穷举支撑检测 OPCE 算法不会产生支撑检测错误，从而验证了定理 9.1 的结论；相反，其他算法的 NMSE 曲线都随着信噪比的增加而变得平坦。对于低复杂度贪婪支撑检测 OPCE 算法和块 OMP 算法，NMSE 的下限由支撑检测错误引起。对于混合 L_1/L_2 范数优化方法，由于 L_0 范数约束被 L_1 范数约束取代，因此不能得出相同的结论。然而，这也确实表明：仅有 $N_\Phi=L+1$ 个测量值时，混合 L_1/L_2 范数优化算法不是一个有效的稀疏信号恢复方案。

实验 2：连续波达角实际场景中过采样因子对 OPCE 算法性能的影响

本实验研究了在连续波达角实际场景中过采样因子对穷举支撑检测最优多面板 OPCE 算法性能的影响，仿真参数设置：$N_a=16$，$N_p=8$，$N_\Phi=3$ 和 $L=2$，仿真结果如图 9.8 所示。可以看出，OPCE 的性能随 K_s 的增加而提高。此外，值得注意的是，$K_s=1,2,4,8,16,32$ 对应的 NMSE 曲线都有一个不可逾越的下限，但这些下限所对应的信噪比范围有很大的不同。对于 $K_s=1$，NMSE 曲线下限所对应的信噪比开始于 13dB；对于 $K_s=2$，信噪比范围从 16dB 开始；当 $K_s=4$ 时，信噪比范围从 25dB 开始；当 $K_s=8$ 时，信噪比范围从 31dB 开始；当 $K_s=16$ 时，信噪比范围从 37dB 开始；当 $K_s=32$ 时，信噪比范围从 40dB 或更高开始。总之，从图 9.8 可以得出：随着 K_s 增加，NMSE 曲线下界所对应的起始信噪比逐渐增大。由于 NMSE 主要由波达角估计误差造成，再加上连续波达角可以被视为具有无穷小的 $\Delta\phi_l$ 的离散情形，因此，上述仿真结果表明：在过采样因子 K_s 足够大的情况下，高信噪比条件可以使得波达角 ϕ_l 的检测误差尽可能小。然而，尽管这一趋势具有重要的理论

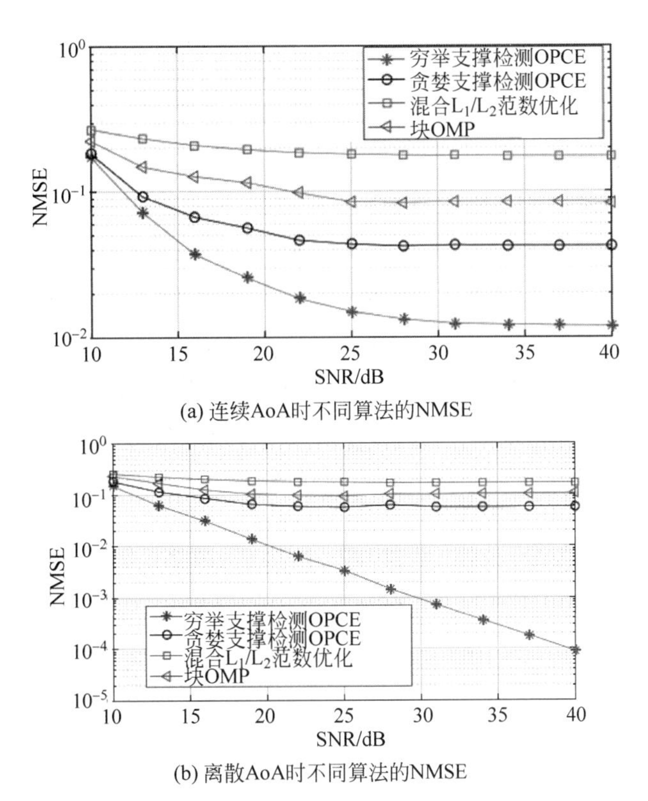

(a) 连续AoA时不同算法的NMSE

(b) 离散AoA时不同算法的NMSE

图 9.7 不同算法的 NMSE 比较($N_a=16, N_p=8, K_s=8, N_{\Phi}=3, L=2$)

意义,但考虑到其较高的计算复杂度,在实际应用中,K_s 不能设置得太大。取而代之的是,可以在性能和复杂度之间选择一个折中的 K_s,因为在一定的信噪比范围内增加 K_s 所带来的性能增益可能不是很大。例如,在 10~25dB 范围内,$K_s=16,32$ 的性能非常相似。

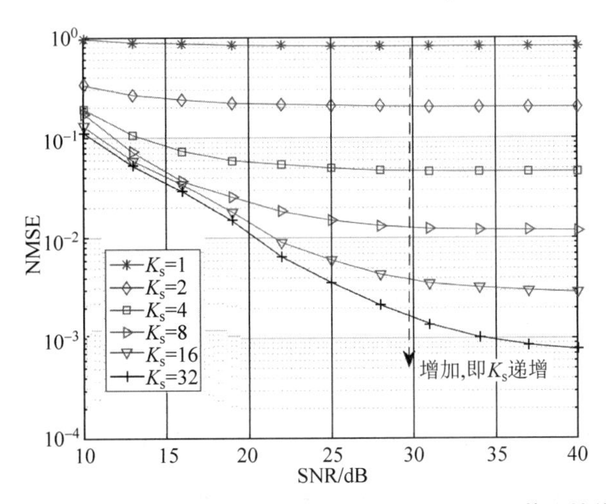

图 9.8 连续 AoA 不同过采样因子下最佳多面板 OPCE 算法性能比较

实验 3: 天线数 N_p 对穷举支撑检测联合多面板 OPCE 算法的影响

本实验给出了天线数 N_p 对穷举支撑检测联合多面板 OPCE 算法的影响。为了验证支撑检测错误概率与 NMSE 之间的关系,本节对离散波达角毫米波信道系统进行了仿真实

验。仿真参数设置：$N_a=16$，$K_s=8$，$N_\Phi=3$ 和 $L=2$。仿真结果如图 9.9 所示。图 9.9(a)给出了支撑检测错误概率与天线数面板数、信噪比之间的关系。可以看出，首先，支撑检测错误概率随天线面板数 N_p 的增加而降低，但当 N_p 较大时，性能提高不明显。例如，从 $N_p=1$ 到 $N_p=2$ 的性能提升比从 $N_p=4$ 到 $N_p=8$ 的性能提升要大得多。其次，在高信噪比条件下，支撑错误概率随着信噪比的增加而减小，而且错误概率变化率基本不变。这表明在信噪比足够高的情况下，$N_\Phi=L+1$ 次导频传输足够正确检测支撑集。值得一提的是，高信噪比条件下不同面板数量所对应的错误检测概率曲线斜率相同，从而表明多个面板不会带来分集增益。这与推论 9.2 中的结论一致，即，$|\mathcal{I}\backslash\widetilde{\mathcal{I}}|=1$ 对应着支撑集错误类型 $\text{rank}(\boldsymbol{\Sigma})=1$。因此算法的性能增益主要归因于增加 N_p 带来的 λ_1 分布的轻尾性。从图 9.9(b)可以看出，具有不同天线面板数 N_p 的 OPCE 算法 NMSE 曲线与支撑集错误率曲线具有相同的趋势，这表明毫米波波束的偏移决定了 OPCE 算法的 NMSE 性能。因此，支撑集检测错误概率是衡量信道估计性能的可靠度量。

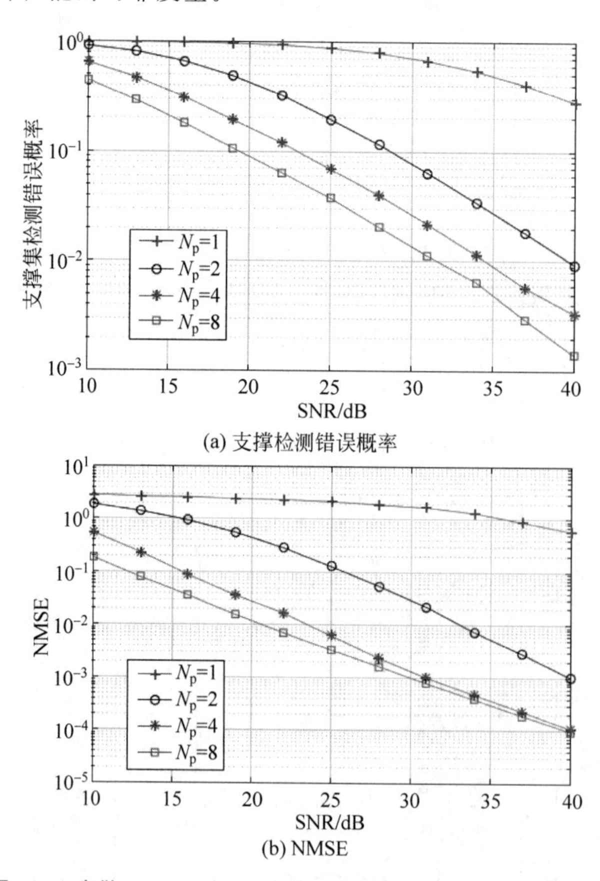

(a) 支撑检测错误概率

(b) NMSE

图 9.9 离散 AoA 不同 N_p 下最优多面板 OPCE 算法性能比较

实现 4：独立/相同生成组合矩下最优多面板 OPCE 算法性能比较

本实验给出了采用独立生成组合矩阵的最优联合多面板 OPCE 算法与具有相同生成组合矩阵的 OPCE 算法的性能之间的比较。仿真参数设置：$N_a=16$，$N_p=8$，$N_\Phi=3$，$K_s=8$ 和 $L=2$。仿真结果如图 9.10 所示。图中虚线对应离散波达角的理想毫米波信道模型；而实线对应连续波达角的实际毫米波信道模型。可以看到，在离散波达角理想毫米波信道情形下，独立生成组合矩阵的多面板 OPCE 算法的性能远远好于利用相同组合矩阵的多面板 OPCE 算法。这验证了图 9.6 中 λ_1 的分布所得到的猜想，即不同的组合矩阵 M_{n_p} ($n_p=1,2,\cdots,N_p$)将导致 λ_1 分布的左尾比相同组合矩阵条件下更轻一些。在波达角连续的实际条件下，同样的结论成立，并且两种方案之间的性能差距更大。还可以验证，在波达角离散的理想毫米波信道中上述结论仍然成立。最后，由于独立生成组合矩阵的 OPCE 算法和利用相同生成组合矩阵的 OPCE 算法之间的唯一区别是测量矩阵 $\boldsymbol{D}$，因此可以得出结论，对于多面板 OPCE，独立生成的随机组合矩阵在不同的天线面板上可以得到更好的测量矩阵 $\boldsymbol{D}$。

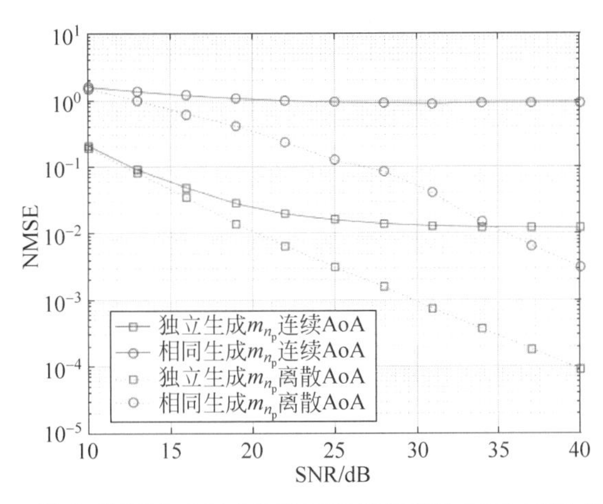

图 9.10　独立/相同生成组合矩阵下最优多面板 OPCE 算法性能比较

本节对于时分双工多面板毫米波 MIMO 的信道估计问题，通过将信道响应向量变换到角域，将多面板 MIMO 的信道估计问题建模为块稀疏信号恢复问题。根据最大似然准则，利用正交投影来检测角通道响应的支撑集。此外，为了降低多面板 MIMO 信道估计的计算复杂度，介绍了一种低复杂度的贪婪支撑集检测算法。在此基础上，推导了支撑集检测的配对错误概率，并在此基础上对联合多面板信道估计与独立单面板信道估计的性能增益进行了比较、分析和验证。此外，使用独立生成的随机组合矩阵的联合多面板信道估计的性能优于使用相同生成组合矩阵的联合多面板信道估计。仿真结果表明，在不同的场景下，基于正交投影的多面板信道估计方法要优于其他估计方法。

9.4　基于群稀疏表示的双选择毫米波 MIMO 信道估计

毫米波 MIMO 无线通信技术对于 5G 无线网络实现更高的数据速率具有重要的应用价值。然而由于各种障碍，例如，较高的路径损耗、不断增加的硬件复杂性以及高频下严重的信号拥挤等，均导致毫米波通信需要面临越来越多的挑战[37]。MIMO 技术是未来移动通信系统实现高数据速率，提高传输质量的重要途径。高速分组宽带传输和高移动性的终端要求，使得无线 MIMO 通信信道具有时间选择性与频率选择性两个特征，因此未来的 MIMO 通信系统将面临双选择性衰落信道模型。精确的信道估计对整个通信系统的性能有很大影响，而当天线数目增加时，信道估计遇到了极大的挑战，因为未知的信道抽头个数增加，且发送能量被分割。以上说明，双选择性信道与空间相关信道下 MIMO 系统中的信道估计方法研究对于未来无线通信高质量传输具有重要的理论意义和实用价值。

以往一些工作主要考虑了频率平坦信道模型[38-39]，然而，由于毫米波 MIMO 信道的带宽较宽，因此在本质上通常为频率选择性。之后有学者采用基于空间网格的正交匹配追踪(OMP)毫米波信道估计方法[40-41]，然而该方法对字典矩阵和停止准则的选择高度敏感，微小的变化就会导致收敛误差变大，从而导致估计性能下降。相关研究表明，如果能够利用毫米波 MIMO 信道的时间相关性和群稀疏特性，将会显著提高信道估计性能[40-41]。因此，有必要针对时间和频率选择性毫米波 MIMO 信道开发新的稀疏信道估计方案，以克服现有技术的不足。在这种背景下，稀疏贝叶斯学习(SBL)已被证明优于 FOCUSS、基追踪(BP)等现有方法[42]，这使得它非常适合于毫米波混合 MIMO 系统中的信道估计。

本节介绍基于稀疏贝叶斯学习卡尔曼滤波(Sparse Bayesian Learning Kalman Filter, SBL-KF)的双选择性 MIMO 信道估计方法。双选择毫米波 MIMO 信道可等效表示为群稀疏波束空间信道向量。首先开发用于波束空间信道向量估计的 SBL-KF，然后用递归贝叶斯 Cramér-Rao 下限(BCRB)来描述所提出的信道估计算法的效率。仿真结果验证基于群稀疏压缩感知方法的优越性。

9.4.1 双选择性群稀疏信道模型

1. 毫米波混合 MIMO 系统模型

考虑如图 9.11 所示的毫米波混合 MIMO 系统，有 N_{T} 个发射天线，N_{R} 个接收天线，$N_{\mathrm{RF}} \leqslant \min(N_{\mathrm{T}}, N_{\mathrm{R}})$ 射频链，用于传输 $N_{\mathrm{s}}(\leqslant N_{\mathrm{RF}})$ 个并行数据流。混合预编码器 $\boldsymbol{F}=\boldsymbol{F}_{\mathrm{RF}}\boldsymbol{F}_{\mathrm{BB}} \in \mathbf{C}^{N_{\mathrm{T}} \times N_{\mathrm{S}}}$ 由数字 MIMO 基带和模拟射频链预编码器级联组成，分别表示为 $\boldsymbol{F}_{\mathrm{BB}} \in \mathbf{C}^{N_{\mathrm{RF}} \times N_{\mathrm{S}}}$ 和 $\boldsymbol{F}_{\mathrm{RF}} \in \mathbf{C}^{N_{\mathrm{T}} \times N_{\mathrm{RF}}}$。

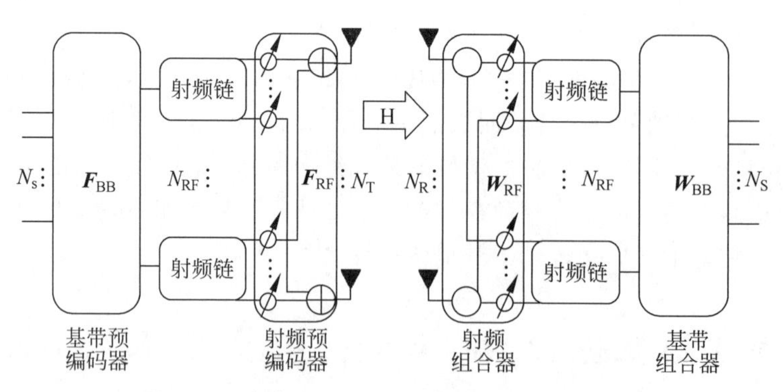

图 9.11 毫米波 MIMO 系统混合信号处理过程

接收端使用混合组合器 $\boldsymbol{W}=\boldsymbol{W}_{\mathrm{RF}}\boldsymbol{W}_{\mathrm{BB}} \in \mathbf{C}^{N_{\mathrm{R}} \times N_{\mathrm{S}}}$，其中 $\boldsymbol{W}_{\mathrm{BB}} \in \mathbf{C}^{N_{\mathrm{RF}} \times N_{\mathrm{S}}}$，$\boldsymbol{W}_{\mathrm{RF}} \in \mathbf{C}^{N_R \times N_{\mathrm{RF}}}$ 分别表示基带和 RF 组合器。假设毫米波 MIMO 信道具有频率选择性，在发射端和接收端之间具有 L 个延迟抽头：$\boldsymbol{H}_{d,n} \in \mathbf{C}^{N_{\mathrm{R}} \times N_{\mathrm{T}}}$，$d=0,1,\cdots,L-1$。其中 d 表示抽头索引，n 表示传输块索引。为了方便进行信道估计，考虑每个块 n 包括 M 个训练帧，每个训练帧的长度为 N。将长度为 $L-1$ 的零前缀(ZP)添加到每个帧。发送端和接收端在第 m 个训练帧期

间分别使用 RF 预编码器 $\boldsymbol{F}_{\mathrm{RF},m} \in \mathbf{C}^{N_{\mathrm{T}} \times N_{\mathrm{RF}}}$ 和 RF 合路器 $\boldsymbol{W}_{\mathrm{RF},m} \in \mathbf{C}^{N_{\mathrm{R}} \times N_{\mathrm{RF}}}$。令 $\boldsymbol{s}_m[\tilde{n}] \in \mathbf{C}^{N_{\mathrm{RF}} \times 1}$ 表示时刻 $\tilde{n}(1 \leqslant \tilde{n} \leqslant N)$ 的导频向量，在第 $m(1 \leqslant m \leqslant M)$ 个训练帧中，相应的射频组合器输出向量 $\boldsymbol{y}_m^n[\tilde{n}] \in \mathbf{C}^{N_{\mathrm{RF}} \times 1}$ 表示如下：

$$\boldsymbol{y}_m^n[\tilde{n}] = \sum_{d=0}^{L-1} \boldsymbol{W}_{\mathrm{RF},m}^{\mathrm{H}} \boldsymbol{H}_{d,n} \boldsymbol{F}_{\mathrm{RF},m} \boldsymbol{s}_m[\tilde{n} - d] + \boldsymbol{W}_{\mathrm{RF},m}^{\mathrm{H}} \boldsymbol{\nu}_m^n[\tilde{n}] \tag{9.78}$$

其中 $\boldsymbol{\nu}_m^n[\tilde{n}] \in \mathbf{C}^{N_{\mathrm{R}} \times 1} \sim \mathrm{CN}(\mathbf{0}, \sigma^2 \boldsymbol{I}_{N_{\mathrm{R}}})$ 表示具有协方差矩阵为 $\sigma^2 \boldsymbol{I}_{N_{\mathrm{R}}}$、均值为零向量的对称复高斯白噪声向量。

值得注意的是，由于 $\boldsymbol{F}_{\mathrm{RF},m}$ 与 $\boldsymbol{W}_{\mathrm{RF},m}$ 使用模拟移相器实现，它们的元素被约束为具有相等的范数和适当选择的相位值。

2. 时间和频率双选择性毫米波稀疏信道模型

利用窄带集群信道模型[37,39]，可以将时间和频率双选择性毫米波 MIMO 信道的第 n 个传输块 $\boldsymbol{H}_{d,n}$ 中的第 d 个延时抽头表示为

$$\boldsymbol{H}_{d,n} = \sqrt{\frac{N_{\mathrm{T}} N_{\mathrm{R}}}{N_{\mathrm{cl}} N_{\mathrm{ray}}}} \sum_{i=1}^{N_{\mathrm{cl}}} \sum_{j=1}^{N_{\mathrm{ray}}} \alpha_{ij,n} p(dT_{\mathrm{s}} - \tau_{ij}) \boldsymbol{a}_{\mathrm{R}}(\phi_{ij}) \boldsymbol{a}_{\mathrm{T}}^{\mathrm{H}}(\theta_{ij}) \tag{9.79}$$

其中，$\alpha_{ij,n} \in \mathbf{C}$ 和 $\tau_{ij} \in \mathbf{R}$ 分别代表第 j 个射线、第 i 个集群的复信道增益和延迟，$p(\tau)$ 代表 τ 时刻带限脉冲整形滤波器响应，$\phi_{ij} \in [0, \pi)$ 和 $\theta_{ij} \in [0, \pi)$ 分别表示多径分量的到达角和离开角，$\boldsymbol{a}_{\mathrm{R}}(\phi_{ij}) \in \mathbf{C}^{N_{\mathrm{R}} \times 1}$ 和 $\boldsymbol{a}_{\mathrm{T}}(\theta_{ij}) \in \mathbf{C}^{N_{\mathrm{T}} \times 1}$ 分别表示与均匀线性接收和发射阵列相对应的阵列响应向量，它们分别为

$$\boldsymbol{a}_{\mathrm{R}}(\phi_{ij}) = \frac{1}{\sqrt{N_{\mathrm{R}}}} \left[1, \mathrm{e}^{-\mathrm{j}\frac{2\pi}{\lambda} d_{\mathrm{r}} \cos\phi_{ij}}, \cdots, \mathrm{e}^{-\mathrm{j}\frac{2\pi}{\lambda}(N_{\mathrm{R}}-1) d_{\mathrm{r}} \cos\phi_{ij}}\right]^{\mathrm{T}} \tag{9.80}$$

$$\boldsymbol{a}_{\mathrm{T}}(\theta_{ij}) = \frac{1}{\sqrt{N_{\mathrm{T}}}} \left[1, \mathrm{e}^{-\mathrm{j}\frac{2\pi}{\lambda} d_{\mathrm{t}} \cos\theta_{ij}}, \cdots, \mathrm{e}^{-\mathrm{j}\frac{2\pi}{\lambda}(N_{\mathrm{T}}-1) d_{\mathrm{t}} \cos\theta_{ij}}\right]^{\mathrm{T}} \tag{9.81}$$

其中 λ、d_{r} 和 d_{t} 分别表示工作波长、接收天线间距和发射天线间距。

接下来对毫米波混合 MIMO 信道等效稀疏波束空间[39,41]表示展开研究。在角度域 $[0, \pi)$ 上对于离开角(AoD)和到达角(AoA)进行网格点划分，与发射和接收天线阵列相对应的空间角量化集合分别设为 $\boldsymbol{\Phi}_{\mathrm{R}}$ 和 $\boldsymbol{\Theta}_{\mathrm{T}}$，其定义如下：

$$\boldsymbol{\Phi}_{\mathrm{R}} = \{\phi_g : \phi_g \in [0, \pi), \forall 1 \leqslant g \leqslant G_{\mathrm{R}}\} \tag{9.82}$$

$$\boldsymbol{\Theta}_{\mathrm{T}} = \{\theta_g : \theta_g \in [0, \pi), \forall 1 \leqslant g \leqslant G_{\mathrm{T}}\} \tag{9.83}$$

其中 $G_{\mathrm{T}}, G_{\mathrm{R}} \geqslant \max\{N_{\mathrm{T}}, N_{\mathrm{R}}\}$。

相应的发送和接收阵列响应字典矩阵 $\boldsymbol{A}_{\mathrm{T}}(\boldsymbol{\Theta}_{\mathrm{T}})$ 和 $\boldsymbol{A}_{\mathrm{R}}(\boldsymbol{\Phi}_{\mathrm{R}})$ 通过分别与对应于角度网格集 $\boldsymbol{\Theta}_{\mathrm{T}}$ 和 $\boldsymbol{\Phi}_{\mathrm{R}}$ 的阵列响应向量进行级联而获得，其描述如下：

$$\boldsymbol{A}_{\mathrm{T}}(\boldsymbol{\Theta}_{\mathrm{T}}) = [\boldsymbol{a}_{\mathrm{T}}(\theta_1), \boldsymbol{a}_{\mathrm{T}}(\theta_2), \cdots, \boldsymbol{a}_{\mathrm{T}}(\theta_{G_{\mathrm{T}}})] \in \mathbf{C}^{N_{\mathrm{T}} \times G} \tag{9.84}$$

$$\boldsymbol{A}_{\mathrm{R}}(\boldsymbol{\Phi}_{\mathrm{R}}) = [\boldsymbol{a}_{\mathrm{R}}(\phi_1), \boldsymbol{a}_{\mathrm{R}}(\phi_2), \cdots, \boldsymbol{a}_{\mathrm{R}}(\phi_{G_{\mathrm{R}}})] \in \mathbf{C}^{N_{\mathrm{R}} \times G} \tag{9.85}$$

这样，毫米波 MIMO 信道的波束空间表示可以构造为[37,39]

$$\boldsymbol{H}_{d,n} \approx \boldsymbol{A}_{\mathrm{R}}(\boldsymbol{\Phi}_{\mathrm{R}}) \boldsymbol{H}_{b,n}^{d} \boldsymbol{A}_{\mathrm{T}}^{\mathrm{H}}(\boldsymbol{\Theta}_{\mathrm{T}}) \tag{9.86}$$

其中 $\boldsymbol{H}_{b,n}^{d} \in \mathbf{C}^{G_{\mathrm{R}} \times G_{\mathrm{T}}}$ 表示对应于 $\boldsymbol{H}_{d,n}$ 的等效波束空间信道矩阵。

于是，可以通过叠加 $\boldsymbol{H}_d$ 的列来获得上述信道矩阵的紧凑表示：

$$\boldsymbol{h}_{d,n}=\mathrm{vec}(\boldsymbol{H}_{d,n})\approx(\boldsymbol{A}_{\mathrm{T}}^{*}(\boldsymbol{\Theta}_{\mathrm{T}})\otimes\boldsymbol{A}_{\mathrm{R}}(\boldsymbol{\Phi}_{\mathrm{R}}))\boldsymbol{h}_{b,n}^{d} \tag{9.87}$$

其中 $\boldsymbol{h}_{b,n}^{d}=\mathrm{vec}(\boldsymbol{H}_{d,n})\in\mathbf{C}^{G_{\mathrm{R}}G_{\mathrm{T}}\times 1}$ 表示通过 $\boldsymbol{H}_{b,n}^{d}$ 的类似叠加获得的等效波束空间信道向量。

由于毫米波频率下信号传播的高度方向性以及减少的多径散射和衍射效应，仅有波束空间信道向量 $\boldsymbol{h}_{b,n}^{d}$ 的极少数分量 $N_{\mathrm{cl}}N_{\mathrm{ray}}(\ll G_{\mathrm{R}}G_{\mathrm{T}})$ 呈活跃状态（非零）。因此，时间和频率双选择性毫米波 MIMO 信道的级联向量等效信道向量 $\boldsymbol{h}_{n}\in\mathbf{C}^{N_{\mathrm{R}}N_{\mathrm{T}}L\times 1}$ 可以构造为

$$\begin{aligned}\boldsymbol{h}_{n}&\triangleq\mathrm{vec}(\underbrace{[\boldsymbol{H}_{0,n},\boldsymbol{H}_{1,n},\cdots,\boldsymbol{H}_{L-1,n}]}_{\boldsymbol{H}_{n}})=[\boldsymbol{h}_{0,n}^{\mathrm{T}},\boldsymbol{h}_{1,n}^{\mathrm{T}},\cdots,\boldsymbol{h}_{L-1,n}^{\mathrm{T}}]^{\mathrm{T}}\\&=\underbrace{(\boldsymbol{I}_{L}\otimes\boldsymbol{A}_{\mathrm{T}}^{*}(\boldsymbol{\Theta}_{\mathrm{T}})\otimes\boldsymbol{A}_{\mathrm{R}}(\boldsymbol{\Phi}_{\mathrm{R}}))}_{\boldsymbol{\Psi}}\boldsymbol{h}_{b,n}\end{aligned} \tag{9.88}$$

其中 $\boldsymbol{h}_{b,n}\triangleq[(\boldsymbol{h}_{b,n}^{0})^{\mathrm{T}},(\boldsymbol{h}_{b,n}^{1})^{\mathrm{T}},\cdots,(\boldsymbol{h}_{b,n}^{L-1})^{\mathrm{T}}]^{\mathrm{T}}\in\mathbf{C}^{G_{\mathrm{R}}G_{\mathrm{T}}L\times 1}$ 表示等效波束空间信道向量。

这个信道向量如图 9.12 所示，上述毫米波 MIMO 信道模型的一个显著特征是信道向量 $\boldsymbol{h}_{b,n}$ 呈群稀疏性，每个子向量 $\boldsymbol{h}_{b,n}^{d}$ 的非零元素与散射环境中的活跃 AoA/AoD 相关。此外，波束空间信道向量 $\boldsymbol{h}_{b,n}$ 的时间演变可以建模为

$$\boldsymbol{h}_{b,n}=\rho\boldsymbol{h}_{b,n-1}+\sqrt{1-\rho^{2}}\,\boldsymbol{u}_{n} \tag{9.89}$$

其中 $\boldsymbol{u}_n$ 表示新噪声和 ρ 表示对应于波束空间信道向量 $\boldsymbol{h}_{b,n}$ 的时间相关系数，可根据 Jake 模型计算公式 $\rho=J_0(2\pi f_{\mathrm{D}}T)$，$J_0(\cdot)$是第一类的零阶贝塞尔函数，$f_{\mathrm{D}}$ 和 T 分别表示最大多普勒频率和块持续时间。

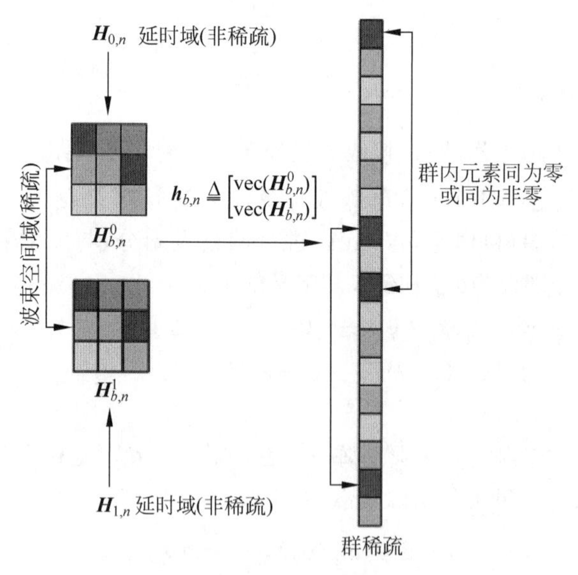

图 9.12 群稀疏结构

假定 $\boldsymbol{u}_n$ 和 $\boldsymbol{h}_{b,n-1}$ 的非零分量相互独立，并且其元素分别服从分布 $\mathrm{CN}(0,\sigma_u^2)$ 和 $\mathrm{CN}(0,\sigma_h^2)$。

3. 双选择性毫米波 MIMO 稀疏信道估计框架

考虑一个毫米波 MIMO 系统(见图 9.11),其稀疏信道模型可等效于由 N 个测量级联而成的一个 $N_{\mathrm{RF}} \times N$ 矩阵,第 m 帧多测量向量(MMV)用 $\boldsymbol{Y}_m^n$ 表示,则 $\boldsymbol{Y}_m^n = [\boldsymbol{y}_m^n[1], \boldsymbol{y}_m^n[2], \cdots, \boldsymbol{y}_m^n[N]]$,从而 $\boldsymbol{Y}_m^n$ 的数学模型可表示如下:

$$\boldsymbol{Y}_m^n = \boldsymbol{W}_{\mathrm{RF},m}^{\mathrm{H}} \boldsymbol{H}_n (\boldsymbol{I}_L \otimes \boldsymbol{F}_{\mathrm{RF},m}) \boldsymbol{S}_m^{\mathrm{T}} + \boldsymbol{E}_m^n \tag{9.90}$$

其中 $\boldsymbol{E}_m^n = [\boldsymbol{W}_{\mathrm{RF},M}^{\mathrm{H}} \boldsymbol{\nu}_m^n[1], \boldsymbol{W}_{\mathrm{RF},M}^{\mathrm{H}} \boldsymbol{\nu}_m^n[2], \cdots, \boldsymbol{W}_{\mathrm{RF},M}^{\mathrm{H}} \boldsymbol{\nu}_m^n[N]] \in \mathbf{C}^{N_{\mathrm{RF}} \times N}$ 表示射频组合器输出噪声矩阵,训练符号矩阵 $\boldsymbol{S}_m \in \mathbf{C}^{N \times N_{\mathrm{RF}} L}$ 被定义为

$$\boldsymbol{S}_m \triangleq \begin{bmatrix} \boldsymbol{s}_m^{\mathrm{T}}[1] & \mathbf{0} & \cdots & \mathbf{0} \\ \boldsymbol{s}_m^{\mathrm{T}}[2] & \boldsymbol{s}_m^{\mathrm{T}}[1] & \cdots & \mathbf{0} \\ \vdots & \vdots & \ddots & \vdots \\ \boldsymbol{s}_m^{\mathrm{T}}[N] & \boldsymbol{s}_m^{\mathrm{T}}[N-1] & \cdots & \boldsymbol{s}_m^{\mathrm{T}}[N-L+1] \end{bmatrix}$$

将矩阵 $\boldsymbol{Y}_m^n$ 按列拉直后,得到一个长向量 $\boldsymbol{y}_m^n$:

$$\boldsymbol{y}_m^n \triangleq \mathrm{vec}(\boldsymbol{Y}_m^n) \in \mathbf{C}^{NN_{\mathrm{RF}} \times 1} = \underbrace{\boldsymbol{S}_m (\boldsymbol{I}_L \otimes \boldsymbol{F}_{\mathrm{RF},m}^{\mathrm{T}}) \otimes \boldsymbol{W}_{\mathrm{RF},m}^{\mathrm{H}}}_{\boldsymbol{\Phi}_m} \boldsymbol{h}_n + \boldsymbol{e}_m^n \tag{9.91}$$

其中 $\boldsymbol{e}_m^n = \mathrm{vec}(\boldsymbol{E}_m^n) \in \mathbf{C}^{NN_{\mathrm{RF}} \times 1}$ 是噪声矩阵按列拉直之后所得的向量(叠加的噪声向量)。

将 M 个训练帧数据向量 $\boldsymbol{y}_m^n (1 \leqslant m \leqslant M)$ 级联得到一个总的数据向量 $\boldsymbol{y}_n \in \mathbf{C}^{NMN_{\mathrm{RF}} \times 1}$,其表示如下:

$$\boldsymbol{y}_n = [\boldsymbol{\Phi}_1^{\mathrm{T}}, \boldsymbol{\Phi}_2^{\mathrm{T}}, \cdots, \boldsymbol{\Phi}_M^{\mathrm{T}}]^{\mathrm{T}} \boldsymbol{h}_n + \boldsymbol{e}_n = \boldsymbol{\Phi} \boldsymbol{h}_{b,n} + \boldsymbol{e}_n \tag{9.92}$$

其中等效矩阵 $\boldsymbol{\Phi} = [\boldsymbol{\Phi}_1^{\mathrm{T}}, \boldsymbol{\Phi}_2^{\mathrm{T}}, \cdots, \boldsymbol{\Phi}_M^{\mathrm{T}}]^{\mathrm{T}} \boldsymbol{\Psi} \in \mathbf{C}^{NMN_{\mathrm{RF}} \times G_{\mathrm{R}} G_{\mathrm{T}} L}$, $\boldsymbol{e}_n \in \mathbf{C}^{NMN_{\mathrm{RF}} \times 1}$ 表示一个类似级联噪声向量,由 M 个噪声向量 $\boldsymbol{e}_m^n (1 \leqslant m \leqslant M)$ 构成,噪声向量 $\boldsymbol{e}_n$ 的协方差矩阵 $\boldsymbol{R}_e \in \mathbf{C}^{NMN_{\mathrm{RF}} \times NMN_{\mathrm{RF}}}$ 可表示如下:

$$\boldsymbol{R}_e = \sigma^2 \mathbf{blkdiag}(\{\boldsymbol{I}_{\mathrm{N}} \otimes \boldsymbol{W}_{\mathrm{RF},m}^{\mathrm{H}} \boldsymbol{W}_{\mathrm{RF},m}\}_{m=1}^{M}) \tag{9.93}$$

其中 **blkdiag**(·)表示分块对角矩阵。

9.4.2 群稀疏 SBL-KF 信道估计算法

本节介绍用于估计波束空间信道向量 $\boldsymbol{h}_{b,n}$ 的 SBL-KF 框架,该框架利用其固有的群稀疏性和时间相关性来提高估计性能。传统的卡尔曼滤波器(Kalman Filter,KF)用于估计时变信号的显著缺点是它不能保证稀疏度的估计[43]。因此,本节推导用于毫米波混合 MIMO 系统中时间和频率双选择性稀疏信道估计算法 SBL-KF。SBL-KF 框架首先将以下参数化的高斯先验分布分配给波束空间信道向量 $\boldsymbol{h}_{b,n}$[42]:

$$p(\boldsymbol{h}_{b,n}; \boldsymbol{\Gamma}_n) = \prod_{d=0}^{L-1} \prod_{i=1}^{G_{\mathrm{R}} G_{\mathrm{T}}} (\pi \gamma_{i,n})^{-1} \exp\left(-\frac{|\boldsymbol{h}_{b,n}^d(i)|^2}{\boldsymbol{\gamma}_{i,n}}\right) \tag{9.94}$$

其中超参数 $\boldsymbol{\gamma}_{i,n} (1 \leqslant i \leqslant G_{\mathrm{R}} G_{\mathrm{T}})$ 表示与 $\boldsymbol{h}_{b,n}$ 的第 i 个分量相对应的先验方差,$\boldsymbol{\Gamma}_n \in \mathbf{R}^{G_{\mathrm{R}} G_{\mathrm{T}} \times G_{\mathrm{R}} G_{\mathrm{T}}}$ 是超参数构成的对角矩阵。

令 $\hat{\boldsymbol{h}}_{b,n|n-1}$ 和 $\boldsymbol{\Sigma}_{b,n|n-1}$ 分别表示第 n 个过滤块 $\boldsymbol{h}_{b,n}$ 的预测信道的估计量和相关的误

差协方差矩阵。同样地，$\hat{\boldsymbol{h}}^{d}_{b,n|n}$ 和 $\boldsymbol{\Sigma}_{b,n|n}$ 代表滤波后的信道估计和误差协方差矩阵，并分别从标准的卡尔曼滤波器中获得。将新增向量的 $\boldsymbol{u}_n$ 协方差设置为$\hat{\boldsymbol{\Gamma}}_n^{(k)}$，由于波束空间信道向量 $\boldsymbol{h}_{b,n}$ 和新增的噪声向量 $\boldsymbol{u}_n$ 共享一个相同的稀疏性轮廓，因此，信道估计等价于超参数矩阵$\hat{\boldsymbol{\Gamma}}_n^{(k)}$ 的估计。

波束空间信道向量 $\boldsymbol{h}_{b,n}$ 的后验概率可以被认为属于正态分布，即 $p(\boldsymbol{h}_{b,n}|\boldsymbol{y}_n;\boldsymbol{\Gamma}_n)\sim \mathrm{CN}(\boldsymbol{\mu}_n,\boldsymbol{\Sigma}_n)$，其中$\boldsymbol{\mu}_n\in\mathbf{C}^{G_\mathrm{R}G_\mathrm{T}L\times 1}$，$\boldsymbol{\Sigma}_n\in\mathbf{C}^{G_\mathrm{R}G_\mathrm{T}L\times G_\mathrm{R}G_\mathrm{T}L}$，且二者分别表示如下：

$$\boldsymbol{\mu}_n=\boldsymbol{\Sigma}_n\boldsymbol{\Phi}^\mathrm{H}\boldsymbol{R}_\mathrm{e}^{-1}\boldsymbol{y}_n,\quad \boldsymbol{\Sigma}_n=(\boldsymbol{\Phi}^\mathrm{H}\boldsymbol{R}_\mathrm{e}^{-1}\boldsymbol{\Phi}+(\boldsymbol{I}_L\otimes\boldsymbol{\Gamma}_n)^{-1})^{-1} \tag{9.95}$$

在 EM(Expectation-Maximization)算法中，令$\hat{\boldsymbol{\Gamma}}_n^{(k-1)}$ 表示在第 $k-1$ 次 EM 迭代中超参数矩阵$\boldsymbol{\Gamma}_n$ 的估计。在 EM 算法的第 k 次迭代中的 E 步，计算完整数据的平均对数似然$\mathcal{L}(\boldsymbol{\Gamma}|\hat{\boldsymbol{\Gamma}}_n^{(k-1)})$：

$$\begin{aligned}\mathcal{L}(\boldsymbol{\Gamma}\mid\hat{\boldsymbol{\Gamma}}_n^{(k-1)})&=E_{\boldsymbol{h}_{b,n}|\boldsymbol{y}_n;\hat{\boldsymbol{\Gamma}}_n^{(k-1)}}\{\log p(\boldsymbol{y}_n,\boldsymbol{h}_{b,n};\boldsymbol{\Gamma}_n)\}\\&=E\{\log p(\boldsymbol{y}_n\mid\boldsymbol{h}_{b,n})+\log p(\boldsymbol{h}_{b,n};\boldsymbol{\Gamma}_n)\}\end{aligned} \tag{9.96}$$

在 M 步，对上述的对数似然函数$\mathcal{L}(\boldsymbol{\Gamma}|\hat{\boldsymbol{\Gamma}}_n^{(k-1)})$关于超参数向量$\boldsymbol{\gamma}$ 求最大，描述如下：

$$\hat{\boldsymbol{\gamma}}_n^{(k)}=\arg\max_{\gamma_n}E\{\log p(\boldsymbol{y}_n\mid\boldsymbol{h}_{b,n})+\log p(\boldsymbol{h}_{b,n};\boldsymbol{\Gamma}_n)\} \tag{9.97}$$

忽略上式中与$\hat{\boldsymbol{\gamma}}_n$ 无关的第一项，超参数向量$\boldsymbol{\gamma}_n$ 估计问题的可等价于如下优化问题：

$$\begin{aligned}\hat{\boldsymbol{\gamma}}_n^{(k)}&=\arg\max_{\gamma_n}E\{\log p(\boldsymbol{h}_{b,n};\boldsymbol{\Gamma}_n)\}\\&=\arg\max_{\gamma_n}\sum_{i=1}^{G_\mathrm{R}G_\mathrm{T}}\left(-L\log\boldsymbol{\gamma}_{i,n}+\sum_{d=0}^{L-1}-\frac{E\{|\boldsymbol{h}_{b,n}^{d}(i)|^2\}}{\boldsymbol{\gamma}_{i,n}}\right)\end{aligned} \tag{9.98}$$

估计值$\hat{\boldsymbol{\gamma}}_{i,n}^{(k)}$ 能够在 EM 算法的第 k 次迭代中得到

$$\hat{\boldsymbol{\gamma}}_{i,n}^{(k)}=\frac{1}{L}\sum_{d=0}^{L-1}\boldsymbol{\Sigma}_n^{(k)}(\tilde{d},\tilde{d})+|\boldsymbol{\mu}_n^{(k)}(\tilde{d})|^2 \tag{9.99}$$

其中 $\tilde{d}=dG_\mathrm{R}G_\mathrm{T}+i$。

超参数矩阵的对应估计为$\boldsymbol{\Gamma}_n^{(k)}=\mathrm{diag}(\boldsymbol{\gamma}_n^{(k)})$，$\boldsymbol{h}_{b,n}$ 的后验均值$\boldsymbol{\mu}_n^{(k)}$ 和协方差矩阵$\boldsymbol{\Sigma}_n^{(k)}$ 可从式(9.95)中替换获得，即$\boldsymbol{\Gamma}_n=\hat{\boldsymbol{\Gamma}}_n^{(k-1)}$。

基于 SBL-KF 的估计矩阵 $\hat{\boldsymbol{H}}_{d,n}$，$\hat{\boldsymbol{H}}_{d,n}$ 对应频率选择性毫米波 MIMO 信道第 n 个块中的第 d 个抽头，由下式给出：

$$\hat{\boldsymbol{H}}_{d,n}=\boldsymbol{A}_\mathrm{R}(\boldsymbol{\Phi}_\mathrm{R})\mathrm{vec}^{-1}(\hat{\boldsymbol{h}}_{b,n|n}^{d})\boldsymbol{A}_\mathrm{T}^\mathrm{H}(\boldsymbol{\Theta}_\mathrm{T}) \tag{9.100}$$

其中 $\hat{\boldsymbol{h}}_{b,n|n}^{d}=\hat{\boldsymbol{h}}_{b,n|n}(\boldsymbol{d}G_\mathrm{R}G_\mathrm{T}+1:(\boldsymbol{d}+1)G_\mathrm{R}G_\mathrm{T})$。

9.4.3 SBL-KF 算法性能分析

SBL-KF 的一个优点是在 $\boldsymbol{h}_{b,n}$ 的稀疏度时变环境中进行在线跟踪[44]。SBL-KF 框架初始化为

$$\hat{\boldsymbol{h}}_{b,-1|-1}=0,\boldsymbol{\Sigma}_{b,-1|-1}=\hat{\boldsymbol{\Gamma}}_0^{(k)},\quad \hat{\boldsymbol{\Gamma}}_0^{(0)}=\boldsymbol{I}_{(G^2)} \tag{9.101}$$

此外，将第 n 个块的超参数矩阵$\hat{\boldsymbol{\Gamma}}_0^{(0)}$ 初始化，使得$\hat{\boldsymbol{\Gamma}}_0^{(0)}=\hat{\boldsymbol{\Gamma}}_{n-1}^{(k)}$。

接下来进一步讨论双重选择性群稀疏毫米波 MIMO 信道估计的均方误差 MSE 的 Cramér-Rao 下界(BCRB)。

令 $\boldsymbol{J}_{\mathrm{B},n}$ 表示估计第 n 个块的波束空间信道向量 $\boldsymbol{h}_{b,n}$ 的贝叶斯费希尔信息矩阵[45]，可将 $\boldsymbol{J}_{\mathrm{B},n}$ 递归为下式：

$$\boldsymbol{J}_{\mathrm{B},n}=(\rho^2\boldsymbol{J}_{\mathrm{B},n-1}^{-1}+(1-\rho^2)\boldsymbol{\Gamma}_n)^{-1}+\boldsymbol{\Phi}^{\mathrm{H}}\boldsymbol{R}_{\mathrm{e}}^{-1}\boldsymbol{\Phi} \tag{9.102}$$

从而，式(9.100)的双选择毫米波 MIMO 信道估计 $\hat{\boldsymbol{H}}_n$ 的 MSE 的 BCRB 为

$$\mathrm{MSE}(\hat{\boldsymbol{H}}_n)\geqslant \mathrm{Tr}\{\boldsymbol{\Psi}\boldsymbol{J}_{\mathrm{B},n}^{-1}\boldsymbol{\Psi}^{\mathrm{H}}\} \tag{9.103}$$

9.4.4　仿真实验及结果分析

本节给出基于群稀疏 SBL-KF 的毫米波 MIMO 信道估计算法的仿真实验及结果分析。仿真参数及环境设置：收发天线数相等；$N_{\mathrm{T}}=N_{\mathrm{R}}\in\{8,32\}$；射频链数 $N_{\mathrm{RF}}\in\{2,6\}$；天线间距固定为 $d_{\mathrm{T}}/\lambda=d_{\mathrm{R}}/\lambda=1/2$；两个角度(AoA/AoD)空间量被划分为 $G_{\mathrm{T}}=G_{\mathrm{R}}=G\in\{16,32\}$个网格点；假设毫米波 MIMO 信道在空间上稀疏，簇数 $N_{\mathrm{cl}}=4$，每簇射线数量 $N_{\mathrm{ray}}=2$，延迟抽头数 $L=4$；滤波器 $p(\tau)$被设置为标准的升余弦脉冲整形滤波器，其滚降系数为 0.6；毫米波 MIMO 系统部署在 E 波段，载波频率为 72GHz，移动速率 $v=5\mathrm{km/h}$，导致多普勒频移 $f_{\mathrm{D}}=333\mathrm{Hz}$；相干时间设置为 $T_{\mathrm{c}}=5\mathrm{ms}$，块长度 $T_{\mathrm{B}}=T_{\mathrm{c}}/10$；将 f_{D} 和 T_{B} 的值代入 Jake 模型中，时间选择性模型(9.68)中的时间相关系数 $\rho=J_0(2\pi f_{\mathrm{D}}T_{\mathrm{B}})\approx 0.75$；假设移相器中采用的角度量化具有 $N_{\mathrm{q}}=8$ 个量化比特；且矩阵 $\boldsymbol{F}_{\mathrm{RF},m}$ 和 $\boldsymbol{W}_{\mathrm{RF},m}$ $(1\leqslant m\leqslant M)$中的元素可以利用文献[40]中相关方法获得。

仿真结果如图 9.13 所示，其中图 9.13(a)给出了不同方法下 MSE 随着块的数量变化而变化的曲线。该图中 $N_{\mathrm{T}}=N_{\mathrm{R}}=8$，$N_{\mathrm{RF}=2}$，$G=16$。假设基准 Oracle 卡尔曼滤波器具有波束空间信道向量的空间稀疏性轮廓先验信息，作为比较对象显示在图中，用来表示可能实现的最佳性能。此外，图中还绘制了与式(9.103)中时变场景对应的 BCRB 曲线。容易看出，稀疏度未知场景下，SBL-KF 方法性能优于经典卡尔曼滤波器和现有准静态信道估计方法(如 SBL 和 OMP)。这是因为，尽管传统的 SBL 和 OMP 利用了稀疏性，但是它们不能在多个测量中利用波束空间信道向量中固有的群稀疏性和时间相关性。此外，SBL-KF 方法阈值的设定方式是将低于$\boldsymbol{\gamma}_{\mathrm{th}}=10^{-1}$ 的值设置为零来修改超参数，从而导致 MSE 的进一步降低，效果如图 9.13(a)所示。图 9.13(b)绘制了不同信道估计方法下归一化 MSE(NMSE) $\|\hat{\boldsymbol{H}}_{\mathrm{N}}-\boldsymbol{H}_{\mathrm{N}}\|_{\mathrm{F}}^2/N_{\mathrm{T}}N_{\mathrm{R}}$ 随 SNR 的变化而变化的曲线，该仿真结果表明，NMSE 曲线与图 9.13(a)中 MSE 曲线的趋势相似。而且，网格未对齐场景下不同方法的性能也显示在图 9.13(b)中。此外按照上述方式设置阈值的 SKF(SBL-KF Thresholded)方法的 NMSE 接近于 Oracle 卡尔曼滤波器的 NMSE 和 BCRB 下界，从而使其非常适合于毫米波 MIMO 信道稀疏性时变的场景。

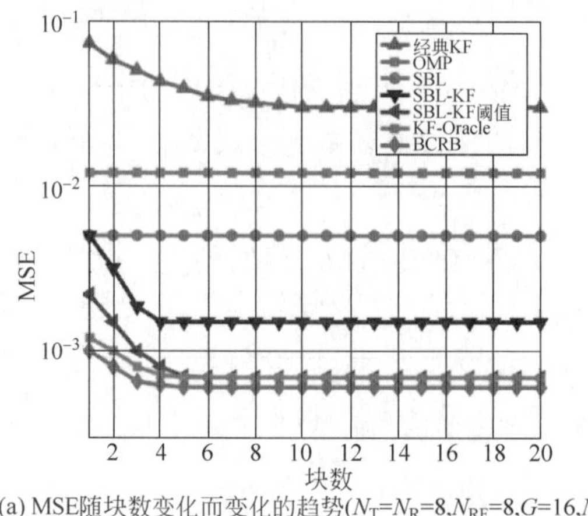

(a) MSE随块数变化而变化的趋势($N_T=N_R=8, N_{RF}=8, G=16, N=8$)

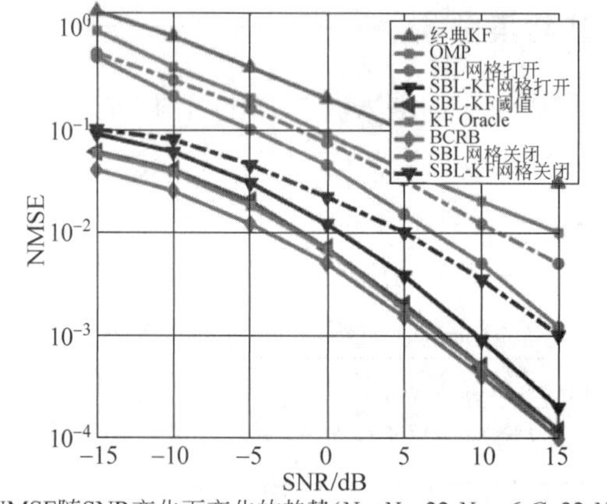

(b) NMSE随SNR变化而变化的趋势($N_T=N_R=32, N_{RF}=6, G=32, N=8$)

图 9.13 相关算法性能比较

9.5 基于群稀疏表示的混合模拟/数字毫米波 MIMO 信道估计

毫米波和大规模多输入多输出的融合是5G通信的关键技术。毫米波频段具有丰富的频谱资源,但受波长较短的影响,通常采用大规模 MIMO 系统弥补严重的空中传播路径损耗[46]。对于大规模 MIMO 系统来说,若每根天线需要一条专用射频链路,考虑毫米波频段射频链路高能耗,将会引入很大的硬件复杂度和能耗。相关研究表明,基于透镜天线阵列的毫米波大规模 MIMO 系统能有效减少射频链路数[47]。这是因为透镜天线阵列从不同天线的不同方向(波束)聚集信号,将物理信道转化为波束域信道[48],文献[49]利用波束域信道的稀疏性能够显著减少 MIMO 系统的维数和所需射频链路数。

毫米波大规模 MIMO 系统利用有限射频链路难以获得准确波束域信道状态信息。2017年有学者利用结构化信道性质以高精度估计稀疏波束域信道支撑(这里支撑是指稀疏向量中非零元素的位置)[50]。然而若将这种方案设计用于窄带系统,则对能实现更高数据速率的宽带毫米波系统来说,仅有少量的工作。该方法采用最小二乘估计,当引入的矩阵维度较大时,则矩阵求逆运算将会带来很大的计算复杂度。文献[51]提出一种基于正交匹配追踪(OMP)的方案,其通过 OMP 算法在某些频段独立估计信道支撑,再合并上述支撑,产生用于所有频段的共同支撑。然而,共同支撑假设在实际中并不真正有效。

大规模的 RF 射频链路和高量化精度的模拟数字转换器(Analog-to-Digital Converter,ADC)的大规模 MIMO 系统,会带来毫米波频段射频链路高能耗、硬件部署的高成本及信号处理的高复杂度"三高"问题。为此,广义混合模拟数字结构从降低 RF 射频链数量和降低接收机 ADC 的分辨率的角度来解决系统硬件成本和系统功耗的问题。该结构能够在不同的射频链路数量和 ADC 分辨率下实现可达速率与功耗之间的折中[52]。但在该系统中,存在两方面的挑战:一方面,宽带毫米波信道的未知信道参数数量巨大,需要大量的导频开销和更多的射频链来获取足够的信道观测;另一方面,低分辨率 ADC 引入的非线性量化噪声会严重降低高维信道估计的精度。针对上述问题,基于 Bussgang 分解的宽带信道估计稀疏建模方案被提出。该方案将非线性的低维信道估计问题重新转换为线性的稀疏信号恢复问题,此线性的稀疏信号恢复形式是针对量化压缩感知问题的通用形式。

9.5.1 混合模拟/数字群稀疏信道模型

1. 系统模型

考虑如图 9.14 所示的广义混合模拟数字结构的毫米波大规模 MIMO 系统,其中发射端和接收端分别部署 N_{T} 和 N_{R} 根天线,但是发射端和接收端分别部署 $N_{\mathrm{T}}^{\mathrm{RF}}$ 和 $N_{\mathrm{R}}^{\mathrm{RF}}$ 个射频链($N_{\mathrm{T}}^{\mathrm{RF}}<N_{\mathrm{T}}$,$N_{\mathrm{R}}^{\mathrm{RF}}<N_{\mathrm{R}}$)。这种混合预编码和组合器的结构能减少毫米波大规模系统链数量,其矩阵形式分别为 $\boldsymbol{F}=\boldsymbol{F}_{\mathrm{RF}}\boldsymbol{F}_{\mathrm{BB}}\in\mathbf{C}^{N_{\mathrm{T}}\times N_{\mathrm{S}}}$,$\boldsymbol{W}=\boldsymbol{W}_{\mathrm{RF}}\boldsymbol{W}_{\mathrm{BB}}\in\mathbf{C}^{N_{\mathrm{R}}\times N_{\mathrm{S}}}$,$N_{\mathrm{S}}$ 表示数据流数目,其取值范围是$[1,\min(N_{\mathrm{T}}^{\mathrm{RF}},N_{\mathrm{R}}^{\mathrm{RF}})]$。此外,接收端部署分辨率为 b-比特的 ADC,可进一步降低系统功耗和经济成本。基带处理矩阵 $\boldsymbol{F}_{\mathrm{BB}}$ 用于保证发射功率一定,即 $\|\boldsymbol{F}_{\mathrm{RF}}\boldsymbol{F}_{\mathrm{BB}}\|_{\mathrm{F}}^{2}=N_{\mathrm{S}}$。当预编码和组合器的射频部分采用全连接移相网络时,RF 预编码矩阵 $\boldsymbol{F}_{\mathrm{RF}}$ 和组合器矩阵 $\boldsymbol{W}_{\mathrm{RF}}$ 的元素分别表示如下:

$$[\boldsymbol{F}_{\mathrm{RF}}]_{i,j}=\frac{\mathrm{e}^{\mathrm{j}\omega_{i,j}^{\mathrm{T}}}}{\sqrt{N_{\mathrm{T}}}}$$

$$[\boldsymbol{W}_{\mathrm{RF}}]_{i,j}=\frac{\mathrm{e}^{\mathrm{j}\omega_{i,j}^{\mathrm{R}}}}{\sqrt{N_{\mathrm{R}}}}$$

其中 $\omega_{i,j}^{\mathrm{T}},\omega_{i,j}^{\mathrm{R}}\in\mathcal{A}$分别表示对应的随机角度,角度集$\mathcal{A}$:

$$\mathcal{A}=\{0,2\pi/2^{N_{\mathrm{q}}},\cdots,2\pi(2^{N_{\mathrm{q}}}-1)/2^{N_{\mathrm{q}}}\}$$

其中 N_{q} 为随机角度的量化比特位数。

发射机和接收机以基于导频的方式进行信道估计,其帧结构如图 9.15 所示。具体来说,将第 t 个训练帧中的第 n 个导频符号表示为 $\boldsymbol{s}_t[n]\in\mathbf{C}^{N_{\mathrm{S}}\times 1}$,并满足 $E[\boldsymbol{s}_t[n](\boldsymbol{s}_t[n])^{\mathrm{H}}]=1/N_{\mathrm{S}}\boldsymbol{I}$。接收端经 RF 组合器处理后接收到的第 t 个训练帧中的第 n 个导频信号向量 $\boldsymbol{r}_t[n]$表示为

$$\boldsymbol{r}_t[n]=\sqrt{P}\sum_{d=0}^{D-1}\boldsymbol{W}_t^{\mathrm{H}}\boldsymbol{H}_{\mathrm{d}}\boldsymbol{F}\boldsymbol{s}_t[n-d]+\boldsymbol{e}_t[n] \tag{9.104}$$

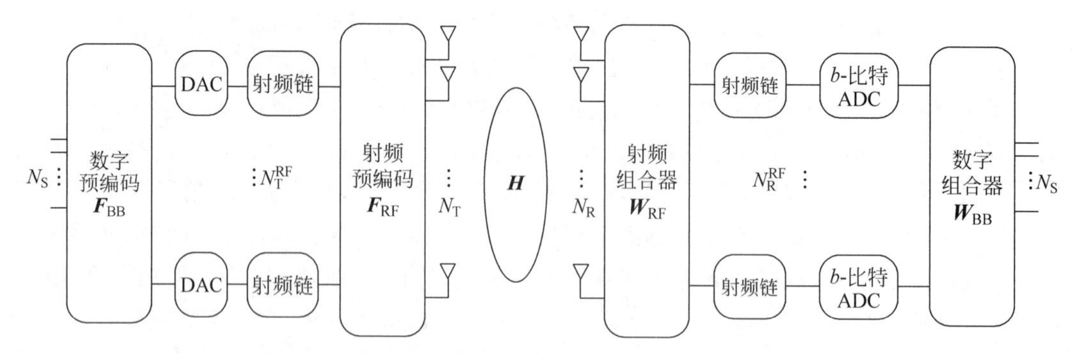

图 9.14 混合模拟/数字结构大规模 MIMO 系统模型

其中 D 表示信道时延抽头的数量，P 表示发射信号功率，$\boldsymbol{W}_t \in \mathbf{C}^{N_R^{RF} \times N_T}$ 表示第 t 帧 RF 组合器的矩阵形式，$\boldsymbol{e}_t[n]=\boldsymbol{W}_t^{H}\boldsymbol{n}_t[n] \in \mathbf{C}^{N_R^{RF} \times 1}$ 表示接收端处理后的噪声，其中 $\boldsymbol{n}_t[n] \sim \mathrm{CN}(\mathbf{0},\sigma^2\boldsymbol{I})$ 为加性高斯白噪声向量，$\mathrm{SNR}=P/\sigma^2$。

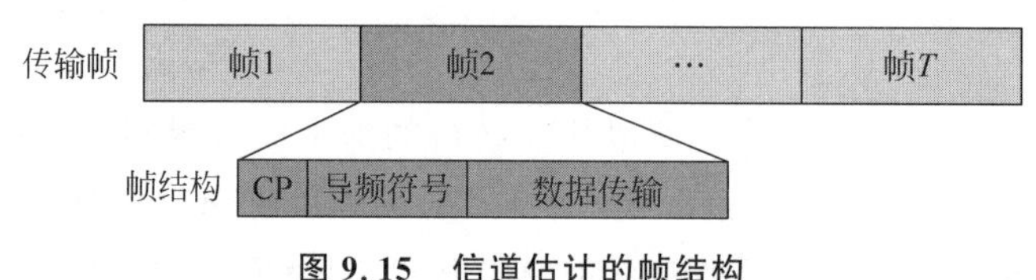

图 9.15 信道估计的帧结构

2. *群稀疏信道模型*

为了表征毫米波频段信道的大带宽和有限散射特性，本节采用典型的几何信道模型，其中多径个数为 L。具体来说，第 d 个时延抽头的信道表示为

$$\boldsymbol{H}_d = \sum_{l=1}^{L} \alpha_l p(dT_s - \tau_l)\boldsymbol{a}_R(\phi_l)\boldsymbol{a}_T^{H}(\theta_l) \tag{9.105}$$

其中，α_l、τ_l、ϕ_l、θ_l 分别表示第 l 条路径的复值信道增益、时延、AoD、AoA，函数 $p(t)$ 表示接收端接收信号的脉冲成形效应，可用升余弦滤波器来表示：

$$p(t)=\begin{cases} \dfrac{\pi}{4}\mathrm{sinc}\left(\dfrac{1}{2\beta}\right), & t=\pm\dfrac{T_s}{2\beta} \\ \mathrm{sinc}\left(\dfrac{1}{T_s}\right)\dfrac{\cos\left(\dfrac{\pi\beta t}{T_s}\right)}{1-\left(\dfrac{2\beta t}{T_s}\right)^2}, & t\neq\pm\dfrac{T_s}{2\beta} \end{cases}$$

其中，T_s 为采样时间，β 为滚降系数，天线阵列向量 $\boldsymbol{a}_R(\phi_l)$ 和 $\boldsymbol{a}_T(\theta_l)$ 分别表示如下：

$$\boldsymbol{a}_R(\phi_l)=\frac{1}{\sqrt{N_T}}\left[1, \mathrm{e}^{\mathrm{j}\frac{2\pi}{\lambda}d\sin\phi_l}, \cdots, \mathrm{e}^{\mathrm{j}\frac{2\pi}{\lambda}(N_T-1)d\sin\phi_l}\right]^{\mathrm{T}}$$

$$\boldsymbol{a}_T(\theta_l)=\frac{1}{\sqrt{N_T}}\left[1, \mathrm{e}^{\mathrm{j}\frac{2\pi}{\lambda}d\sin\theta_l}, \cdots, \mathrm{e}^{\mathrm{j}\frac{2\pi}{\lambda}(N_T-1)d\sin\theta_l}\right]^{\mathrm{T}}$$

其中，d 表示天线间的距离，λ 表示信号波长。

当 AoD 和 AoA 信息完全已知时，式(9.105)中第 d 个时延抽头的信道矩阵 $\boldsymbol{H}_d$ 可表示为如下形式：

$$\boldsymbol{H}_d = \boldsymbol{A}_{\mathrm{R}}\boldsymbol{\Lambda}_d\boldsymbol{A}_{\mathrm{T}}^{\mathrm{H}}$$

其中，$\boldsymbol{\Lambda}_d \in \mathbf{C}^{L\times L}$ 为对角阵，其对角线中第 l 个元素为 $\alpha_l p(dT_{\mathrm{s}}-\tau_l)$，而将 L 条路径对应的天线阵列向量 $\boldsymbol{a}_{\mathrm{R}}(\phi_l)$ 和 $\boldsymbol{a}_{\mathrm{T}}(\theta_l)$ 按列排列，分别构成了矩阵 $\mathbf{A}_{\mathrm{R}} \in \mathbf{C}^{N_{\mathrm{R}}\times L}$ 和 $\boldsymbol{A}_{\mathrm{T}} \in \mathbf{C}^{N_{\mathrm{T}}\times L}$。

由于毫米波信道严重的路径衰减，且相对于巨大的天线数量而言多径数目有限，因此毫米波信道在角度域呈现出稀疏性。

本节将广义混合模拟/数字结构的大规模 MIMO 系统信道估计问题建模为线性的稀疏信号恢复问题。通过去掉量化前接收信号的求和符号，式(9.104)可重新表示如下：

$$\boldsymbol{r}_t[n] = \sqrt{P}\boldsymbol{W}_t^{\mathrm{H}}\boldsymbol{H}\widetilde{\boldsymbol{F}}_t\hat{\boldsymbol{s}}_t^n + \boldsymbol{e}_t[n] \tag{9.106}$$

其中，$\boldsymbol{H} = [\boldsymbol{H}_0, \boldsymbol{H}_1, \cdots, \boldsymbol{H}_{D-1}] \in \mathbf{C}^{N_{\mathrm{R}}\times DN_{\mathrm{T}}}$ 为 D 个时延抽头的信道矩阵级联而成的矩阵，$\widetilde{\boldsymbol{F}}_t = \boldsymbol{I}_D \otimes \boldsymbol{F}_t \in \mathbf{C}^{DN_{\tau}\times DN_{\mathrm{s}}}$，$\tilde{\boldsymbol{s}}_t^n = [\boldsymbol{s}_t[n]^{\mathrm{T}}, \boldsymbol{s}_t[n-1]^{\mathrm{T}}, \cdots, \boldsymbol{s}_t[n-(D-1)]^{\mathrm{T}}]^{\mathrm{T}} \in \mathbf{C}^{DN_{\mathrm{s}}\times 1}$ 是发射信号向量的级联表示。

设每一帧发送 N 个导频符号。根据式(9.106)，第 t 帧的接收信号矩阵 $\boldsymbol{R}_t = [\boldsymbol{r}_t[1], \boldsymbol{r}_t[2], \cdots, \boldsymbol{r}_t[N]] \in \mathbf{C}^{N_{\mathrm{R}}^{\mathrm{RF}}\times N}$ 表示如下：

$$\boldsymbol{R}_t = \sqrt{P}\boldsymbol{W}_t^{\mathrm{H}}\boldsymbol{H}\widetilde{\boldsymbol{F}}_t\boldsymbol{S}_t + \boldsymbol{E}_t[n] \tag{9.107}$$

其中，$\boldsymbol{E}_t = [\boldsymbol{e}_t[1], \boldsymbol{e}_t[2], \cdots, \boldsymbol{e}_t[N]] \in \mathbf{C}^{N_{\mathrm{R}}^{\mathrm{RF}}\times N}$ 是第 t 帧的噪声矩阵，训练信号矩阵 $\boldsymbol{S}_t = [\tilde{\boldsymbol{s}}_t^1, \tilde{\boldsymbol{s}}_t^2, \cdots, \tilde{\boldsymbol{s}}_t^N] \in \mathbf{C}^{DN_{\mathrm{s}}\times N}$ 为如下形式：

$$\boldsymbol{S}_t = [\tilde{\boldsymbol{s}}_t^1, \tilde{\boldsymbol{s}}_t^2, \cdots, \tilde{\boldsymbol{s}}_t^N] \in \mathbf{C}^{DN_{\mathrm{s}}\times N} = \begin{pmatrix} \boldsymbol{s}_t[1]^{\mathrm{T}} & \boldsymbol{s}_t[0]^{\mathrm{T}} & \cdots & \boldsymbol{s}_t[1-(D-1)]^{\mathrm{T}} \\ \boldsymbol{s}_t[2]^{\mathrm{T}} & \boldsymbol{s}_t[1]^{\mathrm{T}} & \cdots & \boldsymbol{s}_t[2-(D-1)]^{\mathrm{T}} \\ \vdots & \vdots & \ddots & \vdots \\ \boldsymbol{s}_t[N]^{\mathrm{T}} & \boldsymbol{s}_t[N-1]^{\mathrm{T}} & \cdots & \boldsymbol{s}_t[N-(D-1)]^{\mathrm{T}} \end{pmatrix}^{\mathrm{T}} \tag{9.108}$$

将第 d 个时延抽头的信道矩阵 $\boldsymbol{H}_d = \sum_{l=1}^{L}\alpha_l p(d\boldsymbol{T}_{\mathrm{s}} - \tau_l)\boldsymbol{a}_{\mathrm{R}}(\phi_l)\boldsymbol{a}_{\mathrm{T}}^{\mathrm{H}}(\theta_l) = \boldsymbol{A}_{\mathrm{R}}\boldsymbol{\Lambda}_d\boldsymbol{A}_{\mathrm{T}}^{\mathrm{H}}$ 按列拉直，得到信道矩阵 $\mathrm{vec}(\boldsymbol{H}_d)$，其表示如下：

$$\mathrm{vec}(\boldsymbol{H}_d) = (\boldsymbol{A}_{\mathrm{T}}^* \odot \boldsymbol{A}_{\mathrm{R}})\mathrm{diag}(\boldsymbol{\Lambda}_d) \overset{(\mathrm{a})}{=} (\boldsymbol{U}_{\mathrm{T}}^* \otimes \boldsymbol{U}_R)\boldsymbol{h}_d \tag{9.109}$$

其中$(\boldsymbol{A}_{\mathrm{T}}^* \odot \boldsymbol{A}_{\mathrm{R}})$的第 l 列为 $\boldsymbol{a}_{\mathrm{T}}^*(\boldsymbol{\theta}_l) \otimes \boldsymbol{a}_{\mathrm{R}}(\boldsymbol{\phi}_l)$，$\boldsymbol{U}_{\mathrm{T}} \in \mathbf{C}^{N_{\mathrm{T}}\times G_{\mathrm{T}}}$ 和 $\boldsymbol{U}_{\mathrm{R}} \in \mathbf{C}^{N_{\mathrm{R}}\times G_{\mathrm{R}}}$ 是字典矩阵，分别由天线阵列向量 $\boldsymbol{a}_{\mathrm{T}}(\bar{\boldsymbol{\theta}}_{g_{\mathrm{T}}}) \otimes \boldsymbol{a}_{\mathrm{R}}(\bar{\boldsymbol{\phi}}_{g_{\mathrm{R}}})$ 构成，$\boldsymbol{h}_d$ 表示稀疏信道向量，(a)成立的条件是其忽略了由于角度网格所造成的信道功率泄漏。

AoD 和 AoA 的角度网格满足如下条件：

$$\begin{aligned} \sin(\bar{\boldsymbol{\theta}}_{g_{\mathrm{T}}}) &= \frac{2}{G_{\mathrm{T}}}(g_{\mathrm{T}} - 1) - 1 \\ \sin(\bar{\boldsymbol{\phi}}_{g_{\mathrm{R}}}) &= \frac{2}{G_{\mathrm{R}}}(g_{\mathrm{R}} - 1) - 1 \end{aligned} \tag{9.110}$$

其中 $g_{\mathrm{T}} \in \{1, 2, \cdots, G_{\mathrm{T}}\}$，$g_{\mathrm{R}} \in \{1, 2, \cdots, G_{\mathrm{R}}\}$。

利用上述角度网格构成字典矩阵，稀疏信道向量 $\boldsymbol{h}_d$ 中非零元素的位置对应着角度信息 AoA 和 AoD。需要说明的是，尽管这里假设了离散的角度网格来构造信道稀疏表示的基向量，但实际的 AoA 和 AoD 信息在连续的角度空间中呈均匀分布。因此，对于信道矩阵 $\boldsymbol{H}$，其向量化形式表示为

$$\boldsymbol{h}_{\text{vec}}=\text{vec}(\boldsymbol{H})=\text{vec}([\boldsymbol{H}_0,\boldsymbol{H}_1,\cdots,\boldsymbol{H}_{D-1}])=(\boldsymbol{I}_D\otimes\boldsymbol{U}_{\text{T}}^*\otimes\boldsymbol{U}_{\text{R}})\boldsymbol{h} \tag{9.111}$$

其中 $\boldsymbol{h}=[\boldsymbol{h}_0^{\text{T}},\boldsymbol{h}_1^{\text{T}},\cdots,\boldsymbol{h}_{D-1}^{\text{T}}]^{\text{T}}$ 是待估计的未知信道向量。

由式(9.111)易知，$\boldsymbol{h}=[\boldsymbol{h}_0^{\text{T}},\boldsymbol{h}_1^{\text{T}},\cdots,\boldsymbol{h}_{D-1}^{\text{T}}]^{\text{T}}=[((\boldsymbol{U}_{\text{T}}^*\otimes\boldsymbol{U}_{\text{R}})\boldsymbol{h}_0)^{\text{T}},\cdots,((\boldsymbol{U}_{\text{T}}^*\otimes\boldsymbol{U}_{\text{R}})\boldsymbol{h}_{D-1})^{\text{T}}]^{\text{T}}$，该信道向量 $\boldsymbol{h}$ 具有类似于 9.4 节信道向量的稀疏特性(见图 9.14)，即毫米波 MIMO 信道 $\boldsymbol{h}$ 呈群稀疏性。

时延抽头为 D 的信道向量的字典矩阵设为$\boldsymbol{\Upsilon}=(\boldsymbol{I}_D\otimes\boldsymbol{U}_{\text{T}}^*\otimes\boldsymbol{U}_{\text{R}})\in\mathbf{C}^{DN_{\text{T}}N_{\text{R}}\times DG_{\text{T}}G_{\text{R}}}$。至此，根据式(9.107)，对接收信号矩阵 $\boldsymbol{R}_t$ 进行向量化，可以得到

$$\boldsymbol{r}_t=\text{vec}(\boldsymbol{R}_t)=\sqrt{P}(\boldsymbol{S}_t^{\text{T}}\widetilde{\boldsymbol{F}}_t^{\text{T}})\otimes\boldsymbol{W}_t^{\text{H}}\text{vec}(\boldsymbol{H})+\boldsymbol{e}_t=\sqrt{P}(\boldsymbol{S}_t^{\text{T}}\widetilde{\boldsymbol{F}}_t^{\text{T}})\otimes\boldsymbol{W}_t^{\text{H}}\boldsymbol{\Upsilon}\boldsymbol{h}+\boldsymbol{e}_t \tag{9.112}$$

其中 $\boldsymbol{e}_t=\text{vec}(\boldsymbol{E}_t)=(\boldsymbol{I}_{\text{N}}\otimes\boldsymbol{W}_t^{\text{H}})\boldsymbol{n}_t\in\mathbf{C}^{NN_{\text{R}}^{\text{RF}}\times 1}$ 表示第 t 帧的噪声向量。

假设信道估计过程持续 T 个帧，将 T 个帧的接收信号向量级联得到 T 个帧的总接收信号向量 $\boldsymbol{r}=[\boldsymbol{r}_1^{\text{T}},\boldsymbol{r}_2^{\text{T}},\cdots,\boldsymbol{r}_T^{\text{T}}]^{\text{T}}$，其表示如下：

$$\boldsymbol{r}=\sqrt{P}\boldsymbol{f}\boldsymbol{\Upsilon}\boldsymbol{h}+\boldsymbol{e} \tag{9.113}$$

其中 $\boldsymbol{e}=[\boldsymbol{e}_1^{\text{T}},\boldsymbol{e}_2^{\text{T}},\cdots,\boldsymbol{e}_T^{\text{T}}]^{\text{T}}$ 表示级联噪声向量。

设$\boldsymbol{\Phi}$ 为时域测量矩阵，其表示为

$$\boldsymbol{\Phi}=\begin{bmatrix}(\boldsymbol{S}_1^{\text{T}}\widetilde{\boldsymbol{F}}_1^{\text{T}})\otimes\boldsymbol{W}_1^{\text{H}}\\(\boldsymbol{S}_2^{\text{T}}\widetilde{\boldsymbol{F}}_2^{\text{T}})\otimes\boldsymbol{W}_2^{\text{H}}\\\vdots\\(\boldsymbol{S}_T^{\text{T}}\widetilde{\boldsymbol{F}}_T^{\text{T}})\otimes\boldsymbol{W}_T^{\text{H}}\end{bmatrix} \tag{9.114}$$

定义量化函数 $Q(\boldsymbol{r})$ 如下：

$$Q(\boldsymbol{r})\triangleq[Q(r_1),Q(r_2),\cdots,Q(r_{TNN_{\text{R}}^{\text{RF}}})]^{\text{T}}$$

其中

$$\begin{aligned}Q(x)=&\text{sign}(\mathcal{R}(x))\left(\min\left(\left\lceil\frac{|\mathcal{R}(x)|}{\Delta_{\mathcal{R}}}\right\rceil,2^{b-1}\right)-\frac{1}{2}\right)\Delta_{\mathcal{R}}+\\&\text{j}\text{sign}(\mathcal{I}(x))\left(\min\left(\left\lceil\frac{|I(x)|}{\Delta_I}\right\rceil,2^{b-1}\right)-\frac{1}{2}\right)\Delta_{\mathcal{I}}\end{aligned}$$

则量化后的输出信号向量 $\boldsymbol{y}_t[n]=Q(\boldsymbol{r})\in\mathbf{C}^{NN_{\text{R}}^{\text{RF}}\times 1}$，因此接收端的信号经过低分辨率 ADC 的量化之后的接收信号向量 $\boldsymbol{y}\in\mathbf{C}^{TNN_{\text{R}}^{\text{RF}}\times 1}$ 变为

$$\boldsymbol{y}=Q(\boldsymbol{r})=Q(\sqrt{P}\boldsymbol{\Phi}\boldsymbol{\Upsilon}\boldsymbol{h}+\boldsymbol{e}) \tag{9.115}$$

其中 $\Delta_{\mathcal{R}}=(E[|\mathcal{R}(x)|^2])^{1/2}\Delta_b$ 和 $\Delta_{\mathcal{I}}=(E[|\mathcal{I}(x)|^2])^{1/2}\Delta_b$ 分别表示信号实部和虚部的量化步长，$\mathcal{R}(x)$和$\mathcal{I}(x)$分别表示信号 x 的实部和虚部，$E[|\mathcal{R}(x)|^2]$和 $E[|\mathcal{I}(x)|^2]$分别

是实部和虚部的平均信号能量，可利用自动增益控制装置测量得到，Δ_b 为单位能量信号对应的量化步长，通过最小化量化误差来确定。

9.5.2　群稀疏 BD-OMP 信道估计算法

1. Bussgang 分解及噪声分析

式(9.115)中包含了非线性的量化函数，这给信道估计带来了巨大的挑战。目前针对低分辨率 ADC 的信道估计算法主要基于近似消息传递算法及其变种，并将其用于联合信道估计和数据检测。此类算法对整个信道维度进行多次迭代，是非线性的信道估计算法，因其复杂度较高，故很难应用于实际的通信系统中。本节通过引入 Bussgang 分解(Bussgang Decomposition，BD)理论，其核心是通过引入矩阵$\boldsymbol{\Theta}$，将非线性的量化输出向量 $\boldsymbol{y}$ 分解为统计上不相关的目标分量和畸变分量两个部分[53]。对于式(9.115)，由非线性量化函数造成的非线性问题转化为线性的信道估计问题，即

$$\boldsymbol{y}=\boldsymbol{\Theta r}+\boldsymbol{w}_q \tag{9.116}$$

其中，$\boldsymbol{\Theta r}$ 是目标分量，$\boldsymbol{w}_q$ 是畸变分量。

由于 $\boldsymbol{r}$ 和 $\boldsymbol{w}_q$ 统计不相关，也就是这两者的协方差矩阵 $\boldsymbol{R}_{\boldsymbol{w}_q\boldsymbol{r}}$ 等于 0，即

$$E[\boldsymbol{w}_q\boldsymbol{r}^{\mathrm{H}}]=E[(\boldsymbol{y}-\boldsymbol{\Theta r})\boldsymbol{r}^{\mathrm{H}}]=E[\boldsymbol{y}\boldsymbol{r}^{\mathrm{H}}-\boldsymbol{\Theta r}\boldsymbol{r}^{\mathrm{H}}]=\boldsymbol{R}_{yr}-\boldsymbol{\Theta}\boldsymbol{R}_{rr}=0 \tag{9.117}$$

其中，$\boldsymbol{R}_{yr}$ 表示 $\boldsymbol{y}$ 与 $\boldsymbol{r}$ 的互相关矩阵，$\boldsymbol{R}_{rr}$ 表示 $\boldsymbol{r}$ 的自相关矩阵。

因此矩阵$\boldsymbol{\Theta}$ 可以表示为

$$\boldsymbol{\Theta}=\boldsymbol{R}_{yr}\boldsymbol{R}_{rr}^{-1} \tag{9.118}$$

式(9.118)是矩阵$\boldsymbol{\Theta}$ 的闭合表达式，由量化输出信号 $\boldsymbol{y}$ 与量化输入信号 $\boldsymbol{r}$ 之间的协方差矩阵 $\boldsymbol{R}_{yr}$ 以及量化输入信号 $\boldsymbol{r}$ 的自相关矩阵 $\boldsymbol{R}_{rr}$ 确定。对于 1-比特量化来说，$\boldsymbol{R}_{yr}$ 和 $\boldsymbol{R}_{rr}$ 有闭合解，但是对于更为广义的 b-比特标量量化器，只能够通过近似的方法来得到协方差矩阵。设 $\boldsymbol{q}=\boldsymbol{y}-\boldsymbol{r}$ 为量化误差分量。根据文献[54]，当量化输入信号的实部和虚部不相关且服从高斯分布时，则有

$$E[\boldsymbol{r}\boldsymbol{q}^{\mathrm{H}}]=\boldsymbol{R}_{rq}=-\eta\boldsymbol{R}_{rr}=\boldsymbol{R}_{qr} \tag{9.119}$$

$$E[\boldsymbol{q}\boldsymbol{q}^{\mathrm{H}}]=\boldsymbol{R}_{qq}\approx\eta\mathrm{diag}(\boldsymbol{R}_{rr})+\eta^2(\boldsymbol{R}_{rr}-\mathrm{diag}(\boldsymbol{R}_{rr})) \tag{9.120}$$

其中 diag 函数的作用是使矩阵的非对角线元素置零，$\eta=E[|Q(\boldsymbol{r})-\boldsymbol{r}|^2]/E[|\boldsymbol{r}|^2]$为畸变因子。

采用均匀量化器时的畸变因子取值在表 9.3 中给出。量化误差分量的自相关矩阵 $\boldsymbol{R}_{qq}$ 通过式(9.120)近似表示。式(9.119)描述了量化输入信号与量化噪声分量的协方差矩阵 $\boldsymbol{R}_{rq}$ 之间的关系。通过式(9.118)与式(9.119)，可以得到矩阵$\boldsymbol{\Theta}$ 的具体形式，即$\boldsymbol{\Theta}=E[(\boldsymbol{q}+\boldsymbol{r})\boldsymbol{r}^{\mathrm{H}}]\boldsymbol{R}_{rr}^{-1}=(1-\eta)\boldsymbol{I}_{TNN_{\mathrm{R}}^{\mathrm{RF}}}$，所以式(9.115)可以简化为

$$\boldsymbol{y}=Q(\sqrt{P}\,\boldsymbol{\Phi\Upsilon h}+\boldsymbol{e})\approx(1-\eta)\sqrt{P}\,\boldsymbol{\Phi\Upsilon h}+(1-\eta)\boldsymbol{e}+\boldsymbol{w}_q \tag{9.121}$$

其中，“≈”表示将 $\boldsymbol{r}=\sqrt{P}\boldsymbol{\Phi\Upsilon h}+\boldsymbol{e}$ 近似地视为高斯分布。

至此，可将式(9.115)中因低分辨率 ADC 所造成的非线性信道估计问题转换为线性信道估计问题，其中信道估计中的等效噪声向量为 $\tilde{\boldsymbol{w}}=(1-\eta)\boldsymbol{e}+\boldsymbol{w}_q$，由传输噪声 $\boldsymbol{e}$ 和畸变分量 $\boldsymbol{w}_q$ 构成。

为分析该等效线性模型等效噪声的统计特性，首先分析 $\boldsymbol{e}$ 与 $\boldsymbol{w}_q$ 之间的协方差矩

阵 $E[\boldsymbol{e}\boldsymbol{w}_q^{\mathrm{H}}]$：

$$E[\boldsymbol{e}\boldsymbol{w}_q^{\mathrm{H}}]=E_{\boldsymbol{r}}[E[\boldsymbol{e}\boldsymbol{w}_q^{\mathrm{H}}|\boldsymbol{r}]]=E_{\boldsymbol{r}}[E[\boldsymbol{e}|\boldsymbol{r}]\boldsymbol{w}_q^{\mathrm{H}}]=E_{\boldsymbol{r}}[\boldsymbol{T}_e\boldsymbol{r}\boldsymbol{w}_q^{\mathrm{H}}]=0 \tag{9.122}$$

其中，第一个等号利用了全期望公式，第二个等号是因为在给定 $\boldsymbol{r}$ 的情况下 $\boldsymbol{w}_q$ 是一个确定的值，第三个等号利用了 $\boldsymbol{e}$ 的线性最小均方误差(Linear Minimum Mean Squared Error, LMMSE)估计的具体表达式 $E[\boldsymbol{e}|\boldsymbol{r}]=\boldsymbol{T}_e\boldsymbol{r}$，其中 $\boldsymbol{T}_e$ 表示估计矩阵，第四个等号利用了 BD 理论的定义。

式(9.122)表明，畸变分量与噪声 $\boldsymbol{e}$ 在统计上不相关。此外，畸变分量 $\boldsymbol{w}_q$ 与信道向量 $\boldsymbol{h}$ 在统计上亦不相关，即

$$E[\boldsymbol{h}\boldsymbol{w}_q^{\mathrm{H}}]=E_{\boldsymbol{r}}[E[\boldsymbol{h}\boldsymbol{w}_q^{\mathrm{H}}|\boldsymbol{r}]]=E_{\boldsymbol{r}}[E[\boldsymbol{h}|\boldsymbol{r}]\boldsymbol{w}_q^{\mathrm{H}}]=E_{\boldsymbol{r}}[\boldsymbol{T}_h\boldsymbol{r}\boldsymbol{w}_q^{\mathrm{H}}]=0 \tag{9.123}$$

为了衡量式(9.121)中线性信道估计的等效噪声情况，下面计算等效噪声项 $\tilde{\boldsymbol{w}}$ 的协方差矩阵 $\boldsymbol{R}_{\tilde{\boldsymbol{w}}\tilde{\boldsymbol{w}}}$，有

$$\boldsymbol{R}_{\tilde{\boldsymbol{w}}\tilde{\boldsymbol{w}}}=(1-\eta)^2\boldsymbol{R}_{\boldsymbol{ee}}+(1-\eta)\boldsymbol{R}_{\boldsymbol{e}\boldsymbol{w}_q}+(1-\eta)\boldsymbol{R}_{\boldsymbol{w}_q\boldsymbol{e}}+\boldsymbol{R}_{\boldsymbol{w}_q\boldsymbol{w}_q}=(1-\eta)^2\boldsymbol{R}_{\boldsymbol{ee}}+\boldsymbol{R}_{\boldsymbol{w}_q\boldsymbol{w}_q} \tag{9.124}$$

其中第一个等号的成立利用了式(9.122)。

经过组合器的噪声项 $\boldsymbol{e}$ 的协方差矩阵 $\boldsymbol{R}_{\boldsymbol{ee}}$ 为

$$\begin{aligned}\boldsymbol{R}_{\boldsymbol{ee}}=E[\boldsymbol{e}\boldsymbol{e}^{\mathrm{H}}]&=E\left[\begin{bmatrix}(\boldsymbol{I}_N\otimes\boldsymbol{W}_1^{\mathrm{H}})\boldsymbol{n}_1\\(\boldsymbol{I}_N\otimes\boldsymbol{W}_2^{\mathrm{H}})\boldsymbol{n}_2\\\vdots\\(\boldsymbol{I}_N\otimes\boldsymbol{W}_T^{\mathrm{H}})\boldsymbol{n}_T\end{bmatrix}\begin{bmatrix}(\boldsymbol{I}_N\otimes\boldsymbol{W}_1^{\mathrm{H}})\boldsymbol{n}_1\\(\boldsymbol{I}_N\otimes\boldsymbol{W}_2^{\mathrm{H}})\boldsymbol{n}_2\\\vdots\\(\boldsymbol{I}_N\otimes\boldsymbol{W}_T^{\mathrm{H}})\boldsymbol{n}_T\end{bmatrix}^{\mathrm{H}}\right]\\&=\sigma^2\boldsymbol{\Sigma}_{\boldsymbol{W}}\in\mathbf{C}^{TNN_{\mathrm{R}}^{\mathrm{RF}}\times TNN_{\mathrm{R}}^{\mathrm{RF}}}\end{aligned} \tag{9.125}$$

其中 $\boldsymbol{\Sigma}_{\boldsymbol{W}}$ 是一个块对角矩阵，由组合器射频分量的协方差组成，其中第 t 个块对角子阵为 $\boldsymbol{I}_N\otimes(\boldsymbol{W}_t^{\mathrm{H}}\boldsymbol{W}_t)\in\mathbf{C}^{NN_{\mathrm{R}}^{\mathrm{RF}}\times NN_{\mathrm{R}}^{\mathrm{RF}}}$ 下。

另一方面，噪声分量 $\boldsymbol{w}_q$ 的协方差矩阵 $\boldsymbol{R}_{\boldsymbol{w}_q\boldsymbol{w}_q}$ 为

$$\begin{aligned}\boldsymbol{R}_{\boldsymbol{w}_q\boldsymbol{w}_q}&=E[(\boldsymbol{y}-(1-\eta)\boldsymbol{r})(\boldsymbol{y}-(1-\eta)\boldsymbol{r})^{\mathrm{H}}]\\&=\boldsymbol{R}_{\boldsymbol{yy}}-2(1-\eta)\boldsymbol{R}_{\boldsymbol{yr}}+(1-\eta)^2\boldsymbol{R}_{\boldsymbol{rr}}\\&\overset{(a)}{=}\boldsymbol{R}_{\boldsymbol{yy}}-2(1-\eta)\boldsymbol{R}_{\boldsymbol{yr}}+(1-\eta)\boldsymbol{R}_{\boldsymbol{yr}}\\&=\boldsymbol{R}_{\boldsymbol{yy}}-(1-\eta)(\boldsymbol{R}_{\boldsymbol{rr}}+\boldsymbol{R}_{\boldsymbol{qr}})\\&\overset{(b)}{=}\boldsymbol{R}_{\boldsymbol{yy}}-(1-\eta)^2\boldsymbol{R}_{\boldsymbol{rr}}\end{aligned} \tag{9.126}$$

其中(a)和(b)分别利用了式(9.118)和式(9.119)。

量化输出信号 $\boldsymbol{y}$ 的自相关矩阵 $\boldsymbol{R}_{\boldsymbol{yy}}$ 为

$$\begin{aligned}\boldsymbol{R}_{\boldsymbol{yy}}&=E[(\boldsymbol{r}+\boldsymbol{q})(\boldsymbol{r}+\boldsymbol{q})^{\mathrm{H}}]\\&=\boldsymbol{R}_{\boldsymbol{rr}}+\boldsymbol{R}_{\boldsymbol{rq}}+\boldsymbol{R}_{\boldsymbol{qr}}+\boldsymbol{R}_{\boldsymbol{qq}}\\&=\boldsymbol{R}_{\boldsymbol{rr}}-\eta\boldsymbol{R}_{\boldsymbol{rr}}-\eta\boldsymbol{R}_{\boldsymbol{rr}}+\boldsymbol{R}_{\boldsymbol{qq}}\\&=(1-\eta)^2\boldsymbol{R}_{\boldsymbol{rr}}+\eta(1-\eta)\mathrm{diag}(\boldsymbol{R}_{\boldsymbol{rr}})\end{aligned} \tag{9.127}$$

量化前接收信号的自相关矩阵 $\boldsymbol{R}_{rr}$ 为

$$\boldsymbol{R}_{rr}=PE[\boldsymbol{\Phi\Upsilon hh}^{\mathrm{H}}\boldsymbol{\Upsilon}^{\mathrm{H}}\boldsymbol{\Phi}^{\mathrm{H}}]+\boldsymbol{R}_{ee} \tag{9.128}$$

将式(9.125)～式(9.128)代入式(9.124)，则等效噪声项 $\tilde{\boldsymbol{w}}$ 的协方差矩阵 $\boldsymbol{R}_{\tilde{w}\tilde{w}}$ 为

$$\begin{aligned}\boldsymbol{R}_{\tilde{w}\tilde{w}}&=(1-\eta)^{2}\boldsymbol{R}_{ee}+\eta(1-\eta)\operatorname{diag}(\boldsymbol{R}_{rr})\\&=(1-\eta)^{2}\boldsymbol{R}_{ee}+\eta(1-\eta)\operatorname{diag}(\boldsymbol{R}_{ee})+p\eta(1-\eta)\operatorname{diag}(E[\boldsymbol{\Phi\Upsilon hh}^{\mathrm{H}}\boldsymbol{\Upsilon}^{\mathrm{H}}\boldsymbol{\Phi}^{\mathrm{H}}])\end{aligned} \tag{9.129}$$

因为矩阵项 $\boldsymbol{R}_{ee}$ 在式(9.125)中已给出，所以现在的主要问题是获得期望矩阵 $E[\boldsymbol{\Phi\Upsilon hh}^{\mathrm{H}}\boldsymbol{\Upsilon}^{\mathrm{H}}\boldsymbol{\Phi}^{\mathrm{H}}]$的表达式。为不失一般性，假设信道向量 $\boldsymbol{h}$ 是一个随机变量，且满足 $E[\boldsymbol{hh}^{\mathrm{H}}]=\sigma_h^2\boldsymbol{I}_{DG_{\mathrm{T}}G_{\mathrm{R}}}$，则可以得到 $E[\boldsymbol{\Phi\Upsilon hh}^{\mathrm{H}}\boldsymbol{\Upsilon}^{\mathrm{H}}\boldsymbol{\Phi}^{\mathrm{H}}]=\sigma_h^2E[\boldsymbol{\Phi\Upsilon\Upsilon}^{\mathrm{H}}\boldsymbol{\Phi}^{\mathrm{H}}]$。由于矩阵$\boldsymbol{\Upsilon\Upsilon}^{\mathrm{H}}$ 的计算包含字典矩阵的计算，为此，首先介绍如下定理。

定理 9.4　当毫米波大规模 MIMO 系统的发射和接收天线阵列是 ULA 时，如果 AoA 和 AoD 网格满足式(9.110)，那么字典矩阵 $\boldsymbol{U}_{\mathrm{R}}$ 和 $\boldsymbol{U}_{\mathrm{T}}$ 满足：

$$\boldsymbol{U}_{\mathrm{R}}\boldsymbol{U}_{\mathrm{R}}^{\mathrm{H}}=\frac{G_{\mathrm{R}}}{N_{\mathrm{R}}}\boldsymbol{I}_{N_{\mathrm{R}}},\quad \boldsymbol{U}_{\mathrm{T}}\boldsymbol{U}_{\mathrm{T}}^{\mathrm{H}}=\frac{G_{\mathrm{T}}}{N_{\mathrm{T}}}\boldsymbol{I}_{N_{\mathrm{T}}} \tag{9.130}$$

由定理 9.4 可得，宽带毫米波信道的字典矩阵满足正交性。其中的本质原因是角度网格的正弦值在区间[−1,1]内呈均匀分布。借助这种正交性，可以得到下式：

$$\begin{aligned}\boldsymbol{\Upsilon\Upsilon}^{\mathrm{H}}&=(\boldsymbol{I}_D\otimes\boldsymbol{U}_{\mathrm{T}}^{*}\otimes\boldsymbol{U}_{\mathrm{R}})(\boldsymbol{I}_D\otimes\boldsymbol{U}_{\mathrm{T}}^{\mathrm{T}}\otimes\boldsymbol{U}_{\mathrm{R}}^{\mathrm{H}})\\&\overset{(a)}{=}\boldsymbol{I}_D\otimes(\boldsymbol{U}_{\mathrm{T}}^{*}\boldsymbol{U}_{\mathrm{T}}^{\mathrm{T}})\otimes(\boldsymbol{U}_{\mathrm{R}}\boldsymbol{U}_{\mathrm{R}}^{\mathrm{H}})\\&\overset{(b)}{=}\boldsymbol{I}_D\otimes\frac{G_{\mathrm{T}}}{N_{\mathrm{T}}}\boldsymbol{I}_{N_{\mathrm{T}}}\otimes\frac{G_{\mathrm{R}}}{N_{\mathrm{R}}}\boldsymbol{I}_{N_{\mathrm{R}}}\\&=\frac{G_{\mathrm{T}}G_{\mathrm{R}}}{N_{\mathrm{T}}N_{\mathrm{R}}}\boldsymbol{I}_{DN_{\mathrm{T}}N_{\mathrm{R}}}\end{aligned} \tag{9.131}$$

其中(a)的成立是因为$(A_1\otimes B_1\otimes C_1)(A_2\otimes B_2\otimes C_2)=(A_1A_2)\otimes(B_1B_2)\otimes(C_1C_2)$，定理 9.4 保证(b)成立。

利用式(9.131)，可进一步分析广义混合模拟/数字结构的大规模 MIMO 系统中因低分辨率 ADC 和组合器造成的整体噪声特性，该特性可由下面的定理来描述。

定理 9.5　在射频链数量趋于无穷的条件下，$\lim\limits_{N_{\mathrm{R}}^{\mathrm{RF}}\to\infty}\boldsymbol{W}_t^{\mathrm{H}}\boldsymbol{W}_t=\boldsymbol{I}_{N_{\mathrm{R}}^{\mathrm{RF}}}$ 和 $\lim\limits_{N_{\mathrm{T}}^{\mathrm{RF}}\to\infty}\boldsymbol{F}_t^{\mathrm{H}}\boldsymbol{F}_t=\boldsymbol{I}_{N_{\mathrm{T}}^{\mathrm{RF}}}$ 成立，那么式(9.129)中等效噪声项的协方差矩阵 $\boldsymbol{R}_{\tilde{w}\tilde{w}}$ 为

$$\boldsymbol{R}_{\tilde{w}\tilde{w}}=\tilde{\sigma}^2\boldsymbol{I}_{TNN_{\mathrm{R}}^{\mathrm{RF}}} \tag{9.132}$$

其中 $\tilde{\sigma}^2=(1-\eta)(\sigma^2+p\eta\sigma_h^2DG_{\mathrm{T}}G_{\mathrm{R}}/N_{\mathrm{T}}N_{\mathrm{R}})$。

证明：根据式(9.114)，矩阵$\boldsymbol{\Phi}$ 可被视为列块矩阵，其中第 t 个块矩阵为$\boldsymbol{\Phi}_t=(\boldsymbol{S}_t^{\mathrm{T}}\tilde{\boldsymbol{F}}_t^{\mathrm{T}})\otimes\boldsymbol{W}_t^{\mathrm{H}}\in\mathbf{C}^{NN_{\mathrm{R}}^{\mathrm{RF}}\times DN_{\mathrm{T}}N_{\mathrm{R}}}$。在第 t 个传输帧内，$\boldsymbol{\Phi}_t$ 的自相关矩阵$\boldsymbol{\Phi}_t\boldsymbol{\Phi}_t^{\mathrm{H}}$ 为

$$\begin{aligned}\boldsymbol{\Phi}_t\boldsymbol{\Phi}_t^{\mathrm{H}} &= ((\boldsymbol{S}_t^{\mathrm{T}}\widetilde{\boldsymbol{F}}_t^{\mathrm{T}})\otimes\boldsymbol{W}_t^{\mathrm{H}})((\boldsymbol{S}_t^{\mathrm{T}}\widetilde{\boldsymbol{F}}_t^{\mathrm{T}})\otimes\boldsymbol{W}_t^{\mathrm{H}})^{\mathrm{H}} \\ &= ((\boldsymbol{S}_t^{\mathrm{T}}\widetilde{\boldsymbol{F}}_t^{\mathrm{T}})\otimes\boldsymbol{W}_t^{\mathrm{H}})((\widetilde{\boldsymbol{F}}_t^{*}\boldsymbol{S}_t^{*})\otimes\boldsymbol{W}_t) \\ &\overset{(a)}{=} ((\boldsymbol{S}_t^{\mathrm{T}}\widetilde{\boldsymbol{F}}_t^{\mathrm{T}})(\widetilde{\boldsymbol{F}}_t^{*}\boldsymbol{S}_t^{*}))\otimes(\boldsymbol{W}_t^{\mathrm{H}}\boldsymbol{W}_t) \\ &= (\boldsymbol{S}_t^{\mathrm{H}}\widetilde{\boldsymbol{F}}_t^{\mathrm{H}}\widetilde{\boldsymbol{F}}_t\boldsymbol{S}_t)\otimes(\boldsymbol{W}_t^{\mathrm{H}}\boldsymbol{W}_t)\end{aligned} \tag{9.133}$$

其中(a)是依据 Kronecker 积的性质$(A_1\otimes B_1)(A_2\otimes B_2)=(A_1A_2)\otimes(B_1B_2)$所得。

根据式(9.106)中 $\widetilde{\boldsymbol{F}}_t$ 的定义，有

$$\widetilde{\boldsymbol{F}}_t^{\mathrm{H}}\widetilde{\boldsymbol{F}}_t = (\boldsymbol{I}_D\otimes\boldsymbol{F}_t^{\mathrm{H}})(\boldsymbol{I}_D\otimes\boldsymbol{F}_t) = \boldsymbol{I}_D\otimes(\boldsymbol{F}_t^{\mathrm{H}}\boldsymbol{F}_t) \tag{9.134}$$

其中 $\boldsymbol{F}_t$ 是第 t 帧的混合预编码矩阵。

对于任意两个不同的帧 t 和 t'，$\boldsymbol{\Phi}_t$ 的协方差矩阵表示如下：

$$\boldsymbol{\Phi}_t\boldsymbol{\Phi}_{t'}^{\mathrm{H}} = (\boldsymbol{S}_t^{\mathrm{H}}(\boldsymbol{I}_D\otimes(\boldsymbol{F}_t^{\mathrm{H}}\boldsymbol{F}_{t'}))\boldsymbol{S}_{t'})^{\mathrm{T}}\otimes(\boldsymbol{W}_t^{\mathrm{H}}\boldsymbol{W}_{t'})$$

因此，对于整个矩阵$\boldsymbol{\Phi}$，其协方差矩阵$\boldsymbol{\Phi\Phi}^{\mathrm{H}}$ 的期望 $E[\boldsymbol{\Phi\Phi}^{\mathrm{H}}]$为

$$\begin{aligned}E[\boldsymbol{\Phi\Phi}^{\mathrm{H}}] &= E\left[\begin{bmatrix}(\boldsymbol{S}_1^{\mathrm{T}}\widetilde{\boldsymbol{F}}_1^{\mathrm{T}})\otimes\boldsymbol{W}_1^{\mathrm{H}} \\ (\boldsymbol{S}_2^{\mathrm{T}}\widetilde{\boldsymbol{F}}_2^{\mathrm{T}})\otimes\boldsymbol{W}_2^{\mathrm{H}} \\ \vdots \\ (\boldsymbol{S}_T^{\mathrm{T}}\widetilde{\boldsymbol{F}}_T^{\mathrm{T}})\otimes\boldsymbol{W}_T^{\mathrm{H}}\end{bmatrix}\cdot\begin{bmatrix}(\boldsymbol{S}_1^{\mathrm{T}}\widetilde{\boldsymbol{F}}_1^{\mathrm{T}})\otimes\boldsymbol{W}_1^{\mathrm{H}} \\ (\boldsymbol{S}_2^{\mathrm{T}}\widetilde{\boldsymbol{F}}_2^{\mathrm{T}})\otimes\boldsymbol{W}_2^{\mathrm{H}} \\ \vdots \\ (\boldsymbol{S}_T^{\mathrm{T}}\widetilde{\boldsymbol{F}}_T^{\mathrm{T}})\otimes\boldsymbol{W}_T^{\mathrm{H}}\end{bmatrix}^{\mathrm{H}}\right] \\ &= E\left[\begin{bmatrix}\boldsymbol{\Phi}_1\boldsymbol{\Phi}_1^{\mathrm{H}} & \boldsymbol{\Phi}_1\boldsymbol{\Phi}_2^{\mathrm{H}} & \cdots & \boldsymbol{\Phi}_1\boldsymbol{\Phi}_T^{\mathrm{H}} \\ \boldsymbol{\Phi}_2\boldsymbol{\Phi}_1^{\mathrm{H}} & \boldsymbol{\Phi}_2\boldsymbol{\Phi}_2^{\mathrm{H}} & \cdots & \boldsymbol{\Phi}_2\boldsymbol{\Phi}_T^{\mathrm{H}} \\ \vdots & \vdots & \ddots & \vdots \\ \boldsymbol{\Phi}_T\boldsymbol{\Phi}_1^{\mathrm{H}} & \boldsymbol{\Phi}_T\boldsymbol{\Phi}_2^{\mathrm{H}} & \cdots & \boldsymbol{\Phi}_T\boldsymbol{\Phi}_T^{\mathrm{H}}\end{bmatrix}\right]\end{aligned} \tag{9.135}$$

其中对角线上的矩阵块由式(9.133)给出，非对角线矩阵块由 $\boldsymbol{\Phi}_t\boldsymbol{\Phi}_{t'}^{\mathrm{H}} = (\boldsymbol{S}_t^{\mathrm{H}}(\boldsymbol{I}_D\otimes(\boldsymbol{F}_t^{\mathrm{H}}\boldsymbol{F}_{t'}))\boldsymbol{S}_{t'})^{\mathrm{T}}\otimes(\boldsymbol{W}_t^{\mathrm{H}}\boldsymbol{W}_{t'})$给出，式(9.133)与式(9.125)均包含导频信号 $\boldsymbol{S}_t$，其满足如下关系：

$$\begin{aligned}E[\boldsymbol{S}_t^{\mathrm{H}}\boldsymbol{S}_t] &= E\left[[\tilde{\boldsymbol{s}}_t^1\tilde{\boldsymbol{s}}_t^2\cdots\tilde{\boldsymbol{s}}_t^N]^{\mathrm{H}}[\tilde{\boldsymbol{s}}_t^1\tilde{\boldsymbol{s}}_t^2\cdots\tilde{\boldsymbol{s}}_t^N]\right] \\ &= E\left[\begin{bmatrix}(\tilde{\boldsymbol{s}}_t^1)^{\mathrm{H}}\tilde{\boldsymbol{s}}_t^1 & (\tilde{\boldsymbol{s}}_t^1)^{\mathrm{H}}\tilde{\boldsymbol{s}}_t^2 & \cdots & (\tilde{\boldsymbol{s}}_t^1)^{\mathrm{H}}\tilde{\boldsymbol{s}}_t^N \\ (\tilde{\boldsymbol{s}}_t^2)^{\mathrm{H}}\tilde{\boldsymbol{s}}_t^1 & (\tilde{\boldsymbol{s}}_t^2)^{\mathrm{H}}\tilde{\boldsymbol{s}}_t^2 & \cdots & (\tilde{\boldsymbol{s}}_t^2)^{\mathrm{H}}\tilde{\boldsymbol{s}}_t^N \\ \vdots & \vdots & \ddots & \vdots \\ (\tilde{\boldsymbol{s}}_t^N)^{\mathrm{H}}\tilde{\boldsymbol{s}}_t^1 & (\tilde{\boldsymbol{s}}_t^N)^{\mathrm{H}}\tilde{\boldsymbol{s}}_t^2 & \cdots & (\tilde{\boldsymbol{s}}_t^N)^{\mathrm{H}}\tilde{\boldsymbol{s}}_t^N\end{bmatrix}\right] \\ &= \boldsymbol{D}\boldsymbol{I}_{\mathrm{N}}\end{aligned} \tag{9.136}$$

其中 $E[(\tilde{\boldsymbol{s}}_t^n)^{\mathrm{H}}\tilde{\boldsymbol{s}}_t^n]=\boldsymbol{D}$，是因为宽带毫米波信道的时延抽头数量为 $\boldsymbol{D}$。

由式(9.108)可以看出，如果混合预编码矩阵和组合器矩阵满足 $E[\boldsymbol{W}_t^{\mathrm{H}}\boldsymbol{W}_t]=\boldsymbol{I}_{N_{\mathrm{R}}^{\mathrm{RF}}}$ 和

$E[\boldsymbol{F}_t^{\mathrm{H}}\boldsymbol{F}_t]=\boldsymbol{I}_{N_{\mathrm{T}}^{\mathrm{RF}}}$，那么式(9.125)的表达式可以简化为 $\boldsymbol{R}_{ee}=\sigma^2\boldsymbol{I}_{TN_{\mathrm{R}}^{\mathrm{RF}}}$。因此式(9.112)中 $\boldsymbol{\Phi\Phi}^{\mathrm{H}}$ 的期望 $E[\boldsymbol{\Phi\Phi}^{\mathrm{H}}]$可以进一步简化为

$$E[\boldsymbol{\Phi\Phi}^{\mathrm{H}}]=E\left[\begin{bmatrix}\boldsymbol{\Phi}_1\boldsymbol{\Phi}_1^{\mathrm{H}} & \boldsymbol{\Phi}_1\boldsymbol{\Phi}_2^{\mathrm{H}} & \cdots & \boldsymbol{\Phi}_1\boldsymbol{\Phi}_T^{\mathrm{H}}\\ \boldsymbol{\Phi}_2\boldsymbol{\Phi}_1^{\mathrm{H}} & \boldsymbol{\Phi}_2\boldsymbol{\Phi}_2^{\mathrm{H}} & \cdots & \boldsymbol{\Phi}_2\boldsymbol{\Phi}_T^{\mathrm{H}}\\ \vdots & \vdots & \ddots & \vdots\\ \boldsymbol{\Phi}_T\boldsymbol{\Phi}_1^{\mathrm{H}} & \boldsymbol{\Phi}_T\boldsymbol{\Phi}_2^{\mathrm{H}} & \cdots & \boldsymbol{\Phi}_T\boldsymbol{\Phi}_T^{\mathrm{H}}\end{bmatrix}\right]=\boldsymbol{D}\boldsymbol{I}_{TN_{\mathrm{R}}^{\mathrm{RF}}} \tag{9.137}$$

其中最后面的“=”用到了不同帧之间信号的正交性。

因此有 $E[\boldsymbol{\Phi}_t\boldsymbol{\Phi}_{t'}^{\mathrm{H}}]=0$。于是，对于测量矩阵$\boldsymbol{\Phi\Upsilon}$，下式成立：

$$E[\boldsymbol{\Phi\Upsilon\Upsilon}^{\mathrm{H}}\boldsymbol{\Phi}^{\mathrm{H}}]=\frac{G_{\mathrm{T}}G_{\mathrm{R}}}{N_{\mathrm{T}}N_{\mathrm{R}}}E[\boldsymbol{\Phi\Phi}^{\mathrm{H}}]=\frac{DG_{\mathrm{T}}G_{\mathrm{R}}}{N_{\mathrm{T}}N_{\mathrm{R}}}\boldsymbol{I}_{TN_{\mathrm{R}}^{\mathrm{RF}}} \tag{9.138}$$

其中第一个等式依据式(9.131)，第二个等式依据式(9.137)。

基于式(9.125)、式(9.128)、式(9.137)和式(9.138)，将式(9.138)代入式(9.129)，即可得到等效噪声项 $\tilde{\boldsymbol{w}}$ 的协方差矩阵$\boldsymbol{R}_{\tilde{w}\tilde{w}}$：

$$\begin{aligned}\boldsymbol{R}_{\tilde{w}\tilde{w}}&=(1-\eta)^2\boldsymbol{R}_{ee}+\eta(1-\eta)\operatorname{diag}(\boldsymbol{R}_{ee})+P\eta(1-\eta)\operatorname{diag}(E[\boldsymbol{\Phi\Upsilon hh}^{\mathrm{H}}\boldsymbol{\Upsilon}^{\mathrm{H}}\boldsymbol{\Phi}^{\mathrm{H}}])\\&=(1-\eta)^2\sigma^2\boldsymbol{I}_{TN_{\mathrm{R}}^{\mathrm{RF}}}+\eta(1-\eta)\sigma^2\boldsymbol{I}_{TN_{\mathrm{R}}^{\mathrm{RF}}}+P\eta(1-\eta)\sigma_h^2\frac{DG_{\mathrm{T}}G_{\mathrm{R}}}{N_{\mathrm{T}}N_{\mathrm{R}}}\boldsymbol{I}_{TN_{\mathrm{R}}^{\mathrm{RF}}}\\&=(1-\eta)\left(\sigma^2+p\eta\sigma_h^2\frac{DG_{\mathrm{T}}G_{\mathrm{R}}}{N_{\mathrm{T}}N_{\mathrm{R}}}\right)\boldsymbol{I}_{TN_{\mathrm{R}}^{\mathrm{RF}}}\end{aligned} \tag{9.139}$$

定理9.5给出了(广义混合模拟/数字结构的大规模MIMO系统中)信道估计线性等效模型的等效噪声协方差矩阵的表达式。等效噪声的方差 $\tilde{\sigma}^2$ 由两部分组成：第一部分是信号在传输过程中经历的高斯白噪声 σ^2，不过其进行了缩放，缩放项由低分辨率ADC的畸变因子确定；第二部分由低分辨率ADC所引入的量化噪声项造成，其噪声的强度与畸变因子η、信号的发射功率 P 以及该项与毫米波信道的时延抽头数量 D 有关，同时还与字典矩阵的角度网格数量成正比，与发射天线阵列和接收天线阵列的天线数量成反比。

在等效线性模型和等效噪声分析的基础上，接下来给出低复杂度的信道估计算法，以此对毫米波信道进行估计。

2. BD-OMP信道估计算法

表9.3总结了所提BD-OMP的算法的具体步骤，并将混合模拟/数字结构和低分辨率ADC相关的畸变因子同时考虑在内。具体来说，在第 i 次迭代中，该算法计算了测量矩阵$\boldsymbol{\Psi}$的列和残差信号之间的相关值(步骤3)。然后，通过步骤4得到确定的相关值最大的索引，并在步骤5更新支撑集。在步骤6，根据当前支撑集对应的测量矩阵的列向量张成的子空间，利用支撑集构成的列向量构成正交投影矩阵 $\boldsymbol{P}_i$。在步骤7中，通过 $\boldsymbol{P}_i$ 计算接收信号当成支撑集构成的子空间的投影，以此更新残差向量，算法循此过程，直到触发迭代停止条件。

表 9.3 BD-OMP 信道估计算法

算法 2：模拟/数字结构的 BD-OMP 信道估计算法
输入：接收到的量化信号 $\boldsymbol{y}$，畸变因子 η，测量矩阵 $\boldsymbol{\Phi}$，字典矩阵 $\boldsymbol{\Upsilon}$。
步骤 1(初始化)，残差信号 $\boldsymbol{v}^0=\boldsymbol{y}$，支撑集 $\boldsymbol{\Gamma}^0=\boldsymbol{\phi}$，迭代序号 $i=1$，等效测量矩 $\boldsymbol{\Psi}=(1-\eta)\sqrt{P}\boldsymbol{\Phi}\boldsymbol{\Upsilon}$
步骤 2，While(不满足停止条件)
步骤 3，相关运算：$\boldsymbol{c}^i=(\boldsymbol{\Psi})^{\mathrm{H}}\boldsymbol{v}^{i-1}$
步骤 4，最优索引搜索：$\gamma=\underset{1\leqslant g\leqslant DG_{\mathrm{T}}G_{\mathrm{R}}}{\arg\max}\ \Vert[\boldsymbol{c}^i]_g\Vert_2^2$
步骤 5，支撑集更新：$\boldsymbol{\Gamma}^i=\boldsymbol{\Gamma}^{i-1}\cup\{\gamma\}$
步骤 6，正交投影矩阵计算：$\boldsymbol{P}_i=[\boldsymbol{\Psi}]_{:,\boldsymbol{\Gamma}^i}([\boldsymbol{\Psi}]_{:,\boldsymbol{\Gamma}^i})^{\dagger}$
步骤 7，残差更新：$\boldsymbol{v}^i=(\boldsymbol{I}-\boldsymbol{P}_i)\boldsymbol{y}$，$i=i+1$
步骤 8，end
输出：最终支撑集 $\hat{\boldsymbol{\Gamma}}=\boldsymbol{\Gamma}^{i-1}$，非零信道系数向量 $\boldsymbol{h}_{\hat{\boldsymbol{\Gamma}}}=([\boldsymbol{\Psi}]_{:,\hat{\boldsymbol{\Gamma}}})'\boldsymbol{y}$，信道向量估计 $\boldsymbol{h}_{\mathrm{vec}}=[\boldsymbol{\Upsilon}]_{:,\hat{\boldsymbol{\Gamma}}}\boldsymbol{h}_{\hat{\boldsymbol{\Gamma}}}$

由表 9.3 可以看出，在第 $i+1$ 次迭代中，可以得到稀疏度为 k 的信道向量估计，相应的支撑集元素个数为 i，其索引值就是估计得到的 AoA/AoD 角度信息对。当获得最终支撑集时，可以通过伪逆操作计算角度域中的信道系数，并且基于字典矩阵重建宽带信道矩阵。另外，由于实际毫米波大规模 MIMO 系统信号在传输中经历了未知数量的多径效应，以及低分辨率 ADC 的非线性量化过程，故算法停止条件的设计非常重要，具体将在 9.5.3 节中讨论。需要说明的是，尽管 BD-OMP 算法是针对全连接的混合模拟/数字结构而提出的，但由于接收信号的数学模型具有相同的表达式，因此该算法也适用于子连接的混合预编码结构。子连接结构具有更高的能量效率，但也会导致一定的阵列增益损失，原因是移相器的数量从 $N_{\mathrm{T}}N_{\mathrm{T}}^{\mathrm{RF}}$ 减少到了 N_{T}。

9.5.3 BD-OMP 算法的性能分析

1. 迭代停止条件的设计和分析

传统的 OMP 算法要求将未知稀疏向量的稀疏度作为已知条件输入，以便于在算法迭代次数等于稀疏度时停止算法迭代，从而完成稀疏向量的恢复[55]。然而，在宽带毫米波系统的信道估计中，接收端很难获知精确的信道稀疏度信息。原因在于，信道真实的 AoD 和 AoA 信息均匀分布在角度空间中，是连续变量，而字典矩阵的网格是离散的，不能与信道真实的 AoD 和 AoA 完全匹配。该功率泄漏问题导致信道在角度域中的信道元素并不是准确为 0。为解决这个问题，本节采用相邻迭代的残差作为算法停止的判断条件。为此，首先给出用来描述 BD-OMP 算法相邻迭代中投影矩阵之间关系的定理，并进一步分析 BD-OMP 算法的相邻两次迭代之间的残差关系，进而给出相关结论。

定理 9.6 BD-OMP 算法中相邻两次迭代的投影矩阵满足如下关系 $\boldsymbol{P}_{i+1}^{\mathrm{H}}\boldsymbol{P}_i=\boldsymbol{P}_i$，其中 i 为迭代序号。

证明： 假设第 $i+1$ 次迭代的投影矩阵 $\boldsymbol{P}_{i+1}$ 和第 i 次迭代的投影矩阵 $\boldsymbol{P}_i$ 的支撑集分别是 $\boldsymbol{\Gamma}^{i+1}$ 和 $\boldsymbol{\Gamma}^i$。在支撑集从 $\boldsymbol{\Gamma}^i$ 到 $\boldsymbol{\Gamma}^{i+1}$ 变化的过程中，定义新增的索引对应测量矩阵 $\boldsymbol{\Psi}$

的列向量为 $\boldsymbol{\psi} \in \mathbf{C}^{TNN_{\mathrm{R}}^{\mathrm{RF}} \times 1}$。因此，根据投影矩阵的定义 $\boldsymbol{P}_{i+1}=[\boldsymbol{\Psi}]_{:,\Gamma^{i+1}}([\boldsymbol{\Psi}]_{:,\Gamma^{i+1}}^{\mathrm{H}}[\boldsymbol{\Psi}]_{:,\Gamma^{i+1}})^{-1}[\boldsymbol{\Psi}]_{:,\Gamma^{i+1}}^{\mathrm{H}}$，对于第 $i+1$ 次迭代，有

$$[\boldsymbol{\Psi}]_{:,\Gamma^{i+1}}^{\mathrm{H}}[\boldsymbol{\Psi}]_{:,\Gamma^{i+1}}=[[\boldsymbol{\Psi}]_{:,\Gamma^{i}}\ \boldsymbol{\psi}]^{\mathrm{H}}[[\boldsymbol{\Psi}]_{:,\Gamma^{i}}\ \boldsymbol{\psi}]=\begin{bmatrix}[\boldsymbol{\Psi}]_{:,\Gamma^{i}}^{\mathrm{H}}[\boldsymbol{\Psi}]_{:,\Gamma^{i}} & [\boldsymbol{\Psi}]_{:,\Gamma^{i}}^{\mathrm{H}}\boldsymbol{\psi}\\ \boldsymbol{\psi}^{\mathrm{H}}[\boldsymbol{\Psi}]_{:,\Gamma^{i}} & \boldsymbol{\psi}^{\mathrm{H}}\boldsymbol{\psi}\end{bmatrix} \tag{9.140}$$

根据矩阵逆定理可得到逆矩阵

$$([\boldsymbol{\Psi}]_{:,\Gamma^{i+1}}^{\mathrm{H}}[\boldsymbol{\Psi}]_{:,\Gamma^{i+1}})^{-1}=\begin{bmatrix}([\boldsymbol{\Psi}]_{:,\Gamma^{i}}^{\mathrm{H}}[\boldsymbol{\Psi}]_{:,\Gamma^{i}})^{-1}+\beta\boldsymbol{b}\boldsymbol{b}^{\mathrm{H}} & -\beta\boldsymbol{b}\\ -\beta\boldsymbol{b}^{\mathrm{H}} & \beta\end{bmatrix} \tag{9.141}$$

其中 $\boldsymbol{b}$ 和 β 分别为

$$\boldsymbol{b}=([\boldsymbol{\Psi}]_{:,\Gamma^{i}}^{\mathrm{H}}[\boldsymbol{\Psi}]_{:,\Gamma^{i}})^{-1}[\boldsymbol{\Psi}]_{:,\Gamma^{i}}^{\mathrm{H}}\boldsymbol{\psi} \tag{9.142}$$

和

$$\beta^{-1}=\boldsymbol{\psi}^{\mathrm{H}}\boldsymbol{\psi}-\boldsymbol{\psi}^{\mathrm{H}}[\boldsymbol{\Psi}]_{:,\Gamma^{i}}^{\mathrm{H}}([\boldsymbol{\Psi}]_{:,\Gamma^{i}}^{\mathrm{H}}[\boldsymbol{\Psi}]_{:,\Gamma^{i}})^{-1}[\boldsymbol{\Psi}]_{:,\Gamma^{i}}^{\mathrm{H}}\boldsymbol{\psi}=\|\boldsymbol{\psi}\|_2^2-\boldsymbol{\psi}^{\mathrm{H}}\boldsymbol{P}_i\boldsymbol{\psi} \tag{9.143}$$

其中$[\boldsymbol{\Psi}]_{:,\Gamma^{i+1}}([\boldsymbol{\Psi}]_{:,\Gamma^{i+1}}^{\mathrm{H}}[\boldsymbol{\Psi}]_{:,\Gamma^{i+1}})^{-1}$ 可表示为

$$\begin{aligned}&[\boldsymbol{\Psi}]_{:,\Gamma^{i+1}}([\boldsymbol{\Psi}]_{:,\Gamma^{i+1}}^{\mathrm{H}}[\boldsymbol{\Psi}]_{:,\Gamma^{i+1}})^{-1}\\ &=[[\boldsymbol{\Psi}]_{:,\Gamma^{i}}\boldsymbol{\psi}]\begin{bmatrix}([\boldsymbol{\Psi}]_{:,\Gamma^{i}}^{\mathrm{H}}[\boldsymbol{\Psi}]_{:,\Gamma^{i}})^{-1}+\beta\boldsymbol{b}\boldsymbol{b}^{\mathrm{H}} & -\beta\boldsymbol{b}\\ -\beta\boldsymbol{b}^{\mathrm{H}} & \beta\end{bmatrix}\\ &=[[\boldsymbol{\Psi}]_{:,\Gamma^{i}}([\boldsymbol{\Psi}]_{:,\Gamma^{i}}^{\mathrm{H}}[\boldsymbol{\Psi}]_{:,\Gamma^{i}})^{-1}-\beta\boldsymbol{d}\boldsymbol{b}^{\mathrm{H}}\quad \beta\boldsymbol{d}]\end{aligned} \tag{9.144}$$

其中第二个等式中的 $\boldsymbol{d}\in\mathbf{C}^{TNN_{\mathrm{R}}^{\mathrm{RF}}\times 1}$ 为

$$\boldsymbol{d}=\boldsymbol{\psi}-[\boldsymbol{\Psi}]_{:,\Gamma^{i}}\boldsymbol{b} \tag{9.145}$$

因此，第 $i+1$ 次迭代中的 $\boldsymbol{P}_{i+1}$ 具体形式表示为

$$\begin{aligned}\boldsymbol{P}_{i+1}&=[\boldsymbol{\Psi}]_{:,\Gamma^{i+1}}([\boldsymbol{\Psi}]_{:,\Gamma^{i+1}}^{\mathrm{H}}[\boldsymbol{\Psi}]_{:,\Gamma^{i+1}})^{-1}[\boldsymbol{\Psi}]_{:,\Gamma^{i+1}}^{\mathrm{H}}\\ &=[[\boldsymbol{\Psi}]_{:,\Gamma^{i}}\boldsymbol{\psi}]\begin{bmatrix}([\boldsymbol{\Psi}]_{:,\Gamma^{i}}^{\mathrm{H}}[\boldsymbol{\Psi}]_{:,\Gamma^{i}})^{-1}-\beta\boldsymbol{d}\boldsymbol{b}^{\mathrm{H}}\\ \beta\boldsymbol{d}^{\mathrm{H}}\end{bmatrix}\\ &=[\boldsymbol{\Psi}]_{:,\Gamma^{i}}([\boldsymbol{\Psi}]_{:,\Gamma^{i}}^{\mathrm{H}}[\boldsymbol{\Psi}]_{:,\Gamma^{i}})^{-1}[\boldsymbol{\Psi}]_{:,\Gamma^{i}}^{\mathrm{H}}+\beta(\boldsymbol{\psi}-[\boldsymbol{\Psi}]_{:,\Gamma^{i}}\boldsymbol{b})\boldsymbol{d}^{\mathrm{H}}\\ &=\boldsymbol{P}_i+\beta\boldsymbol{d}\boldsymbol{d}^{\mathrm{H}}\end{aligned} \tag{9.146}$$

根据式(9.142)和式(9.145)，$\boldsymbol{d}$ 可以进一步表示为

$$\boldsymbol{d}=\boldsymbol{\psi}-[\boldsymbol{\Psi}]_{:,\Gamma^{i}}([\boldsymbol{\Psi}]_{:,\Gamma^{i}}^{\mathrm{H}}[\boldsymbol{\Psi}]_{:,\Gamma^{i}})^{-1}[\boldsymbol{\Psi}]_{:,\Gamma^{i}}^{\mathrm{H}}\boldsymbol{\psi}=\boldsymbol{\psi}-\boldsymbol{P}_i\boldsymbol{\psi} \tag{9.147}$$

向量 $\boldsymbol{d}$ 和投影矩阵 $\boldsymbol{P}_i$ 的内积为 $\boldsymbol{d}^{\mathrm{H}}\boldsymbol{P}_i=(\boldsymbol{\psi}^{\mathrm{H}}-\boldsymbol{\psi}^{\mathrm{H}}\boldsymbol{P}_i)\boldsymbol{P}_i=\mathbf{0}$，因此有

$$\boldsymbol{P}_{i+1}^{\mathrm{H}}\boldsymbol{P}_i=(\boldsymbol{P}_i+\beta\boldsymbol{d}\boldsymbol{d}^{\mathrm{H}})^{\mathrm{H}}\boldsymbol{P}_i=\boldsymbol{P}_i^{\mathrm{H}}\boldsymbol{P}_i+\mathbf{0}=\boldsymbol{P}_i \tag{9.148}$$

定理 9.6 证毕。

定理 9.7　若 BD-OMP 算法在第 I^* 次迭代中得到了信道的真实支撑集 Γ^*，并在第 $\widetilde{I}=I^*+1$ 次迭代停止，则残差信号的能量满足如下条件：

$$E[\|\boldsymbol{V}^{\widetilde{I}}-\boldsymbol{V}^{I^*}\|_2^2]=\tilde{\sigma}^2 \tag{9.149}$$

其中常数 $\tilde{\sigma}^2$ 与式(9.132)中相同。

证明：将第 I^* 次迭代和第 $\widetilde{I}=I^*+1$ 次迭代得到的信道支撑集 $\boldsymbol{\Gamma}^{I^*}$ 和 $\boldsymbol{\Gamma}^{\widetilde{I}}$ 根据表 9.3 中的步骤 6，有下式成立

$$\begin{aligned}\|\boldsymbol{V}^{\widetilde{I}}-\boldsymbol{V}^{I^*}\|_2^2&=\|(\boldsymbol{I}-\boldsymbol{P}_{\widetilde{I}})\boldsymbol{y}-(\boldsymbol{I}-\boldsymbol{P}_{I^*})\boldsymbol{y}\|_2^2=\|(\boldsymbol{P}_{\widetilde{I}}-\boldsymbol{P}_{I^*})\boldsymbol{y}\|_2^2\\&=\mathrm{Tr}[\boldsymbol{y}^{\mathrm{H}}(\boldsymbol{P}_{\widetilde{I}}-\boldsymbol{P}_{I^*})^{\mathrm{H}}(\boldsymbol{P}_{\widetilde{I}}-\boldsymbol{P}_{I^*})\boldsymbol{y}]\\&=\mathrm{Tr}[\boldsymbol{y}^{\mathrm{H}}\boldsymbol{P}_{\widetilde{I}}\boldsymbol{y}-\boldsymbol{y}^{\mathrm{H}}\boldsymbol{P}_{I^*}^{\mathrm{H}}\boldsymbol{P}_{\widetilde{I}}\boldsymbol{y}-\boldsymbol{y}^{\mathrm{H}}\boldsymbol{P}_{\widetilde{I}}^{\mathrm{H}}\boldsymbol{P}_{I^*}\boldsymbol{y}+\boldsymbol{y}^{\mathrm{H}}\boldsymbol{P}_{I^*}\boldsymbol{y}]\end{aligned} \tag{9.150}$$

其中 $\boldsymbol{P}_{\widetilde{I}}=[\boldsymbol{\Psi}]_{:,\Gamma^{\widetilde{I}}}([\boldsymbol{\Psi}]_{:,\Gamma^{\widetilde{I}}})'$ 和 $\boldsymbol{P}_{I^*}=[\boldsymbol{\Psi}]_{:,\Gamma^{I^*}}([\boldsymbol{\Psi}]_{:,\Gamma^{I^*}})'$ 分别是第 $\widetilde{I}$ 次和第 I^* 次迭代的投影矩阵。

而向量 $\boldsymbol{V}^{\widetilde{I}}-\boldsymbol{V}^{I^*}$ 的 L_2 范数可用迹来表示，即

$$\begin{aligned}\|\boldsymbol{V}^{\widetilde{I}}-\boldsymbol{V}^{I^*}\|_2^2&=\mathrm{Tr}[\boldsymbol{y}^{\mathrm{H}}(\boldsymbol{P}_{\widetilde{I}}-\boldsymbol{P}_{I^*})\boldsymbol{y}]\\&=\mathrm{Tr}[(\boldsymbol{\Psi h}+\tilde{\boldsymbol{w}})^{\mathrm{H}}(\boldsymbol{P}_{\widetilde{I}}-\boldsymbol{P}_{I^*})(\boldsymbol{\Psi h}+\tilde{\boldsymbol{w}})]\\&=\mathrm{Tr}[\tilde{\boldsymbol{w}}^{\mathrm{H}}(\boldsymbol{P}_{\widetilde{I}}-\boldsymbol{P}_{I^*})\tilde{\boldsymbol{w}}]+\mathrm{Tr}[(\boldsymbol{\Psi h})^{\mathrm{H}}(\boldsymbol{P}_{\widetilde{I}}-\boldsymbol{P}_{I^*})(\boldsymbol{\Psi h})]\\&=\mathrm{Tr}[\tilde{\boldsymbol{w}}^{\mathrm{H}}(\boldsymbol{P}_{\widetilde{I}}-\boldsymbol{P}_{I^*})\tilde{\boldsymbol{w}}]+\\&\quad\ \mathrm{Tr}[([\boldsymbol{\Psi}]_{:,\Gamma^{I^*}}[\boldsymbol{h}]_{:,\Gamma^{I^*}})^{\mathrm{H}}(\boldsymbol{P}_{\widetilde{I}}-\boldsymbol{P}_{I^*})([\boldsymbol{\Psi}]_{:,\Gamma^{I^*}}[\boldsymbol{h}]_{:,\Gamma^{I^*}})]\end{aligned} \tag{9.151}$$

其中第一个等式利用了定理 9.6。

式(9.151)结果中的第一项与系统的噪声有关，而第二项包含了稀疏信道的影响。由于信道信息未知，故需要通过介绍的算法进行估计。如果相邻迭代的残差与信道的能量有关，则会对算法循环的进行以及判断是否停止迭代造成困难。幸运的是，根据式(9.146)和式(9.147)，第二项的表达式可以进一步简化如下：

$$\begin{aligned}&\mathrm{Tr}[([\boldsymbol{\Psi}]_{:,\Gamma^{I^*}}[\boldsymbol{h}]_{:,\Gamma^{I^*}})^{\mathrm{H}}(\boldsymbol{P}_{\widetilde{I}}-\boldsymbol{P}_{I^*})([\boldsymbol{\Psi}]_{:,\Gamma^{I^*}}[\boldsymbol{h}]_{:,\Gamma^{I^*}})]\\&=\mathrm{Tr}[([\boldsymbol{\Psi}]_{:,\Gamma^{I^*}}[\boldsymbol{h}]_{:,\Gamma^{I^*}})^{\mathrm{H}}(\beta\boldsymbol{d}\boldsymbol{d}^{\mathrm{H}})([\boldsymbol{\Psi}]_{:,\Gamma^{I^*}}[\boldsymbol{h}]_{:,\Gamma^{I^*}})]\\&=\mathrm{Tr}[\beta([\boldsymbol{\Psi}]_{:,\Gamma^{I^*}}[\boldsymbol{h}]_{:,\Gamma^{I^*}})^{\mathrm{H}}\boldsymbol{d}\boldsymbol{\psi}^{\mathrm{H}}\underbrace{(\boldsymbol{I}-\boldsymbol{P}_{I^*})([\boldsymbol{\Psi}]_{:,\Gamma^{I^*}}[\boldsymbol{h}]_{:,\Gamma^{I^*}})}_{0}]\\&=0\end{aligned} \tag{9.152}$$

因此残差能量 $\|\boldsymbol{V}^{\widetilde{I}}-\boldsymbol{V}^{I^*}\|_2^2$ 只与该表达式 $\mathrm{Tr}[\tilde{\boldsymbol{w}}^{\mathrm{H}}(\boldsymbol{P}_{\widetilde{I}}-\boldsymbol{P}_{I^*})\tilde{\boldsymbol{w}}]$ 有关。另一方面，注意到约束 $\mathrm{Tr}[\boldsymbol{P}_{I^*}]=I^*$ 和 $\mathrm{Tr}[\boldsymbol{P}_{\widetilde{I}}]=\widetilde{I}$ 成立，因此该项可进一步化简为

$$\begin{aligned}\mathrm{Tr}[\tilde{\boldsymbol{w}}^{\mathrm{H}}(\boldsymbol{P}_{\widetilde{I}}-\boldsymbol{P}_{I^*})\tilde{\boldsymbol{w}}]&=\mathrm{Tr}[\tilde{\boldsymbol{w}}^{\mathrm{H}}\boldsymbol{P}_{\widetilde{I}}\tilde{\boldsymbol{w}}]-\mathrm{Tr}[\tilde{\boldsymbol{w}}^{\mathrm{H}}\boldsymbol{P}_{I^*}\tilde{\boldsymbol{w}}]\\&=\mathrm{Tr}[\boldsymbol{P}_{\widetilde{I}}\tilde{\boldsymbol{w}}\tilde{\boldsymbol{w}}^{\mathrm{H}}]-\mathrm{Tr}[\boldsymbol{P}_{I^*}\tilde{\boldsymbol{w}}\tilde{\boldsymbol{w}}^{\mathrm{H}}]\end{aligned}$$

$$=\tilde{\sigma}^2(\mathrm{Tr}[\boldsymbol{P}_{\tilde{I}}]-\mathrm{Tr}[\boldsymbol{P}_{I^*}])$$
$$=\tilde{\sigma}^2 \tag{9.153}$$

其中 $\tilde{\sigma}^2$ 由定理 9.5 给出。

联合式(9.151)、式(9.152)、式(9.153),定理 9.7 证毕。

定理 9.7 表明了在 BD-OMP 算法运行过程中残差向量的能量变化情况。当利用该算法估计得到宽带毫米波信道的支撑集时,残差向量能量的期望与等效线性模型的等效噪声方差相等,其由定理 9.5 给出。应当指出的是,支撑集中的元素对应于毫米波信道中幅值较大的信道系数的 AoA 和 AoD 信息。另一方面,由于低分辨率 ADC 的量化效应,根据定理 9.7,信道能量的统计信息对 BD-OMP 算法迭代的残差信号能量有贡献。由于信道在算法运行之前未知,故信道能量无法被事先获知,所以算法的终止条件并不能直接利用定理 9.7 中给出的噪声能量 $\tilde{\sigma}^2=(1-\eta)(\sigma^2+P\eta\sigma_h^2DG_{\mathrm{T}}G_{\mathrm{R}}/N_{\mathrm{T}}N_{\mathrm{R}})$。为解决此问题,定义阈值缩放参数 ε,使得相邻迭代过程中的残差能量满足条件:

$$\|\boldsymbol{v}^{i+1}-\boldsymbol{v}^{i}\|_2^2<\varepsilon(1-\eta)\sigma^2 \tag{9.154}$$

在实际信道估计中,参数 ε 依然很难确定,因为该参数与毫米波系统 ADC 的分辨率、信道能量以及系统发射功率有关。所以,后面通过仿真来确定该参数,从而设置 BD-OMP 算法[56]的终止条件。

2. 复杂度分析

下面给出所提算法的计算复杂度分析,并与现有文献的复杂度进行对比。对表 9.3 中 BD-OMP 算法的复杂度分析如下:对于步骤 3 的相关操作,其复数加法和乘法的数量为 $O(2TNN_{\mathrm{R}}^{\mathrm{RF}}DG_{\mathrm{T}}G_{\mathrm{R}})$;在步骤 4 中,根据相关值运算在 $DG_{\mathrm{T}}G_{\mathrm{R}}$ 各值中选择绝对值最大的索引,其复杂度为 $O(DG_{\mathrm{T}}G_{\mathrm{R}})$;支撑集更新的复杂度为 $O(1)$;步骤 6 中正交矩阵计算的复杂度为 $O(i^3+2(TNN_{\mathrm{R}}^{\mathrm{RF}})^2+2TNN_{\mathrm{R}}^{\mathrm{RF}}DG_{\mathrm{T}}G_{\mathrm{R}})$;步骤 7 更新残差信号的复杂度为 $O(2(TNN_{\mathrm{R}}^{\mathrm{RF}})^2)$。因此,对于第 i 次迭代来说,BD-OMP 算法的总体复杂度为 $O(i^3+2(TNN_{\mathrm{R}}^{\mathrm{RF}})^2+2TNN_{\mathrm{R}}^{\mathrm{RF}}DG_{\mathrm{T}}G_{\mathrm{R}})$。可以看出,BD-OMP 算法的计算复杂度与角度网格 G_{T}、G_{R} 和信道时延抽头数量 D 呈线性增长关系,与帧数量 T、导频符号数量 N 和 RF 链数量 $N_{\mathrm{R}}^{\mathrm{RF}}$ 呈平方增长关系。表 9.4 给出了三种算法的计算复杂度。

表 9.4 不同算法的计算复杂度

算法名称	计算复杂度
BD-OMP	$O(i^3+2(TNN_{\mathrm{R}}^{\mathrm{RF}})^2+2TNN_{\mathrm{R}}^{\mathrm{RF}}DG_{\mathrm{T}}G_{\mathrm{R}})$
BPDN	$O((TNN_{\mathrm{R}}^{\mathrm{RF}})^2(DG_{\mathrm{T}}G_{\mathrm{R}})^{3/2})$
GAMP	$O(n_{it}TNN_{\mathrm{R}}^{\mathrm{RF}}DG_{\mathrm{T}}G_{\mathrm{R}})$

9.5.4 仿真实验及结果分析

本节给出基于群稀疏 BD-OMP 的毫米波 MIMO 信道估计算法的仿真实验及结果分析。

实验 1:不同 ADC 分辨率下 BD-OMP 算法的 NMSE 与参数 ε 的关系

本实验给出不同 ADC 分辨率下群稀疏 BD-OMP 算法的 NMSE 误差与阈值缩放参数 ε 之间的关系,以此验证毫米波信道估计 BD-OMP 算法的性能。该实验中系统参数设置为：$N_{\mathrm{T}}=32, N_{\mathrm{R}}=16, N_{\mathrm{T}}^{\mathrm{RF}}=4, N_{\mathrm{R}}^{\mathrm{RF}}=4, G_{\mathrm{T}}=64, G_{\mathrm{R}}=32, L=2, N_{Q}=6, D=4, T=40$，$N=16$，系统带宽 $B=500\mathrm{MHz}$，噪声方差通过式 $\sigma^{2}=10^{(-174+10\log B)/10}$ 来计算，$\beta=0.8$[57]。多径时延在区间$[0,(D-1)T_{\mathrm{s}}]$内均匀分布，信道多径的 AoA/AoD 在区间$[-\pi/2,\pi/2]$内均匀分布。为评估信道估计的性能，定义归一化均方误差 NMSE 如下：

$$\mathrm{NMSE}=\frac{\|\hat{\boldsymbol{h}}_{\mathrm{vec}}-\boldsymbol{h}_{\mathrm{vec}}\|_{2}^{2}}{\|\boldsymbol{h}_{\mathrm{vec}}\|_{2}^{2}}=\frac{\sum_{d=0}^{D-1}\|\hat{\boldsymbol{H}}_{d}-\boldsymbol{H}_{d}\|_{2}^{2}}{\sum_{d=0}^{D-1}\|\boldsymbol{H}_{d}\|_{2}^{2}} \tag{9.155}$$

首先通过蒙特卡罗仿真确定阈值缩放参数 ε 在不同 ADC 分辨率和信噪比情形下的取值，从而确定 BD-OMP 算法迭代终止的条件。仿真结果如图 9.16 所示。该图给出了当 ADC 分辨率分别为 $b=1,2,3,4$ 时，在不同 SNR 下信道估计的 NMSE 性能随 ε 变化的曲线。从图中可看到，当信噪比为$-15\sim0$dB 时，BD-OMP 算法的 NMSE 性能在不同的 ε 取值下变化不大。当信噪比为 5～10dB 时，信道估计误差首先随着 ε 的增加而降低，但继续增加 ε 的值，估计误差会持续增大。从而可知，ε 的不同取值导致 BD-OMP 算法所能达到的 NMSE 性能不尽相同。根据图 9.16 中的仿真结果，可选取在不同 ADC 分辨率和 SNR 情形下 ε 的经验值，使得 BD-OMP 算法在相应的仿真条件下 NMSE 最低，并以此作为后续仿真中 BD-OMP 算法的迭代停止条件。在给定 ADC 分辨率时，随着 SNR 的增加，ε 的取值呈增长趋势，这意味着式(9.154)中所表示的残差能量增大。这与定理 9.2 中的趋势一致，因为等效噪声的方差随着信号发射功率的提高而增加。另一方面，当 SNR 为 10dB 时，BD-OMP 算法所需的残差能量随着 ADC 分辨率的升高而降低。这一趋势可以通过式(9.132)和表 9.3 所列出的取值得到，因为 η 的降低使得总噪声能量呈下降趋势。

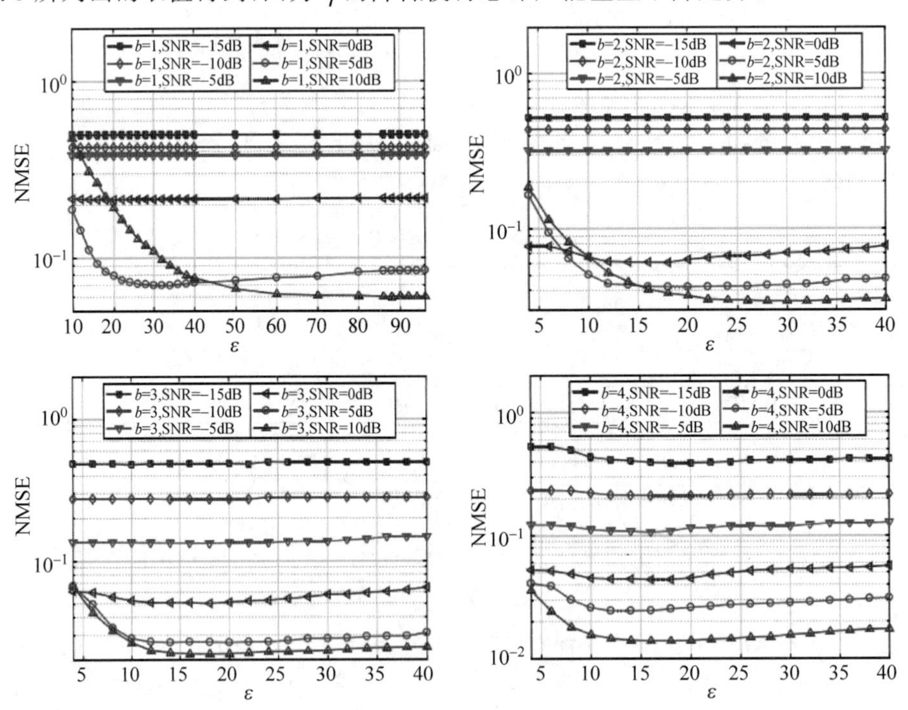

图 9.16 不同 ADC 分辨率情况下，BD-OMP 算法的 NMSE 随 ε 变化的曲线

实验2：不同ADC分辨率下BD-OMP算法的NMSE与信噪比的关系

本实验给出了当ADC分辨率 $b=1,2,3,4$ 时信道估计BD-OMP算法的NMSE随SNR变化的曲线。仿真实验中参数设置：训练帧数量 $T=40$，RF链数量 $N_R^{RF}=4$。仿真结果如图9.17所示，可以看出，当ADC分辨率为3-比特和4-比特时，SNR低于−5dB的情况下，BD-OMP算法的信道估计性能与传统OMP算法性能相当，当SNR大于0dB时，该算法的性能增益随SNR升高逐渐增加。在其他不同的SNR和ADC情形下，BD-OMP算法均能比OMP算法实现更优的信道估计性能，其原因是BD-OMP算法通过Bussgang分解，将ADC带来的非线性量化效应纳入到算法的迭代过程中。该算法所能带来的信道估计性能提升在ADC的分辨率较低时尤为显著。例如，当 $b=1$，SNR=10dB时，BD-OMP算法的NMSE=0.061，相对于OMP算法，信道估计的NMSE能降低75.8%。在SNR为5dB和10dB的时候，在1-比特ADC的情况下，BD-OMP算法甚至比OMP算法在配置2-比特ADC时能实现更优的信道估计性能。对于ADC分辨率为4-比特的接收机来说，该出算法相对于传统算法信道估计的性能增益并不明显。需要说明的是，当 $b=4$ 且信噪比较低时，BD-OMP算法和OMP算法的性能几乎相同，其原因是信号传输过程中的AWGN占主导地位，相对于量化噪声对系统的影响更严重。在这种极低SNR的情况下，与AWGN噪声相比，几乎可以忽略非线性量化效应。当SNR=5dB，$b=1,2,3,4$ 时，与OMP算法相比，BD-OMP算法能够使得信道估计的NMSE分别降低了72.9%、43.8%、17.0%、4.0%。

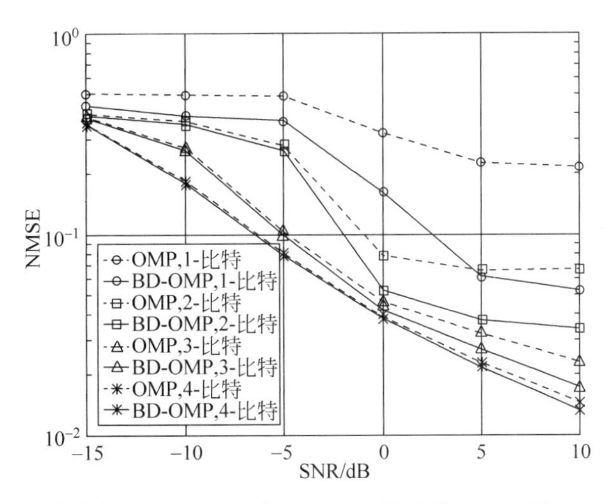

图9.17　ADC分辨率 $b=1,2,3,4$ 时，BD-OMP算法的NMSE随SNR变化的曲线

实验3：不同ADC分辨率下BD-OMP算法的NMSE与信噪比的关系

本实验给出ADC分辨率为 $b=1,2,3,4$ 时信道估计BD-OMP算法的NMSE随训练帧数量变化的曲线。仿真参数设置：SNR=5dB，$N_R^{RF}=4$。本次仿真也考虑使用广义近似消息传递(Generalized Approximate Message Passing，GAMP)算法来估计信道，但是其性能曲线并没有在图中给出。GAMP算法在该场景下不收敛，无法得到信道估计的输出，其原因是在本章考虑的广义混合模拟/数字结构的毫米波系统中，测量矩阵维度不足够大，测量矩阵中的元素不服从高斯分布。去噪基追踪(Basic Pursuit De-Noising，BPDN)算法通过压缩感知求解算法工具包SPGL1来实现，迭代次数设置为100。仿真结果如图9.18所示，可以看出，对于任意分辨率的ADC来说，BD-OMP算法、OMP算法和BPDN算法的NMSE

均随着训练帧数量增加而提高。当传输帧 T 的数量大于 30 时,BD-OMP 算法在接收机仅仅装备 1-比特的 ADC 时的信道估计误差比传统 OMP 算法在接收机配备 2-比特 ADC 时还要低。当 ADC 的分辨率 $b=1$ 时,随着传输帧数量的增多,BD-OMP 算法相对于 OMP 算法的性能增加愈发显著。但随着 ADC 分辨率的提升,BD-OMP 算法相对于 OMP 算法信道估计的优势逐渐减小。这表明,基于 Bussgang 分解的稀疏信道估计方法能够有效地缓解更低分辨率 ADC 带来的非线性量化效应。此外,当 $b=4$ 时,BPDN 方法并不能得到准确的信道估计,而且 BPDN 方法需要进行复杂的参数调整和更多次的迭代。

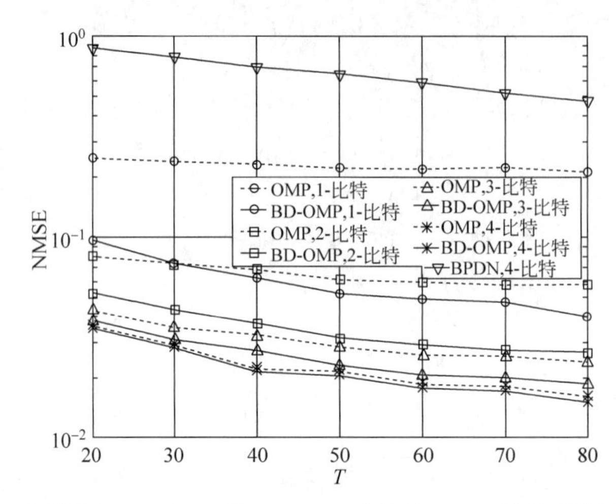

图 9.18 ADC 分辨率 $b=1,2,3,4$ 时,BD-OMP 算法的 NMSE 随训练帧数量变化的曲线

实验 4:ADC 分辨率 $b=1,4$ 时 CPU 运行时间与训练帧数量之间的关系

本实验给出 ADC 分辨率 $b=1,4$ 时 CPU 运行时间随训练帧数量变化而变化的曲线。仿真结果如图 9.19 所示,可以看出,BD-OMP 算法消耗的 CPU 运行时间和原始的 OMP 算法相近,但是能够实现如图 9.18 所示的信道估计性能增益。BPDN 算法消耗的时间比 BD-OMP 算法大大增加,这是因为其迭代次数多,且测量矩阵维度大。需要说明的是,GAMP 算法的运行时间长,因为此时该算法未能收敛。总之,BD-OMP 算法的复杂度低,且能实现优于 OMP 算法和 BPDN 算法的信道估计性能。

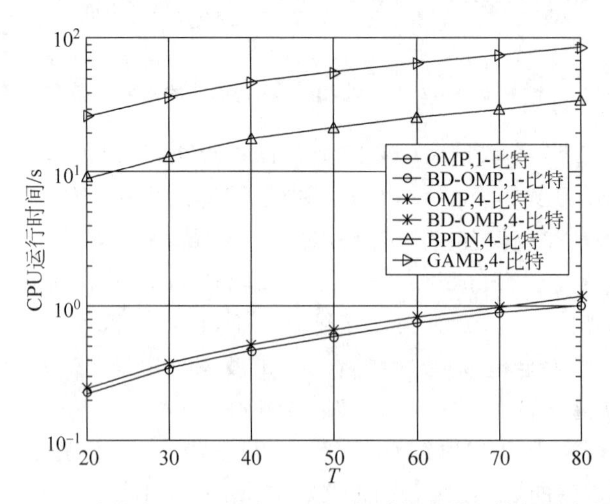

图 9.19 ADC 分辨率 $b=1,4$ 时,CPU 运行时间随训练帧数量变化的曲线

实验 5：BD-OMP 算法的 NMSE 与信道路径数量之间的关系

本实验给出 ADC 分辨率 $b=1,2,3,4$ 时，BD-OMP 算法的 NMSE 与信道路径数量 L 之间的关系。仿真参数设置：SNR=0dB，$T=40$，$N_{\mathrm{R}}^{\mathrm{RF}}=4$。仿真结果如图 9.20 所示。信道路径的增加使得毫米波信道的稀疏度降低，而训练帧数量和 RF 链的数目保持不变，因此信道估计的性能随之降低。尽管如此，BD-OMP 算法性能依然优于 OMP 算法，而且该性能增益在 $b=1,2$ 时尤为显著。当 $L=3$，ADC 分辨率从 1-比特到 3-比特变化时，BD-OMP 算法相对于 OMP 算法能够使信道估计的 NMSE 降低了 36.6%、24.8%、4.75%。

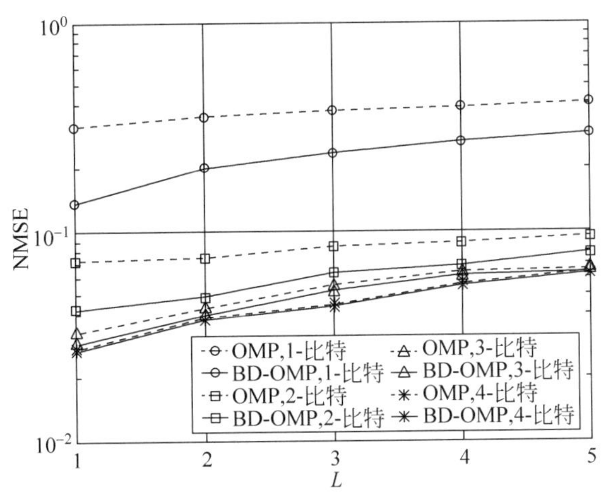

图 9.20 ADC 分辨率 $b=1,2,3,4$ 时，BD-OMP 算法的 NMSE 随 L 变化的曲线

实验 6：BD-OMP 算法的 NMSE 与 RF 链数量 $N_{\mathrm{R}}^{\mathrm{RF}}$ 之间的关系

本实验给出不同 ADC 分辨率下 BD-OMP 算法的 NMSE 与 RF 链数量 $N_{\mathrm{R}}^{\mathrm{RF}}$ 之间的关系。仿真系统参数设置：ADC 分辨率从 1-比特变化到 4-比特，SNR=0dB，$T=40$。仿真结果如图 9.21 所示。毫米波大规模 MIMO 系统在收发两侧部署更多的 RF 链可获得更多的信道观测，故可降低信道估计的 NMSE，这与图 9.18 中增加训练帧的情况类似，代价是系统的成本和功耗更高。从图 9.21 可得，当系统配置 2-比特的 ADC 时，为实现约为 0.06 的 NMSE 性能，BD-OMP 算法仅要求系统配置 2 个 RF 链，而 OMP 算法则需要 4 个 RF 链。这也意味着 BD-OMP 算法能够在降低系统功耗和硬件复杂度的情况下，实现与传统算法相近的信道估计精度。当 RF 链数目为 3，ADC 分辨率从 1-比特到 4-比特变化时，相对于 OMP 算法，BD-OMP 算法能够使信道估计的 NMSE 增益进一步降低 68.9%、42.8%、14.0%、3.0%。

实验 7：BD-OMP 算法的 NMSE 与 ADC 分辨率 b 之间的关系

本实验给出 BD-OMP 算法在不同的 SNR、训练帧数量条件下，信道估计的 NMSE 与 ADC 分辨率 b 之间的关系。仿真参数设置：RF 链数量 $N_{\mathrm{R}}^{\mathrm{RF}}=4$，ADC 分辨率 $b=1,2,3,4$。仿真结果如图 9.22 所示。仿真结果表明，BD-OMP 算法在 $b=1,2,3,4$ 时均优于传统的 OMP 算法，不过当采用理想分辨率的 ADC 时，这两种算法具有相同的信道估计性能。当 ADC 分辨率增加时，两种算法之间的 NMSE 差距逐渐缩小，这表明 BD-OMP 算法更适用于 ADC 分辨率低的毫米波系统。当 ADC 分辨率为 1-比特或 2-比特时，BD-OMP 算法相对于 OMP 算法的性能优势随着 SNR 的增加更加明显。例如，当 $b=1$，SNR 从 -5dB 变化到

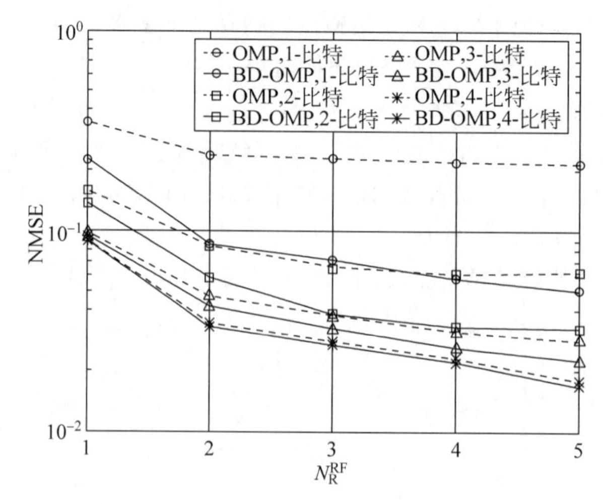

图 9.21 ADC 分辨率 $b=1,2,3,4$ 时,BD-OMP 算法的 NMSE 随 N_R^{RF} 变化的曲线

5dB 时,与 OMP 算法相比,BD-OMP 算法的 NMSE 分别降低了 18.0%、42.9%、74.6%;当 $b=2$ 时,BD-OMP 算法的 NMSE 分别降低了 6.1%、33.6%、45.3%。

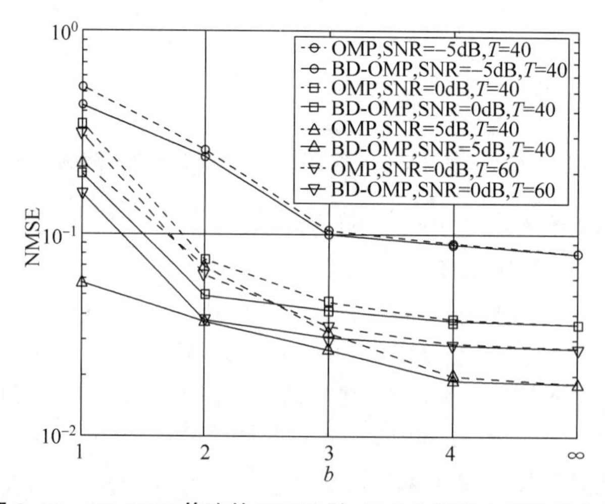

图 9.22 BD-OMP 算法的 NMSE 随 ADC 分辨率 b 变化的曲线

9.6 本章小结

针对多面板天线毫米波 MIMO、双选择混合毫米波 MIMO、混合模拟/数字宽带毫米波 MIMO 3 种系统下信道估计问题,本章分别介绍了基于块稀疏正交投影矩阵信道估计、基于群稀疏 SBL-KF 信道估计、基于群稀疏 BD-OMP 信道估计 3 种算法。

首先,对于多面板天线毫米波 MIMO 信道估计问题介绍了一个基于正交投影的贪婪支持搜索信道估计算法。贪婪算法支持搜索的 OPCE 根据接收到的信号向量以贪婪的方式依次构造信号子空间,而块 OMP 根据得到的残差信号向量依次搜索最强的基本构造信号子空间。

其次，对于稀疏时间和频率选择性混合信道估计问题，介绍了一种群稀疏的毫米波MIMO信道估计SBL-KF算法。该算法介绍了用于估计波束空间信道向量 $\boldsymbol{h}_{b,n}$ 的SBL-KF框架，该框架利用其固有的组稀疏性和时间相关性来提高估计性能。传统的卡尔曼滤波器(KF)用于估计随时间变化的信号的显著缺点是它不能保证稀疏的估计。

最后，对于混合模拟数字结构大规模MIMO系统信道估计复杂度高、信道估计精度低的问题，介绍了一种基于Bussgang分解的OMP群稀疏信道估计算法。该算法将非线性的信道估计问题转化为线性的稀疏信号恢复问题，适用于同时具有混合模拟数字结构和低分辨率ADC的毫米波大规模MIMO系统。该等效线性模型的加性等效噪声由传输噪声和畸变分量组成，在RF链趋于无穷时，该等效噪声的二阶统计特性与量化比特、天线数量以及接收信号功率有关。基于此，本章介绍了BD-OMP算法来估计宽带毫米波信道，并分析了其迭代停止条件和计算复杂度。分析表明，当通过BD-OMP算法估计得到宽带毫米波信道的支撑集时，残差向量能量的期望与等效噪声方差相等。所提算法的复杂度与角度网格、信道时延抽头数量呈线性增长关系，与帧数量、导频符号数量和RF链数量呈平方增长关系。仿真结果表明，在系统配备低比特(1-比特和2-比特)分辨率ADC的情况下，该算法相对于传统OMP算法信道估计精度显著提升；对于ADC分辨率为4-比特的接收机，该算法相对于OMP算法信道估计性能增益并不明显；BD-OMP算法的信道估计时间与OMP算法相当，低于GAMP算法，且NMSE降低的值超过一个数量级。

参考文献

[1] Huang H, Song Y, Yang J, et al. Deep-learning-based millimeter-wave massive MIMO for hybrid precoding[J]. *IEEE Transactions on Vehicular Technology*, 2019, 68(3): 3027-3032.

[2] Elbir A M. CNN-based precoder and combiner design in mmWave MIMO systems[J]. *IEEE Communications Letters*, 2019, 23(7): 1240-1243.

[3] 郑心如. 大规模MIMO系统导频设计和信道估计技术研究[D]. 南京：东南大学，2015.

[4] Rappaport T S, Shu S, Mayzus R, et al. Millimeter wave mobile communications for 5G cellular: It will work[J]. *IEEE Access*, 2013, 1(1): 335-349.

[5] Rangan S, Rappaport T S, Erkip E. Millimeter-wave cellular wireless networks: potentials and challenges[J]. *Proceedings of the IEEE*, 2014, 102(3): 366-385.

[6] Lu Y, Zhang W. Hybrid precoding design achieving fully digital performance for millimeter wave communications[J]. *Journal of Communications and Information Networks*, 2018, 3(4): 74-84.

[7] Alkhateeb A, Mo J, Gonzalez-Prelcic N, et al. MIMO precoding and combining solutions for millimeter-wave systems[J]. *IEEE Communications Magazine*, 2014, 52(12): 122-131.

[8] Qin P, Chen S, Guo Y J. Recent advances in reconfigurable antennas at University of technology Sydney[J]. *Journal of Communications & Information Networks*, 2018, 3(1): 15-20.

[9] Alkhateeb A, Ayach O E, Leus G, et al. Channel estimation and hybrid precoding for millimeter wave cellular systems[J]. *IEEE Journal of Selected Topics in Signal Processing*, 2017, 8(5): 831-846.

[10] Alkhateeb A, Leus G, Heath R W. Limited feedback hybrid precoding for multi-user millimeter wave systems[J]. *IEEE Transactions on Wireless Communications*, 2014, 14(11): 6481-6494.

[11] Sohrabi F, Wei Y. Hybrid digital and analog beamforming design for large-scale antenna arrays[J]. *IEEE Journal of Selected Topics in Signal Processing*, 2016, 10(3): 501-513.

[12] Mendez-Rial R, Rusu C, Gonzalez-Prelcic N, et al. Hybrid MIMO architectures for millimeter wave

communications: Phase shifters or switches[J]. *IEEE Access*, 2016, 4(1): 247-267.

[13] Codebook design for multi-panel structured MIMO in NR, document R1-1611666, 3GPP TSG RAN WG1-86, Reno, NV, USA, Nov. 2016.

[14] DL Codebook design for multi-panel structured MIMO in NR, document R1-1700066, 3GPP TSG RAN WG1-86, Spokane, W A, USA, Jan. 2017.

[15] Zhou L, Ohashi Y. Fast codebook-based beamforming training for mmWave MIMO systems with subarray structures[C]. *IEEE 82nd IEEE Vehicular Technology Conference*, 2015: 1-5.

[16] Wang, Y C, Wei X, Zhang H, et al. Wideband mmWave channel estimation for hybrid massive MIMO with low-precision ADCs[J]. *IEEE Wireless Communications Letters*, 2019, 8(1): 285-288.

[17] Gao Z, Hu C, Dai L, et al. Channel estimation for millimeter-wave massive MIMO with hybrid precoding over frequency-selective fading channels[J]. *IEEE Wireless Communications Letters*, 2016, 20(6): 1259-1262.

[18] An L, Lau V, Honig M L, et al. Compressive RF training and channel estimation in massive MIMO with limited RF chains[C]. *IEEE International Conference on Communications*, 2017: 1-6.

[19] Xiao Z, Tong H, Xia P, et al. Hierarchical codebook design for beamforming training in millimeter-wave communication[J]. *IEEE Transactions on Wireless Communications*, 2016, 15(5): 3380-3392.

[20] Alkhateeb A, Leus G, Heath Jr R W. Compressed sensing based multi-user millimeter wave systems: How many mea-surements are needed[J]. *IEEE International Conference on Acoustics, Speech, and Signal Processing*, 2015: 2909-2913.

[21] Gao X, L. Dai, S. Han, et al. Reliable beamspace channel estimation for millimeter-wave massive MIMO systems with lens antenna array[J]. *IEEE Transactions on Wireless Communications*, 2017, 16(9): 6010-6021.

[22] Qi C, Wu L. Uplink channel estimation for massive MIMO systems exploring joint channel sparsity [J]. *Electronics Letters*, 2014, 50(23): 1770-1772.

[23] Ying D, Vook F W, Thomas T A, et al. Kronecker product correlation model and limited feedback codebook design in a 3D channel model[C]. *IEEE International Conference on Communications*, 2014: 5865-5870.

[24] Alkhateeb A, Heath R W. Frequency selective hybrid precoding for limited feedback millimeter wave systems[J]. *IEEE Transactions on Communications*, 2016, 64(5): 1801-1818.

[25] Mohamed-Slim, Alouini, Jiening, et al. Over-sampling codebook-based hybrid minimum sum-mean-square-error precoding for millimeter-wave 3D-MIMO[J]. *IEEE Wireless Communications Letters*, 2018, 7(6): 938-941.

[26] Foucart S, Rauhut H. A mathematical introduction to compressive sensing[M]. *Basel, Switzerland: Birkhäuser*, 2013.

[27] Duarte M F, Baraniuk R G. Spectral compressive sensing[J]. *Applied & Computational Harmonic Analysis*, 2013, 35(1): 111-129.

[28] Candès E J, Eldar Y C, Needell D, et al. Compressed sensing with coherent and redundant dictionaries [J]. *Applied & Computational Harmonic Analysis*, 2011, 31(1): 59-73.

[29] Rauhut H, Schnass K, Vandergheynst P. Compressed sensing and redundant dictionaries[J]. *IEEE Transactions on Information Theory*, 2008, 54(5): 2210-2219.

[30] Fu Y, Li H, Zhang Q, et al. Block-sparse recovery via redundant block OMP[J]. *Signal Processing*, 2014, 97: 162-171.

[31] Yu Y, Petropulu A P, Poor H V. Measurement matrix design for compressive sensing-based MIMO radar[J]. *IEEE Transactions on Signal Processing*, 2011, 59(11): 5338-5352.

[32] Eldar Y C, Member S, Member S, et al. Robust recovery of signals from a structured union of

subspaces[J]. *IEEE Transactions on Information Theory*, 2009, 55(11): 5302-5316.

[33] Bajwa W U, Haupt J, Sayeed A M, et al. Compressed channel sensing: a new approach to estimating sparse multipath channels[J]. *Proceedings of the IEEE*, 2010, 98(6): 1058-1076.

[34] Tarokh V, Seshadri N, Calderbank A R. Space-time codes for high data rate wireless communication: performance criterion and code construction[J]. *IEEE Transactions on Information Theory*, 1998, 50(12): 19-32.

[35] Elhamifar E, Vidal R. Block-sparse recovery via convex optimization[J]. *IEEE Transactions on Signal Processing*, 2012, 60(8): 4094-4107.

[36] Styan G. Hadamard products and multivariate statistical analysis[J]. *Linear Algebra and Its Applications*, 1973, 6: 217-240.

[37] Heath R W, Nuria González-Prelcic, Rangan S, et al. An overview of signal processing techniques for millimeter wave MIMO systems[J]. *IEEE Journal of Selected Topics in Signal Processing*, 2017, 10(3): 436-453.

[38] Alkhateeb A, Ayach O E, Leus G, et al. Channel estimation and hybrid precoding for millimeter wave cellular systems[J]. *IEEE Journal of Selected Topics in Signal Processing*, 2014, 8(5): 831-846.

[39] Srivastava S, Mishra A, Rajoriya A, et al. Quasi-static and time-selective channel estimation for blocksparse millimeter wave hybrid MIMO systems: Sparse Bayesian learning based approaches[J]. *IEEE Transactions on Signal Processing*, 2019, 67(5): 1251-1266.

[40] Venugopal K, Alkhateeb A, Prelcic N G, et al. Channel estimation for hybrid architecture-based wideband millimeter wave systems[J]. *IEEE Journal on Selected Areas in Communications*, 2017, 35(9): 1996-2009.

[41] Fernández J R, Prelcic N G, Venugopal K, et al. Frequency-domain compressive channel estimation for frequency-selective hybrid millimeter wave MIMO systems[J]. *IEEE Transactions on Wireless Communications*, 2018, 17(5): 2946-2960.

[42] Wipf D P, Rao B D. Sparse Bayesian learning for basis selection[J]. *IEEE Transactions on Signal processing*, 2004, 52(8): 2153-2164.

[43] Steven M K. Fundamentals of statistical signal processing[J]. *Technometrics*, 1993, 37(4): 465-466.

[44] Prasad R, Murthy C R, Rao B D. Joint approximately sparse channel estimation and data detection in OFDM systems using sparse Bayesian learning[J]. *IEEE Transactions Signal Processing*, 2014, 62(14): 3591-3603.

[45] Trees H V, Bell K. Bayesian bounds for parameter estimation and nonlinear filtering/tracking[M]. *Wiley-IEEE Press*, 2007.

[46] Han S, Chih-Lin I, Xu Z, et al. Large-scale antenna systems with hybrid analog and digital beamforming for millimeter wave 5G[J]. *IEEE Communications Magazine*, 2015, 53(1): 186-194.

[47] Brady, J, Behdad N, Sayeed A. Beamspace MIMO for millimeter-wave communications: system architecture, modeling, analysis, and measurements[J]. *IEEE Transactions on Antennas and Propagation*, 2013, 61(7): 3814-3827.

[48] Zeng Y, Zhang R. Millimeter wave MIMO with lens antenna array: a new path division multiplexing paradigm[J]. *IEEE Transactions on Communications*, 2016, 64(4): 1557-1571.

[49] Amadori P, Masouros C. Low RF-complexity millimeter-wave beamspace-MIMO systems by beam selection[J]. *IEEE Transactions on Communications*, 2015, 63(6): 2212-2223.

[50] Gao X, Dai L, Han S, et al. Reliable beamspace channel estimation for millimeter-wave massive MIMO systems with lens antenna array[J]. *IEEE Transactions on Wireless Communications*, 2017, 16(7): 6010-6021.

[51] Gao X, Dai L, Zhou S, et al. Wideband beamspace channel estimation for millimeter-wave MIMO

systems relying on lens antenna arrays[J]. *IEEE Transactions on Signal Processing*,2019,67(18): 4809-4824.

[52] Mo J,Alkhateeb A,Abu-Surra S,et al. Hybrid architectures with few-bit ADC receivers: Achievable rates and energy-rate tradeoffs[J]. *IEEE Transactions on Wireless Communications*,2017,16(4): 2274-2287.

[53] Bussgang J J. Crosscorrelation Functions of Amplitude-distorted Gaussian Signals[J]. *Neuroreport*, 1952,17.

[54] Mezghani A, Nossek J A. Capacity lower bound of MIMO channels with output quantization and correlated noise[C]. *IEEE International Symposium on Information Theory Proceedings*, 2012: 1-5.

[55] Tropp J A,Gilbert A C, Strauss M J. Algorithms for simultaneous sparse approximation. Part I: Greedy pursuit[J]. *Signal Processing*,2006,86(3): 572-588.

[56] Chen S,Saunders M A,Donoho D L. Atomic decomposition by basis pursuit[J]. *Siam Review*,2001, 43(1): 129-159.

[57] Venugopal K,Alkhateeb A, Prelcic N G, et al. Channel estimation for hybrid architecture-based wideband millimeter wave systems[J]. *IEEE Journal on Selected Areas in Communications*,2017, 35(9): 1996-2009.

图书资源支持

感谢您一直以来对清华大学出版社图书的支持和爱护。为了配合本书的使用，本书提供配套的资源，有需求的读者请扫描下方的“书圈”微信公众号二维码，在图书专区下载，也可以拨打电话或发送电子邮件咨询。

如果您在使用本书的过程中遇到了什么问题，或者有相关图书出版计划，也请您发邮件告诉我们，以便我们更好地为您服务。

我们的联系方式：

地　　址：北京市海淀区双清路学研大厦 A 座 714

邮　　编：100084

电　　话：010-83470236　010-83470237

资源下载：http://www.tup.com.cn

客服邮箱：tupjsj@vip.163.com

QQ：2301891038（请写明您的单位和姓名）

教学资源・教学样书・新书信息

人工智能科学与技术
人工智能|电子通信|自动控制

资料下载・样书申请

书圈

用微信扫一扫右边的二维码，即可关注清华大学出版社公众号。